# 东海发展报告

宁波大学东海研究院《东海发展报告》课题组　编著

海洋出版社

2021年·北京

图书在版编目（CIP）数据

东海发展报告/宁波大学东海研究院《东海发展报告》课题组编著．—北京：海洋出版社，2021.4
 ISBN 978-7-5210-0756-5

Ⅰ．①东⋯　Ⅱ．①宁⋯　Ⅲ．①东海－海洋经济－经济发展－研究报告　Ⅳ．①P74

中国版本图书馆 CIP 数据核字（2021）第 060755 号

责任编辑：张　荣
责任印制：安　淼

海洋出版社　出版发行

http：//www.oceanpress.com.cn
北京市海淀区大慧寺路 8 号　邮编：100081
廊坊一二〇六印刷厂印刷
2021 年 4 月第 1 版　2021 年 4 月北京第 1 次印刷
开本：787mm×1092mm　1/16　印张：31.25
字数：550 千字　定价：268.00 元
发行部：62100090　邮购部：62100072　总编室：62100034
海洋版图书印、装错误可随时退换

# 序

21世纪是海洋的世纪,从"背向海洋"到"面向海洋"已经成为当今世界发展的大趋势。21世纪更是太平洋时代,历史学家汤因比曾明确指出:"地中海是昨天的海,大西洋是今天的海,太平洋是明天的海。"海洋是人类文明的摇篮,占地球表面积的71%,构成地球水体的97%,海洋作为资源环境的重要调节器,是维持地球生命支持系统的一个重要组成部分与重要基础。同时伴随着人类人口剧增,伴随着人类对海洋这一"最后空间"进一步涉足,人类的"活动半径"从"内陆"进一步延展至"海洋",陆地资源因大规模开发利用而日趋短缺,海洋也已成为人类在地球上进一步拓展足迹的最后空间,自然也使作为人类活动进一步拓展的拓展领地——海洋成为新的视域而益受关注。"海陆统筹、以海定陆"成为一个日益被加以强化与凸显的发展理念,也使关涉海洋的海洋法治、海洋经济、海洋环境、海洋教育等时代命题也日益备受关注。

从全球化视角来看,海洋是一个开放系统,与整个地球生态系统相互影响、相互作用。同时从区域视角进一步细致分析,又会发现,很多时候特定区域的海洋,又自成一体,形成相应的独特、复杂的海洋生态系统。在此系统中,从初级生命形式(如浮游生物)到高级生命形式(如海洋哺乳动物),组成的是一个完整的生命链体系,形成一个具有相对独立性的完整的自然生态系统。就我国而言,我国海域辽阔、海洋资源丰富,而在其中,东海又是中国海洋资源最为丰富、海洋经济发展最快的地区之一,同时也是地缘政治最为复杂、海洋权益争议时有起伏的地区之一。正如《人类环境宣言》第7条原则指出的:"种类越来越多的环境问题,因为它们在范围上是地区性或全球性的或者因为它们影响着共同的国际领域,将要求国与国之间广泛合作和国际组织采取行动以谋求共同的利益"。如此,在特定的相似性海洋区域文化的支撑与推进下,有效的海洋共同体的集体行动就会产生,从而有利于解决区域海洋环境保护的"公地悲剧""囚徒困境"和"集体行动的逻辑"等难题。

宁波大学东海研究院已有近20年的建设基础。经多年积淀建设,宁波大学东海研究院的前身（浙江省海洋文化与经济研究中心）以扎实的竞争实力，于2006年4月获评浙江省首批哲学社会科学重点研究基地。进而于2016年11月，浙江省海洋文化与经济研究中心进一步提升发展为宁波大学东海研究院。并于2017年被晋升与遴选为浙江省教育厅首批高校智库，2018年被晋升与遴选为浙江省首批重点专业智库，其后先后入选中国CTTI来源智库，成为中日韩黄东海战略联盟核心支撑平台之一。东黄海研究智库联盟是为落实李克强总理在2014年第九届东亚峰会上提出的建设东亚海洋合作平台的倡议，由自然资源部海洋发展战略研究所2017年发起成立的我国首个专门研究东黄海涉海问题的智库合作机构。

立足国家海洋战略及浙江省在国家海洋领域中的重要地位与优势，浙江省重点智库宁波大学东海研究院自成立以来，立足海陆统筹视角，从"环境"与"海洋"两大领域跨学科推进系统深入研究，尤其重点关注生态文明及法治基础理论及重点实践，以及海洋经济、海洋环境和海洋法治、海洋教育等领域的重大前沿理论与现实问题。浙江省首批重点专业智库宁波大学东海研究院通过积极开展广泛的国内国际交流与合作，建立了一支专业优势突出、研究视野宽广、决策能力突出、结构合理的研究团队，并形成了学术委员会制度以及院务委员会制度。经过多年厚实建设，东海研究院已然形成了"高端东海智库论坛""东海沙龙""东海讲坛""东海通讯""海洋教育研究通讯"等系列有影响力的智库品牌与交流载体。获得了系列高端标志性成果，其中包括资政报告获得李克强总理、韩正副总理等重要国家领导人、国家生态环境部部长、省委书记及省长等系列省部级领导的肯定性批示；主持5项国家社科重大招标项目，以及系列国家社科重点、自然基金重点等国家重要基金项目，权威论文成果众多，发表诸多深层次的前沿真知灼见和有价值的论著，在国内外形成充分影响力、知名度，积极发挥智囊团的作用。

显然伴随着我国海洋战略、长三角一体化战略以及"一带一路"倡议的逐步推进，东海及其相关海洋法治、海洋经济、海洋环境、海洋教育等系列命题，无疑已成不容忽视的议题。毋庸置疑，无论是国家海洋战略下东海及长三角区域的先行先试；还是国际海洋新利益博弈大格局背景下的中国全球海洋治理的继续深度参与，东海局势的稳定以及东海地区国家和平发展、合作共赢、海洋资源管理优化、海洋经济高质量发展、海洋科技创新引领等领域及议题，都有着进一步梳理与分析相关数据资料、夯实相关系统深入研究的紧迫时势诉求。由此，为了更好地服务于国家建设"一带一路"的倡议，推动我国东海发展的研究与实践，宁波大学东海研究院团队基于海洋时代与我国海洋战略，立足东海发展命题及热点领域，开展高层次的《东海发展报告》系列年度报告撰写。《东海发展报告》坚持"顶天立地"视角，围绕党的"坚持陆海统筹，加快建设海洋强国"等系列国家战略，立足全面阐释中国东海海洋事业发展的国际和国内法环境、海洋战略与政策、资源与环境、经济与科技、法律与权益等方面的理论与实践问题，召开系列问题的深层次研究与撰写。报告通过系统梳理中国及东海地区国家关于海洋事务的发展现状，客观评价与分析东海在"建设海洋强国"中的作用，从中国东海环境与资源、东海海洋经济与发展和东海海洋立法和海洋权益等重要层面及部分展开系列分析与阐述，并积极向有关国家部门提供深层次中国东海海洋发展的镇政府建议与对策要报，进而也为社会公众从"深层次、高起点"，深入思考东海等海洋领域及其相关时代重要命题；同时也为社会公众及时高效地了解和获取东海相关信息，提供系统性的读本。

在过去20年的城市化进程中，从"背对海洋"到"面向海洋"的发展战略转变，也促使了世界人口呈现出一种"内陆向沿海"的"迁移生存"趋势。在迁移过程中，所增加沿海的人口密度、工业活动的集中程度以及用于国际贸易的国际航线与港口，都加大了人类活动对海洋领域的干预压力。数据表明：世界人口约有一半生活在距海岸线200 km范围之内，世界70%以上的大型城市（即居民超过800万人的城市）均位于沿海地区；当今全球经济产出大约为44万亿美元，有61%来自海岸线100 km范围内的地区，而该区域仅占地球全部陆地面积的7.60%。从卫星在夜空拍摄的灯光图可看出，在世界发达地区的沿海地带（如地中海北岸、美国的东西海岸和五大湖地区、日本的太平洋城市带和中国台湾省面向大陆的一侧），夜空中所连绵的灯光汇成了一条清晰的黄金海岸带。在中国，过去20年间，数以亿计的人口"由山向海、自西向东、从乡到城"流动迁徙，中国正在渤海、黄海、东海、南海等区域打造出一系列世界工厂，从而实现从一个亚欧大陆国家向太平洋国家转型。海洋是流动的，许多海洋资源如石油、鱼类乃至人类的海洋活动，经常会跨"政治界墙"分布，会顺应着流动海水而变动。海洋的流动性、立体性、跨区域性决定了海洋问题研究及破解对策，须更注重"地理性区域概念"而非"政治型界限概念"，须突破传统《行政区划界墙》等方面的桎梏，从而为高层次东海研究与资政成果的形成奠定坚实的基础。

显然，从长三角一体化、东海海域到我国整体海域，都正处于当前"海洋世纪"与"太平洋时代"的这一黄金轨道上。千载难逢的时代大运程，既预示着我国长三角一体化大战略、东海等先行先试区域实现跨越式发展的美好前景，更昭示了东海在

"海陆统筹、以海定陆"理念指引下,实现区域跨越式发展中的根基性与可持续性意义与深远价值。

上述所述的诸多时势,无疑都决定了《东海发展报告》正逐步走在成熟、走向更为深远的康庄大道上。《东海发展报告》由东海研究院这一大家庭的成员共同谋划发展而成,系所有作者的精心策划、认真撰写,终飨于此。疏漏之处在所难免,敬请大家批评指正!

斜晓东

2020 年 12 月 10 日

# 撰写情况说明

《东海发展报告》是浙江省新型重点专业智库宁波大学东海研究院的系列成果之一。曲波同志承担本卷的整体策划和统稿工作。报告的三个部分由李加林、胡求光、曲波负责，具体撰写情况如下。

第一章至第五章：李加林（宁波大学东海研究院/宁波大学昂热大学联合学院）

第六章、第八章、第十一章：胡求光（宁波大学东海研究院/商学院）

第七章、第九章至第十章：陈琦（宁波大学东海研究院/商学院）

第十二章：蔡连增（宁波大学东海研究院/法学院）

第十三章：曲波（宁波大学东海研究院/法学院）

第十四章：杜寅（宁波大学东海研究院/法学院）

第十五章：陈海波、吕双全（宁波大学东海研究院/法学院）

第十六章：汤晓峰（宁波大学东海研究院/法学院）

附录：蔡连增

感谢宁波大学外国语学院李雪博士、冯英华博士，东海研究院张钰涵，宁波大学昂热大学联合学院研究生陈慧霖、朱宇、杨凯杰、辛欣，宁波大学商学院研究生沈伟腾、王方、周宇飞等对相关资料的收集整理。对于本报告的任何不足，欢迎各位读者批评指正。

宁波大学东海研究院《东海发展报告》课题组

2020年6月7日

# 目  录

## 第一部分  东海海洋环境与资源

第一章　东海自然概况 ···································································· (3)
　　一、东海地理位置与沿岸省市 ······················································ (3)
　　二、东海地质概况 ···································································· (4)
　　三、东海气候特征 ··································································· (11)
　　四、东海水文特征 ··································································· (21)
第二章　东海海洋环境 ·································································· (31)
　　一、东海地形地貌特征 ····························································· (31)
　　二、东海海洋沉积特征 ····························································· (35)
　　三、东海海洋生物与生态 ·························································· (42)
　　四、东海海洋环境质量评价 ······················································· (63)
第三章　东海海洋资源 ·································································· (70)
　　一、东海海岛资源 ··································································· (70)
　　二、东海海岸与土地资源 ·························································· (75)
　　三、东海港口航运资源 ····························································· (80)
　　四、东海近海矿产资源 ····························································· (86)
　　五、东海近海植被资源 ····························································· (89)
　　六、东海海水资源及利用 ·························································· (92)
　　七、东海可再生资源 ································································ (96)
　　八、东海旅游资源 ·································································· (100)
　　九、东海滨海湿地 ·································································· (104)
　　十、东海海洋资源综合评价 ······················································ (107)

第四章　东海海洋灾害 ················································································· (111)
　一、海洋环境灾害 ····················································································· (111)
　二、海洋地质灾害 ····················································································· (119)
　三、海洋生态灾害 ····················································································· (128)
　四、东海海洋灾害影响及防灾减灾 ···························································· (133)
第五章　东海海岸带开发 ············································································· (142)
　一、东海海岸带的开发利用 ······································································ (142)
　二、东海海岸线的开发利用强度 ······························································· (146)
　三、东海海岸带景观格局变化 ·································································· (163)
　四、东海海岸带生态系统服务价值 ···························································· (172)

# 第二部分　东海海洋经济与科技

第六章　东海海洋经济发展概况 ································································· (186)
　一、东海海洋经济发展历程 ······································································ (186)
　二、东海海洋经济发展现状 ······································································ (192)
　三、东海海洋经济发展趋势 ······································································ (201)
第七章　东海海洋经济发展环境 ································································· (207)
　一、东海海洋经济发展的自然环境 ···························································· (207)
　二、东海海洋经济发展的宏观经济环境 ····················································· (212)
　三、东海海洋经济发展的政策环境 ···························································· (218)
第八章　东海海洋产业发展形势 ································································· (228)
　一、东海传统海洋产业发展形势 ······························································· (228)
　二、东海海洋新兴产业发展形势 ······························································· (238)
　三、东海海洋产业结构升级与布局优化 ····················································· (249)
第九章　东海海洋科技创新发展概况 ························································· (257)
　一、东海海洋科技创新发展历程 ······························································· (257)
　二、东海海洋科技创新发展现状 ······························································· (263)
　三、东海海洋科技创新发展趋势 ······························································· (271)
第十章　东海海洋科技创新政策与规划 ····················································· (278)
　一、东海海洋科技创新政策与规划的主要内容 ·········································· (278)
　二、东海海洋科技创新政策与规划的重点任务 ·········································· (285)

三、东海海洋科技创新政策与规划的保障措施 …………………… (292)

**第十一章　东海海洋经济高质量发展评估** …………………………… (297)
　　一、东海海洋经济高质量发展评价体系 …………………………… (297)
　　二、东海海洋经济高质量发展实证评估 …………………………… (306)
　　三、东海海洋经济高质量发展路径优化 …………………………… (309)

# 第三部分　东海海洋立法与海洋权益

**第十二章　国际海洋法律** …………………………………………… (317)
　　一、中日共同参加的国际公约 ……………………………………… (317)
　　二、中日共同参加的区域条约 ……………………………………… (333)
　　三、中日之间缔结的双边协定 ……………………………………… (337)

**第十三章　中国海洋立法** …………………………………………… (347)
　　一、中国海洋立法的发展脉络 ……………………………………… (347)
　　二、管辖海洋国土空间的法律 ……………………………………… (353)
　　三、管理海洋区域的法律 …………………………………………… (354)
　　四、规范海洋具体活动的法律 ……………………………………… (355)
　　五、保障海洋公共利益的法律 ……………………………………… (366)

**第十四章　东海海洋地方立法** ……………………………………… (372)
　　一、东海海洋地方立法概述 ………………………………………… (372)
　　二、东海海洋环境保护地方立法情况 ……………………………… (375)
　　三、东海海洋资源开发利用地方立法情况 ………………………… (380)
　　四、东海海上交通运输地方立法情况 ……………………………… (383)
　　五、东海海域管理地方立法情况 …………………………………… (387)
　　六、其他与东海密切相关的地方立法 ……………………………… (389)

**第十五章　日本海洋立法** …………………………………………… (394)
　　一、日本海洋立法的发展沿革 ……………………………………… (394)
　　二、海洋基本法 ……………………………………………………… (396)
　　三、管辖海洋空间的法律 …………………………………………… (403)
　　四、管理海洋区域的法律 …………………………………………… (406)
　　五、规范海洋活动的法律 …………………………………………… (411)
　　六、保障海上安全和海洋环境的法律 ……………………………… (415)

第十六章　东海海洋争端与维权 …………………………………………（421）
　一、中国海权理论的更新与发展 ……………………………………（421）
　二、东海海洋权益与地区国家权利空间 ……………………………（425）
　三、中国东海维权的形势发展 ………………………………………（430）
　四、东海争端的解决 …………………………………………………（436）
附录　2019年东海大事记 …………………………………………………（443）
参考文献 ……………………………………………………………………（477）

# 第一部分  东海海洋环境与资源[①]

---

[①] 东海自然概况、海洋环境、海洋资源、海洋灾害涉及的数据来源主要为1979年启动的全国海岸带综合调查和海涂资源综合考察及2003年启动的我国近海海洋综合调查与评价专项（简称908专项）；东海海岸带开发数据为1990—2015年。

海洋及海岸带地区倚仗其独特的地理位置、丰富的海洋资源、美丽的海岸风光、包容的海洋文化和发达的沿岸经济，成为吸引人口集聚、带动产业发展、引领经济增长的最大动力，是经济社会发展的重要依托和载体。

东海位于欧亚大陆东南沿海，是由中国大陆、中国台湾岛、朝鲜半岛、日本九州岛以及琉球群岛等围绕的边缘海，东邻太平洋，属于典型的亚热带季风气候，东海沿岸长江、闽江、钱塘江为代表的入海河流众多，水热资源丰富。入海河流在带来大量陆源降水的同时，还携带大量泥沙进入海洋，影响东海的沉积物类型，在河流与海洋双动力作用下，形成了粉砂质海岸带、河口三角洲等特殊的地貌类型。受地质构造影响，东海沿岸各省市的地形以平原和低山丘陵为主，地势较平坦，但各省市间的地形和地貌差异仍非常显著。

复杂的地质、气候、水文特征以及丰沛的水热资源孕育了东海丰富的海岸海岛资源、港口航运资源、矿产资源、生态资源和旅游资源，这些资源为东海社会、经济的发展提供了物质基础，资源现状的改变也影响着当地的产业结构和开发观念。目前，东海主要开发方式为港口建设、围填海、渔业生产、旅游资源开发、矿产资源开发，这些开发活动在为企业和人民带来利益的同时，也影响着海区的景观格局和生态平衡，过度的、不当的海区开发活动不但不利于东海的可持续发展，还可能带来灾害。此外，台风、风暴潮、海浪、海岸侵蚀等自然灾害的发生，也对东海的稳定发展形成了威胁。

本部分共分为五章，梳理和分析中国东海沿岸地区海洋环境和资源状况。第一章从地理位置、地质、气候和水文特征四个方面介绍了东海的自然概况。第二章在第一章的基础上，进一步介绍了东海的海洋环境特征，并根据不同指标对东海的海洋环境质量进行了评价。第三章详细介绍了东海的各类海洋资源，并进行了海洋资源的综合评价。第四章按照海洋环境灾害、海洋地质灾害和海洋生态灾害的顺序介绍了东海的几种主要海洋灾害，总结这些海洋灾害的影响，并提出了防灾减灾策略。第五章介绍了东海海岸带开发的现状，描述了东海海岸带开发强度、景观格局变化和生态系统服务价值的定量测度方法及测度结果。

# 第一章 东海自然概况

东海沿岸国家包括中国、日本和韩国。中国东海北起上海市崇明岛，南至福建省漳州市诏安县，涵盖浙江省、福建省和上海市三个省（市）级行政区划。东海大陆岸线总长5 915.1 km，岛屿岸线长达7 457.9 km，大陆海岸曲折，海湾发育，海岸类型多种多样。东海海域空间辽阔，位于中国大陆和琉球海沟之间，具有"三隆两盆"的构造格局，以亚热带季风气候为主，入海河流众多，但各省市自然环境各具特色。本章节介绍的东海主要是指中国东海沿岸地区，也称东海区。分东海地理位置与沿岸省市、东海地质概况、东海气候特征、东海水文特征四个部分介绍东海自然概况。

## 一、东海地理位置与沿岸省市

东海是由中国大陆和中国台湾岛以及朝鲜半岛与日本九州岛、琉球群岛等围绕的边缘海。东北部通过对马海峡与日本海相通，西南部通过台湾海峡与南海相连。[①] 沿岸国家包括中国、日本和韩国。东海介于北纬23°00′—33°10′，东经117°11′—131°00′之间，位于中国大陆以东，北以长江口北角和济州岛西南端的连线与黄海分界；南以福建省、广东省陆地交界处至台湾岛南端与南海毗连，东临琉球群岛以及中国台湾省，与太平洋相通。[②] 中国的东海是指包括上海市、浙江省和福建省二省一市的我国东海沿海地区。东海以亚热带季风气候为主，海域生产力水平高，海洋资源及海湾类型丰富，地形以沿海平原、低缓山地、丘陵为主。

上海市，简称"沪"，中央直辖市。位于东海北部，介于北纬30°40′—31°53′，东经120°52′—122°12′之间，地处长江入海口，东隔中国东海与韩国济州岛、日本九州岛相望，南濒杭州湾，北、西与江苏、浙江两省相接，上海市总面积6 340.5 km²，共辖16个市辖区。全市16个区共有107个街道、106个镇、2个乡。其中，位于沿海地带

---

[①] 赵济，陈传康主编：《中国地理》，高等教育出版社1999年版。
[②] 李加林，王丽佳：《围填海影响下东海区主要海湾形态时空演变》，《地理学报》，2020年第1期。

的市区包括宝山区、浦东新区、金山区、奉贤区、崇明区。

浙江省，简称"浙"，位于中国东海中部，介于，北纬27°02′—31°11′，东经118°01′—123°10′之间，东临东海，南接福建，西与安徽、江西相连，北与上海、江苏接壤，境内最大的河流钱塘江，因江流曲折，称之江，又称浙江，省以江名。浙江省总面积$10.18×10^4$ $km^2$，地势由西南向东北倾斜，地形复杂。山脉自西南向东北成大致平行的三支。地跨钱塘江、瓯江、灵江、苕溪、甬江、飞云江、鳌江、曹娥江八大水系，由平原、丘陵、盆地、山地、岛屿构成。省会为杭州，浙江省下辖11个省辖市（其中两个副省级市），20个县级市，33个县，1个自治县，37个市辖区；其中沿海城市包括杭州市、宁波市、温州市、嘉兴市、绍兴市、舟山市、台州市。①

福建省，简称"闽"，位于中国东海南部，介于北纬23°33′—28°20′，东经115°50′—120°40′之间，东隔台湾海峡，与台湾省相望，东北与浙江省毗邻，西北横贯武夷山脉与江西省交界，西南与广东省相连，连接长江三角洲和珠江三角洲，与台湾隔海相望。省陆域面积$12.2×10^4$ $km^2$，海域面积$13.6×10^4$ $km^2$。福建省地势呈"依山傍海"态势，地势西北高，东南低，境内山地、丘陵面积约占全省总面积的90%；地跨闽江、晋江、九龙江、汀江四大水系。省会为福州，福建省下辖9个地级市，共有12个县级市，44个县，29个市辖区；其中沿海城市包括福州市、厦门市、莆田市、泉州市、漳州市、宁德市。②

## 二、东海地质概况

东海位于中国大陆和琉球海沟之间，具有"三隆两盆"的构造格局。③自西向东分别为浙闽隆起、东海陆架盆地、钓鱼岛隆起带、冲绳海槽和琉球岛弧。④东海陆架盆地是一个中—新生代叠合盆地，新生界地层最大厚度超过10 km，以陆相冲积和河流-湖泊沉积物。晚白垩世裂陷之前，东海陆架盆地可能是一个弧前盆地。⑤充填了自西向东逐渐增厚的晚三叠—早白垩世沉积层，这些中生界地层在现今盆地南部残留较厚。在

---

① 张海生：《浙江省海洋环境资源基本现状》，海洋出版社2013年版，第1-3页。
② 吴耀建：《福建省海洋资源与环境基本现状》，海洋出版社2012年版，第1-2页。
③ 金翔龙：《东海海洋地质》，海洋出版社1992年版，第501-513页。
④ 杨文达，崔征科，张异彪：《东海地质与矿物》，海洋出版社2010年版，第39-65页。
⑤ Engebrestson D C, Cox A, Gordon R G. Relative motions between oceanic plates of the Pacific Basin. *Journal of Geophysical Research*，1984，89：291-310.

晚白垩世—中新世，东海陆架盆地经历了两期裂陷作用（晚白垩世—早始新世、渐新世—早中新世）和两期挤压抬升（晚始新世—早渐新世玉泉运动、中—晚中新世龙井运动），在晚中新世之后，进入裂后沉降阶段，东海的裂陷中心向东跃迁至冲绳海槽。[1]

由于不同时期、不同地区所受的地质应力场差异及边界条件限制，其中的断裂、火成岩、地质构造运动、局部构造、演化历史、基底性质、所形成次级盆地和坳陷、凹陷带等也有所差异，因此，各次级盆地及其中的各坳陷、凹陷带地质特征不完全一样。因此，本部分将按不同省市分别进行阐述。

### （一）上海市地质概况

根据物探、钻探、地貌及区域构造分析，可以判断上海地区的断裂构造主要有四组[2]。

#### 1. 北东—北东东向

张堰—南汇断裂：走向北东50°左右，西盘上升，北西有前震旦系片岩，东盘以燕山期火山岩为主。张堰铁铜矿区及九段沙矶异常都分布在此断裂带上。断裂形成时间推测在印支运动之前，但在燕山运动时仍有活动。断裂北东端（南汇以北）为北西向构造所切断，向西位移。

兴塔—松江断裂：大致与张堰—南汇断裂平行，北端也为另一北西向构造（罗店周浦断裂）所切。断面在沈家浜处为北西倾，该处孔内见有37 m厚的断层角砾岩。此外，在市区虹口公园及五角场的钻孔内，也均见有该断层的展布痕迹。断层东盘见有片岩，西盘则无片岩。

崇明—苏州深断裂：本断层伸展甚长，在区域上呈北东东向分布，但在进入本区范围时，转为近东西向，可能为追踪早期东西向构造的结果。断面倾向160°左右，南盘上升，属冲断层。南盘以下古生界为主，并有片岩分布，侵入体较多，而北盘以上古生界为主，没有或很少有侵入体。

崇明岛庙镇附近，尚有两条规模较小的北东向构造。

---

[1] Li Z X, Li X H. Formation of the 1300-km-wide intracontinental orogen and postorogenic magmatic province in Mesozoic South China: A flat-slab subduction model. Geology, 2007, 35: 179-182.

[2] 沈新国：《上海市地质环境图集》，地质出版社2002年版，第7-31页。

## 2. 北西向

罗店—周浦断裂：走向北西330°左右，倾向南西，可能为逆冲断层。向南、向北均延出区外，是本组断裂中延伸较长的一条。在蔡家弄一带切断东西向构造，在中南段并切错张堰—南汇断裂及兴塔—松江断裂。

莘庄—鲁汇断裂和马桥—齐贤桥断裂：为马桥断裂盆地的边缘断裂，断层的两端分别截止于张堰—南汇断裂及兴塔—松江新裂。盆地内为白垩系，断层外为侏罗系。该两断裂的走向与罗店—周浦断裂不完全一致，约北西300°。

邓镇断裂：走向北西330°左右。据航磁重力资料，将张堰—南汇断裂作左旋错开。其西北端截止于白龙港玄武岩分布区，东南端迅速尖灭，故延长甚短。

葛隆—南翔断裂：走向北西300°左右。为左旋平移断裂。

## 3. 近东西向

平望—卖花桥及莘庄—瓦屑断裂：本断层分为三段，呈雁列分布。断层倾向及性质不明。

昆山—葛隆—蔡家弄断裂：断面南倾、倾角60°左右，系正断层，为角直凹陷北缘断裂。北盘地层有上侏罗及奥陶、寒武系，南盘为白垩系。

吴江—安亭断裂：系角直凹陷南缘断裂，断面北倾，倾角60°左右，也属正断层。北盘为白垩系，南盘分布有侏罗系等地层。

方家窑—龙华断裂走向近东西，略呈弧形向北突出。局部见有重力梯度密集带。北盘重力高，可能为古生界及侏罗系，南盘则为侏罗系。

庙镇断裂：已知规模较小，性质不明，截切崇明岛上的两个小规模北东向断裂。

## 4. 北北东向

姚家港—白鹤断裂：走向北北东，南段有重力梯度密集带。

廊下—松江断裂：可根据重力异常等值线的扭曲确定，北端可延至方家密附近，向南延入邻区。断面倾向不明，西盘岩性为片岩及碳盘盐岩，东盘为侏罗系火山岩。

奉贤—佘山岛断裂：倾向东南，倾角50°~60°，左旋错动。沿断层有闪长岩侵入及玄武岩喷出，向南至海盐附近见有小型辉长岩，据此推测该断层可能深达30 km以上。

燕山运动奠定了上海地区构造的基本格局。上海位于新华夏构造系内，燕山期时新华夏系形成的主要应力方向是北西西—南东东方向的挤压,并以形成北北东向的挤压构造为主。但上海北北东构造并不发育,区域构造方向,主要是北东东,且有由北而南,从近东—西向为主,转为北东东和北东,到本区以南又转为北东和北北东的趋势。这可能反映了早在古生代时就已存在的崇明—苏州深断裂和杭州湾深断裂对本区后期构造发育的影响。

从各构造的形成顺序来看,在本区呈近东西向的崇明—苏州深断裂,及其他东西向构造的雏形形成最早,可能早在古生代前就已存在。其次是北东向构造。直至今天,北北东及北西西向构造仍是主要的构造活动带,根据近年来华南、上海几次地震的P波初动方向求得的震源机制,表明两组节面为北西西及北北东,主压应力轴为北东东向。另外,近东西向构造在白垩纪以来也有继续活动的趋势,并似乎表现为张性断裂,形成角直凹陷等凹陷带,直至近代,地震活动也有沿东西向构造分布的迹象。尤其是近东西向构造与北北东向构造的交叉部位,更是近代的主要发震区。

**(二) 浙江省地质概况**

浙江沿海及海岛所处构造单元均属华夏古陆部分,古陆基底为中元古界蓟县系陈蔡群变质岩系;盖层为中生代火山沉积岩系,呈现大面积分布,变质岩系基底少见,其绝大部分被后期火山—沉积岩系覆盖。① 印支期至燕山晚期,进入大陆边缘活动发展阶段,受古太平洋板块向西俯冲的影响,燕山晚期早白垩世以大规模的火山爆发活动和剧烈的断块活动为特征,断块活动形成火山构造洼地,堆积了巨厚的火山—沉积岩系,地层系统主要为磨石山群和永康群。② 火山爆发堆积之后伴随有大规模的岩浆侵入活动,沿海地区主要分布着燕山晚期晚白垩世岩浆频繁侵入,岩浆经历了三个阶段的侵入活动,整个岩浆序列经历了中酸性—酸偏碱性—碱性演化过程。③

**1. 地层特征**

沿海基岩地区主要出露中生代火山—沉积岩系,分布在苍南沿海、温岭玉环沿海、

---

① 吴自银,金翔龙,李家彪:《中更新世以来长江口至冲绳海槽高分辨率地震地层学研究》,《海洋地质与第四纪地质》,2002年第2期。
② 李玺瑶,刘鑫,于胜尧:《东亚大汇聚与中—新生代地球表层系统演变》,《海洋地质与第四纪地质》,2017年第4期。
③ 杨长清,杨传胜,李刚,等:《东海陆架盆地南部中生代构造演化与原型盆地性质》,《海洋地质与第四纪地质》,2012年第3期。

三门湾及象山港沿岸地区。地层时代均为白垩纪，火山—沉积岩系自下而上由以下地层组构成。

高坞组：主要分布在苍南沿海和玉环沿海，岩性为流纹质晶屑熔结凝灰岩、流纹质玻屑晶屑熔结凝灰岩。地层岩石较单一，晶屑含量一般在40%以上，由石英和长石组成，其粒度粗大，貌似花岗岩，为碎屑流相堆积。

西山头组：分布最为广泛，涉及整个沿海地区。岩性为流纹质晶屑玻屑熔结凝岩、流纹质玻屑凝灰岩、含角砾玻屑熔结凝灰岩，夹流纹岩、沉凝灰岩、凝灰质砂岩等。石组合较为复杂，为爆发相、碎屑流相和火山沉积相堆积。

茶湾组：呈现零星分布，规模较小，主要出露于象山港沿岸和三门湾沿岸。岩性为粉砂岩、沉凝灰岩、角砾沉凝灰岩、凝灰质砂岩以及英安质含角砾凝灰岩。岩石组合较杂，为火山洼地堆积环境。

九里坪组：分布零星，规模较小，常伴随茶湾组，主要出露于象山港海岸和三湾海岸。岩性为喷溢相流纹岩、斑状流纹岩，局部夹有流纹质含角砾凝灰岩。

馆头组：分布局限，规模较小，主要出露于三门湾沿岸地区，在椒江河口北部和苍南南部有零星分布。岩性为陆相盆地河湖相粉砂岩、砂岩、沙砾岩夹几层喷溢相安武岩。

朝川组：分布局限，规模较小，主要见于象山新桥镇东部沿海。岩性为粉矽质视岩夹沙砾岩、细粒长石的岩夹少量流纹质含角砾凝灰发。

小平田组：主要分布在苍南沿海，岩性为流纹岩、流纹质晶屑玻屑熔结凝灰岩夹少量粉砂岩。

小雄组：分布在三门县小雄盐地内，即三门湾南部至椒江河口北部。岩性为流纹岩质含角砾玻屑熔结凝灰岩、石英粗面岩、流纹岩夹含角砾沉凝灰岩，紫红色松砂岩、沙砾岩。

2. 侵入岩特征

燕山晚期侵入岩在浙江沿海零星分布，主要有象山爵溪岩体和温州瑞安大罗山岩体。岩体主要为燕山晚期第三阶段侵入为主，其规模较大，其他第一阶段和二阶段侵入岩规模较小，分布局限，时代分别为晚白垩世和早白垩世。

爵溪细粒晶洞碱长花岗岩：出露面积约43 km$^2$，出露于象山县爵溪海岸，属于燕山晚期第三阶段侵入，岩体时代为晚白垩世。

大罗山岩体：分布在瓯江河口南部沿海平原中，为复合性岩体，由细粒晶洞碱长花岗岩和中粒晶洞碱长花岗岩组成，出露面积约 55 km²，属燕山晚期第三阶段侵入，岩体时代为晚白垩世。

3. 构造特征

受浙东沿海区域性北东向基底构造，即丽水—余姚断裂、温州—镇海断裂和平阳—普陀断裂的影响，盖层构造活动以断裂形式表现，浙东沿海及海岛地区主体表现为北北东向、北东向、北西向和东西向的构造格架。基底断裂构造对浙江沿海及海岛地区的火山活动、岩浆慢入、成矿作用、构造盆地的发生和发展演化具有明显的控制作用。①

**（三）福建省地质概况**

福建省地质构造单元大体可以分为闽西北地体、闽西南地体和闽东地体。②

1. 闽西北地体

位于政和—大埔断裂带以西，南平—宁化构造岩浆带以北的闽西北地区。其深部为地幔缓隆带。变质基底，尤其早—中元古代变质岩广泛出露，麻源群大金山组、南山组呈北东向广泛出露于中部浦城—顺昌一带。往东南至政和—大埔断裂带分布有马面山群的东岩组、龙北溪组及大岭组。晚元古代万全群杜潭组、黄潭组、下峰组及西溪组零星分布于西北部。晚太古代天井坪组零星见于建宁及浦城两地。各变质地层之间为韧、脆性断层接触。南部零星出露的晚古生代—早中生代地层，与变质基底为断层接触，推测它们都是外来体。中生代沉积—火山地层分布明显受断裂控制，呈北东向带状或串珠状零星展布。区内侵入岩主要为加里东及燕山期花岗岩类，它们的出露也明显地受断裂控制而呈北北东、北东及北东东向展布，区域上主要表现为一系列北北东、北东、北东东向脆、韧性断裂。因断裂破坏，区域性褶皱构造面目不清。在该区零星出露暂定为晚太古代的天井坪组为一套砂泥质沉积—火山复理石建造，主要为黑云斜长变粒岩夹黑云片岩、斜长角闪岩（变质基性火山岩），在建宁、浦城两地获得

---

① 张海生：《浙江省海洋环境资源基本现状》，海洋出版社 2013 年版，第 3—5 页。
② 林长进：《福建省地质遗产保护与开发的研究》，黄河水利出版社 2013 年版，第 12—15 页。

其斜长角闪岩 Sm—Nd 同位素年龄为 2 678 Ma、2 682 Ma。目前一致公认为早元古代产物的麻源群，其原岩为一套陆源碎屑沉积夹少量碳酸盐沉积及中—基性火山岩的深变质（角闪岩相）岩系。成岩时代为中元古代中—晚期（1 100～1 400 Ma）的马面山群，原岩亦为陆源碎屑沉积夹碳酸盐岩及基性中酸性火山岩，但其变质程度较低（高绿片岩相），其中的火山岩为具双峰式的细碧—石英角斑岩建造。近几年来新发现，在闽西北仅零星见及的晚元古代万全群、盖洋群以火山喷发堆积物为主夹陆源碎屑沉积，其变质程度更低（低—高绿片岩相），且火山岩为中—酸性钙碱性火山岩。该区的中生代陆相沉积—火山地层以断陷盆地形式展。

### 2. 闽西南地体

位于政和—大埔断裂带以西，南平—宁化构造岩浆带以南的闽西南地区，处于地幔拗陷带上。其中晚泥盆—早三叠世地层广泛分布，其次为晚元古代及早古生代浅变质沉积地层，中生代沉积—火山地层多以断陷盆地形式沿北东东—北东向断续出露。在西部武平桃溪还见有早元古代深变质（角闪岩相）岩。区内加里东、海西—印支及燕山期花岗岩广泛出露，并显示为一系列北北东、北东向岩浆岩带。除上杭—云霄北西向断裂带以外，区内的古生代地层组成一系列醒目的北北东向背、向斜，断褶变形也主要表现北北东向断裂及北西、南东对冲或背向滑脱的推覆、滑脱构造。自晚元古代早期与闽西北地体断离的闽西南地体，晚元古—早古生代处于广海盆地边缘，接受陆源碎屑沉积，加里东运动使之褶皱回返隆起，并产生区域变质，形成了现今所见的上元古界、下古生界浅变质（低绿片岩相）岩系。加里东运动之后于晚泥盆—早三叠世再度处于海盆边缘，接受沉积形成了厚达 7 000 m 的陆—海相沉积地层。印支运动结束了闽西南的海侵历史，并使之褶皱隆起，形成了一系列北北东向断裂及背、向斜构造，从而基本奠定闽西南地体地形地貌的总体景观。燕山期主要表现为断裂活动，但多为继承性断裂活动，印支运动形成的北北东向构造形迹没有受到根本的破坏或改造，中生代的沉积—火山盆地基本上都沿北北东向展布。

### 3. 闽东地体

位于政和—大埔断裂带以东的闽东地区，地质上以晚侏罗—早白垩纪酸（中酸）性火山岩及燕山期花岗岩类广泛分布而著称省内外。此外，在中部闽清—南靖一线还断续出露晚三叠—中侏罗世沉积—火山地层，西部边缘之政和—大埔断裂带东侧零星分布有中—晚元古代变质岩及晚古生代—早中生代沉积地层外来体；福鼎南溪出露有石炭纪海相浅变质地层；东南沿海平潭—东山一带零星分布有元古代、早古生代变质岩及晚三叠—早侏罗世浅变质沉积地层。由于政和—大埔断裂带强烈活动而从早古生代与闽西北、闽西南地体断离的闽东地体，古生代—早中生代长期处于隆升剥蚀状态，此时闽西南地体则两度发生拗陷、海侵、接受沉积。侏罗纪时期，由于闽台微大陆板块向欧亚大陆板块俯冲，闽东地体发生大幅度的拉张断陷，在断陷带中发生沉积—火山喷发作用，尤其在晚侏罗世，由于福安—南靖断裂带的强烈拉张作用，导致大规模酸（中酸）性岩浆强烈频繁地喷发与侵入。白垩纪时期，随着闽台微大陆板块俯冲作用的减弱、停止，并与欧亚大陆板块碰撞，闽东地体的岩浆活动逐渐减弱以致消失，并不断的断褶隆起。第三纪则处于整体隆升剥蚀状态；第四纪以来，地壳运动又重新活跃，形成了新的盆、岭地形。[1]

## 三、东海气候特征

东海位于欧亚大陆东南沿海，属于典型的亚热带季风气候区。受东亚季风影响，东海冬夏盛行风向有显著变化，降水也具有明显的季节变化。该区域气候的总体特征为：季风显著，四季分明，雨量丰沛，空气湿润，高温期与多雨期具有一致性，气温的年较差大，日较差较小。[2] 该区域气温具有明显的纬度地带性特征即从福建省向高纬地区逐渐递减，而降水具有明显的经向地带性特征即从沿海向内陆地区年降水量逐渐减少。[3] 但由于各省市地理位置、地形等方面具有明显的差异性，因此不同省市气候特征也明显不同。此外，东海具有梅雨天气，多台风、低温阴雨寡照、高温、雷雨大风等气象灾害。

### （一）上海市气候特征

上海地区的气候特点是：气温明显偏高，降水总量正常，光照较充足。冬季气温

---

[1] 张建培，张田，唐贤君：《东海陆架盆地类型及其形成的动力学环境》，《地质学报》，2014年第11期。
[2] Deke Xu. 30000-Year vegetation and climate change around the East China Sea shelf inferred from a high-resolution pollen record [J]. Quaternary International, 2012, 279-280.
[3] 张杰：《东海内陆架泥质区S05-2孔沉积物4.9 ka以来沉积特征、物源指示及气候响应》，中国地质大学，2019。

变化大，前高后低，降水特多，光照严重不足；春季气温高降水少；夏季酷热，高温天数多出现早，梅雨期降水极少；当秋季气温继夏季之后出现明显"秋老虎"天气。年内出现了台风、低温阴雨寡照、高温、雷雨大风等气象灾害，以台风影响最大。[①]

### 1. 气温

上海市年平均气温为 16.8℃，市区达 17.5℃，郊区在 16.1（奉贤）~17.4℃（闵行）。2004 年 1 月、2 月、12 月气温低于常年同期，12 月偏低 1.5℃；其他各月均偏高，其中 4 月、6 月、9 月的月平均气温偏高 2.4~3.0℃。市区日最高气温≥35℃的高温日数为 31 天，6 月 25 日至 7 月 5 日，市区出现了连续 11 天的高温，其中有连续 5 天日最高气温≥38.0℃；郊区的高温日数在 8~25 天之间，沿海少，内陆多。年极端最高气温达 37.0~39.0℃；年极端最低气温市区为-5.0℃，郊区为-5.1~-6.8℃。

冬季各地平均气温为 4.7~6.0℃。极端最低气温为-5.0~-6.8℃。季内 12 月气温异常偏高，12 月末常遭受强寒潮袭击温度迅速下降，1 月和 2 月的气温持续偏低。

春季各地平均气温为 14.5~16.2℃。2004 年市区气温创有气象记录 133 年以来同期最高值。

夏季各地平均气温为 27.0~28.5℃。极端最高气温为 37.0~39.0℃。6 月各地平均气温为 24.9~26.8℃；7 月平均气温为 28.5~29.9℃；8 月气温继续偏高。

秋季因影响本市的冷空气次数少强度弱，各地季平均气温为 19.3~20.8℃。9 月平均气温 25.5~26.9℃，中旬天气异常闷热。

### 2. 降水

上海市年降水总量为 1 068 mm。各地降水量在 956~1 263 mm，市区最多；郊区呈东少西多分布，崇明和南汇偏少及其他地方偏少。年内 1 月、2 月、5 月、8 月、9 月降水偏多，其他各月降水均偏少。梅雨不明显，梅雨期短，梅雨量特少，大部分地区仅有 16~30 mm。

冬季降水量为 234~325 mm。季内降水主要集中在 12 月和 2 月，12 月全市降水为 72~129 mm；2 月降水量为 99~147 mm。春季各地降水量为 132~267 mm。季内 3 月各地降水量为 34~53 mm；4 月降水继续偏少，一般为 26~49 mm；5 月全市平均降水量与

---

① 上海市气象局：《上海气候公报》（1995—2004）。

常年持平,但降水分布差异大,东部地区为 45~79 mm,西部及市区为 122~184 mm。

夏季上海市市区、浦东和金山降水量 496~547 mm,其他地区为 383~463 mm。季内降水分布为前少后多,7 月平均降水量一般为 138 mm;8 月全市平均雨量能达 280 mm 左右,其中市区能达 355 mm。

秋季各地降水量为 177~291 mm,市区最多。季内 9 月受台风影响,全市普降暴雨;10 月降水量平均为 37 mm,降水集中在上旬;11 月平均降水量为 43 mm。

3. 日照

一般而言,上海市年日照时数 1 985 h。各地日照时数为 1 789(市区)~2 211 h(崇明),市区、浦东新区、宝山、嘉定和松江比常年偏少 6~176 h,其他地方偏多 85~233 h。年内 3 月、4 月、6 月、9 月日照偏多,其中以 4 月和 6 月光照最充足,比常年偏多 34%~44%,其他各月均正常或偏少。

(二)浙江省气候特征

浙江省位于我国东部沿海,处于欧亚大陆的过渡地带,该地带属典型的亚热带季风气候区。受东亚季风影响,浙江冬夏盛行风向有显著变化,降水也具有明显的季节变化。由于浙江位于中、低纬度的沿海过渡地带,加之地形起伏较大,同时受西风带和东风带天气系统的双重影响,各种气象灾害频繁发生,是我国受台风、暴雨、干旱、寒潮、大风、冰雹、冻害、龙卷风等灾害影响最严重地区之一。浙江省气候总的特点是:季风显著,四季分明,年气温适中,光照较多,雨量丰沛,空气湿润,雨热季节变化同步,气候资源配置多样,气象灾害繁多。浙江省年平均气温 15~18℃,极端最高气温 33~43℃,极端最低气温 -3.5~-17.4℃;年平均日照时数 1 710~2 100 h;全省年平均雨量为 980~2 000 mm;年平均风速为 2.6 m/s,平均风速由近海—沿海—内陆递减,近海地区平均风速一般在 5.0 m/s 以上,离大陆较远的海岛地区平均风速可达 7.0 m/s。[①]

1. 气温

浙江省年平均气温为 15.6~18.3℃,自北向南逐渐递增。其中,17℃ 等温线横贯

---

① 张海生:《浙江省海洋环境资源基本现状》,海洋出版社 2013 年版,第 10-15 页。

浙江中部。年平均气温最低在浙北的湖州、嘉兴地区,年平均气温最高在浙江中部和浙江南部地区。全省冬冷夏热,四季分明。①

春季(3—5月)平均气温13.3~17.4℃,由东北部沿海向浙江西南山地盆地逐步递增。浙北平原平均气温为14.1~15.5℃,浙中盆地为16.1~17.0℃,浙东南沿海平原大部分地区在15.1~16.2℃之间。春季回温最快的地区是西南山间盆地,回暖最慢的地区是沿海岛屿。

夏季(6—8月)平均气温为24.7~28.0℃,东南沿海低,西部内陆高。东部沿海岛屿与南部山区气温在26.0℃以下,浙北平原和东部沿海平原在26.0~27.0℃之间,浙中盆地平均气温达到27.0℃以上。

秋季(9—11月)平均气温为16.7~20.5℃,由浙西北向浙东南逐步递增。浙北平原为17.2~18.5℃,为全省秋季降温最快的地区。浙中盆地平均为18.0~19.4℃,浙东沿海平原、南部山区大部为18.3~20.3℃,沿海岛屿平均气温均在19.0℃以上。南部地区平均气温达到20.0℃以上,为全省秋季降温最慢的地区。

冬季(12月至翌年2月)平均气温为3.3~9.1℃,浙北低于浙南。浙北平原为4.5~6.1℃,为全省最低。浙中盆地大部分平均气温为5.4~7.0℃,浙南山区、浙东沿海平原大部以及南部海岛等地平均气温在9.0℃以上,为全省最高。

全省极端最高气温为33.5~43℃,出现时段主要集中在夏季7月、8月两个月,个别地区如丽水、舟山极端气温出现在9月。浙北平原极端最高气温为38.4~40.5℃,浙中盆地为39.5~41.3℃,浙江东部沿海地区为36.6~40.2℃。沿海地区和海岛地区因受海洋气候调节,极端最高气温相对较低,在39.0℃以下,尤其是嵊泗、洞头、大陈、玉环等地均低于37.0℃。内陆地区明显偏高,中部内陆盆地因地形闭塞,热量难以散发,极端最高气温都在40.0℃以上。

全省极端最低气温为-17.4~-3.5℃,出现时间均在12月至翌年2月间。浙江东部沿海平原与岛屿地区极端最低气温不低于-7.0℃,其中,瑞安为-3.5℃,为全省最高;浙中盆地在-7.5~-11.3℃之间,浙北平原大部分地区在-7.0~-14.0℃之间,其中,安吉曾达到-17.4℃,为全省最低。

全省气温年较差为19.7~24.8℃,由北向南逐步递减,南北相差约5.0℃。浙北平原为23.1~24.8℃,长兴和安吉达到24.8℃,为全省最高。浙中盆地为22.4~24.3℃,

---

① 张海生:《浙江省海洋环境资源基本现状》,海洋出版社2013年版,第10-11页。

浙江东部沿海平原为 19.8~22.6℃，南部山区、沿海岛屿与沿海平原部分地区气温年较差低于 20.0℃，为全省最低。

2. 降水

浙江省沿岸区域的降水分布具有明显的季节布特征：3—9 月降水量较多，10 月至翌年 2 月降水相对较少，降水量常年为 900~1 700 mm，其中，浙中、浙南沿岸是高值区，可达 1 500~1 700 mm；海岛和杭州湾北岸较少，为 900~1 200 mm。暴雨多发生在 8 月、9 月，由于暴雨及所形成的洪水强度大，下游河道感潮水顶托、排泄不畅，常造成严重洪涝灾害；沿海地区是全省高暴雨区，实测 24 h 最大降雨量在 400~500 mm；最大雨量曾达 617.4 mm，系台风所致。①

浙江省春季平均降水量为 315.0~697.3 mm，占全年降水的 24.1%~39.7%。春季平均降水量仅次于夏季，属多雨季节。春季降水量的分布特点是：浙江西南部多，东北部少，呈西南—东北走向。浙北平原、浙东丘陵、沿海岛屿为少雨区，春季降水量在 300~400 mm 之间，最小值出现在嵊泗，为 315 mm。浙西南丘陵山区为多雨区，雨量在 600 mm 以上，最大值出现在开化，达到 697.3 mm。浙北平原 315.3~43.8 mm，大部分地区低于 400 mm。浙中盆地 405.3~697.3 mm。东部沿海平原为 410.8~510.2 mm。

全省夏季平均降水量为 380~789 mm，占全年降水量的 31.2%~45.4%。夏季平均降水量最大的地区出现在浙东沿海平原的宁海、平阳、温州和温岭等地以及开化、江山、龙泉、庆元、泰顺一线，降水量超过 600 mm。夏季平均降水最少的地区出现在浙北平原的嘉兴、平湖、海宁、慈溪和沿海岛屿的嵊泗、普陀、石浦、大陈、洞头等地区，降水量小于 500 mm。其他大部分地区降水量在 500~600 mm 之间。

全省秋季平均降水量为 203.8~390.4 mm，占全年降水的 11.8%~25.1%，少于夏季和春季。秋季平均降水量总的分布特点是：浙中西部少，东部沿海多。浙北平原为 231.3~344.3 mm，杭嘉湖平原地区少于 300.0 mm，浙中盆地在 224.3~253.9 mm 之间，浙南山区的龙泉和庆元少于 210.0 mm，为全省最低。浙东沿海平原与沿海岛屿地区在 300.0~390.0 mm 之间，其中，以浙南的平阳、温州、温岭泰顺等地为高值中心，降水量大于 350.0 mm，其中，泰顺最大，达到 390.4 mm。

① 张海生：《浙江省海洋环境资源基本现状》，海洋出版社 2013 年版，第 11-13 页。

全省冬季平均降水量为 154.5~254.3 mm，占全年降水量的 9.6%~14.8%，属少雨季节。浙北平原大部、浙东沿海平原以及海岛地区降水量最少，低于 200.0 mm。其中，天台、嵊泗、临海、嘉兴、玉环等地最少，不足 170.0 mm。金衢盆地、建德、淳安以及龙泉、庆元等地降水量在 210.0~250.0 mm 之间，其中，江山、衢州等地大于 240.0 mm，为全省的高值中心。

沿海地区正常年降水量在 1 200~2 200 mm，年际变化较大，存在着丰枯交替的隐周期，最大年降水量与最小年降水显比值在 1.9~2.7 之间。沿海地区年降水量南大于北，山区大于平原、海岛。东部沿海地区由于山脉对气流的抬升，形成 5 个高雨区，即四明山、天台山、括苍山、北雁荡山、南雁荡山，多年平均降水量达 1 800~2 200 mm；沿海平原区，北部为 1 200~1400 mm，东部和南部 1 200~1 700 mm，多年平均降水量等值线与岸线大致平行，可见地形对降水的影响很大。

3. 风

浙江省 1971—2000 年累年平均风速 2.6 m/s。平均风速由近海—沿海—内陆递减，近海地区平均风速一般在 5.0 m/s 以上，离大陆较远的海岛地区平均风速可达 7.0 m/s。沿海及一些面积较大的海岛中央部分年平均风速在 3~5 m/s 之间；内陆高山的山顶以及一些特殊地形条件的地方风速可达 5 m/s 以上；除高山站外，内陆地区平均风速一般在 3 m/s 以下，其中，浙西地区多在 1 m/s 左右，云和站年平均风速最小，仅有 0.8 m/s。浙江省大风过程的平均持续时间，近海海面以 10 月至翌年 2 月和 7 月比较长，5 月和 8 月较短，约 10~20 h；其他地区都以 7—10 月比较长；大风的风向随季节而变，夏半年多为南大风，而冬半年多为北大风。[①]

浙江省属于亚热带季风气候区，风向、风速有明显的季节变化。春季，峰面、气旋活动频繁，风速较大，风向多变，但是多偏东风；夏季，主要受副热带高压控制，盛行东南风和偏南风，风速一般较小，但是在 7—8 月台风影响期间风速高涨；秋季，冬季风逐渐取代夏季风，初秋，风向多变，仲秋以后多偏北风，但风速比冬季小；冬季，处于强大而又稳定的蒙古高压东南部，盛行偏北风，风速较大。10 月至翌年 2 月，偏北风占绝对优势；3 月以后偏北风和偏南风频率相互消长；4 月、5 月偏南风与偏北风势均力敌；7 月偏南风最盛，偏北风最弱；8 月偏南风迅速消退，但仍比偏北风稍占

---

① 张海生：《浙江省海洋环境资源基本现状》，海洋出版社 2013 年版，第 13-15 页。

优势；9月偏北风又重占上风。

平均风速的日变化特点为：在内陆和沿海地区，日出之后，风速逐渐增大，到15时左右达到最大值，傍晚之后随着地面温度降低，风速随之减小，至清晨达到最小。如果有天气系统入侵，这种变化规律会被破坏。由于受海洋气候的调节作用，岛屿区域的风速日变化幅度比内陆和沿海地区小，特点为：后半夜至上午风速略小，傍晚至前半夜风速最大。高山的风速日变化规律和沿海平原地区刚好相反，中午前风速达到最大，傍晚风速达到最小，到晚上风速又开始增大。高山的风速日变化大。

### （三）福建省气候特征

福建省具有较暖湿的亚热带海洋性季风气候的特征。这特征主要表现于全省除海拔在500 m以上的中山、低山外，各地年平均气温一般为17~22℃；最热月平均气温的为28℃左右，最冷月平均气温大部在5~14℃之间；夏长而炎热，冬短而温凉，气温年较差不大，日较差较小；风向季节更替显著（夏半年多吹偏南风，冬半年多吹偏北风）；全省大部地区年降水量在1 200~2 000 mm之间，大部分集中于春、夏季；一年中大多数月份的相对湿度在75%~85%之间，较为湿润。[①]

#### 1. 气温

福建省各地年平均气温在17~22℃之间。南部比北部约高3℃，沿海比内陆约高1℃。少数山岭如七仙山、九仙山等的年平均气温虽然较低，但也在12℃左右。除一些山岭外，福建省各地最热月平均气温在28℃左右，各地差异很小；其中以海拔较低而距海不远的盆地为最高，如北溪为28.7℃。最冷月平均气温为5~14℃，各地差异较大。但由于海陆位置不同，各地最热月和最冷月的出现月份也有前后。一般来说，海岛屿最热月出现在8月，最冷月出现在2月；广大的内陆地区则分别出现于7月和1月；沿海低地7月和8月、1月和2月的平均气温大体相当，这就体现了福建省气候具有明显的海洋性的特点。

各地气温年较差大都在15~20℃。其差异大体是：南部小于北部，为4~5℃；沿海路小于内陆，约1℃；各地气温日较差在4~11℃。其中以东南沿海岛屿最小，西北内陆盆地最大。这反映了福建省东南沿海地区的海洋性明显较西北内陆地区显著。它

---

① 吴耀建：《福建省海洋资源与环境基本现状》，海洋出版社2012年版，第4-8页。

是由海陆位置、环流和地形等多种因素综合作用的结果。

从气候年较差来看，沿海和内陆相差不大；但从历年极端最高气温的极值和历年极端最低气温的极值来看，沿海和内陆的差异就较大。内陆地区历年极端最高气温有时在40℃以上，历年极端最低气温在-3℃以下；沿海岛屿历年极端最高气温的均在40℃以下，历年极端最低气温的极值在0℃左右。

上述这些现象的主要原因是内陆地势低陷的地区夏季时热能散失较难，且发生焚风作用较易，特别的如沙溪谷底。沿海地区则不具备有如此高温的条件。内陆地区冬季时，势力强大的寒潮常从西北边境穿越隘口入侵，顺河谷而下，所及地区气温骤降。

2. 霜冻

福建省霜冻现象一般不严重，一年中有霜日数，各地不同。闽西北地区和闽中大山带北部在一年中的有霜日数多在15~25天；闽东北沿海、沙溪谷地、闽江中下游谷地和戴云山东坡地区为5~15天；闽东南沿海低地在5天以下闽东南沿海半岛和岛屿部分多终年无霜。这主要是因为闽西北地区冬季太阳辐射的收入较少、冷气流入侵的强度较大、静风频率较大，有效辐射较强，在许多地势低陷的盆谷之地，既有利于平流辐射霜的形成。闽中大山带多霜主要是由于海拔较大、坡度较高所致。闽东南沿海地区的成霜条件则远不及上述地区。①

福建省各地霜期长短大致与霜日多少的情况相应。一般说，南部明显短于北部，东部沿海明显短于西部边境。但中部谷地的霜期往往比同纬度的沿海盆地要短，主要是因为前者春季升温较快。总之，本省除西北部分地区外，霜期很少超过3个月。

3. 降水

福建省除海拔较高的山地外，各地的平均绝对湿度较大。其分布特征为南部大于北部，沿海大于内陆，谷底大于山地。这是因为绝对湿度的大小常于气温的高低成正比，而气温的高低常与纬度的增加和海拔的增加而降低。同时，沿海受海洋气团和海洋变性大陆性气团的影响其绝对湿度较内陆地区大。②

福建省各地相对湿度在78%~82%，这说明福建省受海洋性气团的影响比大陆性气

---

① 鹿世瑾：《福建气候》，气象出版社1999年版，第138-141页。
② 吴耀建：《福建省海洋资源与环境基本现状》，海洋出版社2012年版，第7页。

团更为显著，但沿海盆地和闽西南谷底的相对湿度较低，在78%以下，而两大山带许多地方都大于82%，两者的差异主要与气温有着密切的关系。

福建省具有季风气候的特点，绝对湿度和相对湿度的大小随季风的变化而不同。一般来说，大部分绝对湿度的最高值出现在炎夏，最低值出现在严冬。但相对湿度常以梅雨性降水的季节相对湿度最高，秋高气爽的时节最低。

福建省的降水量十分丰沛，大多数在1 200～2 000 mm之间。这样丰沛的降水是由于福建省所处的纬度位置比较低，背山面海，山脉的走向基本与海洋气流的入侵方向垂直或者斜交等综合因素作用的结果。

降水的分布特征与地形的关系最大，这反映了福建省降水的等值线分布大致与两大山带和海岸相平行。各地年降水量大致从东南沿海向西北内陆递减，其中又因地形的起伏不同而有所不同。该省降水量主要集中在春、夏季节，秋、冬季节降水量相对较少，但是总量仍然较大，春季降水量占全年的30%～50%，夏季降水量占全年的25%～40%，秋、冬季节的降水量所占比重略少，为40～150 mm，说明福建省气候具有明显的海洋性特点。3月左右该省进入春雨时期，主要原因是西南槽活跃，其气候特点是气温较低，雨日较多且多连续性降水，同时也会产生锋面雷雨天气。梅雨性降水始于4月下旬，5月为全盛时期，6月下半月结束，这个时期也似春雨初期一样，雨日多且多连续性降水，且气温高，降水强度大，多阵雨。这一时期极地大陆性气团南下较弱，热带海洋气团不断从海洋入侵，二者激荡于南岭和闽浙山地一带，形成了准静止锋，形成大面积且持续性降水。由于地理位置和地势高度不同，所以西北内陆降水比东南沿海地区要多。

盛夏时节，在热带海洋气团的影响下，多晴热天气，但由于南来的湿热气流，因地形的作用，气流的不稳定性大大增加，在午后强烈的气流对流或高空气流的辐合作用下，常引起雷雨和阵雨的产生，尤其地形有利的内陆地区。

夏、秋之间，沿海地区多台风雨，但闽中大山带以西的内陆地区则很少受台风的影响，因此，沿海地区8—9月的降水量明显多于内陆地区。台风降水强度虽大，但频率较小，所以沿海地区在台风季节的降水量比梅雨季节的降水量少。

从晚秋到初冬，冷高压已南下控制本省陆面，暖高压还未退出华南上空，因而天气多晴朗稳定，为全年降水最少的时期。暖冬由于有时有锋面过境，降水增多，产生冬雨现象。

一般来说，各地降水丰富，降水年变率较小，逐月降水频率较大，且高温期与多雨期相配合，但由于夏季风和冬季风的强弱以及进退的迟早，加上高空环流形势错综复杂的变化，福建省还出现旱涝灾害，但各年份情况不一致。春雨期和梅雨期降水易涝，秋高气爽时节、早春以及盛夏易旱。

### 4. 风

由于亚欧大陆与太平洋大陆具有明显的环流季节变化，因此夏季盛行偏南风，冬季盛行偏北风。但沿海地区风向受海峡地形和港湾地形的影响，冬季风向多为北北东风，夏季风向多南南西风。①

地形不仅对风向具有影响，还会影响风速，一般而言，沿海地区的风速明显大于内陆地区，山岭地区的风速大于山谷地区的风速。内陆和山岭地区也多大风天气，主要是由于雷暴过境和小股冷气流南侵。

### 5. 云

除台湾海峡的一些岛屿外，各地普遍多云，年平均云量一般在7.0左右，晴天（0.0~2.9）日数都在5.0左右，从云量年变化来看，大致雨季最多，盛夏初冬次之，秋高气爽时节最少。这种多云的天气现象，一方面虽然减少相当多的日照时数，但另一方面在冷冻却大大缓和了气温日较差，减少霜冻现象的产生，在晴夏时，也有削弱旱热天气对农作物威胁的作用。

福建省雾的现象因时因地而发生改变。一般内陆在10—12月的稳定天气里，风静云少，多辐射雾，此外也会出现平流雾的现象。在海拔较大的山岭地区，出现雾的时日较多，如宁南山顶等地全年雾日约在200天以上，这种全年多雾的现象主要是由于湿润气流在登陆山岭时所产生的。

沿海地区尤其是岛屿和半岛，多平流雾且主要集中在春季，如惠安崇武等地在春季全年雾日占70%以上，主要是春季海面温度升高较慢而海洋中的气流又不断南下所造成的。②

---

① 吴耀建：《福建省海洋资源与环境基本现状》，海洋出版社2012年版，第6页。
② 吴耀建：《福建省海洋资源与环境基本现状》，海洋出版社2012年版，第7页。

## 四、东海水文特征

东海沿岸河流众多，各条河流的输沙量、径流量等特征在东海各个省市由于降水量、流域大小等方面的差异而具有较为显著的差异性。

### （一）上海市水文特征

上海市三面环水，河流纵横交叉。大小河流数以百计，交织成稠密的水网。主要河流有长江（河口段）、黄浦江、苏州河、蕴藻浜、大治河、太浦河、淀浦河、川杨河、金汇港等，河网密度很大，平均每平方千米的河流长度 6~7 km。[①]

#### 1. 长江（河口段）

长江水量丰富，河口段平均年径流总量为 $9\,250 \times 10^8$ m³，平均流量为 30 200 m³/s，最大洪峰流量为 92 600 m³/s，最小枯水流量为 5 070 m³/s，洪枯流量相差 15.5 倍。在地球自转偏向力的作用下，长江主泓线不断向南偏移，长江北支流量日趋减少，海潮作用增强，泥沙淤积旺盛，河道趋向死亡。北支的流量曾占长江径流总量的 25%，现已减少至 0.7%，绝大部分长江径流经南支下泄入海。

长江口门（启东嘴与南汇嘴之间）宽度达 90 km，河口段外宽内窄，形似喇叭，有助于形成大潮。潮差自口门向上游递减，最大潮差达 4.62 m，平均潮差为 2.66 m，最小潮差仅 0.17 m。洪水季节涌潮量达 $53 \times 10^8$ m³，枯水季节涌潮量为 $13 \times 10^8$ m³。

长江的含沙量虽远小于黄河，年平均含沙量为 0.54 kg/m³，但由于径流总量大，江水挟带的泥沙总量也很惊人。每年约有 $5 \times 10^8$ t 泥沙落淤于口门内外，形成众多的隐沙、浅滩，其中口门处的拦门沙成为长江与外海通航的主要障碍。

#### 2. 黄浦江

黄浦江是万里长江的最后一条重要支流，也是太湖流域的主要泄水河道。园泄泾、斜塘、毛竹港和泖港为黄浦江上游的四大源头，在松江区境内汇流后称为黄浦江。黄浦江自上游淀峰至下游吴淞口全长 113.4 km；自松江区汇流处至吴淞口的长度为

---

① 徐韧：《上海海洋环境资源基本现状》，科学出版社 2013 年版，第 1–16 页。

83 km。上游河道平直，下游较为曲折。江面宽度一般为 300~500 m，吴淞口附近宽度达 800 m 左右。水深一般为 8~17 m，最深处可达 20 m 左右。沿江地势平坦，河床坡度平缓。

由于黄浦江源自湖泊，上游的太湖和淀泖湖群犹如天然水库，对黄浦江起到蓄洪调峰作用，中下游地区又受潮汐的调节，因此径流的年内分配比较均匀。黄浦江是一条潮汐河流，潮区界点在米市渡附近，米市渡以上以江流为主，米市渡以下受江流和潮流交互作用，越往下游潮流作用越益明显，吴淞口附近以潮流为主。吴淞口潮位站平均每潮进潮量为 $5800 \times 10^4$ $m^3$，平均每天进潮量为 $1.16 \times 10^8$ $m^3$，每年可得潮水量为 $423 \times 10^8$ $m^3$。最大涨潮流速为 1.8 m/s，最大落潮流速为 1.5 m/s。吴淞口多年平均高潮潮位 3.24 m，平均低潮潮位 1.03 m，平均潮差为 2.31 m，历年最高潮位为 5.74 m。

除月相变化造成引潮力的差异外，风是影响潮位变化的另一重要因素。由于长江口向东敞开，当吹东北风、东风和东南风时，如果风力又在 6 级以上，风助潮势，使潮位陡增。因此，每当农历八月十八日前后的大潮汛期，又遇上强劲台风，刮起 8 级以上的东北风时，则会出现特高潮位，必须注意防汛抗洪。黄浦江的泥沙主要是从长江随潮带入的，因此河流含沙量下游大于上游。吴淞口的平均含沙量为 0.5 $kg/m^3$，淀山湖出口处仅 0.1 $kg/m^3$。

3. 苏州河

苏州河又名吴淞江，源出太湖瓜泾口，曲折东流，在市区外白渡桥附近汇入黄浦江，是黄浦江的主要支流。苏州河全长 125 km，上海市境内河段长约 54 km，其中市区河段 17 km。河宽一般为 40~60 m。低水位时平均水深为 2 m。源头平均流量为 25 $m^3/s$，黄渡附近平均流量减至 12 $m^3/s$。

4. 淀山湖

在江、浙、沪交界处，有一片由数十个湖荡组成的淀泖湖群，位于青浦区西部，为市内最大的淡水湖。淀山湖上游通过急水港、大朱库等河流接纳太湖来水，下游经拦路港、淀浦河等河流与黄浦江相通。湖面辽阔，东西宽 8.5 km，南北长 11.0 km，湖泊面积约 70 $km^2$（其中北部 13 $km^2$ 属江苏省昆山市），相当于 13 个杭州西湖的面积。湖泊平均水深 2.10 m，湖泊容积 $1.3 \times 10^8$ $m^3$。淀山湖受潮汐影响很小，水位比较稳定。污染轻微，水体清澈，是上海市的水源保护区。

## (二) 浙江省水文特征

浙江省河流众多，沿海主要有 6 条入海河流（曹娥江口已建挡潮闸，不再作为入海河流）。自北向南分别为钱塘江、甬江、椒江、瓯江、飞云江、鳌江，由于流程短，河流携带泥沙较粗，绝大部分沉积在河口以内，只有少量泥沙在汛期沉积于口外海滨。[①]

### 1. 钱塘江

钱塘江全长 605 km，流域面积 49 900 km$^2$，在浙江省的海盐市澉浦至余姚市西三闸一线注入杭州湾。钱塘江径流主要来自降水，径流量的年内、年际分配与降水相对应。据 1932—1959 年芦茨埠水文站观测资料（表 1.1），径流量年内分配呈单峰型，多年平均最大月径流量出现在 6 月，占年径流量为 22.1%，3—6 月径流量占全年径流量的 61.3%；10 月至翌年 2 月为枯水期，5 个月的径流量仅占年径流量的 18.1%。1960 年新安江水库建成后，由于水库的调节作用，芦茨埠水文站径流年内分配有显著变化，汛期（3—7 月）下泄水量大幅度减小，枯水季节下泄水量明显增大，年内分配趋向均匀。

表 1.1　钱塘江多年平均径流量年内分配表（1932—1959 年）[②]

| 月份 | 1 | 2 | 3 | 4 | 5 | 6 | 7 | 8 | 9 | 10 | 11 | 12 | 全年 |
| --- | --- | --- | --- | --- | --- | --- | --- | --- | --- | --- | --- | --- | --- |
| 径流量/（×10$^8$m$^3$） | 10.52 | 20.39 | 33.83 | 33.15 | 56.27 | 69.39 | 34.07 | 14.33 | 16.02 | 10.39 | 8.58 | 7.02 | 314.44 |
| 占年径流量/（%） | 3.3 | 6.5 | 10.8 | 10.5 | 17.9 | 22.1 | 10.08 | 4.6 | 5.1 | 3.3 | 2.7 | 2.3 | 100 |

根据新安江建库后的芦茨埠水文站资料（1960—1998 年）（表 1.1），1—3 月建库前后变化较小，4—6 月以蓄水为主，丰水年蓄水 500～850 m/s，枯水年蓄水 100～250 m$^3$/s。7—9 月枯水年水库放水量增加约 100～200 m$^3$/s，丰水年蓄水。10—12 月水库增加放水流量 130～300 m$^3$/s。就平水年而言，4—6 月为蓄水期，约蓄水 400～500 m$^3$/s，7—9 月为放水期，约增加 150 m$^3$/s，10—12 月增加放水约 250 m$^3$/s，1—3 月变化较小。

---

[①] 张海生：《浙江省海洋环境资源基本现状》，海洋出版社 2013 年版，第 6-10 页。
[②] 钱塘江志编纂委员会：《钱塘江志》，方志出版社 1998 年版，第 651 页。

钱塘江多年平均径流量，按 1932—1995 年统计，芦茨埠 $301×10^8$ $m^3$，闸口 $386.4×10^8$ $m^3$，澉浦 $436.7×10^8$ $m^3$（钱塘江志编撰委员会，1998）。径流量年际分配不均，芦茨埠最大年径流量 $539×10^8$ $m^2$（1954 年），最小年径流量 $130×10^8$ $m^3$（1979 年），前者为后者的 4.15 倍；实测最大流量 29 000 $m^3/s$（1955 年），最小流量 15.4 $m^3/s$（1934 年），前者为后者的 1 883 倍。闸口最大年径流量 $692.0×10^8$ $m^3$（1954 年），最小年径流量 $179.0×10^8$ $m^3$（1979 年），前者为后者的 3.86 倍。[①]

钱塘江流域植被覆盖较好，暴雨侵蚀地表随水流进入河流的泥沙，含沙量低，实测最大含沙量 1.04 $kg/m^3$，属于少沙河流。钱塘江流域来沙量年内分配和年际变化一般与来水相应，即径流量大，输沙量也大，径流量小，输沙量也小。但输沙量年内分布与年际变化更不均匀。

### 2. 甬江

甬江有两源，由南源奉化江和北源姚江汇集而成，宁波市区三江口以下的河段习称甬江。

甬江流域面积为 4 518 $km^2$。甬江多年平均径流量约 $35×10^8$ $m^3$，其中姚江年径流量 $16.4×10^8$ $m^3$，奉江年径流量 $16.9×10^8$ $m^3$。径流季节变化明显，汛期 4—10 月径流量占全年总量的 64.4%。由于姚江流域系平原河网区，流域来沙少；奉化江流域年产沙量仅 $17×10^4$ t。[②]

### 3. 椒江

浙江中、南部入海河流（椒江、瓯江、飞云江、鳌江）均为典型的山溪型河流，其水沙特征基本一致（表 1.2）。

表 1.2　浙江沿岸山溪性河流入海水沙特征值

| 河流 | 控制站 | 平均流量 /（$m^3/s$） | 最大流量 /（$m^3/s$） | 最小流量 /（$m^3/s$） | 年输沙量 /（$×10^4$ t） | 悬沙通量 /（kg/s） | 资料统计年限 |
|---|---|---|---|---|---|---|---|
| 椒江 | 柏枝岙+沙段 | 110.3 | 191 | 49.5 | 60.82 | 18.98 | 1957—2008 |

---

[①] 张海生：《浙江省海洋环境资源基本现状》，海洋出版社 2013 年版，第 6-7 页。
[②] 张海生：《浙江省海洋环境资源基本现状》，海洋出版社 2013 年版，第 7-8 页。

续表

| 河流 | 控制站 | 平均流量 /(m³/s) | 最大流量 /(m³/s) | 最小流量 /(m³/s) | 年输沙量 /(×10⁴ t) | 悬沙通量 /(kg/s) | 资料统计年限 |
|---|---|---|---|---|---|---|---|
| 瓯江 | 圩仁 | 442 | 725 | 213 | 195.2 | 61.49 | 1950—2008 |
| 飞云江 | 峃口 | 74.6 | 123 | 47.6 | 31.49 | 9.63 | 1957—2008 |
| 鳌江 | 埭头 | 16.3 | 28.9 | 8.38 | 7.06 | 2.17 | 1957—2008 |

椒江全长 197.7 km，流域面积 6 519 km²，在台州市以北经台州湾流入东海。椒江多年平均入海流量为 110.3 m³/s，最大和最小年平均入海流量分别为 191 m³/s（1990年）和 49.5 m³/s（1979年），相应的模比系数 $K$ 值分别为 1.732 和 0.449，两者之间的比值为 3.859；从各年的月平均流量来看，椒江最大值为 819 m³/s，出现在 1990 年的 9 月，主要是受 9012、9015、907、9018 号台风的连续影响，椒江最小值为 0.56 m³/s，出现在 1967 年 10 月；椒江多年平均入海输沙量为 60.82×10⁴ t，相应的多年平均悬沙通量为 18.98 kg/s，最大和最小年平均入海悬沙通量分别 92.9 kg/s（1962年）和 1.75 kg/s（2003年），相应的模比系数 $K$ 值分别为 4.89 和 0.09，两者之间的比值为 53.15；从各年的月平均流量来看，椒江最大值为 722 kg/s，出现在 1962 年的 9 月，主要受到 6214 号台风的影响；流域来沙也主要集中在汛期（4—9月），输沙量占全年的 91.8%。只有大洪水时，才有可能使较多粉砂级物质运移到椒江口外而沉积于台州湾海域，参与台州湾的塑造过程。河口的含沙量较高，平均含沙量为 4~8 kg/m³，曾记录到底层的最大含沙量为 42 kg/m³。

#### 4. 瓯江

瓯江全长 338 km，流域面积 17 859 km²，在温州市龙湾市与乐清市之间注入东海，距瓯江圩仁站 1956—2008 年实测资料统计（表1.2），瓯江多年平均入海流量为442 m³/s，最大和最小年平均入海流量分别为 725 m³/s（1975年）和 213 m³/s（1979年），多年平均入海输沙量为 195.2×10⁴ t，相应的多年平均悬沙通量为 61.49 kg/s，最大和最小的年均悬沙通量分别是 170 kg/s（1975年）和 12.5 kg/s（1979年），沙通量的年际变幅要大于水通量；瓯江入海的水、沙通量洪、枯季变化明显，梅汛期（4—6月）和台汛期（7—9月）为主要输水、输沙期，径流量占全年的 74.4%，输沙量占全年的 89.9%。沙通量的季节性变化幅度和不对称性比水通量更为明显。圩仁站实测最大洪峰流量为 22 800 m³/s（1952 年 7 月 20 日），最小流量为 10.6 m³/s（1967 年 10 月 20 日），年际间最大与最小年平均流量和径流总量变化达 3.4 倍，实测最大和最小流量相差可达 2 000 倍。瓯江洪、枯季流量悬殊，洪峰暴涨暴落，洪峰过程是输水、输沙最集中时期。若考虑其推移质，按其悬沙重出 10% 量级估算，推移质也有 $20\times10^4 \sim 50\times10^4$ t[①]。

5. 飞云江

飞云江全长 203 km，流域面积 $3.25\times10^3$ km²。多年平均入海流量为 74.6 m³/s。最大和最小年平均入海流量分别为 123 m³/s（1962 年）和 37.6 m³/s（1967 年），相应的模比系数 $K$ 值分别为 1.649 和 0.504，两者之间的比值为 3.271。多年平均入海输沙量为 $31.49\times10^4$ t，相应的多年平均悬沙通量为 9.63 kg/s，最大和最小年平均入海悬沙通量分别为 49.3 kg/s（1958 年）和 0.42 kg/s（2003 年），相应的模比系数 $K$ 值分别为 5.12 和 0.04，两者之间的比值为 118.51。

6. 鳌江

鳌江全长 91.1 km，流域面积 $1.54\times10^3$ km²。多年平均入海流量为 16.3 m³/s，最大和最小年平均入海流量分别为 28.9 m³/s（1960 年）和 8.38 m³/s（1967 年），相应的模比系数 $K$ 值分别为 1.773 和 0.514。两者之间的比值为 3.449。鳌江多年平均入海输沙量为 $7.06\times10^4$ t，相应的多年平均悬沙通量为 2.71 kg/s，最大和最小年平均入海悬沙通量分别为 9.39 kg/s（2005 年）和 0.39 kg/s（1964 年），相应的模比系数 $K$ 值分别为 4.33 和 0.18，两者之间的比值为 23.89。[②]

（三）福建省水文特征

1. 主要入海河流的分布及特征

福建省河流除交溪发源于浙江省，汀江流经广东入海外，其余都在本省发源，并从本省入海。省内河流属山地型，源短流急，上中游比降较大，且多峡谷滩礁，河流

---

[①] 宋乐，夏小明：《瓯江河口入海水沙通量的变化规律》，《泥沙研究》，2012 年第 1 期。
[②] 张海生：《浙江省海洋环境资源基本现状》，海洋出版社 2013 年版，第 9 页。

下游河床宽阔,河道曲折,两岸阶地发育。全省流域面积 50 km² 以上的水系 48 条,合计河长 3 137.9 km,流域面积 111 953.2 km²。不含汀江,主要水系有闽江、九龙江、晋江、交溪、鳌江、霍童溪、木兰溪、诏安东溪、漳江、萩芦溪、鹿溪和龙江 12 条水系(表 1.3)。[①]

表 1.3 福建省主要河流的特征

| 河流名称 | 发源地 | 流经地 | 主流长度/km | 流域面积/km² |
| --- | --- | --- | --- | --- |
| 闽江 | 建宁县均口乡 | 南平、福州 | 581 | 60 992 |
| 九龙江 | 龙岩市孟头村 | 漳州 | 285 | 14 741 |
| 晋江 | 永春县一都 | 泉州 | 182 | 5 629 |
| 交溪 | 浙江省景宁县、庆元县 | 寿宁、福安、柘荣 | 162 | 5 549 |
| 鳌江 | 古田县杉洋村 | 连江 | 137 | 2 655 |
| 霍童溪 | 政和县鸢峰山脉北部 | 宁德 | 126 | 2 244 |
| 木兰溪 | 德化县 | 仙游、莆田 | 105 | 1 732 |
| 诏安东溪 | 平和县大溪 | 诏安 | 89 | 1 127 |
| 漳江 | 平和县 | 云霄 | 58 | 961 |
| 萩芦溪 | 仙游县游洋乡 | 莆田 | 60 | 709 |
| 鹿溪 | 平和县 | 漳州 | 54 | 643 |
| 龙江 | 一源莆田;一源永泰 | 福清 | 62 | 538 |

2. 入海河流的年径流量

降水是福建省河川径流主要的补给来源。因此,径流的时空分布与降水的时空分布有着密切的关系(表 1.4)。

---

① 吴耀建:《福建省海洋资源与环境基本现状》,海洋出版社 2012 年版,第 8-10 页。

表 1.4　福建省主要河流入海水量

| 河流名称 | 水文站 | 资料年限 | 年入海水量/（×10$^8$ m$^3$） | | | 多年平均流量/（m$^3$/s） | 变异系数 |
| --- | --- | --- | --- | --- | --- | --- | --- |
| | | | 平均 | 最大 | 最小 | | |
| 闽江 | 竹岐 | 1950—2006 | 538 | 864 | 268 | 1 708.3 | — |
| | 竹岐 | 1950—1979 | 536 | 804 | 268 | 1 700 | 0.26 |
| | 长门 | 1950—1979 | 600 | 903 | 309 | 1 900 | 0.25 |
| 闽江大樟溪 | 永泰 | 1951—1979 | 40.3 | 62.7 | 23.6 | 128 | 0.24 |
| 九龙江 | 郑店 | 1951—1979 | 37 | 61.3 | 20.7 | 117 | 0.29 |
| | 浦南 | 1950—1979 | 82.7 | 139 | 50.7 | 262 | 0.26 |
| | 草埔头 | 1950—1979 | 148 | 238 | 99.6 | 469 | 0.27 |
| 晋江 | 石砻 | 1950—1979 | 48.8 | 84.1 | 28.1 | 155 | 0.32 |
| | 前埔 | 1950—1979 | 50.9 | 87.7 | 29.3 | 161 | 0.29 |
| 交溪 | 白塔 | 1951—1979 | 40.4 | 58.3 | 22 | 128 | 0.25 |
| | 白马门 | 1951—1979 | 65.7 | 101 | 27.9 | 221 | 0.25 |
| 鳌江 | 塘坂 | 1958—1979 | 19 | 27.9 | 10.3 | 60.2 | 0.26 |
| | 东岱 | 1958—1979 | 30.2 | 44.4 | 16.4 | 95.8 | 0.26 |
| 霍童溪 | 洋中坂 | 1958—1979 | 25.2 | 40.1 | 13 | 79.9 | 0.27 |
| | 峦村 | 1958—1979 | 27.2 | 43.2 | 14 | 86.3 | 0.27 |
| 木兰溪 | 濑溪 | 1950—1979 | 9.68 | 16.8 | 4.57 | 30.6 | 0.36 |
| | 三江口 | 1950—1979 | 15.6 | 27.2 | 7.4 | 49.5 | 0.36 |
| 诏安东溪 | 诏安 | 1956—1979 | 9.85 | 15.5 | 4.69 | 31.2 | 0.28 |
| | 宫口 | 1956—1979 | 11.9 | 18.7 | 5.65 | 37.7 | 0.28 |
| 漳江 | 上河 | 1956—1979 | 4.62 | 7.79 | 2.7 | 14.6 | 0.27 |
| | 濠潭 | 1956—1979 | 10.3 | 17.4 | 6.03 | 32.7 | 0.27 |

年径流深分布趋势基本上与年降水量分布趋势相似。闽东岸段径流比较丰富，大

部分为 1 140~1 240 mm，最低也接近 1 000 mm；闽南岸段其次，年径流深为 974~1 080 mm；闽中岸段径流最低，年径流深为 901~964 mm。各测站以下至出海口连同岛屿等地区，年径流深更小，一般为 450~700 mm。

沿海径流年际变化比较大，最大年径流量与最小年径流量的比值大都在 2~3 之间。一年中，最大月径流量出现在 6 月，最小月径流量出现在 12 月或 1 月。

### 3. 入海河流的输沙量

河流泥沙的形成与土壤植被、降水强度、风力大小、人类活动等有密切关系，河流输沙对河流变迁、污染物迁移、水产养殖、港口航道等有着巨大的影响。沿海地区河流含沙量分布总趋势是：闽中岸段最大，闽南岸段居次，闽东岸段最小。沿海地区河流输沙量年际变化比较大，最大年输沙量与最小年输沙量一般相差 7~8 倍，最高达到 12 倍。沿海地区输沙量年内分配无明显地区规律，最大输沙量出现在 6—9 月，最小输沙量出现在 12 月或 1 月（表 1.5）[①]。

表 1.5　福建省主要河流入海泥沙量

| 河流名称 | 水文站 | 资料年限 | 年入海泥沙量/（×10⁴ t） | | | 多年平均含沙量/（kg/m³） | 多年平均侵蚀模数/（t/km²） |
| --- | --- | --- | --- | --- | --- | --- | --- |
| | | | 平均 | 最大 | 最小 | | |
| 闽江 | 竹岐 | 1951—2006 | 518 | 2 000 | 40 | 0.096 | — |
| | 竹岐 | 1951—2006 | 740 | 2 000 | 272 | 0.138 | 136 |
| | 长门 | 1951—2006 | 829 | 2 131 | 319 | 0.138 | 136 |
| 闽江大樟溪 | 永泰 | 1951—1979 | 55.6 | 192 | 18.9 | 0.138 | 138 |
| 九龙江 | 郑店 | 1952—1979 | 77.7 | 183 | 21.3 | 0.21 | 227 |
| | 郑店 | 1970—1979 | | | | | |
| | 浦南 | 1952—1968 | 170 | 464 | 61.6 | 0.206 | 200 |
| | 浦南 | 1970—1979 | | | | | |
| | 草埔头 | 1952—1968 | 307 | 748 | 114 | 0.207 | 208 |
| | 草埔头 | 1970—1979 | | | | | |

① 吴耀建：《福建省海洋资源与环境基本现状》，海洋出版社 2012 年版，第 9–10 页。

续表

| 河流名称 | 水文站 | 资料年限 | 年入海泥沙量/（×10$^4$ t） | | | 多年平均含沙量/（kg/m$^3$） | 多年平均侵蚀模数/（t/km$^2$） |
|---|---|---|---|---|---|---|---|
| | | | 平均 | 最大 | 最小 | | |
| 晋江 | 石砻 | 1951—1966<br>1974—1979 | 214 | 429 | 76.6 | 0.438 | 423 |
| | 前埔 | 1951—1966<br>1974—1979 | 223 | 447 | 79.9 | 0.438 | 423 |
| 交溪 | 白塔 | 1955—1979 | 61.9 | 144 | 11.7 | 0.153 | 189 |
| | 白马门 | 1955—1979 | 107 | 248 | 20.2 | 0.153 | 189 |
| 鳌江 | 塘坂 | 1959—1966<br>1973—1979 | 28.1 | 44.5 | 9.04 | 0.148 | 168 |
| | 东岱 | 1959—1966<br>1973—1979 | 34.5 | 65.1 | 7.19 | 0.148 | 168 |
| 霍童溪 | 洋中坂 | 1959—1960<br>1962—1972 | 32 | 60.4 | 6.67 | 0.127 | 154 |
| | 岙村 | 1959—1960<br>1962—1972 | 34.5 | 65.1 | 7.19 | 0.127 | 154 |
| 木兰溪 | 濑溪 | 1959—1979 | 28.9 | 90.6 | 8.31 | 0.3 | 270 |
| | 三江口 | 1959—1979 | 46.8 | 147 | 13.5 | 0.3 | 270 |
| 诏安东溪 | 诏安 | 1965—1966<br>1973—1979 | 32.7 | 54.9 | 16.5 | 0.331 | 342 |
| | 宫口 | 1965—1966<br>1973—1979 | 39.4 | 66.1 | 19.9 | 0.331 | 342 |
| 漳江 | 上河 | 1960、<br>1962—1979 | 17.5 | 35.3 | 4.67 | 0.38 | 407 |
| | 濠潭 | 1960、<br>1962—1979 | 39.1 | 78.9 | 10.4 | 0.38 | 407 |

# 第二章 东海海洋环境

21世纪是海洋的世纪,海洋是人类生存发展的第二空间,重视海洋经济和生态发展问题是21世纪面临的主要问题。海洋环境是海洋产业经济发展、生态环境建设的重要基础,也是进行海洋生态文明建设的重要基础。因此,了解海洋环境状况对区域海域的发展具有重要作用。本章分东海地形地貌特征、东海海洋沉积特征、东海海洋生物与生态三个部分介绍东海海洋环境现状,最后对东海海洋环境进行综合评价。

## 一、东海地形地貌特征

东海地形主要以平原和低山丘陵为主,地势相对较为平坦。在不同的单元分区下,东海各省市的地形和地貌也具有明显的差异。其中,上海市由于处于长江下游入海口区域,从而形成了巨大的冲积平原;浙江省地形相对较为复杂,主要以低山丘陵为主;福建省海岸带地貌多港湾、半岛、岛屿为特点,同时海岸线较为曲折[1]。以下将分省市进行论述。

### (一)上海市地形地貌特征

根据地貌形态、成因的一致性,将上海地区分为三角洲平原、三角洲前缘、前三角洲潮坪、滨海平原和湖沼平原等六大单元[2],如下:

三角洲平原具有完整的三角洲沉积的垂向层序,表层为洪水和特大潮水的堆积物,主要由黄褐色黏土质粉砂组成,4~8粒级含量约占80%沉积构造以水平层理为主,植物根系、碎屑较多,并见有生物扰动痕迹。生物埋葬群以陆相占优势,也混杂少量有孔虫和海相介形虫壳体。长江河口地区地形复杂,沙岛浅滩顺江流雁行状展布按照成陆年代的差异,本区三角洲平原分为早期河口砂岛和晚期河口砂岛,均以黏土质粉砂

---

[1] 陈义兰:《基于多波束数据的东海陆坡区地形分类》,国家海洋局第一海洋研究所,2007。
[2] 许世远,黄仰松,范安康:《上海市地貌类型与地貌区分》,《华东师范大学学报》(自然科学版),1986年第4期。

为主。

三角洲前缘地处河、海作用剧烈交锋地带。水下地形变化大，沉积物结构复杂，沉积构造类型多样。长江携带巨量的泥沙进入河口地区，由于水动力条件的变化，大量泥沙在口门附近沉积形成拦门沙，由于其规模颇大，特称为拦门沙带；主要由青灰色细砂组成，细砂含量高达80%以上，分选较好，沉积物在垂向层序上具有下细上粗的特点。拦门沙带分布在长江口门中央水底，呈椭圆形突起，主要由青灰色细砂、粉砂质细砂、黏土质粉砂组成。河口心滩在洪水、潮流作用下，表层沉积薄层粉砂、粗粉沙、生长着芦苇等植物，促使其不断向河口砂岛转化。河口沙嘴分布于长江口南翼，主要由粉沙、黏土质粉砂组成，分选性差。

涨潮槽和落潮槽组成物质以粉砂为主。三角洲前缘斜坡为河口沙坝、叉道河床向海延伸的斜坡带，围绕河口呈反"S"形，以黏土质粉砂为主。

前三角洲位于三角洲前缘的外缘，水深约为60 m以内，整体呈弧形向东南突出。境内地势平坦，以青灰色、灰黑色粉砂质黏土为主，富含有机质。

湖滨平原分布于淀山湖、元荡等湖泊的周围，面积约132 km², 海拔高度多在3.5 m以下。组成物质以粗粉砂和黏土质粉砂为主，地下水位高。在排水较好的近河地段，发育黄泥头；而在地势低洼处则为青紫泥。

滨海平原主要由长江携带入海的巨量泥沙，再经波、潮、流的作用沉积而成，分布于全新世最大海侵期海岸线以东广大地区，地势高且平坦。

潮坪分布于本区东、南部沿海地带，滩面平均坡度1%～3%，宽度1 000～3 000 m。沉积物质主要由长江供应，以粉沙为主，平均粒径从低潮坪向高潮坪逐渐变细，含泥量增加，分选性变差。

除了上述基本地貌类型之外，还具有数个更次级地貌形态。如剥蚀弧丘，零星分布于西部地区，海拔高度多数为数十米；据水动力条件对本区海岸蚀、积强度的差异，分别表示了冲刷段和淤涨段等现代岸线的动态趋势；贝壳堤或沙堤是本区地貌发育阶段性的重要标志，全区至少有11条，一般高出地面不足1 m 或直接出露地表，自西向东，阶段性地呈弧形向海伸展[①]。

## （二）浙江省地形地貌特征

浙江省地形复杂，山地和丘陵占70.4%，平原和盆地占23.2%，河流和湖泊占

---

① 徐韧：《上海海洋环境资源基本现状》，科学出版社2013年版，第89-93页。

6.4%，耕地面积仅有 208.17×10⁴ hm²，故有"七山一水两分田"之说。地势由西南向东北倾斜，大致可分为浙北平原、浙西丘陵、浙东丘陵、中部金衢盆地、浙南山地、东南沿海平原和滨海岛屿 7 个地形区。浙江省地处长江三角洲南翼，大陆海岸线曲折，北起平湖金丝娘桥，南至苍南县虎头鼻，分布着杭州湾、象山港、三门湾、浦坝港、乐清港等很多海湾。①

杭州湾两岸地区以海相堆积地貌为特征，构成了地势平坦开阔的北部浙北平原和南部的宁邵平原区，杭州湾两岸均为淤泥质海岸。侵蚀剥蚀丘陵地貌，零星分布在海宁、海盐和平湖沿岸。

浙东沿海地区主要发育侵蚀剥蚀丘陵地貌，由中生代早白垩纪火山碎屑岩类和燕山期侵入岩组成。堆积地貌主要分布在温岭—黄岩滨海平原、温州—瑞安—平阳滨海平原和宁波滨海平原，以及沿海丘陵平原区。平原地势平坦开阔，以海相堆积为主，分布面积大。

浙江沿海发育众多海湾，有辽阔的滩淤资源，主要来源于沿岸入海河流输沙以及长江入海河流扩散。潮滩发育，由粉砂、泥质粉砂岩等细粒物质组成，主要分布在河口、海湾岸段。基岩海岸地貌不发育，主要分布在苍南沿海，受断裂构造控制，岸线曲折，海蚀作用强烈；沙砾质海岸在沿海不发育，仅占大陆海岸的 4%，其规模较小，由砾石、沙砾和沙砾物质组成。

根据岸滩历史动态和演变规律，浙江岸滩分为淤涨型、侵蚀型和稳定型三类，其分段如下：淤涨型海滩主要分布在杭州湾南岸、三门湾、椒江口南侧以及瓯江口至鳌江口之间的温州—瑞安平原；侵蚀类岸滩的发育与海水动力条件和地形地貌有关，最典型的是杭州湾北岸岸滩和一些侵蚀型基岩岸滩；稳定型岸滩分布在基岩型岸滩内，如象山湾、三门湾、乐清湾等。岸滩在演化过程中，受到人类活动的影响较大。

浙江海岛地貌形态主要受北东向、北西向和东西向构造线控制，即北东向平阳—普陀深断裂、温州—镇海深断裂；东西向昌化—普陀大断裂、衢州—天台大断裂；北西向淳安—温州大断裂、孝丰—三门湾大断裂、长兴—奉化大断裂等奠定基本格局。

北部舟山群岛低山丘陵属天台山脉东北延伸之余脉；中南部岛屿属雁荡山脉向东延伸之余脉，总体地势趋于变低，均属燕山运动之产物，主体由白垩纪火山岩系和燕山晚期侵入岩类组成。

---

① 张海生：《浙江省海洋环境资源基本现状》，海洋出版社 2013 年版，第 27—56 页。

从垂直方向上分析，浙江地貌单元为丘陵山地和平原两类，从高到低大致可分为 7 个类型。根据对乡级岛屿地貌类型分布面积调查统计，海积平原与丘陵地貌分别占据 36.09% 和 54.86%。低山与高丘陵大部属高丘地貌，海拔 500~200 m，超过 500 m 的低山峰共 2 座，局限于舟山本岛和桃花岛东南；低山高丘地貌坡度相对较陡，一般 25°~30°。低丘陵海拔为 200 m 以下丘陵地貌；低丘陵地貌坡度相对较平缓，一般 10°~20°。洪积平原分布于山麓沟谷口与冲积平原接壤地带，海拔高程 10~15 m，主要表现为冲积扇裙特征。洪积平原坡度均 10°~15°。洪积冲积平原分布于较大沟谷河流下游地段，地貌上具有河道及河漫滩特征，出露面积约占乡级岛屿面积的 0.612%。海积平原分布广泛，出露于现代滨海岸一侧，地形平坦开阔。冲积海积平原分布于较大河流下游与海积平原接壤地带，两者交错重叠，具有明显的流河沉积和海积成因特点。

风成沙地由风搬运形成沙丘，一般出露面积较小，只局限于部分沙丘后缘地带，面积约占乡级岛屿总面积的 0.286%。

## （三）福建省地形地貌特征

福建省海岸带地貌以基岩海岸线曲折、多港湾、半岛、岛屿为特点。主要港湾有沙埕港、三沙湾、罗源湾、福清湾、兴化湾、湄洲湾、泉州湾、深沪湾、厦门湾、旧镇湾、东山湾、诏安湾 12 个。福建省 500 m² 以上的岛屿主要分布在港湾内及近岸海域，具有北部、中北部多，南部少的分布特征。主要半岛有东冲、龙高、东周、崇武、围头、古雷、梅岭半岛等。[1]

地质构造是福建海岸地貌发育的基础，大致以闽江北西向断裂为界，以北的连江—福鼎海岸（以下简称闽东北海岸）是以下降为主的海岸；以南的长乐—诏安海岸（以下简称闽东南海岸）属于上升为主的海岸。闽东北中、低山丘陵基岩海岸区：由低山丘陵组成的半岛、岬角与沙埕港、晴川湾、牙城湾、福宁湾、三沙湾、罗源湾、定海湾及其湾内平原等相间排列。本区低山、丘陵直逼海岸，海岸以基岩岸为主，约占本区岸线总长的 80% 以上。现代海蚀崖、海蚀洞、海蚀沟等较为发育。岸线曲折，港湾众多，且多为天然深水良港。海积平原狭小，高程 3~5 m。闽东南丘陵、台地海岸区，多由丘陵基岩海岸和红土台地及河口平原相间排列。台地地势平缓，波状起伏，浅坳谷及冲沟发育，其间零散分布有花岗岩类组成的残丘，岩石上常有海蚀痕迹。台

---

[1] 吴耀建：《福建省海洋资源与环境基本现状》，海洋出版社 2012 年版，第 10-12 页。

地约占本区面积的40%，多由较厚的风化残积土组成，高程一般 20～50 m，坡度多在 10°～20°。福建沿海三大平原均分布于本区。河口平原多为冲海积一级阶地，其下为更新统冲积埋藏阶地，台地半岛海岸附近，也常分布有二级海积、风积阶地，高程一般 10～20 m。本区砂质海岸颇为发育，福建滨海沙滩、海水浴场多聚集在区内。此外还有海岸沙丘、沙堤、连岛沙坝、潟湖及第四纪火山地貌等。

福建近岸海域地形由西北向东南倾斜，等深线呈 NE—SW 走向，与岸线近似平行，10 m 等深线逼近岸线。闽江口以北海域，海底地形较为平组，但 20～30 m 等深线之间，分布有许多 NE—SW 排列的岛礁。闽江口以南，海底地形较为复杂，海坛岛东侧海域至南日岛东侧海域之间，海底坡度较大，10 m、20 m、30 m 三条等深线的间距甚近，海坛岛以北至马相列岛和南日岛以南至湄洲湾口海域的海底较平坦。厦门以南海域 20 m 等深线内，多岛屿、暗礁、浅滩；20 m 等深线以外，较为平坦。福建港湾内外水深变化较大，海底地形复杂，由于潮流冲刷，许多港湾形成深槽。

近岸海域地貌主要有水下浅滩、水下三角洲、拦门沙坝、潮流三角洲等。水下浅滩（也称水下岸坡）：大致平行于海岸，呈带状展布，分布于 0～20 m 等深线间，宽度 4～20 km 不等，坡度一般为 1，陡者可达 4。水下三角洲主要分布于闽江口和九龙江口。闽江口水下三角洲略呈扇形向东南展布，长约 35 km、宽 28～60 km。九龙江口水下三角洲呈指状向东部湾口展开，长达 8 km。拦门沙坝：主要见于泉州湾口大坠岛外，呈扇形向东南展布，横直于口门水道之中，长约 3 km、宽 4 km，相对高度 2～3 m，分布水深 1～4 m，由砂质粉砂组成。潮流脊系主要分布于兴化湾、福清湾、三沙湾等内外海底中。潮流三角洲主要分布于三沙湾和罗源湾口外海底，呈喇叭状向东南方向展布，长 50 km、宽 10～35 km。其上发育冲刷深槽，平均水深 45～60 m。

## 二、东海海洋沉积特征

海洋沉积物是指各种海洋沉积作用所形成的海底沉积物的总称。在不同的区位沉积物的类型等方面都具有不同的特征，沉积物在沉积过程中也是一个物理、化学、生物等方面综合作用的结果，所以沉积物可视为综合作用产生的地质体。[①] 东海沉积物主要以颗粒较细的粉砂为主，粉砂质淤泥、砂质粉砂、粉砂质砂、黏土、砂粉砂黏土等

---

① 本广雪，杨子庆，刘勇：《中国东部海域海底沉积环境成因研究》，科学出版社 2004 年版，第 1-44 页。

多种类型及混合体是沿海地区常见的沉积物类型,但由于沉积环境不同,沉积差异性也较为明显。

### (一) 上海市海洋沉积特征

上海市岸滩沉积物多为粉砂,其次为粉砂质淤泥、砂质粉砂、粉砂质砂、黏土、砂粉砂黏土等多种类型及混合体。① 由于沿岸岸线局部区域凹凸不一及水动力条件不同,沉积物类型在不同的地带差异较大,近岸滩主要是粉砂、黏土,水下滩出现砂质粉砂、粉砂质砂,主槽河床和江心沙洲出现大片砂分布等。②

宝山区海岸带表层沉积物以细颗粒物质为主,沉积类型多为粉砂,其次为砂、粉砂质淤泥。由海岸向主河槽,沉积物出现明显的分带:近岸滩主要是粉砂、黏土,水下滩为砂质粉砂、粉砂质砂等。经过对宝山区近岸沉积物的各组分百分含量的统计分析,沉积物各组分中以粉砂占优,粉砂平均含量大于65%,砂的平均含量在空间上差异较大,变化幅度也大(0%~95%),其中砂组分在罗泾码头、宝钢原料码头以及新浏河沙周边区域含量超过70%。此外,由海岸及低潮滩,砂的百分含量逐渐增大,其中近岸滩沉积物砂的百分含量集中在10%以下。沉积物粉砂含量在低潮滩居多,约占沉积物组分的70%,但近岸滩粉砂含量为40%~60%。黏土含量较砂的含量分布相对均匀,整个区域沉积物黏土的百分含量为15%~30%。

浦东新区、南汇区海岸带表层沉积物主要为黏土质粉砂与粉砂,其次为粉砂质砂、砂等。浦东新区岸滩以黏土质粉砂为主,并间断地分布着块状的粉砂、砂粉砂黏土。吴淞口外的南港主槽分布为砂,南汇嘴近岸滩涂区以黏土质粉砂为主,-2 m 以深水域为粉砂、黏土质粉砂。南汇、浦东新区近岸沉积物各组分百分含量表明,砂含量级别超过80%,其中南汇南滩局部地带砂含量超过90%;粉砂基本遍及整个调查海区,其中粉砂含量较高的是吴淞口到大治河岸段,由近岸向主槽粉砂含量逐渐增加。

奉贤、金山区海岸带沉积物普遍较细,以黏土质粉砂为主要类型,其分布范围遍及整个采样区域,少量细砂、粉砂、粉砂质砂及砂质粉砂等类型的沉积物呈斑块状分布,经过对奉贤和金山近岸的沉积物组分百分含量统计分析,两区近岸的沉积物组成分布基本一致,且砂、粉砂和黏土都出现较好的对应,自近岸向主河槽在空间上呈现

---

① 牛作民:《长江口—东海陆架海洋沉积作用过程的几点认识》,《海洋地质研究》,1982 年第 2 期。
② 徐韧:《上海海洋环境资源基本现状》,科学出版社 2013 年版,第 83-89 页。

带状分布。其中表层沉积物砂的百分含量在低潮滩含量最低，小于10%，在海堤外缘潮滩含量其次，为10%~30%，潮下带砂的百分含量最多，超过50%。黏土含量自高潮带向低潮带逐渐递增，其中高潮带黏土含量为10%~30%，中潮带为20%，低潮带黏土含量约为30%。

上海市崇明岛、长兴岛、横沙岛、九段沙中沙、九段沙下沙、黄瓜三沙、东风西沙、东风东沙、青草沙潮间带底质有砂、砂质粉砂、粉砂质砂、粉砂和黏土质粉砂等四个类型，以粉砂底质类型的分布区域最广。其中东风东沙底质类型为粉砂质砂，青草沙底质类型为砂质粉砂、粉砂质砂等，其他海岛底质类型主要为粉砂。粉砂和黏土质粉砂等四个类型，以粉砂底质类型的分布区域最广。其中东风东沙底质类型为粉砂质砂，青草沙底质类型为砂质粉砂、粉砂质砂等，其他海岛底质类型主要为粉砂。[1]

上海市宝山区海岸基本上为人工地貌，陆地基本为冲积三角洲平原地貌，分布有居民区休闲地、水库、厂矿企业、公路、桥梁、水闸和新围海滩涂等人工地貌。宝山区岸段出露的浅滩极少，仅在练祁河、新川沙等河口、炮台湾湿地公园分布着小面积的草滩，炮台湾湿地公园为人工堆积的砾石边滩。

上海市浦东新区海岸地貌以人工地貌为主，陆域为三角洲平原地貌。主要分布水用、工场企业、港区、田海滩涂、休闲地、机场和居民区等人工用地，阳西克外国工楼塘，海塘外用扭工体护坡。浦东新区都段分布大量码头，东段浦东机场直接毗邻南港河道水域，西段海塘外侧为狭窄的外侧淤泥质浅滩较宽。

上海市南汇区海岸自浦东机场南端到临港新城芦潮港西侧，地貌大部分为人工海塘，海塘大部分为复式海塘。海岸陆域主要以现代新圈围的三角洲平原地貌为主体，分布有草地湿地、水库、田地、工厂、港口和大学区等人工地貌。滩涂围垦地貌单元为本地区最大的特色。

上海市奉贤区海岸至芦潮港西侧到上海化学工业园区，大部分为人工地貌。目前，奉贤区岸滩有生长芦苇、互花米草的草滩地貌，在星火农场岸段和金汇港西侧发育有淤泥质潮滩和潮沟地貌。

上海市金山区海岸自上海化学工业园区到金丝娘桥金山化工业园区，大部分为人工海塘地貌，海塘外侧有丁坝和顺坝护坡，顺坝外分布着淤泥质浅滩。

---

[1] 李从先，郭蓄民，许世远，等：《全新世长江三角洲地区砂体的特征和分布》，《海洋学报》（中文版）1979年第2期。

### （二）浙江省海洋沉积特征

浙江省海岸带潮间带表层沉积物类型相对单一，主要为粉砂、黏土质粉砂，广泛分布于潮间带内，粒径范围大部分在 4~80 Φ 范围内，粒径平均值在 6.14 Φ 左右，为粉彩规。粒度分布曲线多呈单峰分布，分选差，峰态窄尖至很窄尖。砂、砾等粗颗粒物质仅零散分布于基岩岬角间的小海湾内，以及河流入海口附近。①

杭州湾的底质类型主要有砂，粉砂质砂、砂质粉砂、粉砂、黏土质粉砂、砂—粉砂—黏土，在乍浦一带基岩岸线见有砾石和砾砂沉积，在某些侵蚀型岸滩出露粉砂质黏土沉积。② 粉砂为湾内主要的细粒沉积物，分布面积最大，广泛分布于杭州湾潮间带内，粉砂的含量为 76.36%~92.88%，平均值为 83.65%；黏土含量为 0%~19.04%，平均值为 7.85%，砂的含量为 0%~19.45%，平均值仅为 8.51%。砂质粉砂主要分布于河口区、与杭州湾南岸低滩沉积物中，粉砂的含量为 54.19%~80.30%，平均值为 67.45%；黏土含量为 0%~10.35%，平均值为 3.92%，砂的含量为 10.29%~44.00%，平均值为 28.63%。粉砂质砂仅在河口区制面高湾、金山卫与南汇嘴之间剖面的高滩区。粉砂质砂仅在金山卫附近的中滩上。③

象山港底质主要有粉砂质黏土、黏土质粉砂、砂—粉砂—黏土、贝壳砂、砾砂等。粉砂为湾内重要的细粒沉积物，分布面积较大主要分布于象山港主航道沿岸潮间带内，粉砂的含量为 75.11%~88.45%，平均值为 79.90%；黏土含量为 8.50%~22.34%，平均值为 16.57%，砂的含量为 1.02%~9.01%，平均值仅为 3.53%。黏土质粉砂主要分布于铁港、黄墩港与西沪港内，19 个黏土质粉砂样品中，粉砂的含量为 62.27%~74.62%，平均值为 69.67%；黏土含量为 17.91%~33.61%，平均值为 26.52%，砂的含量为 0.47%~9.23%，平均值为 3.81%。砂仅在春晓镇附近剖面中采集到砂质样品。

三门湾主要为黏土质粉砂、粉砂质黏土和砂黏土质粉砂，粉砂—黏土等。粉砂广泛分布于三门湾潮间带，粉砂的含量在 75.46%~85.46% 之间，平均值为 79.49%，黏土含量平均值为 7.65%~20.57%，平均值为 16.05%，砂的含量为 0%~13.45%。黏土

---

① 张海生：《浙江省海洋环境资源基本现状》，海洋出版社 2013 年版，第 56-71 页。
② 林春明，黄志城，朱嗣昭，等：《杭州湾沿岸平原晚第四纪沉积特征和沉积过程》，《地质学报》，1999 年第 2 期。
③ 林春明，李广月，卓弘春，等：《杭州湾地区晚第四纪下切河谷充填物沉积相与浅层生物气勘探》，《古地理学报》，2005 年第 1 期。

质粉砂主要分布于湾顶高滩。

浦坝港底质主要为黏土质粉砂、粉砂质黏土。粉砂为港内潮间带主要的细粒沉积物，分布面积较大，广泛分布于三门湾潮间带内，粉砂的含量为78.06%~87.70%，平均值为82.40%；黏土含量为8.53%~19.48%，平均值为13.17%，砂的含量为2.02%~7.74%，平均值为4.43%。

台州湾底质主要为黏土质粉砂、粉砂质黏土。粉砂为湾内潮间带主要的细粒沉积物，分布面积较大，广泛分布于台州湾潮间带内，粉砂的含量为76.34%~93.36%，平均值为84.32%；黏土含量为2.37%~16.94%，平均值为8.94%，砂的含量为1.30%~14.12%，平均值为6.73%。黏土质粉砂在本次调查的潮间带上很少分布，仅在松门港潮间带的剖面中分布。砂质粉砂在本次调查的潮间带上很少分布，仅在台州湾北岸潮间带的中分布。

隘顽湾—漩门湾的底质类型主要有粉砂质黏土、黏土质粉砂。黏土质粉砂分布在湾顶潮间带。粉砂分布在湾内绝大部分潮滩。

乐清湾底质类型主要有粉砂质黏土、黏上质粉砂、砂—粉砂—黏土、砂等，其中，粉砂质黏土占95%以上。黏土质粉砂为湾内潮间带主要的细粒沉积物，分布面积较大，广泛分布于乐湾潮间带内，其中，粉砂和黏土的总含量占95%以上，粉砂的含量为62.38%~71.34%，平均值为65.77%；黏土含量为28.23%~37.52%，砂的含量为0%~4.31%，平均值仅为0.57%。

温州湾底质主要有砾砂、砂、粉砂质黏土、黏土质粉砂、矿—粉砂—黏土等。粉砂为湾内重要的细粒沉积物，分布面积较大，主要分布于温州湾潮滩上。砂质粉砂主要分布于河口和基岩沙砾质岸段附近。

苍南县沿海的底质类型主要有砾石、砾砂、砂、粉砂质黏土、黏土质粉砂等。粉砂分布在沿海湾内绝大部分潮滩。粉砂的含量为76.93%~82.31%；黏土含量为10.72%~21.60%，砂的含量为0.22%~6.96%。

浙江近海沉积物平均粒径分布比较均匀，近海沉积物表层粒度的分选系数在0.3~4.0范围内，平均值为1.78，分选性大致为中等至较差，其中大部分沉积物分选较好。

### （三）福建省海洋沉积特征

福建近岸海域沉积环境可划分为6个分区，即封闭—半封闭港湾细颗粒沉积区、基岩岬角间粗颗粒沉积区、河口混合沉积区、北部开敞—半开敞细颗粒沉积区、中部开敞—半开敞混合沉积区以及南部开敞海岸粗颗粒沉积区。[①]

### 1. 封闭—半封闭港湾细颗粒沉积区

福建港湾众多，且伸入陆地很远，形成三面环山、湾口较窄的地理分布格局，并且在湾口地区多有岛屿做屏障，如沙堤港、牙城湾、三沙湾、罗源湾、湄洲湾、泉州湾、厦门湾、东山湾、诏安湾及宫口湾等。区内沉积物以细颗粒物质为主，但沉积物组分及粒度参数由北向南具有很大的空间差异，闽江口以北该类型沉积分区的沉积物以黏土质粉砂为主，闽江口以南至厦门湾之间沉积物黏土质粉砂和粉砂为主，而厦门湾以南沉积物以粉砂和砂质粉砂及粉砂质砂为主。该类区域沉积物的空间分布与物质来源有关。

### 2. 基岩岬角间粗颗粒沉积区

福建沿海在构造上属浙闽隆起带，受区域地质构造的控制，海岸线曲折度高，岸边基岩岬角非常发育。该类沉积分区不仅出现在开敞—半开敞海岸，在封闭—半封闭海湾内也有少量分布。基岩岬角附近海域沉积物中粗颗粒组分含量高，沉积物分选较差，沉积物表现为由岸向海平均粒度逐渐减少、分选程度逐渐变好，说明沉积物由岸向海运输；在岬角小湾潮间带地区往往发育着规模不等的砾石滩、沙砾滩、沙滩。该类型沉积物分区内，重矿物含量占有一定组分，并且由岸向海重金属含量逐渐减少，并且由北向南重金属含量总体略有增大，且常见矿物也具有明显的分区。

### 3. 河口混合沉积区

福建沿海河流规模相对较小，多为山溪性小河，目前已大部分被建坝拦截，入海泥沙锐减，河流入海沉积物影响范围相对20世纪80年代明显缩小。在注入海河流中，以闽江最大，其次为九龙江、晋江等。山溪性河流的径流量和输沙量的季节性变化非常明显，入海泥沙量大多集中在夏季洪水季节。在洪水季节，径流作用强，河流携带大量泥沙入海，在河口区受潮流顶托作用，入海泥沙在河口区发生堆积；枯水期，入海泥沙量非常小，而河口区水动力作用明显增强，夏季堆积下来的沉积物在水动力的作用下再次被改造，最终形成了河口混合沉积区。该类沉积分区中，非常粗的沉积物

---

[①] 吴耀建：《福建省海洋资源与环境基本现状》，海洋出版社2012年版，第12—23页。

（如砾石等）多堆积于河床区和河口北侧边滩高潮位附近。

#### 4. 北部开敞—半开敞细颗粒沉积区

本区主要分布在闽江口以北、开敞—半开敞海岸潮间带地区，该类型沉积区由于无大河输入，仅有少量小溪和冲沟入海，径流量和入海泥沙量都非常小，对沿岸潮间带沉积物的贡献量非常少，沉积物主要来源于基岩海岸的侵蚀及浙闽沿岸流的输入。该沉积分区潮差大，但潮流作用相对较弱，波浪作用强，在波浪作用下，海岸多发生侵蚀，侵蚀下来的物质多堆积在高、中潮位附近，并且在潮流的作用下向低潮位及浅水海域搬运，形成了由岸向海方向沉积物平均粒径逐渐减小的分布格局。

#### 5. 中部开敞—半开敞混合沉积区

本区主要包括闽江口以南至厦门湾以北的开敞—半开敞海岸。小型入海河流较多，主要有晋江、木兰溪等，全省最大的两条河流闽江和九龙江在该区北、南两侧入海，使该区沉积物来源相对丰富。本区属强潮、强风、强浪区，加上区内地形、地貌复杂，使得水动力条件非常复杂且多变。主要水动力因素是潮流、波浪和径流等。在这些水动力因素中，潮流起到主导作用，控制着区内沉积过程。水动力条件与区域地形特征相叠加，形成了复杂多变的沉积环境，从而造就了本区内沉积过程多样且相互叠加，形成多变的混合沉积区。

#### 6. 南部开敞海岸粗颗粒沉积区

本区主要包括镇海角以南至东山湾以北的开敞海岸。区内无较大河流入海，九龙江和漳江由北、南两侧入海，其中九龙江入海泥沙是区内沉积物的一个重要来源。沿岸靠陆一侧团沙堆积体分布较广且规模较大。区内潮流作用相对较弱，波浪作用显著，沉积物以砂为主，并且由北向南沉积物总体逐渐变细。海岸侵蚀是本区沉积物主要来源之一，沉积物由岸向海逐渐变细的分布格局也表明沉积物主要由岸向海输运。此外，在该岸段外浅水陆架区，为大片末次冰盛期残留砂分布区，在全新世海侵过程中不断遭受改造、分选，细颗粒部分逐渐向岸输运；该海域现代波浪作用非常显著，在波浪的扰动下，海底细颗粒沉积物不断发生再悬浮，悬浮起来的细颗粒物质在潮流的搬运下向岸输运，并且在潮间带地区堆积，前湖湾和将军湾潮间带沉积物由海向岸逐渐变细的分布格局表明，该岸段沉积物可能有部分来源于海底残留砂的侵蚀。[1]

## 三、东海海洋生物与生态

海洋生物是指海洋里的各种生物，包括海洋动物、海洋植物、微生物等。本节主要介绍海洋生态环境中叶绿素a和初级生产力、浮游生物、游泳动物、底栖生物、潮间带生物等方面，较为全面地反映东海海域海洋生态环境现状。

### （一）叶绿素a与初级生产力

叶绿素a浓度表征海域中光合浮游生物现存生物量，是近海海域基础饵料生物多寡、水域肥瘠程度和可养育生物资源能力的直接指标，也是估算海区初级生产力的重要参数之一。调查研究叶绿素a浓度分布特征，对评价海区营养水平和评估海域水产资源潜在生产能力提供基础素材，其分布特征与变化规律能较好地反映出浮游植物的区域分布与盛衰程度，可为评估附近海域的生态环境特征提供重要参数，同时对评价海域尤其是与人类活动紧密相连的近岸海域和海湾海域的生态环境具有重要的科学意义[2]。海洋初级生产力是海域光合浮游生物通过光合作用把无机碳转化成有机碳的能力，是减缓海水 $CO_2$ 浓度并驱使大气 $CO_2$ 向海洋转移的重要环节，东海叶绿素a浓度在空间上具有近岸高、远岸低的特点。初级生产力不仅与海水中的光合浮游植物现存生物量有直接关系，而且与海水中的营养物质浓度、真光层深度、表面辐照度与光透射强度以及海水稳定性以及气候特征等环境要素紧密关联，是海域生产力潜能的重要指标之一。东海是我国初级生产力与叶绿素较高的海域，初级生产力在长江口与浙江省海域较高，其余区域相对较低。

上海海域全年叶绿素a的平均含量为 2.00 mg/m³，变换范围为 0.11~18.19 mg/m³（表2.1）。水平分布上，春季表层水体叶绿素a含量总体分布特征为：长江口口门处含量明显高于其他海域；底层为北支以及北支口门外叶绿素a含量高于其他海域。夏季，表、底层整体分布由近海向外部海域逐渐递增。秋季，表、底层整体分布趋势由近岸向外部海域逐渐递减的特征。冬季，叶绿素a含量总体较低，整体分布较为均匀，不

---

[1] 吴耀建：《福建省海洋资源与环境基本现状》，海洋出版社2012年版，第12-23页。
[2] 冯士筰、李凤岐、李少菁：《海洋科学导论》，高等教育出版社1999年版，第1-5页。

存在明显的高值区。[1]

表 2.1　2006—2007 年上海海域叶绿素 a 含量调查　　　　单位：mg/m³

| 层次 | 春季 | | 夏季 | | 秋季 | | 冬季 | |
| --- | --- | --- | --- | --- | --- | --- | --- | --- |
| | 平均值 | 变化范围 | 平均值 | 变化范围 | 平均值 | 变化范围 | 平均值 | 变化范围 |
| 表层 | 2.41 | 0.33~10.23 | 2.44 | 0.91~18.19 | 1.99 | 0.26~10.21 | 0.9 | 0.29~2.27 |
| 底层 | 1.83 | 0.18~7.49 | 3.08 | 1.02~10.57 | 2.19 | 0.24~8.13 | 1.02 | 0.47~2.70 |
| 平均值 | 2.02 | 0.18~10.23 | 3.04 | 0.73~18.19 | 1.92 | 0.11~10.21 | 0.94 | 0.29~2.70 |

上海海域全年 100% 光层初级生产力水平为 23.43 mg/（m³·h），1% 光层初级生产力平均值为 4.91 mg/（m³·h）（表 2.2）。水平分布上，春季和夏季，100% 光层初级生产力分布呈现由近岸向外部递增的趋势，1% 光层水平分布上表现为口门处相对较高，其他区域较低的特征。秋季，100% 光层初级生产力水平分布口门处较高，其他海域均较低；1% 光层水平分布上表现为口门及口门外海域较高，其他区域较低的趋势。冬季，初级生产力水平整体较低，分布较为均匀。[2]

表 2.2　2006—2007 年上海海域初级生产力调查结果　　　　单位：mg/（m³·h）

| 层次 | 春季 | | 夏季 | | 秋季 | | 冬季 | |
| --- | --- | --- | --- | --- | --- | --- | --- | --- |
| | 平均值 | 变化范围 | 平均值 | 变化范围 | 平均值 | 变化范围 | 平均值 | 变化范围 |
| 100% | 18.27 | 2.88~54.67 | 50.17 | 4.98~276.24 | 22.77 | 7.83~43.80 | 2.49 | 0.60~5.34 |
| 1% | 6.77 | 0.67~27.25 | 7.46 | 3.64~14.77 | 4.18 | 0.91~9.57 | 1.21 | 0.08~2.66 |

浙江省海域大面观测站（908 专项调查）春季叶绿素 a 浓度的分布范围为 0.03~9.18 μg/dm³，浙江省海域表层叶绿素 a 含量较高的区域有以洞头列岛为中心的周围海域，桃花岛为中心的周围海域和椒江口海域，此外嵊泗列岛往东海域含量也很高，从区域分布来看，叶绿素 a 浓度最高集中在椒江口海域，其次是象山海域；分布较低的是杭州湾和

---

[1] 段绍伯：《上海自然环境》，上海科学技术文献出版社 1989 年版，第 13-26 页。
[2] 徐韧：《上海海洋环境资源基本现状》，科学出版社 2013 年版，第 16-17 页。

乐清湾海域；夏季叶绿素 a 浓度的分布范围为 $0.02\sim52.85$ $\mu g/dm^3$，从区域分布来看，夏季叶绿素 a 浓度最高的区域为宁波舟山海域，其次为椒江口海域，叶绿素 a 浓度较低的两个区域为象山港和乐清湾海域；秋季叶绿素 a 浓度的分布范围为 $0.08\sim7.99$ $\mu g/dm^3$，秋季浙江省海域表层含量较高的区域主要集中在浙江省海域东侧，象山港中的西沪港和乐清湾顶等海域的表层叶绿素 a 含量也较高；浙江省海域大面观测站冬季叶绿素 a 浓度的分布范围为（$0.09\pm5.27$）$\mu g/dm^3$，冬季浙江省海域大面站各层次的叶绿素 a 含量表层含量较高的区域主要集中在杭州湾和舟山群岛以北海域（表 2.3）。

表 2.3 浙江省海域叶绿素 a 浓度的区域水平和分布（平均值±标准差）单位：$\mu g/dm^3$

| 区域 | 春季 | 秋季 | 夏季 | 冬季 |
| --- | --- | --- | --- | --- |
| 杭州湾 | 0.98±0.31 | 3.06±3.71 | 1.03±0.54 | 1.45±0.55 |
| 宁波—舟山海域 | 1.53±1.57 | 4.19±7.29 | 0.54±0.25 | 0.68±0.34 |
| 象山港 | 2.52±1.44 | 2.33±1.35 | 1.28±0.52 | 0.85±0.97 |
| 三门湾 | 1.24±0.18 | 3.30±0.94 | 2.47±0.63 | 0.70±0.29 |
| 椒江口 | 3.48±1.70 | 3.73±2.62 | 1.13±0.25 | 0.50±0.06 |
| 乐清湾 | 0.87±0.21 | 2.34±1.06 | 1.90±0.51 | 0.76±0.47 |
| 浙中南沿海 | 1.94±2.10 | 2.55±2.74 | 0.97±0.69 | 0.53±0.18 |

浙江省春季浙江海域表层初级生产力的平均值为（$26.68\pm45.22$）/mg·（$m^2\cdot d$）（以碳计）。高值区主要分布在杭州湾靠外海域附近；低值则主要出现在乐清湾和三门湾和浙南沿海，这主要是由于这些海域水体混浊、真光层变浅所致。夏季浙江海域表层初级生产力的高值区主要分布在杭州湾、宁波舟山海域和浙中南沿海局部；低值则主要出现在乐清湾、三门湾和象山港等港湾内。这主要是由于这些海域水体混浊、真光层变浅所致；秋季浙江海域表层初级生产力高值区主要分布在杭州湾、宁波舟山海域；低值则主要出现在杭州湾、三门湾和象山港等港湾湾内。这主要是由于这些海域水体混浊、真光层变浅所致。冬季高值区主要分布在宁波舟山海域；其余区域普遍偏低，这可能和冬季浮游植物生长不旺盛，光合作用程度不高有关。从总体分布趋势来看，全年近岸海域的初级生产力低于远岸海域的初级生产力。[①]

---

① 张海生：《浙江省海洋环境资源基本现状》，海洋出版社 2013 年版，第 27–71 页。

福建主要港湾叶绿素 a 范围为 0.93~5.40 mg/m³，年平均值 3.39 mg/m³，除三沙湾外，其余各港湾的叶绿素 a 年平均超过 1 mg/m³，大部分在 2 mg/m³ 以上。夏季兴化湾最高，达 16.88 mg/m³，其次是罗源湾为 7.27 mg/m³。从所处的地理位置来看，兴化湾位于福建省的中部偏北，罗源湾位于福建省的北部，这两个港湾叶绿素 a 较高，其余港湾叶绿素 a 含量相差不大。夏季除了兴化湾和罗源湾较特殊外，春季和秋季，叶绿素 a 的平面分布格局，基本上呈现南部高于北部，湾内高于湾外的特点。从调查的结果分析，湄洲湾以南港湾表层叶绿素 a 总体上高于北部，三沙湾、兴化湾和湄洲湾等近年来叶绿素 a 值有所升高，而同安湾、东山湾和诏安湾在某些季节有所降低，这种降低与大量养殖滤食性贝类有关，尤其是牡蛎。福建省初级生产力范围 20~1 712 mg（am/d）（以碳计），年平均值 237 mg/（m²·d）（以碳计）。① 除夏季，三沙湾、湄洲湾和泉州湾外，其余各港湾的初级生产力年平均都超过 40 mg/（m²·d）（以碳计），大部分在 100 mg/（m²·d）（以碳计）以上。夏季，兴化湾最高，达 1 712 mg/（m²·d）（以碳计），其次是罗源湾为 1 708 mg/（m²·d）（以碳计）。各港湾初级生产力平面分布与叶绿素 a 的情况相似② （表 2.4）。

表 2.4　福建海区透明度、叶绿素 a 和初级生产力

| 海区 | 季节 | 透明度/m | 真光层叶绿素 a /（mg/m³） | 初级生产力 | |
|---|---|---|---|---|---|
| | | | | 日平均/（mg/m²·d）（以碳计） | 年平均/（g/m²·a）（以碳计） |
| 北部湾 | 春 | 2.74 | 2.00 | 421 | 100 |
| | 夏 | 1.45 | 3.06 | 523 | |
| | 秋 | 1.46 | 1.03 | 146 | |
| | 冬 | 0.50 | 0.59 | 5 | |
| 中部湾区 | 春 | 2.65 | 2.69 | 391 | 113 |
| | 夏 | 2.00 | 0.54 | 424 | |
| | 秋 | 1.79 | 2.96 | 408 | |
| | 冬 | 1.08 | 0.68 | 10 | |

① 林吓宁：《福建省三沙湾白马港海域叶绿素 a 与初级生产力的调查》，《科技资讯》，2014 年第 16 期。
② 福建省海岸带和海涂资源综合调查领导小组办公室：《福建省海岸带和海涂资源综合调查报告》，海洋出版社 1990 年版，第 152-157 页。

续表

| 海区 | 季节 | 透明度/m | 真光层叶绿素 a /（mg/m³） | 初级生产力 | |
|---|---|---|---|---|---|
| | | | | 日平均/（mg/m²·d）（以碳计） | 年平均/（g/m²·a）（以碳计） |
| 南部湾区 | 春 | 2.72 | 1.63 | 317 | 89 |
| | 夏 | 2.01 | 1.72 | 428 | |
| | 秋 | 1.52 | 1.22 | 217 | |
| | 冬 | 1.40 | 0.73 | 16 | |
| 全海区平均 | 春 | 2.69 | 1.95 | 382 | 103 |
| | 夏 | 1.84 | 2.02 | 454 | |
| | 秋 | 1.63 | 1.99 | 298 | |
| | 冬 | 0.98 | 0.66 | 10 | |

### （二）浮游生物

浮游生物是指因缺乏发达的运动器官而没有或只有微弱的运动能力，悬浮在水层中随水流移动的生物群。按其营养方式和分类地位可分为浮游植物和浮游动物两大亚类。东海浮游动物四季总生物量均值为 65.32 mg/m³，从高到低依次为秋季、夏季、春季、冬季。总生物量最高值（>1 000 mg/m³）仅在春季出现；高生物量区（>500 mg/m³）4 个季节均有出现但范围很小，一般占总调查面积的 1%~4%，大部分水域总生物量在 50 mg/m³ 左右。

#### 1. 上海市海域浮游生物

上海海域全年聚球藻平均细胞密度为 2 630 个/mL，变化范围为 66~25 300 个/mL（表 2.5）。表层细胞密度呈现由近岸向外部海域逐渐递增的趋势，长江口外海域明显高于口门内；底层总体水平分布变化趋势与表层区趋于一致。[①]

---

[①] 徐韧：《上海海洋环境资源基本现状》，科学出版社 2013 年版，第 17-31 页。

表 2.5　2006—2007 年上海海域聚球藻细胞密度调查结果　　　　　单位：个/mL

| 层次 | 春季 | | 夏季 | | 秋季 | | 冬季 | |
| --- | --- | --- | --- | --- | --- | --- | --- | --- |
| | 平均值 | 变化范围 | 平均值 | 变化范围 | 平均值 | 变化范围 | 平均值 | 变化范围 |
| 表层 | 4 961 | 2 020~25 300 | 4 476 | 148~23 200 | 3 297 | 995~7 840 | 1 977 | 152~10 400 |
| 底层 | 1 553 | 324~7 760 | 1 480 | 66~7 150 | 1 122 | 460~3 140 | 882 | 152~3 210 |
| 平均值 | 3 452 | 324~25 300 | 3 314 | 66~23 200 | 2 255 | 460~7 840 | 1 480 | 152~10 400 |

上海海域微微型光合真核生物平均密度为 155 个/mL，变化范围为未检出~1 570 个/mL（表 2.6）。在细胞数量上，微微型光合真核生物夏季的细胞密度明显高于其他季节，冬季受水温的影响，明显低于其他季节。

表 2.6　2006—2007 年上海海域微微型光合真核生物细胞密度调查结果　单位：个/mL

| 层次 | 春季 | | 夏季 | | 秋季 | | 冬季 | |
| --- | --- | --- | --- | --- | --- | --- | --- | --- |
| | 平均值 | 变化范围 | 平均值 | 变化范围 | 平均值 | 变化范围 | 平均值 | 变化范围 |
| 表层 | 141 | 34~290 | 463 | 10~1 570 | 345 | 未检出~1 090 | 46 | 未检出~505 |
| 底层 | 61 | 未检出~153 | 58 | 未检出~376 | 92 | 未检出~392 | 2.8 | 未检出~25 |
| 平均值 | 108 | 未检出~296 | 253 | 未检出~1 570 | 217 | 未检出~1 090 | 17 | 未检出~505 |

微型浮游生物共 6 门 70 属 100 种。其中硅藻门 47 属 100 种，甲藻门 11 属 23 种，绿藻门 4 属 7 种，蓝藻门 4 属 4 种，金藻门 3 属 3 种，动鞭门 1 属 1 种。硅藻和甲藻所占的比例为 72.46% 和 16.67%，为长江口微型生物群落主要群类。微型浮游生物种类季节变化明显，以冬季种类数量最多，明显高于其他季节，夏季次之，秋季最少。

小型浮游生物 5 门 54 属 111 种（表 2.7），种类组成的生态特点以河口及近岸低盐性类群为主。其中，硅藻门 38 属 86 种，甲藻门 5 属 13 种，蓝藻 3 属 3 种，金藻门 1 属 1 种，绿藻门 7 属 8 种。海域四季小型浮游生物平均细胞密度 $5.58\times10^6$ 个/m³（表 2.8）。季节变化上，小型浮游生物网样细胞均值夏季最大，秋季次之，冬季最小，整个海区细胞数量夏季变化幅度最大。[1]

---

[1] 段绍伯：《上海自然环境》，上海科学技术文献出版社 1989 年版，第 13-26 页。

表 2.7　2006—2007 年上海海域小型浮游生物组成

| 类群 | 5 门 54 属 111 种 | |
|---|---|---|
| | 总类数 | 比例（%） |
| 硅藻门 | 38 属 86 种 | 77.48 |
| 甲藻门 | 5 属 13 种 | 11.71 |
| 蓝藻门 | 3 属 3 种 | 2.70 |
| 金藻门 | 1 属 1 种 | 0.90 |
| 绿藻门 | 7 属 8 种 | 7.21 |

表 2.8　2006—2007 年上海海域小型浮游生物密度统计结果　　单位：$10^4$ 个/m³

| 季节 | 春季 | 夏季 | 秋季 | 冬季 |
|---|---|---|---|---|
| 平均值 | 745.6 | 1 006 | 734.4 | 12.13 |
| 变化范围 | 1.13~16 200 | 0.54~26 400 | 0.544~7 910 | 0.423~63.8 |

上海海域大中型浮游生物 209 种（不包括 41 种浮游幼体），隶属于 6 门 14 个类群（表 2.9）。其中甲壳虫动物最多，共 139 种，占所有种类数的 66.51%；甲壳动物种，桡足类占绝对优势，共 92 种，在甲壳动物和浮游动物中所占比重分别达到 66.19% 和 44.02%。其他种类数较多的类群主要为水母类（23 种），占浮游动物种类 11.00%。上海海域共发现 8 个优势种，分别为虫肢歪水藻、中华华哲水蚤、长额刺糠虾、真刺唇角水蚤、太平洋纺锤水蚤、火腿许水蚤、中华胸刺水蚤，除一种为糠虾外，其余种类均为桡足类。生物量的季节排列从高到低依次为：夏季、春季、秋季、冬季。[①]

表 2.9　2006—2007 年上海海域大型浮游生物密度及生物量统计结果

| 季节 | 密度/（个/m³） | | 生物量/（mg/m³） | |
|---|---|---|---|---|
| | 平均值 | 变化范围 | 平均值 | 变化范围 |
| 春季 | 215.54 | 37.92~1 066.68 | 239.12 | 61.250~700 |

---

[①] 徐韧：《上海海洋环境资源基本现状》，科学出版社 2013 年版，第 25—28 页。

续表

| 季节 | 密度/（个/m³） | | 生物量/（mg/m³） | |
|---|---|---|---|---|
| | 平均值 | 变化范围 | 平均值 | 变化范围 |
| 夏季 | 752.18 | 0~7 476.12 | 327.056 | 0~1 811.43 |
| 秋季 | 101.44 | 3~667.5 | 130.577 | 1.111~598.75 |
| 冬季 | 27.67 | 0~152.34 | 73.061 | 0~292 |

中型浮游生物上海海域春季共鉴定出 10 个类群 50 种（不包括浮游幼体类 13 种）；夏季，共鉴定出 14 个类群 125 种（不包括浮游幼体类 24 种）；秋季，共鉴定出 12 个类群 87 种（不包括浮游幼体类 10 种）；冬季，共鉴定出 9 个类群 48 种（不包括浮游幼体类 11 种）。中型浮游动物优势种共 12 种，除一种为浮游幼体外，其他种类均为桡足类。季节变化上，中型浮游动物种类夏季最高，共发现 125 种，秋季次之，为 87 种，冬季则明显较少。

2. 浙江省海域浮游生物

四季调查共鉴定出浮游植物 9 门 483 种，四季累计不同类群和各季的类群组成见表 2.10。从浙江省不同区域看，浮游植物四季总种类数分布自宁波至舟山海域（341 种）、浙中南沿海（325 种）、象山港（122 种）、杭州湾（120 种）、三门湾（103 种）、乐清湾（90 种）、椒江口（66 种）依次递减。[1]

浙江沿海及各海区春、夏、秋、冬季的浮游植物网样细胞总丰度夏季最高，春季次之，秋季居第三位，冬季最低。各海区网采浮游植物从高到低的顺序依次为杭州湾、椒江口、三门湾、浙江中南沿海、宁波—舟山海域、乐清湾、象山港；各海区水采浮游植物细胞丰度从高到低依次为杭州湾、宁波—舟山海域、浙江中南沿海、椒江口、象山港、三门湾、乐清湾。

---

[1] 张海生：《浙江省海洋环境资源基本现状》，海洋出版社 2013 年版，第 196-203 页。

表 2.10　浙江海域不同季节、不同区域浮游植物种类数分布

| | | 春季 | 夏季 | 秋季 | 冬季 | 四季 |
|---|---|---|---|---|---|---|
| 不同类群 | 硅藻 | 152 | 219 | 173 | 205 | 304 |
| | 甲藻 | 52 | 87 | 50 | 53 | 122 |
| | 绿藻 | 3 | 7 | 0 | 7 | 14 |
| | 蓝藻 | 3 | 7 | 5 | 4 | 12 |
| | 金藻 | 0 | 3 | 1 | 5 | 5 |
| | 定鞭藻 | 2 | 2 | 1 | 1 | 6 |
| | 隐藻 | 1 | 12 | 1 | 4 | 12 |
| | 裸藻 | 1 | 5 | 1 | 2 | 12 |
| | 黄藻 | 0 | 2 | 0 | 0 | 6 |
| | 总计 | 214 | 344 | 232 | 281 | 483 |
| 不同区域 | 宁波—舟山海域 | 103 | 224 | 159 | 196 | 341 |
| | 杭州湾 | 63 | 86 | 29 | 38 | 122 |
| | 象山港 | 50 | 77 | 66 | 63 | 120 |
| | 三门湾 | 47 | 60 | 61 | 37 | 103 |
| | 椒江口 | 53 | — | 39 | — | 66 |
| | 乐清湾 | 43 | 55 | 60 | 47 | 90 |
| | 浙中南沿海 | 109 | 207 | 113 | 201 | 325 |
| | 全省 | 214 | 344 | 232 | 281 | 483 |

四季浮游植物网样优势种中，春季有琼氏圆筛藻、虹彩圆筛藻、星脐圆筛藻、辐射圆筛藻和蛇目圆筛藻；夏季优势种有中肋骨条藻、琼氏圆筛藻、菱形海线藻、洛氏角毛藻和三角角藻；秋季优势种有琼氏圆筛藻、星脐圆筛藻、辐射圆筛藻、中肋骨条藻和中心圆筛藻；冬季优势种有琼氏圆筛藻、星脐圆筛藻、蛇目圆筛菜、虹彩圆筛藻和辐射圆筛藻。由此可见，除夏季中肋骨条藻占绝对优势外，其余季节圆筛藻属在网采浮游植物群落占主导地位。

四季浮游植物水样优势种中，春季有中肋骨条藻、东海原甲藻、柔弱伪菱形藻、琼氏圆筛藻和裸甲藻；夏季优势种有中肋骨条藻、脆根管藻、柔弱伪菱形藻、丹麦细柱藻和尖刺伪菱形藻；秋季优势种有中肋骨条藻、尖刺伪菱形藻、菱形海线藻、琼氏圆筛藻和柔弱伪菱形藻；冬季优势种有具槽帕拉藻、中肋骨条藻、菱形藻、琼氏圆筛藻和圆筛藻。由此可见，中肋骨条藻在四季水采浮游植物群落中占优势地位。①

3. 福建省海域浮游生物

福建省浮游植物经鉴定共计 299 种，其中鉴定到种有 229 种，包括硅藻类 177 种，甲藻 44 种；蓝藻 2 种；绿藻 2 种；金藻 3 种及黄藻 1 种。硅藻类占浮游植物细胞总个数的 99.7%，它对浮游植物群落组成与数量变化均起决定性作用，成为调查海区浮游植物优势种的最主要构成者，如中肋骨条藻、日本星杆藻、尖刺菱形藻、洛氏角刺藻、旋链角刺藻、菱形海线藻、笔尖形根管藻、并基角刺藻及佛氏海毛藻等，均在数量与出现率上占明显优势。此外，还有甲藻类的纺锤角藻、叉角藻及短角角藻等，在夏、秋季也较常见，但数量不多。蓝藻类主要出现在夏、秋季，而冬、春季几乎绝迹。绿藻、金藻及黄藻仅偶尔零星出现。浮游植物种数季节变化，以夏季为最高，达 145 种，春、秋季相近，分别为 124 种和 126 种，冬季仅有 89 种。四季皆出现的共有 51 种，其余均为季节性出现。②

调查海区浮游植物四季度月平均细胞总个数（简称总量）为 $1\,340\times10^4$ 个/$m^3$（以下单位同，均行省略），季节变化最大幅度为 $2\,777\times10^4$ 个/$m^3$，同我国其他海域比较，仅次于广东省的粤东和浙江省海岸带水域，居第三位。浮游植物总量季节变化极其悬殊，从大到小依次为秋季、夏季、春季、冬季。福建海域区域差异也相当悬殊；春、秋两季总量平面分布趋势基本相似，大致以平潭岛为界，北部海区几乎全为 $<50\times10^4$ 个/$m^3$ 的低数量区，中、南部海区大部为 $>100\times10^4$ 个/$m^3$ 高数量区，其中 $>1\,000\times10^4$ 个/$m^3$ 的密集区主要分布于诏安湾、兴化湾及湄洲湾一带水域；夏、冬两季总量平面分布皆较均匀，但两者密度相差极其悬殊；夏季全海区数量普遍较高，$>100$ 个/$m^3$ 或 $>500\times10^4$ 个/$m^3$ 的高数量区占据大部分水域，$>1\,000\times10^4$ 个/$m^3$ 的密集区分布范围较春、秋季更广，其中以诏安湾密度最大，密度中心高达 $22\,000\times10^4$ 个/$m^3$ 以上。

---

① 张海生：《浙江省海洋环境资源基本现状》，海洋出版社 2013 年版，第 196-203 页。
② 王晓娟：《福建近岸海域夏季浮游动物的数量与分布》，《海峡科学》，2013 年第 6 期。

海区浮游浮游动物组成相当复杂，共计357种，共鉴定有305种，包括水螅水母类69种，管水母类11种，栉水母类2种，枝角类2种，桡足类101种，糠虾类13种，磷莹沙虾类3种，毛虾类2种，细螯虾2种，介形类13种，腹足类9种（含变种），毛颚类17种，梅樽类8种，鱼卵仔鱼33种及其他浮游幼虫18种。此外，述有端足类，浮游沙蚕，有尾类及涟虫类等。数量较多，分布较广的优势种相对较多，且有明显的季节更替。[1]

浮游动物种类数季节变化趋势与浮游植物相似，但波动幅度更大，以夏季的种数最多，达201种，占浮游动物总种数的74%。春、秋两季居中，分别为153种和130种。冬季最少，只有62种。四季皆出现的共有种36种，占总种数的13%，其余均为季节性出现。种数季节变化除了生物本身的因素外，主要是同南海吸流和闽浙沿岸流的影响密切相关。种类数平面分布，以夏季较为均匀，各区域几乎都达到100种以上。春、秋、冬三季的分布较不均匀，区域差异甚大。其中春、秋两季的分布趋势基本相同。冬季各区域种类都很贫乏，且显示出由北向南递增的特点。[2]

**（三）游泳动物**

游泳动物是指具有有效的运动器官，在水层中能逆流游动的一类动物的总称。东海游泳动物的种类齐全，其中以鱼类居多。

上海市共鉴定出鱼类24种，隶属于15科。出现鱼种类数最多的科为鳀科，6种；舌鳎科出现3种；石首鱼科各出现2种；其他科均出现1种；虾类4种，长臂虾科3种，鼓虾科1种；蟹类3种，梭子蟹科、黎明蟹科、方蟹科各1种；十足类1种。游泳动物种类组成表现出明显的季节性。夏季种类最多，为31种。其次为春季，19种。[3]

浙江省浮游动物食性功能群包括赤鼻棱鳀和青鳞小沙丁鱼等28种，分布于水体上层。游泳动物食性功能群包括蓝圆鲹、凤鲚等30个物种，大部分属于中上层鱼类。游泳动物食性功能群包括龙头鱼、花鲈等23种，广泛栖息于各个水层。底栖动物食性功能群包括宽体舌鳎、短蛸等30种，栖息于近海底层。碎屑食性功能群包括细螯虾、葛氏长臂虾等31种，全部属于小型虾蟹类，栖息于底层水域。杂食性功能群包括三疣梭

---

[1] 福建省海岸带和海涂资源综合调查领导小组办公室：《福建省海岸带和海涂资源综合调查报告》，海洋出版社1990年版，第157-173页。
[2] 吴耀建：《福建省海洋资源与环境基本现状》，海洋出版社2012年版，第82-87页。
[3] 徐韧：《上海海洋环境资源基本现状》，科学出版社2013年版，第83-93页。

子蟹、口虾蛄等 24 种。①

福建省海岸带沿岸海域鉴定的 300 种游泳生物。其中以鱼类最多，有 224 种，占总种数的 74.7%，隶属于 19 目、78 科、144 属；甲壳类（包括虾类和蟹类）其次，为 57 种，占总种数的 19.0%，隶属于 12 科、27 属；头足类最少，仅 19 种，占总种数的 6.3%，隶属于 2 目、6 科、9 属。各月游泳生物种类组成以 9 月最多，有 193 种；10 月其次，为 191 种；依次为 7 月、8 月和 5 月，而 6 月最少，仅 136 种。各类游冰生物种数月变化有所不同，鱼类以 10 月为最多（147 种），9 月次之（142 种）；甲壳类以 7 月最多，有 42 种，其次 9 月 38 种；头足类以 5 月、8 月、9 月三个月为最多，都是 13 种。游泳生物种数平面分布的特点，呈现由北向南递增的趋势，以东山湾和兴化湾的种数最多，均为 165 种，占全海区总种数的 55%，福宁湾的种数量少，只有 89 种。②

**（四）底栖生物**

底栖生物是指海底营附着、固着、底埋、钻孔和匍匐活动的一类动、植物的总称。按底栖生物的个体大小，凡被 0.5 m 孔径套筛所阻留的生物，称为大型底栖生物；凡能通过 0.5 mm 孔径套筛，而被 0.042 mm 孔径套筛所阻留的生物，称为小型底栖生物。东海大型底栖生物不同类群的数量变化较明显，大型底栖生物密度以多毛和甲壳动物为主，小型底栖生物生物量季节变化与栖息密度季节变化大致保持一致。

**1. 上海市海域底栖生物**

上海市海域大型底栖生物共有 139 种，其中多毛类 52 种，软体动物 18 种，甲壳动物 39 种，棘皮动物 11 种和其他动物 19 种。多毛类、软体动物和甲壳动物占总种数的 78.42%，构成大型底栖生物的主要类群。其中，秋季种类最多为 78 种；春季、夏季分别为 74 种和 69 种；冬季种类最少，为 57 种（表 2.11）。

---

① 蒋日进、张琳琳、徐开达，等：《浙江中南部近岸海域游泳动物功能群特征与多样性》，《生物多样性》，2019 年第 12 期。
② 福建省海岸带和海涂资源综合调查领导小组办公室：《福建省海岸带和海涂资源综合调查报告》，海洋出版社 1990 年版，第 212-224 页。

**表 2.11　2006—2007 年上海海域大型底栖生物种类组成**　　　　单位：种

| 季节 | 多毛类 | 软体动物 | 甲壳动物 | 棘皮动物 | 其他动物 | 总数种 |
|---|---|---|---|---|---|---|
| 春季 | 24 | 13 | 21 | 7 | 9 | 74 |
| 夏季 | 23 | 9 | 20 | 4 | 13 | 69 |
| 秋季 | 34 | 8 | 20 | 3 | 13 | 78 |
| 冬季 | 26 | 8 | 12 | 3 | 8 | 57 |

　　大型底栖生物优势种13种，包括多毛类9种，软体动物1种，甲壳动物1种，以及其他动物2种。背蚓虫为长江口海域主要优势种之一，四季均可形成优势群体。出现率以夏季最高，可达45%，冬季、秋季次之，分别为42%和39%，春季出现率最低，其在上海海域具有出现率高、分布广且均匀的特点。不倒翁虫四季出现率均不高，但春、秋两季在局部海域形成高密度分布，因而其在此时期成为优势种，其在上海海域具有低出现率、分布不均匀，但可形成高密度区的特点。多鳃齿吻沙蚕，春、夏、秋三季在上海海域出现率不高，仅在冬季分布较广，也仅有40%的出现率，因而冬季成为优势种。四季的栖息密度分布相似，呈由口门内向外递增的趋势。春季，高密度区出现在上海海域东部，最高密度达 290 个/m$^2$，另高密度区分布在北支，栖息密度为 150 个/m$^2$；夏季，高密度区分布在上海海域北部，最高密度达 620 个/m$^2$；秋季，高密度区出现在上海海域东部，最高密度达 325 个/m$^2$；冬季，高密度区出现在上海海域北部，最高密度达 355 个/m$^2$。大型底栖生物栖息密度季节变化从高到低依次为夏季、冬季、秋季、春季。多毛类栖息密度的季节变化决定了总栖息密度季节变化，甲壳动物、棘皮动物季节变化不明显。

　　小型底栖动物类群有14个，包括线虫、桡足类、多毛类、涡虫、介形类、六肢幼体、海蜘蛛、动吻类、缓步类、腹毛虫、双壳类、腹足类、无节幼体和其他类。线虫占绝对优势。小型底栖生物四季密度在春季、夏季、秋季和冬季的最高值为435 526.32 个/m$^2$、1 551 315.80 个/m$^2$、432 894.74 个/m$^2$和876 315.80 个/m$^2$。栖息密度水平分布均呈口门内低，口门外高的态势，春、秋、冬三季，高值区均出现在上海海域东部，而夏季，分别在上海海域东部及北部各形成一高值区；生物量四季的高值区均出现在上海海域东部，均呈口门内低，口门外高的态势。小型底栖生物生物量季节变化与栖息密度季节变化保持一致，从高到低依次为夏季、冬季、春季、秋季。小型底栖生物栖息密度和生物量的季节变化主要取决于线虫生物量变化。①

## 2. 浙江省海域底栖生物

浙江省海域大型底栖生物共鉴定出 583 种。其中，多毛类 193 种，软体动物 148 种，甲壳动物 114 种，棘皮动物 39 种，其他类动物 89 种。多毛类、软体动物占总种数的 58.5%，构成浙江省海域大型底栖生物的主要类群。不同海区大型底栖生物四季种类数组成见表 2.12 和表 2.13。②

表 2.12　浙江省海域大型底栖生物四季种类组成　　　　　　　　　　　　　单位：种

| 区域 | 多毛类 | 软体动物 | 甲壳动物 | 棘皮动物 | 其他类动物 | 合计 |
|---|---|---|---|---|---|---|
| 杭州湾 | 33 | 16 | 13 | 10 | 10 | 82 |
| 宁波—舟山海域 | 108 | 56 | 31 | 18 | 19 | 232 |
| 象山港 | 47 | 62 | 37 | 26 | 35 | 205 |
| 三门湾 | 53 | 59 | 51 | 17 | 35 | 215 |
| 椒江口 | 31 | 18 | 16 | 7 | 8 | 80 |
| 乐清湾 | 54 | 63 | 67 | 15 | 45 | 244 |
| 浙中南沿海 | 90 | 28 | 20 | 12 | 10 | 160 |

表 2.13　浙江省海域大型底栖生物优势种类变化

| 区域 | 春季 | 夏季 | 秋季 | 冬季 |
|---|---|---|---|---|
| 杭州湾 | 双鳃内卷齿蚕、不倒翁虫 | 西方似蜢虫、不倒翁虫、双鳃内卷齿蚕 | 不倒翁虫 | 双鳃内卷齿蚕和不倒翁虫 |
| 椒江口 | 焦河蓝蛤 |  | 光滑河蓝蛤、锯鳃蟮缨虫、锥螺 |  |

---

① 徐韧：《上海海洋环境资源基本现状》，科学出版社 2013 年版，第 41-48 页。
② 张海生：《浙江省海洋环境资源基本现状》，海洋出版社 2013 年版，第 210-224 页。

续表

| 区域 | 春季 | 夏季 | 秋季 | 冬季 |
|---|---|---|---|---|
| 乐清湾 | 不倒翁虫、东方长眼虾、棘刺锚参、西奈索沙蚕、双鳃内卷齿蚕 | 不倒翁虫、婆罗囊螺、纵肋织纹螺 | 不倒翁虫、东方长眼虾 | 不倒翁虫、西奈索沙蚕、小头虫 |
| 宁波—舟山海域 | 双形拟单指虫、不倒翁虫、小头虫 | 不倒翁虫、中华异雅虫、小头虫、双形拟单指虫 | 双形拟单指虫、圆筒原盒螺 | 双形拟单指虫、双鳃内卷齿蚕 |
| 三门湾 | 双鳃内卷齿蚕、小头虫、不倒翁虫、西奈索沙蚕、双形拟单指虫 | 不倒翁虫、双鳃内卷齿蚕、马丁海稚虫 | 不倒翁虫、小头虫、双鳃内卷齿蚕、白沙管 | 双鳃内卷齿蚕、小头虫、不倒翁虫、西奈索沙蚕 |
| 象山港 | 纵肋织纹螺、滩栖阳遂足 | 不倒翁虫、马丁海稚虫 | 纵肋织纹螺、不倒翁虫 | 滩栖阳遂足 |
| 浙中南沿海 | 不倒翁虫、双鳃内卷齿蚕、圆筒原盒螺、纽虫 | 红带织纹螺、背蚓虫、双形拟单指虫、双鳃内卷齿蚕、不倒翁虫、螺赢䗡属、棘刺锚参、后指虫 | 双鳃内卷齿蚕、双形拟单指虫、背蚓虫、不倒翁虫、圆筒原盒螺、纽虫 | 中蚓虫、双形拟单指虫、棘刺锚参、双纹须蚶 |

浙江省海域大型底栖生物密度呈现类群和季节差异（表2.14）。年平均生物密度为129个/$m^2$，整体表现依多毛类、软体动物、甲壳动物、棘皮动物、其他类动物递减。各类群的季节差异表现依春季、冬季、夏季、秋季递减。[①]

---

[①] 浙江省海岸带和海涂资源综合调查领导小组办公室：《浙江省海岸带和海涂资源综合调查报告》，海洋出版社1988年版。

表 2.14　浙江省海域大型底栖生物密度季节变化　　　　　　　　　　　单位：个/m²

| 季节 | 多毛类 | 软体动物 | 甲壳动物 | 棘皮动物 | 其他类动物 | 总数种 |
| --- | --- | --- | --- | --- | --- | --- |
| 春季 | 53 | 108 | 24 | 7 | 4 | 196 |
| 夏季 | 65 | 16 | 9 | 9 | 6 | 105 |
| 秋季 | 52 | 32 | 5 | 6 | 7 | 101 |
| 冬季 | 75 | 11 | 10 | 8 | 8 | 112 |
| 平均值 | 61 | 42 | 12 | 8 | 6 | 129 |

浙江省海域大型底栖生物量亦呈现类群和季节差异（表 2.15）。年平均生物量为 21.94 g/m²，整体表现依棘皮动物、软体动物、其他类动物、多毛类、甲壳动物递减。各类群的季节差异表现依秋季、春季、冬季、夏季递减。

表 2.15　浙江省海域大型底栖生物生物量季节变化　　　　　　　　　　　单位：g/m²

| 季节 | 多毛类 | 软体动物 | 甲壳动物 | 棘皮动物 | 其他类动物 | 合计 |
| --- | --- | --- | --- | --- | --- | --- |
| 春季 | 1.82 | 5.40 | 0.97 | 13.01 | 2.33 | 23.54 |
| 夏季 | 1.87 | 3.48 | 0.84 | 8.98 | 2.42 | 17.58 |
| 秋季 | 2.46 | 15.92 | 2.22 | 4.87 | 1.36 | 26.84 |
| 冬季 | 1.54 | 4.93 | 1.03 | 8.17 | 4.11 | 19.78 |
| 平均值 | 1.92 | 7.43 | 1.27 | 8.76 | 2.56 | 21.94 |

与历史资料相比，908 专项调查浙江省海域大型底栖生物总种类数明显增多。多毛类和软体动物种类数量均增加明显。多毛类因其能耐受较高污染，通常被认为是环境恶化的指示生物。

浙江省海域底栖生物平均生物量 1981—1982 年四季为 12.06 g/m²，平均生物密度为 99 个/m²。1990 年春季（4 月 18 日—5 月 29 日）和秋季（10 月 11 日—11 月 28 日）两个航次的底栖生物平均生物量为 21.39 g/m²，平均生物密度为 326 个/m²。浙江省 908 专项调查结果（2006—2007 年），四季航次调查结果表明，浙江省海域大型底栖生物平均生物量（21.49 g/m²）较历史资料（12.06 g/m² 和 21.39 g/m²）高，而平均生物密度（129 个/m²）则较 1981—1982 年（99 个/m²）调查结果高，较 1990 年（326 个/m²）调查结果低。

浙江省海域大型底栖生物不同类群的数量变化较明显（表 2.16）。生物量：908 专项调查结果中，软体动物（7.43 g/m²）、甲壳动物（1.27 g/m²）和棘皮动物（8.76 g/m²）均比历史资料高，多毛类的平均生物量（1.92 g/m²）则高于 1981—1982 年的调查结果（1.08 g/m²），而低于 1990 年的调查结果（2.62 g/m²）。生物密度：多毛类（61 个/m²）、软体动物（42 个/m²）、棘皮动物（8 个/m²）和其他类动物（6 个/m²）的平均生物密度均高于 1981—1982 年的调查结果，而低于 1990 年的调查结果。甲壳动物的平均生物密度（12 个/m²）则低于 1981—1982 年（15 个/m²）和 1990 年（18 个/m²）的调查结果。[①]

表 2.16  浙江省海域大型底栖生物不同类群的数量变化

| 类群 | 数量 | 1981—1982 年 | 1990 年 | 2006—2007 年 |
| --- | --- | --- | --- | --- |
| 多毛类 | 生物量（g/m²） | 1.08 | 2.62 | 1.69 |
|  | 生物密度（个/m²） | 48 | 187 | 61 |
| 软体动物 | 生物量（g/m²） | 5.84 | 3.95 | 7.43 |
|  | 生物密度（个/m²） | 26 | 95 | 42 |
| 甲壳类 | 生物量（g/m²） | 0.65 | 0.74 | 1.27 |
|  | 生物密度（个/m²） | 15 | 18 | 12 |
| 棘皮动物 | 生物量（g/m²） | 1.86 | 7.77 | 8.76 |
|  | 生物密度（个/m²） | 6 | 19 | 8 |
| 其他类动物 | 生物量（g/m²） | 2.63 | 6.31 | 2.56 |
|  | 生物密度（个/m²） | 4 | 6 | 6 |

### 3. 福建省海域底栖生物

福建省海岸带大型底栖动物生物量相当高，年平均总生物量为 41.93 g/m²。生物

---

[①] 张海生：《浙江省海洋环境资源基本现状》（上册），海洋出版社 2013 年版，第 240-241 页。

量季节变化明显：夏季大于春季，分别为 57.56 g/m²、46.75 g/m²，其平面分布趋势为南高北低；南部平均 86.27 g/m²；中部平均为 37.3 g/m²；北部为 19.06 g/m²。福建沿岸主要港湾大型底栖生物量差别较大，东山湾平均生物量最高，为 197.5 g/m²；厦门港次之，为 59.49 g/m²；兴化湾居第三，为 28.10 g/m²；闽江口附近平均 19.98 g/m²；湄洲湾和泉州湾相近，分别为 9.46 g/m² 和 9.52 g/m²；三沙湾最低，平均 5.85 g/m²。①

福建省海岸带大型底栖生物密度以多毛类和甲壳动物为主，分别占总密度的 40% 和 29%，棘皮动物和软体动物分别 12% 和 23.8%（表 2.17）。大型底栖生物密度较大，平均 147 个/m³，季节变化明显。夏季密度最大，平均 204 个/m³；春季次之，为 165 个/m³。被调查海区的密度分布趋势与生物量近似，为南高北低。南部海区平均 178 个/m³，中部海区平均 159 个/m³，北部海区平均 104 个/m³。②

表 2.17　福建省海岸带大型底栖生物主要类群种数及百分比

| 类群 | 全部种类 | 百分比/% | 科 | 属 | 鉴定到种 |
| --- | --- | --- | --- | --- | --- |
| 多毛类 | 404 | 40 | 46 | 192 | 191 |
| 软体动物类 | 291 | 23.8 | 82 | 193 | 223 |
| 甲壳类 | 255 | 29 | 63 | 149 | 190 |
| 棘皮动物 | 85 | 12 | 30 | 46 | 70 |
| 鱼类 | 154 | 12.6 | 50 | 101 | 153 |
| 其他类动物 | 32 | 2.6 | 21 | 26 | 21 |
| 合计 | 1 221 | 100 | 292 | 707 | 848 |

### （五）潮间带生物

潮间带生物是指在潮间带营附着、固着、底埋、钻孔和匍匐活动的一类动、植物的总称。

---

① 福建省海岸带和海涂资源综合调查领导小组办公室：《福建省海岸带和海涂资源综合调查报告》，海洋出版社 1990 年版，第 173-197 页。

② 吴耀建：《福建省海洋资源与环境基本现状》，海洋出版社 2012 年版，第 194-201 页。

## 1. 上海市潮间带生物

经鉴定，908 专项调查共采集到上海市潮间带生物 6 个类群 69 种，隶属于 38 科，其中甲壳动物最多，共 35 种，占总种数的 50.72%；软体动物 17 种，占总种数的 24.64%；多毛类 11 种，占总种数的 15.94%；鱼类、环节动物和星虫动物门分别为 3 种、2 种及 1 种，分别占总种数的 4.35%、2.90% 及 1.45%。崇明岛潮间带底栖生物主要分为近海广盐种和低盐淡水种两种盐度适应生态类型，其中近海广盐种共 54 种，占 78.26%；低盐淡水种有 12 种，占 17.39%[1]。

崇明岛潮间带生物的优势种［优势度（$Y \geq 0.02$）］共 8 种，分别为无齿相手蟹、天津厚蟹、谭氏泥蟹、中华拟蟹守螺、拟沼螺、绯拟沼螺、光滑狭口螺、丝异蚓虫。前三种分别为大、中、小型蟹类；四种软体动物分别为大、中、小型螺类；多毛纲的优势种仅有属于小型沙蚕的丝异蚓虫。与同期历史资料比对，原优势种的麂眼螺、彩虹明樱蛤和疣吻沙蚕等，已不再是优势种。另外，据数量、生物量和频率，优势种为数量或生物量占 10% 以上，或出现频率大于 50% 的物种，均可视为优势种。按照此方法，中型拟相手蟹、河蚬、堇拟沼螺出现频率大于 50%，也是优势种[2]。

## 2. 浙江省潮间带生物

浙江省 2006 年秋季、2007 年春季航次调查带共鉴定出潮间带生物 653 种。种类呈现浙北、浙南、浙中递减的趋势，分别为 282 种、236 种、178 种。

春、秋季种类数差别不大，但主要类群有所差异，春季的藻类、多毛类和棘皮类多于秋季，秋季则软体类、甲壳类和其他类多于春季。潮间带生物种类的垂直分布与潮汐密切相关种类垂直分布依中潮区、低潮区、高潮区递减。浙江省潮间带生物平均生物量为 1 287.86 g/m，平均生物密度为 741 个/m。生物量和生物密度都是软体类所占比重最高，分别为 50.3% 和 59.6%；生物量和生物密度的次席分别为甲壳类（28.3%）和多毛类（20.1%）所占据。

浙江省潮间带底栖生物数量由北向南逐渐增加。春、秋季平均生物量依浙南区域（2 009.08 g/m²）、浙中区域（664.73 g/m²）、浙北区域（177.77 g/m²）递减；平均生

---

[1] 徐韧：《上海海洋环境资源基本现状》，科学出版社 2013 年版，第 48-50 页。
[2] 绍伯：《上海自然环境》，上海科学技术文献出版社 1989 年版，第 13-26 页。

物密度则依浙南区域（1 192 个/m²）、浙中区域（203 个/m²）、浙北区域（175 个/m²）递减。

根据《浙江省海岸带和海涂资源综合调查报告》①，浙江沿海潮间带动物有 586 种，其中海绵动物 1 种，腔肠动物 14 种，多毛类 42 种，腕足动物 2 种，软体动物 230 种，苔藓动物 23 种，甲壳动物 159 种，棘皮动物 11 种，鱼类 101 种。另外，沿海大型藻类有 169 种。根据《浙江海岛资源综合调查与研究》②，浙江省海岛海域潮间带生物 769 种，其中软体动物 231 种，甲壳动物 139 种，大型藻类 183 种。浙江省 908 专项 2006 年秋季、2007 年春季调查，潮间带生物共 653 种，软体动物 231 种，甲壳动物 143 种，大型藻类 101 种，多毛类 99 种，棘皮动物 19 种，其他类动物 60 种。

从潮间带生物总种类数来看，908 专项调查的结果较 1981—1982 年浙江省海岸带和海涂资料综合调查的 586 种多，而较 1990 年浙江省海岛资源综合调查的 769 种少。但值得注意的是，生物类群中的大型藻类的种类数较以往资料有明显减少，908 专项调查结果为 101 种，而历史资料分别为 169 种（1981—1982 年）和 183 种（1990 年）。造成大型藻类明显减少的原因可能是，沿海经济开发使得潮间带生境丧失，故应重视对潮间带生物种类多样性和环境的保护。根据《浙江省海岸带和海涂资源综合调查报告》，1981—1982 年浙江省陆地岸软相底质潮间带的平均生物量为 74.08 g/m²，平均生物密度为 417 个/m²，在生物量组成上以软体动物占绝对优势；而外海岩岸潮间带生物平均生物量则高达 2 000.03 g/m²，甲壳动物为绝对优势类群。根据《浙江海岛资源综合调查与研究》，1990 年浙江省潮间带平均生物量为 804.48 g/m²，平均生物密度为 699 个/m²。生物量以甲壳动物居首（491.14 g/m²），生物密度则软体动物占优（412 个/m²）。本次调查结果为，2006—2007 年潮间带生物平均生物量为 1 287.86 g/m²，平均生物密度为 741 个/m²。生物量和密度均为软体动物占绝对优势，分别为 50.3% 和 59.6%。由此可见，潮间带生物的数量变化明显，而且不同底质类型的潮间带生物数量区别较大。从优势类群上来看，甲壳动物和软体动物一直是潮间带生物的优势类群。③

---

① 浙江省海岸带和海涂资源综合调查领导小组办公室：《浙江省海岸带和海涂资源综合调查报告》，海洋出版社 1988 年版。

② 浙江省海岛资源综合调查领导小组，《浙江海岛资源综合调查与研究》编委会编：《浙江海岛资源综合调查与研究》，浙江科学技术出版社 1995 年版，第 104-124 页。

③ 张海生：《浙江省海洋资源环境基本现状》，海洋出版社 2013 年版，第 224-233 页。

## 3. 福建省潮间带生物

根据1984年10—11月（秋季）、1985年4—5月（春季）对福建省潮间带69个断面的定量、定性调查所获得资料，经鉴定共999种生物，其中海藻107种，海绵动物2种，腔肠动物7种，多毛类179种，星虫13种，软体动物357种，节肢动物210种，棘皮动物48种，腕足动物2种，头索动物1种，鱼类73种。可见软体动物居首位，占总种数的35.4%；节肢动物第二，占总种数的21%，多毛类第三，占总种数的18%。福建省南部海域受南海暖流的影响较大，一些暖水性较强的种类渗入本省潮间带，并形成这一地区的常见种或优势种。

闽江口南、北海岸生物种类组成有明显差别。闽江北海岸潮间带生物450种，闽江南潮间带生物926种。从具体县市来看，东山县362种、漳浦县326种、厦门317种、莆田286种、连江214种、霞浦207种、福鼎187种（表2.18），可见种类的多样性由北往南递增。调查结果表明，春、秋两季生物量变化不明显。栖息密度除岩石烽春季小于秋季外，其他地区的生物栖息密度均为春季大于秋季①。

**表2.18　福建省沿海县市潮间带生物总量**

| 县（市） | 总数 | 县（市） | 总数 | 县（市） | 总数 |
| --- | --- | --- | --- | --- | --- |
| 福鼎 | 187 | 福清 | 232 | 厦门 | 317 |
| 霞浦 | 207 | 平潭 | 242 | 龙海 | 241 |
| 宁德 | 121 | 莆田 | 286 | 漳浦 | 326 |
| 罗源 | 118 | 惠安 | 249 | 云霄 | 190 |
| 连江 | 214 | 泉州 | 108 | 东山 | 362 |
| 福州 | 40 | 晋江 | 135 | 诏安 | 153 |
| 长乐 | 113 | 南安 | 78 | 合计 | 999 |

---

① 福建省海岸带和海涂资源综合调查领导小组办公室：《福建省海岸带和海涂资源综合调查报告》，海洋出版社1990年版，第197—212页。

## 四、东海海洋环境质量评价

海洋环境质量标准,是国家为保护人体健康、海洋自然资源及共利用的安全,在指定保护的海域按照海水用途所规定的水质污染等方面最高容许限度。[1] 海洋环境质量标准是海洋环境保护法规的执法尺度之一,它具有法律约束力,是判断海洋是否受到污染的准则,也是海洋环境质量评价、规划管理以及制定海洋污染物排放标准的依据[2]。东海域海洋环境质量评价遵循国家海洋环境质量标准,可分为东海海水水质标准、海洋沉积物质量标准和海洋生物质量标准[3]。

### (一)海水质量状况评价

近年来,东海海水环境质量总体较好。近岸以外海水基本符合第一类海水水质标准,近岸局部海域污染较为严重。冬季、春季、夏季和秋季,东海近岸海域劣于第四类海水水质标准的海域面积分别是 37 130 km$^2$、32 267 km$^2$、22 760 km$^2$ 和 36 351 km$^2$,占近岸海域的比例分别为 31%、27%、19% 和 31%。2017 年与 2012—2016 年夏季平均值相比(见图 2.1),东海全海域劣于第四类的海域面积减少 30%。

根据东海 2017 年海洋环境公报的相关调查,对东海 pH、溶解氧、化学需氧量、无机氮、活性磷酸盐、石油类、重金属等指标进行检测。结果表明,东海海水环境质量总体较好。近岸以外海水基本符合第一类海水水质标准;夏季和秋季,近岸以外海域未达到第一类海水水质标准的海域面积分别是 8 131 km$^2$ 和 8 590 km$^2$(表 2.19)。

---

[1] 王菊英、马德毅、鲍永恩,等:《黄海和东海海域沉积物的环境质量评价》,《海洋环境科学》,2003 年第 4 期。
[2] 傅秀梅:《中国近海生物资源保护性开发与可持续利用研究》,中国海洋大学,2008。
[3] 生态环境部:《中国海洋生态环境公报》(2014—2017)。

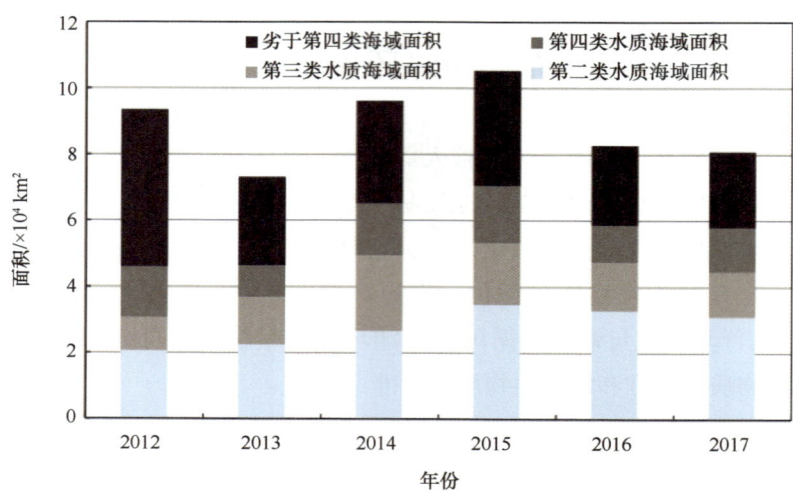

图 2.1 2012—2017 年夏季东海未达到第一类海水水质标准的各类海域面积

表 2.19 2017 年东海未达到第一类海水水质标准的各类海域面积  单位：$km^2$

| 季节 | 水质等级 | 近岸海域 | 近岸以外海域 | 全海域 |
| --- | --- | --- | --- | --- |
| 冬季 | 第二类水质 | 25 906 | / | / |
|  | 第三类水质 | 22 458 | / | / |
|  | 第四类水质 | 21 105 | / | / |
|  | 劣四类水质 | 37 130 | / | / |
|  | 合计 | 106 599 | / | / |
| 春季 | 第二类水质 | 17 230 | / | / |
|  | 第三类水质 | 15 689 | / | / |
|  | 第四类水质 | 14 567 | / | / |
|  | 劣四类水质 | 32 267 | / | / |
|  | 合计 | 79 753 | / | / |

续表

| 季节 | 水质等级 | 近岸海域 | 近岸以外海域 | 全海域 |
|---|---|---|---|---|
| 夏季 | 第二类水质 | 24 345 | 6 629 | 30 974 |
| | 第三类水质 | 12 491 | 1 296 | 13 787 |
| | 第四类水质 | 13 291 | 55 | 13 346 |
| | 劣四类水质 | 22 760 | 151 | 22 911 |
| | 合计 | 72 887 | 8 131 | 81 018 |
| 秋季 | 第二类水质 | 27 497 | 7 641 | 35 138 |
| | 第三类水质 | 17 779 | 646 | 18 425 |
| | 第四类水质 | 19 178 | 78 | 19 256 |
| | 劣四类水质 | 36 351 | 225 | 36 576 |
| | 合计 | 100 805 | 8 590 | 109 395 |

资料来源：生态环境部《中国海洋生态环境状况公报》（2014—2017）。

近岸局部海域污染较为严重。冬季、春季、夏季和秋季，东海近岸优良海域面积分别是 38 307 km²、56 476 km²、70 458 km² 和 45 691 km²，占近岸海域的比例分别为 32%、47%、59% 和 38%；劣于第四类海水水质标准的海域面积分别是 37 130 km²、32 267 km²、22 760 km² 和 36 351 km²，占近岸海域的比例分别为 31%、27%、19% 和 31%，主要分布在江苏近岸、长江口、杭州湾、浙江近岸及三沙湾、闽江口、厦门港等近岸海域。超标因子主要为无机氮和活性磷酸盐，局部海域化学需氧量、溶解氧、石油类和重金属超第一类海水水质标准。与 2016 年夏季相比，东海全海域符合第二类、第三类和劣于第四类海水水质标准的海域面积分别减少 6%、6% 和 5%；符合第四类海水水质标准的海域面积增加 21%。与 2012—2016 年夏季平均值相比，东海全海域符合第三类、第四类和劣于第四类海水水质标准的海域面积分别减少 14%、4% 和 30%；符合第二类海水水质标准的海域面积增加 13%。

东海海域主要水质监测指标监测结果如下：

（1）pH。海水 pH 范围为 7.30~8.52，春季和夏季部分区域受赤潮影响，pH 相对较高。表层海水中溶解氧含量范围为 1.76～12.84 mg/L，底层范围为 0.92～12.33 mg/L。夏季，长江口外海域出现低氧现象，低氧区溶解氧含量低于 2.0 mg/L。

（2）化学需氧量。海水中化学需氧量基本符合第一类海水水质标准；连云港、盐城、长江口和杭州湾等近岸部分海域超第一类海水水质标准。

（3）无机氮。海水中无机氮劣于第四类海水水质标准的海域主要集中在近岸海域，尤其是江苏沿岸、长江口、浙江近岸、三沙湾、闽江口、厦门港等近岸海域。

（4）活性磷酸盐。海水中活性磷酸盐劣于第四类海水水质标准的海域主要集中在灌河口、如东近岸、长江口、杭州湾、象山港、台州湾、温州湾、三沙湾、闽江口、厦门港等近岸海域。

（5）石油类。海水中石油类基本符合第一类、第二类海水水质标准，如东近岸、长江口、温台近岸和闽江口等海域个别站位石油类超标。

（6）重金属。海水中重金属基本符合第一类海水水质标准。

（7）富营养化。夏季和秋季，东海全海域海水呈富营养化状态的海域面积分别为 44 325 km² 和 69 797 km²，其中重度富营养化海域面积分别为 12 451 km² 和 21 867 km²，主要集中在灌河口、长江口、杭州湾、闽江口、厦门港等局部海域。与 2016 年夏季相比，全海域中度和重度富营养化状况的海域面积分别增加 7.8% 和 3.8%（表 2.20）。

表 2.20　2017 年东海海水富营养化海域面积　　　　　　　　　　　单位：km²

| 季节 | 富营养化等级 | 近岸海域 | 近岸以外海域 | 全海域 |
| --- | --- | --- | --- | --- |
| 冬季 | 轻度 | 30 318 | / | / |
| | 中度 | 20 766 | / | / |
| | 重度 | 13 605 | / | / |
| | 合计 | 64 689 | / | / |
| 春季 | 轻度 | 23 538 | / | / |
| | 中度 | 17 927 | / | / |
| | 重度 | 13 484 | / | / |
| | 合计 | 54 949 | / | / |

续表

| 季节 | 富营养化等级 | 近岸海域 | 近岸以外海域 | 全海域 |
|---|---|---|---|---|
| 夏季 | 轻度 | 19 696 | 674 | 20 370 |
|  | 中度 | 11 413 | 90 | 11 504 |
|  | 重度 | 12 393 | 58 | 12 451 |
|  | 合计 | 43 503 | 822 | 44 325 |
| 秋季 | 轻度 | 25 757 | 761 | 26 518 |
|  | 中度 | 21 299 | 112 | 21 411 |
|  | 重度 | 21 749 | 117 | 21 867 |
|  | 合计 | 68 806 | 991 | 69 797 |

资料来源：生态环境部《中国海洋生态环境状况公报》（2014—2017）。

### （二）海洋沉积物状况评价

通过对东海海洋沉积物进行监测，监测指标包括有机碳、硫化物、石油类、重金属、滴滴涕和多氯联苯等。

结果表明东海沉积物质量状况综合评价等级为良好。近岸海域有机碳、硫化物、汞、铬、多氯联苯均符合第一类海洋沉积物质量标准；砷、石油类、滴滴涕、镉和铅符合第一类海洋沉积物质量标准的站位比例均在98%以上；锌和铜符合第一类海洋沉积物质量标准的站位比例均在95%以上。

近岸以外海域沉积物质量状况优于近岸海域，且符合第一类海洋沉积物质量标准。

### （三）海洋生态状况评价

根据东海海洋统计公报，2017年对东海开展两次海洋生物多样性监测，春季是近岸海域监测，夏季是全海域监测。监测内容包括浮游植物、浮游动物、浅海大型底栖生物和潮间带大型底栖生物种类组成、数量分布。2017年东海海洋生物群落结构基本稳定。

春季，近岸海域共鉴定出浮游植物338种、浮游动物293种、浅海大型底栖生物

445 种、潮间带大型底栖生物 231 种。浮游植物密度在福建近岸海域较高，浮游动物密度在长江口杭州湾附近海域较高，浅海大型底栖生物密度在浙江中南近岸海域较高。近岸海域浮游动物和浅海大型底栖生物多样性指数基本呈现由北向南升高的趋势。

夏季，全海域共鉴定出浮游植物 415 种、浮游动物 440 种、浅海大型底栖生物 521 种、潮间带大型底栖生物 336 种。浮游植物密度在福建近岸海域较高，浮游动物密度在长江口杭州湾附近海域较高，近岸海域浮游动物和浅海大型底栖生物多样性指数基本呈现由北向南升高的趋势。

长江口—杭州湾附近海域春季，共鉴定出浮游植物 131 种，以硅藻类种数最多，优势种有中肋骨条藻；浮游动物 113 种，以节肢动物种数最多，优势种有虫肢歪水蚤、华哲水蚤和中华哲水蚤；浅海大型底栖生物 157 种，以环节动物种数最多，优势种有丝异须虫；潮间带大型底栖生物 86 种，以软体动物种数最多。夏季，共鉴定出浮游植物 172 种，以硅藻类种数最多，优势种有尖刺伪菱形藻；浮游动物 191 种，以节肢动物种数最多，优势种有背针胸刺水蚤、太平洋纺锤水蚤和虫肢歪水蚤等；浅海大型底栖生物 142 种，以环节动物种数最多，优势种有丝异须虫；潮间带大型底栖生物 98 种，以软体动物种数最多。①

浙江省中南近岸海域春季，共鉴定出浮游植物 99 种，以硅藻类种数最多，优势种有琼氏圆筛藻、夜光藻和三角角藻等；浮游动物 108 种，以节肢动物种数最多，优势种有中华哲水蚤、大西洋五角水母和百陶箭虫等；浅海大型底栖生物 185 种，以环节动物种数最多，优势种有不倒翁虫和双鳃内卷齿蚕；潮间带大型底栖生物 91 种，以软体动物种数最多。夏季，共鉴定出浮游植物 127 种，以硅藻类种数最多，优势种有中肋骨条藻和尖刺伪菱形藻；浮游动物 152 种，以节肢动物种数最多，优势种有中华假磷虾、中华哲水蚤和肥胖箭虫等；浅海大型底栖生物 149 种，以环节动物种数最多，优势种有花冈钩毛虫；潮间带大型底栖生物 146 种，以软体动物种数最多。②

福建省近岸海域春季，共鉴定出浮游植物 250 种，以硅藻类种数最多，优势种有柔弱伪菱形藻和旋链角毛藻；浮游动物 209 种，以节肢动物种数最多，优势种有太平洋纺锤水蚤、瘦尾胸刺水蚤和小拟哲水蚤等；浅海大型底栖生物 183 种，以环节动物种数最多，优势种有不倒翁虫；潮间带大型底栖生物 69 种，以软体动物种数最多。夏

---

① 徐韧：《上海海洋环境资源基本现状》，科学出版社 2013 年版，第 1—28 页。
② 张海生：《浙江省海洋环境资源基本现状》，海洋出版社 2013 年版，第 1—71 页。

季，共鉴定出浮游植物 336 种，以硅藻类种数最多，优势种有中肋骨条藻、菱形海线藻和旋链角毛藻；浮游动物 293 种，以节肢动物种数最多，优势种有亚强次真哲水蚤、双生水母和微刺哲水蚤等；浅海大型底栖生物 297 种，以环节动物种数最多，优势种有奇异稚齿虫；潮间带大型底栖生物 188 种，以软体动物种数最多。①

东海近岸以外海域夏季，共鉴定出浮游植物 98 种，以硅藻类种数最多，优势种有旋链角毛藻和尖刺伪菱形藻；浮游动物 250 种，以节肢动物种数最多，优势种有肥胖箭虫、锥形宽水蚤和微刺哲水蚤等；浅海大型底栖生物 85 种，以环节动物种数最多，优势种有背蚓虫。

2017 年，对东海的滩涂湿地、河口、海湾生态系统健康状况进行评价。东海的 5 个生态监控区中，4 个处于亚健康状态、1 个处于不健康状态。其中，苏北浅滩、长江口、乐清湾、闽东沿岸处于亚健康状态；杭州湾处于不健康状态（表 2.21）。

表 2.21  2017 年东海生态监控区海洋生态系统基本情况

| 监控区名称 | 生态系统类型 | 所属经济发展规划区 | 监测海域面积/$km^2$ | 健康状况 |
| --- | --- | --- | --- | --- |
| 苏北浅滩 | 滩涂湿地 | 江苏沿海经济区 | 15 400 | 亚健康 |
| 长江口 | 河口 | 长江三角洲经济区 | 13 668 | 亚健康 |
| 杭州湾 | 海湾 | 长江三角洲经济区、浙江海洋经济发展示范区 | 5 000 | 不健康 |
| 乐清湾 | 海湾 | 浙江海洋经济发展示范区 | 464 | 亚健康 |
| 闽东沿岸 | 海湾 | 海峡西岸经济区 | 5 063 | 亚健康 |

资料来源：生态环境部《中国海洋生态环境状况公报》（2014—2017）。

此外，东海国家级海洋保护区保护对象和水质状况基本保持稳定，水质主要超标因子是无机氮和活性磷酸盐。保护区沉积物质量状况良好，绝大多数保护区的有机碳、硫化物和石油类均符合第一类海洋沉积物质量标准。

---

① 吴耀建：《福建省海洋资源与环境基本现状》，海洋出版社 2012 年版，第 1-28 页。

# 第三章　东海海洋资源

东海位于中国大陆与台湾岛以及日本九州岛和琉球群岛之间，北与黄海相连，南以广东省南澳岛到台湾岛南端连线与南海分隔，是一个比较开阔的边缘海，海水平均深度约370 m，面积约$77×10^4$ $km^2$。[①] 东海蕴藏着较为丰富的海洋资源，主要涉及海岛资源、海岸线资源、港口航道资源等，为发展海洋经济提供了良好的基础条件。本章分海岛资源、海岸与土地资源、港口航运资源、近海矿产资源、近海植被资源、海水资源、可再生资源、旅游资源和滨海湿地9部分介绍东海海洋资源现状，最后对东海海洋资源进行综合评价。

## 一、东海海岛资源

海岛是指四面环（海）水并在高潮时高于水面的自然形成的陆地区域。海岛资源指分布在海洋岛屿上的，可以被人类利用的物质、能量和空间，包括岸线资源、土地资源、滨海湿地资源、港口资源、旅游资源、生物资源和水资源等类型。[②] 本节主要针对东海范围内海岛的基本类型与分布进行阐释，其他类型海岛资源将在其他章节介绍。

### （一）东海的海岛分布基本状况

东海共有海岛6 059个，分别隶属于上海市、浙江省和福建省。海岛总面积4 499.036 $km^2$，岸线总长7 457.964 km（见表3.1）。

---

[①] 段祺麟：《东海岛屿文化安全现状分析与对策研究》，浙江海洋学院硕士论文，2015年。
[②] Johannes R E. Government-supported, village-based management of marine resources in Vanuatu [J]. Ocean and Coastal Management, 1998, 40（2）：165-186.

表 3.1　东海沿海省（直辖市）海岛数量、面积、岸线汇总

| 省（直辖市） | 数量/个 | 面积/km² | 岸线长度/km |
| --- | --- | --- | --- |
| 上海市 | 25 | 1 525.19 | 458.41 |
| 浙江省 | 3 820 | 1 818.025 | 4 496.706 |
| 福建省 | 2 214 | 1 155.821 | 2 502.848 |
| 合计 | 6 059 | 4 499.036 | 7 457.964 |

东海海岛的分布态势，具有下列明显特征：

一是海岛分布相对集中，呈明显的链状、密集型分布，多数以列岛或群岛的形式出现，如嵊泗列岛、澎湖列岛、舟山群岛等；

二是近岸海岛数量多、面积大、地势较高，远岸海岛数量少、面积小、地势较低。大部分海岛分布在沿岸海域。

### （二）东海的海岛类型、数量及分布

依照东海沿海 3 个省（直辖市）的海岛分布情况来看，浙江省海岛数量最多，共 3 820 个，占东海海岛总数的 63.05%，[1] 福建省次之，占东海海岛总数的 36.54%[2]，上海最少，仅占东海海岛总数的 0.41%[3]。

根据户籍上有无居民常住，海岛分为有居民岛和无居民岛两种[4]。东海有居民海岛共计 357 个，其中地市级岛 1 个，县（市、区）级岛 9 个，乡（镇、街道）级岛 74 个，村（社区）级和自然村岛 278 个；无居民海岛 5 702 个。其中，浙江省有居民海岛数量最多，计 254 个，占东海有居民海岛总数的一半以上（表 3.2）。

---

[1] 张海生：《浙江省海洋环境资源基本现状》，海洋出版社 2013 年版，第 296-299 页。
[2] 吴耀建：《福建省海洋资源与环境基本现状》，海洋出版社 2012 年版，第 181-183 页。
[3] 徐韧：《上海海洋环境资源基本现状》，科学出版社 2013 年版，第 129-137 页。
[4] 陈新玺、谢文辉、郭伟其：《上海市无居民海岛普查方法与资源分析》，《测绘与空间地理信息》，2014 年第 2 期。

表 3.2　东海沿海各市（区）海岛数量统计（按社会属性分类）

| 省（直辖市）名 | 市（区）名 | 有居民海岛/个 | 无居民海岛/个 | 合计 |
| --- | --- | --- | --- | --- |
| 上海市 | 崇明区 | 3 | 15 | 18 |
| | 浦东新区 | 0 | 4 | 4 |
| | 金山区 | 0 | 3 | 3 |
| | 合计 | 3 | 22 | 25 |
| 浙江省 | 舟山市 | 141 | 1 673 | 1 814 |
| | 嘉兴市 | 0 | 34 | 34 |
| | 宁波市 | 37 | 606 | 643 |
| | 台州市 | 41 | 736.5 | 777.5 |
| | 温州市 | 35 | 516.5 | 551.5 |
| | 合计 | 254 | 3 566 | 3 820 |
| 福建省 | 宁德市 | 37 | 582 | 619 |
| | 福州市 | 34 | 756 | 790 |
| | 莆田市 | 12 | 256 | 268 |
| | 泉州市 | 4 | 266 | 270 |
| | 厦门市 | 4 | 35 | 39 |
| | 漳州市 | 9 | 219 | 228 |
| | 合计 | 100 | 2 114 | 2 214 |

注：横仔岛为台州市、温州市分界岛，各计 0.5 个。

按照成因分类，东海海岛类型单一，可以分为冲积岛和大陆岛两类，其中大陆岛占据绝对优势，共计 6 026 个，占东海海岛总数的 99.46%，冲积岛仅 33 个，占东海海岛总数的 0.54%。

### （三）东海的海岛岸线资源

东海海岛岸线总长 7 457.9 km，其中浙江省海岛海岸线最长，为 4 496.7 km，占东海海岛岸线总长度的60.29%，[1] 其次是福建省，上海市最短。东海海岛岸线类型主要包括自然岸线和人工岸线两大类，自然岸线又细分为基岩岸线、砂质岸线、粉砂淤泥质岸线、红土岸线和生物岸线。[2] 东海海岛岸线中基岩岸线长度最长，共5 254.1 km，占东海海岛岸线总长度的70.45%。[3] 各类型岸线长度见表3.3。

表3.3 东海不同海岛岸线类型长度  单位：km

| 省（直辖市） | 人工岸线 | 基岩岸线 | 砂质岸线 | 粉砂淤泥质岸线 | 红土岸线 | 生物岸线 | 合计 |
|---|---|---|---|---|---|---|---|
| 上海市 | 343.4 | 106.7 | 0 | 8.3 | 0 | 0 | 458.4 |
| 浙江省 | 915.0 | 3 508.9 | 72.8 | 0 | 0 | 0 | 4 496.7 |
| 福建省 | 558.6 | 1 638.5 | 254.8 | 16.6 | 2.9 | 31.4 | 2 502.8 |
| 合计 | 1 817.0 | 5 254.1 | 327.6 | 24.9 | 2.9 | 31.4 | 7 457.9 |

注：浙江省温州市洞头区有0.016 km河口岸线，未计入表格内。

### 1. 人工岸线

东海海岛人工岸线总长度1 817.0 km，占东海海岛岸线总长度的24.36%，是东海第二长的海岛岸线类型。人工岸线主要分布在各海湾内及近海的海岛上，大部分存在于有居民海岛上。上海市海岛人工岸线343.4 km，3个有居民海岛崇明岛、长兴岛、横沙岛均为人工岸线，此外东风西沙岸线也为人工岸线。浙江省海岛人工岸线915 km，主要分布在舟山市和宁波市，其中岱山县、定海区和普陀区3个县区人工岸线总长度533.8 km，占浙江省海岛人工岸线总长度的58.34%。福建省海岛人工岸线总长度558.6 km，主要分布在宁德市和福州市的有居民海岛上。

### 2. 基岩岸线

东海大部分海岛为大陆岛中的基岩岛，海岛迎风面海岸波浪作用比较强烈，基岩岸线多于此处岬角发育，因此海岛岸线类型中，基岩岸线占了绝大部分。东海海岛基

---

[1] 张海生：《浙江省海洋环境资源基本现状》，海洋出版社2013年版，第302-323页。
[2] 吴耀建：《福建省海洋资源与环境基本现状》，海洋出版社2012年版，第92-96页。
[3] 徐韧：《上海海洋环境资源基本现状》，科学出版社2013年版，第125-126页。

岩岸线长度 5 254.1 km，占东海海岛岸线长度的 70.45%。基岩岸线主要分布在上海市大金山岛、小金山岛、浮山岛、佘山岛、情侣礁和鸡骨礁；浙江省舟山市、台州市、温州市和宁波市的无居民海岛上；福建省福州市、宁德市、泉州市、莆田市和漳州市的无居民海岛上。

### 3. 砂质岸线

东海砂质岸线主要分布在福建省，浙江省砂质岸线较少，上海市无砂质岸线分布。东海海岛砂质岸线总长 327.6 km，其中福建省海岛砂质岸线 254.8 km，占东海海岛砂质岸线长度的 77.78%，主要分布于闽江口以南的海坛岛，以及兴化湾、湄洲湾、厦门湾和东山湾等海湾内的海岛迎风面，宁德三都澳内也有少量分布。浙江省砂质岸线主要分布在舟山市的岱山县和普陀区，此外舟山市内其他县市和宁波市象山县、台州市和温州市也有少量分布。

### 4. 粉砂淤泥质岸线

东海海岛粉砂淤泥质岸线长度较短，仅上海和福建部分岛屿有粉砂淤泥质岸线分布，总长 24.9 km，占东海海岛岸线长度的 0.33%。上海市黄瓜北沙、黄瓜三沙、黄瓜四沙、三星西沙、三星东沙、白茆沙、白茆二沙、白茆三沙、东风沙、东风东沙、青草沙、江亚南沙、九段沙（含上沙、中沙、下沙）基本为淤泥质岸线。福建省粉砂淤泥质岸线主要分布在河口区海岛如紫泥岛和乌礁洲等以及三都澳内等近海湾澳海岛的背风面。

### 5. 红土岸线

东海红土岸线仅在福建省有少量分布，主要是海岛背风面有部分基岩海岸经长期风化，形成红土崖岸，以宁德分布最多，岸线总长度为 31.4 km。

### 6. 生物岸线

生物岸线也仅有福建省内有少量分布，基本以红树林岸线为主。仅在河口区有零星分布，如九龙江口的紫泥岛等周边岛屿。岸线总长度为 2.9 km。

## 二、东海海岸与土地资源

海岸带是指海洋与陆地相互接触、相互作用和相互影响的地带。海岸带资源指在海岸带范围内现在和可预见的未来能为人类利用、并在一定条件下能产生经济价值的一切物质、能量和空间。海岸带资源包括岸线资源、土地资源、滨海湿地资源、港口资源等类型。[1] 本节主要针对东海内海岸带范围内的大陆岸线资源和土地资源,其他类型海岸带资源将在其他章节介绍。

### (一) 东海的大陆岸线资源

东海海岸线总长 13 373 km,其中大陆海岸线总长 5 915.1 km(表 3.4 和图 3.1)。福建省大陆岸线最长,占东海大陆岸线长度的 58.93%。[2]

表 3.4　东海各省海岸线长度

| 省(直辖市) | 岸线长度/km | 大陆岸线/km |
| --- | --- | --- |
| 上海市 | 669.4 | 211.0 |
| 浙江省 | 6 714.7 | 2 218.0 |
| 福建省 | 5 988.9 | 3 486.1 |
| 合计 | 13 373.0 | 5 915.1 |

按照我国《近海海洋环境综合调查与评价专项——海岸带调查技术规程》的岸线类型分类方法,东海海岸线分为自然岸线和人工岸线两大类,其中前者进一步分为基岩岸线、砂砾质岸线、粉砂淤泥质岸线和河口岸线四个类型。[3] 原规程中没有河口岸线类型,为了保持数据的一致性,增加了河口岸线类型,其系河海交界处横跨河道的河海勘界线,实际并不存在。

在东海大陆海岸线中,人工岸线最长,长度 3 402.7 km,占东海大陆岸线长度的

---

[1] 徐韧:《上海海洋环境资源基本现状》,科学出版社 2013 年版,第 126-127 页。
[2] 吴耀建:《福建省海洋资源与环境基本现状》,海洋出版社 2012 年版,第 96-97 页。
[3] 张海生:《浙江省海洋环境资源基本现状》,海洋出版社 2013 年版,第 312-323 页。

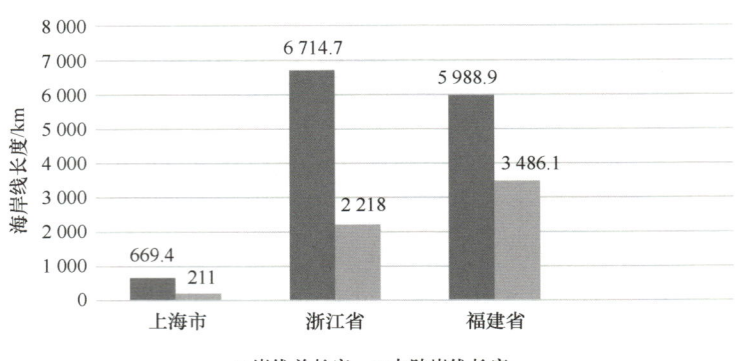

图 3.1　东海各省（直辖市）海岸线及大陆岸线长度柱状图

57.53%，其次是基岩岸线，长度 1 845.5 km，占东海大陆岸线长度的 31.20%，这两者占岸线总长度的 88.73%。① 各类型岸线长度见表 3.5。

表 3.5　东海不同大陆岸线类型长度及占大陆岸线长度的比例　　　　单位：km

| 省（直辖市） | 人工岸线 | 比例 | 基岩岸线 | 比例 | 砂质岸线 | 比例 | 粉砂淤泥质岸线 | 比例 | 河口岸线 | 比例 | 合计 |
|---|---|---|---|---|---|---|---|---|---|---|---|
| 上海市 | 211.0 | 3.57% | 0 | 0% | 0 | 0% | 0 | 0% | 0 | 0% | 211.0 |
| 浙江省 | 1 427.3 | 24.13% | 746.6 | 12.62% | 25.6 | 0.43% | 0 | 0% | 18.5 | 0.31% | 2 218.0 |
| 福建省 | 1 764.4 | 29.83% | 1 098.9 | 18.58% | 254.1 | 4.30% | 357.2 | 6.04% | 11.5 | 0.19% | 3 486.1 |
| 合计 | 3 402.7 | 57.53% | 1 845.5 | 31.20% | 279.7 | 4.73% | 357.2 | 6.04% | 30.0 | 0.50% | 5 915.1 |

### 1. 人工岸线

东海大陆岸线中，人工岸线长度 3 402.7 km，占大陆岸线总长度的 57.53%，是最长的一种海岸线类型，广泛分布在东海沿海各地。人工岸线在岸线总长度中所占比例，

---

① 李加林，田鹏，邵姝遥，等：《中国东海区大陆海岸线数据集（1990—2015）》，《全球变化数据学报》（中英文），2019 年第 3 期。

反映了当地对海岸线开发利用的强度。可见,东海海岸线开发利用水平总体较高①。

东海大陆海岸线主要分布在上海全市、浙江宁波市、台州市、温州市以及福建福州市、泉州市和漳州市。上海市大陆海岸线全长211 km,均为人工岸线,主要分布于长江口南岸和杭州湾北岸,由各个时期修建的海堤或海塘构成。浙江省人工岸线总长1 427.3 km,围垦和堵港蓄淡的海塘占绝大多数。从各区、县人工岸线的比例来看,如果不考虑河口岸线,则海宁、萧山、绍兴、上虞、余姚、慈溪、椒江、鹿城和瑞安9地的海岸线全部人工化,基岩海岸线长度较长的地区,海岸线人工化比例较低。福建省人工岸线全长1 764.4 km,分布较为分散,主要位于福州、泉州和漳州市。自20世纪80年代以来,由于港口建设、临海工业的发展、围海造地的需要以及防潮防浪工程的建设,东海范围内尤其是邻近村镇的岸段,自然岸线长度不断缩短,人工岸线长度不断增加。

2. 基岩岸线

东海大陆基岩岸线总长1 845.5 km,占东海大陆岸线总长度的31.20%,长度仅次于人工岸线。基岩岸线分布在浙江和福建两省,且分布比较集中,上海市大陆岸线中没有基岩岸线类型。浙江省象山、玉环、苍南三县基岩岸线长度超过120 km,三门、温岭两地的基岩岸线长度在80~90 km之间,仅上述五县的基岩岸线即占东海基岩岸线总长度的32.65%。除此之外,北仑、奉化、宁海、临海以及乐清等县、市、区也散有基岩海岸分布。福建省基岩海岸主要分布位置位于宁德福鼎市沙埕港—牙城湾—福宁湾—东冲半岛东侧及南侧海岸;东冲口—罗源湾可门水道南北岸、黄岐半岛、海坛海峡西岸等岸段,其余县市有零星分布。

3. 砂质岸线

东海大陆岸线中砂质岸线全长279.7 km,占东海大陆岸线总长度的4.73%,主要分布于福建省境内。浙江省砂质岸线均发育在基岩岬角拥护的半开沿敞小海湾,类型单一,分布集中,其中象山县东部砂质岸线约9 km,苍南县砂质海岸总长超过13 km,此外,三门、路桥、温岭和玉环各有零星的砂质海岸分布。福建省砂质海岸主要位于

---

① 李加林、田鹏、邵姝遥,等:《中国东海区大陆岸线变迁及其开发利用强度分析》,《自然资源学报》,2019年第9期。

漳州隆教湾—六鳌半岛、浮头湾、诏安湾西岸；福州长乐区东海岸；泉州市泉州湾北岸、古浮澳、深沪湾以及围头湾。

4. 粉砂淤泥质岸线

东海粉砂淤泥质岸线长度 357.2 km，占东海大陆岸线总长度的 6.02%，仅在福建省内有且分布较为集中。淤泥质岸线主要集中分布于宁德市霞浦县及福安市，其中霞浦县淤泥质岸线长度达 158.7 km，占宁德市淤泥质岸线总长的一半以上，主要分布在东吾洋和盐田港沿岸。此外，福州市也有淤泥质海岸分布，主要集中在罗源湾内，但在围填海中修建了大量的护岸堤和海堤，因此将其归为人工岸线。

5. 河口岸线

东海河口岸线全长 30.0 km，仅占东海大陆海岸线总长度的 0.5%，不足 1%，主要位于钱塘江、甬江、闽江、九龙江等河口处。

(二) 东海的海岸带土地资源

上海市、浙江省、福建省所辖 14 个沿海市合计 70 个沿海县（区、市）土地总面积 60 531 km²，其中浙江省沿海县面积最大，合计 28 397 km²，占东海沿海县面积的 46.91%；[1] 其次是福建省，沿海县面积略小于浙江省，共 28 166 km²，占东海沿海县面积的 46.53%；[2] 上海市沿海县面积最小，仅 3 968 km²，占东海沿海县面积的 6.56%。[3] 东海各沿海市面积见表 3.6 和图 3.2，表中仅统计沿海市中有海岸线（包括大陆岸线与海岛岸线）的县（市、区）级行政单位土地面积。

---

[1] 张海生：《浙江省海洋环境资源基本现状》，海洋出版社 2013 年版，第 302-312 页。
[2] 吴耀建：《福建省海洋资源与环境基本现状》，海洋出版社 2012 年版，第 96-97 页。
[3] 徐韧：《上海海洋环境资源基本现状》，科学出版社 2013 年版，第 131-135 页。

表 3.6 东海沿海市土地面积汇总

| 省（直辖市） | 沿海市（区） | 面积/km² |
|---|---|---|
| 上海市 | 崇明区 | 1 185 |
| | 宝山区 | 300 |
| | 浦东区 | 1 210 |
| | 奉贤区 | 687 |
| | 金山区 | 586 |
| | 合计 | 3 968 |
| 浙江省 | 杭州市 | 1 412 |
| | 宁波市 | 9 441 |
| | 温州市 | 5 872 |
| | 嘉兴市 | 1 999 |
| | 绍兴市 | 2 605 |
| | 舟山市 | 1 453 |
| | 台州市 | 5 615 |
| | 合计 | 28 397 |
| 福建省 | 宁德市 | 6 708 |
| | 福州市 | 5 302 |
| | 莆田市 | 3 761 |
| | 泉州市 | 4 629 |
| | 厦门市 | 1 686 |
| | 漳州市 | 6 080 |
| | 合计 | 28 166 |
| 东海合计 | | 60 531 |

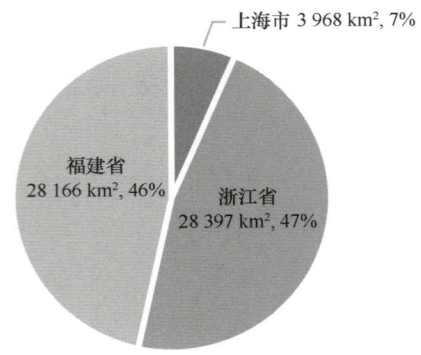

图 3.2　东海沿海省（直辖市）土地面积饼状图

## 三、东海港口航运资源

港口航运资源是海洋空间资源开发中最主要的一种利用形式，是指可以为海洋运输所开发利用，并能产生经济效益、社会效益和环境效益的事物和因素。港口航运资源是海域空间资源开发的传统领域，同时也是海洋产业中的支柱产业，目前国际贸易运输量（以吨计）的 70% 和货运周转量（以吨千米计）的 90% 都是通过海洋航运完成的。本节主要介绍东海的重要港口资源和主要航道资源。

### （一）东海的港口资源

东海主要港口包括上海港、嘉兴港、宁波—舟山港、台州港、温州港、福州港、湄洲湾港和厦门港。

#### 1. 上海港

上海港海港区拥有各类码头泊位 1 202 个，其中万吨级以上泊位 164 个，码头线总长 87.6 km，有生产性泊位 651 个，集装箱专用泊位 24 个，年合理通过能力为 $850×10^4$ TEU。内河港区共有泊位 3 250 个，最大靠泊能力为 2 000 吨级，累计完成货物吞吐量 $9\ 857×10^4$ t。①

---

① 徐韧：《上海海洋环境资源基本现状》，海洋出版社 2013 年版，第 142–146 页。

（1）长江口南岸港区

长江口南岸上段港区：从月浦水库南侧到吴淞口，岸线长度 21.09 km，向水域至码头前沿控制线。已建有罗泾港区一期、石洞口电厂及宝钢专用码头、宝山港池、长江驳船基地等。规划建设大宗散货和通用码头。长江口南岸中段港区：从吴淞口至崇明越江通道，岸线长度 19.6 km，向水域至码头前沿控制线。已建有外高桥炼油厂、外高桥一至三期码头、外高桥电厂码头、打捞局码头等。长江口南岸下段港区：从崇明越江通道至其下游约 11 km 处，向水域至码头前沿控制线。已建有浦东国际机场材料码头等，规划建设科考、多用途、散杂货及临港工业等码头。

（2）杭州湾北岸港区

杭州湾北岸临港新城港区：位于南汇芦潮港以西至奉贤中港，岸线总长约 12 km，向海延伸至码头前沿控制线。芦潮港至南汇奉贤交界处的 9 km，以服务于临港工业及重装备产业发展为主，适当开展客货运输。杭州湾北岸化工区港区：位于漕泾以东，岸线长 6 km，向海延伸至码头前沿控制线。规划建设工业区配套码头和通用码头。杭州湾北岸金山石化港区：处在朱家胜和金丝娘桥之间，岸线长 9 km，向海延伸至码头前沿控制线。已有 7 个 1 000～35 000 吨级码头，规划建设油品、化工码头。

（3）洋山港区

洋山港区位于长江口外，芦潮港东南的崎岖列岛，港区南北为 30°33′52″—30°39′42″N，东西为 121°58′06″—122°09′23″E，有南、北两列岛链组成，其中大洋山岛和小洋山岛为洋山港的核心区。其间共可形成陆域面积 24～26 km$^2$，深水岸线可达 18 km 以上，可布置 50 个大型集装箱泊位，吞吐能力可达 2 000×10$^4$ TEU 以上。[①]

2. 嘉兴港

嘉兴港包括独山、乍浦和海盐 3 个港区，深水岸线资源总量 31.5 km，拥有外海生产性码头泊位 32 个，其中万吨级泊位 22 个，货物吞吐量 4 431×10$^4$ t，外贸吞吐量完成 447×10$^4$ t，集装箱吞吐量突破 35×10$^4$ TEU。

（1）独山港区

自然岸线约 16.3 km，深水岸线资源量 14 km，前沿水深 10～13 m，可布置 3 万～

---

[①] 王成金，张梦天，程佳佳：《离岸枢纽港口的发展模式与机理——以洋山深水港为例》，《经济地理》，2016 年第 6 期。

5万吨级泊位，目前未利用深水岸线12 km。

（2）乍浦港区

自然岸线约16.2 km，深水岸线资源量5.2 km，前沿水深大于10 m，可布置1万~3万吨级泊位，未利用深水岸线0.8 km。

### 3. 宁波—舟山港

2019年，宁波—舟山港域拥有生产性泊位732个，其中，深水泊位108个（宁波港74个，舟山港34个），包括5万吨级以上的特大型深水泊位62个，货物吞吐量$6\,270×10^4$ t，集装箱吞吐量$1\,315×10^4$ TEU。[①]

（1）北仑港区

深水岸线总长43.1 km，水深大部分逾20 m，可发展1万~20万吨级深水泊位。目前，金塘水道南岸的北仑大碶平原岸线以及大榭桥的北岙、大田湾、关外和下岙开发利用较多，已建成宁波北仑深水港区和石化、火力发电、粮食加工等临海工业企业码头。

（2）金塘岛港区

深水岸线总长超过21 km，水路距宁波北仑港仅1.9 n mile。目前已建成两个7万吨级集装箱泊位（490 m）和$0.175\,km^2$堆场，大浦口集装箱码头1号和2号泊位开始试投产。

（3）小洋山港区

位于杭州湾口，经过连岛改造，现已形成深水岸线13.5 km，水深15 m。目前已建成上海洋山港一期、二期、三期集装箱码头，泊位总长5 600 m，拥有16个集装箱泊位。

### 4. 台州港

台州港口已建、规划建港岸线96.23 km，具备开发港口有利条件的深水岸线30.75 km，目前共有生产性泊位170个，码头泊位长度为9 895 m，其中，万吨级以上深水泊位4个，最大靠泊能力74 000 t。台州港完成货物吞吐量$4\,705.71×10^4$ t，其中外贸吞吐量$999.62×10^4$ t，集装箱吞吐量$12.16×10^4$ TEU。

---

[①] 张海生：《浙江省海洋环境资源基本现状》，海洋出版社2013年版，第334-356页。

（1）乐清湾港区

玉环岛西岸临乐清湾沿线共有深水岸线 17 km，主槽水深一般 10~30 m，掩护条件好，建港条件极佳，是发展深水泊位的理想岸线。

（2）上、下大陈岛港区

上、下大陈岛之间水道深度超过 20 m，能建 30 万吨级码头，距离国际航线近，只有 12 km。台州政府正在积极争取中石油公司在大陈镇建设 30 万吨级石油码头，通过石油管道连接台州大陆的炼化基地。

5. 温州港

温州港是一个集河口港、深水海港于一体，大、中、小泊位配套的综合性港口，拥有生产性泊位 232 个，其中万吨级以上泊位 15 个，完成货物吞吐量 6 408.18×$10^4$ t，集装箱吞吐量 41.23×$10^4$ TEU。

（1）大、小门岛港区

小门岛北部岸段拥有水深超过 30 m，长 2.3 km 的深水岸段，大门岛东北深水岸段长 44.7 km，前沿水深超过 20 m。规划布置 30 万吨级船坞 2 个，30 万吨级舾装码头 3 个，30 万吨级石油化工泊位 3 个，以及矿石泊位、煤炭泊位、液化气、散货等码头泊位二三十个。

（2）状元岙岛港区

状元岙岛北岸 5 km 岸线前沿水深超过 30 m，进港航道自然水深 15 m。已建成 8 号、9 号两个 5 万吨级（兼靠 10 万吨级）多用途泊位及其配套设施。二期工程（5 号、6 号、7 号泊位）建设规模为 3 个 5 万吨级（兼靠 10 万吨级）集装箱泊位及其配套设施，年设计集装箱吞吐能力为 150×$10^4$ TEU。

6. 福州港

福州港岸线长度 127.146 km，其中深水岸线长度 115.346 km，可建设泊位数量 512 个，其中深水泊位数量 425 个，可实现通过能力 119 517×$10^4$ t 或 1 450×$10^4$ TEU。

（1）三都澳港区

三都澳港区为海港，以深水港为主，规划形成岸线长度 35.8 km，其中深水岸线长度 33.03 km，可建泊位数量 132 个，其中深水泊位 122 个，通过能力 28 900×$10^4$ t。

(2) 江阴港区

江阴港区为海港,以深水港为主,规划形成岸线长度 21.27 km,其中深水岸线长度 20.33 km,可建泊位数量 75 个,其中深水泊位 67 个,通过能力 29 560×10$^4$ t 或 1 040×10$^4$ TEU。

(3) 罗源湾港区

罗源湾港区为海港,以深水港为主,规划形成岸线长度 19.86 km,其中深水岸线长度 18.62 km,可建泊位数量 80 个,其中深水泊位 61 个,通过能力 24 153×10$^4$ t 或 290×10$^4$ TEU。

7. 湄洲湾港

湄洲湾港港口资源主要位于兴化湾南岸、湄洲湾、泉州湾、深沪湾和围头湾,都为海湾港,以深水港为主。可形成岸线长度 143.32 km,其中深水岸线长度 116.34 km,可建泊位数量 581 个,其中深水泊位 416 个,通过能力 163 707×10$^4$ t 或 6 878×10$^4$ TEU。

(1) 兴化湾南岸港区

包括三江口、石城西部和石城东部 3 个作业区,规划形成岸线长度 36.57 km,其中深水岸线长度 36.06 km,可建泊位数量 121 个,其中深水泊位 118 个,通过能力 31 935×10$^4$ t 或 4 730×10$^4$ TEU。

(2) 泉州湾港区

包括秀涂、石湖、后渚、锦尚四个作业区,规划形成岸线长度 21.01 km,其中深水岸线长度 18.45 km,可建泊位数量 76 个,其中深水泊位 58 个,通过能力 18 444×10$^4$ t 或 1 619×10$^4$ TEU。

8. 厦门港

厦门港由厦门市和漳州市港口整合而成,可形成岸线长度 70.06 km,其中深水岸线长度 60.34 km,可建泊位数量 324 个,其中深水泊位数量 233 个,通过能力 70 913×10$^4$ t 或 2 895×10$^4$ TEU。[1]

(1) 海沧港区

包括海沧、角美和浒茂洲 3 个作业区,规划形成岸线长度 14.58 km,均为深水岸

---

[1] 吴耀建:《福建省海洋资源与环境基本现状》,海洋出版社 2012 年版,第 184-186 页。

线,可建泊位数量37个,均为深水泊位,通过能力 19 400×10$^4$ t 或 1 520×10$^4$ TEU。

(2) 招银港区

规划形成岸线长度8.63 km,其中深水岸线长度7.59 km,可建泊位数量40个,其中深水泊位30个,通过能力 7 010×10$^4$ t 或 315×10$^4$ TEU。

**(二) 东海的航运资源**

1. 洋山港航道

大洋山东北水域为岛链峡道,是一条 WNW—ESE 走向,长约 11 km、宽 1 km 的深槽,水深多在 30 m 以上,最深可达 82 m;南部也有一条面积约 2.5 km$^2$、水深大于 20 m 的椭圆形深槽,两深槽向东均有一个水深在 12~15 m 的浅段,浅段长 12~20 km,和深槽一起组成了洋山港的进港航道。

2. 长江口航道

长江口北支淤废,通行功能丧失,南支有 3 条通道入海,供大小船舶分道航行:大海轮经白茆沙水道(南、北水道)、南支的宝山水道(宝山南北水道)、南港、北槽进出长江口,称为南港北槽主航道。在南北港分流口河段,通往北方沿海的部分较小船舶也可经新桥通道、北港进出;在南北槽分流河口段,通往南方沿海的部分较小船舶亦可经南槽进出;往崇明岛南岸的较大海轮可经宝山北水道、新桥通道进入崇明岛南岸的新桥水道、北港;往长兴岛南岸的海轮需在横沙小港南口转入长兴岛南岸前沿的长兴岛涨潮沟。①

3. 杭州湾航道

杭州湾在湾口的通海航道有北、中、南 3 条,南航道主要供嘉兴港使用,取道杭州湾中部,至崎岖列岛东南转向西行最终进入嘉兴港,通航区宽度约 2 km,水深大都在 8 m 以上。中航道与北航道与上海港密切相关,中航道在大洋山南部进入杭州湾,与湾内的金山航道相接,洋山港进港航道亦可与其连接;北航道由嵊泗、花鸟北部海

---

① 徐韧:《上海海洋环境资源基本现状》,科学出版社 2013 年版,第 142-146 页。

域经大戢山进入杭州湾,是芦潮港进出外海的主要航道。[1]

**4. 虾峙门口外航道**

虾峙门口外航道一直是宁波港和舟山港共同的进港门户。该航道区域岛礁少、岸线直、宽度广,是大型船舶特别是油轮的进出捷径,是我国第一条30万吨级人工航道。虾峙门口外人工深水航槽长度14.85 km,通航水深25.7 m以上,有效宽度390 m,满足30万吨级船舶乘潮单向通行,人工航槽两侧各1 000 m为自然航道,满足30万吨级空载船舶和15万吨级船舶通行[2]。

**5. 条帚门航道**

条帚门航道呈东南—西北走向,从东南方向进入航道后,可达定海、沈家门、金塘、六横等港区,向西沿程可达宁波大榭港区、北仑港区、镇海港区并与杭州湾沟通。该地区水深在17.8~24 m,可乘潮通航15万~20万吨级船舶。

**6. 三都澳口门航道**

三都澳口门航道是福州港进出的主航道[3],为深水航道,航道长度10.5 km,水深28 m,航道宽度450 m,可满足30万吨级船舶通行。

**7. 厦门主航道**

厦门主航道是厦门港进出的主要航道,航道长度42.7 km,占厦门港航道总长度的19.68%,航道水深15.5~26 m,航道宽度410~600 m,近期可通航10万~15万吨级集装箱船,后期规划通航15万~30万吨级集装箱船。

## 四、东海近海矿产资源

近海矿产资源是指在200 m水深以浅的近海由于地质作用形成的具有经济意义的

---

[1] 张海生:《浙江省海洋环境资源基本现状》,海洋出版社2013年版,第334-356页。
[2] 王家宏,肖月,艾万政:《服务江海联运的舟山航道优化布置》,《水运管理》,2016年第6期。
[3] 吴耀建:《福建省海洋资源与环境基本现状》,海洋出版社2012年版,第98-117页。

矿产富集物，根据产出形式、数量和质量可以预期最终开采技术上可行、经济上合理的。① 东海近海矿产资源主要包括建筑砂石资源、近海砂矿资源如石英砂等以及油气资源。

### （一）建筑砂石资源

海砂是指分布于海岸和近海的、以中砂和粗砂为主、包括部分细砂和砾石的砂质堆积。海砂分选良好，品质优良，可以作为海洋工程用料使用，经脱盐后的海沙可以作为建筑材料使用，广泛用于城市建设、公路、铁路和桥梁等混凝土结构建筑。海砂资源以其分布广、规模大、品质优、运输方便而获得青睐。

东海海域底质主要为粉砂、黏土的混合物，海岸线漫长，沿岸海砂资源丰富，近岸海砂资源量估计在 $13\times10^8 \sim 23\times10^8$ t。砂、砾石类粗碎屑沉积物主要分布在岛间的航门、水道内，少部分见于岛（流）影区和少数沙砾滩外侧水域。表层砂砾质沉积物主要分布于杭州湾—舟山海域、瓯江口外海域以及闽江口—诏安湾的许多迎风浪岸段及一些新月形、齿形、马蹄形及凹入式海湾内，以及一些砂质岸岛等处，以细砂和中细砂为主。在峙头洋附近连同头洋港西北部，海砂分布面积广，以中粗砂为主，局部含少量小砾石和贝壳，砂质相对较纯。在平潭、长乐、晋江、金门、漳浦、东山等地，硅砂资源极为丰富，均可作为建筑用砂开采。② 在舟山普陀区湖泥岛东北的铜（桶）盘山附近以及大陈岛海域—孔横山附近以贝壳砂为主，按粒径大小可归为粗砂或砾砂，几乎以碎贝壳为主，也可做贝壳资源开采。

东海沿海丰富的海砂资源，与优越的自然条件密切相关。沿岸花岗岩类岩石广布，地表剥蚀强烈，长英质矿物及副矿物供应充沛，沿岸海域海底的古残砂沉积也是重要的物质来源之一。东海沿岸是我国风力较大的海区，使砂质沉积物得以在迎风浪岸段广布，同时由于沿岸岸线曲折，山丘起伏，岛、陆相间，水、气动力作用不均，经对砂质沉积物搬运与分选后，在适宜地貌场所便沉积与存储了优质砂矿。因此，东海海岸是我国重要的海砂产区。

### （二）砂矿资源

砂矿资源主要是指除海砂以外的滨海矿产资源，滨海砂矿包含着滨海和部分浅海

---

① 忻海平：《海洋资源价值及开发战略研究》，中国地质大学，2008年。
② 吴耀建：《福建省海洋资源与环境基本现状》，海洋出版社2012年版，第119-127页。

的砂矿，它们主要是在海洋水动力作用下，在有利的地质环境和地貌部位富集成矿，是沿岸侵蚀作用和近海沉积作用的产物，主要指金属和非金属重矿物砂矿、砂和砾石集料、工业砂、贝壳等。[1] 东海砂矿资源包括磁铁矿、钛铁矿、锆石、石榴子石、锡石、独居石、金红石、磷钇矿、电气石、红柱石、磷灰石、黄铁矿等，可作为提取锆、钛、稀土及放射性元素等以及玻璃砂、标准砂、压裂砂、化纤砂和型砂等各种重要的砂矿资源，其中标准砂为全国独有。东海石英砂资源丰富，按其品质和用途，分为玻璃用砂（称玻璃砂），铸型用砂（称型砂）、水泥标准砂（称标准砂）。在分布上，多为两种以上用途的砂相伴生，以规模大、埋藏浅、易采易选、砂质纯洁、粒度均匀、含泥量低而著称。

锆石等有用重矿物用途广，在高新技术与新材料开发中有重大作用，因此具有重要的经济价值[2]。东海沿岸满足锆、钛、独居石等砂矿形成的有利条件较多，如内外动力条件、沿岸岩石中有用副矿物丰富等，但由于海岸地貌条件特征的限制，多为短距砂流，重砂矿主要依靠附近沿岸花岗岩体的副矿物供应，矿源相对有限，难以大规模富集成矿，主要以中小型砂矿为主。据东海沿岸水下沉积物内极细砂级（0.125～0.063 mm）重矿物分析，锆石在东海该粒级中平均含量分别为3.3%和4.3%，最高含量为19%与17.9%。这在我国渤海、黄海同粒级砂矿平均含量中，属于含量最丰富的海区。东海沿岸砂矿品位赋存的沉积状况与我国及世界陆架砂矿一致，沉积物主要为细砂与粉砂质砂，机械分选充分，分选程度多数小于0.6，少数介于0.6～0.4，粒度频率曲线陡峻、狭窄，大部分粒级集中于极细砂级，具有形成重矿物砂矿的良好条件。

（三）油气资源

东海近海的海洋石油天然气资源十分喜人，经济价值巨大。东海油气资源主要分布于陆架盆地东部的西湖和基隆凹陷。各构造单元油气推测资源量达 $92.70 \times 10^8$ t。其中，陆架盆地为 $83.33 \times 10^8$ t，钓鱼岛台湾隆褶带为 $1.80 \times 10^8$ t，冲绳海槽弧后盆为 $7.57 \times 10^8$ t。陆架盆地占了东海总推测资源量的89.90%，是东海油气资源主要分布地区，且资源规模巨大，具有极大的油气勘探潜力。

西湖凹陷是东海盆地中油气资源最丰富的地区，已发现平湖、春晓、天外天、残

---

[1] 张海生：《浙江省海洋环境资源基本现状》，海洋出版社2013年版，第358-369页。
[2] 吴耀建：《福建省海洋资源与环境基本现状》，海洋出版社2012年版，第120-122页。

雪、断桥、宝云亭、武云亭和孔雀亭 8 个油气田,已累计获知天然气探明储量加控制储量近 $2\,000\times10^8\,m^3$。① 西湖凹陷的平湖气田已于 1998 年 11 月投产,向上海供气,目前年产天然气 $5\times10^8\,m^3$,春晓气田投产时间为 2005 年 11 月,初期年产天然气 $25\times10^8\,m^3$,至 2010 年天然气年产达 $80\times10^8\sim100\times10^8\,m^3$。

## 五、东海近海植被资源

植被是一定地区中植物群落的总体。东海海岸带由于开发历史长,又处于人口密集区,一些原生植被,尤其是原生乔木树种已被破坏非常严重,存留的乔木树种较少,目前存留的原生植物种类多为适应当地环境的乔木、灌木和草本。② 根据调查和历史资料,东海海岸带地区计有维管束植物合计 175 科 716 属 1 177 种(含变种)。其中蕨类 22 科 30 属 49 种,裸子植物 8 科 15 属 25 种,被子植物 145 科 671 属 1 103 种。栽培或外来植物有 277 种。从区系分析来看,平均每科 4.1 属,每属 1.6 种。在全部植物中,栽培或外来植物有 277 种,占 23.5%;而野生和半野生的种类有 900 种,占 76.5%。根据调查,东海海岸带外来生物入侵现象也很明显,国家公布的 90 种严重入侵生物中,东海已发现 40 余种,其中互花米草、马缨丹、蓖麻、空心莲子草、凤眼莲、三裂蟛蜞菊已遍布海岸带各地,对东海海岸带生态环境已经构成一定的破坏,尤其是互花米草在海岸带占据了许多沿海滩涂,造成了严重危害。

### (一) 植被类型

东海近海植被,根据人为影响,分为自然植被和人工植被两大类,其中自然植被共有针叶林、阔叶林、竹林、灌丛、草丛、滨海盐生、滨海沙生、沼生和水生 8 个植被型组,下属 25 个植被型、超过 135 个群系;人工植被下分木本栽培和草本栽培 2 个植被型组,下属 6 个植被型超过 42 个群系。

1. 自然植被

东海海岸带地貌主要由泥湾、台地、沙岸和丘陵组成,丘陵山地海拔不高,因此

---

① 苏奥、陈红汉、王存武,等:《东海盆地西湖凹陷油气成因及成熟度判别》,《石油勘探与开发》,2013 年第 5 期。
② 田鹏、龚虹波、叶梦姚,等:《东海区大陆海岸带景观格局变化及生态风险评价》,《海洋通报》,2018 年第 6 期。

自然植被中的主要植被类型，根据调查结果有针叶林植被、阔叶林植被、竹林、灌丛、草丛、滨海盐生植被、滨海沙生植被、沼生和水生植被8个植被型。①

针叶林植被包括金钱松林、水杉林、马尾松林、杉木林、黑松林、湿地松林6个群系。

阔叶林植被包括栲树林、樟树林、相思树林、木麻黄林、相思树-木麻黄林、桉树林、黄槿林、香椿林、旱柳林、落叶栎林、榆朴林、黄连木林、枫香林、南京椴林、苦槠山合欢林、黄连木舟山新木姜子林16个群系。

竹林包括毛竹林、小径竹林（以水竹林为代表）、麻竹林、苦竹林、寒竹林5个群系。

灌丛包括秋茄林、蜡烛果林、白骨壤林、老鼠簕林、桃金娘灌丛、车桑子灌丛、小果黑面神灌丛、龙舌兰灌丛、马缨丹灌丛、藤金合欢灌丛、牡荆灌丛、仙人掌灌丛、露兜树灌丛、龙舌兰-铺地黍灌丛、枸杞-铺地黍灌丛、苦郎树群落、白栎萌生灌丛、短柄枹萌生灌丛、日本野桐萌生灌丛、山合欢萌生灌丛、黄檀萌生灌丛、柘萌生灌丛、福建紫薇灌丛、映山红灌丛、一叶萩灌丛、白鹃梅灌丛、芙蓉菊灌丛、石栎萌生灌丛、檵木灌丛、赤楠灌丛、柃木灌丛、滨柃灌丛、红山茶灌丛、厚叶石斑木海桐灌丛、葎草蔓生灌丛、野葛蔓灌丛、香港黄檀蔓灌丛、龙须藤蔓灌丛、乳儿绳蔓灌丛、广东蛇葡萄忍冬蔓灌丛40个群落。

草丛包括芒萁草丛、芒草丛、五节芒草丛、白茅草丛、山类芦草丛、芦竹草丛、肿柄菊草丛、铺地黍草丛、狗牙根草丛、升马唐草丛、毛节野古草草丛、狼尾草草丛、狗尾草草丛、野艾蒿草丛、野塘蒿草丛、鸭嘴草草丛、结缕草丛、假俭草草丛、双穗雀稗草丛、唐菖蒲草丛、水仙草丛、加拿大一枝黄花草丛、艳山姜茅莓灌草丛、鸭嘴草硕苞蔷薇灌草丛、芒茅莓灌草丛、野荞麦蓬虆灌草丛、黑松野古草稀疏草丛27个群落。

滨海盐生植被包括柽柳灌丛、南方碱蓬盐生草丛、盐地碱蓬衍生草丛、碱蓬盐生草丛、盐角草盐生草丛、细叶结缕草衍生草丛、盐地鼠尾粟盐生草丛、田菁黄花蒿盐生草丛、草木樨盐生草丛、中华补血草盐生草丛、钻形紫苑盐生草丛、野胡萝卜盐生草丛12个群系。

滨海沙生植被包括厚藤沙生草丛、海边月见草沙生草丛、老鼠分沙生草丛、海滨

---

① 张海生：《浙江省海洋环境资源基本现状》，海洋出版社2013年版，第384-403页。

藜沙生草丛、滨旋花沙生草丛、砂钻薹草沙生草丛、假俭草沙生草丛、升马唐香附子沙生草丛、无翅猪毛菜沙生草丛、单叶蔓荆沙生灌丛、雀梅藤小叶蜡子树沙生灌丛11个群系。

沼生与水生植被包括芦苇沼生草丛、互花米草沼生草丛、大米草沼生草丛、束尾草沼生草丛、海三棱藨草沼生群落、咸水草沼生草丛、糙叶薹草沼生草丛、水烛沼生草丛、短叶茳芏群落、莲群落、凤眼莲群落、香蒲群落、菱群落、浮萍群落、满江红群落、喜旱莲子草双穗雀稗群落、粉绿狐尾藻水生群落、穗花狐尾藻群落18个群落。

2. 人工植被

人工植被是经过驯化选择而栽培的人工植物群落，如粮食植物、纤维植物、蔬菜以及果树、经济林木等有经济价值的植物群落。根据调查结果，东海海岸带的人工植被可分为木本栽培植被和草本栽培植被两大类型。[①]

木本栽培植被包括木麻黄防护林、相思树防护林、弗吉尼亚栎池杉木林防护林、湿地松防护林、桉树类防护林、麻栎防护林、苦槛蓝防护林、海滨木槿防护林、樟树行道树林、芒果行道树林、木棉行道树林、巨尾枝行道树林、海枣行道树林、柚木行道树林、朱缨花行道树林、刺桐风景林、柠檬桉风景林、人工竹林、人工杉木林、秋茄树林、荔枝果园、龙眼果园、杜果果林、番木瓜果园、香蕉果园、柑橘果园、葡萄果园、杨梅林、柚果园、李果园、茶园31个群系。

草本栽培植物包括粮食作物群落、油类作物群落、糖料作物群落、蔬菜作物群落、草坪、西瓜群落、甘蔗群落、芦笋群落、芦竹群落、玫瑰茄群落、穿心莲群落11个群系。

（二）植被分布

根据卫星影像遥感调查结果，东海近海植被涉及针叶林、阔叶林、竹林、灌丛、草丛、滨海盐生、滨海沙生、沼生水生、木本栽培和草本栽培10个植被型组。[②]其中上海市大陆海岸带宽窄不一，且受人为干扰较大，植被分布较为零散，因此未统计大陆海岸带植被分布面积，仅统计海岛海岸带植被分布面积。在所有植被类型中，草本

---

[①] 徐韧：《上海海洋环境资源基本现状》，科学出版社2013年版，第160-166页。
[②] 毛菁旭，尹昌霞，李伟芳，等：《东海海岸带生态安全评价及景观优化研究》，《海洋通报》，2019年第1期。

栽培植被面积最大，共 2 652.8 km²，占近海植被总面积的 43.16%，其次为针叶林和阔叶林，面积分别为 1 635.3 km² 和 1 211.0 km²，分别占近海植被总面积的 26.60% 和 19.70%，这也是东海面积超过 1 000 km² 的 3 种植被。[①] 以上 3 种植被类型合计占东海近海植被总面积的 89.46%，剩下植被类型所占面积均较小。

## 六、东海海水资源及利用

海水资源是指人类利用的海水及其中所含的元素和化合物。海水是一项取用不尽的资源。它不仅有航运交通之利，而且经过淡化可以大量供给工业用水，可以从海水中提取食盐和溴、钾盐、镁及其他化合物、铀、重水及卤水等原料。目前，海水中提取淡水、食盐、镁及其化合物、溴等已形成工业规模，重水、芒硝、石膏和钾盐的生产也有一定的规模，将来还有望提取铀、碘和金等化学资源。[②] 海水资源的开发与利用主要包括海水淡化、海水直接利用以及海水化学物质提取利用等。东海位于我国大陆海岸线中部，海水资源量丰富，大陆岸线 5 915.1 km，岛屿岸线 7 457.9 km。由此可见，东海拥有足够的海水资源用于工业生产和城市用水。东海海水资源利用主要以工业用水为主，使用类型为工业冷却水和"加热"液化天然气用水，冷却用水量占海水总用量的 95% 以上，海水综合利用程度不高。

### （一）海水资源利用

海水资源利用主要包括海水淡化、海水冷却和海水灌溉三个方面，东海的海水资源利用主要集中在海水淡化和海水冷却两方面。

#### 1. 海水淡化

利用海水制取淡水的各项研发、生产与服务活动形成了海水淡化产业。目前实施海水淡化有两条不同的技术路线，所以也就形成了以反渗透系统为主的液体分离膜产业和以蒸馏设备为主的化机制造产业。[③] 与后者相比，前者投资小、能耗低、扩展应用

---

[①] 吴耀建：《福建省海洋资源与环境基本现状》，海洋出版社 2012 年版，第 128-130 页。
[②] 徐韧：《上海海洋环境资源基本现状》，海洋出版社 2013 年版，第 137-141 页。
[③] Kim S J, Ko S H, Kang K H, et al. Direct seawater desalination by ion concentration polarization [J]. Nature nanotechnology, 2010, 5（4）: 297-301.

领域广,已发展为21世纪的主导海水淡化产业[①]。

反渗透技术是当代迅速崛起的高新技术之一。不同应用范围和性能反渗透膜的相继出现,多种液体分离膜集成系统的优化,工程配套设备的更新,使反渗透及其集成系统不仅成为海水、苦咸水淡化和纯水制备的最优系统,而且也是废水深度处理的创新系统和化工分离的高效系统,反渗透技术及应用带动了纳滤、超滤、微滤和电渗析、EDI 等大规模应用的液体分离膜产业发展,促进了工艺集成,扩展了应用领域,延长了产业链。主要在中东应用的多级闪蒸是一种传统的、成熟的海水淡化技术,适于大规模和超大规模淡化场地应用,由于能耗太高,除非采用核能外,一般认为不适于在我国推广。低温多效蒸馏法近年来有较大发展,在有余热的企业和水电联产设计中仍有部分市场,在我国也要扶持。

我国海水淡化产业大致包括以下六个方面:①以反渗透为主的多种液体分离膜和膜设备研发、制造业;②低温多效蒸馏装置耐腐蚀合金、设备和装置的研发、制造业;③前、后水处理设备、能量回收装置、泵类、管件、仪表、控制及水处理药剂开发、制造业;④海水淡化及应用同类设备、技术的其他原水脱盐、净化、分离等工程设计业及技术服务业;⑤海水淡化工程包建及产品水运营业;⑥设备、配件销售商或代理公司及相关社会服务业。

以上为海水淡化产业的广义定义。目前这些产业部门都为我国海水淡化事业的发展做出了贡献。本文仍围绕解决沿海供水保障的海水淡化技术产业的主要问题进行叙述。

我国海水淡化市场潜力巨大,海水淡化在提供淡水这一基础性资源的同时,也是带动系数大、技术含量高、发展空间广的战略性新兴产业,对于加快传统产业升级和发展模式转变具有重要作用。2018 年,我国海水淡化能力达到每日 $120\times10^4$ t,新增海水淡化工程规模每日 $1.2\times10^4$ t,相当于解决 1 500 万人以上城镇人口的生活用水量。仅海水淡化装置的制造产值就将达到每年 75 亿~100 亿元,如果将淡化工程运营、供水管网建设等相关产值一并计算,总产值还将成倍增加,经济效益十分显著。

东海有传统的海水淡化装备制造业基础,浙江省更是全国重要的海水淡化工程所在地,以百吨级和千吨级工程为主。截至 2018 年,东海已建成海水淡化工程规模 $24.35\times10^4$ t/d,其中浙江省 $23.23\times10^4$ t/d,占东海海水淡化总量的 95.4%,是东海海

---

① 方宏达,陈锦芳,段金明,等:《中国近岸海域海水水质及海水淡化利用的研究进展》,《工业水处理》,2015 年第 4 期。

水淡化产业的支柱区域;① 福建省 $1.12×10^4$ t/d，约占东海海水淡化总量的 5%；上海市海水淡化规模小，每日淡化少于 $0.2×10^4$ t，未纳入统计。

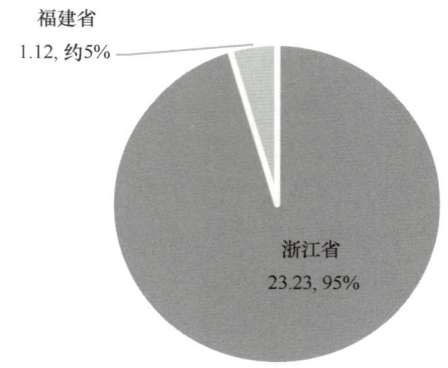

图 3.3　东海各省（直辖市）海水淡化工程规模饼状图（$×10^4$ t/d）

东海目前海水淡化工程主要位于浙江省内，少部分位于福建省内，多位于缺水海岛上。具体分布包括浙江省六横岛、泗礁岛、岱山岛、衢山岛、大门岛、鸡山岛以及福建省台山岛和东山岛。

## 2. 海水冷却

东海海水作为工业用水，目前主要是用作工业冷却水，冷却用水占海水总用量的95%以上。2018 年，我国沿海地区核电、火电、钢铁、石化等行业海水冷却用水量逐步增长，截至 2018 年年底，全国年海水冷却用水量为 $1\ 391.56×10^8$ t，东海为 $581.57×10^8$ t，占全国海水冷却用水量的 41.79%。其中浙江省海水冷却用水量 $315.44×10^8$ t，占东海海水冷却用水量的 54.24%，海水冷却用水量位居全国第二，东海第一，是我国重要的海水冷却水利用区;② 福建省海水冷却用水量 $234.51×10^8$ t，占东海海水冷却用水量的 40.32%;③ 上海市冷却用水量较少，仅 $31.62×10^8$ t，占东海海水冷却用水量的 5.44%④。东海各省（直辖市）具体海水冷却用水量见图 3.4。

---

① 浙江省水利厅:《浙江省水资源公报》（2018）。
② 谢慧明，马捷:《海洋强省建设的浙江实践与经验》，《治理研究》，2019 年第 3 期。
③ 吴耀建:《福建省海洋资源与环境基本现状》，海洋出版社 2012 年版，第 156-159 页。
④ 徐韧:《上海海洋环境资源基本现状》，海洋出版社 2013 年版，第 137-141 页。

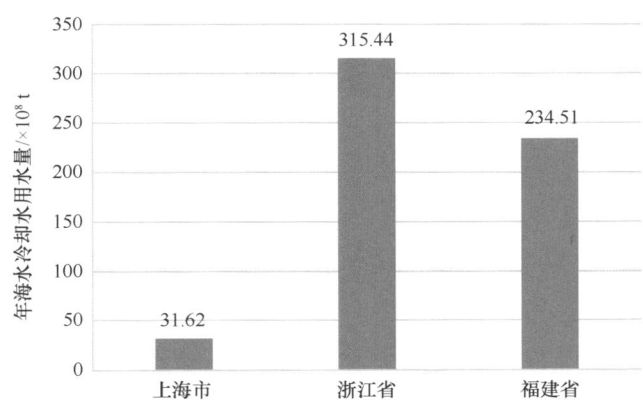

图 3.4 东海各省（直辖市）年海水冷却水用水量柱状图

### （二）海水化学资源

海水化学资源综合利用技术，是从海水中提取各种化学元素（化学品）及其深加工技术。主要包括海水制盐、苦卤化工，提取钾、镁、溴、硝、锂、铀及其深加工等，产品主要包括溴素、氯化钾、硫酸镁、硫酸钾，现在已逐步向海洋精细化工方向发展。[①]

福建省是我国重要的海水制盐和海水化学资源利用企业分布地。福建省盐田面积 6 648 $hm^2$，海盐产量 43.87×$10^4$ t，占全国盐田总面积的 1.6%，产量为全国的 1.55%。东海盐场主要分布于上海奉贤、浙江岱山、象山、普陀、定海、福建平潭、漳浦、莆田、泉港等地。

总的来说，东海海水资源综合利用层次不深。目前，东海还处在盐碱工业向海洋化工工业的过渡阶段。海水综合利用程度不高，海水淡化与综合利用结合不够紧密，在利用大型海水淡化厂排出的大量浓缩海水，积极发展海水化学物质提取产业方面，几近空白。海水中化学物质提取是有无限前景的新兴产业，我国对海水化学元素的提取，目前形成规模的有钾、镁、溴、氯、钠、硫酸盐等。但除氯化钠是从海水中直接提取的以外，其他元素仅限于从地下卤水和盐田苦卤中提取。东海应进一步加强热电水联产海水淡化，利用浓缩海水提取化学元素，实现多层次综合利用海水。

---

① 宋金明，王启栋，张润，等：《70 年来中国化学海洋学研究的主要进展》，《海洋学报》，2019 年第 10 期。

## 七、东海可再生资源

海洋可再生能源是指蕴藏在海洋中的潮汐能、潮流能、海流能、波浪能、海水温差能和海水盐差能等可再生的自然能源[1]。从更广义上讲还包括海洋风能、海洋太阳能和海洋生物质能。本节主要介绍东海海域风能、波浪能和潮汐能的基本概况。

### (一) 东海风能

海洋风能是指海面之上空气的水平运动所蕴藏的能量,是一种最清洁、可再生的能源之一,风能的利用是通过风力机将风的动能转换成电能、机械能或其他形式的能,其中电能是风能利用的主要形式。由于风力发电在减少温室气体排放、减轻环境污染和促进可持续发展等方面的突出作用,越来越受到世界各国的重视。东海沿海海岸线长,岛屿众多,其中福建省又受台湾海峡"狭管效应"影响,拥有得天独厚的风能资源[2]。充分开发利用沿海岛屿风能资源,对促进东海沿海地区经济发展,缓解能源供应紧张,将会起到积极的推动作用。

#### 1. 资源评估

东海沿海风能资源相对丰富,月际波动明显,季节差异大,主要表现在以下几点。

主风向较为稳定、风能分布较为集中。全年风向主要出现在偏北、东北和东南偏南3个方位上,主风向较为稳定,冬季盛行偏北风,夏季盛行东南偏南风,风能分布较为集中,对风机的布置相对比较有利,能减少风机间尾流影响引起的电量损失,有利于风电的开发利用。

有效风时数和年利用率高。各站多年的年平均风速和月平均风速基本都在风电机启动风速 3.4 m/s 以上,年有效风时均超过 5 500 h,年利用率很多地区超过 70%,具有比较好的开发价值。

风力资源较为丰富。沿海各站年风功率密度大都超过 240 $W/m^2$,年有效风能为 2 024~6 022 $kW·h/m^2$,东澳岛年有效风能更高达 6 022 $kW·h/m^2$,高于我国风力发

---

[1] 吴耀建:《福建省海洋资源与环境基本现状》,海洋出版社 2012 年版,第 173-191 页。
[2] 郑崇伟,周林,宋帅,等:《中国海风能密度预报》,《广东海洋大学学报》,2014 年第 1 期。

电的平均水平，这充分说明东海沿海风力资源较为丰富，适合风资源的开发。

风能海区站大于岸站。因各站所处的地理位置不同，地形及下垫面对各测站风速影响程度不一，造成岸站和海区站风能资源差异较大，海区站风能各要素平均风速、有效风时、有效风能、风功率密度均大于岸站。东海风能资源以海上最大，东南部中部沿岸次之，由岸线向内陆逐渐减小。[①]

风能月际波动明显，季节差异大。各站月平均风功率密度最高值远大于最低值，二者之间相差可达 3~6 倍；同时季节差异大，岸站夏半年有效风能明显大于冬半年，而海区站夏半年风能小于冬半年，与岸站正好相反。

### 2. 资源分布

海洋风能评估的范围是 50 m 等深线以浅海域，海洋风能蕴藏量和技术可开发量的统计范围是我国近海 10 m 高度的风能资源。采用中尺度气象模式 MM5，重建我国近海区域的逐小时、0.1°×0.1°分辨率网格点上的海面风场数据。我国近海（不包括台湾省）50 m 等深线以浅海域 10 m 高度风能资源的总蕴藏量为 $8.83\times10^8$ kW，技术可开发量为 $5.70\times10^8$ kW。东海风能资源蕴藏量为 $2.72\times10^8$ kW，占全国风能资源蕴藏量的 30.8%；技术可开发量为 $1.99\times10^8$ kW，占全国风能资源可开发量的 34.91%，风能资源丰富。其中福建省风能资源最为丰富，蕴藏量为 $1.73\times10^8$ kW，占东海蕴藏量的 63.6%，技术可开发量为 $1.33\times10^8$ kW，占东海可开发量的 66.83%。东海各省风能资源统计见表 3.7。

表 3.7 东海近海 50 m 等深线以浅海域 10 m 高度风能资源统计

| 省（直辖市） | 平均风功率密度 | 蕴藏量 | | 技术可开发量 | |
| --- | --- | --- | --- | --- | --- |
| | | 装机容量/$\times10^8$ kW | 年发电量/$\times10^8$ kW·h | 装机容量/$\times10^8$ kW | 年发电量/$\times10^8$ kW·h |
| 上海市 | 183 | 0.23 | 2 014.8 | 0.16 | 1 121.7 |
| 浙江省 | 188 | 0.76 | 6 657.6 | 0.50 | 2 915.9 |
| 福建省 | 363 | 1.73 | 15 154.8 | 1.33 | 8 766.2 |

---

① 胡以怀，袁春旺：《海上航线风能资源的调查与分析》，《中国航海》，2018 年第 2 期。

## (二) 东海潮汐能

在地球与月亮、太阳做相对运动中产生的作用于地球表面海水上的引潮力（惯性离心力与月亮、太阳的引力之矢量和），使海水形成周期性的涨落潮现象。这种涨落潮运动包含着两种运动形式：涨潮时，随着海水的向岸边流动，岸边的海水水位不断上升，海水流动的动能转化为势能；落潮时，随着海水的离岸流动，岸边的海水水位不断下降，海水的势能又转化为动能。[①] 水位的垂直上升和下降通常称为潮汐，海水的垂直升、降携带的能量为势能，即潮汐能。港湾内潮汐的能量与涨、落潮潮水的质量和潮差（一个潮汐周期内最高水位与最低水位之差）成正比，也可以说潮汐的能量与潮差的平方和港湾平均面积成正比。

东海沿海潮汐性质包括不正规半日潮和正规半日潮，北部主要不正规半日潮，南部为正规半日潮。潮差是潮汐强弱的主要标志之一，东海统计区域平均潮差为 2~5 m，潮差较大，三都岛和南日岛的实测最大超差分别为 8.51 m 和 8.10 m。东海是我国潮汐能资源最为丰富的地区，沿岸潮差大，以基岩岸线为主，海岸曲折多海湾，同时受到台湾海峡影响，具有很好的潮汐电站建站条件。[②]

潮汐能评价范围是技术可开发装机容量在 500 kW 以上坝址的潮汐能。其中，有永久交通设施和其他设施、已围垦或淤塞的港湾的潮汐能，均不予以统计。东海近海单坝址技术可开发装机容量大于 500 kW 的潮汐能资源坝址共 84 个，总蕴藏量为 $2\,405.92\times10^4$ kW，技术可开发量为 $2\,183.76\times10^4$ kW。其中，福建省潮汐能蕴藏量为 $1\,361.78\times10^4$ kW，占东海总蕴藏量的 56.6%，技术可开发量为 $1\,210.46\times10^4$ kW，占东海技术可开发量的 55.43%。东海各省（直辖市）潮汐能资源分布见表 3.8。

表 3.8 东海 500 kW 以上潮汐能站址资源统计

| 省（直辖市） | 站址数 | 蕴藏量 | | 技术可开发量 | |
| --- | --- | --- | --- | --- | --- |
| | | 装机容量/$\times10^4$ kW | 年发电量/$\times10^8$ kW·h | 装机容量/$\times10^4$ kW | 年发电量/$\times10^8$ kW·h |
| 上海市 | 1 | 79.78 | 69.87 | 70.91 | 19.5 |

---

[①] 邵悦:《海洋资源价值核算理论与方法研究》，上海师范大学，2012 年。
[②] 吴耀建:《福建省海洋资源与环境基本现状》，海洋出版社 2012 年版，第 184–189 页。

续表

| 省（直辖市） | 站址数 | 蕴藏量 | | 技术可开发量 | |
|---|---|---|---|---|---|
| | | 装机容量/$\times 10^4$ kW | 年发电量/$\times 10^8$ kW·h | 装机容量/$\times 10^4$ kW | 年发电量/$\times 10^8$ kW·h |
| 浙江省 | 19 | 964.36 | 844.36 | 856.85 | 235.6 |
| 福建省 | 64 | 1 361.78 | 1 192.30 | 1 210.46 | 332.87 |

### （三）东海波浪能

海面在风力的作用下产生的波动现象，称为波浪，波浪运动所具有的能量，称为波浪能。在单位波峰宽度（即垂直于波浪前进方向的迎波面）、一个波长内波浪运动的总能量由波动中水质点运动产生的动能和波面相对平均水面的垂直位移所具有的势能两部分组成，势能和动能相等。单位海表面面积内波浪的平均能量与波高的平方成正比。波浪在单位时间通过单位波峰宽度的波浪能为波浪能功率密度，其大小与波高的平方和周期成正比。[1]

根据调查，东海沿海波浪能资源福建北礵地区平均密度最大，达 7.31 kW/m。上海大戢山区域平均密度最小，为 1.03 kW/m。波浪能主要集中在福建和浙江沿海地区，该区风区长、波高大、周期长，因此波浪能平均密度较大，波浪能丰富。[2] 波浪能蕴藏量的统计范围为我国近海沿岸 20 km 一带的波浪能总量。[3] 东海波浪能总蕴藏量为 421.09×10⁴ kW，其中福建省蕴藏量为 221.05×10⁴ kW，占东海总蕴藏量的 52.49%，浙江省蕴藏量为 196.79×10⁴ kW，上海市蕴藏量为 3.25×10⁴ kW（见图 3.5）。

波浪能是海洋能源中能量最不稳定的一种能源。虽然一次风暴产生的巨浪其波能功率密度可以达每平方米迎波面数千瓦，但提取这样的波浪能却十分困难。因此，可利用的波浪能资源仅局限于靠近海岸线的近海海域。我国目前波浪能开发规模小，技术支撑不足，应当加强波浪能利用技术研究，在福建、浙江等波浪能资源丰富地区进

---

[1] 张海生：《浙江省海洋环境资源基本现状》，海洋出版社 2013 年版，第 472–485 页。
[2] 姜波，丁杰，武贺，等：《渤海、黄海、东海波浪能资源评估》，《太阳能学报》，2017 年第 6 期。
[3] 万勇，张杰，孟俊敏，等：《基于 ERA-Interim 高分辨率数据的中国东海南海波浪能评估》，《太阳能学报》，2015 年第 5 期。

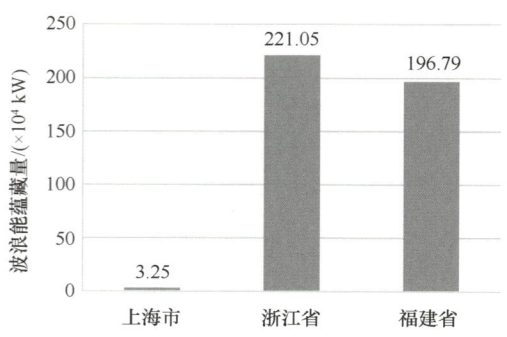

图 3.5　东海各省（直辖市）波浪能蕴藏量柱状图

行开发。①

## 八、东海旅游资源

滨海旅游资源是海洋空间资源开发的一种利用形式，是指在滨海地带，凡能对旅游者有吸引力、能激发旅游者的旅游动机，具备一定旅游功能和价值，可以为旅游业开发利用，并能产生经济效益、社会效益和环境效益的事物和因素。② 本节主要介绍东海的旅游单体资源。

### （一）东海旅游资源概况

根据 2003 年基于国家标准《旅游资源分类、调查与评价》（GB/T 18972—2003）进行的东海旅游资源调查结果，东海沿海的旅游单体总数达 4 097 个，其中上海市 233 个，浙江省 3 573 个，福建省 291 个。③ 从资源等级上来看，东海拥有五级单体 88 个，四级单体 210 个，三级单体 724 个，优良级单体数占单体总量的 24.95%，说明东海旅游资源品质总体是优良的。各省（直辖市）优良级单体数量见图 3.6。

沿海地带旅游资源类型丰富，在全国旅游源 8 个主类、31 个亚类、155 个基本类型中，东海拥有的旅游资源单体涵盖了全部 8 个主类、30 个亚类、141 个基本类型，

---

① 万勇：《面向工程开发的波浪能评估模型及其在中国海的应用研究》，中国海洋大学，2015 年。
② 徐韧：《上海海洋环境资源基本现状》，科学出版社 2013 年版，第 155-159 页。
③ 吴耀建：《福建省海洋资源与环境基本现状》，海洋出版社 2012 年版，第 176-181 页。

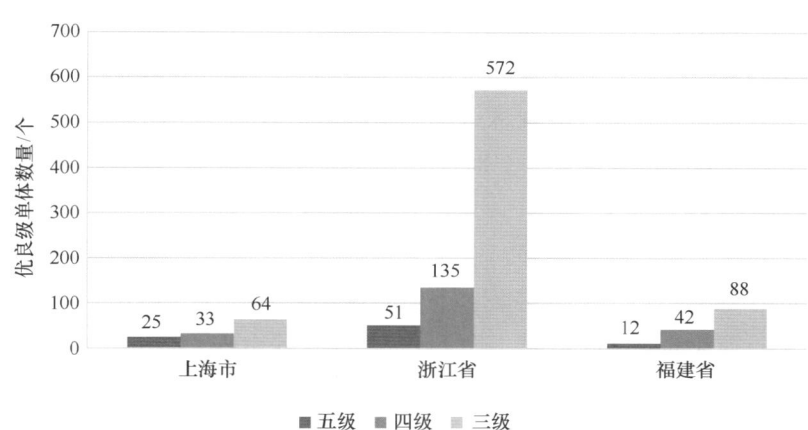

图 3.6 东海各省（直辖市）优良级旅游单体数量柱状图

包括地文景观、水域风光、生物景观、天象与气候、遗址遗迹、建筑与设施、旅游商品和人文活动 8 种类型。其中建筑与设施类型旅游资源数量最多，共 2 213 个，占东海旅游资源数量的 54.02%；地文景观类次之，共 966 个，占东海旅游资源数量的 23.58%。东海旅游资源品种较为齐全，类型较为丰富，人文与自然资源相互交融，可开发成多种旅游产品，形成丰富的旅游产品体系。

**（二）东海旅游资源评价**

1. 东海旅游资源功能评价

东海滨海旅游资源集陆地与海洋之胜，融自然与人文景观于一体，具有多种多样的旅游功能。

（1）游览观赏功能

游人既可登山上奇峰、游幽洞、访古胜、观日出和领略云雾变幻的人间仙境，也可在岸边垂钓、听潮和饱赏海岸奇观的自然美景，还可下海玩水和乘船游览海岛绚丽风光、海港和滨海城市风姿，也可潜入海里，遨游五彩缤纷的"海底龙宫"。[①]

---

① 王曼玥：《新媒体运营下舟山嵊泗东海渔村旅游营销策略》，《农村经济与科技》，2019 年第 5 期。

(2) 健身、娱乐旅游功能

东海沿岸沙滩，拥有众多优良海水浴场，是沙浴、阳光浴和海水浴的理想场所；沙滩后缘浓密防护林地则可开辟森林浴。宽阔海湾适宜划船、冲浪等海上运动，其岬角两侧及岛礁都是垂钓的好地方，个别海岛还是狩猎娱乐胜地。

(3) 避暑和疗养的功能

东海海岛风光秀美，环境幽静、空气清新，富含氧离子，有海风调剂，处处给人以秀美、宁静舒展之感，是消夏避暑、度假、休养理想胜地。临安、宁海、嵊州、福州、漳州、厦门等地温泉资源丰富，适合开辟温泉疗养中心。

(4) 科学考察等专项旅游功能

东海滨海适宜开展以下专项高级旅游：①古海岸线科学考察旅游；②海岸地貌科学考察和教学实习旅游；③古火山口考察和教学实习旅游；④红树林科学考察旅游；⑤古地震遗迹科学考察旅游；⑥旧石器时代和新石器时代遗址科学考察旅游；⑦古港、古船考察旅游；⑧宗教朝圣旅游。

(5) 采集、品赏、购物的功能

东海海滩有不少美丽的海贝，可供游人采集留作纪念。沿海地区盛产"二水"（水产和水果），人们可品尝到异地不同风味的海鲜和佳果，并可买到自己所喜爱的土特产品和工艺品，以作留念或馈赠亲友。①

## 2. 东海旅游资源总体评价

通过对东海旅游资源调查结果的定量分析，东海旅游资源总体特征是：数量较多，类型颇丰，品质较优，各类都有特色，各区都有亮点。

(1) 总量丰富、类型多样，自然旅游资源与人文旅游资源兼容并蓄

东海滨海旅游资源单体丰度和储量丰度都很高，共有4 097个单体，涵盖8个主类，30个亚类，涉及141种基本类型；自然旅游资源与人文旅游资源均拥有较多的单体、较高的储量和较丰富的类型，旅游资源形成以自然资源为主，人文资源为辅，自然旅游资源与人文旅游资源兼容并蓄的局面。

---

① 肖建红，高雪，胡金焱，等：《群岛旅游地海洋旅游资源非使用价值支付意愿偏好研究——以山东庙岛群岛、浙江舟山群岛和海南三亚及其岛屿为例》，《中国人口·资源与环境》，2019年第8期。

（2）资源平均品质高、优良级旅游资源多，且有不少极品级资源单体

东海滨海共有 1 022 个优良级旅游资源单体，占全部资源单体总数的 24.95%，其中包括 88 个五级旅游资源单体和 210 个四级旅游资源单体。东海滨海旅游资源整体品质较好，这一优势为东海着力打造有市场号召力的"滨海旅游"精品、不断提升旅游产品档次提供了有利条件。

（3）各类资源的丰度和品质差异显著，但均有精品和亮点

东海各类滨海旅游资源在资源丰度和平均品质上存在很大的差异，建筑与设施类旅游资源数量最多，共 2 213 个，占东海旅游资源单体数量的 54.02%，其次是地文景观类资源，共 966 个，占东海旅游资源单体的 23.58%，剩下 6 类旅游资源类型合计占 22.4%。但各类型旅游资源中均有不少优良级旅游资源单体可供开发。

### （三）东海重点旅游景区（点）

1. 奉贤海湾旅游区

奉贤海湾旅游区具备了"海洋、沙滩、空气、阳光、绿树"等当今世界海滨旅游的五大要素。加之开发较早，娱乐设施齐全，服务设施较为完善，随着产业带和城市带的纵深推进，应调整产业结构，使其更趋合理。发展"四区一带"，突出"滨海度假""都市娱乐""文化风情""绿色生态""水上游艇"五大主题，打造成为上海"度假"特色的滨海旅游区域。

2. 普陀山风景名胜区

普陀山风景名胜区位于浙江杭州湾以东约 100 n mile，是舟山群岛中的一个小岛。全岛面积 12.5 km$^2$，呈狭长形，南北最长 8.6 km，东西最宽约 3.5 km。普陀山风景名胜区素有"海天佛国""南海圣境"之称，是首批国家重点风景名胜区，中国四大佛教道场之一。最高处为佛顶山，海拔约 300 m。内有海蚀海积阶地、海积地、砾石滩、泥滩等海洋地貌以及南海观音大佛、紫竹禅林等景点[1]。

3. 雁荡山风景名胜区

雁荡山位于浙江省乐清市境内，部分位于永嘉县及温岭市。因主峰雁湖岗上有着

---

[1] 张海生：《浙江省海洋环境资源基本现状》，海洋出版社 2013 年版，第 533-536 页。

结满芦苇的湖荡，年年南飞的秋雁栖宿于此，因而得名"雁荡山"。雁荡山风景名胜区主要有灵峰、灵岩、大龙湫、三折瀑、雁湖、显胜门、羊角洞、仙桥八大景区，有500多处景点。素以独特的奇峰怪石、飞瀑流泉、古洞畸穴、雄嶂胜门和凝翠碧潭扬名海内外，被誉为"海上名山，寰中绝胜"，史称"东南第一山"。其中，灵峰、灵岩、大龙湫三个景区被称为"雁荡风景三绝"。

### 4. 鼓浪屿—万石山风景名胜区

鼓浪屿—万石山风景名胜区位于厦门市南部，范围包括万石山、鼓浪屿和厦门海湾部分海域。景区以花岗岩地质为主，岩体裸露，巨石遍布，其间沟谷、溪涧纵横，海岸线多变，沙滩相间，山、岛、海互为衬托。植物景观丰富多彩，形成亚热带海岛风光。整个景区具海、山、岛、礁、滩、岩、寺、花、木诸神秀，兼备民族风格、侨乡风情、闽台特色，并蓄西方异域情调①。

### 5. 湄洲岛风景区

湄洲岛为福建省莆田市秀屿区湄洲镇辖岛，位于福建省莆田市中心东南42 km，距大陆仅1.82 n mile，是莆田市第二大岛，陆域面积12.8 km²，海岸线长30.4 km，包括大小岛、屿、礁30多个。湄洲岛素有"南国蓬莱"美称，既有扣人心弦的湄屿潮音、湄洲祖庙、"东方夏威夷"、九宝澜黄金沙滩、"小石林"鹅尾怪石等风景名胜30多处，更有宗教经典妈祖庙，朝圣旅游盛况空前，被誉为"东方麦加"。

## 九、东海滨海湿地

滨海湿地是指陆地生态系统和海洋生态系统的交错过渡地带。按国际湿地公约的定义，滨海湿地的下限为海平面以下6 m处（习惯上常把下限定在大型海藻的生长区外缘），上限为大潮线之上与内河流域相连的淡水或半咸水湖沼以及海水上溯未能抵达的入海河的河段②。地形上包括河口、浅海、海滩、盐滩、潮滩、潮沟、泥炭沼泽、沙坝、沙洲、潟湖、红树林、珊瑚礁、海草床、海湾、海堤、海岛等。本节主要介绍东

---

① 吴耀建：《福建省海洋资源与环境基本现状》，海洋出版社2012年版，第176–177页。
② 高宇，赵峰，庄平，等：《长江口滨海湿地的保护利用与发展》，《科学》，2015年第4期。

海的滨海湿地资源。

### （一）东海滨海湿地资源概述

按《海岸带调查技术规程》滨海湿地分类，东海海岸带滨海自然湿地类型有浅海水域（本书指低潮时水深不超过 -5 m 的永久水域）、岩石性岸滩、潮间砂石海滩、潮间淤泥海滩、潮间盐水沼泽、红树林沼泽、海岸性淡水湖、河口水域、三角洲湿地；人工湿地有海塘和水库、养殖池塘、农田、围涂和休闲地，居民地、工矿企业和公路等建筑区[①]。东海滨海湿地总面积 20 395.4 km², 其中浙江省滨海湿地面积 7 950.33 km²，占东海滨海湿地总面积的 38.98%；其次是福建省，滨海湿地面积 7 799.08 km²，占东海滨海湿地总面积的 38.24%；上海市滨海湿地面积最小，仅 4 646 km²，占东海滨海湿地总面积的 22.78%。各省（直辖市）具体滨海湿地面积情况见图 3.7。

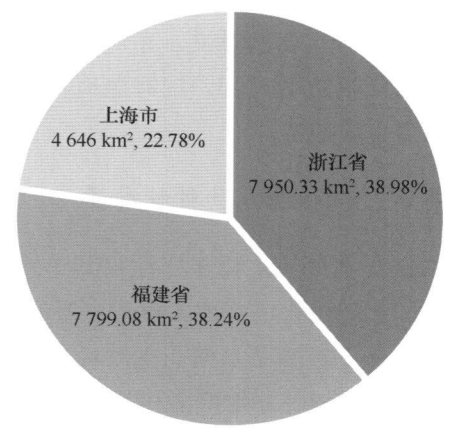

图 3.7 东海各省（直辖市）滨海湿地面积饼状图

东海各类型滨海湿地中，河口水域滨海湿地面积最大，其次是浅海水域滨海湿地。但目前滨海湿地退化严重，湿地总体面积迅速减少，天然滨海湿地不断被围垦为人工湿地。浙江省 1987—2007 年 20 年间天然滨海湿地总面积减少了 379.02 km²，而在海岸带中养殖池塘面积增加了 210.23 km²，滨海湿地总面积减少了 168.79 km²。福建省

---

① 张海生：《浙江省海洋环境资源基本现状》，海洋出版社 2013 年版，第 244-295 页。

2000—2009 年 9 年间，天然滨海湿地总面积减少了 442.97 km², 人工滨海湿地面积增加了 315.83 km², 滨海湿地总面积减少了 127.14 km²。① 滨海湿地总面积不断减少，要注重对滨海湿地的合理开发与保护。围垦虽然能产生较好的经济效益，但同时要注意滨海湿地的环境效益，过度围垦容易导致海岸线发生海水侵蚀，最终得不偿失②。

### (二) 东海滨海湿地特征

#### 1. 分布集中，地位独特

东海滨海湿地主要分布在东海的海岸带和海岛地区。滨海湿地类型多种多样，典型滨海湿地主要有杭州湾河口海岸湿地、舟山群岛滨海湿地、三门湾滨海湿地、闽江河口滨海湿地、福清兴化湾和罗源湾滨海湿地 5 处，主要以养殖池塘和粉砂淤泥质海岸为主，它们在东海的滨海湿地中具有重要地位。

东海海岸带地区人口稠密，经济发达，交通方便，开发历史悠久。因此，海岸带开发利用对社会经济发展具有十分重要的意义。东海的经济开发史，实际上就是以沿海各城镇为中心、向内陆和海洋推进的过程。滨海湿地在改善东海海岸带的生态环境和提供后备土地资源方面有着重要地位。

#### 2. 生物多样性极其丰富，珍稀濒危物种种类多

粉砂淤泥质海岸和滨岸沼泽地区，生物多样性极其丰富。东海沿海的潮间带动物种类丰富，沿岸的大型海藻和浮游植物也多种多样，主要的植被类型约可以分为 11 个群落类型，主要的群落类型有海三棱藨草群落、盐地碱蓬群落、结缕草群落、芦苇群落、獐毛草群落、大米草群落、红树林湿地群落和互花米草群落等类型。

#### 3. 滨海湿地资源多样，资源优势显著

滨海湿地资源包括生物资源和非生物资源两大类，与社会经济建设、生产密切相关，与人民的群众生活、衣食住行紧密相连。生物资源有纤维植物、粮食、观赏植物

---

① 吴耀建：《福建省海洋资源与环境基本现状》，海洋出版社 2012 年版，第 92-97 页。
② 高宇，刘鉴毅，张婷婷，等：《滨海河口湿地生态系统对全球气候变化的影响》，《环境与可持续发展》，2016 年第 4 期。

等植物资源，鸟类、鱼类、软体动物、甲壳动物等动物资源;① 非生物类型有水资源、港口航道资源、海洋潮汐潮流能资源、土地资源、盐、海砂资源、景观旅游资源等。并且港口航道资源、水产资源、滩涂土地资源、海洋能资源等已经被大量开发。

4. 滨海湿地资源具有明显的区域性和动态性

滨海湿地的空间资源分布是不均衡的，具有很强的地域性：在杭州湾、三门湾、闽江河口地区滨海湿地资源非常丰富，而在浙江的北仑区、瑞安县、福建厦门市等地区，滨海湿地资源较为贫乏。

从时间分布的角度来看，湿地资源又具有明显的动态性。湿地资源的动态性取决于两个方面：一是滨海湿地资源随着湿地环境的变化而变化，如浙江省粉砂淤泥质海岸大多处于淤涨状态，0 m等深线有不断向海洋方向逐渐演变的趋势，且速度较快；二是社会经济所处的发展阶段不同，直接影响了滨海湿地资源优劣和价值高低的评价，使得滨海湿地的优劣程度产生动态变化。

## 十、东海海洋资源综合评价

东海海岸线总长13 278.8 km，其中大陆岸线5 325.6 km，海岛岸线7 953.2 km，海岸带面积宽阔，资源丰富。东海共有海岛6 059个，有居民海岛100个，海岛面积与岸线资源均位居全国前列。东海社会经济条件较为发达，科技水平和市场均较大，海洋资源开发潜力巨大。

### (一) 丰富而又相对集中的深水岸线和港口航道资源

东海深水岸线资源非常丰富，沿海可建设万吨级泊位的深水岸线资源有100多处，其中50%前沿水深大于20 m，东海沿海港口货物吞吐量35 631.89×10$^4$ t，集装箱吞吐量6 502.62×10$^4$ TEU。东海沿海主要航道有100多条，主要是南北方向的外航路以及进出各大港口的东西向航路，除个别港区外，绝大多数航道的水深条件较好，能够满足万吨级以上海轮在深水泊位靠泊作业的需求，港口航运资源丰富。从港口吞吐量和承

---

① 董逸：《我国黄、东海典型海域微生物群落结构及其与环境变化的关系》，中国科学院研究生院（海洋研究所），2013年。

载能力来看，东海以上海港、宁波—舟山港以及厦门港三大港口承载力强，发展好，港口航运资源相对集中。①

东海温州港、台州港、湄洲湾港、福州港等港区的进出港航道和泊位等级较低，影响运输效率和利益。港区开发过程中仍然存在着岸线利用和组合布局不合理等问题，有待后续发展优化。

### （二）位居全国前列的海洋渔业资源

东海海域西部为广温、低盐的沿岸水系，东南部外海有高温高盐的黑潮暖流流过，其分支台湾暖流和对马暖流控制着东海大部分海域。背部有黄海深层冷水揳入，三股水系相互交汇，饵料丰富。同时，东海沿海岛屿众多，海岸线曲折漫长，滩涂广阔，水质肥沃，气候适宜，海洋初级生产力较高，海洋浮游动植物的丰度和广度都非常适合海洋经济作物的繁衍生息。得天独厚的优越条件造就了东海沿海的生物多样性，水产种质资源非常丰富，成为我国渔业资源蕴藏量最为丰富、渔业生产力最高的区域。尤其是浙江省的舟山渔场，是我国传统的经济鱼类集中产区，近海最佳可捕量占到全国的27.3%。②

在养殖方面，东海浅海、滩涂和港湾养殖资源丰富，养殖条件优越，养殖品种多样，后续养殖潜力大。③

### （三）丰富多彩的滨海及海岛旅游资源

东海沿海气候宜人，自然环境独特，汇集着山、海、崖、岛礁等多种自然景观和成千上万种海洋生物。同时，东海又是历史上开发较早的地区，历代劳动人民在这里留下了丰富的历史文化遗产。因此，东海的旅游资源兼有自然和人文、海域和陆域、古代和现代、观赏和品尝等多种类型，交相辉映，美不胜收。东海区分布着普陀山风景区、雁荡山风景区、鼓浪屿—万石山风景区以及湄洲岛风景区4个5A级风景名胜区及其他众多可供旅游及开发的景区。

东海作为我国经济较为发达的地区，旅游人次和旅游收入都位居全国前列，丰富多彩的滨海及海岛旅游资源能够得到较为充分的开发利用。

---

① 谷柳：《构建浙江（舟山）航运交易平台的必要性与可行性分析》，浙江海洋学院硕士论文，2015年。
② 吴晓祥：《东海海洋渔业产业国际竞争力评价研究》，上海海洋大学，2019年。
③ 孙静，杨俊，席建超：《中国海洋旅游基地适宜性综合评价研究》，《资源科学》，2016年第12期。

### （四）具有多宜性的滩涂资源

东海沿海潮间带多属开敞式岸滩，泥沙来源丰富，大部分区域具有不断淤涨的特点。潮间带滩涂的分布，大致可分为三种环境类型，即河口平原外缘的开敞岸段、由半封闭港湾组成的隐蔽岸段及岛屿岸段。这三种类型的潮间带滩涂，在形状、单片土地面积和集中分布的程度方面，存在较大的差异。由于东海的潮间带滩涂资源主要分布于河口等开敞岸段，因此，从总体上来看，资源的完整性尚好。

浙江省 1987—2007 年 20 年间天然滨海湿地总面积减少了 379.02 $km^2$，福建省 2000—2009 年 9 年间，天然滨海湿地总面积减少了 442.97 $km^2$。与此同时天然湿地不断被围垦为人工湿地，改变了海域的生态环境，在带来经济效益的同时，使海湾纳潮能力减少，海水自净能力减退，海洋生态环境遭到破坏。

### （五）储量丰富的海洋能资源

东海位于亚热带季风气候区，潮强流急，风大浪高，海洋能资源蕴藏丰富，风能、波浪能、潮汐能的可开发容量均位居全国前列。其中浙江省潮流能资源居全国首位，福建省风能资源和浙江省潮汐能资源居全国第二[①]。东海 500 kW 以上的潮汐能电站共有共 84 个，总蕴藏量为 2 405.92×$10^4$ kW，技术可开发量为 2 183.76×$10^4$ kW，风能资源蕴藏量为 2.72×$10^8$ kW，技术可开发量为 1.99×$10^8$ kW，占全国风能资源可开发量的 34.91%，波浪能总蕴藏量为 421.09×$10^4$ kW。

东海经济、科技条件均较好，潮汐电站和风力发电厂均已建成投入运行，但波浪能仅限于航标灯供电，随着科技的发展，波浪能也将规模化投入使用。

### （六）前景良好的油气资源

东海油气资源蕴藏量十分丰富，经济价值巨大。东海油气资源主要分布于陆架盆地东部的西湖和基隆凹陷，油气资源量推测可达 92.70×$10^8$ t。西湖凹陷是东海盆地中油气资源最丰富的地区，已发现平湖、春晓、天外天、残雪、断桥、宝云亭、武云亭

---

① 韩增林，胡伟，钟敬秋，等：《基于能值分析的中国海洋生态经济可持续发展评价》，《生态学报》，2017 年第 8 期。

和孔雀亭 8 个油气田,已累计获知天然气探明储量加控制储量近 $2\,000\times10^8\,\mathrm{m}^3$。[1] 基隆凹陷内没有地质参数井,仅在西南端有 3 口钻井,因此勘探程度较低,但与西湖凹陷之间仅由一个鞍部相隔,与西湖凹陷有相似的构造沉积发育史,油气分布特征也应相似,推测油气资源储量丰富。[2]

油气资源关系着经济社会发展,东海油气资源储量丰富,西湖凹陷众多油气田已经实现规模化开采,发展前景良好,对经济社会发展有很大助力。[3]

---

[1] 苏奥,陈红汉,王存武,等:《东海盆地西湖凹陷油气成因及成熟度判别》,《石油勘探与开发》,2013 年第 5 期。

[2] 姜亮:《东海陆架盆地油气资源勘探现状及含油气远景》,《中国海上油气地质》,2003 年第 1 期。

[3] 陈建文,梁杰,张银国,等:《中国海域油气资源潜力分析与黄东海海域油气资源调查进展》,《海洋地质与第四纪地质》,2019 年第 6 期。

# 第四章　东海海洋灾害

东海位于太平洋西岸，是海洋与大陆的交汇地带，也是众多河流的入海之地，复杂的自然环境状况再加上人为干扰，使东海地区成为海洋灾害袭击的前沿。随着沿海社会经济的快速发展，重大海洋自然灾害对社会经济发展和人民生命财产的威胁也日益严重。中国东海沿岸地区不同程度地遭受风暴潮、海浪、海岸侵蚀、咸水入侵、赤潮等海洋灾害的影响，其中台风引起的风暴潮灾害造成的损失最为严重。海洋灾害可分为海洋环境灾害、海洋地质灾害和海洋生态灾害，本章按照此分类对东海海洋灾害进行描述，并探讨了东海海洋灾害影响及防灾减灾的策略。

## 一、海洋环境灾害

海洋环境灾害，是指海洋自然环境发生异常或激烈变化，导致在海上或海岸上发生的灾害。本书中的海洋环境灾害包括风暴潮灾害、海浪灾害、海雾灾害。

### （一）风暴潮

#### 1. 风暴潮定义

风暴潮是指由强烈的大气扰动（强风和气压骤变）所引起的海面异常升高或降低的现象，包括热带气旋、温带气旋和冷空气等强风天气过程造成的潮位暴涨而引发的自然灾害，在我国历史文献中风暴潮又多称为"海溢""海侵""海啸"及"大海潮"等[1]。由于风暴潮的影响区域随大气扰动因子的变化移动，风暴潮的空间范围变化很大，可从几十千米延伸至上千千米，时间尺度或周期可从数小时延长至100 h，介于地震海啸和天文潮波之间。我国自1989年《海洋灾害公报》出版以来，灾害统计数据表

---

[1] 石先武，谭骏，国志兴，等：《风暴潮灾害风险评估研究综述》，《地球科学进展》，2013年第8期。

明，风暴潮灾害占全部海洋灾害的94%，是影响我国沿海地区的最主要的海洋灾害，已成为严重制约沿海地区经济发展的因素。① 风暴潮可分为台风风暴潮和温带风暴潮两大类②。东海沿岸风暴潮灾害类型以台风风暴潮为主。

风暴潮能否引起严重的海洋灾害，在很大程度上取决于其最大风暴潮增水是否与天文大潮期间的高潮相叠，也取决于受灾地区的地理位置、岸线形状、海底地形以及滨海地区的社会及经济基础等承灾体情况。在河口地区，洪水、径流等因素会影响风暴潮的致灾程度。天文潮、地理地形等因素共同决定了实际的水位或增水。

### 2. 东海地区风暴潮特征

（1）风暴潮的生成与路径

影响我国的台风一般生成于5°—15°N，110°—170°E的西北太平洋地区，占影响我国台风总数的96%。此外，我国南海也有部分台风生成（俗称土台风），这部分台风所占比例较少，约为4%，生成地一般位于12°—20°N、112°—120°E。

基于Unisys Weather的1945—2010年312次台风路径观测资料，将影响东海地区的台风路径分成5种类型，Ⅰ型为中转向台风，即在125°E以东140°E以西转向的台风；Ⅱ型为西转向台风，即在125°E以西转向；Ⅲ型为在浙江、江苏或上海登陆或在近海消失的台风；Ⅳ型为登陆福建或在台湾海峡消失的台风；Ⅴ型为路径往广东、海南的台风，主要为登陆广东地区的台风。其中，Ⅳ型台风最多，有98个，占31.4%；其次是Ⅱ型，有70个，占22.4%，再次是Ⅴ型和Ⅲ型，有68个和48个，占21.8%和15.4%；最后是Ⅰ型，有28个，占9.0%。

不同的台风路径造成的影响往往不同，对台风造成的经济损失统计表明，1945—2010年路径Ⅰ、Ⅱ、Ⅳ的台风，对沿岸造成的灾害最为显著，造成的经济损失分别为3.93亿元、12亿元和3.3亿元。还有研究表明，风暴潮灾害除了受到不同台风路径影响外，还受到全球气候变暖和厄尔尼诺现象的影响。全球气候变暖在使得海平面上升的同时也会使台风发生频率明显增大，全球平均气温分别升高0.5℃和1.0℃时，在中国登陆的台风频率将分别增大63%和119%。在厄尔尼诺年，台风数量明显减少。③

---

① 张海生：《中国风暴潮灾害史料集》，海洋出版社2015年版，第1—2页。
② 于福江，董剑希，许富祥，等：《中国近海海洋——海洋灾害》，海洋出版社2016年版，第37页。
③ 孙佳，左军成，黄琳，等：《东海沿岸台风及风暴潮灾害特征及成因》，《河海大学学报》（自然科学版），2013年第5期。

(2) 空间分布特征

1949—2008 年的 60 年间，影响东南沿海的台风年均发生 4.8 次，其中西北行台风约占 90%，年均发生 4.3 次，是影响我国东南沿海的主要台风类型。登陆台风年均发生 2 次以上，发生概率大于 50%。其中，登录浙江、福建的台风数量分别为 40 个和 97 个，平均每年 0.68 次和 1.6 次；影响浙江省、福建省、上海市的台风数量分别为 312 个、369 个和 128 个，平均每年 5.29 次、6.2 次和 2.13 次。

东海风暴潮频发区域为长江口、杭州湾、浙江中部和南部及福建省闽江口，平均发生次数分别为 2 次/年、1.7 次/年、1.8 次/年和 2.4 次/年。此外，沿海各区域出现的风暴潮严重程度有所不同，增水值大于 200 cm 的大型风暴潮主要出现在杭州湾、浙江省中部和南部沿海，所占比例分别为 6.6%、6.2% 和 12.1%，其余区域以增水值小于 100 cm 的一般风暴增水为主，所占比例超过 50%。①

(3) 时间变化特征

东海风暴潮呈现比较明显的月际分布特征，虽然 5—11 月均会发生风暴潮，但是 8—9 月风暴潮的次数远多于其他月份，其中 8 月平均每站发生风暴潮次数超过 30 次，9 月超过 25 次，7 月为 15 次，10 月则在 15 次以下。各级风暴增水的月度分布规律也基本一致，主要发生时间均为 8 月，9 月次之（图 4.1）。

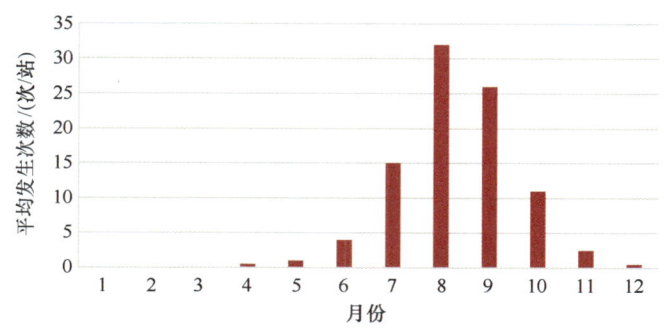

图 4.1 东海风暴潮逐月变化

东海沿岸风暴潮发生次数的年际变化很大，风暴潮灾害发生的次数以 5 年左右为一个周期，表现为次数从低值逐渐转变为高值，频繁时年发生次数高达 7 次/年（图

---

① 于福江，董剑希，许富祥，等：《中国近海海洋——海洋灾害》，海洋出版社 2016 年版，第 27-46 页。

4.2)。①

图 4.2 东海风暴潮逐年变化

## (二) 灾害性海浪

### 1. 灾害性海浪定义

海浪是由风产生的海面波动，波长通常为几十厘米至几百米，周期为 0.5～25 s，波高为几厘米至 20 m，特殊情况下波高可达 30 m。海浪分为风浪、涌浪和近岸浪三种类型。风浪是指在风的直接作用下产生的水面波动，通常表现为海面同时出现许多波高不同、周期不等的波浪，海面波动起伏状况复杂；涌浪是在风停后海区内尚存的波浪，或传出风区以外的波浪，这种波浪外形比较规则、整齐，波面比较圆滑，波峰线长；近岸浪则是由外海的风浪或涌浪传到海岸附近，因水深变浅和地形影响而改变之前波动性质的海浪；此外，风浪和涌浪同时出现时，还会形成混合浪。②

灾害性海浪是指由热带气旋（台风、飓风）、温带气旋和强冷空气大风等强烈大气活动引起的，具有巨大破坏力，能够造成巨大灾害的海浪，按照使其形成的天气系统可将灾害性海浪分为台风浪、（温带）气旋浪以及寒潮大风浪。它不仅是人类海上活动的巨大安全隐患，在近岸地区会摧毁滨海人工构筑物，造成生命、财产损失以及滨海

---

① 于福江，董剑希，许富祥，等：《中国近海海洋——海洋灾害》，海洋出版社 2016 年版，第 39-41 页。
② 陶爱峰，沈至淳，李硕，等：《中国灾害性海浪研究进展》，《科技导报》，2018 年第 14 期。

景观丢失。灾害性海浪是海上海难事故的最主要原因，是海上经济开发的最大障碍。[1][2]

## 2. 东海海域灾害性海浪特征

东海属于亚热带，海域比较开阔并与太平洋相连。与渤海和黄海相比无论冬季冷空气引起的海浪，还是夏季台风引起的海浪都较强，巨浪和狂浪出现的频率也比渤海和黄海高。由于一次大风过程产生的灾害性海浪持续时间相差不一，短的近几个小时，长的历经数天甚至几十天，所以常采用灾害性海浪的影响天数来描述其影响程度。

### (1) 灾害性海浪年际变化

1968—2019 年东海出现的灾害性海浪过程共计 1 259 次，累计 3 030 天；其中由强冷空气引起的占 49.1%；热带气旋引起的占 24.1%；冷空气、气旋以及温带气旋共同作用而引起的占 26.80%。

东海灾害性海浪发生次数有两个高峰期，为 1978—1984 年以及 1996—2006 年，每年平均发生次数分别为 36 次和 34.4 次，其中 1980 年次数最多，达到 47 次，累计 79 天；两个低谷期，为 1968—1972 年和 1989—1994 年，每年平均发生次数分别为 19.2 次和 27.1 次，其中 1972 年发生次数最少，只有 13 次，累计 41 天（图 4.3）。[3]

图 4.3　1968—2009 年东海灾害性海浪次数和持续天数年际变化

---

[1] 吴耀建：《福建省海洋资源与环境基本现状》，海洋出版社 2012 年，第 216-217 页。
[2] 陶爱峰，沈至淳，李硕，等：《中国灾害性海浪研究进展》，《科技导报》，2018 年第 14 期。
[3] 于福江，董剑希，许富祥，等：《中国近海海洋——海洋灾害》，海洋出版社 2016 年版，第 88-89 页。

（2）灾害性海浪月际变化

东海出现波高 4 m 以上灾害性海浪平均 2.5 次/月、6.0 天/月。灾害性海浪过程主要出现在 10—12 月和翌年 1—3 月的冬半年，占全年的 73.3%（图 4.4）。

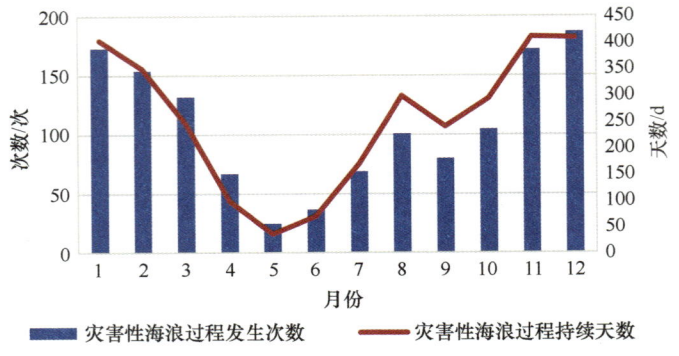

图 4.4　东海灾害性海浪逐月变化

（3）全年各级特征波高出现频率

东海波高小于 3.9 m 的海浪出现频率为 80.3%，波高 4.0~5.9 m 的出现频率为 15.4%；波高 6.0~8.9 m 的出现频率为 3.3%；波高大于 9 m 的出现频率为 1.0%（图 4.5）。

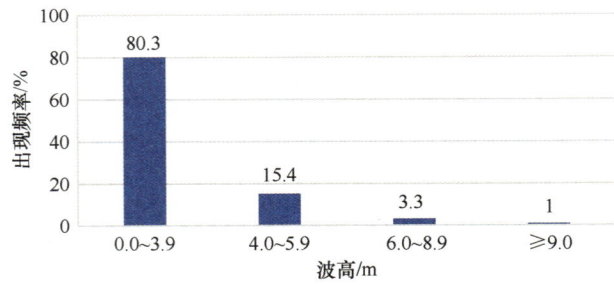

图 4.5　东海不同波高海浪出现频率

（三）海雾

1. 海雾灾害定义

海雾是在特定的海洋水文和气象条件下生成的。低层大气处于稳定状态时，由于水汽的增加以及温度的降低，近海面的空气逐渐达到饱和或过饱和状态，这时，水汽以微细盐粒等吸湿性微粒为核心不断凝结成细小的水滴、冰晶或两者的混合物，悬浮在海面以上几米、几十米乃至几百米低空。当凝结的水滴增大，数量增多，使天空呈现灰白色，能见度进一步降低，水平能见度不足 1 km 时，便形成海雾。① 海雾按照成因可分为平流雾、混合雾、辐射雾和地形雾 4 种。② 据国外有关方面统计，近几十年来发生的几千次海上碰撞和海损事故中，大约有 70% 以上发生在能见度不足 1 000 m 的雾天。所以我们把能见度不足 1 000 m 的海雾过程称为灾害性海雾。

海雾在全球各海区的类型虽然很多，但其中范围大、影响严重的，应首推平流冷却雾，而以中高纬度大西洋的纽芬兰岛为中心和以北太平洋千岛群岛为中心的两个带状雾区最为显著，以南印度洋爱德华王子岛为中心的带状雾区也很突出。其次便是大洋东岸低纬度信风带上游的雾，例如，太平洋东岸的加利福尼亚和秘鲁外海，大西洋东岸的加拿利群岛以南海域和纳米比亚外海，都是这类雾区。这些海域的海雾多在春夏盛行，尤以夏季为最为突出。其特点是雾浓，持续时间长，严重的大雾可持续 1~2 个月。平流蒸发雾多见于冷季的副极地或冰山和流冰的外缘水域，雾层薄，形似炊烟。但当它在春秋季节与平流冷却雾在中、高纬度海域交替出现时，也常常构成大片浓雾区。至于散布在世界各海区（或湖泊）的零星雾区，大多有地区性，难成体系，且不一定属于同一雾型。

海雾的时间变化较明显，南海始于 1 月中旬，止于 4 月中旬，雾期为 3 个月；台湾海峡雾期始于 2 月中旬，止于 6 月中旬，雾期为 4 个月；东海始于 3 月，止于 7 月中旬，雾期为 4~5 个月；黄海始于 3 月中旬，止于 8 月中旬，雾期为 5 个月。渤海雾最多在 12 月，一年四季均可出现。③

2. 东海地区海雾时空分布特征

我们将某地的一次海雾从生成到消散的过程定义为当地的一次海雾过程。与雾日类似，东海近海沿岸的海雾过程数也存在明显的季节、区域性变化。表 4.1 是东海地区各选站各月多年平均海雾过程数，选站按照地理位置从北到南排列。雾日过程高频

---

① 侯伟芬，王家宏：《浙江沿海海雾发生规律和成因浅析》，《东海海洋》，2004 年第 2 期。
② 张苏平，鲍献文：《近十年来中国海雾研究进展》，《中国海洋大学学报》（自然科学版），2008 年第 3 期。
③ 张苏平，鲍献文：《近十年来中国海雾研究进展》，《中国海洋大学学报》（自然科学版），2008 年第 3 期。

率区集中在浙江南部近海沿岸，次高频率区在舟山群岛附近至江苏近海沿岸一带。①

表 4.1 东海各选站多年平均海雾过程数

| 站名 | 1月 | 2月 | 3月 | 4月 | 5月 | 6月 | 7月 | 8月 | 9月 | 10月 | 11月 | 12月 | 年均 |
|---|---|---|---|---|---|---|---|---|---|---|---|---|---|
| 赣榆 | 5.2 | 4.5 | 3.5 | 3.5 | 2.9 | 2.5 | 2.2 | 1.8 | 2.0 | 2.8 | 4.2 | 4.7 | 3.3 |
| 射阳 | 4.9 | 4.5 | 3.8 | 2.9 | 3.5 | 2.8 | 2.3 | 2.2 | 2.1 | 3.2 | 4.4 | 5.3 | 3.5 |
| 吕四 | 3.8 | 3.2 | 2.8 | 2.7 | 2.7 | 2.2 | 2.2 | 1.6 | 2.6 | 2.4 | 3.2 | 3.4 | 2.7 |
| 嵊泗 | 2.4 | 2.5 | 2.6 | 2.7 | 2.4 | 2.2 | 1.8 | 1.0 | 2.5 | 0.7 | 1.4 | 2.9 | 2.1 |
| 定海 | 2.5 | 1.8 | 2.0 | 2.3 | 2.5 | 1.8 | 1.9 | 0.2 | 2.3 | 0.9 | 2.6 | 2.5 | 2.0 |
| 鄞州区 | 2.8 | 2.1 | 1.9 | 2 | 2.2 | 1.6 | 1.6 | 1.2 | 1.6 | 2.2 | 2.3 | 3.1 | 2.1 |
| 大陈岛 | 4.3 | 4.5 | 5.1 | 5.5 | 5.8 | 4.4 | 4.1 | 2.6 | 2.4 | 2.8 | 3.5 | 3.5 | 4.0 |
| 玉环 | 2.6 | 3.1 | 2.5 | 2.7 | 2.9 | 2.0 | 1.7 | 0.5 | 1.2 | 1.6 | 1.8 | 2.8 | 2.1 |

中国近海沿岸海雾过程持续时间所表现出的整体特征是冬、春季长而夏、秋季短，在 12 月和翌年 1 月海雾持续时间最长（图 4.6）。就东海地区各站海雾的年平均持续时间来看，大陈岛海雾持续时间最长，历史上大陈岛海雾的最长持续时间达到了 86 小时 48 分的高值，是东海地区海雾最严重的地区。②

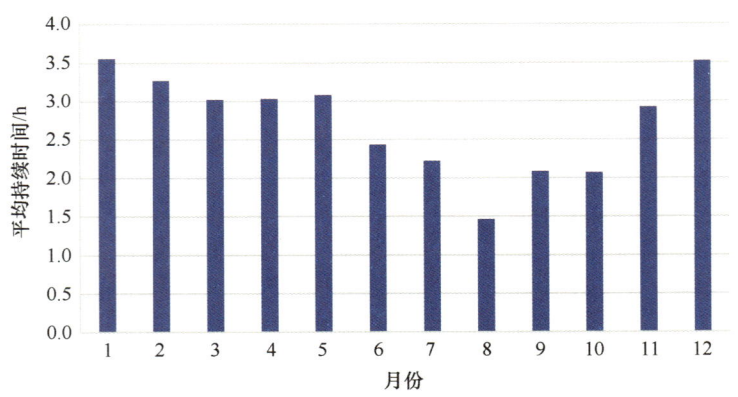

图 4.6 东海各月平均海雾过程持续时间

---

① 于福江，董剑希，许富祥，等：《中国近海海洋——海洋灾害》，海洋出版社 2016 年版，第 88-89 页。
② 张海生：《浙江省海洋环境资源基本现状》，海洋出版社 2013 年版，第 578-580 页。

# 二、海洋地质灾害

地质灾害指自然产生或人为诱发的对人民生命与财产安全、生活环境和国家建设事业造成危害或使人类生存与发展环境遭受破坏的地质现象。海洋地质灾害是在海岸带（包括海岛）及其近邻区海域由自然地质过程或人为作用造成的灾害性地质现象。我国海洋地质灾害类型复杂，分布广泛。有地表的，也有地下的；有直接的，也有潜在的。除影响严重且分布广泛的地震、海岸侵蚀、海水入侵、海面上升、滨海湿地退化和港湾淤积等之外，还有大量潜在地质灾害，如活动断层、滑坡、活动沙体、易液化地层以及影响海岸工程的各种地质地貌体等。本书中海洋环境灾害主要包括：海岸侵蚀、海水入侵以及泥沙淤积。[1]

## （一）海岸侵蚀

### 1. 海岸侵蚀定义

海岸侵蚀是由自然因素、人为因素或者两种因素叠加而引起的海岸线位置的后退或岸滩下蚀。海岸侵蚀灾害则是指海岸侵蚀达到一定程度后对沿岸地区的生产生活和人民财产造成损失的灾害，是海岸侵蚀的成链过程。作为一种自然现象，它既是海陆相互作用的结果，又是沿岸能量与物质交换的产物。人类不合理的开发活动，例如，海滩资源与海底砂矿开采、水库截流（减少入海泥沙）等，都可加剧海岸侵蚀的过程。[2] 海岸侵蚀不仅会对沿岸地区人民的生产和生活带来严重影响，海岸侵蚀及其引起的环境恶化，还会导致海岸带开发带来的经济效益和社会效益的下降。

我国海岸侵蚀自20世纪50年代末期日渐明显，较发达国家迟约半个世纪。20世纪60年代，海岸侵蚀主要发生在粉砂淤泥质海岸。进入70年代，尤其是70年代末期以来，海岸侵蚀明显加剧。目前，约有70%的砂质海岸和大部分开敞的粉砂淤泥质海岸遭受侵蚀，给沿岸人民的生产和生活带来了严重影响或构成潜在的威胁，造成巨大经济损失的海岸侵蚀灾害事件也时有发生。

---

[1] 于福江，董剑希，许富祥，等：《中国近海海洋——海洋灾害》，海洋出版社2016年版，第231页。
[2] 张海生：《浙江省海洋环境资源基本现状》，海洋出版社2013年版，第578-581页。

## 2. 海岸侵蚀的发育机理

造成海岸侵蚀的自然因素包括波浪侵蚀、潮流侵蚀和风暴潮侵蚀。波浪侵蚀和潮流侵蚀往往比较缓慢，是一个逐渐累积的过程，主要受到构造沉降、海平面上升[1]、流域结构和输沙情况等因素的影响；而风暴潮作用的短周期海岸侵蚀具有历时短、破坏力强的特点，能在短时间内破坏海岸带正常条件下的动力平衡，若造成沿岸工程的坍塌或决堤，则海岸侵蚀的后果往往是灾难性的。[2]

造成海岸侵蚀的人为因素包括开采海滩与海底砂矿资源、水库截流（减少入海泥沙）等，这些工程打破了自然条件下较为稳定的海岸带泥沙平衡，导致海岸带泥沙量减少，加剧了岸线侵蚀过程。此外，海岸带建造堤坝、护岸等工程虽然提高了海岸带的面对风暴潮、海平面上升等自然灾害的风险阈值，但也大大降低了沿海地区面对自然灾害时的弹性，在面对强度很大的突发性灾害时，一旦被冲毁，往往会导致巨大的生命、财产损失，从某种程度上加剧了海岸侵蚀灾害的严重性。[3]

## 3. 东海地区海岸侵蚀分布特征

根据《中国近海海洋——海洋灾害》的数据，我国东海地区遭受侵蚀的岸线总长度为798 km，占软质海岸的17.0%，3个地区均有海岸侵蚀现象发生。由于自然条件、资源的差异，上海市只有粉沙淤泥质海岸侵蚀，浙江省由于砂质海岸规模小、分布散，基岩海岸侵蚀速率又比较小，所以未被统计在内。福建省的海岸侵蚀既发生在砂质海岸，也发生在粉砂淤泥质海岸。东海地区侵蚀岸线总长度以福建省最多，其次是浙江和上海；就侵蚀淤泥质岸线占淤泥质岸线总长度比例来看，上海侵蚀岸线总长度所占比例最大，被侵蚀的岸线长度超过岸线总长度的1/3，浙江、福建的岸线侵蚀比例均远低于上海。福建省的砂质岸线被侵蚀的比例高达57.3%，而侵蚀淤泥质岸线占淤泥质岸线总长度比例却只有2.8%（表4.2）。[4]

---

[1] 季子修，蒋自巽，朱季文，等：《海平面上升对长江三角洲和苏北滨海平原海岸侵蚀的可能影响》，《地理学报》，1993年第6期。

[2] 张海生：《浙江省海洋环境资源基本现状》，海洋出版社2013年版，第578-580页。

[3] 夏东兴，王文海，武桂秋，等：《中国海岸侵蚀述要》，《地理学报》，1993年第5期。

[4] 吴耀建：《福建省海洋环境与资源基本现状》，海洋出版社2012年版，第222-231页。

表 4.2　东海地区海岸侵蚀基本情况

| 省（直辖市） | 砂质海岸长度/km | 粉砂淤泥质海岸长度/km | 砂质海岸侵蚀长度/km | 粉砂淤泥质海岸侵蚀长度/km | 侵蚀岸线总长度/km | 软质海岸长度/km | 侵蚀岸线总长度占软质海岸比例 | 侵蚀砂质岸线占砂质岸线总长度比例 | 侵蚀淤泥质岸线占淤泥质岸线总长度比例 |
|---|---|---|---|---|---|---|---|---|---|
| 上海市 | 0 | 211 | 0 | 73.1 | 73.1 | 211.3 | 34.60% | — | 34.60% |
| 浙江省 | 7.1 | 1 500 | 0 | 102.6 | 102.6 | 1 508.8 | 6.80% | 0.00% | 6.80% |
| 福建省 | 988.2 | 1 972.2 | 566.2 | 56.1 | 622.3 | 963.3 | 21.00% | 57.30% | 2.80% |

（1）上海市海岸侵蚀状况

上海市侵蚀型海岸主要分布于奉贤区海岸、崇明岛东南侧和西北侧、长兴岛西北侧和东南侧、九段沙东南侧。总体上看，目前海岸侵蚀不是十分严重。但由于深水航道治理工程、浦东机场圈围工程等的实施，使局部岸段由侧蚀变为下切，挖沙、涉水工程改变动力条件使局部岸段出现岸滩侵蚀的情况仍存在。此外，近年来，由于长江流域中上游建坝筑库工程以及长江流域水土保持力度的加大等，使得长江携沙量逐渐减少，长江入海泥沙量呈逐年减少趋势。泥沙供应量减少会减缓河口地区滩涂淤涨速率，使长江口口门外的水下三角洲出现了较大范围的冲刷，进而会对上海市岸滩的稳定性造成影响，导致海岸侵蚀潜在风险增大。①

（2）浙江省海岸侵蚀状况

浙江省海岸类型以基岩港湾海岸为主，淤泥质岸线次之。海岸侵蚀主要发生在以下五个岸段：杭州湾北岸金山—海盐县（武原镇）岸段、杭州湾南岸临山—西三岸段、甬江口—分水礁岸段、金清—玉环岸段以及瓯江口北岸盘石黄华岸段。其中杭州湾北岸金山—海盐县（武原镇）岸段、金清—玉环岸段的侵蚀主要是由自然因素引起的，影响因素包括潮流冲刷、岸线形状导致的聚能效应等；甬江口—分水礁岸段、瓯江口北岸盘石黄华岸段的侵蚀主要是由人为因素导致的，人为作用包括人工挖沙、人工制作海岸等；杭州湾南岸临山—西三岸段地侵蚀是自然因素和人为作用共同的结果。

浙江省的淤涨型岸滩一般分布在物质来源丰富的河口岸段和水动力作用弱、岸滩

---

① 徐韧祥：《上海海洋环境资源基本现状》，《科学出版社》2013年版，第105–106页。

比较稳定的半封闭港湾。这两类岸滩，由于人们围海造田需要，绝大部分已修筑海塘，成为人工岸线。侵蚀型岸段一般是濒临开敞海域的基岩海岸，基岩侵蚀海岸是浙江侵蚀海岸中分布最广、范围最大的一类岸线，这类岸段主要分布在沿海岛屿迎风面和大陆岸线的浙南平阳嘴—虎头鼻基岩岸段。杭州湾北岸历史上为侵蚀岸线，经修建海塘、筑丁坝促淤、抛块石保护堤角冲刷等工程后，从岸线变化来看，也处于稳定状态。因此，总体上看，目前海岸侵蚀不是十分严重。但由于护岸工程使海岸由侧蚀变为下切，挖沙、涉水工程改变动力条件使局部河段出现岸滩侵蚀的情况依然存在。[①]

（3）福建省海岸侵蚀状况

综观福建省海岸侵蚀分布，淤涨型海岸主要为分布于福建省北部的大河河口附近以及对外界隐蔽的海湾内部的粉砂淤泥质海岸，此外，部分沙嘴也呈现淤涨趋势；稳定型海岸主要为抗蚀能力较强的基岩海岸，侵蚀速率缓慢；微侵蚀海岸一般出现于湾口或湾外较开敞的砂质或粉砂淤泥质海岸；强侵蚀海岸主要见于开敞高能海区的砂质海岸，其中人类活动引起的海岸建筑上游侵蚀和下游堆积也常见；侵蚀最严重的海岸主要为岸崖组成为老红砂，强风化壳等抗侵蚀能力弱的砂质海岸。[②]

### （二）海水入侵

#### 1. 海水入侵定义及成因

海水入侵是由自然或人类活动使滨海地区地下含水层水动力条件发生变化，导致淡水和海水（咸水）之间原本的平衡状态遭到破坏，海水或高矿化度咸水向陆地淡水含水层运移而发生的咸水侵入的过程或现象。引起海水入侵的自然原因包括：干旱、沿海潮汐增强、海平面升高等；人为原因包括：不合理的地下水开采、在陆域盲目发展盐田和海水养殖、地下工程破坏地下水力结构等。经过多年的调查研究，一般认为，滨海地区地下淡水的过量开采是引发海水入侵的主要原因。沿海城市是人口高度集中和经济快速发展地区，用水需求过大导致淡水资源被过度开发，导致地下水水位持续大幅度下降，从而造成咸、淡水界面发生变化，海水向淡水层侵入，水质恶化。[③]

某些滨海地区在历次海进中，形成了多层海相地层，这些海相地层中往往赋存有

---

[①] 张海生：《浙江省海洋环境资源基本现状》，海洋出版社2013年版，第578–580页。
[②] 吴耀建：《福建省海洋资源与环境基本现状》，海洋出版社2012年版，第222–230页。
[③] 陈广泉：《莱州湾地区海水入侵的影响机制及预警评价研究》，华东师范大学，2013。

古咸水，且可能与地下淡水有一定接触关系，若大量开采深层淡水，原有水力渗透结构被打破，导致古咸水向淡水越流补给，也会形成海水入侵。① 海水入侵会使入侵地的生态环境受到破坏，地下水水质变咸，造成生活用水困难，村镇、集体等被迫向内地搬迁，影响了沿海地区的稳定与发展。东海海水入侵比较严重的城市有宁波市和温州市（表4.3）。

表4.3　2009年东海省（直辖市）海水入侵现状统计②

| 省（直辖市） | 海水入侵区 | 入侵距离/km | 重度入侵距离/km | 轻度入侵距离/km |
| --- | --- | --- | --- | --- |
| 上海市 | 上海奉贤区滨海 | — | — | — |
| 浙江省 | 浙江宁波象山滨海 | 1.62 | 0.27 | 0.41 |
| | 浙江台州滨海 | 11.6 | 3.86 | 4.84 |
| | 浙江温州温瑞平原滨海 | 7.33 | — | 4.19 |
| 福建省 | 福建福州长乐滨海 | 1.78 | 0.36 | 0.71 |
| | 福建莆田秀屿区 | 4 | 3 | — |
| | 福建泉州市泉港区滨海 | 0.86 | — | 0.43 |
| | 福建厦门滨海 | 0.31 | | 0.03 |
| | 福建漳州浦滨海 | 2.98 | 1.99 | 0.25 |

2. 海水入侵分布特征

（1）上海市海水入侵状况

上海市存在海水入侵现象，涉及金山区、奉贤区、南汇区和崇明岛沿海区域。金山区、南汇区沿海区域主要以轻度入侵为主，其中金山断面出现反相海水入侵特征，体现出土壤洗脱盐过程中地势低洼淀积的特点；浦东区域基本上无海水入侵；奉贤沿海区域以轻度入侵为主，部分沿海区域海水入侵达到严重程度。上海市海岛中的崇明岛区域海水入侵强度总体上呈现地表水高于地下水，由北向南、由沿海向内陆渐减的

① 黄磊，郭占荣：《中国沿海地区海水入侵机理及防治措施研究》，《中国地质灾害与防治学报》，2008年第2期。
② 于福江，董剑希，许富祥，等：《中国近海海洋——海洋灾害》，海洋出版社2016年版，第88-89页。

趋势，崇明北沿垦区以轻度入侵为主，在新隆沙海水入侵达到严重入侵程度；长兴岛和横沙岛基本无海水入侵，在长兴岛的东南区域和横沙岛的西北区域属于轻度入侵。总的来说，上海市海水入侵灾害强度较弱，尚未构成海洋地质灾害侵蚀主题。呈现出由海边严重入侵向陆域递减为轻度入侵，再向陆域继续延伸变为无入侵，体现出海水入侵向内陆由严重入侵向轻度入侵和无入侵的分布特征。[1]

（2）浙江省海水入侵状况

据浙江省水利厅公布的 2018 年《浙江省水资源公报》，全省降水量多年平均为 1 603.8 mm，降水量呈现出由西南向东北递减的特征。全省地表水资源总量多年平均为 $943.85\times10^8$ m³，地下水资源量为 $213.92\times10^8$ m³，全省水资源总量为 $866.54\times10^8$ m³，全省平均单位面积水资源量为 $82.14\times10^4$ m³/km²。但是，省内嘉兴和舟山多年平均水资源量较低，分别只有 $20.76\times10^8$ m³（其中地下水 $3.17\times10^8$ m³）和 $7.95\times10^8$ m³（地下水几乎没有），且均是沿海城市。所以，从水资源量来看，浙江省沿海大部分地区发生海水入侵的风险较小，而嘉兴和舟山面临一定风险。

由于过度开采地下水，浙江省主要平原区地下水位持续下降，造成地面沉降，岩溶水分布区地面塌陷。杭嘉湖平原沉降区几乎波及整个平原，宁波、台州市的地下水开采中心累计沉降量也超过 50 cm，总面积仍有扩大趋势。所以，如果仅从地下水开采强度来看，浙江省主要临海平原区面临一定的海水入侵风险，由于开采的地下水大多是埋藏较深的承压水，这种风险主要来源于地下古咸水对地下淡水的垂向上的浸染，而非现代海水向内陆的平面上的浸染。因此，浙江省沿海地区的海水入侵风险总体较小，但在嘉兴和舟山等地具有一定的深层地下水过度开采诱发地下水咸化的风险。

据 2016 年和 2017 年《浙江省海洋环境公报》[2]，浙江省海洋与渔业局在宁波象山贤庠区、台州临海—椒江滨海地区和温州温瑞海滨地区实施了海水入侵检测，检测结果均表明，宁波、台州和温州海滨地区海水入侵现象不明显，且多年来咸淡水混合状况比较稳定。据 2015 年《浙江省海洋环境公报》，宁波贤庠地区咸水出现在距海岸很近的测站（0.5 km），距海岸 5 km 以外的测站表现为由微咸水转换为淡水；台州距岸 2 km 以内的测站在 2014 年和 2015 年氯离子和矿化度都严重超标，均出现了咸水严重入侵的现象。离岸 4 km 时才逐渐转换为轻度入侵。在温瑞海滨地区，瑞安断面和龙湾断

---

[1] 徐韧祥：《上海海洋环境资源基本现状》，科学出版社 2013 年版，第 106-107 页。
[2] 浙江省生态环境厅：《浙江省海洋环境公报》（2008—2017）。

面均未出现咸水,瑞安断面距岸 22 km 仍然处于淡水入侵过渡区,距岸 30 km 时才进入比较稳定的淡水区。龙湾断面仅在 2013 年和 2014 年 4 月矿化度和氯度超出淡水范围,说明龙湾断面在枯水期可能受到海水入侵影响。

据 2008 年和 2009 年《浙江省海洋环境公报》的检测结果表明,各类区域海水入侵现象不明显。相比较而言,台州临海—椒江滨海地区海水入侵程度最高,浙江温瑞海滨地区次之,宁波贤庠海滨地区海水入侵程度最低,各地海水入侵状况比较稳定。[1]

(3) 福建省海水入侵状况

根据福建省水利厅公布的 2018 年《福建省水资源公报》[2],全省降水量多年平均为 1 577.01 mm,降水分布比较均匀。全省地表水资源总量多年平均为 $1\,179.1\times10^8\ m^3$,地下水资源量 $317.631\times10^8\ m^3$,全省水资源总量 $1\,238.06\times10^8\ m^3$,全省平均单位面积水资源量为 $101.98\times10^4\ m^3/km^2$,总体来说,水量十分丰富。其中,平潭县多年平均地下水资源量远少于其他地区。所以,从水资源量来看,福建省沿海大部分地区发生海水入侵的风险甚小,而平潭县则面临一定风险。

根据 2013 年和 2014 年《福建省海洋环境状况公报》,分析福州长乐市、泉州泉港区和漳州漳浦县 3 处有代表性的滨海地区的 25 个氯度、矿化度和水位监测站位。监测结果表明,除泉港地区的界山、后龙两站为轻度海水入侵外,长乐地区的漳港、文岭两站以及漳浦地区的梅宅和刘坂两站均出现了严重海水入侵,其中泉港和漳浦沿岸地区海水入侵程度枯水期比丰水期严重。长乐沿岸海水入侵程度枯水期与丰水期无显著区别。在漳州漳浦县两个监测断面对土壤中的氯离子、硫酸根离子、全盐含量和酸碱度值进行监测。结果表明,漳州漳浦县沿岸土壤盐渍化程度较轻,两个监测断面均是丰水期比枯水期盐渍化程度严重。[3]

### (三) 河口、海湾淤积

#### 1. 河口、海湾淤积定义及成因

港湾淤积是由于港湾周围及河流上游水土流失严重,河流泥沙含量高,湾内海水流通不畅、形成拦门沙的自然过程。淤积达到一定程度就形成灾害,使港口通航能力

---

[1] 张海生:《浙江省海洋环境资源基本现状》,海洋出版社 2013 年版,第 581-586 页。
[2] 福建省水利厅:《福建水资源公报》(2004—2018)。
[3] 吴耀建:《福建省海洋资源与环境基本现状》,海洋出版社 2012 年版,第 231-239 页。

降低甚至报废，或者需要大量投入用以清淤疏浚。

河口航道淤积，是在自然条件下，由于水动力作用形成淤积的过程。港口淤积，多是在人工开挖的港池、航道内，因人为活动而改变了动态平衡而形成的沉积过程。

近年来，我国流域的开发活动强度加大，水电工程的大量建设以及大规模的网箱养殖活动等导致河流入海泥沙量显著减少，致使河口地区泥沙冲淤平衡被打破，造成海水补排不畅，淤积严重。此外，围填海工程导致的海湾形态和水动力条件的改变亦会加剧泥沙淤积。

港湾淤积的危害主要有：①淤泥质、腐殖土增加，海水含氧量降低，导致湾内大批鱼类死亡；②影响航道运营，降低船舶的装载量，增加运营成本，可能造成船只搁浅或撞船事故。因此，港湾淤积不但影响当地正常经济活动，也会对来往船只和生命财产构成威胁。[①]

### 2. 港湾淤积分布特征

（1）上海市港湾淤积状况

上海市是我国最大的港口城市，长江口航道是长江干线入海及上海港的通海咽喉，素有"黄金水道"之称。因长江口属分汊型河道，河床多变，冲淤不定，浅滩隐沙密布，其严重的泥沙淤积问题已影响了航道的通航能力，增大了航道的维护工作量。如南港水道中的鸭窝沙航槽年维护土方量高达 $400 \times 10$ m³。虽然国家已投入数亿元人民币，到目前效果尚不明显。上海市的海岸滩涂淤涨占主要地位。近几年，淤涨最明显的是崇明东滩和南汇东滩，其次是青草沙和九段沙。[②] 这些淤涨滩涂在成为上海市重要的新增土地资源来源的同时，也影响了长江口通航能力。

（2）浙江省港湾淤积状况

浙江省主要港湾有杭州湾、象山港、三门湾、浦坝港、漩门湾、乐清湾、大渔湾、沿浦湾，其中象山港、三门湾、乐清湾是半封闭型海湾。目前，舟山市的主要航道淤积情况日渐严重。这主要是因为舟山市近年来在开发和建设过程中，大量采用移山填海、围海造田的办法，改变了港湾内部潮流的、流向，人为地造成了港区航道淤积情况的加剧。温岭市礁山港、温州市鳌江港也存在比较严重的淤积情况。三门湾、乐清

---

① 于福江、董剑希、许富祥，等：《中国近海海洋——海洋灾害》，海洋出版社2016年版，第88-89页。
② 杨世伦、李明：《长江入海泥沙的变化趋势与上海滩涂资源的可持续利用》，《海洋学研究》，2009年第2期。

湾部分岸段发生淤积，尤其是乐清湾，淤积状况十分严重。

另外，为减轻台风、暴雨、大潮袭击以及洪涝灾害带来流速的损失，浙江沿海地区修建了海塘堤坝和大中型排涝闸，这些设施在排涝、灌溉、御潮、蓄洪等综合利用方面效益显著。但由于修建的水闸改变了下游河道潮汐特性，大大减少了上游河水的冲刷。大部分水闸建成后，闸下河道或外港部分都发生了不同程度的淤积及河床抬高现象，对海港的航运和经济发展带来了一系列问题。[①]

（3）福建省港湾淤积状况

港湾与航道淤积是福建省最广泛发育的地质灾害之一，福建沿海几乎所有的港湾都涉及淤积灾害，致使水深变浅，海域面积变小，深水功能退化。有的深水岸段减少，需要经常疏浚清淤，才能保证其深水岸段停泊正常运转。如沙埕港西北海城、罗源北海岸、长乐梅花镇、泉州湾、安海湾、东山湾等港湾，由于淤积严重，深水岸段明显减少。安海湾由于淤积严重，西港已经基本废弃，东港只能供小型民间船只停泊。更有甚者，滩涂地区的海蛎石因淤涨而被泥沙所覆盖。

由统计分析可知，整个福建省海岸淤积问题很严峻。福鼎的沙埕港、青屿湾—安仁以北因淤积而滩涂不断扩大；三沙—福宁湾的湾顶、港内、河口均处于淤涨阶段；罗源湾顶及福清湾因大米草狂长及海上渔排的促淤作用导致严重淤积；兴化湾不断承接河流及潮流带来泥沙的落淤而成为淤涨性港湾；湄洲湾因进出泥沙量基本平衡而处于相对稳定状态，但局部地区仍有淤涨，如西亭以西沙脊不断淤涨、白埕浅滩不断向南扩淤；泉州湾则处于淤涨夷平之中；围头安海快速淤涨后，港湾濒临报废；同安湾自高集海堤建成后迅速淤涨，后因泥沙来源减少而转入缓慢淤涨，现在正进行全面清淤；厦门港则处于不同程度的淤涨中，如九龙江口及鼓浪屿西侧、宝珠屿浅滩、西航道两侧；佛县湾淤积速度近几年来也在加速，水道变浅，东坂村及大嵩岛间的水域干出；旧镇湾现在正处于淤涨夷平之中；东山湾、诏安湾自漳河及八尺门建闸以来便处于快速淤涨阶段；宫口—大星湾由于渡西沙嘴及拦门沙形成使海湾水变浅，水域减少而成淤积性海湾。

福建沿海航道港湾淤积的形势不容乐观，造成这种现象主要有陆域水土流失及潮流带来的泥沙落淤、人为修堤建坝、沿海水产养殖等改变水动力条件和沉积环境等原

---

① 张海生：《浙江省海洋环境资源基本现状》，海洋出版社2013年版，第274页。

因。另外，外来物种大米草的引进，也使得港湾、航道淤积加剧、淤涨范围扩大。[①]

## 三、海洋生态灾害

东海海域幅员辽阔，入海河流众多。养殖业、矿物开采、航运、滩涂围垦等人类活动会造成海洋生态环境的改变，严重者可能会引发海洋生态灾害。如由于海水富营养化导致赤潮暴发，由于外来物种的引入导致本地物种数量减少等。本节中的海洋生态灾害主要包括赤潮灾害和生物入侵灾害。

### （一）赤潮

#### 1. 赤潮定义与分类

赤潮是指在一定的环境条件下，海水中某些浮游植物、原生动物或细菌在短时间内突发性增殖或高度聚集而导致水体变色的生态异常现象。水面发生变化的情况甚多，厄水（海水变绿褐色）、苦潮（即赤潮，海水变赤色）、青潮（海水变蓝色）及淡水中的水华，都是同性质的现象。在正常的情况下，海洋中的营养物质被浮游动植物吸收，浮游动植物再被鱼虾贝类等捕食，从这一正常的生产过程中，人类可以得到大量的有利用价值的资源。但是赤潮发生时，营养物质被赤潮生物吸收之后随死亡的赤潮生物一同被分解，这样简单而有害的过程，造成海洋食物链局部中断，破坏了海洋的正常生产过程。[②] 赤潮不仅威胁着海洋生物的生存，危害海洋生态环境，给海洋渔业、海水养殖业和滨海旅游业等造成一定的危害和经济损失，而且还会给人类健康和生命安全带来威胁。

赤潮生物不仅涉及甲藻类浮游生物，在特定的环境条件下，某些硅藻、蓝藻、隐藻、绿色鞭毛藻等浮游植物和原生动物以及某些细菌都可形成赤潮。赤潮有时可使鱼类等水生动物遭受很大危害，这是由于形成的赤潮浮游生物堵塞鱼鳃，引起机械障碍，以及它们死后分解，迅速消耗氧气，导致水中氧气不足，以及分泌有害物质等造

---

[①] 吴耀建：《福建省海洋资源与环境基本现状》，海洋出版社2012年版，第231-235页。
[②] 于福江，董剑希，许富祥，等：《中国近海海洋——海洋灾害》，海洋出版社2016年版，第319-320页。

成的。[①]

赤潮的发生需要具备特定的环境和生物条件，其发生与水体、大气环境（如水文、气象）及生物等有密切关系。受长江径流等陆源营养物质以及台湾暖流等外海营养物质输入季节性变动的影响，长江口及其邻近区域成为赤潮高发区。据统计，东海海域为赤潮高发区和多发区，其发生次数、面积和损失分别占到全国赤潮总量的 57.6%、62.4% 和 64.7%，近 20 年东海海域发生的严重灾害性赤潮占全国总数的 62.0%。

依据赤潮发生的空间位置、营养物质来源以及水动力条件，可将赤潮灾害划分为河口型赤潮、海湾型赤潮、养殖型赤潮、上升流型赤潮、沿岸流型赤潮和外海型赤潮。

### 2. 东海赤潮发生特点

（1）赤潮年际分布

东海海域赤潮年平均发生次数为 33 次，年均面积近 6 700 km$^2$，其中，2003—2007 年发生次数均超过 50 次，累计年均面积 14 500 km$^2$，出现明显的峰值特征（图 4.7）。

图 4.7　东海赤潮发生次数逐年变化

（2）赤潮季节分布

东海海域赤潮具有显著的季节特征。进入 4 月，赤潮开始旺发，5 月达到顶峰，赤潮数量和面积分别占到东海全年赤潮总量的 71.8% 和 84.0%；随后其数量和面积直线下降（图 4.8）。

---

① 徐海龙，谷德贤，张文亮，等：《基于时间序列的海洋赤潮灾害特征分析》，《海洋通报》，2014 年第 4 期。

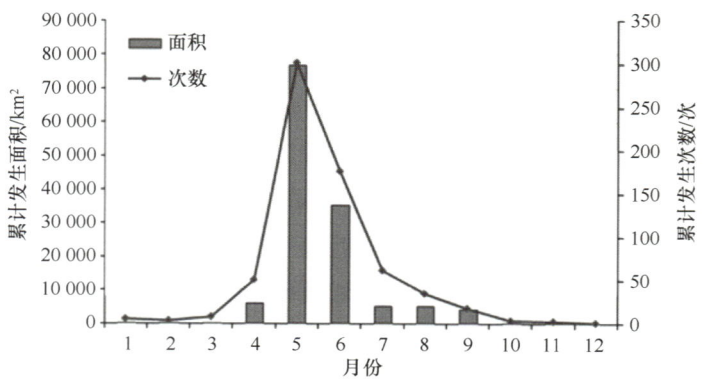

图 4.8　1995—2014 年不同月份东海赤潮发生情况①

（3）赤潮空间分布

1995—2014 年，东海海域发生灾害性赤潮 40 余次，累计面积超过 16 300 km²，分别占到全国赤潮总次数、总面积和总损失的 57.6%、62.4% 和 64.7%。

根据统计资料，东海赤潮主要发生在马鞍列岛、嵊泗列岛、舟山附近海域、三门湾、东矶列岛、渔山列岛、韭山列岛、南麂列岛、福建东山岛、平潭岛、厦门岛附近海域。东海赤潮藻种主要包括无毒的具齿原甲藻、夜光藻和中肋骨条藻以及有毒的米氏凯伦藻。东海赤潮主要集中在两个区域，一是长江口和杭州湾外海域，其中又以马鞍列岛北部的花鸟山和东南部的嵊山、枸杞一带海域最为频繁。该海域发生的赤潮规模动辄几百平方千米，大到上千平方千米的赤潮每年都有发生。二是浙江宁波至福建厦门沿海，这个区域赤潮多发区又可区分为沿岸海湾和近海。沿岸赤潮主要分布在浙江象山港、三门湾、福建东山岛、平潭岛、厦门岛附近海域。这些赤潮多发生在海湾里，面积较小，大多不足 100 km²。

（4）主要赤潮生物类群

东海海域引发赤潮的主要生物类群包括甲藻、硅藻和原生动物等，其中，甲藻类、硅藻类赤潮数量各占到东海赤潮总量的 44.0%；累计面积分别占到东海赤潮总面积的 57.0% 和 19.1%。最主要的赤潮生物为东海原甲藻、中肋骨条藻、米氏凯伦藻和夜光藻，其中，东海原甲藻赤潮的数量和面积分别占到东海赤潮总量的 30.2% 和 37.0%；

---

① 郭皓，丁德文，林凤翱，等：《近 20a 我国近海赤潮特点与发生规律》，《海洋科学进展》，2015 年第 4 期。

中肋骨条藻赤潮的数量和面积分别占到东海赤潮总量的 13.8% 和 14.6%；米氏凯伦藻赤潮的数量和面积分别占到东海赤潮总量的 9.8% 和 11.2%（图4.9）。

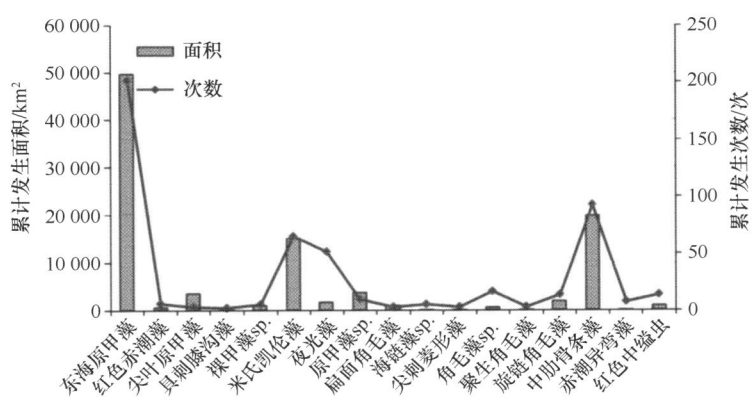

图 4.9　1995—2014 年东海不同种类赤潮生物发生情况①

## （二）外来物种入侵

### 1. 外来物种入侵定义与种类

外来物种是指那些借助自身力量或其他力量传播到其未曾分布过的地域，并且能进行生长、繁殖的生物，包括外来微生物、动物、植物等。进入我国的海洋外来物种包括不同的门类，个体形态、大小差别很大的病原生物、浮游植物、大型藻类、无脊椎动物、鱼类和海洋哺乳动物等。

外来动植物按入侵途径可分为有意引入导致的生物入侵和无意引入导致的生物入侵。有意引入的海洋动植物通常是由于海水养殖的需要而引入的具有一定经济价值的物种，或者是为改善被破坏的海洋生态环境而引进的滩涂植物、大型藻类、鱼虾贝类等；无意引入的海洋动植物通常是伴随着进出口贸易、海轮或入境旅游在无意间被引入的，如压舱水携带的细菌、病毒、浮游生物、甲壳纲及桡足类动物等随压舱水的排放进入当地海域。

引进或者进入我国的外来物种数量约有 278 种。据不完全统计，中国从国外引进

---

① 郭皓，丁德文，林凤翱，等：《近20a 我国近海赤潮特点与发生规律》，《海洋科学进展》，2015 年第 4 期。

的鱼类达 67 种，其中大多为淡水鱼类。引进的重要海洋外来物种有 20 多种，包括虾类 2 种、贝类 9 种、棘皮动物 1 种、藻类 4 种、抗盐植物 2 种。压舱水排放带入的小型外来物种，数量更大。新中国成立以来大陆已经引进水生生物物种达 142 种，其中鱼类 89 种，虾类 12 种，贝类 12 种，藻类 17 种，其他 12 种。

据 908 专项外来物种入侵灾害综合评价报告所列，全国 137 种海洋外来物种隶属于原核生物界、原生生物界、植物界 2 个界和动物界 4 个界 12 个门。近 10 年来，新入侵我国的外来入侵生物至少有 20 余种，平均每年递增 1~2 种。在物种长距离、大量、快速移动能力大幅度提高的背景下，我国海洋生物多样性受到外来物种入侵的严重侵蚀，海岸带和近海生物多样性保护面临新的问题。[1]

### 2. 生物入侵机制

外来生物入侵发生发展过程类似于 Logistic 增长模型，大部分外来种在成为入侵种之前都会经历一段或长或短的生长停滞期，而在此阶段，由于其种群数量少且分布分散，常规手段对其无法检出。当外来种成功渡过生长停滞期后，其生长繁殖速度非常迅速，以致在人们发现时已经成为入侵种。[2]

入侵种的扩展主要依靠两种途径：其一是通过繁殖使种群向周围空间扩散；其二是借助载体传播，可以是远距离的、跳跃式的，主要是通过动物特别是人的活动携带帮助外来物种扩展。有学者试图通过模型模拟入侵种传播的一般过程，但其结论还有待证实。

在所有外来物种中，只有很小一部分物种能够成功成为入侵种。各国学者通过多年研究，提出了空白生态位假说、群落丰富度假说、群落生态学假说等。到目前为止，群落生态学假说是考虑最全面的一个假说，该假说认为，外来种的生长速率受到三种因素影响：资源、天敌和物理环境。三个因素均有时空变化的特性，物种对这三种因素及其时空变化的反应决定着其入侵能力。该假说将天敌逃避机遇与资源利用机遇结合起来分析，提出成功的入侵者正是利用这两种机遇的胜者。它在群落中缺乏强有力的天敌，波动的资源正好被它利用，本地竞争者对资源的利用效率不如它且受到天敌的制约，使其与入侵者在竞争过程中处于弱势。

---

[1] 于福江、董剑希、许富祥，等：《中国近海海洋——海洋灾害》，海洋出版社 2016 年版，第 328-332 页。
[2] 杨健：《我国外来生物入侵的现状及管理对策研究》，长江大学硕士论文，2013 年。

## 3. 互花米草入侵

1979 年我国引入互花米草,用于固滩、护堤等方面,效果很好,曾取得了一定的经济效益。但近年来在一些地方互花米草变成了害草,主要表现在:破坏近海生物栖息环境,海洋生物窒息致死,影响滩涂养殖;堵塞航道,影响船只出港;影响海水交换能力,导致水质下降,并诱发赤潮;威胁本土海岸生态系统,降低当地生态系统的生物多样性,并造成巨大的经济损失。①

东海地区互花米草分布面积占全国海岸带总分布面积的 40%,其中,上海 47.41 km$^2$,主要分布在崇明东滩和九段沙;浙江 48.12 km$^2$,主要分布在温岭、宁德、苍南等地;福建 41.66 km$^2$,主要分布为霞浦、福安、宁德等地。②

## 四、东海海洋灾害影响及防灾减灾

海洋灾害的成因极其复杂,人类虽然无法消除海洋灾害,但通过掌握灾害特点、合理开发、建立灾害预警机制、开展科学的防灾减灾活动,可以最大程度地降低海洋灾害风险,减轻海洋灾害带来的损失。本节先描述不同类型的灾害可能带来的影响,然后提出针对不同海洋灾害的应对措施。

### (一) 风暴潮灾害影响及防灾减灾

#### 1. 灾害影响

改革开放以来,尽管沿海人口急剧增加,但死于潮灾的人数已明显减少。不过,随着滨海城乡工农业的发展和沿海基础设施的增加,承灾体日趋庞大,每次风暴潮的直接和间接损失却在加重,58 年来发生的特大潮灾,绝大部分是在近 23 年间发生的。风暴潮灾害已成为沿海地区社会经济发展和扩大对外开放的一大制约因素。

风暴潮的受灾地区极为广泛,东海沿海大部分地区都遭受过不同程度的风暴潮影响,基于《中国海洋灾害公报》的资料分析,2000—2018 年以来,东海地区风暴潮累

---

① 张东:《崇明东滩互花米草的无性扩散与相对竞争力》,华东师范大学硕士论文,2006 年。
② 于福江,董剑希,许富祥,等:《中国近海海洋——海洋灾害》,海洋出版社 2016 年版,第 330-332 页。

计直接经济损失总共 865.46 亿元,其中福建省为 582.11 亿元,浙江省为 263.74 亿元,上海市为 19.61 亿元;风暴潮导致的死亡或失踪人数总共 611 人,其中福建省 542 人,浙江省 61 人,上海市 8 人。①

2. 防灾减灾策略

提高沿海风暴潮海洋灾害防御能力。对于重点地区如河口、喇叭口形海湾、沿海重要大、中型城市等重灾区,提高风暴潮等海洋灾害防御能力具有十分重要的意义。主要措施为建设高标准的海洋灾害防御工程,如高标准的海堤、防波堤坝、大型消浪构件、泄洪阀门以及海堤内的干渠等。

提高风暴潮海洋灾害观测能力,加强海洋观测系统布局与规划研究。大力推进风暴潮灾害观测能力建设,在风暴潮频发区、高发区和严重区加密时间和空间两个维度上的观测次数,并注重提高观测数据的精度和有效性;利用现代通信技术和网络技术,采取有线和无线相结合、光纤通信与微波、卫星通信相结合,建立多渠道的海洋观测信息传输系统和共享平台,实现观测资料的实时传输和共享。

提高风暴潮灾害预警能力。加强风暴潮等海洋灾害的发生机理和发展规律研究;不断提升海洋灾害应急预警能力,在重大海洋灾害影响我国近海期间开展 3~6 h 短时临近预报;着力提升海洋灾害精细化预报水平,提高海洋灾害频发区、重要港湾、沿海重要基础设施、关键经济目标和典型人口密集区的近岸、近海精细化数值预报水平和综合预警能力。

提升风暴潮灾害防灾减灾及应急能力建设。省、市(县、乡)各级人民政府应结合实际制定本地区风暴潮灾害应急预案,规划本社区应急疏散路线图及救灾人员部署;充分发挥无线网络、广播、电子屏等信息传播工具,建立海洋灾害应急指挥系统,使居民在应急时有依据、有秩序,避免不测;进行居民海洋灾害知识普及,使公众了解海洋灾害,提高对海洋灾害的风险意识和应急能力。②

---

① 国家海洋局:《中国海洋灾害公报》(1989—2018)。
② 于福江,董剑希,许富祥,等:《中国近海海洋——海洋灾害》,海洋出版社 2016 年版,第 330-332 页。

## （二）海浪灾害影响及防灾减灾

### 1. 灾害影响

海浪灾害不仅是造成我国沿海经济损失和人员伤亡最严重的海洋灾害之一，还是最频繁的海洋灾害之一。[①] 海浪灾害的主要特点：发生频率高，发生范围广。由于党和人民政府极为重视抗灾救灾工作，一次海浪灾害造成几十、数百人丧生的海难事件已不多见，但随着沿海产业结构的不断调整，海浪灾害导致的经济损失呈明显增加的趋势，应该引起国家和沿海各级政府主管海洋部门的领导和广大从事涉海行业人员的高度重视。

### 2. 防灾减灾策略

加快建设高标准的放于海洋灾害的基础设施。面对海浪灾害对沿海地区造成的巨大破坏，建设有效的海洋灾害防御工程是一项十分重要而紧迫的任务，也是一项花费巨大的项目。包括加快建设高标准防浪防潮海堤和加快建设更多更好防浪避浪设施完备、航道畅通的渔港。

加强海浪灾害发生机理及海浪灾害风险评估和风险区划的研究。海浪灾害的发生和发展有其复杂的背景和内在的联系。因此，对海浪灾害发生规律、机理、群发和伴生特性以及它们在时间和空间变化规律等方面的研究，不只是海浪单一学科的问题，而是涉及气象、地球物理等学科的综合性问题。从减轻海洋灾害迫切性出发，这些问题主要包括海浪成灾规律研究、海浪强度与成灾强度关系、海浪灾害社会经济学研究以及灾害的评估方法研究等。

完善我国的海浪灾害观测与预警报系统。海浪实测资料对于海浪预报警报十分重要。国家在不断加大海洋环境要素立体观测网建设的同时，需加强海浪（特别是近岸浪）观测能力的建设。增加沿岸小型浮标观测海浪的站点，以满足预报技术发展和防灾减灾对资料的需求。同时在入海河口、沿海城市等海浪灾害重灾区、多发区增加沿海岸观测站，提高监测的密度和精度。

建立和完善海洋灾害紧急救助组织。海洋灾害的应急与救治需要海洋灾害检测系

---

[①] 国家海洋局：《中国海洋灾害公报》（1989—2018）。

统与海洋灾害响应与指挥系统有效结合才能发挥作用。因此,应该利用现代通信技术和网络技术,采取有线和无线相结合、光纤通信与微波、卫星通信相结合,建立多渠道的海洋观测信息传输系统和共享平台,实现观测资料的实时传输和共享,并充分发挥无线网络、广播、电子屏等信息传播工具的作用,建立海洋灾害应急指挥系统。

合理规划海岸地区的经济开发活动。在海洋灾害风险评估和风险区划的基础上,合理制定沿海区域社会经济发展规划、优化开发利用土地资源,科学规划,建设沿海重大工程,在保证现有滨海湿地、红树林等有效防护海洋灾害的自然生态系统的同时,加大滨海生态系统群落结构和生态功能保护力度,严格限制围海造地,促进自然资源和人类社会的和谐共处。[①]

### (三) 海雾灾害影响及防灾减灾

#### 1. 灾害影响

海雾持续时间较长且分布范围较广,空气中的二氧化碳和氮氧化合物与之发生作用,极易形成酸性雾。由于雾区风速较小,酸雾不易扩散,一旦这种酸性雾蔓延到海岸上,将会对建筑、动植物造成严重危害。长时间的雾天会对人们的心理以及身体健康产生不良影响。

近几十年来,沿海地区社会经济持续高速发展,海上运输、资源开发等行业蓬勃兴起,海雾灾害的破坏作用越来越显现,造成的损失也越来越高。海雾灾害对人民生命财产和社会经济发展的影响主要体现在海上的交通运输、海洋工程、海上养殖捕捞、沿海高速、机场以及滨海休闲观光等,会造成物流运输业、海洋工程业、海洋渔业以及旅游业等行业的经济损失,严重时会造成人员伤亡。[②]

#### 2. 防灾减灾策略

船舶在雾中(或能见度不良时)航行,应当高度保持警惕,要求慢速航行,施放雾笛,正常瞭望以及谨慎驾驶,以防船舶碰撞、触礁等事故发生。

如船舶备有雷达装置,使用雷达搜索时,应有规则地交替使用 12 n mile、6 n mile、

---

① 于福江、董剑希、许富祥,等:《中国近海海洋——海洋灾害》,海洋出版社 2016 年版,第 330-332 页。
② 张苏平、鲍献文:《近十年来中国海雾研究进展》,《中国海洋大学学报》(自然科学版),2008 年第 3 期。

3 n mile 距离档，发现目标时应保持连续不断跟踪观察，以判明是否会或是否已形成紧迫局势，有无碰撞危险。然后相应地采取减速航行、转向或变速避让，甚至停船等避碰措施。

在狭水道，通航分隔区域或接近这些区域的进出口附近以及在船舶密集区航行时，当发现前方有船向我船逼近，应控制航速，不应单靠转向避让。当紧迫局面不能避免时，应将航速减到能保持航向的最小速度，连续观察，谨慎驾驶，直至碰撞危险过去为止。

**（四）海岸侵蚀灾害影响及防灾减灾**

1. 灾害影响

海岸侵蚀造成的影响主要是岸滩面积减小，滨海湿地退化，生物多样性减少，盐田、养殖鱼塘和虾塘等受灾，沿海公路毁坏，农田、防护林和一些近岸建筑受到严重威胁。给沿海地区的工业、农业、交通运输业以及旅游业等造成直接或间接的经济损失。在港口发展方面，海岸侵蚀会使岸前深槽刷深、潮汐通道蚀退，造成一定安全隐患，严重影响港口的建设与发展；在滩涂养殖方面，海岸侵蚀会造成岸滩面积减小，滨海湿地退化，生物多样性减少，盐田、鱼塘和虾塘等受灾，沿海公路破坏，风暴潮来临时，会使养殖业遭受巨大损失，近岸的农田、防护林和一些建筑也受到严重威胁；此外，海岸侵蚀会对沿海地区旅游业造成影响，海岸侵蚀势必造成沙滩质量变差，沙滩宽度缩窄，滩面粗化，导致游客及旅游业大幅度减少。[1]

2. 防灾减灾策略

建立海岸线检测系统，包括建立基准岸线评估制度和建设海岸侵蚀动态监测网络和数据库。至少包括以下项目：侵蚀海岸的地理位置，监测或调查时间，陆地地貌，海岸类型、海岸线长度、宽度与坡度，沉积物类型，地形地貌，岸段输沙状态与沙量收支，动力因素，侵蚀表现，侵蚀速率，侵蚀原因（含人为因素）等。同时，还要对沿海各重点区的侵蚀岸段继续专设若干固定监测剖面，定期进行监测，不断补充到数据库中，以便调查、科研和管理部门能及时掌握海岸与海滩的变化动态。

---

[1] 于德海、彭建兵、李滨：《海岸带侵蚀灾害研究进展及思考》，《工程地质学报》，2010年第6期。

在海洋综合管理中，引入流域和区域的方式。海岸侵蚀最主要的原因是河流入海泥沙的减少。流域和区域方式在环境保护中已经在实施，但在防灾减灾方面尤其是海岸侵蚀防治中，还没有引起足够的重视，海岸侵蚀防治必须从流域和区域的尺度考虑，否则治标不治本。

杜绝不合理的海岸资源开发与海岸工程建设。对于海岸侵蚀，人类活动的影响已经超过自然因素的影响。不合理的人类行为如近岸采砂、海岸工程建设（如围垦、码头、河流建闸等）等造成的负面环境效应是引发海岸侵蚀的重要因素。而且这些人为的影响因素还有逐步加强的趋势，这应当引起当地有关政府管理部门的高度重视，当地政府应通过制定海岸带科学规划与管理规范对这些行为加以规避。

有针对性地开展海岸侵蚀防治工程。以防治海岸侵蚀为目的的工程技术措施通常可分为两大类，即结构性和非结构性的防护措施。结构性防护措施又可分为硬结构和软结构两种。非结构性防护措施包括近岸区土地利用控制，划定海岸基线、海岸退缩线与海岸建设控制线等侵蚀预警线作为政策性的开发利用限制措施，以及禁止不合理地开挖岸滩砂土和围垦等。研究与实践表明，这些措施各有其适用范围、应用前景和实施后在经济与生态环境上的效益利弊。因此，如何根据经济发展程度，针对东海地区不同岸段的具体海岸特点，研究各具适宜的海岸侵蚀防护形式和工程技术标准是今后的一项重要任务。[①]

## （五）海水入侵灾害影响及防灾减灾

### 1. 灾害影响

海水入侵导致地下淡水水质咸化。水质咸化使大量地下水开采井报废，居民生活、农业灌溉和工业生产均受到严重影响。首先，海水入侵会导致土壤盐碱化，海水入侵使地下水盐分增加。如果长期使用高盐分的地下水灌溉，盐分不断地在土壤表层聚积，导致土壤盐渍化，进而导致土壤肥力下降，造成粮食减产；其次，海水入侵会造成人口健康水平下降。由于淡水不断地咸化，海水入侵地区居民时常或常年饮用咸水，导致甲状腺肿大、氟斑牙等地方病流行。

---

① 罗时龙，蔡锋，王厚杰：《海岸侵蚀及其管理研究的若干进展》，《地球科学进展》，2013 年第 11 期。

## 2. 防灾减灾策略

从海水入侵机制来看,要从根本上解决海水入侵问题,必须提高滨海地区的地下淡水水位,要控制海水入侵进程,缓解海水入侵危害,① 可采取的防控措施可分为限采、补源、堵渗、节水和生态修复5个方面,就目前东海地区海水入侵现状而言,限采和节水是最应该采取的措施。限制开采,关停不合理的开采井,限制不合理的开采量,科学管理地下水资源;节约用水,加强节水宣传和用水管理,鼓励节水技术研发和应用,提高水资源利用效率。②

### (六) 赤潮灾害影响及防灾减灾

## 1. 灾害影响

1995—2014年,东海海域发生灾害性赤潮40余次,累计面积超过16 300 km²,分别占到全国赤潮总次数的57.6%、总面积的62.4%和总损失的64.7%。由于发生赤潮的种类、季节、海区及成因的不同,因而其危害方式及危害程度有着很大的差异。综合分析国内外有关研究成果,将赤潮的危害方式归纳为:

赤潮生物分泌或产生黏液黏附于鱼类等海洋动物的鳃上,妨碍其呼吸作用,导致其窒息死亡。有些赤潮生物如夜光藻等能向体外分泌黏液或者在死亡分解后产生黏液。在鱼类等海洋动物的滤食或呼吸过程中,这些带黏液的赤潮生物可以附着在海洋动物的鳃上,妨碍它们的呼吸作用,使它们窒息死亡。这种危害方式对养殖鱼类的危害较大,因为它们不同于自然生活的动物,无法逃离赤潮影响区,对固定附着生活的贝类的危害也较大。

赤潮生物分泌有害物质(如氨、硫化氢等)、产生毒素。有些赤潮生物(如夜光藻等)在正常的下可调节其体内多量的氨,大量繁殖时会造成水体氨浓度剧增,使周围其他生物中毒,当它们死亡分解时会产生尸碱或硫化氢使水体变质,危害水体生态环境。此外,有些赤潮生物能分泌毒素于水体中,直接毒死其他海洋生物,或者引起摄食者中毒死亡。如能产生麻痹性贝毒的链状亚历山大藻、链状裸甲藻和旋沟藻等,能

---

① 黄磊,郭占荣:《中国沿海地区海水入侵机理及防治措施研究》,《中国地质灾害与防治学报》,2008年第2期。

② 张海生:《浙江省海洋环境资源基本现状》,海洋出版社2013年版,第586页。

产生神经性贝毒素的短裸体甲藻、柔弱拟菱形藻等。有些赤潮生物虽然含有毒素，但是其毒性不足以毒死鱼虾贝类等小型海洋生物或对其无害，而是累积在它们体内，毒素随食物链传递，人类如果大量食用这些含毒的鱼虾贝类就会发生中毒事故，重者可致死亡。

赤潮生物导致水体缺氧或造成水体累积大量硫化氢和甲烷等，使海洋生物缺氧或致毒而死。由于大量赤潮生物死亡后，在分解过程中不断消耗水体中的溶解氧，使水体溶解含量急剧下降，引起鱼、虾、贝类等因缺氧大量死亡；在缺氧条件下的分解过程还会产生大量硫化氢和甲烷等，这些物质也能置鱼、虾、贝类于死地。大多数硅藻（如角刺藻等）引发的赤潮属于这种危害方式。

赤潮生物吸收阳光，遮蔽海面。阳光难以透过赤潮生物集中的海水表层，水下其他生物因缺乏光照而影响其正常生存和繁殖，会引起藻类生长变慢，鱼、虾和其他海洋生物因缺乏食物而死亡。

赤潮生物产生有害气体对陆地上的生物造成影响。赤潮生物会产生有毒的海洋气溶胶颗粒，引起人体呼吸道中毒。此外，死亡的赤潮生物和因赤潮死亡的鱼虾贝类常会散发出难闻的臭味，使海滨泳场暂时失去旅游价值或造成疾病传染。[1]

2. 防灾减灾策略

赤潮灾害的预防和治理，关键是控制陆源污染。近年来，正是由于大量的陆源污染物入海、造成水体富营养化加剧、同时形成赤潮暴发的营养盐基础。当前，控制陆源污染的同时频发或赤潮也要进一步加强赤潮的预警预报工作，同时通过生物原位修复等方法对赤潮发生海域进行治理。

强化污染源控制，缩减污染物的入海总量。具体措施包括：提高污水处理率，实现达标排放，优化生产工艺，进行清洁生产，加强船舶、涉海工程管理，减少海上污染物产生；实行生态养殖，控制养殖海域自身污染；加强船舶压舱水的管理，防止赤潮生物的传播。[2]

加强赤潮预警技术开发力度。具体措施包括：总结赤潮发生时空规律，研究赤潮机理，运用卫星、航空遥感进行赤潮预警预报；运用水质浮标监测等在线实时监测系

---

[1] 于福江，董剑希，许富祥，等：《中国近海海洋——海洋灾害》，海洋出版社2016年版，第330-332页。
[2] 洛昊，马明辉，梁斌，等：《中国近海赤潮基本特征与减灾对策》，《海洋通报》，2013年第5期。

统进行赤潮预警预报。

建章立制,建立规范的赤潮防灾或灾管理体系。具体措施包括:建立健全赤潮应急响应机制;设立专项资金,保障赤潮灾害预警能力的不断提高;优化人才配置,构建可持续发展的人才体系;加大宣传力度,完善公众参与机制。①

---

① 谢宏英、王金辉、马祖友,等:《赤潮灾害的研究进展》,《海洋环境科学》,2019年第3期。

# 第五章 东海海岸带开发

东海海岸带经济活动密集,人为因素对部分海湾的影响已远超过自然营力,成为海岸带生态系统演变的主要推动力。尤其在经济快速发展与土地资源有限的背景下,以围填海活动、港口建设、矿产资源开发等为主的人类活动对海岸带生态系统产生深刻影响。而海岸带生态系统具有敏感性和脆弱性,所以对东海海岸带开发影响下海岸带生态环境效应研究更具有现实性和重要性。本章在对东海海岸带开发利用方式简要介绍的基础之上,分别对东海海岸线的开发利用强度、海岸带景观格局变化、生态系统服务价值进行定量分析,对海岸带开发利用影响下海岸带生态环境效益研究起到一定丰富和补充,以期为海岸带生态环境保护和资源合理开发利用提供理论和实践指导。

## 一、东海海岸带的开发利用

随着陆地资源的日益减少,现代海洋开发迅速兴起,海洋经济蓬勃发展。我国沿海地区经济外向度高,海岸带区域已成为经济发展最活跃地区。东海作为我国四大海域的重要组成部分,气候条件适宜,渔业资源丰富,岸线绵长,沿岸优良海湾众多,是我国促进海洋及海岸带科学开发的重要区域,对沿海地区扩大开放和海洋经济加快发展具有重要作用。

### (一)海岸带的概念和范围

海岸带是指海陆之间相互作用的区域,即海岸线向陆海两侧扩展一定宽度的带状区域,包含陆域与近岸海域。虽然联合国在2001年《千年生态系统评估》中将海岸带的具体边界定为"位于平均海深50 m与潮流线以上50 m之间的区域或者自海岸向大陆延伸100 km范围内的低地"[1],但是在实际的管理与研究中,海岸带的定义及其范围的划分没

---

[1] 范学忠,袁琳,戴晓燕,等:《海岸带综合管理及其研究进展》,《生态学报》,2010年第10期。

有统一的标准，可综合考虑前人对海岸带的定义及研究的实际需要进行具体定义。

在本章中，东海海岸带向陆一侧边界定义为沿海县（市、区）内侧边界，向海一侧定义为1990年、1995年、2000年、2005年、2010年和2015年大陆海岸线叠加后的最外沿边界，以此结合向陆、向海边界区域矢量数据后，其生成的闭合多边形区域即为东海海岸带。

### （二）东海海岸带的开发利用方式

东海海岸带作为中国境内"海上丝绸之路"重要的区域，是实现海洋经济与资源环境相互协调发展的重要区域，也是守卫国防安全的重要战略空间。经济的发展，直接导致人类对海岸带资源和空间的需求与日俱增。东海内众多优良海湾和丰富的资源为开发利用提供可能，港口建设、围填海、渔业生产以及对旅游资源和矿产资源的开发是东海海岸带主要开发利用方式。

1. 港口建设

东海港口和岸线资源丰富，港口建设是东海主要开发利用方式之一。上海市港口岸线包括黄浦江、长江口南岸、杭州湾北岸等岛屿，浙江省目前已形成以宁波—舟山港为中心的沿海港口群，福建省目前已形成以厦门港湾和福州港为主要枢纽港的港口体系。东海沿岸的主要港口均靠近国际主航道，具有一定区位优势，港口腹地的经济实力较强。上海港和宁波—舟山港属于长三角港口群，其经济腹地长三角经济圈，经济要素集中，城市密集，区域经济一体化程度高。福州港和厦门港的腹地在闽台地区，与台湾港口共同组成海峡港口群，其外向型经济发达。另外，东海海岸带各港口的货物吞吐量也具有显著优势，其中上海港货物吞吐量高于其他港口，其次是宁波港。以象山港为例，象山港隶属于宁波市，从地质上来看，象山港为一狭长形的半封闭海湾，自东北向西南倾斜而深入内陆，东北出口与舟山海域和东海相连。其海岸曲折、海底地形复杂，港、湾交错分布，港内水深浪静，泥沙回淤少，是天然的避风良港，有西沪港、黄墩港、铁港三大支港。港内地势起伏较大，受地形庇护，开发利用价值较高，加之其地势险要、淤积少，是优良的军港。

2. 围填海

围填海是人类开发利用海岸带资源的重要方式，随着东海人工海岸建设及资源开发强度持续加大，围填海活动不断涌现，为人类生存和经济发展提供了更多的资源和动力。以杭州湾为例，杭州湾地跨浙江、上海两省市，上海市、杭州市与宁波市分别位于湾口两翼和湾顶之西。杭州湾是典型的喇叭形强潮河口湾，对湾内潮流运动、泥沙淤积和岸滩演变影响巨大，地处中纬度北亚热带季风气候区，气候条件较好，有利于农业发展，水动力强，位于南岸的庵东浅滩前缘及北岸的南汇嘴滩地前缘活动泥沙多，再加上人工促淤措施，此两处滩涂淤涨速度最快，为近年的杭州湾围垦提供了丰富的海洋资源及围垦潜力。随着国家严控围填海政策的实施，国家规定除国家重大项目外，全面禁止围填海。因此，杭州湾严禁围填海，保护滩涂资源已全面执行。

3. 渔业生产

海岸河口水域饵料丰富，是大量鱼类生长和孵化的场所，海岸带的渔业生产在海洋捕捞业中占有重要地位。以三沙湾为例，三沙湾位于福建省东北部，是由东冲半岛和鉴江半岛合抱而成的半封闭型海湾，口门窄小，宽仅 2.88 km，越往内陆延伸湾面越宽，有丰富的生物、滩涂资源，河溪密布，营养盐丰富，湾内滩涂宽阔，利于海洋生物生长与繁殖，故湾内渔业资源丰富，且海水养殖发展迅速，已成为当地支柱产业。主要养殖品种有缢蛏、牡蛎、对虾、海带及紫菜。

4. 旅游资源开发

东海沿岸气候温和，背山面海，岛屿众多，风景宜人，海岸自然景观是构成东海旅游资源的主体，经过长期的沉淀与积累，又形成了滨海人文景观资源，从而共同构成现代滨海旅游资源。上海市有世界上最大的河口沙洲——崇明岛，另外，还有金山三岛海洋生态自然保护区、浦东新区东部海滨的上海热带海宫、浦东国际机场空港地区等自然旅游资源，以及中国共产党第一次全国代表大会会址纪念馆、吴淞炮台、宝山烈士陵园、太平天国烈士墓、金山区查山古文化遗址等人文景观。浙江省滨海旅游资源丰富[1]。沿岸分布普陀山、嵊泗列岛、雁荡山等国家级风景名胜区，又有众多省级风景名胜区、全国历史文化名城以及为数众多的国家级和省级重点文物保护单位，旅游资源丰富多样。福建省海岸带颇多名山，清源山、太姥山、鼓浪屿—万石山三大名山被列为全国重点风景区。海光岛色更是避暑消夏、度假修养的佳地。著名的厦门鼓浪

---

[1] 张海生：《浙江省海洋环境资源基本现状》，海洋出版社 2013 年版，第 522-536 页。

屿港仔后、惠安崇武、东山金銮湾等沙滩,坦缓、浪平,为优良的海水浴场。滨海温泉数量多、类型丰富,主要集中分布于福州、漳州市中心和厦门市郊。

5. 矿产资源开发

在海岸带开辟盐场提取海盐,是海岸带地区矿产资源开发的主要方式。东海的海盐生产主要集中在浙江和福建两省,原盐生产呈逐年递减趋势,但工业产值不断提高,同时,近年来海盐业采用了大量高新技术,以提高海盐产量。但东海的海盐业优于南海海盐业,浙江、福建两省的海盐产量均高于广东、广西和海南三省(自治区)。如位于福建中部沿海的湄洲湾,濒临台湾海峡,三面环陆,湾面东南—西北走向,东南两边均有口门,岸线曲折,湾内岛屿众多,以基岩岸线为主,局部有淤泥质岸线和沙砾质岸线,湾内多晴朗大风天气,纬度较低海水盐度较高,蒸发量大,宜建盐场,其中山腰盐场是福建省第二大盐场。[①]

(三) 围填海对海岸带的影响

我国东海海湾类型与数量丰富,是人口与经济活动分布最为密集的区域。多年来,沿岸各省市高强度的人类开发活动使得东海资源环境长期超负荷运行,土地利用剧烈变动,对其资源环境与生态环境造成了较大的影响。在各种开发活动中,尤以围填海活动对海岸带生态环境的影响最为剧烈。尤其是近几十年来为谋求区域发展,通过围填海新增土地成为惯常手段。海湾地区作为围填海的重要区域,将直接受到影响,改变海湾的形态与景观格局,破坏海岸带生态系统平衡。[②]

从利用方式上来看,围填海可分为围海和填海两种类型。围海工程可分为顺岸围割和离岸围割两大类,根据地形地貌,可将顺岸围割进一步划分为平直海岸围割、河口围割和海湾围割,离岸围割可分为海岛围割和人工岛围割等。[③] 其中,海湾围割是指湾口或湾内适宜部分筑堤围海,多分布在杭州湾以南,着眼于资源综合开发利用。而填海则是指利用吹填方式或其他人工搬运方式对海洋进行土地填埋,形成人工岸线的利用海洋方式,包括先围割后填充和直接填充两种形式。根据围填海以后形成的岸线类型,可将围填海分为大陆岸线形成和海岛岸线形成两种类型。前者主要包括以大陆

---

① 吴耀建:《福建省海洋资源与环境基本现状》,海洋出版社 2012 年版,第 119-128 页。
② 李加林,王丽佳:《围填海影响下东海区主要海湾形态时空演变》,《地理学报》,2019 年第 4 期。
③ 中国水利学会:《中国围海工程》,中国水利水电出版社 2000 年版。

岸线为依托，沿海岸带进行的所有围海和填海活动，如建造围堤等，后者是指远离海岸，直接在海水中进行土地掩埋或依托岛屿岸线进行的围填海活动。

围填海活动通过直接或间接作用深刻影响海岸带岸线的构成、形态、位置以及海湾湾面形状，使近岸海域环境剧烈变动，人为加速了海岸带地区景观格局的演变。进行围填海活动时，一则需要劈山取土，为了节约运输成本，一般就近取材，导致近岸山体地貌改变，容易发生山体滑坡、塌陷等地质灾害，改变海湾陆域景观格局；二则在湾口或湾内进行围填时，改变了海湾泥沙和水动力环境，导致河道堵塞、泥沙淤积，导致近海海岛、沙坝、潟湖等自然景观的消失和人工岛的出现，引起海湾景观的剧变。此外，作为一种彻底改变海域自然属性的用海方式，围填海还将对海岸带生态系统产生深刻影响，如改变近岸海域水动力条件、加速沿海滩涂湿地生态系统功能退化，引发围填海附近海域生物多样性降低、优势种演替和群落结构变化以及水质恶化等，影响其正常提供生境、调节、生产和信息等生态系统服务。

## 二、东海海岸线的开发利用强度

海岸线作为海陆划分的界线，在海岸带区域里易受外界影响而变化明显。尤其是 20 世纪以来，我国海洋经济发展迅速，建设海洋强国战略的提出，更是加快了向海洋进军的步伐，海岸带地区的开发建设规模和速度大幅度提升，东海海岸带的开发利用也迎来新一轮的热潮，大规模的围垦种植、围海养殖以及各种临港工业的建设，使得东海海岸带岸线资源和景观格局发生了重大的变化，其中一些低效、无须、粗放的开发也产生了许多负面效应。[①] 因此，获取人类活动影响下的东海大陆岸线及景观信息，并分析其动态变化规律及驱动力，可为东海海岸带做好环境规划管理工作提供科学依据，实现海岸带资源的科学管理和持续利用。

### （一）东海大陆岸线解译标志和提取原则

对美国地质调查局网站（http：//glovis.usgs.gov/）和地理空间数据云（http：//www.gscloud.cn/）提供的东海 1990—2015 年每隔 5 年共 6 期的 TM/OLI 遥感影像数据，

---

① 李加林，田鹏，邵姝遥，等：《中国东海区大陆岸线变迁及其开发利用强度分析》，《自然资源学报》，2019 年第 9 期。

进行几何纠正和配准、波段合成、影像镶嵌和研究区的裁剪等数据预处理。参考国家海岸基本功能规划的类型并根据海岸线的自然状态和人为利用方式将海岸线分为自然岸线和人工岸线两大类，又根据东海岸线类型特征将这两种类型进一步划分为若干二级类型。在此基础之上，根据实际需要及东海海岸带实际情况，在分析海岸线附近地物不同的反射波谱特征的基础上，对已经过处理的各个不同时期的遥感影像先通过单波段（第 5 波段）的边缘检测，使水陆有更明显的界线，在此基础上进行人机交互解译，并参考多年平均高潮线法①对所需岸线的位置及其类型进行修正（表 5.1）。

表 5.1　海岸线分类体系及解译标志

| 分类标准 | 岸线类型 | 说明 | 解译标志 | 范例 |
| --- | --- | --- | --- | --- |
| 自然岸线 | 基岩岸线 | 由基岩组成的海岸线 | 基岩岸线岸线曲折，坡度一般较大，在遥感影像中，可以明显辨识出的水陆分界线确定为海岸线 | |
| | 砂砾质岸线 | 由砂砾堆积而成的海岸线 | 砂砾质海岸一般较为平直，坡度较小，沙滩的光谱反射率较高，在标准假彩色组合影像上呈现出白亮的条带状，纹理较为清晰均匀 | |
| | 河口岸线 | 入海河口与海洋的分界线 | 在图像上表现为深蓝色，河口处有防潮闸等人工建筑物出，将其定为河口岸线的位置；没有明显人工构筑物的河流则将河口明显变窄处定为岸线位置 | |
| | 淤泥质岸线 | 包括主要由粉砂和黏土组成的淤泥光滩以及生长有芦苇、红树林等生物的淤泥滩 | 形状不规则，岸线内侧的耐盐碱植物在标准假彩色波段组合下呈现出红色或暗红色；在人工围垦堤坝外侧新发育完成的淤泥质岸线，其纹理较为均匀 | |

---

① 高志强，刘向阳，宁吉才，等：《基于遥感的近 30a 中国海岸线和围填海面积变化及成因分析》，《农业工程学报》，2014 年第 12 期。

续表

| 分类标准 | 岸线类型 | 说明 | 解译标志 | 范例 |
| --- | --- | --- | --- | --- |
| 人工岸线 | 养殖岸线 | 用于养殖的人工建筑物 | 大部分由混凝土修筑而成，内侧是形状较为规则的网状养殖池等，纹理较为粗糙，将养殖岸线的位置确定在养殖池围堤的外边界上 | |
| | 港口码头岸线 | 港口与码头形成的岸线 | 码头和港口一般分布有一定规模，附近多人工建筑物，呈现出明显的亮白色细条状，将其岸线确定在其与陆域连接的根部连线 | |
| | 建设岸线 | 内部为工业或住宅等建筑用地的堤坝 | 建设类岸线内部为工业建筑区或城镇住宅用地，呈现不规则形状的亮白色，外围常有人工围堤包围，与海水有较明显的界线，将堤坝的外缘定为其岸线的位置 | |
| | 防护岸线 | 用于防潮护岸形成的岸线 | 防护岸线大部分也为混凝土构筑而成，在遥感影像上呈现出白色带状高亮度的地物其外部一般有颜色比较灰暗的淤泥质岸滩，因此将海堤的外缘确定为其海岸线的位置 | |

## （二）东海大陆岸线时空变化的基本特征

东海大陆岸线时空变化的基本特征可从以下四个方面进行论述：大陆岸线的长度变化、类型结构及多样性变化、分形时空变化特征、海陆格局的时空变化特征。

### 1. 大陆岸线的长度变化

采用海岸线变迁强度表示大陆岸线的长度变化特征，即利用区域内岸线长度年均变化的百分比来表现海岸线变化程度，能够客观地探究东海内岸线长度变迁的时空特征，计算公式如下：

$$LCI_{ij} = \frac{L_j - L_i}{L_i(j-i)} \times 100\% \tag{5.1}$$

式中：$LCI_{ij}$ 表示区域内第 $i$ 年至第 $j$ 年海岸线变迁强度；$L_i$、$L_j$ 分别表示第 $i$ 年和第 $j$ 年的海岸线长度。$LCI_{ij}$ 值的正负可以表示岸线的缩短与增长，$LCI_{ij}$ 的绝对数值的大小，可以表示海岸线变迁强度。

根据对岸线信息矢量化结果的计算可知，东海大陆岸线自 1990—2015 年变化较为显著，大陆岸线的长度逐年缩短，且东海不同省市的海岸线长度变化差异也十分显著，详细数据见表 5.2。

表 5.2 东海各省（直辖市）岸线长度　　　　　　　　　　　　　　　　单位：km

| 省（直辖市） | 1990 年 | 1995 年 | 2000 年 | 2005 年 | 2010 年 | 2015 年 |
|---|---|---|---|---|---|---|
| 上海市 | 226.34 | 226.95 | 232.25 | 249.27 | 237.83 | 238.50 |
| 浙江省 | 2 054.47 | 2 010.88 | 2 030.12 | 1 989.01 | 1 881.28 | 1 810.37 |
| 福建省 | 2 935.85 | 2 919.30 | 2 929.74 | 2 835.53 | 2 712.39 | 2 671.87 |
| 总长 | 5 216.65 | 5 157.14 | 5 192.10 | 5 073.82 | 4 831.50 | 4 720.74 |

注：受海岸线位置确定原则、海岸线尺度效应等诸多因素影响，此处大陆岸线的长度可能与相关部门公布的数据不一致。

1990—2015 年，海岸线长度除了在 1995—2000 年有略微增长，其余阶段均呈现出逐年缩短的趋势。25 年间，东海海岸线总长度共缩短了 495.91 km，年均缩短 19.84 km。具体来看，1990—1995 年岸线减少了 59.51 km，平均减少速度为 11.90 km/a；2000 年较 1995 年反而增加了 34.96 km；2000—2005 年岸线长度缩短了 118.28 km，平均减少速度为 23.66 km/a；至 2010 年，岸线长度又缩短了 242.32 km，平均减少速度为 48.46 km/a，这一阶段岸线长度由于人类开发活动的加剧变化最剧烈；2010—2015 年阶段，岸线长度减少了 110.76 km，平均减少速度为 22.15 km/a，此时岸线变化速度较之前有所放缓。

从空间上来看，1990—2015 年东海各省市海岸线长度从长到短基本保持福建省、浙江省、上海市的分布格局。浙江省和福建省海岸线在 25 年间由于人类活动的大规模开发，对岸线进行改造，截弯取直，使得岸线趋于平直，长度均呈现波动减少的趋势，福建省长度变化最大，共减少 10.58 km，年均减少 0.42 km；浙江省共减少 9.76 km，年均减少 0.39 km；仅有上海市的海岸线在 25 年间由于长江携带的大量泥沙在入海口淤积，弥补了人类活动对岸线长度的影响，其岸线长度略微增加，共增加 0.49 km。

25 年间，东海海岸线整体变化强度为-0.38%，总体上各个阶段岸线变迁强度呈现波动变化状态，2005—2010 年岸线变化强度达到了最大，为-0.96%，1995—2000 年短暂出现了岸线增长，变化强度为 0.14%，为岸线变化最缓慢的阶段。其中，25 年间上海市岸线变化强度最低，为 0.21%，但其波动变化最大，从 1990 年起强度不断增加，在 2000—2005 年阶段达到了最大值 1.47%，之后强度又不断下降；浙江省和福建省岸线强度的变化趋势基本与整体变化相近（图 5.1）。

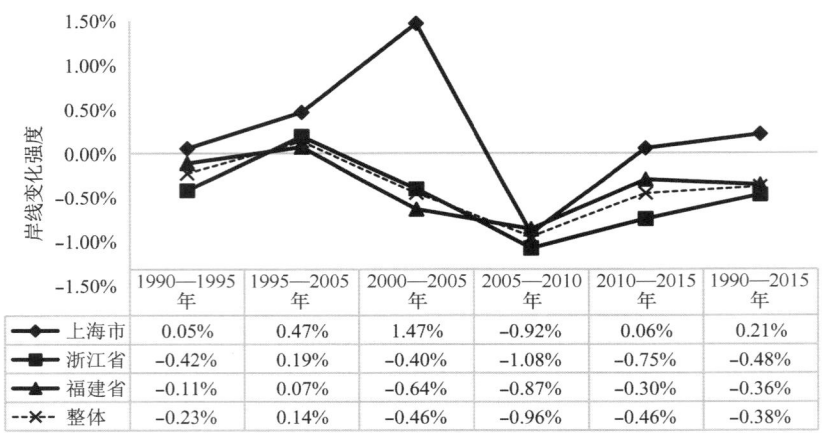

图 5.1　1990—2015 年东海各省市海岸线变化强度

2. 大陆岸线类型结构及多样性变化

东海大陆岸线北起上海市长江口，南至福建省和广东省行政交界海岸处。岸线结构是长期陆海相互作用与人类活动共同作用结果的外在表现。岸线类型中自然岸线和人工岸线比例以及各一级岸线内部二级岸线的结构，均暗含了海岸的自然背景及资源禀赋。同时，其内部结构的时空变化又可反映人类活动的规模、方式及强度的改变。因此，东海海岸带岸线结构变化是岸线研究的重要组成部分。

基于 1990—2015 年 6 期岸线的遥感解译数据，得到东海各时相岸线类型分布（图 5.2）。同时，在东海海岸带范围尺度上，分别统计了各时相不同类型岸线的长度百分比，绘制面积图（图 5.3），以此分析岸线类型结构。如图 5.3 所示，研究期间，基岩岸线占东海大陆岸线比例最大，1990 年为 53.13%，主要分布于浙江宁波至福建中部，后期不断减小，但仍为主要岸线；其次是养殖岸线及淤泥质岸线，1990 年分别占东海大陆岸线比例的 18.96% 和 12.28%；其余岸线所占比例均小于 10%，港口码头岸线所占比例最小，仅占 0.68%。

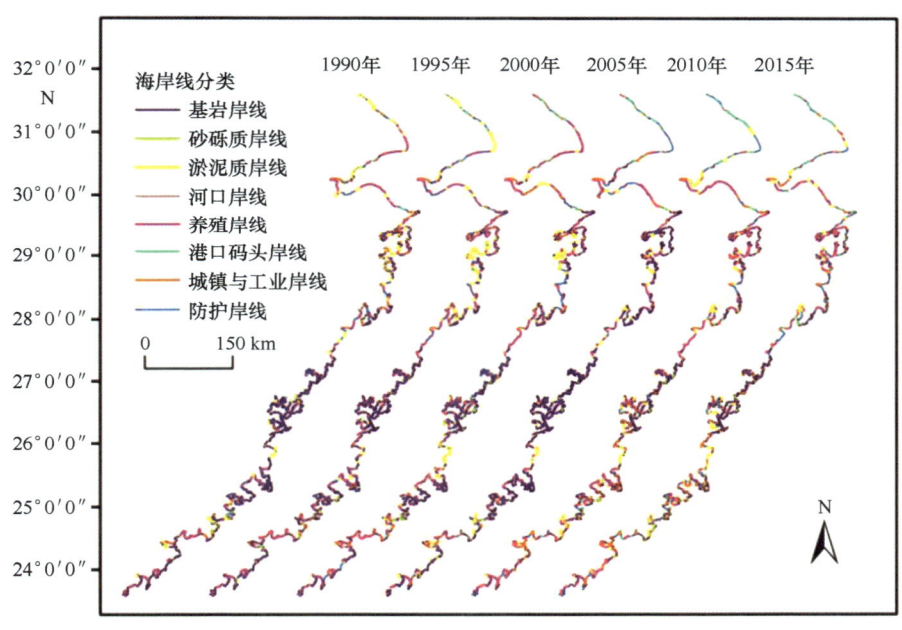

图 5.2　1990—2015 年东海岸线类型分布

在 25 年时间尺度上各类岸线结构变化显著：东海大陆自然岸线比例由 68.06% 持续下降至 46.12%，减少近 14.18%。其中，基岩岸线所占比例最大，并呈现持续减少的趋势，其他三类自然岸线在研究期间不同时期比例均有较大波动；相反，人工岸线所占比例由 1990 年的 31.94% 持续增长到 2015 年的 53.88%，甚至超过了自然岸线占比；其中港口养殖岸线和建设岸线所占比例较大，2015 年占比分别为 19.89% 和 20.26%，建设岸线保持着持续增长的趋势，且增长速度最快，2015 年占比相比 1990 年翻了近 3 倍，而养殖岸线占比则呈现小幅度地波动增长；占比相对较小的港口码头岸线和防护岸线在研究期间也保持着增长的趋势。

为更好地表示东海海岸带岸线多样性变化，借鉴景观格局研究中的景观多样性指

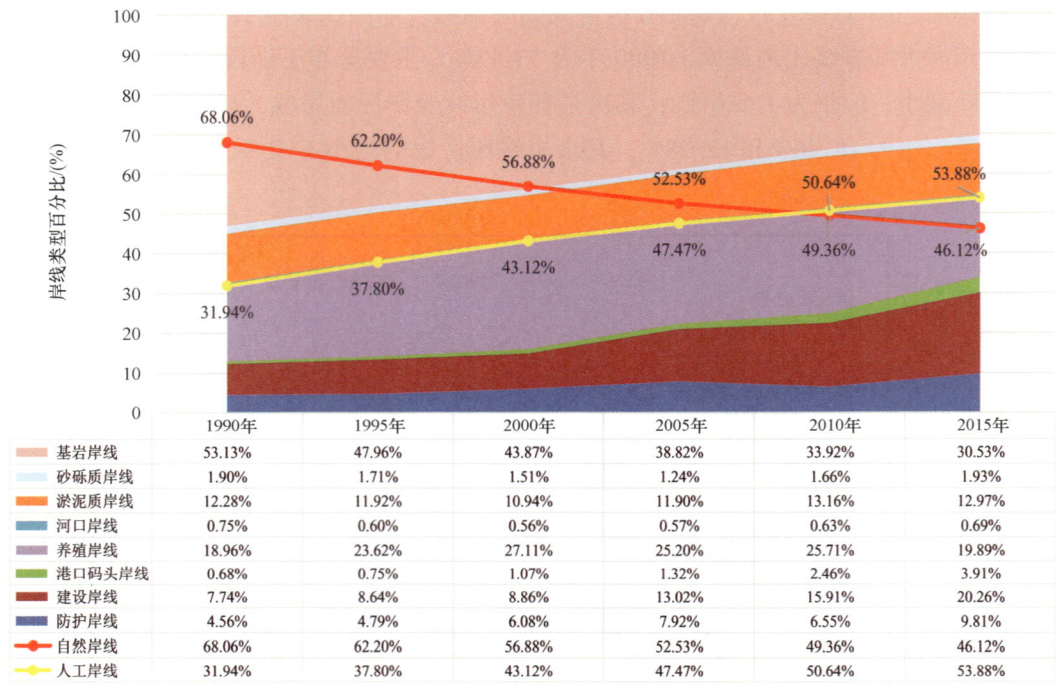

图 5.3　东海大陆岸线的结构变化

数的概念和计算方法①，构建岸线多样性指数（$H$），进行区域岸线类型多样性分析，计算公式如下所示：

$$H = -\sum_{i=1}^{n}(C_i)\log_2(C_i) \tag{5.2}$$

式中：$C_i$ 是第 $i$ 种岸线占总岸线长度的百分比，$n$ 是研究区岸线类型的总数。当研究区各岸线所占比例相等时，岸线拥有的最大多样性指数。当研究区只有单一类型岸线时，$H$ 为 0。随着各类型岸线所占比例差异不断增大，岸线多样性指数不断降低。

根据式（5.2）计算岸线类型多样性指数，结果如图 5.4 所示：1990 年东海海岸带大陆岸线多样性指数为 2.01，研究期间其多样性指数呈现持续增长趋势。2000 年之后，随着人类对海岸带开发利用速度的加快，增长趋势更为明显，至 2015 年，达到了

---

① 于衍桂，马毅：《环胶州湾海岸带典型土地利用/覆盖类型 SPOT-5 影像解译标志》，《海岸工程》，2011 年第 4 期。

2.51。即自 1990 年以来，东海海岸带大陆岸线类型趋向于多样化，各类型岸线长度百分比趋向于均匀化，占比最多的基岩岸线不断减少，由 1990 年的 53.13%，降至 2015 年的 30.53%。人工岸线持续增长，1990 年占比 31.94%，2015 年占所有岸线百分比达到 53.88%，即海岸带开发利用趋向于多元化发展。这一趋势直接在岸线的结构的变化中得到了体现。

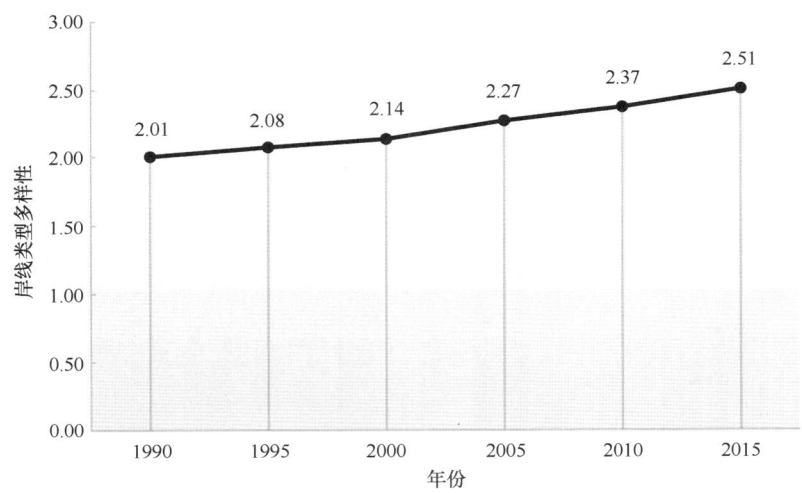

图 5.4　1990—2015 年东海大陆岸线类型多样性变化

3. 东海大陆岸线分形时空变化特征

岸线分形维数的变化能够反映岸线的弯曲度和复杂程度，岸线分形维数越大代表其弯曲度和复杂程度越大。[①] 通过 Matlab 基于网格法计算不同时期东海大陆岸线的分形维数[②]，首先运用 ArcGIS 生成能够覆盖东海整体岸线的正方形网格，并统计所需要的网格数 $N(\varepsilon)$，网格数目 $N(\varepsilon)$ 的数量会随着正方形网格长度 $\varepsilon$ 的变化而产生相应的变化，根据分形理论：

$$N(\varepsilon) \propto \varepsilon^{-D} \tag{5.3}$$

对式（5.3）两边同取对数后进行线性拟合可得：

$$\lg N(\varepsilon) = -D \lg \varepsilon + A \tag{5.4}$$

---

[①] 毋亭：《近 70 年来中国大陆岸线变化的时空特征分析》，中国科学院大学，2015 年。
[②] 朱晓华，潘亚娟：《GIS 支持的海岸类型分型判定研究》，《海洋通报》，2002 年第 2 期。

式中：A 为常数，D 即为岸线分形维数，其值域是 1<D<2。

根据国家质量技术监督局规定，对基本比例尺地形图进行数字化过程中，分辨率通常为 0.3~0.5 mm 地图单位，参考转换公式及东海地图常用比例尺，将此值换算为实地距离可作为测量海岸线长度的网格长度 $\varepsilon$[①]，转换公式为：

$$\varepsilon = 0.3 \times Q/1\,000 \tag{5.5}$$

式中：Q 为比例尺分母。表中增加了没有对应常用比例尺的网格边长为 1 000 m、2 500 m 的值，能够使网格边长值的间隔较为均匀，构建了东海海岸线分形维数的网格边长序列（表 5.3）。

表 5.3　网格边长序列

| 网格边长 $\varepsilon$（m） | 对应比例尺分母 Q |
| --- | --- |
| 600 | 2 000 000 |
| 900 | 3 000 000 |
| 1 000 | / |
| 1 100 | 3 500 000 |
| 1 200 | 4 000 000 |
| 1 500 | 5 000 000 |
| 1 800 | 6 000 000 |
| 2 500 | / |
| 3 000 | 10 000 000 |
| 4 500 | 15 000 000 |
| 6 000 | 20 000 000 |
| 7 500 | 25 000 000 |

分形维数能够表征海岸线的不规则程度，描述局部和整体岸线的相似度，根据上述方法计算 1990—2015 年东海大陆岸线分维数（图 5.5）。在自然因素和人为因素的综

---

① 高义，苏奋振，周成虎，等：《基于分形的中国大陆海岸线尺度效应研究》，《地理学报》，2011 年第 3 期。

合影响下，东海大陆岸线平均分形维数为 1.182 6。其结果均大于马建华等①、刘孝贤② 等用网格法计算出的中国大陆岸线分形维数的结果（分别是 1.092 9、1.047 6），这种差异是由于中国大陆岸线南北有明显差异，以杭州湾为界，北部为相对简单的基岩港湾海岸与较平直的平原海岸交错分布，南部基本上属于复杂、曲折的基岩港湾海岸。由于杭州湾以北的上海市大陆岸线长度所占比例较小，因此东海整体大陆岸线分形维数大于中国大陆岸线整体分维数。

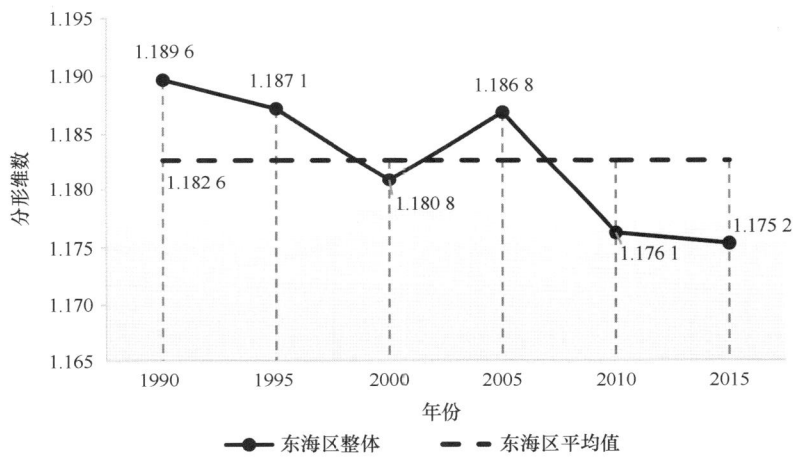

图 5.5　1990—2015 年东海大陆岸线分形维数

从时间序列上来看，1990 年大陆岸线分形维数为 1.189 6，随着城市用地规模不断扩张，人们对岸线的利用程度不断提高，岸线类型和形态不断转变，大量岸线被截弯取直，如大量平直的养殖岸线的增加，导致岸线分维数下降，整体下降 0.24%；而大量匡围工程、连岛工程等人类活动可能使岸线变得更为破碎，提高岸线分形维数。研究期间，人类对东海海岸带保持着高强度的开发状态。2000—2005 年，整体岸线分形维数有所回升，从 1.180 8 上升至 1.186 8。其余时间段内，东海大陆岸线分形维数基本上呈现持续下降趋势，其中 2005—2010 年降幅最大，下降率达到 0.9%，至 2015 年分形维数降低为 1.175 2。

---

① 马建华，刘德新，陈衍球，等：《中国大陆海岸线随机前分形分维及其长度不确定性探讨》，《地理研究》，2015 年第 2 期。

② 刘孝贤，赵青：《基于分形的中国沿海省区海岸线复杂程度分析》，《中国图像图形学报》，2004 年第 10 期。

东海大陆岸线漫长,岸线形态存在显著的空间差异性,因此计算各省市尺度的岸线分形维数(图5.6)。三个省市中,福建省主要为基岩港湾砂质海岸,具有岸线曲折、岬湾相间、海湾深入内陆的特点,岸线复杂程度较高,故大陆岸线分形维数始终处于高值状态,平均分形维数为1.2163,大于东海整体岸线平均分形维数。其分形维值从1990年的1.2251下降到2010年的1.2095,呈现不断下降趋势。在近5年分形维数值略有回升,2015年回升至1.211。

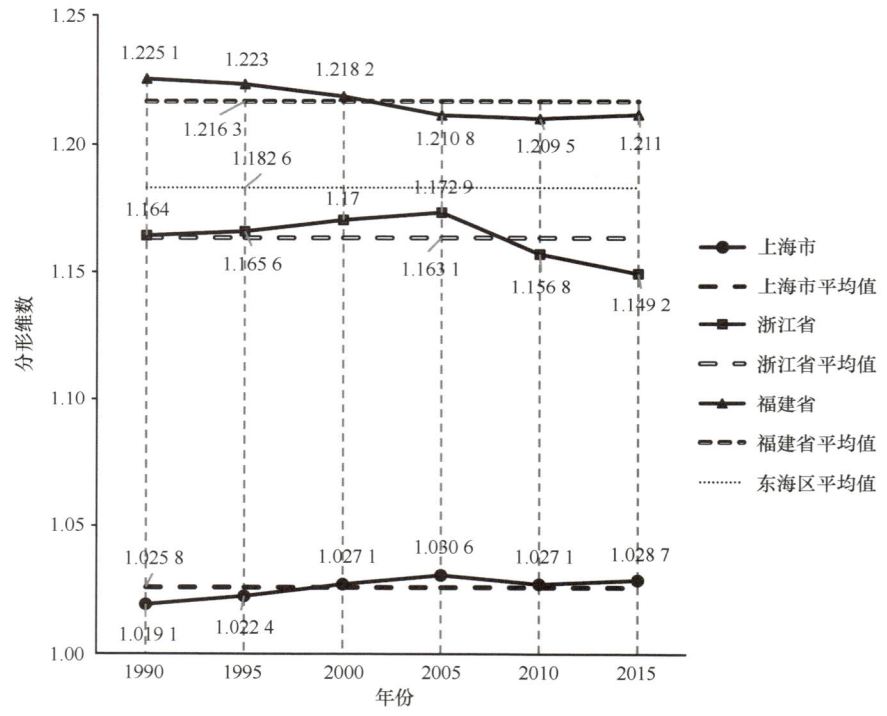

图5.6 各区域岸线分形维数的时空变化

浙江省大陆岸线平均分形维数为1.1631,略低于东海大陆岸线整体分形维数值。2005年之前,其分形维数值呈现上升趋势,从1990年的1.164上升至2005年的1.1729。之后10年,大陆岸线分形维数值快速下降,到2015年降低到最低值1.1492,岸线形状复杂程度有所下降。

上海市整体以三角洲平原海岸为主,岸线较为平直,因此上海市大陆岸线的平均分形维数最低,只有1.0258,远低于东海整体分形维数值。且研究期间呈现波动上升趋势，从 1990 年的 1.019 1 不断上升至 2005 年的 1.080 6，2005 年之后分形维数略有下降，但在 2010 年之后由开始回升至 2015 年的 1.028 7，整体上海岸线分形维数变化强度小于浙江省和福建省。

4. 东海海陆格局的时空变化特征

海岸线变化不仅体现在长度及弯曲度变化上，也体现在海岸线变迁引起的海岸带陆海格局的变化上。岸线向海扩张或向陆后退过程会引起海岸带陆海格局的变化：陆进海退或陆退海进，简称为陆侵或海侵。陆进海退在空间上表现为陆地面积的增加，陆退海进则表现为陆地面积的减少。陆地面积的变化反映岸线的变化方向及变化幅度，反过来，岸线利用方式的变化也能揭示陆海格局变化的主要驱动因子与驱动过程。借助向陆一侧的沿海省市边界作为内侧边界，各时期海岸线作为岸滩外侧边界，两者结合所围成的闭合多边形区域作为岸滩区域，通过计算各时期多边形区域的面积变化即可得到研究期内岸线变迁所导致的海岸带区域岸滩面积的变化情况（图 5.7 和表 5.4）。

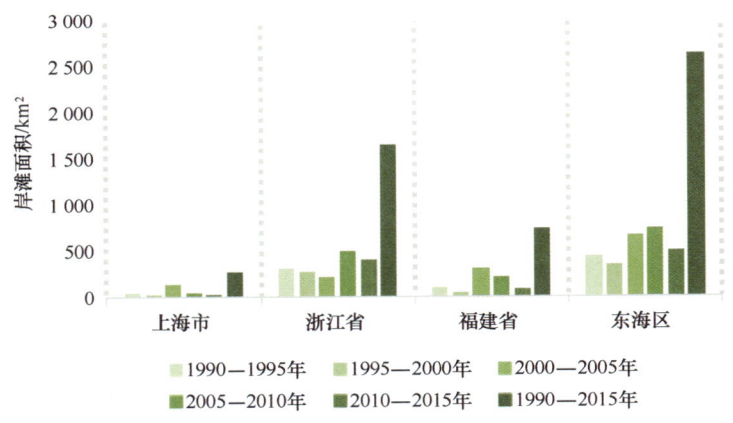

图 5.7　东海及各省（直辖市）海岸带海陆格局变化

1990—2015 年，近 25 年间，东海海岸带总体表现为陆进海退，这一过程使陆地面积增加了约 2 655.01 km²。东海 3 个省市均有较大规模的陆地扩张；其中浙江省陆地扩张规模最为显著，约 1 659.01 km²，占东海陆地增加总面积的 62.49%，主要分布在杭州湾南、三门湾及台州湾等岸区，其陆地扩张主要源于沿岸河口的自然淤积、人工促淤与围填；其次为福建省，扩张总面积为 732.80 km²，占总面积的 27.60%；陆地面积增加最少的是上海市，仅增加 263.20 km²，占总面积的 9.91%。

表 5.4 东海海岸带岸滩面积变化　　　　　　　　　　　　　单位：km²

| 省（直辖市） | 1990—1995 年 | 1995—2000 年 | 2000—2005 年 | 2005—2010 年 | 2010—2015 年 | 1990—2015 年 |
| --- | --- | --- | --- | --- | --- | --- |
| 上海市 | 40.98 | 29.58 | 138.18 | 48.09 | 6.36 | 263.20 |
| 浙江省 | 297.74 | 270.57 | 204.50 | 486.20 | 400.00 | 1 659.01 |
| 福建省 | 90.90 | 45.60 | 310.90 | 207.50 | 77.90 | 732.80 |
| 总计 | 429.62 | 345.75 | 653.58 | 741.79 | 484.26 | 2 655.01 |

从时间序列来看，2000—2010 年阶段是东海岸线向海推进速度较快的阶段，这一阶段岸滩面积分别增加了 653.58 km² 和 741.79 km²，占 25 年增加总量的 52.56%。这一阶段人类对东海海岸带的开发活动以发展养殖为主，围填海及港口码头的扩张在此期间也不断加快；此前，沿海地区最热门的经济建设活动是滨海交通建设，养殖盐田产业也有所扩张；此后，盐田产业规模迅速萎缩，围填海活动不断增加，岸线开发的主要经济目的仍是养殖。

（三）海岸线开发利用程度

1. 人工化指数评价

岸线人工化是指在人类活动作用下自然海岸线向人工岸线转变的过程。岸线人工化指数指特定区域内人工岸线占该区域总岸线长度的比值，可表示岸线人工化程度，计算公式为：

$$IA = \frac{M}{L} \tag{5.6}$$

式中：$IA$（Index of Artificialization）表示海岸线人工化指数；$M$ 表示研究区内人工岸线的长度；$L$ 表示该区域内岸线的总长度。$IA$ 越大，代表该区域内岸线的人工化程度越高，即自然海岸被破坏的越多。

根据式（5.6）计算研究期间东海及各省市的岸线人工化指数（见图 5.8），从东海全区尺度来看,研究期间岸线人工化指数呈现不断上升趋势,1990年人工化指数为31.94%,至2015年已上升至53.88%,超过了50%。从各省市尺度来看,浙江省和福建省的岸线人工化尺度与东海演化趋势一致,均不断上升,高强度的人类活动改变了岸线的自然属性,使自然岸线不断向人工岸线转变,岸线人工化指数随之上升。上海市的岸线人工化指数前期由于高强度的围滩造地进行港口、城镇及工业岸线的开发而迅速上升,后期开发强度有所减缓且随着泥沙淤积,新的滩涂资源的生成,自然岸线占比有所上升,人工化指数略有下降。

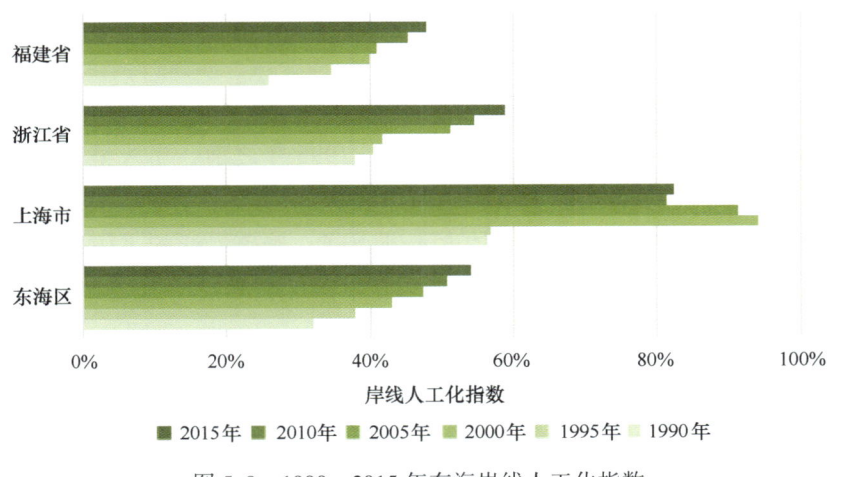

图 5.8　1990—2015 年东海岸线人工化指数

## 2. 岸线开发利用主体度评价

岸线开发利用主体度能够反映研究区内主体岸线的类型和重要度,借鉴了景观生态学中景观格局的景观优势度这一参数的确定思路①,并考虑相关专家意见、东海海岸带实际需求及情况对参数进行相应的修改,构建了东海岸线开发利用方向与主体度评价模型,主体岸线的主体度即为主体类型海岸线所占比例(表5.5)。

---

① 肖笃宁:《景观生态学:理论方法和应用》,中国林业出版社1991年版。

表 5.5  岸线开发利用主体度模型

| 区域岸线主体类型 | 条件 |
| --- | --- |
| 单一主体结构 | 某一类岸线 $C_i$>0.45 |
| 二元、三元主体结构 | 每一类岸线 $C_i$<0.45，但存在两类或两类以上岸线 $C_i$>0.2 |
| 多元主体结构 | 每一类岸线 $C_i$<0.45，且只有一类岸线 $C_i$>0.2 |
| 无主体结构 | 某一类岸线 $C_i$>0.2 |

注：$C_i$ 代表研究区内第 $i$ 类型岸线长度占岸线总长度的比例。

根据表 5.5 计算东海大陆岸线开发利用主体度（表 5.6），东海岸线整体开发利用主体度呈现出单一主体→二元主体的演化趋势，1995 年之前，岸线呈现单一结构，主体类型为基岩岸线，主体度大于 45%，之后岸线转变为二元主体结构，主体岸线为基岩岸线和养殖岸线，且基岩岸线的主体度不断下降，养殖岸线的主体度不断上升。至 2015 年，随着建设岸线的不断增加，岸线二元主体类型转变为基岩岸线和建设岸线，主体度分别为 30.53% 和 20.26%。

表 5.6  东海岸线开发利用主体度

| 时间 | 类别 | 上海市 | 浙江省 | 福建省 | 东海区整体 |
| --- | --- | --- | --- | --- | --- |
| 1990 年 | 岸线结构 | 二元 | 单一 | 单一 | 单一 |
|  | 主体类型及主体度 | 淤泥质岸线 43.30%<br>养殖岸线 35.08% | 基岩岸线 45.61% | 基岩岸线 64.02% | 基岩岸线 53.13% |
| 1995 年 | 岸线结构 | 二元 | 二元 | 单一 | 单一 |
|  | 主体类型及主体度 | 养殖岸线 41.29%<br>防护岸线 22.86% | 基岩岸线 39.74%<br>养殖岸线 20.90% | 基岩岸线 59.01% | 基岩岸线 47.96% |
| 2000 年 | 岸线结构 | 单一 | 二元 | 单一 | 二元 |
|  | 主体类型及主体度 | 养殖岸线 56.23% | 基岩岸线 37.20%<br>养殖岸线 24.97% | 基岩岸线 50.20% | 基岩岸线 43.87%<br>养殖岸线 27.11% |
| 2005 年 | 岸线结构 | 二元 | 二元 | 单一 | 二元 |
|  | 主体类型及主体度 | 防护岸线 40.13%<br>建设岸线 20.01% | 基岩岸线 33.20%<br>养殖岸线 26.29% | 基岩岸线 46.11% | 基岩岸线 38.82%<br>养殖岸线 25.20% |

续表

| 时间 | 类别 | 上海市 | 浙江省 | 福建省 | 东海区整体 |
|---|---|---|---|---|---|
| 2010年 | 岸线结构 | 二元 | 二元 | 二元 | 二元 |
| | 主体类型及主体度 | 防护岸线 41.47%<br>港口码头岸线 24.59% | 养殖岸线 31.00%<br>基岩岸线 30.70% | 基岩岸线 39.02%<br>养殖岸线 23.58% | 基岩岸线 33.92%<br>养殖岸线 25.71% |
| 2015年 | 岸线结构 | 三元 | 二元 | 二元 | 二元 |
| | 主体类型及主体度 | 港口码头岸线 24.37%<br>建设岸线 20.05%<br>防护岸线 20.01% | 基岩岸线 27.55%<br>养殖岸线 23.40% | 基岩岸线 35.27%<br>建设岸线 21.27% | 基岩岸线 30.53%<br>建设岸线 20.26% |

就各省市尺度来说，上海市主体利用类型经历了二元→单一→三元的演化过程，1990 年以淤泥质岸线和养殖岸线为主体，到 2015 年其主体岸线类型转变为港口码头岸线、建设岸线和防护岸线，主体度分别为 24.37%、20.05% 和 20.01%，岸线开发利用方式呈现多样化趋势。浙江省岸线开发利用主体呈现由单一→二元主体的演化趋势，1990 年为单一基岩岸线主体类型，其主体度为 45.61%，之后随着沿海养殖产业的发展，岸线主体类型转为基岩岸线和养殖岸线的二元主体类型，且基岩岸线的主体度不断下降，养殖岸线的主体度则不断上升。福建省岸线开发利用主体也同浙江省一样呈现出由单一→二元主体的演化趋势。1990—2005 年，福建省岸线以基岩岸线为主体岸线，其主体度从 1990 年的 64.02% 不断降低到 2005 年的 46.11% 之后，2010 年主体类型转变为基岩岸线和建设岸线二元类型，这一转变与福建省海岸带城镇化的快速发展密切相关。

3. 岸线综合利用指数评价

参照土地利用程度综合指数的概念和计算方法[①]，按照人类活动影响程度，为各类型岸线分别赋予不同的开发利用强度指数（表 5.7）。

表 5.7　各类型岸线的利用强度指数赋值

| 利用方式 | 自然岸线 | 养殖岸线 | 港口码头岸线 | 建设岸线 | 防护岸线 |
|---|---|---|---|---|---|
| 强度指数（$A$） | 1 | 3 | 4 | 4 | 2 |

---

① 庄大方，刘纪远：《中国土地利用程度的区域分异模型研究》，《自然资源学报》，1997 年第 2 期。

利用式（5.7）计算岸线利用程度综合指数：

$$ICUD = \sum_{i=1}^{n}(A_i \times C_i) \times 100 \qquad (5.7)$$

式中：ICUD（Index of Coastline Utilization degree）为岸线利用程度综合指数；$A_i$ 为第 $i$ 类岸线的开发利用强度指数；$C_i$ 为第 $i$ 类岸线的长度百分比；$n$ 为岸线类型的数量。

根据上述方法计算了东海及各省市的岸线开发利用程度综合指数（图 5.9）。1990—2015 年，在近 25 年的时间尺度上，东海大陆岸线整体开发利用指数由 167.73 持续增加至 222.12，说明在这期间东海人类活动对岸线变化的影响力持续增加。各省市尺度中，浙江省和福建省岸线利用程度均呈现逐渐增加态势，由于地形地貌的限制，浙江和福建两省处于低山丘陵隆起地带，多海湾与半岛，基岩海岸较多，部分区域开发难度较大，岸线利用方式的变化多集中于海湾等较平坦区域，岸线的围垦、滩涂养殖及海塘建设等开发活动的强度大于泥沙的自然淤积速度，因此开发利用综合指数不断上升。

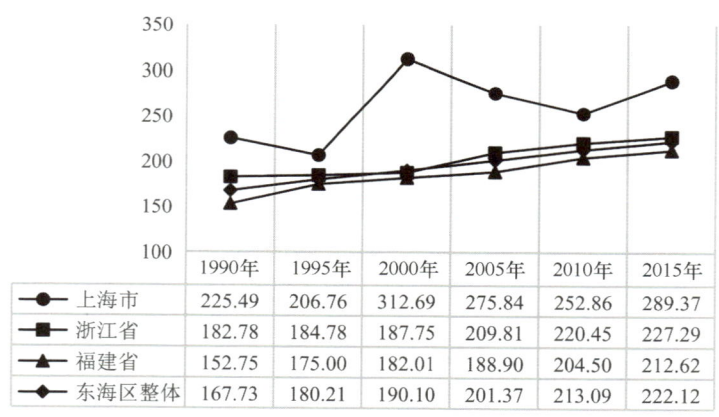

图 5.9 东海岸线利用强度指数

上海市开发利用指数在研究期间波动较大，但其指数一直高于浙江和福建两省。这是由于上海市处于地貌构造中的冲积平原区，多淤泥质岸线，有利于人类开发利用活动的展开。研究期间上海市用于城镇扩张与农业发展的围填工程从未间断，基于保护与促进海岸淤积的目的，城镇与农场临海外围往往会修筑防潮堤。由于地处长江口南岸，河水携带泥沙不断在其海岸外围淤积，逐渐形成自然状态海岸。当淤泥滩达到相当规模，围垦活动会再次发生以扩张城镇与农业规模。如此循环往复，致使上海海岸呈现人工与自然状态在空间与时间上均交替出现的格局与现象，岸线利用程度也因此表现出上下波动、无规律变化的特征。

1990年以来，内陆与海岸带地区的人口流动加快，人口不断向沿海地区聚集，海岸带成为人口聚集和社会经济发展的优势区域，城市化进程不断加速，引发围填海活动的热潮，城市及工业等建设岸线不断扩张，因此岸线开发利用综合指数也以较高的速度不断增加，近几年更有加速发展的趋势。

## 三、东海海岸带景观格局变化

景观格局主要是指构成景观的生态系统在空间上变异程度的外在表现，是景观生态学研究的核心之一，与生态过程相互作用，并具有尺度依赖性。景观生态学作为一门新兴综合交叉学科，最初由德国地理学家 Carl Troll 提出[1]，直到20世纪80年代才逐渐蓬勃发展[2]。20世纪80年代初，我国学者林超[3]、黄锡畴[4]、陈昌笃[5]等发表了一系列文献将景观生态学的相关内容引入国内[6]，景观格局作为其核心内容引起广泛关注。分析景观异质性和景观动态演变是景观格局研究的两个重点，能反映一定尺度上土地利用和景观的结构、分布及变化，并可据此结合数理模型有效预测土地利用趋势，对维护区域安全、保障资源高效利用以及生态保护意义重大。

### （一）景观格局变化分析方法及指标选取

参考土地利用现状分类标准（GB/T 21010—2007），结合东海海岸带土地开发利用的特点，建立东海海岸带景观分类系统，将海岸带土地利用类型划分为耕地、林地、

---

[1] Corl Troll. Luftbildplan and ökologiscke. Boderforschary [J]. Die Erole: Zeitschrift der Gesellsclaft für Erdknrole zn Bercin, 1939 (7/8): 241-298.
[2] Fu B J, Lu Y H. The progress and perspectives of landscape ecology in China [J]. Progress in Physical Geography, 2006, 30: 232-244.
[3] E. 纳夫，林超：《景观生态学发展阶段》[J]. 《地理译报》，1984年第3期，第1-6页。
[4] 黄锡畴：《德意志联邦共和国生态环境现状及其保护》[J]. 《地理科学》，1981年第2期，第181-182期。
[5] 陈昌笃：《十年来的我国景观生态学和全球生态学》[J]. 《生态学杂志》，1992年第1期，第17-28页。
[6] 李晓航，张飞，周梅，等：《干旱区流域湿地景观格局研究进展及发展趋势综述》，《安徽农业科学》，2014年第20期。

草地、建设用地、水域、未利用地、海域 7 种景观类型①。根据东海实际情况，从类型和景观两个方面选取 7 个常用指标用于评价景观格局演化②（表 5.8），从类型水平选取斑块数量、斑块密度、最大斑块指数、边界密度、形态指数等来反映景观结构、面积、形态变化情况③；景观水平主要选取 Shannon 多样性指数、Shannon 均匀度指数来反映不同景观类型的异质性、分配均匀程度。④

表 5.8　景观格局分析指标及其含义

| 景观指数指标 | 计算公式 | 生态含义 |
| --- | --- | --- |
| 斑块数量（NP） | $NP$（个） | 描述景观的异质性和破碎度，$NP$ 值越大，破碎度越高，反之则越低 |
| 斑块密度（PD） | $PD = \dfrac{NP}{A}$<br>$NP$ 为区域内总（或某一类）景观的斑块个数（个），$A$ 为区域内所有（或某一类）景观面积（hm²），$PD \geq 0$ | 表征景观破碎化程度的指标，斑块密度越大，景观破碎化程度越高，反之则越低 |
| 最大斑块指数（LPI） | $LPI = \dfrac{\text{Max}(a_1, \cdots, a_n)}{A}(100)$<br>$a_n$ 为某一类景观的面积（hm²），$A$ 为景观总面积（hm²） | 表征了某一类型的最大斑块在整个景观中所占的比例 |
| 边界密度（ED） | $ED = \dfrac{E}{A}$<br>$E$ 为斑块边界总长度（km），$A$ 为景观总面积（hm²），$ED \geq 0$ | 指景观中单位面积的边缘长度，是表征景观破碎化程度的指标，边界密度越大，景观越破碎，反之则越完整 |

---

① 冯佰香、李加林、龚虹波，等：《30 年来象山港海岸带土地开发利用强度时空变化研究》，《海洋通报》，2017 年第 3 期。
② 刘永超、李加林、袁麒翔，等：《象山港流域景观生态风险格局分析》，《海洋通报》，2016 年第 1 期。
③ 黄日鹏、李加林、叶梦姚，等：《东南沿海景观格局及其生态风险演化研究——以宁波北仑区为例》，《浙江大学学报》（理学版），2017 年第 6 期。
④ 田鹏、龚虹波、叶梦姚，等：《东海区大陆海岸带景观格局变化及生态风险评价》，《海洋通报》，2018 年第 6 期。

续表

| 景观指数指标 | 计算公式 | 生态含义 |
|---|---|---|
| 形态指数<br>（LSI） | $LSI=\dfrac{0.25E}{\sqrt{A}}$<br>$E$ 为斑块边界总长度（km），$A$ 为景观总面积（hm²），$LSI\geqslant 0$ | 反映板块形态的复杂程度，当景观类型中所有斑块均为正方形时，$LSI=1$；景观斑块形状越不规则或越偏高正方形时，$LSI$ 值增大 |
| Shannon 多样性指数<br>（SHDI） | $SHDI=-\sum\limits_{i=1}^{m}P_i\times\ln(P_i)$<br>$m$ 为斑块类型总数，$P_i$ 为第 $i$ 类斑块类型所占景观总面积的比例，$SHDI\geqslant 0$ | 表征景观类型的多少以及各类型所占总景观面积比例的变化，同时能够体现不同景观类型的异质性，对景观中各类型非均衡分布状况较为敏感，强调稀有的景观类型对总体信息的贡献度 |
| Shannon 均匀度指数<br>（SHEI） | $SHEI=\dfrac{-\sum\limits_{i}^{m}P_i\times\ln(P_i)}{\ln(m)}$<br>$m$ 为斑块类型总数，$P_i$ 为第 $i$ 类斑块类型所占景观总面积的比例 | 表征景观中不同景观类型的分配均匀程度。$SHEI=1$，表明景观仅有一类斑块组成，无多样性；$SHEI=1$，表明各类斑块类型匀匀分布，有最大的多样性 |

## （二）海岸带格局变化分析

### 1. 海岸带景观水平空间格局分析

在计算软件 Fragstats 3.4 里对栅格影像进行处理，整理数据得到东海海岸带 1990—2015 年景观格局的相关指标数据（表 5.9 和表 5.10）。如表 5.9 所示，25 年间，在社会经济和自然因素的综合作用下，东海海岸带景观格局发生较大的变化。所有类景观的斑块总数呈现不断增加的趋势，从 1990 年的 39 164 个增加到 2015 年的 42 407 个，增加数量近 8.2%。斑块密度由 1990 年的 0.69 个/hm² 提高到 2015 年的 0.76 个/hm²，表现了景观破碎化程度的增加。斑块个数和最大斑块指数的减小以及景观边界密度的增加也都验证了这一点。景观形态指数由 1990 年的 168.635 7 增加到 2015 年的 181.192 1，说明人类活动使得斑块趋于复杂化、多样化。景观的多样性指标也能够反映出景观尺度的格局变化。多样性指数从 0.675 2 增加到 0.865 8,均匀度指数也从 0.376 8 增加到 0.444 9,即东海海岸带景观总体类型数量虽没有发生变化,但海岸带景观的多样性水平在不断提高。

表 5.9 1990—2015 年东海海岸带景观空间格局分析指标(景观尺度)

| 年份 | 斑块数量<br>($NP$) | 斑块密度<br>($PD$) | 最大斑块指数<br>($LPI$) | 边界密度<br>($ED$) | 形态指数<br>($LSI$) | 多样性指数<br>($SHDI$) | 均匀度指数<br>($SHEI$) |
|---|---|---|---|---|---|---|---|
| 1990 | 39 164 | 0.690 9 | 4.515 6 | 27.084 6 | 168.635 7 | 1.334 8 | 0.685 9 |
| 1995 | 38 556 | 0.680 2 | 4.486 9 | 26.668 4 | 166.184 8 | 1.330 1 | 0.683 5 |
| 2000 | 39 760 | 0.701 9 | 4.440 8 | 27.421 1 | 170.615 8 | 1.350 4 | 0.694 |
| 2005 | 40 600 | 0.716 8 | 4.384 6 | 28.477 6 | 176.833 1 | 1.397 6 | 0.718 2 |
| 2010 | 41 884 | 0.745 5 | 4.349 2 | 28.995 9 | 179.887 5 | 1.413 | 0.726 1 |
| 2015 | 42 407 | 0.761 3 | 4.345 0 | 29.217 6 | 181.192 1 | 1.401 1 | 0.72 |

采用研究期初和研究期末各景观格局指数的差值来反映东海各省(直辖市)域景观格局的总体变化(表 5.10)。上海市海岸带斑块密度、斑块数量和最大斑块指数下降,表明近 25 年间,海岸带景观整合度进一步增强。此外,景观边界密度总体提高近 3 个单位,形态指数也实现了近 3.7 个单位的增长,景观破碎度下降,景观的多样性和均匀度则得到提升。浙江省海岸带斑块密度增长幅度较低,且随着斑块数量的增加,最大斑块指数持续降低,结合浙江省海岸带景观空间格局的边界密度和形态指数增长结果,表明在 25 年间,浙江省海岸带景观斑块的破碎程度有所增加,海岸带景观整合度需要加强。多样性指数和均匀度指数的小幅度增长则表明,尽管研究期间浙江省海岸带景观空间格局整体得到一定优化,但是变化力度较弱。福建省各项景观格局指标均实现增长,景观破碎度得到有效提升,斑块形态和海岸景观多样性均得到优化。

表 5.10 1990—2015 年东海个省(直辖市)域景观水平空间格局指标变化

| 省<br>(直辖市) | 斑块数量<br>($NP$) | 斑块密度<br>($PD$) | 最大斑块指数<br>($LPI$) | 边界密度<br>($ED$) | 形态指数<br>($LSI$) | 多样性指数<br>($SHDI$) | 均匀度指数<br>($SHEI$) |
|---|---|---|---|---|---|---|---|
| 上海市 | -334 | -0.134 | -7.665 1 | 2.956 3 | 3.688 6 | 0.190 6 | 0.068 1 |

续表

| 省<br>（直辖市） | 斑块数量<br>（NP） | 斑块密度<br>（PD） | 最大斑块指数<br>（LPI） | 边界密度<br>（ED） | 形态指数<br>（LSI） | 多样性指数<br>（SHDI） | 均匀度指数<br>（SHEI） |
|---|---|---|---|---|---|---|---|
| 浙江省 | 2 718 | 0.110 2 | −0.364 5 | 3.417 8 | 13.417 6 | 0.119 9 | 0.061 7 |
| 福建省 | 859 | 0.032 9 | 0.678 3 | 0.900 1 | 3.613 3 | 0.065 4 | 0.033 7 |

### 2. 海岸带景观水平类型斑块数量分析

如图 5.10a 所示，在具体景观类型中，东海海岸带耕地、林地、草地、水域、建设用地等类型斑块数量增加，而未利用地和海域的斑块数量波动下降。其中，建设用地的景观数量所占比例最大，呈现波动增长趋势。其次是耕地和草地，耕地在 1990—2000 年变化不显著，2005 年之后，耕地数量迅速上升，直至 2015 年，数量达到最大。林地和草地变化趋势较为一致。在 1990—1995 年，两者数量均急剧下降，1995—2000 年，数量有所回升，到 2000 年之后，其斑块数量处于动态平衡状态。水域呈低幅度波动增长。2010 年之前，海域斑块数量变化不明显，在 2010—2015 年这一时期，人类活动将大量的海岸带地区沿岸海域进行围填，因此海域面积有所减少。

研究期间，上海市海岸带景观格局特征显著（图 5.10b），其中建设用地斑块数量占比最高，但其总数在波动下降。而其他景观类型的斑块数量变化十分微弱，2010 年之前，上海市海岸带土地利用类型中不存在未利用地，在 2015 年年末才发生斑块数量的微弱增加。浙江省各景观类型斑块数量总数大（图 5.10c），增长水平各有不同，总体上未利用地和海域数量减少，而其他类型的斑块数均有不同程度的增长。其中建设用地的斑块数量总体占比最高，且斑块总数有明显的波动变化，在 1990—1995 年间迅速增加，1995—2005 年持续下降，2005 年之后斑块数量又再次实现逐年增长。浙江省海岸带景观格局中，耕地的斑块数量一直可观，其数量也在逐年增长。福建省各景观类型斑块数量及增长的分异特征十分明显（图 5.10d），除未利用地和海域斑块数量略有下降外，其他类型整体上均呈现波动增长态势。其中，草地和建设用地斑块数量最多，耕地、林地、水域等景观斑块数量随之呈阶梯状递降。福建省海岸带景观类型比例适宜，区分度十分明显，海岸带草地景观丰富。

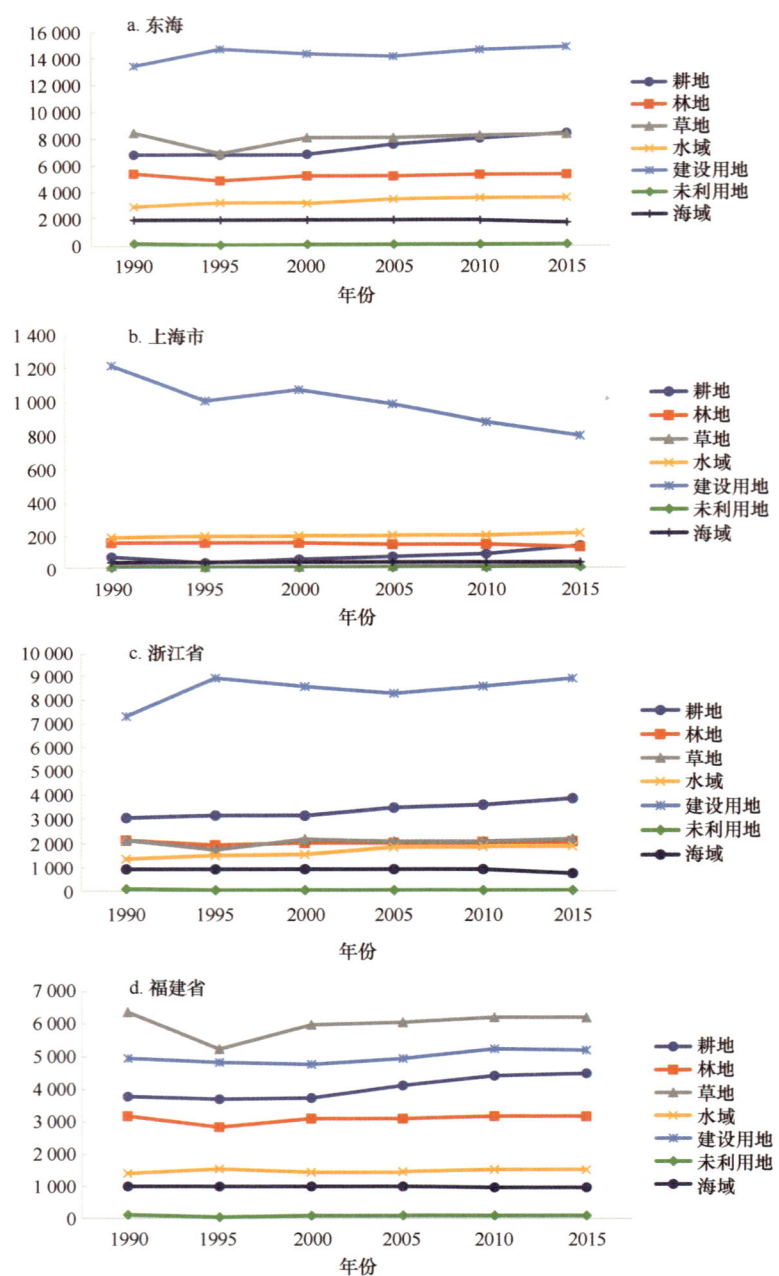

图 5.10　东海及各省（直辖市）海岸带景观水平斑块数量变化

## 3. 类型水平的景观空间格局变化分析

类型水平的景观空间格局变化可从斑块密度、最大斑块指数、边界密度、形态指数 4 个指标的变化分别进行分析。

东海及各省（直辖市）级行政区海岸带各景观类型斑块密度变化如图 5.11 所示。东海各景观类型中耕地、水域、未利用地的斑块密度不断增大，而林地和草地景观整体性较强，破碎度较低，斑块密度变化不大。从各省（直辖市）来看，上海市草地、水域的斑块密度呈上升趋势，未利用地和海域基本上没有变化，其他景观类型的斑块密度下降。除建设用地景观的斑块密度变化明显外，其他景观类型变化幅度较小。浙江省林地、未利用地、海域斑块密度上升，其他景观类型斑块密度下降，建设用地斑块密度变化最大，增加 0.064 6 个/hm$^2$，其次为耕地，增加 0.032 2 个/hm$^2$，其他景观类型斑块密度变化不明显。福建省耕地、水域、建设用地斑块面积上升，其他景观斑块密度下降，其中耕地的斑块密度变化最大，增加 0.027 6 个/hm$^2$。

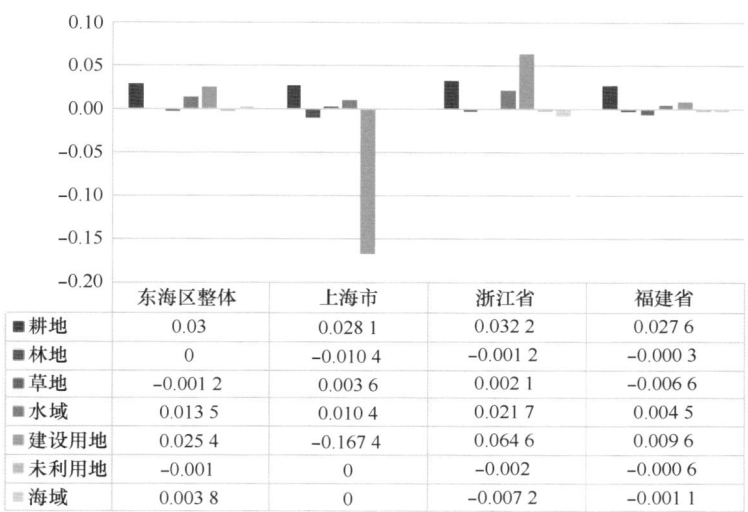

图 5.11　东海及各省（直辖市）级行政区海岸带各景观类型斑块密度变化（1990—2015 年）

最大斑块指数反映景观类型的整体性大小。东海及各省（直辖市）域海岸带各景观类型最大斑块指数变化如图 5.12 所示。25 年间，东海海岸带各景观类型中，林地的斑块指数最大，2015年为7.36%，整体性最好。其次是耕地，最大斑块指数为4.10%，其余景观类型的最大斑块指数均小于1%。说明东海海岸带整体景观类型的斑块较为破碎。从省（直辖市）来看，上海市草地、建设用地最大斑块指数上升，其他景观类型下降，其中建设用地变化最大，增加12.60个单位，其次为耕地，减少7.67个单位，斑块破碎化加深。浙江省除建设用地最大斑块指数上升、未利用地无变化外，其他景观类型的最大斑块指数下降，其中耕地减少1.74个单位，变化幅度最大。福建省区域林地、建设用地、海域的最大斑块指数上升，其他景观类型最大斑块指数下降，耕地变化幅度最大，减少2.34个单位，其次是建设用地，增加0.70个单位。

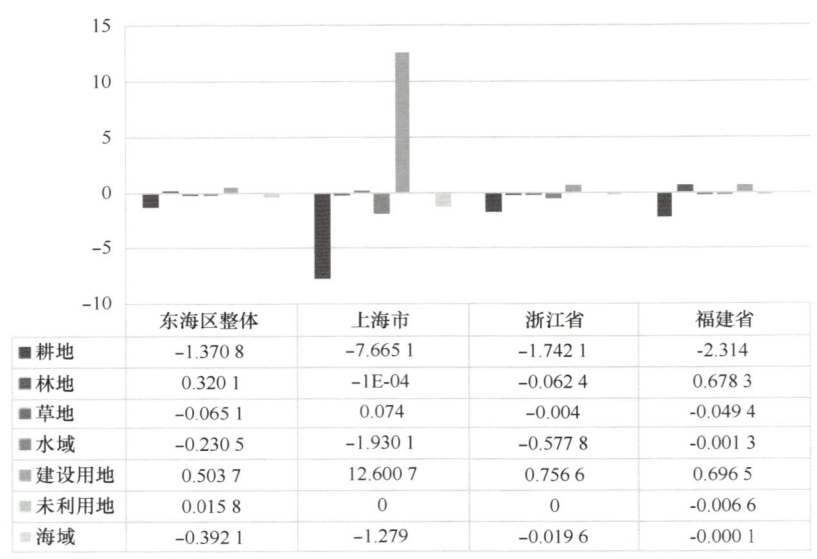

图5.12 东海及各省（直辖市）域海岸带各景观类型最大斑块指数变化（1990—2015年）

东海及各省（直辖市）域海岸带各景观类型边界密度变化如图5.13所示。东海海岸带的景观边界密度不断增大，除海域外其余景观类型的边界密度均呈现不断上升的趋势。其中，耕地和建设用地的边界密度变化较大，由于耕地多分布于沿海平原区，而城镇建设用地、工业仓储用地往往集中分布于此，大量增长的建设用地占用了耕地，使得原先规则且连片的耕地等景观类型趋于破碎化，导致边界密度大大增加。此外，林地的边界密度的变化较小，2015年仅为16.06。省（直辖市）域上，上海市和浙江省区域，林地和海域边界密度减少，其他景观类型边界密度增加。随着城市化的扩张，建设用地的边界密度大幅度上升，增加 3.54 个单位，耕地的破碎化程度增加也导致边界密度的上升，增加 2.41 个单位。福建省区域耕地、水域和建设用地边界密度增加，建设用地上升幅度较大，增加 2.53 个单位，其他景观类型变化幅度较小。

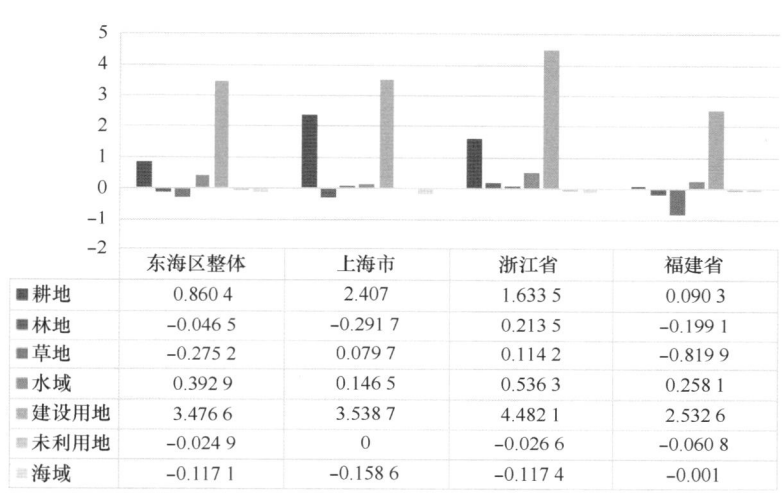

图 5.13　东海及各省（直辖市）域海岸带各景观类型边界密度变化（1990—2015 年）

东海及各省（直辖市）域海岸带各景观类型形态指数变化如图 5.14 所示。25 年间，东海海岸带整体形态指数呈增加趋势。各景观类型中，耕地的形态指数在 25 年间增加量为 26.13 个单位，在所有景观类型当中最大，这主要与城市用地面积不断扩展及交通运输条件不断完善，大片的耕地被占用，导致斑块形状趋于不规则化。省（直辖市）域上，上海市林地和建设用地形态指数减少，其斑块的复杂程度下降，主要是城市规划建设实施，使建设用地的斑块更趋于规整。其他景观的形态指数增加，斑块形态复杂化。浙江省，建设用地、未利用地和海域形态指数下降，其他景观形态指数上升，其中耕地和水域变化最大，分别增加 25.58 个和 13.05 个单位。福建省耕地、水域、建设用地的形态指数上升，其他景观类型形态指数下降。其中耕地变化受城市化和工业化和扩张影响明显，增加 12.08 个单位，其他景观类型变化较小。

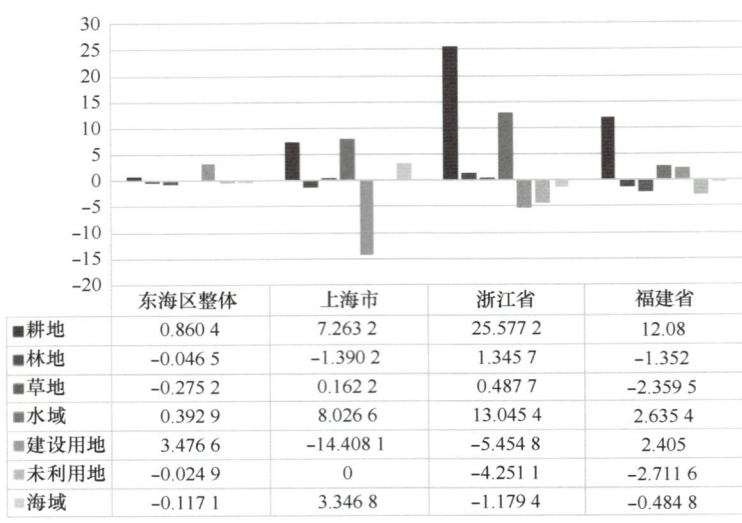

图 5.14　东海及各省（直辖市）域海岸带各景观类型形态
指数变化（1990—2015 年）

## 四、东海海岸带生态系统服务价值

海岸带作为地球表面最为活跃的自然区域，对环境响应极其敏感，同时具有资源丰富性和生态脆弱性。海岸带受到自然环境和人类活动的综合影响，作为人类生产、生活的主要场所，随着人类对海岸带环境的利用和改造在强度、广度和速度上不断提高，对海岸带的生态环境系统造成一系列的影响。近年来，全球各地频繁发生的自然灾害已经严重威胁到了人类的生存和发展，同时也加剧了贫困，影响社会的稳定，人类的开发利用过程及其对资源环境的影响使海岸带环境面临着空前压力。

生态系统服务是指生态系统所形成的，为维持人类生存所提供的基本效用[1]，包括食物、水资源及其他生产原料，支撑地球生命系统，维持生物化学循环与水文循环，维持生物物种遗传多样性，净化环境，维持大气化学的平衡与稳定等功能。东海海岸带景观格局演化剧烈，其内部的服务功能结构也随之发生变化，产生了较多负面的生

---

[1]　王洪翠，吴承祯，洪伟，等：《P-S-R 指标体系模型在武夷山风景区生态安全评价中的应用》，《安全与环境学报》，2006 年第 3 期。

态环境效应。对基于景观演化的生态系统服务价值（ESV）损益评价，能够促进海岸带资源合理开发和利用，实现海岸带地区城镇经济、社会、生态的可持续发展。

### （一）海岸带生态系统服务价值估算方法

#### 1. 数据选取与处理

选取 1995 年、2005 年、2015 年 3 个时期东海海岸带景观类型分类数据。基于景观类型演变，将景观类型与相应的生态系统类型联系起来，构建东海海岸带 ESV 损益评估模型，分析东海海岸带 ESV 损益及各单项服务功能的价值变化，结合统计学以及 ArcGIS 的 Geostatistical Analyst 模块，分析研究区 ESV 的时空变化。

根据东海海岸带景观及生态系统类型，利用与每种景观类型最接近的生态系统当量进行估算：如将耕地与农田生态系统对应；林地与森林生态系统对应；水域、海域与水域生态系统对应；将水域中的二级类型滩涂重新解译提取出来，并与湿地生态系统对应；未利用地与荒漠生态系统对应；将建设用地作为人工生态系统，假设其 ESV 当量为零。①

#### 2. 生态系统服务价值估算模型

以谢高地等对 Costanza 的 ESV 当量修订后建立的中国 ESV 评估模型为基础。由于谢高地等建立的评估模型仅适用于全国尺度，东海尺度较小，直接应用误差较大。因此，对中国生态系统单位面积 ESV 系数根据研究区实际情况进行修订，以构建东海海岸带 ESV 估算模型。

ESV 当量系数是等于每年每公顷粮食价值的 1/7，表示生态系统潜在服务价值，是一个相对的贡献率，② 因此通过对耕地的食物生产服务价值的系数进行修正，来修正 ESV 计算模型。根据浙江省、上海市以及福建省年鉴资料，研究区 1990—2015 年平均粮食单产为 8 342.95 kg/hm²，2015 年研究区粮食均价为 2.4 元/kg，计算得研究区单位面积耕地的食物生产服务价值因子为 2 860.44 元/hm²，得到土地利用类型的 ESV 系数

---

① 李加林，徐谅慧，杨磊，等：《浙江省海岸带景观生态风险格局演变研究》，《水土保持学报》，2016 年第 1 期。
② 刘桂林，张落成，张倩：《长三角地区土地利用时空变化对生态系统服务价值的影响》，《生态学报》，2014 年第 12 期。

如表 5.11 所示。

表 5.11 东海海岸带 ESV 系数

| 生态系统服务与功能 | | ESV 系数/[元/(hm²/a)] | | | | | | |
|---|---|---|---|---|---|---|---|---|
| | | 耕地 | 林地 | 草地 | 滩涂 | 水域 | 未利用地 | 建设用地 |
| 供给服务 | 食物生产 | 2 860.44 | 943.73 | 1 229.97 | 1 029.53 | 1 515.69 | 57.20 | 0 |
| | 原材料生产 | 1 115.32 | 8 522.18 | 1 029.55 | 686.35 | 1 000.92 | 114.39 | 0 |
| 调节服务 | 气体调节 | 2 059.05 | 12 354.31 | 4 289.71 | 6 892.10 | 1 458.49 | 171.59 | 0 |
| | 气候调节 | 2 774.01 | 11 639.35 | 4 461.33 | 38 750.19 | 5 891.17 | 371.77 | 0 |
| | 水文调节 | 2 202.05 | 11 696.54 | 4 346.90 | 38 435.62 | 53 678.31 | 200.18 | 0 |
| | 废物处理 | 3 975.11 | 4 918.84 | 3 774.94 | 41 181.02 | 42 467.92 | 743.55 | 0 |
| 支持服务 | 保持土壤 | 4 203.89 | 11 496.37 | 6 405.94 | 5 690.98 | 1 172.51 | 486.16 | 0 |
| | 维持生物多样性 | 2 916.99 | 12 897.66 | 5 347.86 | 10 552.64 | 9 809.09 | 1 143.92 | 0 |
| 文化服务 | 提供美学景观 | 486.16 | 5 948.37 | 2 488.05 | 13 412.43 | 12 697.49 | 686.35 | 0 |
| 合计 | 合计 | 22 593.01 | 80 417.35 | 33 374.25 | 156 630.85 | 129 691.60 | 3 975.11 | 0 |

东海海岸带 ESV 计算公式如下：

$$ESV = \sum_{k=1}^{n}(A_k \times VC_k) \tag{5.8}$$

式中：$A_k$ 是第 $k$ 种景观类型面积；$VC_k$ 是第 $k$ 种景观类型的 ESV 系数。

3. 生态系统敏感性指数

敏感性指数（CS）表示由于自变量的变化引起的因变量的变化程度，用来研究一系列参考变量和比较变量的相互关系。[1] 对于景观类型的 ESV 系数来说，表示系数变化对 ESV 总量变化的影响强弱。利用敏感性指数分析 ESV 总量的变化对 ESV 系数的依赖程度，以此分析计算 ESV 的当量设置是否合理。ESV 敏感性指数计算公式如下：

---

[1] 毛健：《南江县土地利用变化对生态系统服务价值的影响》，成都理工大学，2014 年。

$$CS = \left| \frac{(ESV_j - ESV_i) / ESV_i}{(VC_{jk} - VC_{ik}) / VC_{ik}} \right| \tag{5.9}$$

式中：$VC$、$k$ 的含义同前，$ESV_i$ 代表 ESV 初始值和 $ESV_j$ 代表价值系数调整后的 ESV 总量。$CS>1$，系数敏感性较强，则系数选取不当；$CS<1$，系数敏感性适中，则系数选取合适。

### （二）海岸带生态系统服务价值时空变化分析

#### 1. 生态系统服务总价值变化

根据研究区 ESV 评估模型，计算 1995—2015 年各时期东海区 ESV 总量和各土地利用类型的 ESV，如表 5.12 所示，3 个时期东海海岸带总 ESV 分别为 3 071.64、2 985.39 和 2 858.53 亿元。各土地利用类型中，林地对 ESV 总量贡献最大，其贡献率为 64%~66%；除建设用地外，未利用地对 ESV 总量贡献率最小，为 0.005% 左右。1995—2015 年，研究区 ESV 总量从 3 071.64 亿元降至 2 858.53 亿元，降幅为 6.94%。生态系统服务价值系数最高的滩涂和水体的 ESV 也呈现波动减少的趋势。

表 5.12　东海海岸带 1995—2015 年 ESV 的变化

| 景观类型 | ESV/亿元 | | | 1995—2005 年 | | 2005—2015 年 | | 1995—2015 年 | |
| --- | --- | --- | --- | --- | --- | --- | --- | --- | --- |
| | 1995 年 | 2005 年 | 2015 年 | ESV 变化/亿元 | 变化率/% | ESV 变化/亿元 | 变化率/% | ESV 变化/亿元 | 变化率/% |
| 耕地 | 439.58 | 401.86 | 377.78 | -37.72 | -8.58 | -24.08 | -5.99 | -61.80 | -14.06 |
| 林地 | 1 970.74 | 1 913.14 | 1 893.11 | -57.60 | -2.92 | -20.03 | -1.05 | -77.63 | -3.94 |
| 草地 | 141.55 | 145.89 | 151.46 | 4.34 | 3.06 | 5.57 | 3.82 | 9.91 | 7.00 |
| 滩涂 | 118.61 | 93.59 | 100.55 | -25.03 | -21.10 | 6.96 | 7.44 | -18.07 | -15.23 |
| 水体 | 401.05 | 430.77 | 335.38 | 29.72 | 7.41 | -95.39 | -22.14 | -65.67 | -16.37 |
| 未利用地 | 0.11 | 0.15 | 0.25 | 0.04 | 32.85 | 0.10 | 69.30 | 0.14 | 124.92 |
| 建设用地 | 0.00 | 0.00 | 0.00 | 0.00 | 0.00 | 0.00 | 0.00 | 0.00 | 0.00 |
| 合计 | 3 071.64 | 2 985.39 | 2 858.53 | -86.25 | -2.81 | -126.86 | -4.25 | -213.11 | -6.94 |

从省（直辖市）域角度上来看（表5.13），上海市的总ESV呈下降趋势，滩涂在各类景观中对ESV的贡献最大。其中耕地、林地、滩涂的ESV下降，滩涂的ESV下降明显；草地、水体、未利用地的ESV增加，水体的变化最大。浙江省的总ESV呈下降趋势，林地对ESV的总贡献量最大，这也表明林地景观对生态系统的重要性。其中耕地、林地、水体、未利用地的ESV下降，由于森林砍伐导致林地的ESV下降最大；草地、滩涂的ESV上升。福建省的总ESV同样呈下降趋势，林地对福建省区ESV的总贡献量最大，贡献率达到70%以上。耕地、林地、水体ESV下降，草地、滩涂、未利用地ESV上升，林地ESV受林地面积影响而大幅下降。而随着对环境的重视，滩涂的ESV增加。

表5.13 东海海岸带各省（直辖市）1995—2015年ESV的变化

| 景观类型 | 上海市 | | | 浙江省 | | | 福建省 | | |
| --- | --- | --- | --- | --- | --- | --- | --- | --- | --- |
| | 2015年ESV/亿元 | 1995—2015年ESV变化/亿元 | 1995—2015年ESV变化率/% | 2015年ESV/亿元 | 1995—2015年ESV变化/亿元 | 1995—2015年ESV变化率/% | 2015年ESV/亿元 | 1995—2015年ESV变化/亿元 | 1995—2015年ESV变化率/% |
| 耕地 | 39.36 | -6.05 | -13.32 | 191.69 | -33.20 | -14.76 | 146.72 | -22.55 | -13.32 |
| 林地 | 4.79 | -1.79 | -27.20 | 889.97 | -43.65 | -4.67 | 998.35 | -32.19 | -3.12 |
| 草地 | 6.04 | 5.56 | 1165.49 | 19.16 | 2.30 | 13.67 | 126.26 | 2.04 | 1.64 |
| 滩涂 | 111.90 | -78.83 | -41.33 | 118.54 | 4.64 | 4.08 | 104.94 | 8.52 | 8.83 |
| 水体 | 54.22 | 6.69 | 14.08 | 14.41 | -23.93 | -62.42 | 31.92 | -0.82 | -2.50 |
| 建设用地 | 0.00 | 0.00 | 0.00 | 0.00 | 0.00 | 0.00 | 0.00 | 0.00 | 0.00 |
| 未利用地 | 0.09 | 0.00 | 0.00 | 0.02 | -0.02 | -52.85 | 0.14 | 0.08 | 116.45 |
| 合计 | 216.41 | 74.33 | -25.57 | 1 233.79 | -93.85 | -7.07 | 1 408.33 | -44.93 | -3.09 |

## 2. 生态系统单项生态系统服务功能价值变化

根据价值评估模型，计算出3个时期研究区各单项生态系统服务功能价值变化（表5.14）。1995—2015年各单项生态系统服务功能价值均处于下降趋势，其中食物生产和废物处理服务价值变化较大,变幅均高于10.00%。气体调节和气候调节生产服务价值变化最为缓慢,变化率约为5%。从生态系统服务功能价值构成上分析,水文调节、气候调节和维持生物多样性是研究区最主要的生态系统服务功能,研究期内上述功能占比均较高。东海区位于东南沿海,水网密布且水量充沛,故水文调节功能价值最高,各时期所占比例均超过20%。

表 5.14  1995—2015 年东海海岸带 ESV 的结构变化

| 生态系统服务功能 | 单项生态系统功能价值/亿元 | | | 1995—2005 年 | | 2005—2015 年 | | 1995—2015 年 | |
| --- | --- | --- | --- | --- | --- | --- | --- | --- | --- |
| | 1995 年 | 2005 年 | 2015 年 | 功能价值变化/亿元 | 变化率/% | 功能价值变化/亿元 | 变化率/% | 功能价值变化/亿元 | 变化率/% |
| 食物生产 | 89.47 | 84.36 | 80.21 | -5.11 | -5.71 | -4.15 | -4.91 | -9.25 | -10.34 |
| 原材料生产 | 238.53 | 230.82 | 226.98 | -7.71 | -3.23 | -3.84 | -1.66 | -11.55 | -4.84 |
| 气体调节 | 370.75 | 358.25 | 352.94 | -12.49 | -3.37 | -5.32 | -1.48 | -17.81 | -4.80 |
| 气候调节 | 405.71 | 388.48 | 380.77 | -17.23 | -4.25 | -7.71 | -1.99 | -24.94 | -6.15 |
| 水文调节 | 543.02 | 537.70 | 495.39 | -5.33 | -0.98 | -42.30 | -7.87 | -47.63 | -8.77 |
| 废物处理 | 376.43 | 369.92 | 335.70 | -6.51 | -1.73 | -34.22 | -9.25 | -40.73 | -10.82 |
| 保持土壤 | 398.65 | 383.59 | 376.72 | -15.06 | -3.78 | -6.87 | -1.79 | -21.93 | -5.50 |
| 维持生物多样性 | 433.87 | 421.03 | 408.88 | -12.84 | -2.96 | -12.14 | -2.88 | -24.99 | -5.76 |
| 提供美学景观 | 215.23 | 211.25 | 200.94 | -3.98 | -1.85 | -10.31 | -4.88 | -14.29 | -6.64 |

从省（直辖市）域上来看（表 5.15），上海市最主要的生态系统服务功能是水文调节、废物处理、维持生物多样性、气候调节。除提供美学景观外,其他各项生态系统服务功能都呈下降趋势。其中维持生物多样性、水文调节、废物处理的下降幅度最大。浙江省最主要的生态系统服务功能是水文调节、提供美学景观、原材料生产、保持土壤、气体调节、气候调节、废物处理。除维持生物多样性外,各项生态系统服务功能都呈下降趋势,提供美学景观的生态系统服务功能下降幅度最大。福建省的生态服务功能以水文调节、维持生物多样性、保持土壤为主导,随着城市化和工业化的不

断发展,各项生态系统服务功能都呈下降趋势,保持土壤功能下降幅度最大。

表 5.15  1995—2015 年东海各省(直辖市)海岸带 ESV 的结构变化

| 生态系统服务功能 | 上海市 2015年单项生态系统功能价值/亿元 | 上海市 1995—2015年功能价值变化/亿元 | 浙江省 2015年单项生态系统功能价值/亿元 | 浙江省 1995—2015年功能价值变化/亿元 | 福建省 2015年单项生态系统功能价值/亿元 | 福建省 1995—2015年功能价值变化/亿元 |
| --- | --- | --- | --- | --- | --- | --- |
| 食物生产 | 6.93 | −1.46 | 36.90 | −4.73 | 36.38 | −3.06 |
| 原材料生产 | 3.74 | −0.89 | 105.35 | −6.26 | 117.89 | −4.40 |
| 气体调节 | 8.75 | −0.70 | 158.62 | −10.44 | 185.56 | −6.68 |
| 气候调节 | 24.84 | −2.18 | 163.86 | −15.80 | 192.07 | −6.96 |
| 水文调节 | 64.94 | −31.11 | 203.22 | −13.24 | 227.23 | −3.29 |
| 废物处理 | 58.82 | −24.59 | 132.94 | −13.03 | 143.94 | −3.12 |
| 保持土壤 | 12.16 | −0.77 | 168.17 | −12.81 | 196.38 | −8.35 |
| 维持生物多样性 | 18.96 | −108.76 | 180.50 | 90.90 | 209.42 | −7.14 |
| 提供美学景观 | 17.27 | 96.11 | 84.23 | −108.46 | 99.45 | −1.94 |

3. 生态系统服务价值的空间分布变化

运用 ArcGIS10.2 构建 240 km×240 km 的渔网,将研究区分成了 1 149 个研究小区。运用 ArcGIS 空间分析功能,计算了各研究小区单位面积 ESV,并对结果进行分级:小于 3 万元/hm² 为极低,3 万~6 万元/hm² 为低,6 万~9 万元/hm² 为中,9 万~12 万元/hm² 为高,大于 12 万元/hm² 为极高,从而得到各期研究区单位面积 ESV 空间分布差异图(图 5.15)。

由此可见,东海海岸带各研究小区的单位面积 ESV 价值不断转低。其中,ESV 高、极高区域主要为水体生态系统,包括沿岸的水域和海域,多分布于海岸带沿岸区域。

区域内沿海的一些小区的单位面积 ESV 从高值区域转为极高值区域,主要是由于海岸滩涂不断向海发育，提高了生态系统服务功能。但随着沿岸区域人类活动强度的不断增强，围填海工程不断加快，单位面积 ESV 又有转低的趋势。东海海岸带范围内，单位面积 ESV 值为中的区域分布最广，其分布范围大致与林地景观吻合，但随着林地的开发破坏，单位面积 ESV 值为中的小区逐渐减少，转为低或极低价值区域。单位面积 ESV 为低的小区多与耕地景观分布的范围吻合，而单位价值极低的小区往往分布较多的建设用地。随着城镇化进程不断加快，单位 ESV 价值为低的小区个数在不断增加。

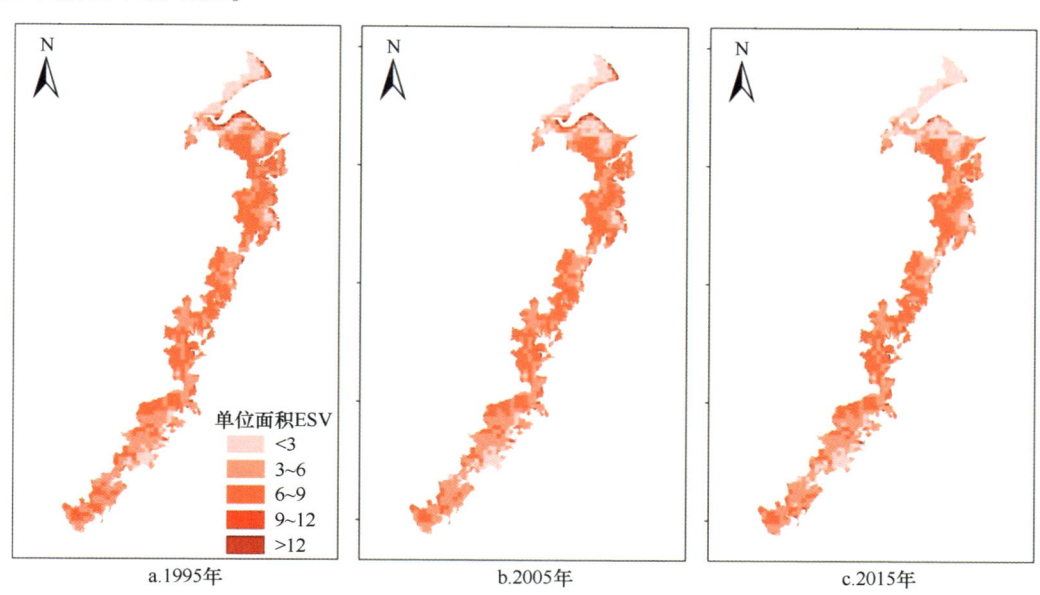

图 5.15　1995—2015 年东海海岸带 ESV 空间分布

省（直辖市）域上，计算上海市、浙江省、福建省海岸带的单位面积 ESV，对其进行空间插值，并对结果按照自然断点法进行分类，主要分为极低、低、中、高、极高五类，再分析其省（直辖市）域的 ESV 空间分布特征。上海市海岸带（图 5.16）ESV 的极高和高值区明显减少，极低和低值区明显增加。1995 年高值和极高值区在沿海滩涂附近分布，而后 2005 年减少，到 2015 年极高值区完全消失，生态服务价值大幅下降。浙江省海岸带（图 5.17）生态服务价值的空间差异明显，北部宁波—杭州湾附近以极低、低的生态服务价值为主，由内陆地区向沿海地区生态服务价值呈圈层状下降，高值和极高值区主要分布在山地丘陵地带。1995—2015 年生态服务价值下降，高值区范围减少,低值区范围上升。福建省海岸带(图 5.18)生态服务价值下降,生态服务高值和极高值范围明显减少,沿海地区的生态服务价值以极低和低为主,高和极高值区主要分布在内陆一侧,地形以山地丘陵为主,林地面积较大。

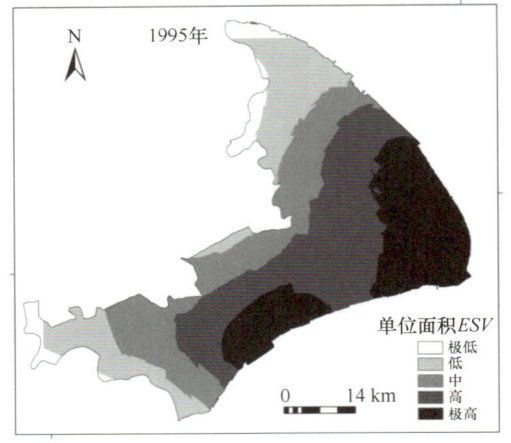
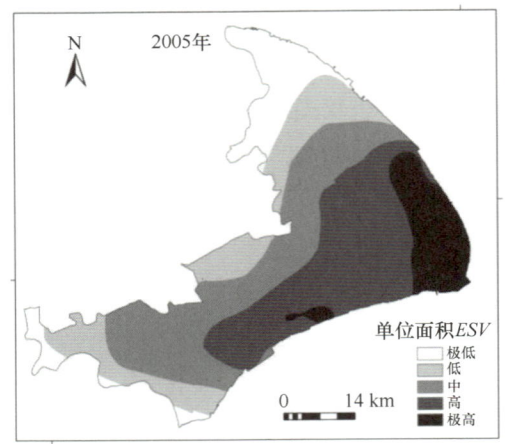
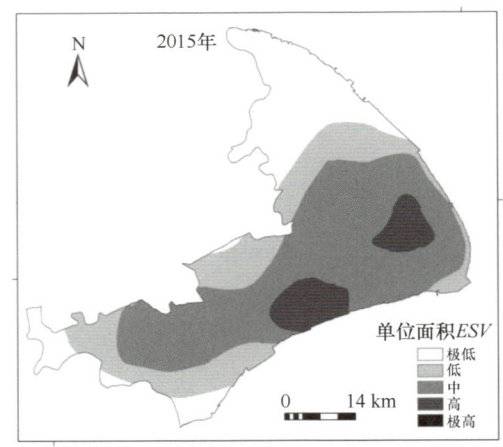

图 5.16　1995—2015 年东海海岸带上海区 ESV 空间分布

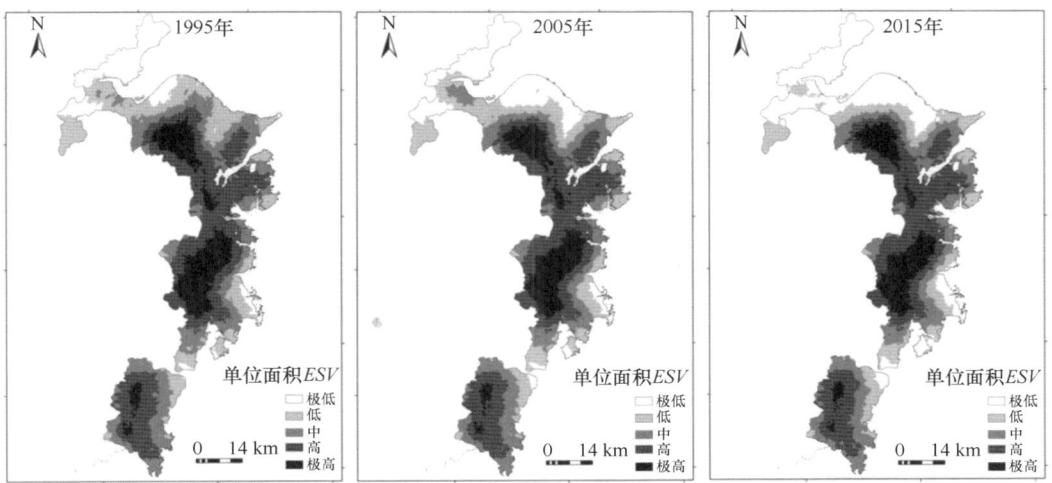

图 5.17　1995—2015 年东海海岸带浙江省区 ESV 空间分布

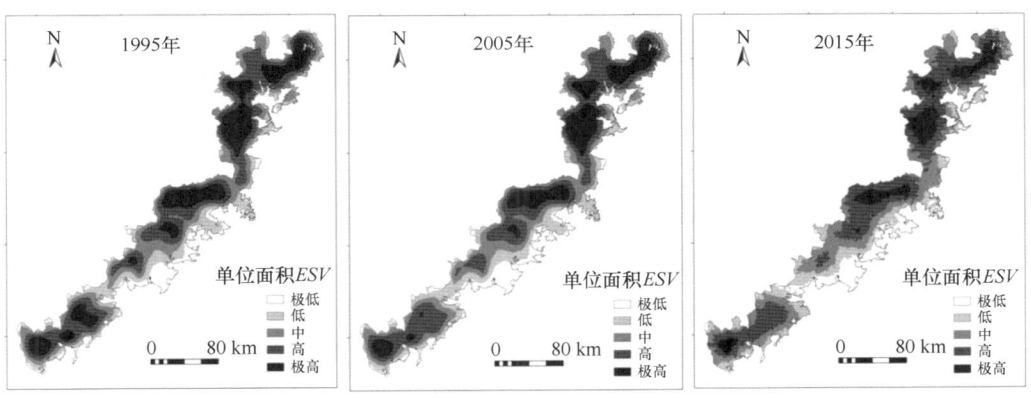

图 5.18　1995—2015 年东海海岸带福建省区 ESV 空间分布

4. 敏感性分析

将各用地类型的 ESV 系数提高 50%，分析 ESV 变化及其对价值系数的敏感程度（表 5.16）。

表 5.16　生态系统服务价值系数敏感性指数

| 土地利用类型 | 价值系数调整后的 ESV/亿元 | | | CS | | |
| --- | --- | --- | --- | --- | --- | --- |
| | 1990 年 | 2000 年 | 2010 年 | 1990 年 | 2000 年 | 2010 年 |
| 耕地 | 659.37 | 602.79 | 566.67 | 0.13 | 0.13 | 0.12 |
| 林地 | 2 956.11 | 2 869.71 | 2 839.665 | 0.45 | 0.44 | 0.48 |
| 草地 | 212.325 | 218.835 | 227.19 | 0.30 | 0.29 | 0.32 |
| 滩涂 | 177.915 | 140.385 | 150.825 | 0.15 | 0.17 | 0.15 |
| 水体 | 601.575 | 646.155 | 503.07 | 0.28 | 0.26 | 0.25 |
| 未利用地 | 0.165 | 0.225 | 0.375 | 0.00 | 0.00 | 0.00 |
| 建设用地 | 0 | 0 | 0 | 0.00 | 0.00 | 0.00 |

如表 5.16 所示，林地的敏感性指数最高，其价值系数较大、覆盖面积最广，对当地 ESV 影响程度最高。其次是水体和草地，而耕地和滩涂的敏感性指数较小。未利用地景观面积较小，且价值系数较低，敏感性指数几乎为零。各景观类型的 ESV 系数的敏感性指数差异较大，但均小于 1.00，价值总量对价值系数的弹性不大。

将东海景观演化空间分布与东海 ESV 变化进行对比可发现，二者具有一致性，即景观变化率较高区域的 ESV 减损率也较高，说明景观类型的演化对 ESV 影响显著。地表的景观演化会引起区域景观、面积和空间位置变化，不同的景观类型能够提供不同的生态系统服务。其次，景观演化能够通过影响各生态系统服务之间的相互作用改变海岸带的 ESV。东海海岸带城镇化快速发展，人口增长，工业化进程加快，这些变化直接影响了地表景观类型的格局，随之影响海岸带生态系统的各项服务功能。如生态系统的一些服务功能与景观斑块的面积相关，因此景观斑块面积减少会导致对应的生态服务消失。

在城市发展过程中，科学把握海岸带开发的方式和速度，为景观优化布局提供科学依据，不仅能有效保护海岸带生态系统服务价值，还能重建生态环境，促进海岸带社会经济可持续发展。

# 第二部分　东海海洋经济与科技[①]

---

[①] 东海海洋产业、海洋科技的主要数据来源于《中国海洋统计年鉴》，考虑到不同指标统计口径的一致性，主要选取 2010—2016 年的相关数据。东海海洋经济高质量发展的评价指标数据来源于《中国统计年鉴》《中国科技统计年鉴》《中国城市统计年鉴》《中国农村统计年鉴》《中国城乡建设统计年鉴》《中国环境统计年鉴》《中国海洋统计年鉴》《中国贸易外经统计年鉴》《中国社会统计年鉴》以及东海沿海各省份统计年鉴，考虑到不同指标数据的可得性，主要选取 2012—2016 年时间段的数据。

海洋是经济社会发展的重要依托和载体，是孕育新产业、引领新增长的重要领域。习近平总书记高度重视海洋事业发展，2018年3月8日在参加第十三届全国人民代表大会第一次会议山东代表团审议时的讲话中明确指出"海洋是高质量发展战略要地。要加快建设世界一流的海洋港口、完善的现代海洋产业体系、绿色可持续的海洋生态环境，为海洋强国建设做出贡献"。自20世纪90年代以来，中国海洋经济已连续多年保持8%以上的高速增长，成为拉动国民经济发展的有力引擎。然而，随着中国经济发展步入新常态，海洋经济增速呈现出显著放缓趋势，同时海洋经济发展不平衡、不协调、不可持续的矛盾日益突出，海洋经济发展已经进入由规模速度型向质量效益型转变的关键时期。

改革开放以来，东海区海洋经济发展迅速，已经成为中国经济的重要增长点和区域经济发展的重要引擎。东海区区位条件优势显著，处于中国东部沿海海洋经济发达的中部，涵盖长三角与海西经济区，是中国海洋运输最繁忙的区域。东海区海洋经济对长江流域、海峡两岸乃至全国的经济社会发展具有重要的带动作用。同时，东海海洋资源丰富，渔业、港口、海岛、滩涂和滨海旅游资源优势明显，海洋油气资源和海洋可再生能源开发潜力较大，在发展多元化的海洋产业方面有着雄厚的基础。随着海洋经济步入高质量转型发展阶段，东海区开始更加重视海洋科技的发展，一系列涉海高校、科研院所和企业研发机构聚集，多个国家级海洋重点实验室和海洋科学试验基地落地建设，海洋科研门类逐步齐全。依托良好的自然条件和经济社会条件优势，东海海洋经济取得了跨越式发展，总体发展格局不断优化、海洋经济发展水平稳步提升、主要海洋产业持续蓬勃发展、重大海洋工程建设有序推进。按照以陆定海、陆海联动的基础原则，东海区已形成以长三角为核心、以沿海产业带为轴线、三省一市各具特色的总体经济发展格局。然而，也应该看到，面对日趋严峻的国际经济形势和资源环境约束态势，东海海洋经济和科技的发展也面临诸多挑战，需要立足新发展理念，探索科学的、有针对性的海洋经济和科技发展路径，推动东海海洋事业迈向新的高度。

本部分共分6章（第六章至第十一章），梳理和分析东海海洋经济和科技的发展状况。第六章主要从发展历程、发展现状和未来展望三个方面梳理东海海洋经济发展的基本概况，把握东海海洋经济发展的趋势特征。第七章则立足自然环境、宏观经济环境和政策环境三个角度探究影响东海海洋经济发展的外部环境条件，为后文进一步开展海洋产业分析奠定基础。第八章聚焦东海传统海洋产业和新兴海洋产业两大门类，分析各个具体海洋产业发展的基本现状、趋势特征、存在的问题及优化路径，并从产业结构和产布局两个层面综合探究东海海洋产业的演进趋势和特征。第九章则落脚到科技这一决定海洋经济高质量发展的核心要素，立足东海海洋科技创新发展问题，阐述科技创新发展的历程、现状和未来展望。第十章则从主要内容、重点任务和保障措施三个方面进一步详细梳理东海海洋科技创新政策和规划，厘清从全国到东海再到各省市地区政策规划的发展脉络。第十一章在前文海洋经济和科技演化历程梳理的基础上，立足新发展理念建立海洋经济高质量发展评价指标体系，从时间和空间两个角度对东海海洋经济发展质量进行综合性的实证评价，并据此提出未来提升海洋经济发展质量的路径。

# 第六章　东海海洋经济发展概况

2018年6月12日，习近平总书记在山东青岛海洋科学与技术试点国家实验室考察时强调，"海洋经济发展前途无量。建设海洋强国，必须进一步关心海洋、认识海洋、经略海洋，加快海洋科技创新步伐。"大力发展海洋经济，进一步提高海洋经济的质量和效益，对于提高国民经济综合竞争力，加快转变经济发展方式，全面建设小康社会具有重大战略意义。[①] 东海区北起上海市崇明岛，南至福建省漳州市诏安县，涵盖浙江、福建和上海3个省（直辖市）级行政区划。东海大陆岸线长约5 445.1 km，滩涂面积约为9 500 km$^2$，海域空间辽阔，海洋资源丰富，开发潜力巨大。改革开放以来，东海区海洋经济取得跨越式发展，已经成为推动区域经济增长的重要力量。本章主要对东海海洋经济发展历程、海洋经济发展现状以及海洋经济发展趋势进行梳理。

## 一、东海海洋经济发展历程

东海区是中国海洋经济发展的重要龙头区域，为区域经济发展做出突出贡献。探究东海海洋经济的历史发展进程，解析海洋经济演进逻辑，是实现海洋经济转型、推动高质量发展的重要基础。本节根据海洋经济发展历程和标志性事件，将东海区海洋经济发展分成初步形成、规模扩张和转型升级三个阶段，并依次梳理各阶段的特征。

### （一）海洋经济初步形成阶段（20世纪80年代中后期至2002年）

在改革开放以前，中国采取的是以"生存"为底线的防御性海洋政策，海洋的利用主要体现在军事层面。而改革开放的实施推动了中国海洋政策的转变，以海洋作为通道走向世界，推动中国经济对外开放，成为国家重要的发展战略。在此背景下，全

---

[①] 张樵苏：《习近平在山东考察时强调切实把新发展理念落到实处，不断增强经济社会发展创新力》，新华网，http://www.xinhuanet.com/2018-06/14/c_1122987584.htm，2020年5月31日访问。

国开发利用海洋资源的步伐开始不断加快，海洋经济发展就此拉开序幕。国际层面上，1994年《联合国海洋公约法》正式生效，确定了200海里的专属经济区制度和大陆架制度，明确了中国海洋经济发展的空间范围。同年，国务院制定了《中国21世纪议程——中国21世纪人口、环境与发展白皮书》，正式提出了海洋产业、海洋与沿海地区可持续发展问题。伴随着海洋政策的转变，中国海洋经济总量持续快速增长，涉海就业人数不断增加，海洋新兴产业快速起步，1980年全国海洋经济总产值仅为80亿元，而到1998年已经达到3 268.92亿元，较1980年增长了将近41倍。

随着海洋经济发展理念在中央层面的不断深化，东海区地方层面的海洋经济建设工作也竞相开展。1996年东海区海洋生产总值为891.88亿元，到2002年增加至2 841.76亿元，2002年涉海就业人数达到151.31万人；海洋产业结构发生不断优化，1996年东海区海洋第一产业比重高达38.54%，到2002年这一比重已下降至19.11%，而以海洋交通运输和滨海旅游为代表的海洋第三产业则发展迅速，产值比重不断提升，为海洋经济注入了新的活力。

20世纪90年代末期，上海市浦东新区首次提出把浦东开发和海洋开发紧密结合起来以及把上海港建成国际航运中心的主张。此后，上海海洋产业迅速扩张，同时依托良好的对外开放条件，海洋经济的国际联系不断增强，涉海产品出口不断增加。尤其是在上海建设国际航运中心的背景下，黄浦江两岸海洋产业集聚程度不断提高，涉海企业数量迅速增加，以此为核心不断向全市各区域扩散，海洋产业密度显著提高。[①] 同时，外高桥港区的建设也推动了上海海洋产业空间向长江沿岸进行迁移，海洋经济空间布局也随之发生变化。在一系列因素的作用下，上海在这一时期初步形成了"一核两带"的海洋产业空间布局，即以虹口、杨浦、黄浦和浦东陆家嘴为代表的市中心区域核心，以长江海洋产业带、杭州湾海洋产业带为两翼。

20世纪80年代中后期以后，浙江开始将发展海洋经济作为本地区重要战略之一。早在20世纪80年代初，浙江就提出了"大念山海经"的设想，1993年在全国首次提出建设"海洋经济大省"的战略目标。浙江省第九次党代会报告进一步强调要重点发展港口海运业、海洋水产业、临海型工业、海岛旅游业以及内外贸易，有重点地积极扶持新兴海洋产业，特别是海洋高新技术产业的发展，组织新的海洋产业优势。此后，随着《浙江省海洋开发规划纲要（1993—2010年）》的实施，浙江海洋经济得到了较

---

① 张时立：《开埠以来上海海洋产业时空演化及其机理研究》，华东师范大学，2016年。

大的发展。[①] 这一时期，浙江省将海洋经济大省建设划分为两个阶段：第一阶段（1993年开始）的主题是开发蓝色国土，拓展新的发展空间；第二阶段（1998年开始）主题是发展海洋产业，建设海洋经济大省。在强有力的政策规划指导下，浙江以东海油气田开发、海洋渔业结构调整为契机，立足海洋资源优势，实现了临港工业和海洋新兴产业的快速崛起。浙江港航向专业化、集群化、规模化方向发展，10年间海上运力平均增长约15%；[②] 临港石化、海洋船舶、海洋生物制药等产业逐步走在了全国的前列；海洋渔业稳步发展，远洋捕捞位列全国首位，海水养殖在"246"工程的基础上，逐步形成了"八大基地"；海洋旅游业异军突起，成为浙江省国民经济中增长最快的产业之一。

福建海洋经济萌发时间与浙江相似，在20世纪80年代就提出了"福建要翻身、大念山海经"的战略决策，此后，海洋经济成为福建经济发展的重要组成部分。进入90年代，福建省做出"全面开发海上田园，加快水产事业发展"的战略部署；1995年福建省提出了"再创海的优势、大作海的文章，建设海洋大省"的战略构想。这些战略决策的施行，使福建海洋经济综合实力迅速提升，海洋科技水平不断提高，海域有序管理进一步强化，海洋环境保护力度加大，有力地增强了福建综合经济实力。2002年福建省政府召开全省海洋经济工作会议，并制定了《关于加强海洋经济工作的若干意见》，对"建设海洋经济强省"进行全面部署，提出构建山海协作、对内连接、对外开放三条战略通道，加快发展海洋经济，在沿海地区形成繁荣的濒海经济带和完备的海洋产业体系，与山区陆域经济和产业形成优势组合，构筑福建经济发展新格局。

### （二）海洋经济规模扩张阶段（2003—2012年）

2003年之后，随着陆域资源开发趋于饱和，发展海洋经济得到进一步重视。2003年，国务院印发了全国首部《全国海洋经济发展规划纲要》，标志着中国海洋经济开始进入系统化、有序化发展阶段。2010年10月，党的十七届五中全会通过的《中共中央关于制定国民经济和社会发展第十二个五年规划的建议》提出了"发展海洋经济"的百字方针。2012年9月16日，国务院正式批准印发《全国海洋经济发展"十二五"规划》，全面部署海洋经济发展各项工作和任务。随后，一系列沿海区域经济发展规划相

---

① 苏纪兰，蒋铁民：《浙江"海洋经济大省"发展战略的探讨》，《中国软科学》，1999第2期。
② 申仲楚，王颖，阳立军：《浙江海洋经济建设回顾与展望》，《浙江人大》，2011年第5期。

继获国务院批复，上升为国家战略。

在全国层面的推动下，东海区海洋经济发展步伐不断加快，制定了强有力的支持政策，如2012年，国务院批准了东海区三省一市海洋功能规划（2011—2020），为东海区实施海洋发展战略、发展海洋经济提供用海保障。这一时期，东海海洋经济发展取得了长足发展。海洋经济生产总值从2003年的3 368.62亿元上升至2012年的15 376.6亿元，年均增速高达16.39%；涉海就业人数从175.4万人增至1 058万人，海洋经济吸纳就业能力大幅增强。2006年，东海区海洋经济第三产业增加值首次高于第二产业增加值，形成了"三、二、一"的海洋产业新格局。从产业结构分布来看，滨海旅游业、海洋交通运输业、海洋船舶工业和海洋渔业成为这一时期海洋经济发展的支柱产业，此外海水利用业、海洋生物医药业、海洋油气业和海洋电力业产值快速增长，逐步成为东海区海洋经济发展的新动力。

在该时期，上海市建立了由市领导负责、综合部门牵头和各涉海部门参加的海洋经济发展联席会议制度，对海洋资源开发利用和保护、海洋经济发展规划、重大项目、重大政策、重要规定等进行综合协调。2005年，上海市正式实施《上海市海域使用管理办法》，修订了《上海市海洋功能区划》，对海域的综合有序开发和海洋资源的有效保护做出新的部署。在此期间，上海海洋经济增长速度超过全市经济增长平均水平，至2005年，全市主要海洋产业总产值达2 816亿元，位居全国沿海省市前列。进入"十一五"后，上海市海洋产业布局逐步从黄浦江两岸向长江口和杭州湾沿海地区转移，基本形成了以洋山深水港和长江口深水航道为核心，以临港新城、崇明三岛为依托，与江浙两翼共同发展的区域海洋经济空间格局。其中，长兴岛船舶和海洋工程装备制造业基地、临港海洋工程装备基地以及沿海区县的滨海旅游业初具雏形；洋山深水港和外高桥港区的海洋交通运输业已形成较大规模。上海市在这一时期海洋经济总量持续增长，海洋交通运输业、船舶工业、滨海旅游业、海洋电力业、海洋工程建筑业、海洋生物医药业等六大海洋产业发展较快。到2010年，上海市海洋生产总值4 756亿元，比2006年增长19.3%，海洋生产总值占上海市生产总值的27.7%。

进入21世纪后，浙江省的海洋经济发展迎来新的机遇。2003年中共浙江省委第十一届四次全体（扩大）会议提出"进一步发挥浙江的山海资源优势，大力发展海洋经济，推动欠发达地区跨越式发展，努力使海洋经济和欠发达地区的发展成为我省经济新的增长点"。2005年4月，为加快发展海洋经济和推进海洋经济强省建设，浙江省制订了《浙江海洋经济强省建设规划纲要》；2007年6月，浙江省第十二次党代会报告提出深化山海协作、加快建设港航强省、积极发展临港工业、加快培育海洋新兴产业等战略规划，并强调了保护海洋生态环境的紧迫性。2011年3月，《浙江海洋经济发展示范区规划》获国务院批复，浙江省海洋经济发展示范区建设正式上升为国家战略。4个月后，国务院正式批复同意设立浙江舟山群岛新区。这是继上海浦东新区、天津滨海新区、重庆两江新区后，党中央、国务院决定设立的又一个国家级新区，也是国务院批准的中国首个以海洋经济为主题的国家级新区。[①] 以建设海洋经济新区为契机，浙江省海洋经济发展正式进入结构转型、效益升级、生态优化的新阶段。

福建省海洋经济在这一时期也取得了跨越式发展。福建省"十一五"规划明确提出加快推进由海洋资源大省向海洋经济强省转变的规划后，2010年6月，福建省启动争取列入全国海洋经济发展试点省的工作。2011年3月，国务院批复实施《海峡西岸经济区发展规划》，海洋经济成为海峡西岸经济区的重要发展方向。2012年是福建省海洋经济发展的关键之年。2012年年初，福建省明确部署，要求着眼全局、统筹规划，优化海洋经济布局。4月，统筹协调海洋经济发展试点工作。7月，省委常委会召开会议，研究部署加快海洋经济发展。8月，中共福建省委九届五次全会出台《中共福建省委、福建省人民政府关于加快海洋经济发展的若干意见》，省政府配套出台了支持和促进海洋经济发展九条措施，就扎实推进全国海洋经济发展试点工作，建设海峡蓝色经济试验区提出了一系列力度大、针对性和可操作性强的政策措施。11月，国务院正式批准了《福建海峡蓝色经济试验区发展规划》，重点强调了要大力发展海洋新兴产业和海洋高新技术产业，力争在全国占据海洋科技领先地位。

### （三）海洋经济转型升级阶段（2013年至今）

2012年党的十八大报告提出，"提高海洋资源开发能力，发展海洋经济，保护海洋生态环境，坚决维护国家海洋权益，建设海洋强国。"第一次将"建设海洋强国"提升为国家战略，这标志着中国海洋经济的发展进入崭新的阶段，具有重大的现实意义和深远的历史意义。[②] 然而，中国海洋经济的发展尚处于粗放型的发展阶段，生态破坏、环境污染等问题层出不穷，威胁着海洋经济可持续发展。因此，进入2013年以后，推动转型升级，提高海洋经济发展质量成为中国海洋经济发展需要重点解决的难题。

---

① 谢慧明，马捷：《海洋强省建设的浙江实践与经验》，《治理研究》，2019年第3期。
② 刘赐贵：《建设中国特色海洋强国》，《光明日报》2012-11-26，第13版。

在这一阶段，东海区海洋经济发展的主旋律是提质增效，总体增长率走势呈现缓中趋稳的特点。海洋经济生产总值从 2013 年的 16 591 亿元上升至 2017 年的 24 912 亿元，年均增速保持在 8.5% 左右；涉海就业人员从 2013 年的 1 073.1 万人增加至 2016 年的 1 106.1 万人，涉海人数增幅较前一时期大幅度下降，海洋产业劳动力需求规模趋于稳定。东海海洋经济在区域经济中的地位也日益攀升，海洋生产总值比重由 2013 年的 20.5% 升至 2016 年 21.8%，海洋经济对东海区经济发展贡献不断提高。东海海洋三产结构持续优化，海洋第一产业比重保持稳定，海洋第二产业在经济新常态的背景下增速放缓、比重下降，而海洋第三产业保持年均 13.79% 的增长率，成为东海区海洋经济发展的核心引擎。

上海市海洋经济转型升级成绩突出。2013 年以来，上海市海洋产业布局向沿海区域转移，洋山深水港区、外高桥港区已发展成熟，长兴岛船舶制造基地、临港海洋工程装备制造基地、外高桥船舶与海洋工程装备制造基地已具有一定规模。产业结构逐步优化调整，海洋第一产业比重保持基本稳定，海洋第二产业比重略有下降，海洋第三产业比重稳中有升，远洋渔业发展继续加快；船舶工业发力高端船舶制造，高技术、高附加值船舶比重大幅度提升；海洋工程装备业取得突破，"海洋石油 981" 等一批海工装备交付使用；海洋交通运输业规模进一步扩大，2015 年上海港年货物吞吐量达到 $7.17\times10^8$ t，其中集装箱吞吐量达到 $3 653.7\times10^4$ TEU，继续保持全球首位；现代航运服务业加速发展，航运融资、航运保险、航运金融衍生品等业务得到进一步发展，业务规模均居全国前列；滨海旅游业拉动消费成效明显，邮轮产业积极对接市场，吸引国际邮轮停靠，2015 年到港邮轮与旅客发送量分别为 341 艘次和 82.12 万人次，已成为全球第八大邮轮港。

作为第一批全国海洋经济发展试点省，浙江省在东海海洋经济发展中起着引领作用。浙江省海洋经济转型升级思路明晰，在海洋产业布局上，浙江坚持以海引陆、以陆促海、海陆联动、协调发展，注重发挥不同区域的比较优势，优化形成重要海域基本功能区，推进构建"一核两翼三圈九区多岛"的海洋经济总体发展格局。利用海港、海湾、海岛等"三海"资源，大力发展区域特色产业，发展有竞争力的海洋高科技产业和产品。同时，积极培育海水综合利用、海洋药物、海洋电力等海洋新兴产业，优化升级海洋产业结构布局，将海洋生态环境保护与海洋经济发展结合起来，实现资源优势互补，形成具有核心竞争力的产业集群。此外，为激发海洋经济发展活力，浙江省大胆先行先试，破除阻碍海洋经济发展的体制机制问题，着力推进海洋领域供给侧结构性改革。在海岛开发保护体制上，加大重要海岛开发力度，完善重要海岛基础设施配套，加强无居民海岛保护；在海洋开放体制上，建设完善保税区、保税港区、台商投资区，积极探索建立舟山自由贸易港区，健全海洋开放合作平台，鼓励民营资本参与海洋开发；在海洋开发投入体制上，加大财税和金融扶持力度，做大产业发展基金；在用海用地管理体制上，在符合国家有关法律法规和符合规划布局的前提下，加大科学用海用地支持，对列入国家和省重点的涉海工程、海洋保护、海洋生态等项目，优先安排用海用地指标；在海洋综合管理体制上，完善海洋法规体系、执法体制、审批权限设置。[①]

在转型发展时期，福建省海洋经济延续蓬勃发展态势，海洋传统产业进一步升级改造，新兴产业异军突起。"十二五"期间，福建省海洋生产总值年均增长超15%，到2014年全省海洋生产总值6 500亿元，占地区生产总值的27%，海洋经济已经成为拉动全省经济发展的有力引擎。海洋产业竞争力增强，海洋渔业、海水利用、矿业、海洋旅游业等产业实力居全国前列，其中，2014年全省远洋渔业产量$26.5×10^4$ t，产值33.8亿元，均居全国第二位。同时，海洋新兴产业发展迅速，涌现出润科生物、石狮华宝等一批示范性强、科技含量高的海洋生物企业，诏安金都海洋生物产业园成为中国科技兴海产业示范基地之一。进入"十三五"以后，福建省以湾区经济为着力点，根据六大海湾资源优势、现有产业基础和资源环境承载力，不断优化完善海洋与渔业布局，凸显湾区海洋经济特色。以产业转型升级为目标，大力发展生态健康的水产养殖业、海洋新兴产业、现代海洋服务业，构建现代海洋与渔业产业体系；以"互联网+"为支撑，促进海洋与渔业产业融合发展和管理水平提升；以"21世纪海上丝绸之路"建设为平台，推进境外养殖基地建设，拓展与东盟的合作领域，深化海洋与渔业对外交流合作。

## 二、东海海洋经济发展现状

进入21世纪以来，依托于经济开放以及优越的地理区位，东海区海洋经济得到了快速发展。梳理海洋经济发展现状，有利于摸清东海区海洋经济发展的"家底"，对于明晰海洋经济发展成效以及当前存在的问题具有重要的指导意义。遵循规模、结构和

---

① 沈佳强：《海洋经济示范区的浙江样本》，《浙江日报》2017-05-24，第5版。

空间布局的分析框架,本节从海洋经济规模、海洋经济结构和海洋经济布局三个方面对东海区海洋经济发展现状进行梳理。

## (一) 海洋经济规模现状

### 1. 海洋生产总值

2011 年以来,东海海洋经济呈现持续增长的发展态势。海洋经济生产总值从 2011 年的 14 439.3 亿元上升至 2017 年的 24 912 亿元,按名义价格计算,实现了 8.85% 的年均增长。如图 6.1 所示,东海海洋经济已基本摆脱国际金融危机的影响,海洋经济增速稳步上升;2011—2013 年海洋经济增速出现回升,达到 7.91% 的水平;2013—2014 年,东海区海洋经济增速小幅度下降,海洋经济步入增速换挡新时期;至 2015 年增长速度迅速攀升为 12.37%,2016 年增速又小幅回升至 11.12%,2017 年继续保持 12.92% 的高速增长。

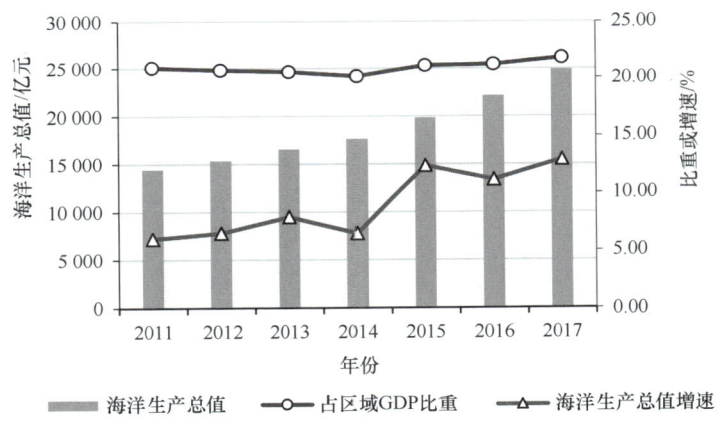

图 6.1　2011—2017 年东海区海洋经济发展趋势

2011—2017 年,东海区海洋生产总值占全国海洋经济生产总值的比重呈现总体上升的趋势。2011—2017 年,该比重一直保持在 20% 之上,2014 年占比达到最低值 20.1%,到 2017 年该比重达到近 5 年最高值 21.80%,高于中国海洋经济生产总值占中国沿海地区生产总值的比重(15.84%)。由此可以看出,东海区的海洋经济发展相对于全国来说处于领先地位,东海区海洋经济增长速度高于陆域经济发展速度,呈现出规模不断扩张的态势。

## 2. 海洋产业增加值

（1）主要海洋产业增加值

目前，中国主要海洋产业有海洋渔业、海洋油气业、海洋盐业、海洋矿业、海洋化工业、海洋电力业、海洋生物医药业、海水利用业、海洋船舶工业、海洋交通运输业、海洋工程建筑业以及新兴旅游业、滨海旅游、邮轮游艇等。海洋第一产业包含海洋渔业；海洋第二产业包含海洋盐业、海滨砂矿业、海洋油气业、海洋化工业、海洋电力、海水利用业、海洋工程建筑业、海洋船舶工业、海洋生物医药业等；海洋第三产业包括海洋交通运输业、滨海旅游业，以及海洋科学教育、研究、社会服务业等。2011—2016 年，东海主要海洋产业增加值呈现出良好的发展态势，如图 6.2 所示，从绝对值来看，东海主要海洋产业增加值逐年上升，从 2011 年的 5 565.6 亿元增加至 2016 年的 8 622.1 亿元，年均增速达到 10.39%。

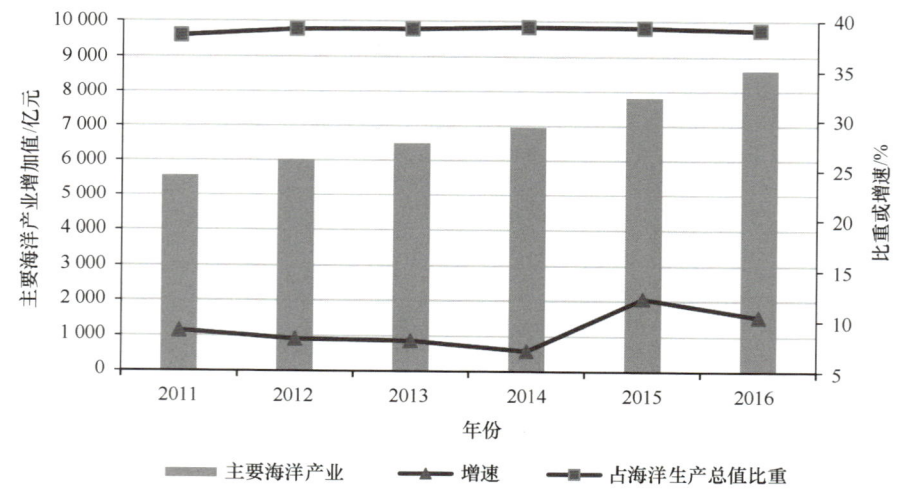

图 6.2　2011—2016 年东海区主要海洋产业增加值演变趋势

从相对值来看，一方面，东海区主要海洋产业增加值增长率呈现波浪形走势。2008 年，金融危机的爆发对海洋经济发展造成重大影响，主要海洋产业增加值的增速由 2011 年的 9% 迅速下降至 2014 年的 7.03%；2014—2016 年，在国家海洋经济发展政策的大力支持下，主要海洋产业增速回升，2016 年增速达到 10.39%。总体上，东海区主要海洋产业的发展进入换挡期，面临多重挑战。从东海区主要海洋产业增加值占该地区海洋生产总值的比重来看，该比重依然呈稳步增长趋势，从 2011 年的 38.54%稳步上升至 2016 年的 39.08%，2014 年达到峰值为 39.34%。

（2）海洋科研教育管理服务业增加值

海洋的科研、教育、管理以及服务等活动对海洋资源的利用、开发和保护起到了至关重要的作用。根据中国 2006 年颁布的《海洋及相关产业分类》，中国海洋科研教育管理服务业主要包括海洋教育业、海洋环境保护业、海洋科学研究、海洋地质勘查业、海洋信息服务业、海洋技术服务业、海洋行政管理、海洋保险与社会保障业和海洋社会团体与国际组织等。如图 6.3 所示，从绝对值来看，东海区海洋科研教育管理服务业增加值稳步提升，其年均增速约为 13.6%，实现增加值从 2011 年 2 533.8 亿元到 2016 年 4811.7 亿元的巨幅增长。从相对值来看，东海区海洋科研教育管理服务业增加值增速总体呈现"U"形的波动轨迹。2008 年金融危机的爆发对海洋科研教育管理服务的发展产生重大影响，使其增加值增速急速下降，由 2011 年的 13%降至 2013 年的 9.76%；在国家宏观政策的支持下，2013 年后海洋科研教育管理服务业增加值增速又逐步上升，到 2014 年该数值达到 13.39%；在 2014—2016 年，东海区海洋科研教育管理服务业发展动力充足，增速不断攀升，2016 年增速达到 17.95%。

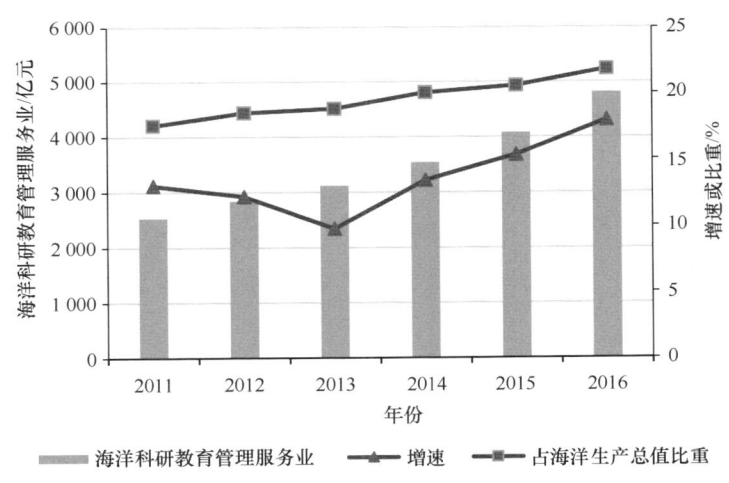

图 6.3　2011—2016 年东海区科研教育管理服务业增加值演变趋势

从海洋科研教育管理服务业增加值占海洋生产总值的比重来看，2011—2016 年，东海区海洋科研教育管理服务业增加值占该地区海洋生产总值的比重呈现出逐年稳步上升态势，2011年这一数值为17.55%，比重呈现上升趋势，2016年这一比重为21.81%。从相对数值来看，随着科技兴海和人才引进，海洋科研教育管理服务业在东海区海洋经济发展中的重要性逐渐提高。

（3）海洋相关产业增加值

海洋相关产业是指以海洋为投入产出的纽带，通过产业投资、产业技术转移、产品和服务等形式与主要海洋产业形成技术经济联系的产业。海洋产业与海洋相关产业为相互影响、相互促进、相互依存的关系。如图6.4所示，从绝对值来看，东海区海洋相关产业发展态势良好，2011—2016年，增加值逐年提升，2011年海洋相关产业开始突破6 000亿元，达到6 339.9亿元，2016年海洋相关产业突破8 000亿元，达到8 627亿元，是2011年增加值的1.36倍，年均增速约为6.35%。

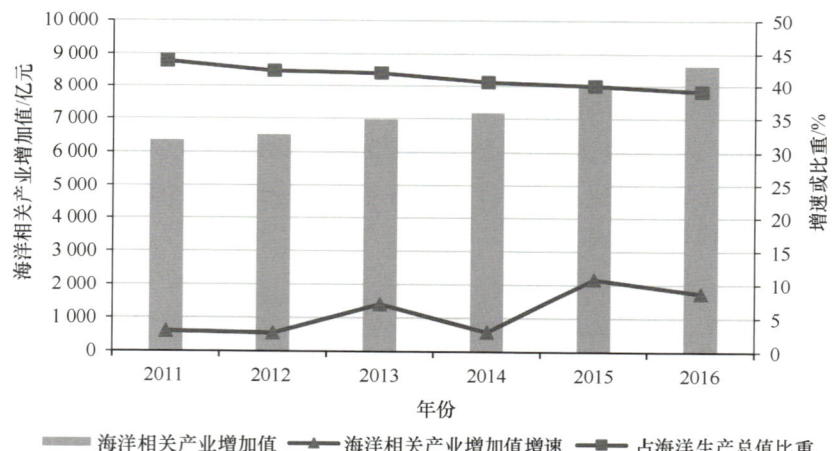

图6.4　2011—2016年东海区海洋相关产业①增加值演变趋势

从相对值来看，一方面，东海区海洋相关产业增加值的增速呈逐年下滑态势，与该区域主要海洋产业增加值的增速变化相似。具体来说，2012—2014年处于整个走势的第一个波浪处，2012年之前受金融危机影响，增速始终在低位运行。2013年增速开始回升，由2012年的2.72%上升至6.98%。2013—2014年增速再次放缓，其原因是海

---

① 海洋相关产业涉及海洋农林业、海洋设备制造业、涉海产品及材料制造业、涉海建筑与安装业、海洋批发与零售业、涉海服务业等。

洋相关产业发展动力不足，2014年增速又回落至2.88%。随后一年短期提速，2015年增速达到10.78%，2016年小幅回落至8.66%。另一方面，从产值占比来看，2011—2016年，东海区海洋相关产业增加值占该地区海洋生产总值的比重总体呈现出略微下降的趋势，至2016年比重为39.11%。

### 3. 省际海洋经济规模

（1）上海市

上海市位于中国东部海岸线的中间地带，是"黄金水道"长江和东海的交汇点。上海市有5个沿海地带，包括宝山区、浦东新区、金山区、奉贤区和崇明区。2016年上海市海洋生产总值达到7 463.4亿元，涉海就业人员为219.1万人，其中海洋第一产业4.4亿元、第二产业2 571.1亿元、第三产业4 887.9亿元，海洋生产总值占地区生产总值达到26.5%，形成了以船舶制造为主的长兴岛和以能源装备、海洋高科技产业为核心的临港地区两大集聚区。2017年长兴岛海洋装备制造业实现总产值403.3亿元，占地区工业总产值的98.6%。江南造船（集团）有限公司等企业落户长兴造船基地，高附加值船舶制造比重持续上升，成为国家重要的船舶制造基地和海洋装备制造集聚区。临港地区依靠海洋科技创新带动产业发展，涌现出一大批海洋高新科技企业，2017年基地实现产值10.8亿元，税收1.3亿元，海洋科技成果转化数量累计超过70项，设立创新机构17家。同时，上海市滨海旅游发展规模不断扩大，2015年上海市滨海旅游业完成增加值1 535亿元（按照当年价格），与2013年相比，按照可比价格计算，增加值年复合增长率为3%。此外，上海市政府加大对海洋生物制药以及海底资源、地热、潮汐等新能源开发的扶持力度，优先发展海洋油气勘探、海洋生物技术和海洋监测等海洋高新技术产业。

（2）浙江省

浙江省是海洋大省，海洋资源丰富，拥有丰富的渔业、油气、港口、滩涂、海岛等海洋资源，组合优势显著，发展海洋经济潜力巨大。浙江位于长江三角洲南部，南接海峡西岸经济区，东临太平洋，西连长江流域的广大内陆腹地，区域内外交通联系便利，海洋经济区位条件突出。2016年浙江省海洋生产总值实现6 597.8亿元，涉海就业人员为440.7万人，其中海洋第一产业499.3亿元、海洋第二产业2 292.6亿元、第三产业3 805.9亿元，海洋生产总值占全省当年国民生产总值的14%。2017年，浙江省委省政府围绕党的十九大提出的"坚持陆海统筹，加快建设海洋强国"

重大战略部署,全面推进实施"5211"海洋强省行动计划,海洋经济发展持续向好,产业结构继续深化,发展质量显著提升,海洋经济发展在全省国民经济中的地位愈加突出。2018 年,宁波市和温州市入选中国海洋经济发展示范区,以此为契机,浙江省不断创新海洋产业绿色发展理念,探索民营经济参与海洋经济发展新模式,推动海洋经济转型升级发展。

(3)福建省

福建省海洋海岛资源、海洋自然资源优势明显,为海洋经济发展奠定了良好的自然基础。2016 年福建省海洋生产总值达到 7 999.7 亿元,涉海就业人员为 446.4 万人,其中海洋第一产业 584.5 亿元、海洋第二产业 2 853.1 亿元、海洋第三产业 4 562.1 亿元,海洋生产总值占地区生产总值比重为 27.8%,较 2015 年上升 0.6%。2017 年,福建省坚持"强基础、搭平台、抓项目、优服务、做强做大产业"的工作思路,推进海洋经济持续平稳发展和海洋产业结构持续优化。2018 年,福州和厦门入选成为中国海洋经济发展示范区,以此为契机不断加快海洋资源要素市场化进程,推动涉海金融模式创新,延伸海洋新兴产业链,提升海洋产业配套能力,创新海洋环境治理与生态保护模式。

综上所述,从绝对规模来看,东海区两省一市海洋经济均呈现逐年上升的态势(见图 6.5)。得益于优异的禀赋条件加之对外开放程度较高的政策环境,上海在较长时期内占据东海区海洋生产总值的头把交椅,直至 2015 年被福建超越。在三省(直辖市)中,福建省的海洋经济生产总值增速相对较快,浙江省增长速度较为平稳,而上海市增长速度则相对不稳定,但总体仍呈现上升趋势。

**(二)海洋经济结构现状**

从绝对规模来看,东海区海洋三次产业的增加值均呈现逐年上升的发展趋势。如图 6.6 所示,2011 年东海区海洋第一、海洋第二、海洋第三产业增加值分别为 715.6 亿元、6 085 亿元和 7 638.7 亿元。从相对规模来看,2011—2017 年,东海区海洋经济中海洋第一产业增加值在整个海洋生产总值中所占比重较低,呈现稳定不变趋势,始终保持在占地区海洋经济总值 5%左右的水平;海洋第二产业在整个海洋产业中的占比较高,但呈现逐年下降趋势,由 2011 年的 40.61%下降至 2017 年的 33.93%;海洋第三产业增加值占海洋生产总值的比重最大,且重要性逐年上升,比重由 2011 年的 54.25%上升至 2017 年的 60.09%。2011 年以来,东海区海洋三次产业结构一直处于海

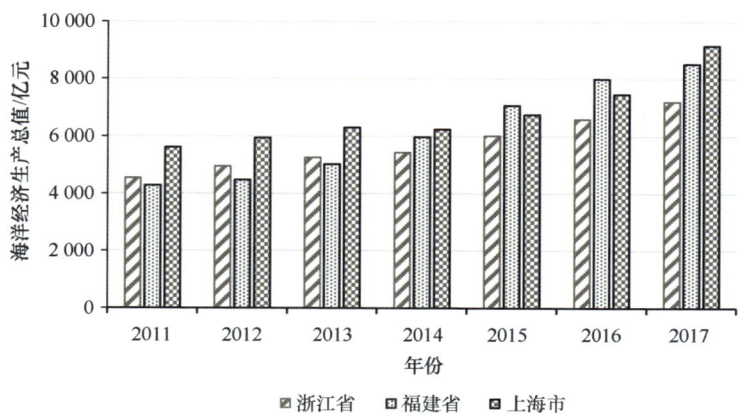

图 6.5　2011—2017 年东海区两省一市海洋经济生产总值情况

洋第三产业增加值比重大于海洋第二产业增加值比重，海洋第二产业增加值比重大于海洋第一产业增加值比重的产业格局，海洋第三产业所占比重过半，产业结构相对较为合理，2017 年三次产业比例为 4.42∶33.93∶61.63。

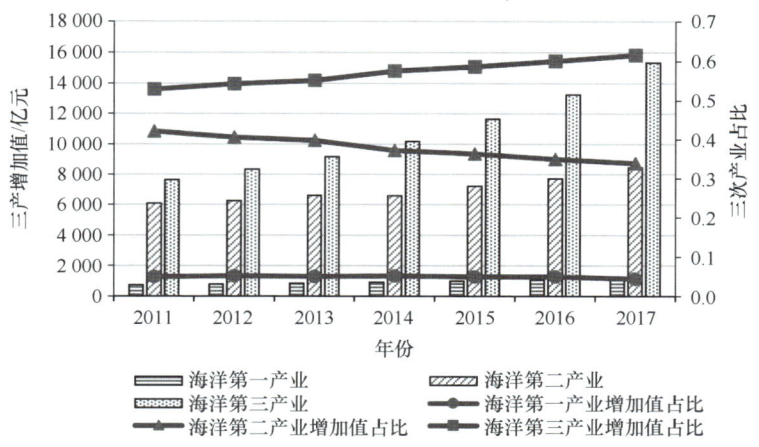

图 6.6　2011—2017 年东海区海洋三次产业发展趋势

2011 年以来，东海区海洋三次产业增加值均呈上升趋势，但海洋三次产业的增速变化趋势存在一定的不同。如图 6.7 所示，海洋第一产业增加值增速变化与海洋第二、第三产业增加值增速变化呈现此消彼长的趋势。其中，海洋第一产业增加值增速总体呈波浪形态势，2008年金融危机爆发后，海洋第一产业增加值增速从32.55%放缓至2011年的8.12%，随后在政策扶持下增速回升，至2012年增速达到21.34%，2013年增速放缓，2014年增速回升至23.12%。东海海洋第二产业和海洋第三产业增加值增速同样呈现波浪形走势且走势形状较为一致，但其波动方向与海洋第一产业增加值增速相反，2009年处于波谷位置，2010年达到波峰之后增速开始放缓。由此可知，东海海洋第二、海洋第三产业已经进入增速换挡的新时期。

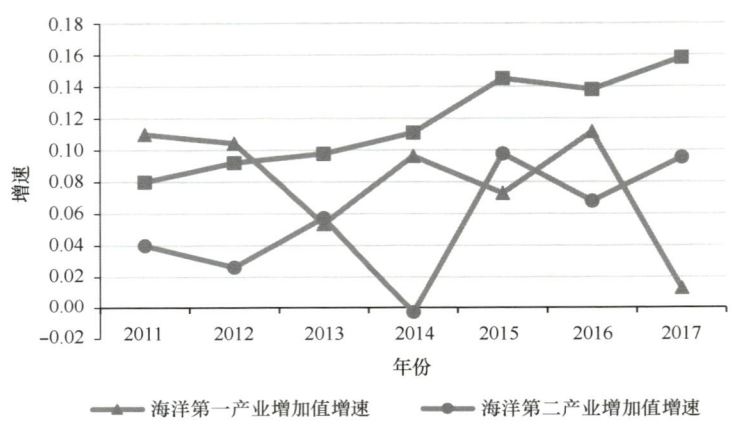

图6.7 2011—2017年东海区海洋经济三次产业增速变化趋势

### （三）海洋经济布局现状

在一系列国家层面和地方层面的海洋经济发展规划指引下，东海区海洋经济布局不断优化，海洋产业集聚程度不断加快，在海洋交通运输、海洋工程装备制造、海洋生物医药、滨海旅游等领域形成了多个特色产业集聚带。

上海市海洋产业布局实现从黄浦江两岸向长江口和沿海地区的战略转移，基本形成以洋山深水港和长江口深水航道为核心，以临港新城、崇明三岛为依托，与江浙两翼共同发展的区域海洋经济格局。上海市现已形成以海洋交通运输业、海洋船舶工业等七大主要海洋产业为主体的现代产业体系，逐步完成"一带三圈七片"的海洋产业布局。"一带"是指临海海洋产业带，包括崇明区、宝山区、浦东新区、金山区和奉贤区等临海地区；"三圈"指崇明生态滨海旅游圈、长江口南岸滨海旅游圈、杭州湾北部滨海旅游圈；"七片"指长兴岛船舶及海洋工程装备业、外高桥海洋产业、洋山港海洋交通运输产业、临港海洋工程装备和高新技术产业、张江海洋生物医药产业、北外滩和陆家嘴航运服务产业、杭州湾北岸化工产业七大产业集聚区。

浙江省正在着力打造"一核两翼三圈九区多岛"的海洋经济总体发展格局。"一核"是指宁波舟山港海域、海岛及其依托城市;"两翼"即以环杭州湾产业带及其近岸海域为北翼,以温州市、台州市沿海产业带及其近岸海域为南翼;"三圈"即杭州市、宁波市、温州市三大沿海都市圈;"九区"即杭州、宁波、嘉兴、绍兴、舟山、台州、温州等市的九大产业集聚区;"多岛"指的是舟山本岛、岱山、泗礁、玉环、洞头、梅山、六横等重要海岛的开发利用与保护。

福建省逐步形成"一带双核六湾多岛"的海洋开发新格局。"一带"即海峡蓝色产业带,将福建省海岸带打造成以若干高端临海产业基地和海洋经济密集区为主体、具有区域特色和竞争力的海峡蓝色产业带;"双核"即以福州、厦门、漳州、泉州都市圈为突破口,形成引领海峡蓝色经济区建设、带动周边地区发展的两大海洋经济核心区域;"六湾"是指依托三都澳、闽江口、湄洲湾、泉州湾、厦门湾、东山湾六大海湾,加快建设具有较强竞争力的六大海洋经济密集区;"多岛"即要加快平潭、东山等重点海岛开发和无居民海岛的有序开发、有效保护,形成各具特色的功能性海岛。

## 三、东海海洋经济发展趋势

海洋经济是国民经济的重要组成部分,因此,海洋经济的发展趋势与陆域经济的发展趋势往往表现出一定的相似性,如规模不断扩大、产业结构不断优化等。但海洋经济与整体经济又存在显著的不同,如对地理区位的依赖、具体产业类型的差异等,同时,海洋经济的发展阶段的演进往往滞后于陆域经济的演进,表现出非同步性。因此,有必要进一步对东海区海洋经济发展趋势进行梳理,以揭示东海区海洋经济发展趋势中的特异性。本节从发展趋势特点、发展问题解析和发展趋势展望三个角度描述东海区海洋经济的发展趋势。

### (一)海洋经济发展趋势特点

#### 1. 海洋经济总体规模不断扩张

东海经济作为重要的经济增长点,正呈现出持续向好的发展势头,在区域国民经济中已经占据重要地位，在全国海洋经济发展中起到了举足轻重的引领作用。

海洋经济总量不断扩大，已经成为东海区国民经济的重要支柱。2017年，东海区海洋生产总值为25 335亿元，较2006年增加了233.89%，年均增长率为11.58%。其中，福建省海洋生产总值达到9 200亿元，上海市海洋生产总值达到8 534亿元，浙江省为7 600亿元。2017年，东海区海洋经济总量占全国海洋经济总量的32.64%，海洋经济优势明显。2006—2017年，东海区海洋生产总值占地区生产总值的比重始终保持在15%以上，2012年达到16%，海洋经济对国民经济的贡献不断增加。随着海洋经济的快速发展，海洋产业类型也日趋多样，海洋传统产业和海洋新兴产业共同发展，已形成了涵盖多类海洋主要产业的产业体系。通过海洋科技创新，在深度和广度上不断拓展、深化海洋资源的开发和利用，海洋产业结构持续优化，形成了良好的发展格局。

### 2. 海洋产业经济结构优化升级

过度依赖传统海洋产业导致中国海洋经济长期处于低效的发展状态。但随着海洋经济高质量发展战略的提出，中国海洋经济开始逐步摆脱低效的发展模式，步入优化升级的发展道路。与其他地区相比，东海区海洋产业具有结构完整、规模大和重点突出等特点，发展基础较好。同时，借助长三角地区的区域经济一体化协同作用，东海海洋产业能够充分利用该地区的技术实力和经济实力来加速海洋产业结构的升级步伐。

东海区各省市海洋产业结构升级步伐加快。总体来看，东海区已形成"三、二、一"的三次产业分布结构，第三产业成为东海区海洋经济主导产业，其中滨海旅游和海洋交通运输业在第三产业发展过程中起着重要推动作用。2016年海洋经济第三产业占比达到61.63%，为历史最高值，海洋经济第二产业占比为33.93%，为自2011年来最低值，第一产业比重相对稳定，基本维持在4%的水平。尽管第二产业比重在不断下降，但对比东海陆域产业结构，第二产业在海洋经济中的占比依然较高，海工装备制造、海洋生物医药等新兴海洋产业仍然具有广阔发展空间。

分地区来看，上海的海洋产业结构变化展现出三个显著特点：一是海洋三次产业构成中第一产业所占比例极小，2015年仅为0.07%，远低于沿海其他地区，海洋非农产业占据绝对支配地位；二是海洋第二和第三产业中以海洋制造业为主体的第二产业规模相对较小，而以海洋运输业和滨海旅游业为主体的第三产业占绝对的优势地位；三是滨海旅游业、海洋交通运输业和海洋船舶制造业构成了上海的三大海洋支柱产业，海洋新兴产业发展水平仍有待提升。浙江省海洋三次产业结构从2016年的7.6∶38.4∶

54.0 调整为 2018 年的 7∶34∶59，海洋经济发展结构持续优化，海洋第一产业转型升级步伐加快，稳定在 7%；第三产业发展迅速，比重逐步扩大，占比接近 60%。福建海洋经济的产业结构也在逐步优化，第一产业和第二产业的比重持续下降，第三产业比重持续提高。从福建省海洋经济的产业结构分布上来看，滨海旅游业、海洋渔业和海洋交通运输业构成福建省海洋产业的主要部分。从增速上来看，海洋电力业、滨海旅游业、海洋生物医药业增长较快；海洋船舶工业和海洋交通运输业由于受到经济周期的影响，增长幅度有所下降；此外，海洋化工业处于负增长状态，海洋渔业的增长也较为缓慢。①

### 3. 海洋经济区域集聚区逐步形成

东海区所属的东海海洋经济圈逐步形成。浙江省、福建省和上海市均有着明确的定位，充分利用各个地区的优势，实现有序分工前提下的经济集聚。总体而言，东海区海洋经济集聚程度不断提高②。上海沿岸及海域发展的主要功能定位是金融、航运中心等，依托金融、港口优势，上海涉海金融服务业不断集聚发展，北外滩、陆家嘴、临港新城等航运服务集聚区初步形成。长兴岛船舶制造基地、临港海洋工程装备制造基地、外高桥船舶与海洋工程装备制造基地也已具有一定规模。此外，上海市现代航运服务业加速发展，2018 年，到港邮轮与旅客接待量分别为 375 艘次和 271.56 万人次，已成为亚洲最大、全球第四大的邮轮港。浙江则以全国海洋经济示范区建设为基础，不断推进海洋临港工业、滨海旅游业和海洋新兴技术产业集聚，如在舟山群岛新区形成了以海洋港口运输、休闲渔村等特色鲜明的海洋产业集群，宁波海洋经济示范区则在着力推动海洋新兴技术产业集聚发展。福建省不断加快海峡蓝色产业带发展，重点引导石化、装备制造、钢铁等重大项目向临港区域集聚，同时推动建设以涉海金融服务业、海洋新兴产业为发展重点的福州海洋经济发展示范区和厦门海洋经济发展示范区建设。

### （二）海洋经济发展问题解析

当前东海区海洋经济发展正处于由高速发展到中高速发展的转变时期，从追求数

---

① 马彩华，马伟伟，游奎等：《中国沿海地区海洋区域增长极选择研究》，《海洋开发与管理》，2020 年第 3 期。
② 纠手才，张效莉：《东海经济区海洋产业集聚与区域经济增长关系研究》，《海洋经济》，2016 第 3 期。

量增长到追求质量提升的经济转型升级关键时期。东海区涉海企业在优化结构、增强动力、化解矛盾、补齐短板等方面取得一定突破，海洋产业新动能培育取得积极进展，但也依旧存在一些尚待解决的问题，主要包括以下几个方面。

第一，产能结构性过剩与产业低质化、同构化并存。目前，东海区海洋产业发展仍以对海洋资源的低层次开发利用和初级产品生产为主，具有较强的资源路径依赖特点，难以突破传统海洋经济发展的既有思维和利益格局束缚，缺乏明确的、具有比较优势的主导型海洋产业。长期以来，"重规模、轻质量""重效率、轻效益""重增长、轻结构"等粗放式发展导致产能结构性过剩。对此，必须加快推进东海区海洋经济开发建设和可持续发展，培育强化海洋经济增长新动力、提升海洋科技自主创新能力，积极探索蓝色经济持续健康发展的创新思路与现实路径。

第二，海洋经济增长与海洋生态环境保护之间的矛盾日益突出。随着全球经济的持续低迷，海洋经济增速波动下降，但总量始终保持稳步增长。从中国沿海海域分布对比情况来看，一方面，东海区所处的长三角和海峡西岸经济区经济发展较好，具有强劲的发展潜力和显著的规模效益；另一方面，东海又是中国四大近海海域中污染最为严重的海域，这与大量临海工业集聚发展、陆源污水排放持续增加密不可分。因此，妥善处理海洋经济增长与海域生态保护之间的关系是东海海洋事业发展中必须面对的重要课题。

第三，近岸海域资源开发过度与深远海洋资源利用不足。东海近海地区海洋经济产业发展较快，初步形成了一定规模，但在深远海海洋资源开发和综合利用方面尚处于起步阶段，对远洋海域的空间拓展能力和深海资源的深层次开发利用水平不高，在远洋渔业生产、深海油气和矿产资源开采、海洋生物质能开发等重点领域发展相对滞后。传统的"重近岸开发、轻深远海域利用"的海洋开发理念以及深远海资源勘测、高端海洋装备制造等方面所存在的技术短板，是导致东海区深远海资源利用不足的根本原因。

第四，海洋战略性新兴产业规模较小与海洋科技自主创新能力薄弱。东海区海洋战略性新兴产业发展速度较快，海洋生物医药、海洋工程装备、海洋可再生能源等新兴产业在海洋生产总值中的比重正稳步提升。但海洋战略性新兴产业发展总体呈现体量规模偏小、增长速度较快的阶段性特征，海洋科技自主创新能力薄弱，海洋科技成果转化率较低，特别是深海科研成果转化率和关键技术自给率依然不高。

### （三）海洋经济未来发展方向

改革开放以来，东海海洋经济取得了跨越式发展，但同时也面临经济转型升级的多重发展压力。未来应立足东海海洋经济发展现状，着力解决产业结构同质、环境污染、新兴产业发展薄弱等突出问题，推动海洋经济增长方式由传统的规模扩张型向质量效益型转变。结合东海海洋经济高端化、绿色化发展的总体定位，未来应明确以下几个发展方向。

#### 1. 海洋经济创新发展

创新是海洋经济发展的第一动力，是推动东海海洋经济高质量发展的关键所在。全球新一轮产业科技革命对东海海洋经济发展提出了新的要求，劳动力、原材料、土地等要素价格持续上升以及供给不足等问题导致传统粗放式的海洋经济增长方式难以为继，为此需要借助科技创新挖掘东海海洋经济新动能，培育新经济增长点。未来东海区要以建设具有全球影响力的海洋科技创新中心为目标，聚焦填补海洋产业发展短板、培育新的发展动能、提升区域发展比较优势，选取若干核心城市开展海洋经济创新发展示范工作，推进产业链协同创新和产业孵化集聚创新，支持海洋企业开展技术创新、管理创新、商业模式创新，推动重点产业延伸链条、扩大规模，提高核心竞争力。力争形成一批有国际竞争力的优势涉海产品，培育一批海洋经济创新型龙头骨干企业，在全球海洋经济高端创新领域占据领先地位。

#### 2. 海洋经济绿色发展

海洋资源衰退和海洋环境污染是制约东海海洋经济可持续发展的关键，能否顺利实现绿色转型升级关乎东海海洋事业的成败。为此，未来应着力打造以高端海洋科技为支撑的生态型、集约型现代海洋产业体系，推动海洋渔业、海洋化工等传统产业的绿色化改造，积极培育海水利用、海洋风能等新兴绿色产业。积极鼓励涉海企业加强绿色海洋产品创新和技术创新，着力在海洋绿色技术领域取得突破，以市场为导向增加绿色产品的供给质量和供给效率，推动海洋产品生产、消费方式的绿色转型。同时，以"生态+"思维驱动东海海洋资源和海洋生态的共享共治，加快实施"蓝色海湾"综合治理、"银色海滩"岸滩修复、"南红北柳"湿地修复、"生态海岛"保护修复等多种整治修复工程。

### 3. 海洋经济协调发展

随着海洋资源开发进程不断加快，东海区海洋产业门类不断增加，区域之间海洋产业的融合和竞争关系日趋复杂。在此背景下，立足陆海统筹理念，从产业结构优化、区域布局协同等多个角度促进东海海洋经济协调发展十分必要。东海区各地方应从东海区一体化的整体视角出发，统筹配置陆海生产要素，充分利用优势资源，高起点、高水平地制订海洋经济强国发展规划；要发挥各地方海洋经济比较优势，构建特色鲜明、错位发展、合作共赢的陆海经济体系；要统筹协调各沿海区域发展，着力解决区域发展不平衡问题，优化和调整产业空间布局，实现"以点带面"共同发展。

### 4. 海洋经济开放发展

海洋经济是一种开放型经济，需要利用国内和国际的市场、资源、技术，提高对外开放的质量和发展的内外联动性。东海区是中国对外开放的核心区域，东海海洋经济的发展理应立足全球视野，把握全球海洋经济发展新趋势，积极融入全球海洋经济产业链，参与全球海洋科技创新和海洋治理，提升海洋经济对外开放水平。通过共建"21世纪海上丝绸之路"、合办"中欧蓝色年"等国际合作，打造蓝色经济合作平台，同时积极实施国内海洋产业品牌企业"走出去"与国际知名涉海大企业"引进来"等一系列措施，加强海洋经济国际合作，推动与全球主要海洋国家和地区的政策沟通、设施联通、贸易畅通、资金融通、民心相通。

# 第七章 东海海洋经济发展环境

海洋经济的发展是一个复杂的系统性工程,受外部自然环境、经济环境和政策环境的影响。自然环境是海洋经济发展的基础,宏观经济环境是海洋经济发展的驱动力,政策环境是海洋经济发展的重要保障。东海海洋经济能够成为中国海洋经济发展的"排头兵",与其丰富的自然资源环境、良好的外部经济环境以及适宜高效的政策环境密不可分。本章主要从自然环境、经济环境和政策环境三个方面梳理东海海洋经济发展的外部条件,分析外部环境对海洋经济发展趋势的影响。

## 一、东海海洋经济发展的自然环境

海洋经济是一种典型的资源环境依赖型经济,自然环境是支撑海洋经济发展的最基本要素,构成了海洋经济发展的物质基础。海洋经济发展自然环境的分析有利于明晰东海区资源基础和环境基础以及当前自然环境开发利用中存在的问题,对于促进海洋资源环境可持续利用具有重要意义。因此,本节从资源与环境两个层面出发,论述东海区海洋经济发展的自然环境。

### (一)海洋资源状况

#### 1. 海洋生物资源

东海的土地资源主要分布在海岸带地区。由潮上带、潮间带和潮下带三个地貌单元组成,表现为陆地、滩涂和浅海三部分。潮上带由陆地表层的各种土壤和岸石为基底,组成了滨海平原、台地、丘陵、低地等土地资源,是开发滩涂和海洋资源的前沿基地。潮间带主要由江河搬运陆上泥沙物质入海。在沿岸沉积成不同质地的滩涂,与岩礁组成滩涂资源,是涨潮淹没、退潮出露、海洋生物资源分布丰富的地带。潮下带底土以上为厚达15 m的海水水体所覆盖,形成浅海资源地带,是海洋生物的集聚地,这一区域主要可作为近岸捕捞、养殖、海岸工程等重要场所。东海区海洋资源丰裕度位居前列，尤其是海洋渔业资源极为丰富。与渤海和黄海相比，东海有较高的水温和较大的盐度，潮差 6~8 m，广阔的东海大陆棚海底平坦，水质优良，又有多种水团交汇，可为各种鱼类提供良好的繁殖、索饵和越冬条件。东海海洋渔业资源丰富多样，经济鱼类有近百种，盛产带鱼、大黄鱼、小黄鱼、鲳鱼、绿鳍马面、鲐鱼、马鲛鱼等，是中国最主要的渔场。然而，在过度捕捞以及环境生态破坏等因素影响下，东海海洋渔业资源出现严重衰退迹象，具体表现为资源量下降、体格变小、成熟期提前等。

分地区来看，上海滨江临海，管辖海域面积约 $1\times10^4$ $km^2$，肥沃的水域孕育了丰富的水产资源。长江口海域是中国著名渔场，是多种经济鱼类的产卵、索饵、洄游场所，也是上海市海洋捕捞的主要区域。长江口水域中主要经济鱼种有凤鲚、刀鲚、前颌间银鱼、安氏白虾和中华绒螯蟹。浙江省海洋渔业资源主要集中在舟山渔场。舟山渔场是中国最大、全球四大渔场之一，海洋捕捞量居全国第一。浙江省滩涂资源面积近 400 万亩（1 亩 $\approx$ 0.066 7 $hm^2$），约占全国滩涂面积的 13.2%，为海洋生物提供了良好的栖息环境。统计显示，浙江省拥有海洋生物种类 3 400 余种，其中鱼类 752 种，鱼、虾、贝、藻的数量居全国前列。浙江省可供发展渔业的海域面积十分广阔，2017 年浙江省海水养殖面积达 $0.157\times10^4$ $km^2$，滩涂养殖面积达 $4.97\times10^4$ $hm^2$。福建省同样具有良好的基础资源优势，海域面积约 $13.6\times10^4$ $km^2$，比陆地面积大 12.4%，水深 200 m 以内的海洋渔场面积 $12.51\times10^4$ $km^2$，占全国海洋渔场面积的 4.5%。福建省潮间带滩涂面积 $19.88\times10^4$ $hm^2$，形成了闽东、闽中、闽南、闽外和台湾浅滩五大渔场，海洋生物种类 2 000 多种，其中经济鱼类 200 多种，贝、藻、鱼、虾种类数量居全国前列。

## 2. 海洋能源资源

东海大陆架上蕴藏着极为丰富的石油资源。中国从 1974 年开始就在东海进行石油、天然气勘测，并发现了多个油田。在东海陆架盆地西湖凹陷区域有春晓、平湖、残雪、断桥、天外天等油气田，占地面积达 $2.2\times10^4$ $km^2$。2016 年，东海探明的石油储量达 $1437.7\times10^4$ t，天然气储量达 $1824\times10^8$ $m^3$ 以上。东海大陆架具有盆地面积大，沉积层厚，构造大而完整的特点，石油、天然气储量可观，如西部"浙东长垣"构造带，面积约 5 000 $km^2$，是一个巨型油气蕴藏带。东海拥有丰富的矿石资源，包括钛铁砂、锆石、独居石、金红石等多种类型。此外，东海潮汐能蕴藏量较大，闽、浙沿岸潮汐能约 $8800\times10^4$ kW，约占中国潮能总量的 45%，现已建有江厦（乐清湾内）等潮汐电站。潮流能资源则集中于湾多、岛多、水流急的舟山海区以及杭州湾、三都澳，未来开发利用潜力巨大。

从东海区具体地域来看，东海石油资源主体部分位于浙江海域，储量居全国第二。但由于油气田资源总量和现有勘探开发技术的限制，目前，东海平湖油气田原油产量呈逐年下降趋势。浙江省可开发潮汐能装机容量占全国40.8%，潮流能占全国1/2以上，海洋能源十分丰富，利用价值极高。上海盐差能、温差能、海流能等资源有较大蕴藏量。由上海市管辖的东海平湖油气田是中国东海海域第一个发现并投入开发的复合型油气田，总开发面积240 km²。福建省是全国沿海风能资源最丰富的地区，可供风力发电的地域范围较大，可利用时数达7 000~8 000 h。从连江到东山，特别是平潭，风力季节性变化特征明显，可与水电调节使用。福建沿岸海岸蜿蜒曲折，港湾多、潮差大，可利用潮汐发电的海水面积达3 000 km²，潮汐能蕴藏量达$1 000×10^4$ kW，潮汐能理论装机容量达$3 425×10^4$ kW，可开发装机容量$1 033×10^4$ kW，占全国的49.2%，居全国首位。此外，福建沿海地热梯度较大，地热资源丰富，具有开采价值的热水区域较多。

### 3. 海洋空间资源

东海区沿海湿地总计$244.5×10^4$ hm²，其中近海与海岸湿地面积达到$165.47×10^4$ hm²，滨海湿地主要以基岩性海滩为主。东海区港口资源也十分丰富，港址资源东海海岸线极其曲折，港湾、岛屿密布，入海河流众多，宜港深水岸线之长居全国首位，港口条件极为优越，适合建设万吨级以上泊位的港址有18个，主要有上海港、宁波港、舟山港、福州港和厦门港等。依托东部海岸线、长江流域以及长三角区域的延伸，港口群的间接腹地非常广阔。东海区海岛众多，约占全国海岛总数的2/3，面积大于500 m²的海岛有4 000多个，占全国总量的半数以上。海岛区域内生物种类繁多，不同海岛的岛体、岸线、沙滩、植被与周边海域生物群落形成了各具特色的海岛生态系统，且部分海岛还具有红树林、珊瑚礁等特殊生境。2016年浙江、福建两省共有$1.88×10^4$ hm²红树林。截至2016年，东海区共有海洋保护区83个，保护区面积可达5 812 km²，其中国家级海洋保护区25个。按照自然保护区的保护类型，东海区共有海洋和海岸自然生态系统自然保护区16个、海洋自然遗迹与非生物资源自然保护区2个、海洋生物物种自然保护区5个。[①]

---

① 国家海洋局：《2017年中国海洋统计年鉴》，海洋出版社2017年版。

从具体区域来看，上海港口资源丰富，上海港始建于黄浦江，发展于长江口，拓展于杭州湾，腾飞于洋山港，历经了由内河向河口、沿海、海岛的开拓过程，雄居中国港口一个半世纪，现已跻身于世界港口之前列。目前上海港航政管辖岸线长525.13 km，根据港口区分布的地理位置可分为洋山港区、长江口南岸港区、杭州湾北岸港区、崇明岛港区、长兴岛南岸港区、横沙汊道港区、横沙岛南岸港区、黄浦江港区。浙江港口资源数量多，质量好，具有很大的开发潜力；港口资源在地域上分布均匀，大、中、小配套，具有建设区域组合港的条件；从港口功能分类上来看，各地港口资源所具有的各种功能亦较齐全。以宁波—舟山港为基础，以宁波港集团为核心，通过对嘉兴、温州、台州等港口码头项目的合资建设、合作运营，全省港口联盟建设雏形已现。福建全省共有大小港湾125个，其中深水港湾海峡22处，可建5万吨级以上深水泊位的天然良港有东山湾、厦门港、湄州湾、福清湾、罗源湾、三都澳处。福建省可利用建港的天然岸线475 km，其中初步估计可供开发深水泊位约700个，其中大型泊位可达50万吨级。

### (二) 海洋环境状况

#### 1. 海洋环境容量

海洋经济的发展必须满足一定的环境容量，若超过环境容量，就会引起海洋环境退化，从而侵蚀海洋经济发展的根基。东海区具备良好的自然环境容量支持，所辖海域面积广阔，自陆域流入东海的江河长度超过百千米的河流有40多条，其中长江、钱塘江、瓯江、闽江等四大水系是注入东海的主要江河。总体上，东海形成一支巨大的低盐水系，成为中国近海营养盐比较丰富的水域，其盐度在34以上。东海位于亚热带，年平均水温20~24℃，年温差7~9℃。东海岸线长5 700 km余，除长江三角洲及其他河口区属平原海岸外，其余都属山地港湾海岸，岸线曲折，岬角伸突，岬湾相间，是中国沿海岸线曲折率最大的岸段。东海海区西岸滩涂广阔，面积超过6 000 km²，利于滩涂养殖。

从东海区三个省市地区来看，上海市所在的长江口—杭州湾经济区海域面积超过了9 000 km²；海岸线总长度超过了760 km（大陆岸线186 km，岛屿岸线577 km）；岛屿众多，有居民岛包括崇明、长兴和横沙，无居民岛包括大金山岛、佘山岛和九段沙等23个，其中崇明岛是中国的第三大岛屿和中国最大的河口冲积沙岛；海洋资源丰富，拥有包括港口航道、湿地滩涂、渔业、滨海旅游、风能潮汐能等在内的各种海洋资源，是维系上海市海洋经济持续发展和其他产业发展的重要保障和资源基础。浙江省是海洋大省，海洋资源丰富，全省拥有国家主张管辖海域面积达 $26×10^4$ km²，占全国的 8.7%。其中领海和内水面积达到 $4.44×10^4$ km²，约占全国的 11.7%。浙江省是中国海岛最多的省份，共有海岛 4 370 个，占全国海岛总数四成以上，其中面积在 500 m² 以上的海岛有 2 878 个，数量居全国首位，海岸线总长约 6 700 km，可规划建设万吨级以上泊位的深水岸线 506 km，相对集中于宁波—舟山港域。福建省拥有 200 m 等深线海域面积 $13.6×10^4$ km²，大陆岸线总长 3 324 km，沿海有大小港湾 125 处，深水港湾 22 处，面积大于 500 m² 的岛屿 1 546 个，居全国第二，岛屿岸线总长度 2 804 km，全省滩涂面积 2 068 km²。

## 2. 海洋环境质量

历年原国家海洋局发布的《中国海洋环境状况公报》显示，常用于科学评价海洋环境的指标主要有海水水质、海水富营养化程度、海洋生物多样性、海洋生态系统健康状况、河流入海断面水质、入海排污口排污、海洋垃圾、全国海洋倾倒量、油气区及临近海域环境质量等。贾立斌等对东海区海洋环境承载力的评估结果表明，东海区的海洋环境承载力处于超载状态，人类活动对海洋环境施加的压力已经超过了海洋环境容量，在所有海区中处于最差的状态。[1] 东海处在全国经济最为发达的长三角地区，在经济迅速发展过程中，东海成为吸纳陆域大量污染的"蓄污池"。

2017 年，东海区海水环境质量总体较好，近岸以外海水基本符合第一类海水水质标准，[2] 近岸局部海域污染较为严重，与 2012—2016 年夏季平均值相比，东海区全海域劣于第四类的海域面积减少 30%[3]。但近岸局部海域无机氮、活性磷酸盐超标仍较为严重。冬季、春季、夏季和秋季，近岸海域劣于第四类海水水质标准的海域面积占近

---

[1] 贾立斌，吴伟宏，袁国华：《基于 Mann-Kendall 的中国近岸海域海洋生态环境承载力评价与预警》，《生态经济》，2019 年第 2 期。
[2] 根据《海水水质标准》（GB 3097—1997），按照海域不同使用功能和保护目标，海水水质分为四类：第一类：适用于海洋渔业水域，海上自然保护区和珍稀濒危海洋生物保护区。第二类：适用于水产养殖区、海水浴场、人体直接接触海水的海上运动或娱乐区，以及与人类食用直接有关的工业用水区。第三类：适用于一般工业用水区、滨海风景旅游区。第四类：适用于海洋港口水域、海洋开发作业区。
[3] 数据来源：国家海洋局东海分局：《2017 年东海区海洋环境公报》，自然资源部东海局，http：//ecs.mnr.gov.cn/xxgk_166/xxgkml/hytj/dhqhyhjgb/，2020 年 5 月 2 日访问。

岸海域的比例分别为31%、27%、19%和31%。近岸典型生态系统健康状况不容乐观，杭州湾生态监控区依然处于不健康状态，其他4个监控区处于亚健康状态。赤潮、绿潮、海水入侵与土壤盐渍化等现象依然存在。2017年，东海区浒苔绿潮最大覆盖面积及分布面积分别为138 km$^2$、17 400 km$^2$。赤潮全年发现41次，累计影响面积约2 288 km$^2$，其中，有毒藻类引发的赤潮16次。与2016年相比，部分区域海水入侵范围有所增加，土壤盐渍化程度基本稳定。海洋自然灾害影响同样不可忽视，2016年，东海区因风暴潮而受灾的人数达到120万人，受灾农田900 hm$^2$，水产养殖受损2.48×10$^4$ hm$^2$，直接经济损失18.46亿元。因此，总体上东海海洋空间资源短缺，滩涂淤涨速度低于围填海强度，加之国家用海指标管控政策趋紧，海洋资源供给与海洋经济建设需求之间的矛盾逐步凸显。

## 二、东海海洋经济发展的宏观经济环境

海洋经济发展环境与宏观经济环境密不可分，包括经济发展水平、收入水平和经济制度等在内的国内宏观经济环境构成了海洋经济发展的基本动力。同时，海洋经济属于典型的开放型经济，与国际宏观环境有着紧密的联系，国际宏观环境的变化对于海洋经济发展战略的制定具有重要影响。因此，本节的分析在国际宏观环境和国内宏观环境两个层面展开。

### (一) 国际宏观经济环境

#### 1. 国际经济发展的宏观特征

(1) 全球经济仍将处于深度调整阶段

当前，世界经济正处于缓慢复苏态势，世界经济形势总体有所改善，但结构性分化明显，发达经济体经济复苏步伐加快，新兴经济体经济增长存在较大下行压力。受发达国家货币与财政等宏观政策的"再调整"、新兴经济体的集体困境、全球金融市场的持续波动、各国创新与增长动力长期不足等因素影响，全球市场仍然存在很大不确定性，能源资源的竞争日益激烈，各种形式的保护主义不断出现，围绕海洋资源、权益的竞争也不断加剧。世界区域经济发展差异明显，经济结构分化程度加大，总体上仍处于低增长阶段。此外，海洋生态环境问题也日益凸显，全球气候变

暖、海洋灾害频发，国际海洋战略发展形势逼人，预期将进一步制约东海海洋经济的未来发展空间。

（2）新一轮技术革命蓄势待发

以信息技术为代表的新一轮技术革命向各领域渗透。当前，新科技革命很可能引发信息技术、生物技术、新材料技术、新能源技术、空间技术和海洋技术等的变革和突破，这些技术的变革和突破将对海洋产业原有的生产模式、组织模式产生冲击。新科技革命带来的技术与材料的突破，以及信息技术的运用将加快海洋装备的提升与变革，从而提高海洋资源开发和利用效率。新科技革命带来的技术与材料的突破将使海洋产业为市场提供新的产品变得可能。在新技术的引领下，未来各国资源要素、禀赋优势和全球供需结构将进一步推动全球产业格局发生深刻变化，各国正在进行更高层次的角逐，抢占高端制造业制高点。在此背景下，东海区能否抓住新一轮全球科技革命带来的新机遇，促进海洋经济科技化、绿色化发展，将直接决定未来海洋经济发展的空间。

（3）国际经贸格局加速重构

随着全球经济一体化、国际产业分工的不断深入，发达国家与发展中国家在国际经贸规则重塑、国际货币金融体制改革、扩大市场开放度、气候变化以及能源安全等方面的竞争更加激烈。全球治理模式向更加公平、合理及多元化方向调整，中国在国际市场上的市场份额也在不断增加。"一带一路"倡议的实施及亚投行的成立极大地推进了中国与周边国家在基础设施建设、金融、贸易、科技、海洋等多方面的合作进程。在此背景下，东海海洋经济的发展面临不可避免的挑战，但同时面临的机遇也是巨大的。作为海洋经济发展的龙头区域，东海区理应抓住机遇，全力迎接挑战。

### 2. 国际海洋经济发展的宏观趋势

就海洋经济而言，国际宏观海洋经济发展趋势主要表现出以下几个特征。

（1）海洋经济对世界经济贡献率明显上升

海洋产业对全球 GDP 的贡献率由 20 世纪 60 年代末的 1% 快速提升至 8%。经合组织（OECD）预计，2010—2030 年在"一切照常"的情况下，海洋产业对全球经济增加值将达到 3 万亿美元，特别是海水养殖、海上风能、鱼类加工、船舶修造将实现显著的增长。海洋产业也将对就业做出重要贡献，到 2030 年，海洋产业预计将创造 4 000 万个岗位。就业方面的增长将主要体现在海上风能、海水养殖、鱼类加工和港口作业等领域。

(2) 海洋产业向高精尖方向发展

除了在远洋运输、海洋渔业、造船等传统海洋经济领域的迅猛发展以外，海洋产业不断依托高科技向高精尖方向发展，海上休闲旅游、海洋可再生能源、海工装备制造、海洋生物医药等海洋新兴产业发展进入快车道，成为沿海国家经济增长的重要抓手和引擎。分国别来看，美国建立了大量的临海经济园区，凭借巨额的海洋科技研发投入站上了海洋经济发展的制高点；澳大利亚的海洋油气业和海洋休闲旅游业最为突出；韩国形成了以海运、造船、水产和港口工程为支柱的海洋经济体系，其中海洋水产业尤为发达；日本形成"以大型港口为依托，以海洋经济为先导，腹地与海洋共同发展"的布局，其造船技术全球领先；加拿大的海洋油气业、海洋交通运输业和滨海休闲旅游业尤为发达；俄罗斯远洋航运业发达，高度重视极地海洋资源的勘探和开发；英国拥有世界"四大渔场"之一的北海渔场，伦敦是举世公认的国际航运服务中心，海上风电、潮汐发电居于世界领先地位，滨海休闲旅游业极为发达且体量庞大。

(3) 海洋经济可持续发展的重要性不断凸显

工业革命以来，伴随着工业化和城市化快速推进，对海洋资源的开发强度不断提高，生物多样性减少、海洋水质降低等问题不断凸显，人类对海洋的利用已经超过海洋本身的负荷能力。为此，联合国世界环境与发展大会于1992年通过的《21世纪议程》，把海洋列为实施可持续发展战略的重点领域，此后，世界各国先后将推动海洋经济可持续发展作为本国主要战略之一。为了促进海洋的可持续利用，欧盟出台了《"蓝色经济"创新计划》《欧盟海洋综合政策蓝皮书》等，明确提出蓝色增长战略，力图在海上风能、海洋能和蓝色生物技术领域实现科技界、产业界和决策界之间的协同。德国于2017年发布了《海洋议程2025：德国作为海洋产业中心的未来》，提出要构建可持续发展的海洋运输业，发展海洋产业4.0（即以工业4.0概念为基础形成的海洋产业4.0，其核心是促进数字化信息技术和海洋产业的融合）。在美国的海洋经济发展战略中，可持续地开发利用海洋资源是其海洋经济政策的核心要义之一，《21世纪海洋蓝图》《美国海洋行动计划》《美国海洋科技十年愿景》均是其海洋可持续发展战略的重要体现。综上所述，可持续发展已经成为21世纪全球海洋经济发展的核心议题，如何实现海洋经济与海洋生态的协同发展成为各国政府关注的焦点。

## （二）国内宏观经济环境

### 1. 国内经济发展的宏观形势

2008年国际金融危机过后，中国经济从高速增长向中高速增长转变，进入了"新常态"，2015—2018年国内经济增长速度继续放缓，GDP增速分别为6.4%、6.7%、7.1%和6.3%，宏观经济发展已趋于稳定。但整体经济面临的形式仍较为严峻，去产能、去杠杆和去库存并未结束，还有多项宏观经济指标不容乐观，经济增长动力不强，还存在较大的下行压力。2018年城镇新增就业957万人，与2017年新增城镇就业人数基本持平，基本实现了全年千万新增就业岗位的目标，城镇登记失业率3.8%，为5年来最低。CPI同比上涨2.1%，价格水平虽有轻微上涨但比较稳定。产业对GDP增长的拉动作用与上年相比有明显变化，海洋第一产业和海洋第二产业与2017年持平，海洋第三产业下降1个百分点，金融业及其他服务业对经济增长的作用加强。一些传统服务业，如批发零售业、住宿餐饮业等持续增长，文化产业、养老、旅游等政策重点支持产业取得显著增长。货物运输仓储业的增速因工业增长回落而出现小幅度下滑，信息技术、高新科研技术、商务服务、物流等重点支持产业增长明显好于预期。

2016年以来，以新发展理念引领经济发展新常态，深入推进供给侧结构性改革，适度扩大总需求，中国经济获得平稳发展。2018年实现国内生产总值90.03万亿元，较2016年增加21.65%。在宏观经济整体下行的背景下，中国海洋经济增速同样面临下行压力，但海洋经济生产总值占国内生产总值的比重仍相对稳定。2018年全国海洋生产总值8.34万亿元，占国内生产总值的9.3%，同比略下降0.1个百分点。当前，发展海洋经济，拓宽蓝色空间已经成为中国打造新经济增长点，实现经济深度转型调整，顺利完成"十三五"规划的重要一环。

### 2. 国内海洋经济发展的要素环境

（1）资金要素

海洋经济具有高投入、高风险的特征，资金短缺一直是制约海洋经济增长的重要因素之一。海洋的天然状态不适合人类直接进行生产和生活，需要投入较高水平的技术和人力资本。因此，海洋开发初期阶段的高投入、高风险特征往往难以形成较好的市场吸引力，政府大规模投入、基础设施建设先行已成为促进海洋经济发展的共识。

全面的海洋开发广泛涉及海面、水体和海底，即不同的产业处于同一立体空间之中，海洋的多重利用使得产业发展互相作用和影响①，这需要政府更多地介入海洋经济发展的过程。从海洋经济发达国家的经验来看，西方国家的财政拨款通过为海洋产业提供补贴和贷款支持构成海洋产业发展的最主要资金来源②。政府资金的大力介入加快了海洋资源开发的进程。财政资金不仅在基础设施方面担负应有的责任，还发挥了托底的作用，减少了社会资金的投资风险。政府诱导性投资通过对海洋基础设施、技术研发等的投入导致资金收益率提高，吸引着大量社会资本进入海洋产业。海洋基础设施建设的投入力度不断增加，截至2017年，农业发展银行累计发放涉海贷款超过500亿元，积极开展海洋资源开发与保护贷款。中国进出口银行致力于海洋经济国际合作，发放涉海项目贷款超过1 100亿元。东海区各省市也给予海洋经济发展资金支持，上海市印发的《上海市海洋"十三五"规划》中明确提出要建立海洋基础设施建设、海洋科技创新、海洋生态保护、海洋综合管理等公益性、基础性项目储备，加大市区两级财政支持力度；浙江省2018年共安排海洋经济发展建设项目348项，总投资10 071亿元，年度计划投资1 326亿元；福建省颁布的《2018年福建海洋强省重大项目建设实施方案》提出，要加大海洋强省重大在建项目投资力度，全年完成投资447.94亿元。

（2）人力要素

与陆地环境不同，海洋宽广而深邃，不适合人类活动，海洋生物、气候潮汐等变幻莫测导致海洋开发难度大，尤其是深海的开发难度更高。目前，对海洋环境的监测预报、深海资源的勘测开发、海洋生物的培育利用、海上运输的发展等都是科技发展的前沿地带，属于知识密集型的高科技产业。另一方面，合理开发海洋资源，积极保护海洋环境，大力发展循环经济和清洁生产，努力为海洋经济的发展提供可持续利用的资源和生态环境基础，增强海洋经济的可持续发展能力，这些也需要科学技术的投入。可以说，科学技术的水平直接关系到海洋产业的规模与层次，海洋产业对科学技术有着很强的依赖性，而要推动海洋经济健康快速的发展就要依靠高素质的从业人员。2016年全国共有涉海就业人员3 622.5万人，涉海就业人员主要分布于海洋渔业、滨海旅游业以及海洋其他产业。目前，中国海洋人力资源的整体分布呈现出从第一产业逐渐向第二、第三产业转移的趋势，这与中国海洋经济整体发展趋势相吻合。

---

① 郑世忠，勾维民：《辽宁海洋经济发展的资金投入问题研究》，《海洋经济》，2014年第6期。
② 唐正康：《我国海洋产业发展的融资问题研究》，《海洋经济》，2011年第8期。

根据《2017年中国海洋统计年鉴》和《2017年中国渔业统计年鉴》数据，2016年东海区海洋从业人员达到1 106.2万人，占全国总数的30.54%，其中海洋渔业从业人员375.88万人。从总量上来看，海洋从业人员数量规模庞大，但仅占到了全国从业人员的1.42%，而海洋国内生产总值占到了国内生产总值的9.4%，海洋经济劳动力供给与海洋经济贡献存在不一致性。尤其是高端劳动力供给远未满足需求，同时，海洋人才的培养与产业脱节的现象非常严重，往往满足不了海洋经济发展的要求，进一步表明了在短期内中国海洋产业劳动力供给紧张的状态将无法得到有效缓解。从长期来看，伴随着《全国海洋人才发展中长期规划纲要（2010—2020年）》的出台，中国海洋人才培育将步入系统化、规范化的发展阶段，本土海洋培养的海洋人才将能较好地满足未来海洋经济发展的需要。

（3）技术要素

在"建设海洋强国"的背景下，加大海洋科技创新，培育海洋战略性新兴产业已成为海洋经济发展的重点方向。据最新《全球海洋科技创新指数报告（2016）》显示，中国科技创新指数为126.3，与加拿大、瑞典等国家同处于第三梯队，在海洋科技创新投入、产出、应用及环境方面处于快速发展阶段。中国不但位列创新应用强国，并且在创新产出方面处于相对领先地位，增速高于其他各国，在创新投入并未处于世界前列的情况下，显示出中国科研机构以及企业较高的资源利用率和成果转化率。2016年8月8日，国务院正式印发《"十三五"国家科技创新规划》，提出"建立保障国家安全和战略利益的技术体系，发展深海、深地、深空、深蓝等领域的战略高技术"。在深海领域，明确要加强海洋科技创新平台建设，培育一批自主海洋仪器设备企业和知名品牌，显著提升海洋产业和沿海经济可持续发展能力；同时，集中力量突破海洋开发利用的关键核心技术，并启动深海空间站建设，形成涵盖空间、海洋探测利用技术的整体布局。

进入21世纪后，国际和国内经济环境发生了巨大变化，海洋经济逐渐为各国所重视，世界各国在海洋经济领域的竞争程度不断提高。对于东海区而言，其海洋经济基础和资源基础在全国范围内处于前列，发展海洋经济有着得天独厚的优势。同时，新一轮技术革命导致的技术爆发式增长为东海区海洋产业现代化以及可持续发展提供了技术基础，而国内国家层面出台的各项政策措施为东海区海洋经济稳步发展提供了强有力的保障。

## 三、东海海洋经济发展的政策环境

市场在经济发展中起决定性作用,但政府同样起着不可忽视的作用。在中国,经济与社会发展规划普遍遵循纵向逐级规划和横向并行规划同时进行的原则,实行"三级三类"的规划管理体系。在各级规划指导下,海洋经济发展的政策措施在不同层级部门中有序展开,为海洋经济发展提供保障力量。因此,政策环境构成了海洋经济发展的主要环境之一。本节在对海洋经济顶层设计进行分析的基础上,按照海洋金融支持、人才培育和引进支持以及科技创新支持的框架对东海区海洋经济发展的政策环境进行梳理和分析。

**(一)海洋经济发展顶层规划设计**

### 1. 全国及东海区海洋经济规划

由于国内外政治环境以及传统海洋观念的影响,中国海洋经济发展在 1978 年以前基本处于停滞状态,伴随着改革开放的稳步推进,海洋经济规模稳步提升,1991 年全国第一个国家海洋工作会议召开后,海洋经济发展进入加速发展阶段。加入 WTO 开启了中国开放型经济发展的大门,而大力发展海洋经济是发展开放型经济的首要任务之一,为此,中国于 2003 年出台了《全国海洋经济发展规划纲要》,这是第一个指导全国海洋经济发展的纲领性文件,规划提出的发展目标之一是要形成若干个海洋经济强省(自治区、直辖市),回应了东海区三省市海洋经济强省建设的需求。此后,全国以及东海区的海洋经济发展开始步入系统化发展阶段。为实现《全国海洋经济发展规划纲要》提出的建设海洋强省目标,东海区各省市相继颁布了海洋强省建设规划以及海洋经济发展的五年规划,如上海市于 2006 年颁布了《上海海洋经济发展"十一五"规划》、浙江省于 2005 年出台了《浙江海洋经济强省建设规划纲要》、福建省于 2007 年出台了《福建省海洋经济强省暨"十一五"海洋经济发展专项规划》。"十二五"期间,国家对海洋的重视程度日益提高,更是在党的十八大报告中将"建设海洋强国"上升为国家战略。随着陆域经济和海洋经济的快速发展,中国近海生态环境状况不断恶化,不利于海洋经济的可持续发展,在此背景下,2012 年出台的《全国海洋经济发展"十二五"规划》在发展目标中着重关注了海洋环境问题,提出要促进海洋生态环境得到持续改善、提高海洋可持续发展能力，《全国海洋经济发展"十三五"规划》则提出了更高层次的要求，要形成陆海统筹、人海和谐的海洋发展新格局。

全国层面的海洋经济发展顶层设计为东海区海洋经济发展创造了非常有利的条件。2017年出台的《全国海洋经济发展"十三五"规划》除了对全国海洋经济发展做出指导外，还在北部海洋经济圈、东部海洋经济圈和南部海洋经济圈划分的基础上勾画了"十三五"期间沿海经济发展的基本方向，东海区的上海和浙江属于东部海洋经济圈，而福建则属于南部海洋经济圈。与《全国海洋经济发展"十二五"规划》中三大经济圈布局相比，作为"21世纪海上丝绸之路"的前沿阵地，上海、浙江和福建的"十三五"海洋经济发展都将"一带一路"建设与自身发展优势相结合，如上海的海洋经济发展重点是加快推进上海国际航运中心建设，使上海成为"21世纪海上丝绸之路"的重要节点。东海区三省市均有着雄厚的经济基础，在海洋经济上各有其优势，上海是国际经济、金融、贸易、航运和科技创新中心，浙江是中国重要的大宗商品国际物流中心和现代海洋产业发展示范区，福建是自然和文化旅游中心以及生态文明试验区。借助于"一带一路"倡议提供的机遇，东海区在发达的陆域经济支撑下拓宽海洋经济发展的空间，对于三省市海洋经济强省建设起到了重要的推动作用。全国海洋经济快速发展的同时也产生了一些问题，如沿海地区的海洋产业同构和重复建设较为严重、海洋产业科技水平较低、环境污染严重等。为此，在2016年发布的《关于促进海洋经济发展示范区建设的指导意见中》指出，在"十三五"期间，拟在全国设立10~20个示范区，通过在示范区构建海洋产业集聚发展平台，促进海洋产业转型升级、促进现代海洋服务业提质增效，最终实现海洋经济高质量发展。凭借较好的海洋经济发展基础，上海崇明岛海洋经济发展示范区、浙江宁波海洋经济发展示范区、浙江温州海洋经济发展示范区、福建福州海洋经济发展示范区和福建厦门海洋经济发展示范区先后获批。根据表7.1可以发现，不同示范区的发展任务都是基于各自的特色产业和经济基础而提出，这可以有效避免各地区海洋产业同构化和重复建设问题，实现优势互补。

表7.1 东海区海洋经济发展示范区名单及主要示范任务

| 序号 | 示范区名称 | 主要任务 |
| --- | --- | --- |
| 1 | 浙江宁波海洋经济发展示范区 | 提升海洋科技研发与产业化水平，创新海洋产业绿色发展模式 |

续表

| 序号 | 示范区名称 | 主要任务 |
|---|---|---|
| 2 | 浙江温州海洋经济发展示范区 | 探索民营经济参与海洋经济发展新模式,开展海岛生态文明建设示范 |
| 3 | 福建福州海洋经济发展示范区 | 推进海洋资源要素市场化配置,开展涉海金融服务模式创新 |
| 4 | 福建厦门海洋经济发展示范区 | 推动海洋新兴产业链延伸和产业配套能力提升,创新海洋环境治理与生态保护模式 |
| 5 | 上海崇明海洋经济发展示范区 | 开展海工装备产业发展模式创新,创新海洋产业投融资体制 |

数据来源:国家发展改革委 自然资源部《关于建设海洋经济发展示范区的通知》。

总体而言,《全国海洋经济发展"十三五"规划》以及海洋经济发展示范区建设为东海区海洋经济发展带来了机遇,借助来自中央的顶层设计,东海区可以逐步从低质化的海洋经济发展模式过渡到高质量的海洋经济发展路径上来。若能进一步将海洋经济发展与长三角一体化发展战略相对接,实现陆海统筹,东海区海洋经济发展将迎来更大的发展空间,海洋经济和科技将迎来新一轮跨越式发展。

**2. 东海省级层面的海洋经济规划**

在中央顶层设计之下,东海区三省市出台了海洋经济发展的相关政策措施,结合本地区实际情况进一步细化了各地区海洋经济发展的目标。

东海区三省市相继确立了本地区海洋经济发展的总体发展方向,为东海区海洋经济发展创造了有利环境。上海作为国际金融中心和航运中心,在东海区海洋经济建设中发挥着举足轻重的作用。《上海市海洋"十三五"规划》对上海"十三五"期间的目标定位是,到2020年年底,初步形成与国家海洋强国战略和上海全球城市定位相适应的海洋经济发达、海洋科技领先、海洋环境友好、海洋安全保障有力、海洋资源节约集约利用、海洋管理先进的海洋事业体系。浙江省在第十四次党代会报告中明确提出了"5211"海洋强省行动,以此作为2017—2022年期间的行动指针。与往确立的总体方向不同的是,"5211"行动立足于浙江海洋经济发展的优势,将国际强港建设与海洋强省建设放在同一地位,明确突出了浙江港口经济发展的重要性。福建省委、省政府于2012年出台了《关于加强海洋经济发展的若干意见》以及《福建省"十三五"海洋经济发展专项规划》,总体要求是全面建成海洋经济强省,并从优化海洋经济空间布局、推进海洋产业转型升级、实施科技兴海战略、健全海洋基础设施和公共服务体系、提升海洋经济开放合作水平和深化海洋综合管理体制改革等六个方面阐述了"十三五"期间福建省海洋经济发展的基本方向。

加快推进港口建设，为"21世纪海上丝绸之路"保驾护航。上海于2018年制订了《上海国际航运中心建设三年行动计划（2018—2020）》，提出到2020年要实现航运枢纽功能国际领先、航运服务能级大幅度提升、航运创新能力全面增强，并提出了集装箱年吞吐量突破4 200万TEU、货邮年吞吐量达到$440×10^4$ t的发展目标。福建在2008年出台了《福建省沿海港口布局规划》，明确了2008—2020年福建港口建设的总体方向，提出到2020年，全省港口布局、结构和功能趋于完善，具有较强竞争力的集装箱、煤炭、原油、铁矿石、粮食和对台等运输系统基本形成。2017年11月浙江编制印发了《浙江省人民政府关于加快建设海洋强省国际强港的若干意见》，提出要提高海洋港口的引领能力，基本建成全球一流的现代化枢纽港、航运服务基地等，空间布局方面形成"一核两带三海"的分布格局。该意见主要是围绕解决当前浙江港口发展中存在的如港口综合服务水平不高、高端航运服务业发展滞后、科技投入及配套不足等问题所做的战略调整，目标是打造国际强港和世界级港口集群，预期建成后将显著加快浙江海洋经济走出去步伐，提高与"21世纪海上丝绸之路"沿线国家交流合作的深度。福建的港口发展面临着一些突出问题，如港口资源利用不合理、布局不完善、港口集疏运条件不完善等，《福建省沿海港口布局规划》的实施能够在一定程度上缓解这些问题，保障福建港口经济的稳步发展。

推动海洋主体功能区划分，推动海洋经济可持续发展。全国以及地方层面对海洋环境的关注度不断提高，专门出台了一系列推动海洋环境可持续发展的政策文件。浙江省近海是全国海洋环境污染最为严重的地区之一，为避免海洋环境的进一步恶化，2017年，浙江省在《全国海洋主体功能区规划》的基础上出台了《浙江省海洋主体功能区规划》，界定了浙江省海洋主体功能区定位，与《全国海洋经济主体功能区规划》不同的是，将海洋主体功能区分为优化开发区域、限制开发区域、禁止开发区域三类，未加入重点开发区域的类别，相对而言，三分类更易于主体功能区的管理。海洋主体功能区的确立是推动浙江省海洋经济可持续发展的重要举措。福建省于2011年推动了《福建省海洋功能区规划》，在全省划分出13个海洋开发与保护重点区域。

东海区是中国海洋经济发展的前沿阵地，东海区三省市出台的海洋经济总体规划明确了"十三五"期间海洋经济发展总体方向，清晰地勾勒出了东海区海洋经济发展的重点，如港口建设、海洋产业升级、海洋环境保护等，为促进东海区海洋经济高质量发展提供了良好的政策环境。

**（二）海洋经济发展金融扶持政策**

### 1. 国家层面的金融扶持政策

20世纪90年代开始，金融市场对海洋开发的重要性逐步得到重视，但仍缺乏海洋金融发展宏观层面的指导、协调和规划[①]，因此，对海洋经济发展的金融支持主要局限于政府财政资金层面，这一方面源自当时金融行业发展的滞后性；另一方面也源自海洋产业发展的滞后性。2003年，国务院印发了《全国海洋经济发展规划纲要》，这是第一个包含海洋金融发展的全国性规划纲领，海洋金融发展上升到国家战略的高度。在2003—2010年这一时期，《全国海洋经济发展规划纲要》是国家指导海洋金融发展的主要文件，这一时期的海洋金融发展方向明确，海洋金融发展的政策体系初步成型。为应对全球经济环境的不利形势，加快海洋经济的快速发展，2011年开始，国家对各省份经济试点工作采取了不同的金融支持措施，2013年发布的《国家海洋事业发展"十二五"规划》提出海洋金融要向海洋科技倾斜，2016年出台的《全国海洋经济发展"十三五"规划》强调要发挥政策性金融在海洋经济发展中的支撑作用，为海洋新兴产业建立新型融资租赁市场。这些政策规划的出台为东海区开展"21世纪海上丝绸之路"建设、促进海洋金融创新、发展海洋新兴产业提供了优良的环境。

当前，东海区海洋经济正处于升级的关键时期，现有国家层面的海洋金融支持性政策为东海区加快海洋科技创新、现代海洋产业建设以及产业升级提供了重要支持。2017年4月，国家海洋局与农业发展银行联合印发了《促进海洋经济发展战略合作协议》。在协议的推动下，东海区一批专注于海洋领域的产业投资基金、保险公司、银行分支机构或部门相继成立并发展，为东海区创新海洋金融业务、提升各地海洋经济发展活力起到了积极的促进作用。2018年1月，中国人民银行、国家发改委等8部委联合印发了《关于改进和加强海洋经济发展金融服务的指导意见》，提出海洋金融要对深远海养殖、海洋装备制造、海洋生物医药等领域给予重点支持，与以往海洋金融支持

---

[①] 李秀辉，张紫涵：《新中国成立70年海洋金融政策的回顾与展望》，《浙江海洋大学学报》（人文科学版），2020第1期。

政策不同的是，该意见详细列示了银行、证券、保险、多元化融资支持的重点和方向。东海区三省市金融发展程度在全国处于前列，有着丰富的金融发展经验，因而相比于其他地区，东海区具有更大的优势来通过创新金融产品为海洋经济发展提供金融支持。

### 2. 东海省级层面的金融扶持政策

在国家层面的海洋金融支持规划的指导下，东海区三省市结合各自海洋金融发展的基础提出了众多海洋金融支持政策。上海通过财政投入和鼓励市场参与增强对重点海洋产业的支持，保障重点海洋产业的稳步发展。《上海市海洋"十三五"规划》在对"十三五"期间海洋经济发展进行布局的基础上提出了差异化的金融支持方式，即对于海洋基础设施建设、海洋科技创新、海洋生态保护等公益性、基础性项目的投资主要以财政支持为主，而对于非公益性和非基础性项目则以市场融资为主，如鼓励金融机构予以信贷支持以及社会资本参与。对海洋经济的金融支持实行"两条腿"走路有助于避免采用一种金融支持方式造成的激励扭曲。浙江省通过海洋金融模式创新为海洋经济发展提供金融支持。浙江是全国海洋经济发展示范区建设的重点地区，为加快海洋经济发展，浙江从多个层面为海洋经济发展提供了金融支持。主要包括：第一，鼓励银行、创投机构及资产管理公司合作组建海洋产业基金，推动海洋产业转型升级。第二，建立"政府+银行"合作机制，合作创立海洋经济金融服务中心。第三，充分利用区域融资平台，创新海洋绿色金融产品。福建省2013年开始相继制定了一系列政策性金融措施，建立起较为完善的现代海洋金融体系，提升了福建省政策性金融、商业金融对海洋经济的支持力度。福建省在《福建省"十三五"海洋经济发展专项规划》以及《福建海峡蓝色经济试验区发展规划》中提出了金融扶持政策的基本方向，如大力发展蓝色产业创投基金、中小企业助保金贷款等业务，开展海洋"科技贷"等业务。此外，福建省通过政策性金融机构给予海洋产业资金支持。金融与财政资金市场化运作机制创新使得更多金融资源投入到海洋领域，促进了福建省海洋经济的快速发展。

东海区三省市在海洋经济发展上的金融基础条件较好，在金融发展水平、技术发展水平以及产业发展水平上均有着其他地区无可比拟的优势。在国家层面出台的金融支持政策的指导下，东海区因地制宜制定了适合本地区的金融支持政策，通过政府财政支持、银行信贷、社会资本等资金支持方式，为东海区海洋经济发展提供了有力保障。

### (三) 海洋经济发展人才培育和引进政策

#### 1. 国家层面的人才培育和引进政策

海洋经济发展离不开人才支撑。21世纪是海洋的世纪，海洋领域竞争的关键是人才的竞争，海洋人才对于推动全国以及东海区海洋经济高质量发展具有十分关键的作用。从20世纪90年代开始，伴随着海洋经济发展的逐步加快，海洋人才的培育也得到了越来越多的关注，国家出台了大量支持政策，用于培养海洋人才，如1994年的《国家海洋局青年海洋科学基金管理办法》、1996年的《海洋站测报人员登记考核暂行办法》等，但早期的海洋人才培育政策往往缺乏系统性和长期性。进入21世纪后，海洋人才的培育政策逐步完善。原国家海洋局会同教育部、科学技术部、农村农业部、中国科学院编制印发了《国家海洋人才中长期发展规划纲要（2010—2020）》，是中国首个国家层面关于海洋人才培育的系统性政策文件，对于推动人才培育系统化和长期化具有十分重要的作用。当前，中国海洋人才的培养体系尚不健全，人才供给无法满足日益增加的需求，因此，借助国外培养体系培养中国海洋人才和引进国外优秀的海洋人才也是当前国家层面人才政策的主要关注点。为此，原国家海洋局出台了《海洋系统"十二五"公派留学计划》和《海洋系统"十二五"引进留学人才计划》两项政策，借助国外的海洋人才培育体系培养符合中国需要的海洋高层次人才。

进入21世纪以来，得益于国家层面提供的政策支持，同时，凭借东海区三省市优越的经济发展环境和高校资源，海洋人才的培养和引进发展较快，海洋相关学科近几年不断增加。《国家海洋人才中长期发展规划纲要（2010—2020）》的制订为东海区海洋人才培养提供了系统指导，再加上来自国家层面具体的人才培养扶持政策，预期东海区海洋人才供需缺口将得到较大的缓解。

#### 2. 东海省级层面的人才培育和引进政策

沿海省市有着不同的海洋经济基础，发展水平也不尽相同，当国家层面的人才培育和引进政策下层到地方层面时还需要地方结合本地区的实际情况进行调整。对于浙江省而言，海洋科技人才结构和布局不合理、高层次创新人才缺乏、应用型人才不足、后备人才薄弱等是当前浙江省海洋经济发展中的亟待解决的问题。上海市有关海洋人才培育的相关政策主要体现在《上海市海洋"十三五"规划》当中，规划中主要从海洋人才的理论知识和实践知识培养两个层面出发提出对应的支持政策，在理论层面，建设若干个海洋类重点一级学科、扶持一批海洋类新兴、交叉学科。在实践层面，支持涉海高校和企业合作共建海洋人才培养实训和实习见习基地，合作开展海洋人才定向委托培养。在《国家海洋人才中长期发展规划纲要（2010—2020）》总体要求的指导下，浙江省出台了《浙江省海洋科技人才发展规划（2012—2020年）》，这是全国首个有关海洋科技人才发展的规划。此外，这一规划的出台也能够为浙江宁波和温州海洋经济发展示范区建设提供人才保障。对于福建省而言，正在实施的政策规划中未专门针对海洋领域制定海洋人才的培育和引进的政策文件，海洋人才政策散见于其他规划和政策文件当中。在《福建省中长期人才发展规划纲要（2010—2020年）》中重点强调了海洋领域要重点培养和引进六类人才[①]，并制定了引进数量的目标，其中，对水产品养殖和病虫害防治人才以及水产加工人才的需求数量最大。同时，福建省正在进一步推进海洋经济人才"百千万"工程，计划引进和培养百名以上的海洋领域高端领军人才、千名以上海洋战略新兴产业专业人才和管理人才、万名以上使用技能型人才。

总体来看，中国海洋人才培育体系构建还处于起步阶段，人才培养还远远不能满足中国海洋经济发展的需要。海洋人才培育与海洋经济发展的长期脱节问题亟须解决。在东海三省市海洋人才相关政策的推动下，海洋类高校以及非海洋类高校的涉海学科均开始增加对重点海洋人才培养的支持，同时，海洋人才引进工作也正大步推进，预期在"十四五"期间，东海区三省市的海洋人才紧缺问题将得到较大缓解。

**（四）海洋经济发展科技创新政策**

### 1. 国家层面的科技创新政策

海洋科技创新往往需要投入大量的资源，但收益却具有不确定性，创新失败的风险较高，仅仅依靠市场予以提供会导致供给不足。因此，海洋科技创新需要政府政策和规划予以支持和引导。相对于海洋经济的其他领域，中国海洋科技发展的政策规划历史相对较长，在1956年就制订了《1956—1967海洋科学发展远景规划》，后来由于

---

① 这六类人才包括海洋高新技术研发和产业化人才、海洋基础学科领军人才、海洋环境保障人才、海洋综合管理技术人才、水产品养殖和病虫害防治人才以及水产加工人才。

历史原因，在 1967—1978 年间，海洋科技规划基本处于停滞状态，改革开放后，海洋科技相关的政策规划才逐步提上日程。而全国层面的海洋科技规划政策直到进入 21 世纪后才逐步增多，政策扶持力度也不断增大。在进入 21 世纪伊始，国家层面就先后出台了《国家"十一五"海洋科学和技术发展规划纲要》《全国海洋科技兴海规划纲要（2008—2015）》《国家"十二五"海洋科学和技术发展规划纲要》等一系列重大的海洋科技领域发展规划，初步形成了全国海洋科技发展的规划体系。在"十二五"提供的发展基础上，"十三五"期间出台了大量推动海洋科技发展的规划，构建起了一套覆盖多个产业的海洋科技发展规划体系。在 2016 年出台的《全国科技兴海规划（2016—2020）》的基础上，根据不同海洋产业大发展特点，又相继出台了《海洋可再生能源发展"十三五"规划》《全国海水利用"十三五"规划》《"十三五"国家战略性新兴产业发展规划》以及《"十三五"生物产业发展规划》，这些规划针对不同海洋领域的科技发展现状制定了差异化的发展目标。与"十三五"之前的政策规划相比，"十三五"出台的海洋科技发展规划具有重点突出、支持力度大等特点，为"十三五"期间海洋科技创新营造了非常积极的政策环境。

当前，东海区正面临海洋传统产业转型升级、发展战略性新兴产业以及现代海洋产业的艰巨任务，国家层面密集出台的海洋科技创新政策对于增强东海区海洋科技创新水平，提高海洋经济转型升级步伐具有十分关键的作用。

### 2. 东海省级层面的科技创新政策

在国家宏观政策的带动下，东海三省市以国家海洋科技的总体规划和顶层设计为指导，结合本区域资源优势，积极探索，在海洋领域发展规划中对海洋科技发展进行了具体部署。沿海地区政府普遍将增强海洋科技创新能力、完善海洋科技创新体系、加快海洋创新型人才的培养和引进作为地区海洋科技发展的重要目标。为推动上海海洋科技创新发展，上海市先后出台了《上海科技创新"十三五"规划》和《上海市海洋"十三五"规划》。上海市对于海洋科技创新的规划主要侧重在高端海洋产业政策和海洋科技创新驱动方面，着重强调发展涉海高端产业和建设涉海人才队伍。浙江出台的《浙江省科技创新"十三五"规划》《浙江省海洋港口发展"十三五"规划》以及《浙江省人才发展"十三五"规划》中均有涉及海洋科技创新支持政策。这些规划聚焦的重点主要是沿海港口建设、科技创新成果转化与应用以及海洋科技人才培养等问题。"十三五"是福建省是全面建成海洋经济强省，推动福建科学发展跨越发展的关键时期，为此，福建省在《福建省"十三五"海洋经济发展专项规划》和《2017年全省海洋经济工作要点》中对海洋科技创新进行布局，如加快海洋协同创新平台建设、开展重大海洋技术攻关、加快海洋科技成果转化等。在规划中，尤其强调了海洋科技创新平台的建设，做好海洋科技创新人才的储备和海洋科技创新研究基地的创建。

  总体来看，东海区三省市的海洋科技创新规划难题主要聚焦于科技管理体制不完善、涉海科技创新人才缺乏、海洋科技成果转化率不高等。应倡导充分发挥本地区的优势，有针对性地对海洋科技创新活动进行激励和支持，为东海地方层面的海洋科技创新提供了良好的发展环境。

# 第八章　东海海洋产业发展形势

海洋产业是开发、利用和保护海洋所进行的生产与服务活动，由主要海洋产业、海洋科研教育管理服务业两大部分构成。其中，主要海洋产业包括海洋渔业、海洋油气业、海洋矿业、海洋盐业、海洋化工业、海洋药物和生物制品业、海洋可再生能源业、海水利用业、海洋船舶工业、海洋工程建筑业、海洋交通运输业、海洋旅游业等。海洋科研教育管理服务业是开发、利用和保护海洋过程中所进行的科研、教育、管理及服务等活动，包括海洋信息服务业、海洋环境监测预报减灾服务业、涉海金融服务业、海洋科学研究业、海洋技术服务业、海洋地质勘查业、海洋生态环境保护业等。依托于雄厚的经济基础以及丰富的自然资源，东海海洋产业规模不断扩大、结构不断优化。本章主要对东海海洋经济产业发展形势进行分析和总结，主要从传统海洋产业发展形势、海洋新兴产业发展形势以及海洋产业结构升级与布局优化三个角度展开。

## 一、东海传统海洋产业发展形势

传统海洋产业主要包括海洋渔业、海洋油气业、海洋盐业、海洋交通运输业、海洋船舶工业、海洋旅游业等。受劳动力成本上升、资源衰退及环境污染等因素影响，传统海洋产业的发展面临下行压力。传统海洋产业长期粗放型的发展模式给海洋生态环境带来了较大的压力，影响中国海洋经济的可持续发展。破解当前传统海洋经济发展中存在的难题，需要对具体的传统海洋产业进行分析，明确问题和产生的原因。为此，本部分分别对包括海洋渔业、海洋油气业、海洋盐业等在内的传统海洋产业发展形势进行梳理。

### （一）东海海洋渔业

根据《海洋及相关产业分类》，海洋渔业包括海水养殖、海洋捕捞、海洋渔业服务与海洋水产品加工等。目前，中国海洋渔业已发展成养殖、捕捞、加工流通、增殖和休闲五大功能,是现代农业和海洋经济的重要组成部分。海洋渔业在东海沿海区域均有分布,是用海规模最大、分布最广的海洋产业。结合图8.1、图8.2和图8.3,2016年东海区海洋渔业总体运行平稳,供给侧结构性改革初显成效,海水养殖产量达到$624.60×10^4$ t,海洋捕捞产量达到$607.50×10^4$ t,远洋渔业产量为$84.99×10^4$ t。浙江省拥有近海渔场$22.27×10^4$ $km^2$,可捕捞量位居全国首位。2014—2016年东海区三省市海水养殖面积基本稳定,其中福建海水养殖规模较大,浙江则以海水捕捞和远洋渔业为主。东海区海洋渔业主要集中于浙江和福建两省,这一点可以从东海三地的渔港数量得到体现。2016年东海区拥有44个渔港,其中中心渔港18个,一级渔港26个,44个渔港中的43个集中于浙江和福建。

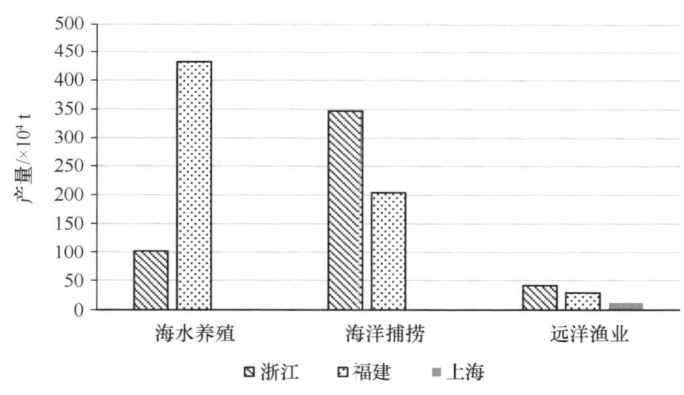

图8.1 2016年东海区海水产品产量

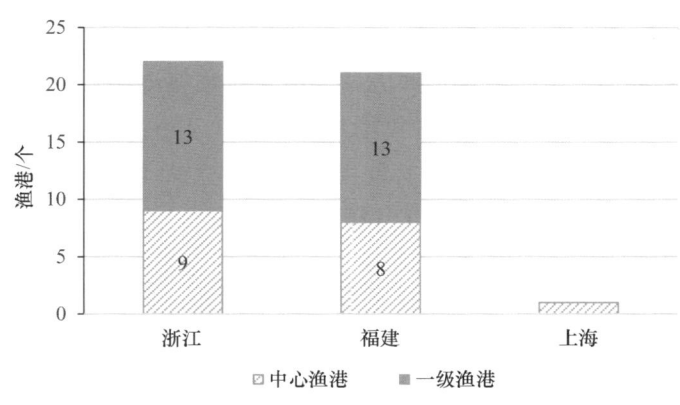

图8.2 2016年东海区渔港情况

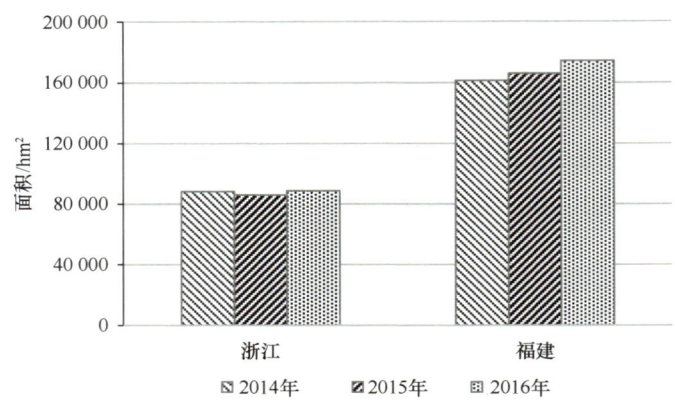

图 8.3 2014—2016 年东海区海水养殖面积

海洋渔业的发展，也带来了一系列的问题：由于海洋生态环境恶化导致污染日益严重，继而影响海洋渔业产量，渔业病害频繁发生；海洋渔业产业结构单一，以海洋捕捞为主的传统渔业发展模式不能满足海洋渔业发展需要，不仅渔业资源逐渐枯竭，某些珍贵的鱼种也已濒临灭绝，鱼类产量出现下降，而且休渔季节违法捕捞问题屡屡发生；海洋科研技术发展滞后，导致养殖业整体水平落后，缺乏名优品种的技术支持和保障；远洋渔业开发力度不足，无论从规模方面还是技术方面，仍有很大的发展空间；海洋渔业管理规范性有待提高，相关政策法规有待完善，渔业执法部门执法力度有待加强；协同发展、规模发展存在不足，导致了海洋产业间链接程度低，产业规模小，产品门类发展较为单一。这些因素都导致海洋渔业资源难以实现可持续利用，必须通过采取科学措施和制定切合实际的方针政策改善当前海洋渔业发展困境。

为改变传统粗放型增长的渔业生产方式，国家对依托海洋牧场做出了一系列部署安排。截至 2016 年，东海区投入海洋牧场建设资金 3.83 亿元，建设海洋牧场 23 个、涉及海域面积 235.70 $km^2$，投放人工鱼礁 70 万空立方米，建成人工鱼礁区面积 206.20 $km^2$，主要分布在浙江、福建近海海域。其中浙江主要分布在普陀朱家尖白沙海域、台州椒江大陈海域、临海东矶海域、温岭积络三牛海域、玉环鸡山岛群海域、温州洞头等海域；福建主要分布在宁德霞浦海域，福州连江、福清、平潭海域，莆田秀屿，泉州晋江海域，厦门白哈礁，漳州龙海、东山海域。东海区现已形成了以功能型人工鱼礁、海藻床［海藻（草）场］以及近岸岛礁鱼类、甲壳类和休闲渔业为一体的立体复合型增殖开发的海洋牧场模式，主要属于养护型和休闲型海洋牧场。新建立的海洋牧场将从生态、经济和社会三方面产生效益。首先，海洋牧场在水生生物栖息地和渔场环境修复、渔业种群资源增殖、海域生态系统服务功能提升、生物多样性维系等方面具有综合的生态效益。其次，根据国内外的海洋牧场建设经验，1 空立方米人工鱼礁区比未投礁的一般海域，平均每年可增加 10 kg 渔获量。按此测算，规划期内人工鱼礁投放 5 000 万空立方米，平均每年约可增加 $50 \times 10^4$ t 产量，此外，海洋牧场建设还可有效带动沿岸地区水产品育苗、养殖、加工、外贸、交通运输、休闲垂钓、餐饮旅游等相关产业的发展，为海洋经济发展做出新贡献。最后，为保护海洋渔业资源，东海区海洋捕捞业正在实施减船转产。海洋牧场建设与减产转产政策密切相关，减下来的废旧渔船进行无害化处理后，可以作为鱼礁材料，变废为宝；同时，建成的海洋牧场还可以为捕捞渔民提供转产转业出路，有助于稳定转产转业渔民收入，保障渔区社会和谐稳定。

### （二）东海海洋油气业

根据《海洋及相关产业分类》，海洋油气业指在海洋中勘探、开采、输送、加工原油和天然气的生产活动。根据《中国海洋统计年鉴（2016）》的数据，东海区海洋油气业生产结构持续优化，海洋原油开采量为 $36.52 \times 10^4$ t，较 2015 年上升 12.3%，海洋天然气产量为 $151\ 140 \times 10^4$ $m^3$，较 2015 年上升 21.85%。截至 2016 年，共有海洋油气生产井 87 口，其中采油井 20 口，采气井 6 口。根据图 8.4，2011 年以来，东海区海洋原油和天然气产量均保持较高增速增长，这反映出东海区在海洋油气生产方面通过管理创新和技术突破，实现了由浅水到深海、从简单油气藏到复合油气藏的勘探开发过程，有效地保障了国家和地区的能源供应。

20 世纪六七十年代，中国在海洋资源调查过程中开展近海大陆架石油普查勘探工作，经勘探发现渤海、黄海、东海、南海珠江口、莺歌海、北部湾 6 个大型沉积盆地，总面积达 $62 \times 10^4$ $km^2$ 的区域内石油资源量约 $208 \times 10^8$ t。依托于较好的资源基础，海上石油相关产业发展迅速。以浙江为例，一大批海洋经济相关产业及基础设施项目进展顺利，2018 年 8 月，新奥舟山液化天然气（LNG）接收及加注站（简称新奥舟山 LNG 接收站项目）顺利实现了首艘 LNG 船舶接卸，这意味着新奥舟山 LNG 接收站一期工程正式建成并进入调试和试运营阶段，目前已经建成的一期工程可实现年处理液化天然气 $300 \times 10^4$ t，舟山接收站二期扩建工程预计 2021 年完成，年处理能力将达到 $500 \times 10^4$ t，远期可达到 $1\ 000 \times 10^4$ t。2018 年 10 月，舟山绿色石化基地项目配套码头一期工

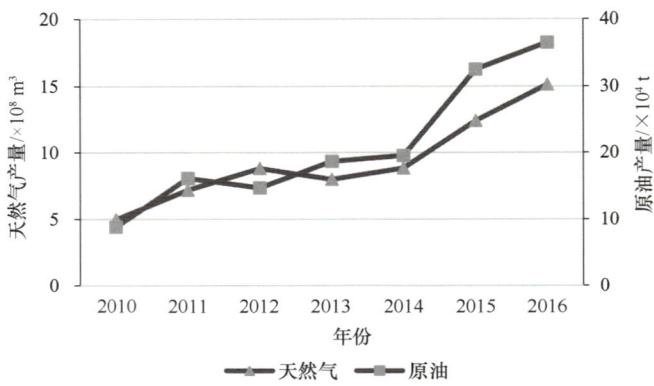

图 8.4 2010—2016 年东海区海洋原油及天然气产量

程获交通运输部港口岸线使用批复。该项目位于宁波舟山港岱山港区,一期建设规模为 2 个 5 万吨级多用途泊位,泊位长度 810 m,设计年通过能力 $359 \times 10^4$ t,其中集装箱通过能力 $24 \times 10^4$ TEU;6 个 5 万吨级液体化工及油品泊位,泊位长度 1 650 m,其中 6 号泊位水工结构按靠泊 10 万吨级油船设计建造,设计年通过能力 $1 885 \times 10^4$ t;3 个 2 万吨级散货泊位,水工结构按靠泊 5 万吨级散货船设计建造,1 个 1 万吨级散货泊位和 1 个 3 千吨级散货泊位,泊位总长度 1 300 m,设计年通过能力 $995 \times 10^4$ t。该项目作为舟山绿色石化基地项目的配套工程,承担原材料及产成品的水路运输任务。项目的建设将有效推进浙江舟山群岛新区、舟山江海联运服务中心、中国(浙江)自由贸易试验区建设,促进浙江省海洋强省战略实施。

相比于石油资源丰富的渤海和天然气储量丰富的南海,东海区的油气储量较低,截至 2016 年,东海区海洋石油累计探明技术可采储量 $1 437.7 \times 10^4$ t,剩余技术可采储量 927.4 t,仅占全国的 1.52%;海洋天然气累计探明技术可采储量 $1 824 \times 10^8$ m³,剩余技术可采储量 $1 698.3 \times 10^8$ m³,占全国的 33.38%。为此,东海区油气业需要建立油气开发用海协调机制,继续推进近海油气勘探开发,支持深远海油气勘探开发,推进海洋油气资源开发与服务等综合性保障基地建设,进一步加大对海上稠油、低渗等难动用油气储量开发的支持力度,积极加强国际合作,推动深远海油气合作开发,加强沿海 LNG 接卸能力建设,提高周转调配能力,支持社会资本通过参股等形式,参与海洋油气资源勘探开发,推进石化产业结构调整和优化升级,建设安全、绿色的石化基地,形成具有国际竞争力的产业集群。

### (三) 东海海洋交通运输业

海洋交通运输业是指以船舶为主要工具从事海洋运输以及为海洋运输提供服务的经济活动。海洋交通运输是国家整个交通运输大动脉的一个重要组成部分，具有连续性强、费用低等优点。海洋交通运输被称为国家经济走向世界的桥梁纽带。目前，国际贸易总运量中的 2/3 以上，中国进出口货运总量的 90% 以上都是利用海上运输实现的。海洋交通运输业离不开海港和运输船队，而海港又是发展海洋运输的重要依托。海港不仅是一个国家或地区海洋交通运输的枢纽，而且对于振兴经济特别是对发展外向型经济有着更重要的作用。2016 年，东海区主要城市规模以上港口生产用码头泊位数共计 2 318 个，其中万吨级以上泊位 639 个，总泊位数较 2015 年减少 28 个，但万吨级以上泊位较 2015 年增加 12 个，港口质量有所提升。2017 年，宁波舟山港实现 $10×10^8$ t 大港目标，完成货物吞吐量 $10.071\ 1×10^8$ t，且以绝对优势，稳居中国乃至全球第一大港口宝座，并且继 2016 年成为世界上第一个年货物吞吐量超 $9×10^8$ t 的大港后，又成为世界上第一个且唯一一个超 $10×10^8$ t 的大港，再次创世界纪录。从港口国际标准集装箱吞吐量来看（图 8.5），东海区三省市中，上海的吞吐量最大，远高于浙江和福建，福建的吞吐量最小。同时，从 2014—2016 年来看，东海区三省市的吞吐量始终保持逐年增加的态势。

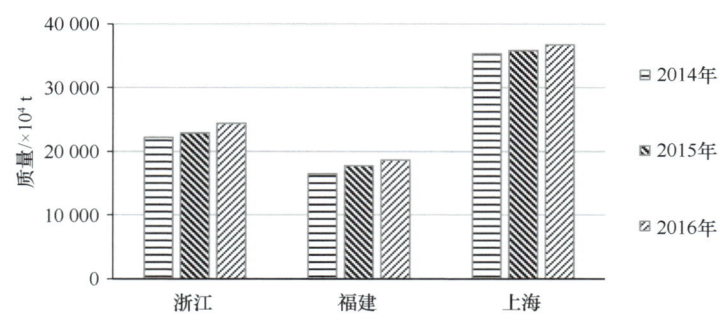

图 8.5　2014—2016 年东海区港口国际标准集装箱吞吐量

金融危机后，东海区海洋交通运输业发展面临的市场环境总体不容乐观，航运市场走势表现出持续下滑趋势，市场承受的运力过剩、贸易需求平缓等压力越发明显。以 2012 年数据为例，分航线看，美国、欧洲航线集装箱吞吐量增长大幅度放缓，1—10 月同比增长 3.8% 和 4.2%，较去年同期分别降低 17.3 和 18 个百分点。受国际需求放缓、运力生产过剩以及航运价格下跌等因素影响，东海海洋交通运输业增长总体放缓，上海港、宁波舟山港等主要港口货物吞吐量增速明显放缓，降至 10% 以下。2017 年，受益于全球经济增速趋稳，全球贸易环境有所改善，东海海洋运输业发展势头表现突出，其中上海港集装箱吞吐量首次超过 $4\,000\times10^4$ TEU，达 $4\,018\times10^4$ TEU，同比增长 7.7%，稳居全球第一，宁波舟山港年度增速高达 14.3%，增长迅速。海洋交通运输业是东海区重要的海洋支柱产业，具有上下游产业关联度较大、辐射效应强等特征。为保持海洋交通运输业持续稳定发展和加快转型升级，国家加大政策扶持和调整力度，2017 年《"十三五"现代综合交通运输体系发展规划》提出要加快推进"21 世纪海上丝绸之路"国际通道建设，加强"一带一路"通道与港澳台地区的交通衔接。预期到"十三五"结束，东海海洋交通运输业发展水平将会有大幅度提高。

### （四）东海海洋盐业

海洋盐业是指利用海水生产以氯化钠为主要成分的盐产品的活动，包括采盐和盐加工。中国原盐生产主要包括海盐、井矿盐和湖盐三大种类。根据《全国海洋经济发展"十三五"规划》，海洋盐业的发展应科学规划原盐生产布局，加快盐田改造；重点发展海洋精细化工，加强系列产品开发和精深加工；推进"水—电—热—盐田生物—盐—盐化"一体化，形成一批重点海洋化学品和盐化工产业基地。根据图 8.6 和图 8.7，东海区盐田和海盐生产能力总体呈现下降趋势，东海区各省市海盐产量也呈现出波动下降趋势，其背后反映的是海盐生产能力的不断下降。2016 年，东海区海盐产量为 32.7%，较 2015 年下降 4.11%，从省际层面来看，福建省海盐产量位居东海区首位。长期来看，海盐生产面临的外部环境压力越来越大，浅层地下卤水过度开采，盐田面积逐步减少。从长期来看，海洋盐业发展的重点集中在两个方面：一是科学规划原盐生产布局，加快盐田改造；二是重点发展海洋精细化工业，加强产品开发和精深加工，推进海洋盐业与盐化工业一体化。

### （五）东海海洋船舶工业

海洋船舶工业是制造各种海洋船舶的工业部门，按照中国 1984 年 12 月确定的工业部门分类目录，它不包括制造木船、水泥船、橡皮船。根据表 8.1，2016 年东海区两

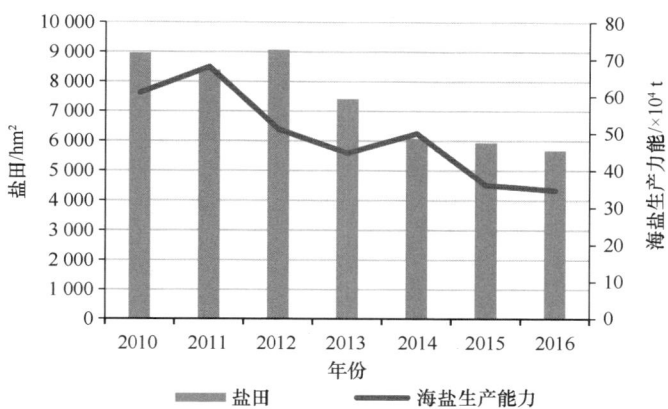

图 8.6　2010—2016 年东海区盐田面积与海盐生产能力

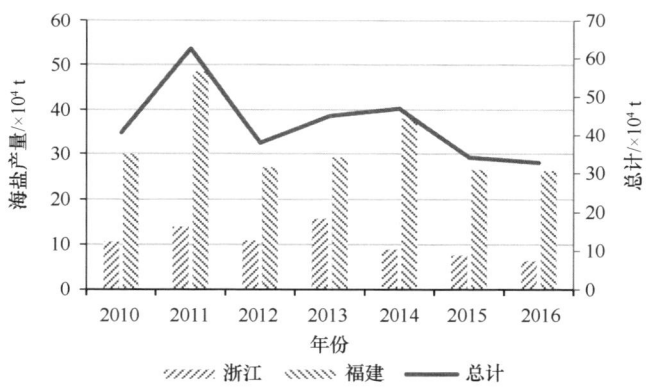

图 8.7　2010—2016 年东海区海盐产量

省一市合计修船完工 8 084 艘，较 2015 年减少 515 艘，下降 5.99%，修船完工量占全国的 66.44%。造船完工 962 艘，总完成量 1 202.4×10⁴ t，较 2015 年减少 200.3×10⁴ t，占全国的 74.78%。福州的马尾造船厂、东南造船厂生产的海洋工程辅助船约占全国市场份额的 50%。根据表 8.1，可以看出，浙江在修造船完工数量上居于东海区首位，上海则在完工吨位上居于领先地位，由此可见，上海更多地集中制造单体吨位更高的大型船舶，体现了海洋船舶工业在东海区域内部的产业分工。

表 8.1　东海区海洋修造船完工量

| 省（直辖市） | 2016 年 | | | 2015 年 | | |
| --- | --- | --- | --- | --- | --- | --- |
| | 修船完工量/艘 | 造船完工量 | | 修船完工量/艘 | 造船完工量 | |
| | | 艘 | /×10$^4$ t | | 艘 | /×10$^4$ t |
| 上海 | 903 | 76 | 697.9 | 1 018 | 96 | 851.2 |
| 浙江 | 4 882 | 419 | 456.9 | 5 540 | 373 | 507.6 |
| 福建 | 2 299 | 467 | 47.6 | 2 041 | 300 | 43.9 |
| 合计 | 8 084 | 962 | 1 202.4 | 8 599 | 769 | 1 402.7 |

当前，东海区船舶与海工装备产业仍存在不少严峻挑战和深层次问题。一是外部环境继续恶化。由于航运业持续低迷，船东造船动力减弱，新订单量大幅度下滑，造船业正遭遇前所未有的寒冬。特别是国内船舶业当前正处于淘汰落后产能、提升行业集中度的阶段，行业内需要淘汰众多中小造船企业，同时规模大、实力强的造船企业也正处于规模收缩，业绩下滑的境地。交船难、接单难、融资难现象依然突出，特别是民营企业生产经营压力大。二是产业转型步伐有待加快。核心技术储备少，设计研发能力弱，与船舶产业规模不相适应，高技术船舶70%的核心零部件和关键配套设备需要进口，高端配套产业发展仍显滞后。三是海洋工程装备规模经济效益尚未显现。海工装备产业在市场门槛高、技术标准严、资金需求大等因素的制约下，尚未形成系列化、批量化生产，海工配套薄弱，难以适应总装发展需求。四是产业服务保障体系不够完善。全球性的营销及服务网络缺乏，全省产业技术研发机构较少，产学研合作、教育培训、人才服务等公共平台建设有待进一步健全。五是内河造船业参差不齐。内河造船企业规模小而散，管理整体粗放、技术力量薄弱、造船能力未得到有效整合的情况没有明显改观。

### （六）东海海洋旅游业

海洋旅游包括以海岸带、海岛及海洋各种自然景观、人文景观为依托的旅游经营、服务活动，主要包括：海洋观光游览、休闲娱乐、度假住宿等活动。东海区纬度较低，适合开展海洋旅游的季节长达5~6个月，有大量的海滨沙滩适合开发成旅游景点，多数海滨浴场质量达到国际海滨浴场标准，沿海岸带自然景观独特，山海相连，生态环境优美，而且东海区连接长三角、珠三角经济活动最为频繁的地区，具有良好的海洋旅游区位优势。2011年，《国务院关于加快发展旅游业的意见》和《中国旅游业"十二五"发展规划纲要》出台，将旅游业作为中国扩内需、促消费的重要支点，为旅游业发展，特别是滨海旅游业发展创造了良好的发展环境。与此同时，沿海地方政府在规划制定、行业管理、设施完善、项目建设、产品创新等方面积极开展工作，制定了一系列的管理办法，并签署了相关合作协议，支持促进滨海旅游业健康发展。2016年东海区全年共计接待入境游客1 503.09万人，整体上来看，2010—2016年东海区主要沿海城市接待入境旅客呈现波动上升的趋势（图8.8），海洋资源丰裕度与入境游客数量并未呈现正向关联。根据图8.9，宁波、温州、福州等海洋旅游资源丰富的城市较于上海、杭州、厦门等交通便利度高的城市，游客数量明显较少，说明当下海洋旅游业存在着客源市场与旅游资源不相匹配的问题。

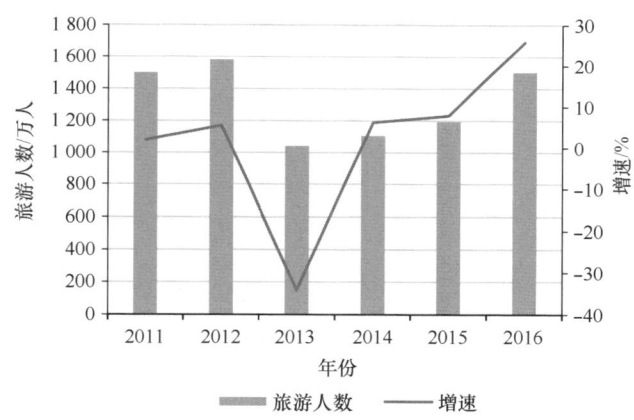

图8.8　2011—2016年东海区滨海旅游人数

东海区海洋旅游发展存在着一些不足。第一，海洋旅游还是以传统滨海观光旅游为主，现代滨海休闲旅游产品较少。在建旅游项目多搭配景观地产开发，地产比重较大，旅游元素不突出，开发进展缓慢。第二，海洋旅游业发展关联度高、牵涉面广，管理工作涉及林业、土地、农业、地矿、建筑、文物管理、海洋管理等诸多部门和行业。当前海洋旅游资源由众多部门分割管理，缺乏协调发展的有效机制，旅游管理机构综合协调职能不强，因而难以对旅游产业相关要素进行更为有效的协调和整合。产业层面，旅游产业结构雷同、产品质量雷同现象突出，产业耦合和区域联动效益尚未

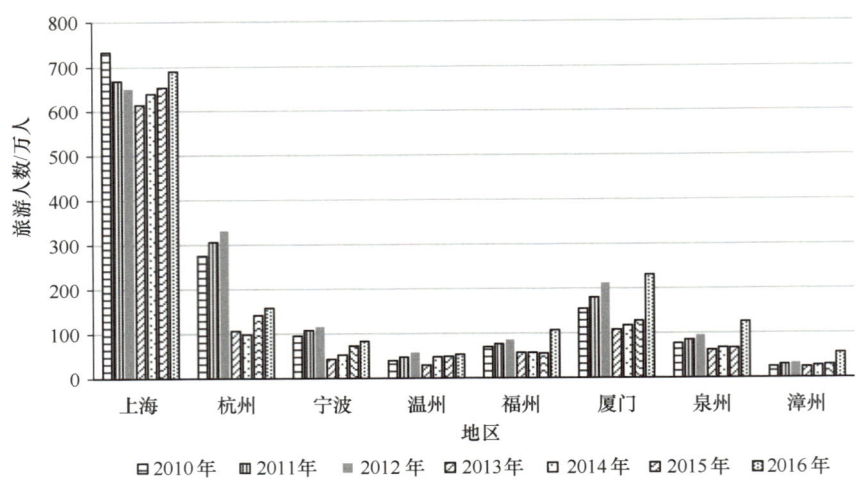

图8.9 东海区主要城市接待入境旅游人数

凸显。在产业链延伸与渗透方面，东海区海洋旅游业仍处于价值链中低端，产品开发和景区定位单一雷同，近距离重复建设严重，缺乏精品。就自然禀赋质量而言，东海区近海海水质量较差，近海海洋景观一般，海水含沙量过高、水体浑浊。同时，目前绝大部分的海洋产业活动和开发利用活动发生在近岸海域，过度、无序开发导致海洋生态与近海资源破坏严重，典型生态系统受损严重，生物多样性和珍稀濒危物种减少，海湾、河口及滨海湿地等典型生态环境丧失或改变问题愈加突出，赤潮等生态灾害事件、过度捕捞、污染和生态环境破坏等使得海洋生物资源日益匮乏。总之，过度、无序的开发制约了海洋资源环境的永续利用和海洋旅游经济的可持续发展，影响了东海区以及海岛旅游资源的等级和品位。

## 二、东海海洋新兴产业发展形势

2010年年初，原国家海洋局局长孙志辉在《展望2010，撑起海洋战略新产业》的讲话中将海洋新兴产业界定为海洋高新技术产业，即具有战略意义的新兴海洋产业，包括新资源开发利用的配套装备和基础设施，主要涵盖海洋工程装备制造业、海洋医药和生物制品业、海洋可再生能源业及海水利用业。① 发展海洋新兴产业是东海区实现海洋经济高质量发展的关键步骤。本节从发展现状和形成路径两个方面出发，对东海海洋新兴产业发展形势进行分析。

### （一）东海海洋新兴产业发展现状分析

#### 1. 主要海洋新兴产业发展现状

（1）海洋工程装备制造业

海洋工程装备制造业是《中国制造2025》确定的重点领域之一，是中国战略性新兴产业的重要组成部分和高端装备制造业发展的重点方向，也是提升东海区海洋经济发展质量的重要支柱产业。"十二五"以来，东海区海洋工程装备制造业快速发展，已经初步形成了具有一定集聚度的产业区，涌现出了一批具有竞争力的企业，拥有了较为完备的海洋工程装备配套产业。

上海市海洋装备制造业发展基础雄厚，发展势头良好。在海洋工程装备领域，具备了深水半潜式钻井平台、350英尺自升式钻井平台、15万~30万吨级海上浮式生产储油装置（FPSO）等主流海洋油气钻采装备的设计生产能力，成功获得了3 000 m深水半潜式钻井平台的市场订单并顺利开工建造。由上海市海工装备企业生产的多缆物理探测船、海上大型浮吊、起重铺管船等海洋工程船舶获得市场认可并成功实现产业化。"海洋石油981" 3 000 m深水半潜式钻井平台等一批重大海洋装备获得首台突破。由上海振华启东造船厂建造的6 600 kW铰刀功率的重型自航绞吸挖泥船"天鲲"号在启东下水。2018年12月13日，搭载有万米级超短基线定位系统的"彩虹鱼"着陆器被布放入海，探测深度为10 913 m，并首次给出超过万米水深的海底精确坐标。总体而言，上海市依托良好的科研教育基础，海工装备制造产业发展十分迅速，已经成为东海乃至全国的重要龙头区域。

进入21世纪以来，浙江省高端制造业发展迅速，成为"中国制造2020"的典型代表区，其中船舶及海洋工程装备制造又是浙江制造业体系中的特色优势产业。浙江依托良好的港口优势，加快发展船舶主机及配件研发设计、制造，形成了以舟山、宁波

---

① 仲雯雯，郭佩芳，于宜法：《中国战略性海洋新兴产业的发展对策探讨》，《中国人口·资源与环境》，2011年第9期。

为核心的船舶制造集聚区。除船舶制造外，浙江省还在重点发展包括石化成套设备、潮汐能设备、海水淡化设备、风电设备等在内的多种类型的海工装备制造产业，在海洋工程装备领域已形成太平洋海工、中远船务、金海重工等一批骨干企业。随着海洋经济的高质量转型升级，高技术和高附加值船舶、豪华游艇、船用齿轮箱、海洋工程装备及关键系统、海洋工程装备的维修与改装等新兴装备制造业已经成为浙江发展的主要方向。

福建省抓住国家扶持的政策和机遇，海洋工程装备产业也取得了显著进展。2014年，海工装备产业总产值达280亿元左右，增幅超25%，是福建省确定的七大战略性新兴产业中增长速度最快的行业。在刚过去的"十二五"期间，福建省规模以上修造船、游艇业工业总产值1 236.079亿元，首次突破了千亿元大关，比"十一五"的678.371 6亿元增长了82.21%，创福建省船舶工业历史新高。在漳州开发区和厦门海沧区集群了诺尔港机、豪氏威马、泰华、湘电风能和厦船重工、厦门双瑞船舶涂料有限公司、厦门纽顿机器人科技有限公司等一批具有较大实力与规模的海洋工程装备制造企业，并且初步形成了港口装卸、海上起重机、海底铺管、大型汽车滚装船、防腐防污材料和水下作业机器人等高端装备制造生产基地，产品主要出口国外。

（2）海洋电力业

海洋电力业是指在沿海地区利用海洋能、海洋风能进行的电力生产活动，不包括沿海地区的火力发电和核力发电。其中海洋能通常是指海洋本身所蕴藏的能量，通常为可再生资源，属于清洁能源，其开发利用对于提高清洁能源比例、构建绿色经济体系具有重要意义，具体包括潮汐能、潮流能、温差能和盐差能等，不包括海底存储的化石资源和溶解于海水的化学资源。东海区海洋可再生能源发展环境逐步改善，海洋风能的开发利用较陆地风能起步较晚，但发展迅速。"十二五"以来，东海区海上风电蓬勃发展，建设的海上风力场项目数量和发电规模不断扩大，技术水平大幅度提升，发电成本有效降低。2016年，东海区海上风电新增装机数量152台，新增装机容量592.2 MW，累计装机数量463台，累计装机容量1 581.9 MW。

上海市海上风电建设起步较早，从2008年中国第一个海上风电场"上海东海大桥100 MW海上风电示范项目"开工建设起，上海海上风电发展已经经历了12年。2010年6月8日，亚洲第一个海上风电项目，上海东海大桥风电项目的34台3 MW海上风电机组调试完毕，全部并网投入运行，以"欧洲以外第一个海上风电场"为标志，中国风电迈开了向海上开发风电的步伐。

浙江省在海上风电方面起步较晚,直到 2017 年国电浙江舟山普陀 6 号海上风电场首台风机的并网运营才实现了"零突破",但发展速度较快。"十三五"开局之年,规划建设的舟山普陀 6 号二区,嘉兴 1 号、2 号、象山 1 号、玉环 1 号、岱山 2 号、4 号等海上风电项目正处于建设中。预计到 2020 年,一批示范性海上风电项目将建设完成,风电规模将达到 $300×10^4$ kW 以上。另外,在海上风电发展速度加快的同时,浙江各地市凭借沿海区位优势,凭海风跑马圈地,吸引海上风电装备企业投资入驻,进一步推动了浙江省海上风电发展的规模和速度。

福建省是中国海上风力资源最为丰富的省份。目前,福建省规划建设的海上风电总规模为 $1330×10^4$ kW,包括福州、漳州、莆田、宁德和平潭所辖海域的 17 个风电场。预计到 2020 年年底,福建省海上风电装机规模达到 $200×10^4$ kW 以上,2030 年年底达到 $300×10^4$ kW 以上。福建省印发的《2020 年省重点项目名单的通知》中指出要重点建设 18 个海上风电项目。另外,福建省拥有国内领先的海上风电机组科研创新试验平台,福建兴化湾海上风电一期,是全球首个国际化大功率海上风电试验风场,涵盖国际、国内品牌最多的海上风电试验风场。通用电气、金风、海装、太重、明阳、东方、上海电气、湘电等多家国内外主流风机厂商都在此建设有实验平台。

根据《风电发展"十三五"规划》的要求,到 2020 年,全国海上风电开工建设规模将达到 $1000×10^4$ kW,力争累计并网容量达到 $500×10^4$ kW 以上,重点推动江苏、浙江、福建、广东等省的海上风电建设,到 2020 年四省海上风电开工建设规模均达到百万千瓦以上。根据表 8.2,对比东海区浙江、福建和上海海上风电开发布局,总体而言,上海市的海上风电规模最小,福建省的海上风电规模最大。海上风电项目的投入将极大地提高东海区海洋风能资源的利用效率,缓解海岛及沿海地区用电难的困境。

表 8.2　2020 年东海区海上风电开发布局规划

| 省(直辖市) | 累计并网容量/$×10^4$ kW | 开工规模/$×10^4$ kW |
| --- | --- | --- |
| 浙江 | 30 | 100 |
| 福建 | 90 | 200 |
| 上海 | 30 | 40 |
| 合计 | 150 | 340 |

数据来源:《风电发展"十三五"规划》,国家能源局 2016 年。

潮汐能发电是中国海洋可再生能源开发利用中最为成熟的技术之一,具备电站长期运行、管理和维护的经验。在中国近海海域中,东海沿海潮差最大,潮汐能资源十分丰富。浙江省是潮汐发电的主力省,浙江江厦潮汐电站位于温岭市坞根镇下楼村,是中国已建成的最大的潮汐电站,隶属中国国电集团,总装机容量3 200 kW,年发电量600万度。平潭幸福洋试验潮汐电站是福建省唯一已建的一座潮汐电站,其装机容量1 280 kW,仅次于浙江江厦潮汐电站。

(3) 海洋生物医药业

海洋生物医药业是指以海洋生物为原料或提取有效成分,进行海洋药品与海洋保健品的生产加工及制造活动,包括海洋药品制造和海洋保健品制造。其中海洋药品制造包括海洋生物药品制造、海洋化学药品制剂制造、海洋中药饮片加工、海洋中成药制造;海洋保健制造包括海洋保健营养品制造、其他海洋保健品制造。

东海区海洋生物医药业发展总体呈上升趋势、发展势头良好。上海市依托早在2014年就同意海军军医大学医药学院联合海洋生物科技有限公司、上海交通大学医学院海洋药物重点实验室、上海东海制药股份有限公司、上海其胜生物制剂有限公司、烟台东诚生化股份有限公司等4家企业、1家实验室,筹建了"上海市海洋局海洋生物医药工程技术研究中心",着力打造军民融合的海洋生物医药产学研用一体化科技创新、产业培育及人才教育的平台。此后,研究中心微软海洋药物发现与关键技术研究领域取得了丰富成果,其中"海洋无脊椎动物中活性物质的发现及关键技术"荣获2016年国家海洋科学技术奖一等奖。2017年11月28日,上海市海洋药物工程技术研究中心正式启动,为上海市海洋生物医药企业研发新产品、新技术提供了坚实的技术支持。

浙江省一直重视海洋生物医药业的发展,自2011年国家大院名校浙江普陀联合技术转移中心成立以来,聚焦海洋生物制药取得了一系列丰富成果,2004—2012年,海洋生物医药业产值年均增长率保持在20%以上,远高于全国平均值。与此同时,浙江海洋生物医药科技研发实力在不断增强,海洋高科技成果公共中试车间、浙江海洋学院生物种质资源发掘利用浙江省工程实验室、国家海洋设施养殖工程技术研究中心和浙江省海洋生物医用制品重点工程技术研究中心等相继建成运行,极大地提高了创新能力。在研发机构不断汇集的同时,浙江杭康药业有限公司、海力生集团有限公司、浙江金壳生物化学有限公司等大量海洋生物医药企业也在浙江集聚,在海洋绿色药物等领域形成特色优势。

福建省海洋生物医药产业产值在全国所占比重不大,但发展势头强劲、后发优势明显。2015年,福建省海洋生物医药产业产值近百亿元,"十二五"期间年均增速超过20%。福建海洋生物医药产业主要分布于福州、厦门、漳州、泉州等沿海地区。通过多年的发展,获得了一批具有自主知识产权的原创性成果,已初步形成以厦门生物医药港、诏安海洋生物科技园区、石狮市海洋生物科技园区等为代表的一批海洋科技产业聚集园区。目前,已经拥有国家海洋局第三海洋研究所、厦门大学生物医学工程研究中心、福州大学生物和医药技术研究院等一批生物医药研发机构。全省25家龙头骨干企业相继开发出河豚毒素、星鲨鱼油、蓝力宝深海鱼油、"蓝湾"硫酸铵葡萄糖以及富含DHA的微藻油脂等一系列产品。

(4) 海水利用业

海水利用业是指对海水的直接利用和海水淡化活动,包括利用海水进行淡水生产和将海水应用于工业冷却用水和城市生活用水等活动。淡化水广泛应用于沿海电力、石化、钢铁等高耗水行业及海岛生产生活用水。全国海水淡化工程产水的终端用户主要分为两类:一类是工业用水,另一类是民用供水。海岛常规水资源主要包括水库蓄水、山塘蓄水、池塘蓄水以及河道蓄水,是海岛供水、灌溉的主要常规水源,对防洪抗旱、保障生产、促进海岛经济社会发展发挥了重要作用。与此同时,许多海岛依靠向大陆引水增加入境常规水量。

东海区人口密度高、生产生活用水量大,因而一直将海水利用业视为战略性产业加以培育。在政策的大力扶持下,行业内企业数量不断增加、投入规模持续扩大、生产能力逐渐提高,产业处于成长阶段。上海市在海水利用技术层面处于全国居领先地位,在MSF与MED技术方面有一定的技术积累,特别是704所与711所,代表国内船用多级闪蒸装置生产的最高水平。其次,上海电站辅机设备厂是国内首台日产水万吨级MED核心设备蒸发器的生产商,掌握MED的核心技术。同时,在反渗透膜的生产技术方面,上海松江有世界最大的反渗透膜生产企业海德能的一个生产基地。①

依托国家建设"一带一路"倡议,浙江的海水淡化技术及装备已走出国门,近几年承接了东南亚、中东、非洲、南美等地近$20\times10^4$ t/d的海水淡化工程项目。2013年2月,舟山市、杭州水处理技术开发中心被国家发展改革委分别列为首批海水淡化试点城市和试点产业基地。2014年4月,自主设计建造的普陀六横岛海水淡化二期工程首

---

① 吴芳芳,张效莉:《上海市海水淡化产业发展路径及政策研究》,《海洋经济》,2013年第3期。

套 12 500 t/d 海水淡化装置建成投产，成为国内已建成的最大反渗透海水淡化单机装置。2017 年浙江已建成海水淡化工程规模 227 795 t/d，位居全国前列。

福建省海水利用业起步相对较晚，2017 年海水淡化工程规模为 11 231 t/d，年海水冷却利用量达到 306.84×$10^4$ t/a，布局有海水制盐、海水提钾、海水提镁等海水化学资源利用类企业，在多个类要素提取及高值利用领域技术处于领先水平。2017 年，福建平潭大屿岛海水淡化装置使用反渗透技术工艺实现 200 t/d 的处理规模。

(5) 涉海金融服务业

涉海金融服务业是指涉海金融服务提供者所提供的各种资金融通方面服务活动所构成的产业，是以涉海银行金融业（银行、信托、保险、证券）为主体，其他涉海非银行金融业为补充的金融服务体系。按照《全国海洋经济发展"十三五"规划》中关于"加快海洋经济投融资体制改革"的要求，涉海金融服务业的发展重心包括涉海相关的银行信贷服务、股权债券融资、保险服务和保障、多元化融资渠道、投融资服务体系和政策保障等方面。2018 年 1 月，人民银行、国家海洋局、国家发展改革委、工业和信息化部、财政部、银监会、证监会、保监会 8 部门联合印发了《关于改进和加强海洋经济发展金融服务的指导意见》，明确了银行、证券、保险、多元化融资等领域的支持重点和方向，推动海洋经济向质量效益型转变。

东海区三省市地区总体金融发展水平位居全国前列，其中作为金融中心的上海市在涉海金融服务业方面发展势头迅猛。2016 年 6 月 8 日，在"世界海洋日暨全国海洋宣传日"开幕式上，上海市海洋局与国家开发银行上海分行签署了《开发性金融支持上海海洋经济发展的战略合作框架协议》，明确了上海市海洋金融的发展方向。2017 年 6 月，上海科技创业投资（集团）有限公司与上海市海洋局、国家开发银行上海市分行、临港地区管委会、浦东新区海洋局、上海浦东科创集团有限公司 6 方共同签署了《关于共建上海海洋经济开发性金融综合服务平台的合作框架协议》，共建"上海海洋经济开发性金融综合服务平台"，形成海洋经济开发性金融项目库，探索设立"海洋创投基金"，为上海市涉海开发建设项提供统贷功能、重大融资项目直贷功能等金融服务。

浙江省涉海金融服务业同样发展迅速，2017 年 8 月组建成立浙江省海洋产业基金管理有限公司，推进浙江省海洋产业基金设立。同年，浙江舟山群岛新区海洋金融研究院成立，建设海洋金融领域研究、交流、合作的平台。结合本地特色，浙江省宁波市持续推进梅山海洋金融小镇建设，发展航运金融业务，探索集聚海洋领域创投、并购重组等涉海特色金融业态。此外，浙江省积极拓展金融支持海洋经济发展的组织模式，创新海洋绿色金融产品和服务，探索建立"政府+银行"合作机制，积极创新海洋绿色金融产品。2018年6月，浙江股权交易中心成功发行全国首只"海洋渔业资源类资产证券化"绿色金融产品——"平海"，共计三期，规模各达3 500万元。

福建省涉海金融服务业正处于体系不断完善的过程中，现已涵盖涉海信贷服务、海洋产业基金服务、海洋金融产品服务等多种业务。2013年，福建省投入5 000万元省级财政资金与银行机构合作，共同开展现代海洋产业中小企业助保金贷款业务，为涉海中小企业提供较为优惠的利率。2017年，福建省政府提供财政资金5 000万元，引导福建省投资开发集团、福建海峡银行等社会资本，共同参与设立福建省远洋渔业产业基金，基金规模10亿元，用于支持远洋渔业发展。此外，福建省政府与厦门市政府分别投入2 500万元财政资金，引导社会资本参与，共同设立厦门南方海洋研究中心海洋产业基金，基金规模1.026亿元，重点支持厦门地区海洋新兴产业发展。

### 2. 海洋新兴产业发展存在的主要问题

相较于传统海洋产业，海洋新兴产业普遍具有高投入、高风险、资本回报周期长等特点，因而其发展也面临诸如研发投入不足、专业人才缺乏、发展动力欠缺等多种问题。就东海区而言，海洋新兴产业发展主要存在以下几个方面的问题。

一是海洋新兴产业发展的顶层设计和战略规划不足，配套政策体系尚不完善。虽然国家层面已经启动海洋新兴产业的规划编制，但海洋新兴产业发展的经济社会效益尚未得到社会的充分认识，企业投入生产的积极性不高，从而限制了海洋新兴产业的发展速度。由于海洋新兴产业前期投入巨大，因而早期的培育发展离不开政策的大力支持。但东海区缺乏针对海洋新兴产业的顶层宏观部署，新兴产业的发展缺乏协调，产业与区域之间、产业与环境之间的矛盾依旧突出，海洋新兴产业发展的各类要素配置缺乏统筹安排。此外，由于各地方缺乏对当地海洋资源、海洋人才、海洋资本的清晰认识，区域之间海洋新兴产业的发展容易出现一哄而上的情况，造成区域间的恶性竞争，难以形成一体化的协同产业链。

二是海洋新兴产业的科技自主创新能力较弱，科技成果转换率不高。与其他产业相比，海洋生物医药、海水利用、海洋风能发电等海洋新兴产业对高新技术的需求度更高，然而受研发水平限制，东海区海洋新兴产业的多种核心关键技术仍受制于国外。较多的海洋科技类企业缺乏自主创新，采取与国外合作为主，在海洋科技产品生产链中处于不利位置。另一方面，虽然东海区聚焦了大量的涉海科研院所，但总体的海洋科技成果转换率仍然偏低，发明专利总数百分比长期徘徊在 20% 左右。关键技术自给率和转换率不足极大地限制了东海海洋新兴产业的发展，不利于形成本身的区域优势。

三是海洋新兴产业的产业链不完善，缺乏龙头企业。东海区从事海工装备制造的企业规模普遍较小，整体新兴制造业基础依旧薄弱，产业链尚未形成，严重制约海洋新兴产业的发展，即便是从国外引进生产线，大部分原材料仍需要进口，难以形成较强的品牌效应，导致经济附加值偏低。以海水淡化产业为例，目前东海海水淡化厂的建设仍处于孤立、零散的初级应用状态，还未形成海水淡化装备制造业基地和具有国际竞争能力的专业化龙头企业或企业集群，在市场竞争上也不具备与国外公司抗衡的能力。国内目前除了国家示范项目外，真正由需求产生的海水淡化项目寥寥无几，在国内应用推广依然艰难，市场需求亟待激活。

四是海洋新兴产业的资金投入不足，高层次科技人才匮乏。海洋新兴产业的投入建设经营周期长、资金需求量大、投资回收慢，因而对各类资金的吸引力不够。多数地区的海洋新兴产业的资金投入主要依赖于政府，来自社会的资金投入极少，尚未建立起涵盖从研发到生产全过程的长期资金投入机制。同时，海洋新兴产业的风险规避手段缺失，涉海保险发展不足。尽管东海海洋保险的险种和规模增长较快，但保费收入占比很低，商业性保险不愿意涉足，政策性保险产品缺乏，专业人才和相关定价、估损、理赔技术缺乏，无法保、不敢保的现象比较普遍。最后，东海区海洋新兴产业的人才储备不足，具备高水平创新能力的高层次人才匮乏，在海洋生物医药、海水利用等重点领域的从业人员学历水平有待提高。人才队伍的匮乏影响了海洋新兴产业的科技自主研发创新，从而制约了产业竞争力。

### （二）海洋新兴产业的发展路径

海洋新兴产业主要以高新技术为载体的产业形式，是以海洋高新技术企业为主体，将技术要素与其他生产要素相结合，在需求和政策等外力刺激下，转化为现实生产力并实现规模化生产的过程。在全球金融危机爆发后的新一轮国际经济秩序调整过程中，新兴产业以其对经济社会全局和长远发展的重大引领带动作用，以及知识技术密集、物质资源消耗少、成长潜力大、综合效益好等特征，成为各经济体建立或重塑国家竞争优势的共同选择。东海区海洋新兴产业发展在推动东海区海洋经济以及中国海洋经济高质量发展中起着十分关键的作用。

### 1. 加强科技创新引领，实现创新驱动

加大战略性海洋新兴产业关键核心技术和设备的研发，不断增强海洋科技创新驱动力。海洋新兴产业发展的重要内涵就是要通过海洋高新技术开发和运用推动海洋产业粗放型发展模式的转变。一方面，通过技术创新改造传统产业，使其具有绿色可持续的特征；另一面，通过高新技术的运用开拓海洋产业，充分开发和利用海洋资源。因此，东海区应紧紧围绕"科技兴海"战略，大力推动海洋科技创新及高层次人才培养。具体而言，第一，依托东海区科研院所、国家科技兴海示范基地以及东海区内其他海洋科技创新企业，集产学研为一体，将海洋科技创新上、中、下游进行对接与耦合。第二，东海区新兴产业应瞄准世界海洋高新技术前沿，重点在海洋工程装备业、海洋生物医药业及海洋生物高效健康养殖等领域的核心技术实现新突破，形成一批具有自主知识产权的科技产品，提升海洋新兴产业核心竞争力。第三，坚持海洋高端人才引领，以海洋科技发展为导向、以海洋产业紧迫需求为重点，大力培养并引进海洋科技领军人才、海洋产业创新创业团队、海洋产业高素质管理人才和高技能人才。

### 2. 推动海洋新兴产业集聚，发挥集聚效应

加快海洋产业结构优化，提高产业聚集效应。海洋产业结构优化是海洋经济发展的结果又将反作用于海洋经济由量变向质变发展。海洋产业结构优化过程将资本、劳动力、土地、技术和企业家才能等生产要素从低附加值、低效率和高消耗的海洋产业或产业链环节向高附加值、高效率和低消耗的海洋产业或产业链环节转移，以集群化思路促进产业结构优化。在新常态下，促进海洋产业结构优化升级以及海洋新兴产业集群化发展，是增强壮大东海区海洋新兴产业的一个必然选择。第一，通过海洋高新技术产业向海洋第一产业、海洋第二产业中的传统产业进行产业渗透，让海洋渔业、海洋工业中的传统产业高新技术化，延长产业链，提高其附加值并形成新的产业或进一步壮大已形成的新产业。例如，对于海洋渔业，除了进行捕捞、加工外，用以生物制药及保健，研发出深海鱼油、藻类胶囊、各类海洋产品蛋白、酶类以及美容护肤品，正是海洋高新技术与海洋第一产业进行渗透、融合形成海洋生物医药业。第二，海洋第二产业方面，重点在海洋工程装备业上进行发力。海洋工程装备业是其他海洋工业发展的基础，海洋油气勘探与开发、海洋盐业、海洋矿业、海洋工程建筑业等海洋第二产业都需要设备精良、产品性能佳的海洋工程装备。研发高端、高附加值的海洋工

程装备既壮大了海洋新兴产业又整体上提高了海洋第二产业的工业化水平①。

### 3. 加大政府支持，发挥需求拉动效应

加大政府扶持力度，不断增强海洋新产品的市场需求拉动力。遵循市场规律，充分发挥市场对资源配置的基础性作用，这是海洋新兴产业在激烈的市场竞争中能够健康成长而不迷失方向的保障。在市场培育初期，由于海洋新兴产业的企业规模还比较小、总体竞争力弱、市场成熟度不高等诸多原因，抬升了海洋新产品的成本，新产品的市场售价难免偏高，这对新产品的市场需求会产生不利的影响。因此，加大政府和社会的扶持力度，对加快海洋新兴产业的市场培育意义重大。通过实施政府采购政策来加快新兴产业的培育已经被世界上许多国家所采用，先制订比较详细的新兴产业产品购买计划，然后政府适度采购计划内产品来刺激需求，加速市场培育的步伐，效果良好。包括东海区三省市在内的全国各地区都应当加快完善海洋新兴产业产品的政府采购制度，既可以试行政府采购配额制度，也可以向发达国家学习，实施适度的高价收购政策，优先采购计划内产品。

### 4. 健全投融资机制，缓解融资约束

建立健全资本市场，探索建立海洋新兴产业投融资新机制。着力进行投融资机制改革，采取多种方式（如银行贷款、企业自筹、社会融资及国家补助等），探索建立多元化、多层次、多渠道的海洋新兴产业投融资新机制。同时，要加强与银行业等金融机构的沟通联系，拓展思路，积极探索贷款新品种，创新担保方式，适度扩大对海洋新兴产业的贷款规模；尝试拓宽抵押物范围，积极鼓励开展股权、知识产权及应收账款、仓单等质押贷款，推广海域使用权抵押贷款，以及出口预退税保函业务。支持符合条件的海洋新兴产业企业通过股票上市、发行债券或者中期票据、产权置换等多种方式筹措资金；瞄准国际资本市场，鼓励有实力的企业尝试到境外资本市场上市融资。要密切关注海洋新兴产业中小企业的融资问题，探索建立"中小企业应急互助基金"，降低中小企业因资金链断裂而引发的金融风险②。

---

① 刘名远，卓子凯：《福建省海洋战略性新兴产业发展路径研究》，《发展研究》，2018 年第 11 期。
② 刘洪昌，刘洪：《创新双螺旋视角下战略性海洋新兴产业培育模式与发展路径研究——以江苏省为例》，《科技管理研究》，2018 第 14 期。

## 三、东海海洋产业结构升级与布局优化

海洋产业结构升级和布局优化是海洋经济高质量发展的必由之路。在路径依赖的作用下，海洋产业结构升级往往需要突破长期存在的窠臼，而随着中国海洋管理体制以及相关的制度架构改革进程的不断加快，海洋经济逐步摆脱粗放型增长的"老路子"，结构升级步伐加快、空间布局优化成果逐步凸显。本节主要聚焦于东海海洋结构升级趋势与特点以及海洋产业布局优化趋势两个方面的内容。

### （一）东海海洋产业结构升级趋势与特点

#### 1. 东海海洋产业结构的高度化

当前东海海洋经济增长的主要约束是供给与需求的结构性不平衡。加强供给侧改革的主导作用，是实现供求关系平衡的重要内容。目前，海洋供给侧结构的改革重点关注产业层面，通过对海洋产业层面的变革，实现海洋产业结构高度化。[①] 加快推进东海海洋产业结构升级，促进生产方式从劳动密集型向技术密集型转变，实现供给质量的提升。

东海区海洋产业结构由"二三一"向"三二一"转变。由表 8.3 可知，2000 年东海区海洋产业结构总体呈现"二三一"分布格局，至 2016 年，转变为"三二一"的分布格局，海洋第二产业由 2000 年的 48.7%下降到 2016 年的 35.0%，第三产业则由 41.7%上升到 60.1%。从分地区来看，2000 年，浙江省和福建省第二产业均高于第一产业和第二产业，上海市第二产业略低于第三产业。到 2016 年，三省市的产业结构均呈现"三二一"分布格局，其中，上海市海洋产业结构的"三二一"分布最为显著，第一产业占比仅为 0.1%，第三产业几乎是第二产业的近 1 倍，而福建与浙江海洋产业结构比例较为相似。

---

① 产业结构高级化是指产业结构系统从较低级形式向较高级形式的转化过程。

表 8.3  2000 年和 2016 年东海三省市海洋产业结构比例

| 省（直辖市） | 2000 年 | 2016 年 |
| --- | --- | --- |
| 东海区 | 9.6∶48.7∶41.7 | 4.9∶35.0∶60.1 |
| 浙江 | 11.0∶52.7∶36.3 | 7.6∶34.7∶57.7 |
| 福建 | 16.3∶43.7∶40.0 | 7.3∶35.7∶57.0 |
| 上海 | 1.8∶47.5∶50.7 | 0.1∶34.4∶65.5 |

注：数据来源于 2001 年和 2017 年《中国海洋统计年鉴》。

东海区海洋产业经过 40 多年的发展，通过产业跨界融合，逐步从劳动密集型过渡到资本密集型和技术密集型阶段。东海海洋产业展现出的一大特点是跨产业融合，使得产业结构呈现高级化发展态势。通过运用现代海洋生物技术，使海洋生物资源利用从简单的海洋捕捞向海水养殖、水产品加工、海洋制药等高附加值产业延伸。海洋产业链的延伸，意味着生产的扩张、收益的提高及效率的提升，进而大大促进东海区海洋经济发展。作为第一产业和第三产业融合的产物，东海区休闲渔业发展如火如荼。如舟山依托优越的条件，不断发展休闲渔业，逐渐摆脱过度依赖海洋捕捞。2006—2016 年，舟山休闲渔业经济产值从 1 785 万元增加到 13 651 万元，年均增幅高达 22.56%，远高于第一产业和第二产业增幅。[1] 舟山休闲渔业的发展不仅增加了渔民的收入、维护了渔区稳定，更在一定程度上保护了海洋渔业资源和海洋生态环境，同时也带动了诸如餐饮、住宿、娱乐等其他产业的发展。东海区滨海旅游业也正从中低端旅游向高端旅游迈进，从观光旅游向休闲度假发展，从传统旅游方式向现代旅游方式转变。

东海区海洋产业发展的另一大特点是海洋产业发展中的现代技术要素不断凸显。新一代互联网、大数据、3D 打印、物联网、机器人、人工智能、虚拟现实、新材料、生物科技等技术不断实现突破，带动了海洋生物、海水淡化、现代海洋服务业、海洋高端装备制造等产业的发展。在浙江舟山，从 2015 年 8 月起，海洋科学城以集群化、高端化、数字化为发展导向，围绕"互联网+海洋产业"，重点发展海洋通信、海洋大数据、海洋电商、海洋文创、船舶与海洋工程科技服务五大主题产业园，已集聚了 100

---

[1] 韩磊，俞存根，周光锋，程国芳：《舟山群岛新区休闲渔业发展现状及对策研究》，《农村经济与科技》，2018 第 5 期。

多家"互联网+海洋产业"相关企业,产业集聚效应初步显现,形成技术领先、产品高端、特色鲜明的五大主题产业集群。为提升行业大数据分析与运用和综合管理能力,福建实施"数字海洋"建设,启动大数据中心建设,建立汇集海洋与渔业经济、管理、环境、防灾减灾等信息资源,面向行业应用、军民融合、公众服务的数据汇聚共享平台,形成分类分级的海洋与渔业数据管理体系,建立"福建海洋创新成果转移中心展示平台"和"福建海洋众创空间"示范基地。

东海海洋产业结构在高度化过程中也面临诸多问题。就上海而言,由于自然地域等限制,上海海洋资源并不如其他地区丰富,海洋第一产业发展受到了较大限制,所占比例一直很低,上海海洋第二产业科技含量较高,但在海洋产业种类多样性方面有所欠缺。[1] 就浙江而言,海洋经济主导产业不够明确,海洋产业内涵层次不够高,这对海洋产业的协调发展有一定的影响,同时主要海洋产业科技含量不高,对海洋第二产业的质量及速度都造成一定影响。就福建而言,海洋经济中新兴产业、朝阳产业比重较小,说明福建海洋经济工业化及科技化水平不高,限制了海洋第二产业的科技发展及总体产业层次的提升。

### 2. 东海海洋产业结构的合理化

产业结构合理化是指各产业之间相互协调,有较强的产业结构转换能力和良好的适应性,能适应市场需求变化,并带来最佳效益的产业结构。产业结构合理化是产业结构升级的主要衡量指标之一。

东海区三省市海洋产业结构合理化程度存在较大差异。根据表8.4所示的对沿海11个省市的海洋产业结构合理化程度综合评价结果,可以发现,东海三省市中,上海的海洋产业结构合理化程度最高,即使在所有沿海省市的排名中,上海产业合理化程度也属于最高,浙江的海洋产业结构合理化程度最低,仅为0.61,在沿海省市中的排名基本处于末位,浙江省的海洋产业结构合理性需要进一步提升。构成海洋产业结构合理度评价的重要内容之一是产业的多样化程度,东海区三省市中,浙江和福建多样化程度值均为0.9,在沿海省市中的排名位列第四,而上海的多样化程度较低,排名第九,低于所有沿海省市。因此,在三省市中,福建和浙江的海洋产业结构的多元化相对较高,而上海最低。构成海洋产业结构合理化的另一指标是海洋产业结构的变动速

---

[1] 魏梦雅,张效莉:《基于三次产业分类的东海经济区海洋产业结构分析》,《海洋经济》,2016年第2期。

度，根据表 8.4，东海区三省市中，上海的海洋产业结构变动速度最快，在所有沿海省份中排名第二，福建和浙江的海洋产业结构变动速度最慢，在所有沿海省份排名中分列第八和第九。

表 8.4　2014 年沿海地区海洋产业结构合理化评价结果

| 省（直辖市） | 合理化程度 | 排名 | 多样化程度 | 排名 | 变动速度 | 排名 |
| --- | --- | --- | --- | --- | --- | --- |
| 浙江 | 0.61 | 10 | 0.90 | 4 | 0.06 | 9 |
| 福建 | 0.74 | 6 | 0.90 | 4 | 0.07 | 8 |
| 上海 | 1.34 | 1 | 0.66 | 9 | 0.24 | 2 |
| 天津 | 1.02 | 3 | 0.68 | 8 | 0.07 | 8 |
| 河北 | 0.62 | 9 | 0.82 | 6 | 0.03 | 10 |
| 辽宁 | 0.82 | 4 | 0.94 | 3 | 0.35 | 1 |
| 江苏 | 0.76 | 5 | 0.87 | 5 | 0.20 | 3 |
| 山东 | 1.05 | 2 | 0.90 | 4 | 0.10 | 7 |
| 广东 | 0.68 | 8 | 0.76 | 7 | 0.11 | 6 |
| 广西 | 0.49 | 11 | 1.03 | 1 | 0.13 | 5 |
| 海南 | 0.68 | 7 | 0.97 | 2 | 0.18 | 4 |

注：数据来源于冯友建和杨蕴真的研究①。

东海区海洋产业结构合理化过程中面临的主要问题是：第一，海洋产业结构内部比例不太合理，整体水平比较低。尽管海洋第二和第三产业的比重在全国排名处于中上等水平，但没有体现出产业发展的专一化，三次产业内部结构不均衡导致整体海洋产业结构合理化水平比较低，从而限制了海洋经济的快速发展。第二，海洋产业发展重点不突出，制约整体发展态势。从浙江省海洋产业结构现状来看，发展重点不突出，区域产业同质现象显著。第三，海洋产业发展呈现粗放状态，缺乏可持续发展意识，产业绿色化、精细化发展程度不高。

---

① 冯友建、杨蕴真：《浙江省海洋产业结构合理化评价研究》，《海洋开发与管理》，2017 年第 7 期。

## （二）东海海洋产业布局优化趋势与特征

### 1. 东海海洋产业布局的集聚化

海洋产业布局的集聚化是推动海洋经济高质量发展的重要引擎。东海区共有 11 个涉海国家级园区，占全国涉海园区总数的 27.0%，依托发达的科教体系、独具优势的开放型经济，这一地区形成了临港工业、船舶制造与海洋服务业集聚区，产业的外向度高，创新能力强。浙江舟山、上海临港以及福建福州和厦漳泉产业集聚区是当前东海区海洋产业集聚发展的典型，反映了东海区海洋产业集聚的基本特征，本节主要介绍以上三个典型海洋产业集聚区。

（1）上海临港海洋产业集聚区

临港位于长江经济带、海上丝绸之路交叉点的临港地区，具有中国沿海中部、长江出海口、国际航道边、国际空港和海港旁的门户优势区位，具有发展海洋产业得天独厚的优势。在临港地区，目前已形成以海洋园区为代表、以高端海洋装备为引领、以智能制造为特色的产业集聚区，已吸引数百家涉海高新技术企业入驻，并贯通海洋领域全产业链，成为上海市海洋经济发展的桥头堡。临港地区在海洋新能源装备产业、大型船用高端关键产业、船舶及零部件产业、海洋工程高端装备产业、工程机械产业、船用装备产业等主要支柱产业上集聚效应明显，一批在国内外有影响力的船舶和海洋工程高端装备制造企业在临港地区壮大发展，一批具有较强生机的海洋高新技术产业和中小型高新技术企业得到培育成长。临港海洋高新技术产业园已经构建了以深海科学研究、深海材料研发为主，以"彩虹鱼"、遨拓深水装备为代表的深海高科技产业生态圈，可以满足中国企业走向深海的技术需求。昔日海边的盐碱荒地华丽变身为"海洋硅谷"，成为蓝色产业"深耕者"青睐的一方沃土。

（2）浙江舟山群岛新区海洋产业集聚区

浙江舟山群岛新区海洋产业集聚区是浙江重点打造的 15 个省级产业集聚区之一，规划定位建设成为中国海洋综合开发示范区、长三角主要的海洋产业集聚发展区和浙江海洋经济发展引领区。集聚区总规划面积约 98 km$^2$，规划形成"一城诸岛"总体战略布局架构。其中，"一城"指中国（舟山）海洋科学城，"诸岛"指金塘岛、六横岛、衢山岛、舟山岛西北部、岱山岛西部、泗礁岛、朱家尖岛、洋山岛、长涂岛、虾峙岛等区块。规划打造海洋清洁能源、港口物流与港航服务、船舶与临港装备、临港石化、海洋旅游、现代渔业、水产品精深加工与海洋生物和大宗物资加工八大产业集群。集聚区核心区由高新技术产业园区和临港综合保税区组成，是舟山群岛新区经济发展的重要板块。高新技术产业园区设置舟山群岛新区科创中心、孵化器、小微园区、大学科技园四大创业创新驱动板块，其中科创中心主要作为舟山市"5313"领军人才团队园区初创、中试的培育核心区；孵化器和小微园区作为承接领军人才（团队）产业化培育、全市高新技术产业化培育核心基地，目前入区孵化以医疗器械制造、游艇制造、新能源设备制造等行业公司为主；舟山群岛新区大学科技园主要作为园区海洋生物技术、高端船舶与海洋工程装备技术、海洋资源综合开发利用技术、新能源、海洋电子信息技术等海洋新兴产业校企合作重点平台，浙江海洋大学现已入驻。

（3）福建福州和厦漳泉海洋产业集聚区

福州产业集聚区和厦漳泉海洋产业集聚区是福建推进海峡蓝色产业带建设的一部分。福州海洋产业集聚区以福州新区建设及中国（福建）自由贸易试验区福州片区、平潭片区建设为契机，以新型开放经济为导向，调整优化海洋产业结构，择优发展现代临港工业，扶持发展海洋新兴产业，培育发展现代海洋服务业，提升发展现代海洋渔业，在更高起点上加快建设"海上福州"。推进与平潭综合实验区一体化发展，探索建立以产业园区为载体的合作共建发展模式，加快推进福州市区与闽侯县、罗源县、长乐区、连江县、福清市的一体化发展，做大做强海洋新兴产业和现代海洋服务业，推动临港产业集聚发展、优化发展。厦漳泉集聚区则充分发挥厦门经济特区和福建自贸区厦门片区的引领示范作用，推进厦漳泉同城化发展，依托较好的产业基础和较为雄厚的科研力量，大力培育发展海洋生物医药、邮轮游艇、海水淡化与综合利用等海洋新兴产业，提升发展海洋旅游、港口物流、金融服务、海洋文化创意等现代海洋服务业，合理布局高端临港产业，持续推进东南国际航运中心、海洋高新技术产业基地、现代海洋服务业基地和海洋综合管理创新示范区建设。

## 2. 东海海洋产业布局的协同化

（1）与地区资源环境承载力相适应

海洋经济是典型的资源环境依赖型经济，诸如海洋渔业、海洋油气业、海洋生物医药业、滨海旅游业等均需要海洋资源和特定的海洋生境作支撑。不同海洋空间的自然状况不同，其资源环境承载力也不同，为实现海洋经济的可持续发展，海洋产业的发展必须与地区资源环境承载力相适应。随着海洋绿色发展理念的不断深入，东海区海洋经济不断转型，海洋产业的布局也在资源环境约束条件下不断优化。以港口运输业为例，在丰富的港口资源支撑下，东海区航运业发展迅猛，围绕宁波、舟山、上海、厦门等核心区，不断优化港口运输业布局，充分利用了东海区的港航运输天然优势。东海区港口群是中国沿海港口群中港口分布最密集、吞吐量最大的港口群，其中宁波—舟山港和上海港的吞吐量稳居全国第一位和第二位。服务于东海区的港口资源丰富，包括宁波—舟山港、上海港、台州港、温州港、福州港、厦门港、莆田港和漳州港。按照"大港口、大水运、强海运"的建设思路，浙江港航实现了跨越式发展，为全省经济社会发展提供了坚实的保障，港航强省战略推进态势良好。港口吞吐量跃居世界前列，2016年，浙江沿海港口货物吞吐量 $11.4×10^8$ t，完成集装箱吞吐量 $2\,362×10^4$ TEU，分别比2010年增长38.2%和54.7%。其中，宁波舟山港完成货物吞吐量 $9.2×10^8$ t，连续7年稳居全球港口第一位；完成集装箱吞吐量 $2\,156×10^4$ TEU，列全球第四位。港航转型发展成效明显，现代航运服务业快速发展；成立了宁波、舟山大宗商品交易所，2015年两大交易平台成交量合计达21 558.33亿元，船舶交易量位居全国首位，发布了全国首个船舶交易指数。建成了全国最大原油码头大榭港区实华二期45万吨级原油码头、可靠泊全球最大集装箱船的北仑四期集装箱码头，以及梅山集装箱码头1~5号泊位、六横凉潭矿石中转码头等一批码头项目。

（2）不断强化核心区示范效应

为加快海洋经济发展步伐，中国提出建设海洋经济发展示范区，通过示范区发挥产业集聚优势，辐射带动周边地区海洋经济发展。以浙江省为例，浙江省是海洋经济发展示范区建设的重点地区，根据目前海洋经济发展示范区建设方案中的布局，充分发挥产业集聚是未来海洋产业建设的主攻方向。目前，正依托宁波舟山港为核心的港口群建设中国大宗商品交易中心，宁波、舟山、温州等航运服务集聚区的现代航运服务业已初具规模，以舟山现代远洋渔业基地为代表的高效生态海水养殖业得到大力发展。在浙江省内，宁波、温州和舟山已经获批海洋经济发展示范区建设，围绕海洋经济发展示范区建设的总体方案进行产业的总体布局。以温州市为例，温州海洋经济发展示范区正构建"一核一轴四区多岛"的空间布局，产业布局也主要围绕该空间布局进行规划。作为"一核"的瓯江口布局产业集聚区，重点发展临港先进制造业和生产型服务业和人居商住和休闲旅游。作为"四区"之一的洞头海洋生态经济区，构建以海洋旅游为主导，海洋生物医药、海洋新能源为两点，海洋科教服务、海洋金融业等海洋现代服务业为支撑的新型产业体系。状元岙港区则主要发展航运业。大小门临港产业区重点发展临港石化、临港物流和临港工业。国家海洋特色产业园区则重点建设集蓝色产业集聚、海洋生态修复于一体的国家海洋特色产业园区。此外，上海浦东新区于 2017 年 6 月获批海洋经济创新发展示范城市，临港地区作为主要承载区，目前已成为海洋经济高质量发展高地，引领带动了深远海高端装备、海洋生物药物等领域的创新突破和集聚孵化。下一步，上海将积极推进长三角海洋经济高质量一体化发展，探索创建全球海洋中心城市，深化浦东新区和崇明区长兴岛两个国家级海洋经济示范区建设，力促海洋经济高质量发展。

（3）充分发挥区域协同互补优势

每个地区发展都依赖于其特有的资源优势、经济基础和技术条件，需要因地制宜地选择优势领域进行重点发展。东海区海洋产业布局应充分考虑三省市各自的基础条件，发挥各地区优势，推动区域协同互补。随着东海区各地方海洋经济联系不断紧密，东海区整体的海洋产业布局正逐步摆脱以往的同质发展困境，实现错位发展。作为东海区经济金融发展水平最高的地区，上海市立足东海海洋经济一体化发展趋势，充分发挥本地海洋科技创新优势，不断促进海洋智能制造、海洋生物产业、海洋现代服务业等新兴产业孵化集聚和壮大，依托涉海科研院所和科技企业，为浙江省、福建省输送海洋科技人才、技术，激发了新兴海洋产业集聚外溢效应。浙江省则立足制造业优势，在海工装备制造、海洋船舶制造等领域形成区域优势，依靠这些支柱产业较强的产业关联效应，从产业链层面推动了东海各地区海洋经济的协同发展。福建省在远洋渔业、海洋旅游、海洋工程建筑等领域形成了主导产业优势，同时海洋生物医药、邮轮游艇、海洋工程装备等新兴产业发展空间巨大，能够吸引上海、浙江等地成熟的龙头优秀企业开展广泛合作。总体上看，东海区海洋经济正在逐步形成产业布局合理、各具特色、协同联动的发展态势。

# 第九章 东海海洋科技创新发展概况

科技是海洋经济发展的第一推动力,海洋科技创新发展的最终目的是更好地支撑海洋经济的发展。一方面,在资源环境约束不断增加的背景下,传统海洋产业的绿色化升级改造、海洋资源的可持续利用等均离不开海洋科技的创新升级;另一方面,海洋产业结构的升级发展、战略性新兴产业的培育等也需要海洋科技核心动力的支撑,海洋科技创新是激发海洋经济新动能、新增长点的关键基础。总之,在新常态下,要实现海洋经济的高质量发展,首先要理清和明确海洋科技创新的演化趋势和优化路径。为此,本章在梳理东海海洋科技创新发展历程的基础上,探究海洋科技发展演化趋势特征,分析现存的主要问题,最后提出未来提升科技创新能力的具体措施。

## 一、东海海洋科技创新发展历程

自新中国成立以来,经过 70 多年的发展,中国海洋科技创新实现了质的飞跃,其发展历程可划分为三个阶段:第一阶段,新中国成立之初到改革开放前的萌发时期,海洋科技人才和硬件设备储备不足、相关海洋科技创新法律法规不健全等都制约着中国海洋科技创新的发展,中国海洋科技百废待兴;第二阶段,改革开放到党的十八大的快速发展期,在改革开放方针和全国科技大会的助推下,中国海洋科技创新进入快速发展阶段;第三阶段,党的十八大以来,坚持自主创新成为海洋科技创新发展的主要方向,中国海洋科技创新进入自主创新的转型发展阶段。作为中国海洋版图的重要组成部分,东海海洋科技创新的发展历程与国家海洋科技创新发展的步伐基本一致。

### (一)东海海洋科技创新的萌发时期(1949—1977 年)

新中国成立之初,海洋科研人才和海洋调查装备极为匮乏。为尽快改变这一状况,中央政府在起步阶段主要筹建海洋科研机构、人才培养机构和海洋管理机构,出台有关海洋规划,开展初步的海洋调查,为海洋科学技术发展奠定了一定的基础。1949 年

11月，中国科学院刚成立不久，童第周、曾呈奎等联名致信时任中科院副院长陶孟和和竺可桢，建议在青岛成立海洋研究所。1950年8月，中国科学院水生生物研究所建立海洋生物研究室，成为新中国第一个专业海洋研究机构。1964年7月，国家海洋局成立，负责组织开展海洋科研、调查工作。建局初期，国家海洋局围绕海洋发展规划任务，聚焦海洋环境调查，调整和新建了海洋科技研究队伍、海洋调查船队及相应的海区管理机构，先后组建了第一、第二和第三海洋研究所，北海、东海和南海分局，以及各分局所辖海洋调查队伍和海洋预报台站，并组建了海洋水文气象预报总台、海洋科技情报研究所和海洋技术研究所等专业性海洋科技机构。至此，东海分局成为海洋科技发展的行政管理机构，而第二和第三海洋研究所成为东海区重要的海洋科研院所，东海海洋科技发展拉开序幕。

1956年10月，国务院科学规划委员会制订了《1956—1967年国家重要科学技术任务规划及基础科学规划》，提出了"向科学进军"的口号，并首次将海洋科学技术列入国家科学技术发展规划中，据此出台了《1956—1967年海洋科学发展远景规划》。在此基础上，1958年9月至1960年12月，中国开展了第一次大规模的全国性海洋综合调查。在国家科委海洋组的规划和组织领导下，中国60多个单位协作，先后在渤海、黄海、东海和南海进行了全国海洋普查。在东海海域，调查队在浙江、福建沿海的两个海区内布设了8条调查断面和54个大面积观测站，进行了8个月的探索性大面调查。此次调查初步掌握了东海海洋水文、化学、生物、地质等要素的基本特征和变化规律，改变了缺乏基本海洋资料的局面，为东海海洋科技发展奠定了重要基础。

### （二）东海海洋科技创新快速发展期（1978—2011年）

1978年党的十一届三中全会后，中国确定改革开放的总方针，经济建设被列为国家的头等大事。此后，随着全国科技大会的召开，邓小平提出"科学技术是生产力"的著名论断，各地方开始将科技创新视为经济发展的核心动力，全国科学技术规划会议明确了"查清中国海、进军三大洋、登上南极洲"的目标，中国海洋科学技术事业进入了快速发展期。1978年国家制订了《全国自然科学发展规划》，共提出108项研究任务，其中第1项和第24项涉及海洋科学技术发展；1991年全国海洋工作会议通过了《九十年代中国海洋政策和工作纲要》；1993年2月国家科委、国家计委、国家海洋局等联合制订了《海洋技术政策要点》，1997年6月制订了《海洋应用基础研究计划》；同时，国家科技部、国家自然科学基金委分别出台了"863"计划、"973"计划及重点科学基金涉海项目,为这一时期海洋科学技术发展提供了良好的政策环境和资金支持。在规划政策不断完善的同时,多项重大海洋科学技术攻关取得突破。1978年以来,中国海洋科学技术围绕"查清中国海、进军三大洋、登上南极洲"的战略目标,在加强海洋调查能力和调查仪器装备研发的基础上,开始走出中国近海,面向深海大洋和南北极,进行了大规模的海洋调查和探索研究工作,取得了丰富的科研成果。与此同时,中国海洋科学技术面向经济建设主战场,以开发利用海洋资源、发展海洋经济、保护海洋环境为中心,开展了一系列海洋重大调查研究专项,取得了骄人的业绩,国际海洋科技合作与交流成效也十分显著。

随着科技兴海理念在中央层面的不断深化,东海区地方层面的海洋科技创新工作也竞相开展。上海市依托多个国家级重点实验室和海洋科学试验基地,在海洋工程及装备制造、大型船舶和船用大功率低速柴油机制造、海底管道铺设检测维修、深海钻探、海洋生物基因研究等方面取得了重要进展,尤其是大型船用曲轴的开发成功,标志着中国船舶技术取得了重大突破。除此之外,上海已经拥有一批具有完备先进技术和生产能力的涉海企业,并积极推动产学研一体化发展,为海洋经济的可持续发展提供了有力支撑。"十一五"期间,上海开展了海洋防灾减灾、海洋资源利用、海洋环境治理、船舶制造、海洋工程装备等相关基础理论和应用技术研究,探索建立上海市海洋科技研究中心、数字化造船国家工程实验室、海洋工程材料与防护技术研究中心等海洋科技创新平台;上海在海底观测、深海钻探、海上风电、液化天然气船、高端船舶、水下运载器和机器人等海洋高新技术领域也取得了重大进展,提升了中国在高技术和高附加值船舶以及大型风电机组领域的研发制造水平;初步建立了中国第一个海底综合观测试验与示范系统——东海海底观测小衢山试验站、东海典型赤潮藻毒素溯源网络体系、江海直航海域观测预警服务保障系统以及长江口咸潮入侵监测预报系统,提高了海洋灾害预测预报和应急处置能力;实现了大型深水钻井平台设计建造的突破,在深海钻探和深海大洋基础研究等方面居于国际领先地位,为上海海洋事业可持续发展提供了重要的科技支撑。

为了转变粗放型、资源消耗型的经济发展方式,浙江在这一时期提出走科技兴海之路,用高新技术改造海洋传统产业,开拓新产业,全面振兴海洋经济,并逐步落实以科技进步推动产业结构演进的战略。浙江于1995年制定了"8233"科技兴海工程,围绕海水增养殖和外海远洋捕捞、海洋生物技术、海洋利用技术、海洋防灾减灾技术、海洋生物资源深度开发利用等进行攻关。但直到2003年浙江省海洋经济工作会议正式召开，浙江的海洋科技发展才真正被提上日程，明确提出要大力推进海洋科技创新，促进海洋开发由粗放型向集约型转变，不断提高海洋经济发展水平。同年，浙江省制订并出台了《浙江省科技兴海重大科技攻关及示范工程实施方案》，重点支持海洋生物制品开发、海水淡化、数字化船舶制造、海洋环境监测等关键、共性技术攻关和示范工程项目。"十五"期间，浙江省共实施科技项目200余项，在抗风浪网箱设备和养殖技术、反渗透海水淡化、风力发电机组研发等方面进入全国前列，科技兴海战略取得实效，海洋科技创新能力有所增强。政府、企业、科研机构共同投入发展海洋科技，积极引进高层次海洋科研机构和科技人才，加强了浙江省海洋科技创新体系的建设。"十一五"期间，浙江海洋科研投入不断增长，研发投入占海洋生产总值比重达1.9%，涉海科研院所和大专院校发展态势良好，国家海洋局第二海洋研究所、浙江海洋学院等涉海研究院所和院校科研实力取得了长足进步。此外，国家与地方共建、省地共建的中国海洋科技创新引智园区、温州海洋研究所等各类海洋科研机构和海洋研究院与开发平台筹建工作也取得极大进展。

  福建省在大力发展海洋经济的过程中，也始终坚持科技兴海战略，充分发挥国家海洋三所、厦门大学、厦门海洋职业技术学院等海洋科研教育机构的智库作用，以实施重大海洋科技项目为载体，加快提升自主创新能力。"十五"期间，福建省科技兴海取得新成果，在海产品精深加工、海洋生物制药等方面取得重大突破，科技进步对福建海洋经济贡献率从2000年的50%提高到2005年的约57%。在此期间，福建省每年海洋科技研发投入达2 000万元以上，一批重点科技项目顺利实施，其中总投资1.9亿元的国家"863"计划项目"台湾海峡及毗邻海域海洋动力环境实时立体监测系统"福建示范区项目全面推进，以及"中国近海资源综合调查与评价"福建子项目的启动实施。"十一五"期间，高新产业成为福建海洋经济转型的方向，海洋生物医药产业迅速崛起，海水综合利用、海洋工程装备制造业稳步发展，取得一批水平全国领先、具有产业开发前景的技术成果。至2011年年底，国家海洋三所等一批生物医药研发机构开发出以贝壳为原料的医用骨组织修复材料、高纯河豚毒素戒毒新药、壳聚糖中老年营养品、高纯硫酸氨基葡萄糖等具有高附加值的高新技术海洋生物制品，厦门、福州、漳州、泉州等地也涌现出润科生物、石狮华宝、福州南海岸等海洋高新技术企业，年产值突破15亿元。海洋科技正成为福建省海洋经济发展的加速器。

### （三）东海海洋科技创新的转型发展时期（2012年至今）

自党的十八大以来，党中央提出的一系列海洋战略部署，极大地激发了广大海洋科技工作者的积极性和创造性，中国海洋科学技术发展呈现出前所未有的新局面。新时期中，深水、绿色、安全的海洋高技术领域成为海洋科技发展的重点方向，推进海洋经济转型过程中急需的核心技术和关键共性技术的研究开发成为主要任务，同时更加强调自主创新的重要性。2016年12月，国家海洋局发布《全国科技兴海规划（2016—2020年）》，提出"到2020年，形成有利于创新驱动发展的科技兴海长效机制"。2017年5月，科技部、国土资源部、国家海洋局联合印发《"十三五"海洋领域科技创新专项规划》，明确了"十三五"期间海洋领域科技创新的发展思路、发展目标、重点技术发展方向、重点任务和保障措施。至此，中国完成了"十三五"海洋科技创新的顶层设计和政策制定。在政策规划的驱动下，2012—2019年，一大批重大海洋仪器装备的研发、建造顺利完成，并投入应用，极大地提升了中国海洋调查与研究的综合实力，深远海调查和大洋、南北极科考得以深入开展。

东海区三省市紧跟国家建设海洋经济强国战略步伐，积极推进重点领域的海洋科技自主创新。"十二五"期间，上海市政府积极推进科技兴海基地和平台建设，临港海洋高新技术产业化基地被国家海洋局认定为首个"国家科技兴海产业示范基地"，上海市海洋局深海装备材料与防护工程技术研究中心、河口海岸及近海工程技术研究中心、海洋生物医药工程技术研究中心、河口海洋测绘工程技术研究中心等平台和机构相继成立。"十三五"期间，上海海洋科研投入不断加大，据不完全统计，仅科技主管部门支持海洋领域研发经费近3亿元。在此期间，上海已成为全国船舶海工研发设计中心，是中国船舶与海洋工程装备产业综合技术水平和实力最强的地区之一，拥有国家重点实验室4家、国家工程技术研究中心2家、市级重点实验室和工程技术研究中心20余家，在沪两院院士6人，通过杨帆计划、启明星、学科带头人资助的青年科技人才40余人。此外，在前瞻布局和持续支持下，涌现出海底观测网、无人艇、"彩虹鱼"万米级载人深潜器、甘露寡糖二酸（GV-971）海洋新药、深水油气钻采系统、洋山港四期自动化码头、"天鲲"号大型绞吸疏浚装备、全球首艘23 000标箱LNG动力集装箱船等一批重大创新成果。在此期间，上海牵头完成的海洋科技成果获国家科技进步奖5项，上海市科学技术奖一等奖11项，二等奖26项，三等奖20项，掌握了多种高端船舶及海洋工程装备自主设计关键技术，为极地科学考察提供上海智力支撑，实现了多个核心关键技术的重大突破。

浙江省的海洋科技创新自进入 21 世纪开始迅速崛起。首先，海洋科教支撑不断增强，浙江海洋学院在 2016 年升格为浙江海洋大学，浙江大学海洋学院（舟山校区）、宁波诺丁汉国际海洋经济技术研究院、宁波大学海洋学院、舟山海洋科学城、温州海洋科技创业园、绍兴滨海新城海洋科技创新园等科教平台建设加快推进。截至 2016 年，浙江省拥有涉海类高校 21 所、涉海类省重点学科 40 余个，涉海科研院所 13 家、国家级海洋研发中心（重点实验室）5 家、海洋科技创新平台 19 家。其次，涉海新技术得到了飞速发展，膜法海水淡化技术和产业化、海产品育苗和养殖技术、海产品超低温加工技术、分段精度造船技术等全国领先。最后，地区海洋科技创新成果丰硕，2017 年，舟山国家远洋渔业基地被授牌为国家"科技兴海"产业示范基地，成为集码头、冷链服务、口岸监管、后勤配套和水产品交易市场等设施功能于一体的海洋生物资源集散中心。舟山 LHD 模块化大型海洋潮流能发电项目成果达到国际领先水平，作为目前世界上唯一一台实现全天候稳定发电并网的潮流能项目，该项目使浙江乃至中国一跃成为国际海洋能开发的佼佼者。

在科技兴海战略引领下，福建省不断增强海洋科技对海洋经济的引领作用，推动海洋科技与海洋产业不断融合。在"十二五"期间，全国唯一的国家级综合性海岛研究机构国家海洋局海岛研究中心落户平潭，福建省与教育部、国家海洋局等部门共建的厦门南方海洋研究中心影响力日益扩大，海洋事务东南基地、"6·18"虚拟研究院海洋分院作用日益显现，诏安金都海洋生物产业园成为国家科技兴海示范基地，厦门列入国家海洋高技术产业基地试点。在此期间，全省获得国家海洋创新成果奖项目 14 个、省科技奖项目 47 个，23 个项目列入国家海洋公益性行业科研专项。"十三五"期间，国家海洋经济创新发展示范项目中有 40 项成果获省级科技进步奖和国家行业科技奖，涉海产业的重大关键性技术攻关取得突破；依托"6·18"中国海峡项目成果交易会等平台，成功对接海洋高新产业项目 510 余个，涌现一批海洋科技创新型企业，2015 年海洋科技贡献率达 59.5%，渔业主导品种和主推技术到位率达 96% 以上，[①] 海洋科技成果转化提速；"海上银行"和海洋产业金融部、港口物流金融事业部、海洋支行等涉海金融服务专营机构相继设立，现代海洋产业中小企业助保金贷款和海域使用

---

① 数据来源：《福建省"十三五"海洋经济发展专项规划》，福建省人民政府网，http：//www. fujian. gov. cn/zc/zfxxgkl/gkml/jgzz/nlsyzcwj/201606/t20160607_1477097. htm，2020 年 6 月 2 日访问。

权、在建船舶、渔船抵押贷款等业务成效明显,现代蓝色产业创投基金挂牌成立,涉海金融创新能力得到显著增强。

## 二、东海海洋科技创新发展现状

海洋科技创新能力主要是由海洋科技投入和海洋科技产出两个子系统决定,每个子系统中又包含了多个反映创新能力的指标。海洋科技投入主要反映的是物力、财力以及人力资源等方面的投入情况,海洋科技产出则反映了海洋科技创新成果的转化程度和转化水平。[①] 在东海区三省市政府的政策鼓励和资金支持下,东海区的海洋科技投入有了明显提升,产生了诸多瞩目的海洋科技成果,创新能力也得到显著提高。本部分在梳理东海海洋科技投入和产出现状的基础上,总结海洋科技创新发展的现有模式。

### (一)东海海洋科技创新的基础条件

海洋科研基础是指支持海洋科研发展的专业科研机构数量、科研人员及结构、科学基础设施以及科研经费投入与产出等。[②] 海洋科技创新投入的主要基础及其类型划分见表9.1。随着海洋事业的发展,东海海洋科研机构和从业人员数量不断壮大,经费投入持续增长,科研基础不断完善,取得了丰富的科研成果。

#### 1. 海洋科研机构

海洋科研机构是指具有明确的研究方向和任务,拥有一定水平的学术带头人和研究人员,具备开展研究工作的基本条件,并长期有组织地从事海洋研究与开发活动的机构。海洋科研机构的发展指标主要包括海洋科研机构数量和海洋科研机构增长速度,海洋科研机构增长速度=当年海洋科研机构数量/上一年海洋科研机构数量×100%。[③] 从机构数量来看,2016年东海海洋科研机构数总计44个,占全国海洋科研机构数量的37.7%;从机构的增长速度来看,与全国海洋科研机构数量变化相似,2016年东海科研机构的数量相比2015年均出现不同程度的下降,整体的发展速度有所放缓,具体见

---

[①] 陈红霞、赵振宇:《浙江省海洋科技创新能力提升对策研究》,《科技管理研究》,2014年第15期。
[②] 王陈陈、杨卫:《东部海洋经济圈的海洋科技发展水平和海洋经济》,《海洋开发与管理》,2019第4期。
[③] 徐进:《国家三大海洋经济示范区海洋科技创新能力比较研究》,《科技进步与对策》,2012第16期。

表9.2。

表9.1 海洋科技创新投入指标

| 一级 | 二级 | 三级 |
| --- | --- | --- |
| 海洋科技投入 | 海洋科研机构 | 海洋科研机构数 |
| | | 海洋科研机构增长速度 |
| | 海洋科研机构科技活动人员 | 海洋科研机构科技活动人员数 |
| | | 从事科技活动人员的学历结构 |
| | | 从事科技活动人员的职能结构 |
| | 海洋科研教育 | 专任教师 |
| | | 海洋人才储备结构 |
| | 海洋科研机构科技课题 | 海洋科研机构课题总数 |
| | | 各类型科技课题数量 |
| | 海洋科研机构资金投入 | 基本建设中政府投资 |
| | | 科研机构经费收入总额 |
| | | 经常费 |

表9.2 东海区三省市科研机构的比较分析

| 指标 | 上海 | 浙江 | 福建 | 总计 | 全国 |
| --- | --- | --- | --- | --- | --- |
| 海洋科研机构数（个） | 11 | 19 | 14 | 44 | 138 |
| 海洋机构增长速度 | 15/11 (-0.27) | 21/19 (-0.10) | 14/14 (0) | 60/44 (-0.26) | 165/138 (-0.16) |

数据来源：《中国海洋统计年鉴》（2016）。

### 2. 海洋科研机构科技活动人员

随着东海区海洋经济规模的不断壮大，该区域对海洋科学人才的需求不断增大，海洋科研从业人员总体呈现不断壮大的趋势。2016年，东海区从事科技活动人员5 603

人，占全国科技活动人员的 27.5%。从事科技活动人员按学历分，拥有博士学位的 967 人，拥有硕士学位的 1 785 人，大学生 1 693 人，大专生 330 人，分别占总数 17.26%、31.86%、30.22% 和 5.89%，博士生比例占比低于全国平均水平（20.5%）；从事科技活动人员按职称分，拥有高级职称的人员 1 924 人，中级职称的人员 1 794 人，初级职称的人员 836 人，分别占总数的 34.34%、32.02% 和 14.92%，高级职称科技活动人员占比较高，高于全国的平均水平（34.9%）。具体见表 9.3。

表 9.3 东海区三省市科研机构科技活动人员情况

| 地区 | 从事科技活动人员（人） | 从事科技活动人员的学历结构 | | | | 从事科技活动人员的职能结构 | | |
| --- | --- | --- | --- | --- | --- | --- | --- | --- |
| | | 博士 | 硕士 | 大学生 | 大专生 | 高级职称 | 中级职称 | 初级职称 |
| 上海 | 2 571 | 520 | 808 | 714 | 141 | 913 | 824 | 383 |
| 浙江 | 1 839 | 257 | 592 | 546 | 121 | 626 | 513 | 253 |
| 福建 | 1 193 | 190 | 385 | 433 | 68 | 385 | 457 | 200 |
| 总计 | 5 603 | 967 | 1 785 | 1 693 | 330 | 1 924 | 1 794 | 836 |
| 全国 | 20 373 | 4 183 | 6 192 | 5 318 | 1 339 | 7 116 | 6 276 | 2 992 |

数据来源：《中国海洋统计年鉴》（2016）。

### 3. 海洋科研教育

人才是科技创新的核心，东海区海洋科技的创新离不开人才队伍的建设。海洋科研教育是系统培养人才的重要渠道，是打造结构合理、特色鲜明的海洋人才队伍的重要保障。海洋科研教育是教师输入和人才输出的过程，从教师输入情况来看（表 9.4），2016 年，东海区三省市高校海洋专任教师总数计 46 324 人，占全国海洋专业高等学校专任教师的 21.28%。从高等人才输出情况来看（表 9.4），2016 年，海洋专业博士毕业生为 93 人，占全国海洋专业博士研究生的 23.6%，海洋专业硕士毕业生为 782 人，占全国海洋专业硕士研究生的 35.97%，海洋专业中职毕业生为 6 881 人，占全国中等职业教育海洋专业毕业生的 55.02%。

表 9.4　东海区三省市海洋科研教育情况

| 省（直辖市） | 专任教师（人） | 海洋人才储备结构 | | |
|---|---|---|---|---|
| | | 博士毕业生（人） | 硕士毕业生（人） | 中职毕业生（人） |
| 上海 | 11 025 | 57 | 390 | 973 |
| 浙江 | 22 207 | 10 | 208 | 1 278 |
| 福建 | 13 092 | 26 | 184 | 4 630 |
| 总计 | 46 324 | 93 | 782 | 6 881 |
| 全国 | 217 637 | 394 | 2 174 | 12 506 |

数据来源：《中国海洋统计年鉴》（2016）。

### 4. 海洋科研机构科技课题

海洋科研机构科技课题主要包括基础研究、应用研究、试验发展、成果应用与科技服务等。"十三五"期间，东海各类海洋科研课题指标大幅度提升。2016 年，东海区三省市共完成海洋科研课题 2 234 项，占全国海洋科技课题总数的 20.7%。其中基础研究、应用研究、试验发展类、成果应用类以及科技服务类项目数分别为 386、531、491、240 和 586 项，分别占东海区课题总数的 15.93%、16.59%、19.12%、21.64 和 39.3%。可以发现，应用研究和试验发展研究是东海区科研机构的主要研究方向，具体情况见表 9.5。

表 9.5　东海区三省市海洋科研机构的科技课题情况

| 省（直辖市） | 科技课题 | | | | | |
|---|---|---|---|---|---|---|
| | 合计 | 基础研究（项） | 应用研究（项） | 试验发展（项） | 成果应用（项） | 科技服务（项） |
| 上海 | 935 | 13 | 321 | 227 | 116 | 258 |
| 浙江 | 709 | 141 | 55 | 140 | 100 | 273 |
| 福建 | 590 | 232 | 155 | 124 | 24 | 55 |
| 合计 | 2 234 | 386 | 531 | 491 | 240 | 586 |
| 沿海地区 | 10 792 | 2 423 | 3 201 | 2 568 | 1 109 | 1 491 |

数据来源：《中国海洋统计年鉴》（2016）。

5. 海洋科研机构资金投入

东海区三省市政府对海洋科研机构经费的投入主要体现在对海洋科学研究的基本建设投资、经费收入和经常费。如表9.6所示，2016年，东海区海洋科研基本建设政府投资总计88.96亿元，占沿海地区基本建设中政府投资的47.84%；科研机构经费收入总额达584.97亿元，占沿海地区科研机构经费收入的33.41%；经常费达496.01亿元，占沿海地区科研经常费的31.7%。其中，上海海洋科研基本建设政府投资、科研机构经费收入和经常费等海洋科研投入均高于其他地区，分别占东海区三个投入指标总量的92.88%、64.56%和59.48%，占全国沿海地区海洋科研基本建设总投资的44.4%、21.5%和16.6%。

表9.6　2016年东海区三省市海洋科研机构资金投入情况

| 地区 | 基本建设中政府投资（万元） | 科研机构经费收入总额（万元） | 经常费（万元） |
| --- | --- | --- | --- |
| 上海 | 826 233 | 3 776 542 | 2 950 309 |
| 浙江 | 58 650 | 1 290 940 | 1 232 290 |
| 福建 | 4 733 | 782 262 | 777 529 |
| 总计 | 889 616 | 5 849 744 | 4 960 128 |
| 沿海地区 | 1 859 691 | 17 508 492 | 15 648 801 |

数据来源：《中国海洋统计年鉴》（2016）。

### （二）东海海洋科技创新成果产出状况

#### 1. 海洋科研机构科技论文和科技著作

科技论文主要包括海洋科技机构发表的科技论文数、海洋科技机构发表国外论文数两个指标。2016年，东海区三省市发表海洋科技论文共2 023篇，占全国海洋科研机构发表论文总数的20.61%，其中海洋科技国外论文共发表570篇，占全国海洋科技机构发表国外论文总数的14.44%。海洋科研机构共发表47种科技著作，占全国海洋科研机构发表科技著作总数的20.43%。其中，上海海洋科研机构论文数、海洋科技国外论文和科技著作的发表数量在东海区均居于榜首，分别占东海海洋科研机构论文发表数、国外论文数量和科技著作的 53.98%、40.35% 和 48.94%，具体情况见表 9.7。

表 9.7　2016 年东海区三省市海洋科研机构的科技论文和科技著作情况

| 地区 | 海洋科研机构发表论文数（篇） | 海洋科技机构国外论文（篇） | 科技著作（种） |
| --- | --- | --- | --- |
| 上海 | 1 092 | 230 | 23 |
| 浙江 | 519 | 160 | 13 |
| 福建 | 412 | 180 | 11 |
| 总计 | 2 023 | 570 | 47 |
| 沿海地区 | 9 814 | 3 947 | 230 |

数据来源：《中国海洋统计年鉴》（2016）。

### 2. 海洋科研机构科技发明专利

科技发明专利主要包括发明专利申请受理数量、专利授权数量和拥有发明专利总数三个指标。2016 年，东海区三省市各类专利申请受理 811 项，专利授权 424 项，海洋科技发明专利拥有数达到 918 项。东海海洋科研机构的专利申请受理数量占全国的 21.17%，专利授权数量占全国的 20.79%，拥有发明专利总数占全国的 15.6%。具体情况见表 9.8。

表 9.8　2016 年东海区三省市海洋科研机构科技发明专利情况

| 地区 | 专利申请受理（件） | 专利授权（件） | 拥有发明专利总数（件） |
| --- | --- | --- | --- |
| 上海 | 357 | 263 | 548 |
| 浙江 | 241 | 126 | 220 |
| 福建 | 57 | 35 | 150 |
| 总计 | 655 | 424 | 918 |
| 沿海地区 | 3 094 | 2 039 | 5 884 |

数据来源：《中国海洋统计年鉴》（2016）。

### (三) 东海海洋科技创新的主要模式

根据科技创新投入不同，可以将海洋科技创新方式主要归纳为三种，即模仿创新、自主创新、产学研合作创新。东海区海洋科技创新的不同发展阶段和不同技术领域对应不同的创新模式，以下结合东海海洋科技创新具体实践，阐述东海海洋科技创新的三种模式特征。

#### 1. 海洋科技模仿创新模式

模仿创新模式是指涉海科研机构、企业等创新主体通过学习模仿率先创新者，引进、购买率先创新者的核心技术和技术秘密，或以其为基础进行改进再创新的做法，该过程的切入点可以是技术选择，也可以是市场产品。这种模式适用于技术力量尤其是研究与发展力量不足、资金不足的情况，可在有限资金和技术力量条件下，迅速积累技术能力、提高研究与发展水平。模仿创新模式的基本形态主要包括完全模仿创新和模仿后再创新两种方式，[①] 主要出现在东海海洋科技创新的萌发阶段和快速发展阶段。

（1）完全模仿创新

完全模仿创新是对市场上现有海洋科技产品的仿制。由于海洋科技研发具有前期投入高、回报周期长等特征，刚刚起步的涉海企业往往不具备足够的经济实力去开展大规模的技术研究活动，所以模仿成为它们廉价获取技术的最有效途径。在20世纪七八十年代，东海海洋经济的初始发展时期，除海洋渔业等海洋第一产业外，海洋第二产业和海洋第三产业均不发达，涉海工业企业的规模较小，难以投入大量资金从事科技研发。因此，在这一阶段东海海洋科技创新主要采取的是完全模仿创新的模式，在海水利用、海洋发电、海洋油气开采等领域模仿和引入国外发达国家生产技术，来提高生产效率。

（2）模仿后再创新

模仿后再创新是对率先进入市场的海洋科技产品进行再创新，是基于技术引进的创新模式，即在引进他人技术后，经过消化、吸收，不仅达到被模仿产品技术的水平，而且在模仿创新过程中，可能超过原来的技术水平。采用模仿后再创新的模式有助于

---

① 钱春海：《模仿创新——西部企业创新战略选择》，《软科学》，2004年第1期。

降低海洋科技的研发成本。东海海洋科技创新在经历了完全模仿阶段后，在较长时期内均采取的是模仿后再创新的模式，诸如海洋生物医药业、海水利用业、海洋新能源开发利用等产业在部分技术领域相对落后于国际发达国家水平，因而不少产业当前仍主要采取这一创新模式。然而，随着全球贸易保护趋势逐步严峻，海洋科技模仿创新受到率先创新者的技术壁垒、市场壁垒的制约越来越多，有时还面临法律、制度方面的障碍，因此开展海洋科技自主创新成为东海海洋经济发展的必由之路。

### 2. 海洋科技自主创新模式

在全球科技竞争日趋激烈，技术贸易壁垒约束不断加大的背景下，为摆脱对发达国家的科学技术依赖，实现科学技术自给，赢取有国际贸易地位和竞争优势，科技自主创新已经成为东海区所必须采取的重要战略。自主创新是涉海企业依靠自己的力量独立完成创新的一系列工作，技术创新所需资源（人力、资金、技术等）由企业投入，企业对创新独自进行管理、运作。自主创新模式主要对应于东海海洋科技创新的转型发展阶段。

东海海洋科技自主创新目前仍处于起步阶段，不同于模仿创新模式，自主创新主要表现出内生性的特点。海洋自主技术创新不可能在技术的每一个环节上都是创新的，但其中的核心技术或主导技术必须是由涉海企业依靠自身力量独立研究开发而获得的，这是"自主"的含义所在。海洋自主开发技术的创新模式，需要有大量的研发资金、人力投入，因而要求研发主体具有较雄厚的技术力量，特别是研究与创新的力量，并有良好的前期技术积累。进入 21 世纪以来，东海区三省市在海洋装备工程制造、海洋生物医药、海洋风能发电、海水利用等多个领域取得一系列成果，技术水平位居全国前列，这些成绩为东海深入推进自主创新打下坚实基础。从具体类型来看，海洋科技自主创新的类型主要包括原始创新、集成创新、引进消化吸收再创新三种。东海海洋科技自主创新涵盖了以上三种类型，在具体实践中还存在交叉使用，如浙江舟山潮汐能发电技术的突破既是各类研发资源不断汇集的结果，同时也离不开前期积极吸收国外先进技术和设备。

### 3. 海洋产学研合作创新模式

产学研合作是指海洋产业界与涉海高等院校、海洋科研院所为了共同的目标和利益而形成全方位的合作交流关系，在此基础上通过技术开发、信息共享产品生产等方面相互协调的活动,达到多方"共赢",其中政府起到引导和协调的作用。产学研合作创新模式与模仿创新、自主创新两种模式之间存在交叉,尤其是自主创新往往离不开产学研合作的支持。海洋产学研合作创新需要依托产学研组织进行管理。产学研组织是泛指一切以科技成果转化为目标,发生在各社会部门(例如,企业、高校、科研院所、政府、金融机构和中介机构,以及供货商和客户等)之间的合作关系。总体来看,产学研科技创新模式是东海各地方政府一直倡导和鼓励的主要模式。东海区涉海企业和涉海科研院所众多,具备良好的产学研合作基础。在政府引导下,多个由东海涉海科研院所牵头承担的海洋科技研发项目已经完成成果转化,为企业带来经济效益。例如,由自然资源部第三海洋研究所牵头研发,在多个涉海企业共同参与下,海藻寡糖系列产品、标准样品、海水健康养殖微生态制剂、生活餐厨垃圾及厕所抑菌除臭微生态制剂、海洋虾青素产品等一系列涉海产品成功上市销售,产学研的合作取得良好的经济和社会效益。另外,涉海科研院所与涉海企业通过共建创新平台,也进一步加快了各类科研创新要素的整合和集聚,从而助推海洋科技创新。

## 三、东海海洋科技创新发展趋势

东海海洋科技经过长时间的发展,已经形成了相对完整的海洋科技创新发展系统,并取得了诸多重大成果。尤其是进入21世纪后,受中国人口红利优势丧失以及世界主要沿海国家海洋科技迅猛发展的叠加影响,东海海洋经济发展开始由依靠资源、资本和劳动力等要素投入驱动向依靠科学技术创新驱动转型。总体上来看,东海海洋科技创新发展趋势呈现积极向好的新特征,但与国际上的海洋科技创新强国相比,东海海洋科技水平依然较低,还存在诸多因素限制着东海海洋科技创新的发展。本节主要就东海海洋科技创新的趋势特征、制约因素及未来发展展望进行梳理和论述。

### (一)东海海洋科技创新的趋势特征

#### 1. 海洋科技创新引领作用增强

东海区拥有由自然资源部第二海洋研究所、自然资源部第三海洋研究所、自然资源部海岛研究中心、浙江大学、厦门大学、宁波大学、上海海洋大学、浙江海洋大学等涉海高校组成的一批海洋科技创新平台,科研实力雄厚。国家海洋经济创新发展区域示范项目进展顺利，一批海洋产业重大共性技术攻关取得突破，在东海区涌现出一批海洋科技创新型企业，海洋科技进步贡献率不断提升。同时，涉海金融创新能力持续增强，依托上海、杭州、宁波、厦门等沿海发达地区的金融服务体系，诸如"海上银行"和海洋产业金融部、港口物流金融事业部、海洋支行等涉海金融服务专营机构相继设立，现代海洋产业中小企业助保金贷款和海域使用权、在建船舶、渔船抵押贷款等业务成效明显，为海洋科技创新提供了多重资金保障。

### 2. 海洋高新技术研究不断突破

在地方政府引导以及涉海科研院所、涉海企业的共同努力下，东海海洋高新技术研究取得一系列突破。"海洋石油981"荣获国家科技进步特等奖，"海马"号 ROV 取得重大突破，海底观测网、海洋微生物制备候选药物关键技术、微藻规模化产生技术及设备、深水航道管理维护等重大课题研究取得明显进展，液化天然气船关键技术研究和 LNG 海上转运系统技术研究课题获得国家"863"计划立项，深远海工程装备系列材料关键制备技术及其国产化开发研究项目列入国家海洋局公益性行业科研专项，为相关产业发展和技术创新提供支持。总体而言，东海区在海水淡化、海洋装备、海洋生物资源开发和海水养殖、海洋生态保护等技术领域已处于全国领先水平，转化了一批高水平的科技成果和产品，为海洋经济的高质量转型升级奠定了科技基础。

### 3. 海洋科研基地平台、人才队伍体系不断完善

科研平台和人才队伍是海洋科技创新的根本支撑。为提升海洋科技创新能力，整合海洋科技创新资源，东海区三省市地区已经打造形成了浙江省海洋科技创新服务平台、上海临港海洋高新技术转化服务平台、上海国际海洋科技展搭建技术产业化平台、福建智慧海洋共建平台等多个涉海科研基地，所涉业务工作涵盖了科技研发合作、科技成果转化应用、科技人才交流等多个方面。与此同时，东海海洋科技人才队伍也在不断完善，浙江大学、厦门大学、宁波大学、上海海洋大学、浙江海洋大学等一批涉海高校发挥海洋学科专业的"龙头"引领作用，强化海洋学科和转业建设，不断向东海区提供海洋科技人才，逐步形成了学科门类齐全、优势突出、结构合理的人才队伍。

### 4. 海洋科技创新效益逐步凸显

随着科技研发进程向成果应用阶段过渡，前期的海洋科技创新投入效益开始凸显。

一方面，底增氧养殖、稻鱼共生轮作、船舶智慧监管云服务等一大批海洋科技成果应用于东海海水养殖、海洋船舶工业、海洋盐业等传统产业，加速产业科技创新能力和水平提升，促进生产方式不断向绿色环保、高效节能转变；另一方面，海水淡化装置、海藻精油、载人潜水器等大批海洋高技术产品涌现，海洋战略性新兴产业快速培育和发展，产业规模和创新能力显著提升。海洋生物育种与健康养殖、海洋生物制品与医药、海水利用、海洋可再生能源、海洋高端装备制造业等海洋战略性新兴产业的发展迅速，海洋经济发展的质量和效益得到明显提升。

### （二）东海海洋科技创新的制约因素

#### 1. 海洋科技创新战略视野和高度有待提高

海洋科技创新战略与规划关系到东部沿海海洋资源的可持续开发和利用，事关东海海洋经济的可持续发展，关系到海洋权益的维护。东海区三省市均出台了一系列的海洋经济发展的战略规划，但是这些战略规划多局限在传统海洋产业和近海区域，对深水、绿色、安全的海洋高技术发展的战略谋划不足，未能站在全球海洋科技竞争的视野把握东海海洋科技创新的发展。同时，东海各地方对深远海勘探、重要海洋资源开发利用等关键共性技术的研发缺乏长期计划，导致海洋科技创新的总体研究水平与国外发达国家仍保持一定的差距，难以满足海洋经济高质量转型升级的需要。

#### 2. 东海海洋科技创新投入来源单一且资源分配不均

首先，东海研发投入渠道较为单一，主要来源局限在国家和地方财政拨款，社会资本参与程度低，总的科技研发资本投入总量与实际需求存在较大的差距。其次，东海海洋科研资源较分散，流动性较差，难以形成研发合力。海洋科技研发涉及农业、工业和服务业等多个领域，而由于缺乏统一、规范和有效的海洋科技研发服务平台，导致各类海洋科技资源之间无法实现共享，造成海洋科研资源利用低效。最后，由于缺乏"龙头"科研机构的引领，东海区的海洋科研广度和深度不足，"小课题、小成果、小发明、小成就"等科研成果较多，而综合性强和集成度高的国家级重大工程和重大项目较少。

### 3. 东海海洋科技创新学科分布不均衡

东海沿海省份各类涉海高校的海洋科研及学科设置具有自发性和随机性等特点，缺少面向国家战略实施和现代海洋产业发展的规划和布局，呈现出"重硬科学、轻软科学"和"重传统科学、轻新兴科学"的现象。浙江大学、厦门大学、自然资源部第二海洋研究所和自然资源部第三海洋研究所等科研院所的优势学科主要为基础性海洋科学，而应用型海洋学科以及海洋软科学学科较为薄弱，在海洋信息技术、海洋生物医药、海洋新能源和海洋工程装备等方面的科研基础明显薄弱，海洋经济、海洋管理以及海洋法律等软科学学科有待进一步增强。

### 4. 海洋科技成果转化机制不完备

据统计，发达国家海洋科技成果的转化率已经达到80%，海洋科技创新已成为发达国家海洋经济发展的主要驱动力，但中国海洋科技成果的转化率仅为25%左右，实现产业化的不足5%[1]，海洋经济发展实力与海洋科技创新的竞争力存在明显的不对称。东海海洋经济作为中国海洋经济发展的重要组成部分，也存在明显的海洋科技创新成果与海洋经济发展相互脱节现象，究其原因主要有两个方面：一是东海科技基础较弱，投入较低，自主创新能力差，具有高技术含量、能够创造高附加值产品且适应市场需求的海洋科技创新成果较少；二是促成成果转化的中间环节的作用没有得到有效体现，东海区的科技中介服务体系建设尚不完善，在很大程度上制约着海洋科技对海洋经济增长的贡献。

### 5. 海洋科技创新基础支撑设施落后

东海海洋科技研发重大基础设施建设还处于起步阶段，海洋信息系统基础薄弱，信息化、网络化程度低，难以起到支撑集聚人才、优化科技资源配置、实施集群创新的作用。东海海洋科技自主研发能力仍显薄弱，海洋科学调查、分析、测试等技术设备与技术手段依旧较为落后，多种用于海洋科技研究的基础实验设施至今仍主要依赖进口。同时，由于缺乏海洋科技基础设施发展的宏观规划以及区域共享机制，各类科技研发设备设施利用不足及重复购置现象也非常严重。

---

[1] 亓文婧，郑玉刚：《海洋科技协同创新与成果转化》，《科学管理研究》，2019第1期。

## （三）东海海洋科技创新的未来展望

随着世界沿海各国对海洋环境保护的重视程度不断加深和海洋技术研发投入的不断加大，以及陆地先进技术在海洋领域的加快渗透，海洋技术将进入加速发展时期，推动海洋技术创新已成为众多沿海国家科技领域极其重要的战略任务。立足东海海洋科技创新的具体环境和发展基础，未来海洋科技创新需求、效率和效益将呈现新趋势和新特点。

### 1. 海洋科技创新需求将进一步增加

海洋产业转型需要科技创新，绿色发展需要科技创新，参与全球竞争合作需要科技创新。第一，从海洋产业转型的需求而言，东海区海洋产业目前已经形成了传统产业和新兴产业并重的发展格局。未来东海海洋产业转型升级的重点包括两个方面：一是促进海洋渔业、海洋化工、海洋船舶制造等传统产业的转型升级发展；二是加快培育海洋生物医药、海水利用、海工装备制造等海洋新兴产业发展，提升海洋产业的高级化程度。无论是传统产业的升级改造还是新兴产业的培育壮大，均离不开海洋科技的核心推动作用。因此，在东海海洋产业转型发展的关键时期，对海洋科技的需求力度将不断增加。

第二，随着东海海洋资源开发进程不断加快，海洋资源衰退和海洋环境污染问题逐步成为制约东海海洋经济可持续发展的关键因素。在此背景下，各地方纷纷提出了海洋经济绿色发展的战略规划。推动东海海洋经济绿色发展的关键在于能否实现增长动力的"去旧换新"，即实现增长动力的转化。因此，长期以粗放式发展为主要模式的海洋渔业、海洋化工、临港工业等东海传统海洋产业将面临绿色化升级改造的压力，而绿色技术的研发和应用是决定传统产业改造升级成败的关键。尤其是在资源环境保护要求不断提高的大环境下，海洋绿色科技研发的需求必然进一步增加。

第三，海洋科技创新水平决定了未来能否在全球新一轮的海洋资源开发利用中占据战略制高点。东海区作为全国海洋经济发展的龙头区域，未来必然要承担起海洋科技创新的重任，积极参与到全球海洋科技研发合作之中。因此，参与全球海洋科技竞争与合作的客观要求，也会进一步激发东海海洋科技创新的需求。

## 2. 海洋科技创新效率将进一步提升

随着东海海洋科技创新制度体系的完善、海洋科技人才的集聚和海洋科技企业的成长，未来东海区科技创新效率将不断提升。

第一，在制度层面，海洋科技创新已经提升到国家战略高度，《国家中长期科学和技术发展规划纲要（2006—2020）》《"十三五"国家科技创新规划》《关于推进海洋经济创新发展区域示范的通知》等国家层面的战略性文件对中国科学技术发展做出了全面的规划和部署，也为东海海洋科技创新的制度体系的建立和完善提供了方向性的指引。在"十三五"期间，东海区三省市相继出台了关于海洋科技创新的战略与规划，形成了相对完善的海洋科技创新体系。海洋科技创新发展规划和纲要使得东海海洋科技创新体系更加完善，对东海海洋科研机构、涉海企业尤其是小型企业的科技创新效率的提升发挥了重要的促进和保障作用。

第二，随着国家人才计划及区域性人才工程项目建设的不断推进，未来东海区各级各类实验室、技术研究中心、高新技术产业化基地等海洋知识创新载体项目将呈现持续增加趋势，东海海洋高技术创新人才队伍的建设、海洋产业高技能人才的培养和优秀涉海企业家和海洋科技管理人才的培育将进一步加快。此外，东海区三省市还制定了一系列引进和留住国外科技创新人才的措施，每年都拨出专项基金用于涉海科技创新项目的研发以及聘请相关领域的外国高级技术专家等，未来国内外高水平海洋科技创新人员的集聚速度将进一步加快，进而提高东海海洋科技创新的效率。

第三，就海洋科技中、小企业的发展而言，在海洋科技创新快速发展的大背景下，海洋科技中、小企业也在不断成长，但海洋科技创新具有高投资、高风险、高附加值、资金回收期长以及人才流动复杂多变等特点，东海区海洋科技中、小企业的成长也面临多种困境。面对东海区海洋科技中、小企业的发展困境，未来通过积极推动海洋科技园区的建立、制定诸如厂房优惠、创新项目奖励优惠等多种政策，将能够增加海洋科技中、小企业的入住数量，同时保持海洋科技中、小企业的竞争力。此外，东海区三省市地方政府均将海洋科技创新中、小企业视作新型的高科技企业，在企业所得税、员工个人所得税等方面的减免措施将进一步提升中、小企业的科技创新效率。

## 3. 海洋科技创新效益将进一步凸显

随着时间的推移，海洋科技成果转化率不断加快，早期东海海洋科研投入将逐步进入收益阶段，各类涉海新产品的投放、新技术的应用预期将带来更大的经济效益和社会效益。一方面，从企业层面，海洋科技创新将给涉海企业带来直接或间接的经济效益，包括销售收入、利润的增加、竞争力的提高等多个方面。东海涉海企业进行海洋科技创新的根本目的在于通过科技创新提高企业的竞争力实力，扩大企业的生存发展空间，进而追求长期持久的经济效益。另一方面，从区域角度，海洋科技创新将进一步提升东海区海洋经济的竞争力。随着深海、绿色等前沿海洋科技研发水平不断提高，海洋新兴产业的规模将进一步扩大，参与国际竞争的能力进一步提高，在东海区内形成新的海洋经济增长动能。

# 第十章　东海海洋科技创新政策与规划

　　海洋科技创新具有投入大、回报周期长的特征，因而其发展离不开相关政策和规划的激励、引导。同时，立足全球视野，海洋科技的发展对于抢占海洋战略资源开发高地至关重要，也需要政府做出科学的统筹规划。东海是中国海洋经济高质量发展的核心引领地区，该地区推动海洋产业转型升级、助力海洋经济绿色发展均离不开海洋科技创新政策和规划的保障。本章在详细梳理东海各地区海洋科技创新政策规划的基础上，总结东海海洋科技创新的重要任务和保障措施，为今后进一步完善政策规划提供指导。

## 一、东海海洋科技创新政策与规划的主要内容

　　基于新常态发展理念，东海海洋经济提质增效目标的实现需要依靠海洋科技创新的驱动，尤其是东海区作为海洋经济创新发展的示范区，在提升海洋科技创新水平方面应当承担更多的责任。同时，东海海洋经济的发展水平以及本身拥有的"深蓝"特征，为其海洋科技创新能力的提升和海洋经济的建设提供了物质保障。从"十一五"到"十三五"时期，中央政府制订了海洋经济发展规划，为东海海洋经济发展指明了总方向。同时，国家还印发了《全国科技兴海规划（2016—2020）》《"十三五"国家科技创新规划》《关于推进海洋经济创新发展区域示范的通知》等文件，为东海区涉及的上海市、浙江省以及福建省等省市推动海洋科技创新提供了路径指导。本节主要梳理上海市、浙江省和福建省三个地区海洋科技创新的相关政策和规划，探究东海区各地方政府的海洋科技战略布局方向。

### （一）上海市海洋科技创新政策与规划

　　上海市海洋经济的蓬勃发展离不开海洋科技创新，为了带动当地的海洋科技创新，上海市先后出台了《上海市科技创新"十三五"规划》和《上海市海洋"十三

五"规划》。

### 1.《上海市科技创新"十三五"规划》

2016年8月,上海市印发《上海市科技创新"十三五"规划》,规划中明确提出打造发展新动能,形成高端产业策源,针对海洋产业政策方面,尤其强调开发深远海洋工程装备,聚焦新型深海资源探测与开发装备,重点开展深海浮式天然气生产储卸装置(FLNG)、集钻、采、储、运等功能于一体的新型平台、深海采矿重载作业装备的总体设计与关键系统研发。开展海水淡化工程装备、深海工程材料、海洋新能源等关键技术研究,构建深远海工程装备总体性能分析与测试公共研发平台,增强海洋工程装备自主研发与设计能力。开展新概念、新原理潜水器的前瞻性研究,研制深海无人遥控潜水器、载人深潜器、极区低温深冰探测装备,为实现"全海深"与极地海洋资源的探测科考提供支撑。大力发展高附加值、绿色环保的高端船舶产品,提升船舶制造数字化、网络化、智能化技术的应用水平,推进船舶配套设备及其关键零部件自主研发,加快带动船舶产业发展。

综上所述可以看出,《上海市科技创新"十三五"规划》中将海洋科技视为未来发展的重要方向之一。按照规划目标,上海市先后成立了上海市海洋局深海装备材料与防护工程技术研究中心、河口海岸及近海工程技术研究中心、海洋生物医药工程技术研究中心、河口海洋测绘工程技术研究中心等平台和机构,海洋高新技术研究取得一系列突破。

### 2.《上海市海洋"十三五"规划》

2018年1月,上海市人民政府印发《上海市海洋"十三五"规划》,提出坚持科技引领、创新驱动的基本原则,充分激发全社会海洋科技创新活力,推动关键领域核心技术重大创新突破,抢占世界海洋科技创新制高点。促进海洋科技成果高效转化,吸引海洋人才、技术、信息和服务等高端要素集聚,积极营造大众创业、万众创新、活力迸发的氛围和环境;突出海洋科技创新驱动发展的重点,以建设具有全球影响力的科技创新中心为契机,加快实施创新驱动发展战略,完善海洋科技管理体制机制,加强重点领域科技攻关,大力发展海洋高新技术,推动海洋科技协同创新,提升海洋科技进步对经济发展的支撑能力;以显著增强海洋科技创新能力为发展目标,通过科技兴海基地、工程技术研究中心培育和发展,力争在深远海工程装备等方面关键技术有所突破，海洋科技成果产业化水平明显提升。《上海市海洋"十三五"规划》强调，突破海洋科技创新前沿，需加强海洋人才队伍建设。具体而言，要进一步加大海洋人才梯队建设力度，为海洋事业发展提供人才保障和智力支持。加大海洋经济、科技、教育、管理等方面人才的培养力度，支持建设若干个海洋类重点一级学科、扶持一批海洋类新兴、交叉学科；支持涉海高校和企业合作共建海洋人才培养实训和实习见习基地，合作开展海洋人才定向委托培养，提升涉海人才的综合素质。

综上所述，立足于上海海洋经济发展动能不足、科技管理体制不完善、涉海科技创新人才缺乏等问题，上海市政府聚焦高端海洋产业政策、海洋科技创新驱动等方面，制定了《上海市海洋"十三五"规划》，为上海海洋科技创新指明了改革方向。在"十三五规划"期间，预期将进一步激发上海市全社会海洋科技创新活力，推动关键领域核心技术重大创新突破，抢占世界海洋科技创新制高点。针对人才梯队建设的规划将进一步促进海洋科技成果高效转化，加快吸引海洋人才、技术、信息和服务等高端要素集聚，未来将营造大众创业、万众创新、活力迸发的氛围和环境。

### （二）浙江海洋科技创新政策与规划

海洋是浙江经济社会发展的优势所在、潜力所在、希望所在。浙江省政府出台了一系列促进港口建设、海洋科技成果转化、人才培养的发展规划，以海洋科技创新助推浙江省参与"一带一路"、长江经济带建设。

#### 1.《浙江省海洋港口发展"十三五"规划》

2016年4月，浙江省人民政府印发《浙江省海洋港口发展"十三五"规划》，规划中强调沿海港口是海洋经济发展的龙头，也是国家战略的核心载体，指出要深入实施科技兴海、人才强港政策，创新海洋科技支撑和人才培养办法。具体包括：一是制定浙江省引进海洋港口高层次人才实施细则及人才引进目录，重点引进港口发展研究、港口规划设计、港口航运管理、航运物流、航运服务、航运法律仲裁、航运金融保险、航运经纪、航运电商、邮轮游艇旅游等领域高层次人才，在住房、户籍、子女入学、津贴补贴等方面给予政策支持；二是争取设立宁波国家级船员评估中心，建设宁波港航物流服务人才培训基地；三是拓宽人才培养途径，探索与自然资源部第二海洋研究所、浙江大学、宁波大学、浙江海洋大学等相关高等院校和研究机构的合作模式，与国际港航专业机构合作举办港航物流、航运金融、航运信息等培训项目，储备国际化高级人才。

海洋港口运输业是浙江省重要的支柱海洋产业之一，也是海洋科技创新的重要领域。按照规划发展目标，未来浙江省将通过深化信息化、网络化技术应用，建设完成国家北斗监测中心，建立江海联运数据中心和云服务平台，完善江海联运信息与数据服务体系，实现江海联运船舶北斗应用安全、管理、服务一体化。在规划指引下，浙江省未来将建成东亚地区重要的保税燃油供应和船用LNG加注基地，进一步稳固全球第一大港的地位。

### 2.《浙江省科技创新"十三五"规划》

2016年7月，浙江省人民政府印发了《浙江省科技创新"十三五"规划》（以下简称《规划》）。《规划》一方面强调加快科技成果产业化，培育创业创新新动能，紧紧围绕科技成果产业化、市场化、资本化，着力破除体制机制障碍，打通科技成果向现实生产力转化的通道，全面实施科技成果转化行动，通过成果应用体现创新价值，通过成果转化创造财富，推动大众创业、万众创新。另一方面提出加快科技成果转化应用。在社会发展领域，围绕环境治理、公共安全等方面的重大科技问题，加快海洋资源开发、海洋可再生能源利用、海洋环境监测与灾害预警预报技术，废水、废气、固体废弃物的安全预警、无害化处理、提标改造和再利用等技术的推广应用。《规划》还强调完善区域协同创新体系。打破现有行政区划的限制，统筹整合创新资源，推动创新要素在杭州、宁波、温州、浙中城市群之间的合理流动和高效配置，构建协同有序、优势互补、科学高效的区域创新体系。支持舟山、台州围绕海洋经济区建设，聚焦医药化工、清洁能源、港口物流、绿色石化、船舶制造等临港产业，发展创新型经济，建设创新型城市。《规划》中进一步提出面向和融入全球创新网络，抢抓新一轮对外开放发展先机，充分发挥浙江省"21世纪海上丝绸之路"东部沿海节点的区位优势，加快推进浙江省面向沿线国家的科技交流、合作研究、创新载体与基地建设，建立国际创新要素双向互动机制。

综上所述，《浙江省科技创新"十三五"规划》中多次提及海洋科技领域，将海洋新兴技术产业视为高质量发展的战略要地。在规划指导下，浙江省海洋科技研发实力不断增强，截至2018年6月，浙江省共有27家海洋科研机构，其中包括高校9家、国有企业3家和事业单位（含科研院所）15家，建成了涉海国家级重点实验室5个和省部级重点实验室26个，在卫星海洋环境动力、海洋生物制品检测和水产养殖技术等领域取得一系列进步。至此,海洋科技已经成为浙江省科技事业发展中的核心领域,多项工作走在了全国前列。同时,根据规划中要求统筹区域科技研发资源的要求,浙江省通过举办海洋科技发展论坛、建立产学研合作平台等多种方式促进杭州、宁波、舟山及台州等多地海洋科技合作,实现了省域内科技人才、科技资金等要素的有效流通。

### 3.《浙江省人才发展"十三五"规划》

2016年9月,浙江省印发《浙江省人才发展"十三五"规划》,致力于支持和培育一批产业创新人才,加强海洋科技人才培养。主要措施为:一是加强海洋经济高层次创业创新人才队伍建设,有计划地遴选一批高层次海洋科技创业人才、企业经营管理人才和海洋科技应用转化人才进行重点培养支持,以海洋科学院建设为抓手,在海洋重点优势学科、产业领域建设一批科学家工作室、科技创新团队、产学研转化基地,着力提高海洋经济人才创业创新能力;二是加强海洋新兴产业和现代服务业科技人才队伍建设,建立以市场需求为导向,以涉海企业为主体,以科研院所和高等学校为依托的海洋新兴产业、临港先进装备制造业、现代海洋服务业人才引进培养体系。统筹推进各类海洋科技人才队伍建设,加强涉海基础学科建设,完善海洋专业技术人才继续教育体系,不断提高海洋科技人才自主创新能力。

基于浙江省人才发展规划可以看出,浙江省政府主要聚焦沿海港口建设、科技创新成果转化与应用以及海洋科技人才培养等问题,有针对性地出台推进科技人才强港、涉海科技创新成果产业化和实际应用以及海洋科技人才队伍培养等方面的规划与政策,为未来浙江省海洋科技突破发展奠定人才基础。统计数据显示,截至2018年6月,浙江省海洋科研人员约1 520人,包括高级职称人员668人、"两院"院士7人、省部级及以上人才工程人员375人次、领军人物142人和创新团队89个。科研领域全面涵盖海洋基础学科和应用学科,海洋科技人才队伍建设已初见成效。

### (三)福建海洋科技创新政策与规划

"十三五"是福建省海洋经济转型发展的重要时期,也是全面建成海洋经济强省的关键时期。在此期间,福建省出台了《福建省"十三五"海洋经济发展专项规划》和《2017年全省海洋经济工作要点》,明确"十三五"期间福建省海洋科技发展的总体要求和目标任务。

## 1.《福建省"十三五"海洋经济发展专项规划》

2016年6月,福建省印发《福建省"十三五"海洋经济发展专项规划》,规划第五章明确提出实施科技兴海战略,提升海洋科技创新能力、发展繁荣海洋科教事业以及优化海洋科技人才结构,具体涉及以下几个方面的内容:一是加快海洋协同创新平台建设。整合提升省内外各类涉海创新资源,构建海洋产业技术创新战略联盟;引导、支持海洋企业与涉海科研院校采取技术合作、知识共享、共同开发的方式加强合作;认定、建设一批省级试验示范基地,支持示范基地新建一批海洋生物资源研发中心、海洋高技术工程中心等公共服务平台。二是积极开展重大海洋技术攻关。着力推进海洋产业重大科技创新,突破一批关键共性和配套技术;加强海洋信息服务、海洋生态修复、海洋微生物处理污水、海洋防灾减灾、海上核设施泄漏预防与监测等技术开发应用;扶持海洋生物、海水综合利用、海洋化工、海洋可再生能源利用、海洋工程装备等领域具有较好示范带动作用的项目。三是加快海洋科技成果转化。鼓励企业、社会团体和个人创办海洋科技中介机构和服务组织,建立以技术咨询、技术交易、风险资本市场、人才和信息沟通等为主要内容的科技服务网络。创新科技成果转化机制,实施海洋科研成果转化孵化的政策试点工作,加快成果转化和推广步伐。四是支持涉海科研机构发展。重点建设一批国家级、省部级涉海重点实验室、工程技术研究中心等科技创新服务平台,加强涉海专业建设,努力挖掘海洋交叉学科的发展潜力,加强与全国优秀海洋院校、科研院所及政府机关、企事业单位合作办学,提升办学实力。

立足"十三五"发展规划,福建省海洋与渔业局于2017年积极促成了12个海洋与渔业重大项目成功对接,总投资额8.9亿元。项目涉及海洋生物医药、海洋工程装备、海洋观测、海洋生物高效健康养殖、海洋可再生能源、公共服务平台建设等领域,多项海洋研究成果达到国内领先和国际先进水平。2018年,福建省海洋与渔业局把科技创新作为引领海洋经济转型升级的重要抓手,创建多种产学研用紧密结合的科技兴海新模式,9月,福建省海洋生物医药产业创新联盟在福州成立,旨在推动成员单位间的深度合作、共建共享,积极推动福建省海洋新兴产业发展。同年10月,福建省海洋与渔业装备产业技术创新联盟成立大会也在福州举行,该联盟的成立是一次加强产学研用协同创新、搭建海洋与渔业装备产业链的新尝试。

## 2. 《福建加快海洋强省建设2018年工作要点》

为贯彻落实建设海洋强国的战略部署，深入实施《福建海峡蓝色经济试验区发展规划》，加快建设海洋强省，福建省政府于2018年6月研究制订了《福建海洋强省建设2018年工作要点》。规划针对海洋科技创新做出具体部署。一是实施"智慧海洋"工程。研究出台《福建省"智慧海洋"工程实施方案》，在重点领域组织若干海洋信息服务平台项目。启动海洋大数据中心建设，依托数字福建（长乐）产业园、中国国际信息技术（福建）产业园等基地，吸引一批海洋信息服务企业和机构落户，推动北斗导航信息系统在海洋开发领域应用，打造"智慧海洋"福建示范区。二是建设创新服务平台。提升自然资源部海岛研究中心（平潭）、自然资源部第三海洋研究所等国家级海洋科技平台和海洋事务东南研究基地等高校涉海科技创新机构功能，构建海洋产业技术创新联盟。三是促进科技成果转化。建设福建海洋创新成果转移中心展示平台和福建海洋众创空间示范基地，举办"2018福建海洋战略性新兴产业项目成果交易会暨第五届海洋生物医药产业峰会"，促进海洋科技成果与企业对接。四是推进海洋经济创新发展示范。推进福州市和厦门市开展国家海洋经济创新发展示范城市建设工作，做好中期考核评估。积极争取国家部委批准设立福州市、厦门市国家海洋经济示范区，努力做强、做大海洋经济"双核"。着力构建1~2个海洋产业技术创新战略联盟，助推海洋新兴产业健康发展。

根据工作要点中建立"智慧海洋"的总要求，福建省海洋与渔业局、集美大学与南威软件集团共建的智慧海洋平台于2019年5月7日正式成立。通过项目实施，福建将形成海天地一体化信息系统，提升海洋感知、通信、导航和遥感等技术水平，做大做强智慧海洋产业，提升涉海产业服务能力。同时，福建省将发挥数字技术优势，全力汇聚各方海洋资源，建设集海洋数据感知、获取、处理、分析、共享、应用为一体的综合数字信息体系，预计未来将形成一批国内领先的先进应用示范基地。此外，为确保2018年工作要点中确立的海洋产业关键技术研发和应用尽快落实，福建省海洋与渔业局还在2019年9月出台了《福建省财政厅关于做好2020年度福建省海洋经济发展补助资金项目申报工作的通知》，明确了未来海洋科技创新的支持方向。

## 二、东海海洋科技创新政策与规划的重点任务

科学界定和把握海洋科技创新的重点任务是确保海洋事业高质量发展的关键。根据当前国内外海洋科技创新的发展现状以及东海区三省市已出台的海洋科技创新政策与规划，东海海洋科技创新政策与规划的战略任务主要包括四个方面：第一，加强东海海洋科技创新平台建设。第二，促进东海海洋科研成果的转化与应用。第三，加强东海海洋科技人才队伍的建设和培育。第四，广泛开展国内外海洋科技创新的交流与合作。本部分主要针对以上四个方面做具体论述。

### （一）东海海洋科技创新平台建设

#### 1. 加强海洋科学创新公共服务平台建设

海洋科技的创新需要大规模的物力、人力支持，为此要加快东海海洋科学创新公共服务平台建设。主要包括：建设大型多功能远洋考察船舶、专业性船舶及大深度潜水器等海洋研究配套装备，以满足东海深海和极地科学考察的需要；在已有的区域试验性海洋观测系统建设基础上，尽早制订和实施东海海洋实时观测系统建设计划；加快海洋科学考察船舶以及其他重大仪器设备公用公管机制建设，实现重大装备的集中统一管理，提升国有资源利用效率；推动海洋信息资源中心、海洋资源样品中心等共享平台建设，建立资源协调共享机制，尽快突破资源分散和封闭的不良状态，促进资源整合和高效利用。

立足上述建设任务，东海区三省市相继成立了专门的海洋科技创新平台。上海市则于 2018 年 10 月成立上海临港海洋高新技术转化服务平台，依托上海海洋经济创新发展联盟与海科网，重点打造线上科技成果展示、线下技术应用对接两大主要功能，助力海洋科技创新创业"试验田"建设，促进技术创新、推动成果转化、加快科技人才培养与科技企业孵化、带动海洋产业投资。浙江省早在 2007 年就成立了海洋科技创新服务平台，有效整合了中国海洋大学、自然资源部第二海洋研究所、宁波大学、浙江海洋大学和舟山市相关的海洋科技资源。福建省为更好地服务于海洋科技创新发展，相继成立了厦门南方海洋研究中心海洋产业公共服务平台和福建农林大学海洋科技创新公共服务平台，这些平台集海洋、生物、水产、食品加工等多学科专家，实现不同

学科间资源共享，为全省海洋渔业产业提供新信息、新技术、新产品、新装备、新工艺、人才培养与培训等服务。

### 2. 建设以海洋企业为主体，产学研结合的海洋技术创新平台

美国和日本等世界发达国家实施高技术创新的实践证明，产学研结合是以企业为主体的技术创新得以实现的基本途径。因此，东海实施海洋高技术创新及带动发展海洋高技术产业，必须切实重视产学研结合在海洋高技术创新中的重要作用。东海区三省市的规划中均将建立海洋科技产学研合作平台作为一项重要任务推动。规划中均明确指出要制定和完善产学研合作相关配套政策、法规及建立面向市场需求的产学研紧密结合的运行机制，建设以海洋企业为主体、以涉海高校和科研院所科技力量为依托、以现代企业制度为规范的"三位一体"的新型产学研结合模式，积极推动海洋企业、科研机构及高等院校联合建设双方或多方结合的海洋产业技术创新战略联盟，促进产学研各方在战略层面建立持续稳定、有法律保障的合作关系。

另一方面，规划中均强调要加快推进技术创新平台建设，为产学研合作开展技术攻关提供良好的基础条件。围绕打造以国家重点实验室、工程技术研究中心和企业技术中心为核心，辅之以省市级重点实验室、工程技术研究中心和企业技术中心及特色型技术中心的层次分明、结构完善、布局合理的国家海洋技术创新平台体系。要鼓励和支持有条件的海洋企业建设高水平的实验室、工程技术研究中心，就重大关键性、基础性和共性技术问题进行系统化和工程化研究。以国家海底长期科学观测系统大科学工程为依托，联合厦门大学、上海交通大学、浙江大学共同建设海底观测科学工程协同创新中心，围绕海洋环境保护、海洋资源开发、海洋灾害预警、海洋权益维护中的重大科学问题和关键技术，开展协同创新。浙江和福建地区也出台具体规定，积极支持自然资源部海洋研究所、浙江海洋大学、宁波大学、厦门大学等海洋科研院所与大中型海洋企业、部分有条件的海洋高新技术企业，通过认定、联合组建等方式，建设国家级或省市级企业技术中心，增强企业或行业共性、关键技术开发能力，加快先进实用技术和产品的推广应用。

### 3. 大力提升海洋科技创新中介平台服务能力

按照市场经济需求，加快科技成果转化为生产力，必须进一步完善东海科技中介服务业发展的激励政策措施，大力推进各类科技研发机构建设。具体措施包括：实施

体制改革,加快生产力促进中心、科技创业服务中心、技术产权交易所、科技资讯中心等事业型科技服务机构的社会化、专业化建设进程;支持发展合伙制民营科技中介机构,鼓励跨区建设科技中介分支机构;建设区域性科研仪器设备、科研信息资源共享与专业服务网络,建成专业化、开放型科技创新公共服务平台。结合实施国家"科技兴海"战略,切实贯彻落实《国务院关于发挥科技支撑作用促进经济平稳较快发展的意见》,分类别、分层次推动东海海洋高技术产业化基地建设,形成布局合理,技术与人才完备、高端产业集聚的中国海洋高新技术产业化基地体系,吸引和鼓励涉海社会团体、科研院所、高校、企业参与海洋科技创新成果推广应用,提高海洋科技成果转化率和对经济发展的贡献率,切实推动东海海洋产业的高级化发展。

东海区三省市集聚了多所涉海科研院所,为搭建海洋科技创新中介平台奠定了基础。各地方相继出台了一系列提升海洋科技创新中介平台能力的政策措施,对科技创新服务平台、企业研发平台、科技中介服务平台、专利发明、院士专家工作站等科技类扶持政策进行统一,明确扶持方向,优化创新创业环境。依托海洋科技中介服务平台,东海区相继建成多个孵化创业企业(团队)和培育科创园区,充分整合了科研院所和涉海企业的研发资源,提升了海洋科技创新效率。

### (二) 东海海洋科技成果转化与应用

#### 1. 健全产、学、研合作机制

产、学、研合作是促进高校和科研院所海洋科技成果转化的重要途径,也是提高海洋产业产品技术含量、自主创新能力和市场竞争力的有效方式。然而,产、学、研合作各方的社会服务功能和价值去向都存在差异,必须依托政府法律法规规范各方行为以及保障多方利益均衡,以促进产学研正常合作。发达国家在科技创新方面非常重视产学研合作立法,这为东海海洋科技产学研合作立法提供了法律法规借鉴。东海区产、学、研合作法律法规政策应将以下几个方面作为着力点。首先,鼓励涉海企业在产学研合作中采取产权激励的模式,提高企业在产学研合作中对合作方科研人员的激励效果;其次,鼓励涉海高校、科研院所的科研人员到企业兼职,鼓励企业家、工程师到高校兼职教学、到科研院所挂职,加强三方人才流动。如上海市制定相关措施,鼓励通过挂职锻炼、选拔招聘等形式加强人才选拔培养,通过固化"海洋节"形式进一步整合资源,集聚海洋相关力量,加强海洋科技人才的交流。

其次，高校、科研院所应按照合作合同承当相应的风险责任，东海各地方政府则要通过税收优惠政策以及恰当的财政资金投入分担企业风险，同时鼓励和支持政府背景的风投公司加大对产学研项目的投入。要进一步发挥东海区科研院所集聚效应，鼓励企业从高校科研机构单向转让技术成果，转变为企业、高校、科研机构来联合设立研究中心、人才培养基地等产学研合作联盟，开展人才培养、科技攻关、技术创新、成果产业化等全方位的合作。通过创新技术转移的模式和机制，推动高校、科研院所的科研和教学资源开放共享。

### 2. 建设海洋技术成果交易市场

海洋技术成果交易市场缺失是包括东海在内的中国国内海洋科技创新工作中的薄弱环节。为此，要围绕促进海洋科技创新与海洋经济良性互动发展，依托并充分发挥东海区域海洋科技与海洋产业集聚优势，加快推进东海海洋技术成果交易专业化市场建设。一方面，要紧紧抓住科技兴海战略良机，积极寻求国家政策支持，加大地方政府财政投入，推动办公场所、信息网络平台、海洋科研成果信息库等公共基础设施建设，探索建立高效管理体制和运行机制。以探索海洋科技成果转化新机制、盘活海洋科技资源及服务海洋产业发展为目标，大力吸纳各类东海优质海洋科技资源和海洋科技发展相关要素进入市场，打造集展览展示、信息查询、项目推介、难题对接、技术诊断、专利拍卖等于一体的多元化经营模式。浙江省舟山市于2016年首次成功举办海洋科技成果拍卖会，由上海佳豪船舶工程设计股份有限公司、浙江海洋大学、浙江大学舟山海洋研究中心等涉海企事业单位研发的海洋科学技术顺利竞拍。

另一方面，要强化保障制度建设及政府监管和服务，根据海洋科学技术交易活动的发展需要，加快研究制定有关促进技术市场发展、规范技术交易行为、保护技术交易者权益的法律规范，同时出台相关配套实施细则，营造有利的政策环境。要进一步更新管理理念，完善监管制度和手段，推进技术市场社会信用体系和科技中介机构信誉评价体系建设，促进海洋技术市场健康发展。强化政府在海洋技术市场中的服务功能建设，建立健全服务组织和服务体系，推动技术交易信息服务平台建设，多方拓展技术资源转移渠道，加大技术市场人力资源培养和技能培训力度。

### （三）东海海洋科技人才队伍培育

海洋人才是海洋科技创新的关键要素，针对东海区目前存在的人才分布不均、高水平人才和团队欠缺等问题，围绕提升人才质量、扩充人才数量、优化人才结构等方面，政府需进一步完善人才发展计划，创新人才使用机制，加大对区域人才培养和引进力度，推进海洋人才高地建设，为区域海洋科技创新提供坚实的人才保障。

### 1. 制订和完善海洋人才发展规划

为夯实东海沿海省份人才集聚优势，进一步提高区域海洋科技创新对海洋事业发展的支撑作用，未来应依据《国家中长期人才发展规划纲要（2010—2020）》《全国海洋人才发展中长期规划纲要（2010—2020）》《高技能人才队伍建设中长期规划（2010—2020）》等重要人才文件，合理规划海洋人才队伍的长远建设和发展。在充分调查和科学预测的基础上，加快研究制定和完善东海沿海省份海洋人才发展规划纲要，对东海区三省市人才队伍发展的规模、结构、布局和政策措施做出宏观性、战略性和前瞻性的全面规划，为推动东海海洋人才队伍建设可持续发展提供必要的行动指南。浙江省政府为此专门出台《海洋科技人才发展规划》，对2015—2020年海洋科技人才总量、海洋科技研发人才对海洋事业发展贡献率等方面做出具体要求。上海市和福建省虽然没有制订专门的海洋人才建设规划，但在海洋经济"十三五"规划以及相关人才发展规划中均对海洋科技人才队伍建设的方向和目标做出具体规定。

此外，鉴于东海在全国海洋科技创新体系中所担当的重要角色和战略地位，未来东海人才队伍发展的战略目标应凸显国家和地方两个层面的需求，做到既能对海洋经济发展形成有效的人才支持，又能满足国家海洋事业发展对东海海洋人才资源建设的要求。为此，东海区海洋科技人才发展规划需要立足更高的视野，针对关键共性技术领域，加快培育和引进高层次海洋科技人才队伍，抢占全国乃至全球海洋科技研发战略高地，着力在海洋生物医药、海工装备制造、海水利用等战略性新兴产业领域取得突破。同时，也要进一步加强海洋产业技能人才队伍、优秀涉海企业家队伍、高水平海洋科技管理和科技中介服务人才队伍等人才队伍建设，优化人才发展环境，逐步建立一支规模适度、结构优化、布局合理、素质优良的多元海洋人才队伍。

### 2. 拓宽海洋人才引进渠道

围绕东海海洋经济区建设战略目标，完善政策措施，重点引进一批能够突破关键技术发展高新技术产业、带动新兴学科的高层次科学家和创新创业领军人才，造就一支具备跟踪国际海洋科技与产业发展前沿、参与国际竞争与合作能力的创新型人才队伍。一是开展海洋人才需求预测，定期发布急需紧缺人才目录。海工装备制造、海洋新能源利用、海洋生物医药等是东海区海洋经济未来发展的方向，为此各地方应建立海洋人才引进的长期规划，针对海洋新兴产业门类制定详细的人才需求目录。二是主动"走出去"招贤纳才，采取组团招聘、委托招聘、网络招聘、举办专场等形式，吸引紧缺急需海洋人才和高素质海洋人才来东海区发展创业。东海区是"21世纪海上丝绸之路"建设中的重要组成部分，未来应立足全球视野，积极引进国际先进海洋科技研发团队，鼓励国内涉海高校、科研院所与国外发达国家海洋科技研究院所合作，建立联合培养基地，培养和集聚高层次创新人才和创新团队，共同推动东海海洋科技创新发展。三是加大柔性引才力度，经认定的高层次紧缺急需海洋人才，可采取灵活引进方式，以兼职、咨询、讲学、学术交流、技术承包、技术合作与入股、投资办企业、合作研究等多种方式来区内工作，拓宽招才引智渠道。特别要采取团队引进、核心人才带动引进、高新技术项目及特大项目带动引进等方式，形成多元化的引才格局。

### 3. 完善海洋人才教育培训体系

以提升海洋人才培养能力、满足国家和地方对海洋人才的战略需求为目标，加快推进以涉海科教机构、职业技术院校为主体，以产学研合作、国内外交流与合作、继续教育等为补充的多元化东海海洋人才培养体系建设。一是鼓励东海涉海科教机构以市场需求为导向，巩固和发展海工装备制造、海洋风能等已有技术优势，积极发展工程技术类学科，加大海洋产业发展急需研发人才的培养力度；二是依托东海大型涉海骨干企业、重点涉海职业院校和培训机构，建成一批示范性海洋高技能人才培养基地和公共实训基地。福建省在海洋人才培养方面走在了东海区的前列，在2011年福建省政府提出分层次建立海洋产业人才培养培训基地的建议，2015年进一步提出推进海洋经济人才"百千万"工程，海洋人才培养体系已不断完善；三是鼓励东海涉海科教机构与涉海企业合作办学，建立产学研合作培养人才长效机制，通过共建科技创新平台、开展合作教育、共同实施重大项目等方式，培养高层次海洋人才和创新团队。上海市依托良好的对外交流条件，以上海交通大学、上海海洋大学、上海海事大学等涉海高校为主，积极与国内外海洋研究机构合作，推动了一系列国家重大海洋实验和研发项目。

## （四）东海海洋科技创新国内外交流与合作

### 1. 提升国内海洋科技创新合作深度

海洋科技研发具有前期投入大、回报周期长的特点，一些海洋科技项目往往需要举多个区域乃至全国之力共同推进，因而区域之间的海洋科技合作至关重要，这种合作主要体现在地方政府之间、涉海科研院所之间以及涉海企业之间三个层面。首先，东海区各省市之间以及东海区域其他沿海地区之间政府应加强海洋科技方面的合作交流，通过承办海洋科技成果对接活动或相关论坛，促进区域之间的合作交流。例如，2020年浙江舟山承办了中国科学院海洋科技成果对接活动，24项院地科技合作共建平台、项目签约，对推进舟山海洋科技创新发展起到重要作用。其次，要鼓励和引导东海区涉海科研院所之间以及国内其他地区涉海科研院所开展合作交流，发挥各自科研优势，建立长期的海洋科技合作关系。2019年，浙江海洋大学与上海交通大学共同成立长三角海洋科考联盟，双方将选择"蓝色粮仓战略""智慧海洋建设""海洋资源开发与生态修复"等方向共组研究团队，共报国家级项目，共建国家级研究平台，共同实施相关技术联合攻关。最后，要积极鼓励涉海企业之间建立海洋科技合作共赢关系，共同开展关键核心技术专利组合（专利池）培育工作，推动各涉海企业在产业链前后端、研发与应用端开展密切合作。

### 2. 积极拓展海洋科技创新国际合作空间

加强海洋科技研究国际合作，是增强东海海洋科技竞争力、提升在国际海洋科技领域和海洋事务中的国际地位的需要，也是有效实施东海海洋科技创新战略的需要。东海区的上海、宁波、舟山、厦门等地区既是海上丝绸之路建设上的重要战略支点城市，同时也是全国科技发展领先城市，因而在国际海洋科技合作上具有广阔空间。未来应围绕东海海洋开发战略，积极推动海洋科技研究国际化和多学科交叉融合发展，发挥海洋科技合作枢纽作用。一是鼓励和支持东海海洋研究所以及涉海高校的海洋学科专家在国际海洋科学组织中担任相关职务，积极推动东海海洋科学研究与国际海洋科学研究对接，承担全球海洋治理相关的前沿国际研究项目，拓宽国际视野；二是支持东海涉海高校的国际合作与交流，鼓励与国外高水平的涉海大学和科研院所建立长效的合作与交流关系，对有利于东海海洋新兴产业培育、海洋关键共性技术突破的国际合作项目予以多元支持；三是有序引导国外资本投资东海海洋高新技术企业，鼓励有条件的海洋企业"走出去"，在海外设立研究开发机构或产业化基地，支持与外方合作建设海外科技园、企业孵化器。

## 三、东海海洋科技创新政策与规划的保障措施

影响东海海洋科技创新政策与规划实施的因素复杂多样，为确保战略目标和主要任务顺利完成，需要构建完备、高效的东海海洋科技创新体制机制、拓展东海海洋科技创新投融资渠道以及营造鼓励创新的社会氛围，为海洋科技创新保驾护航。本节主要从东海海洋科技创新的体制机制保障、投融资保障和社会条件保障三个方面阐述政策与规划实施的保障措施体系。

### （一）东海海洋科技创新体制机制保障

#### 1. 建立海洋科技创新领导体制

为凸显科技对东海蓝色经济的支撑地位，可成立东海科技创新委员会，以加强对海洋科技创新事业的组织领导和宏观统筹，促进东海海洋科技资源的优化配置。为强化协调和决策能力，该委员会成员应由东海沿海省份的发改委、科技厅、海洋局、财政厅等行政部门负责人及主要科研机构、海洋企业若干管理者和专家组成。组织的主要职责包括：一是对东海海洋科研力量布局进行统筹规划与建设，由委员会统一负责和统一协调；二是制定中长期东海海洋科技创新战略规划及相关政策，同时对战略、政策的实施进行宏观监督、控制及调整，以推动东海海洋科技创新工作的健康、快速和长远发展；三是担当东海区参与国际合作研究的决策组织者和联系人，推动东海区全面深入参与海洋领域国际合作研究；四是统一组织和调配人、财、物、项目等资源，领导开展关系国计民生和国家权益的重大海洋科技问题研究，从而为东海海洋开发事业的持续发展提供有力的支撑。

#### 2. 培育涉海科技企业孵化机制

地方政府对涉海科技企业孵化器的支持与推动是实现企业自主创新的重要因素。为提高东海创业创新服务水平，东海各地方政府应积极推进地方涉海孵化器产业的发

展，着力培养出一批绩效优异的快速成长型涉海科技企业，聚集一批高水平的创业企业家，转化一批高水平自主创新成果，形成比较完善的涉海科技创新孵育体系。在涉海科技企业孵化器建设中，首先，要从宏观层面加强整体规划布局，在基础设施建设、财政和金融支持、税收优惠、人才培养引进、孵化器信息和技术服务网络建设等方面给予政策支持，保证孵化器建设的高速、高效和协调统一，推动地方涉海孵化器产业的加快发展。其次，立足提高孵化器的服务质量、完善创业企业的进出机制、强化孵化器的市场营销、建立孵化器合理的组织管理机构、实现孵化器的企业化运营、建立孵化器激励机制、延伸孵化器产业链、形成孵化器网络组织等方面，探索搭建有效的孵化器运行机制。最后，要积极强化东海涉海孵化器产业领域的品牌意识，鼓励涉海孵化器企业充分利用自己的优势资源，进行服务方式的创新，提高自主创新能力，树立具有较大影响的涉海科技企业孵化器品牌，为在孵涉海自主创新提供全方位高质量的品牌支持和服务。

### 3. 打造海洋科技创新区域协同机制

为适应国际海洋科技研究多学科交叉与高技术化的发展趋势，未来需打破地域和部门界限，集各类资源合力推进东海海洋科技持续创新。为此要通过对东海海洋科技研究机构的地域分布和职责分工进行优化和调整，改变海洋科研力量过于分散资源利、用效益不高、信息沟通渠道不畅的状况，实现海洋科技资源配置优化整合。具体可遵循以下思路：一是整合和重组各种科研资源，打造东海海洋科技研发与创新国家级基地，使之成为东海海洋科技持续创新的核心阵地及争取海洋权益、推动东海海洋可持续发展的核心支撑力量；二是合理布局并加强地方海洋科技开发与创新机构建设。在职能分工上，东海区三省市科技研发机构既要分工明确，又要相互衔接、相互补充，尤其是应做好科研、生产经营一体化协作，为涉海企业提供高效的技术服务；三是东海海洋科技研究力量的调整和重新布局，须由具有权威性的东海科技创新委员会统一组织实施，确保统一领导，避免多头监管。

## （二）东海海洋科技创新市场投融资保障

### 1. 鼓励地方政府加大海洋科技创新投入

东海区三省市地方政府是东海海洋科技研发投入的重要主体。东海沿海地方各级政府应全面落实中央和地方关于科技投入的法规和政策规定，建立财政涉海科技投入稳定增长的机制，确保涉海科技投入增长幅度明显高于财政经常性收入增长幅度。充分考虑海洋经济在地方经济社会发展日益扩大的重要作用及海洋科学研究和技术开发风险高、投资大、周期长的特点，在确定地方"自主创新重大专项资金"投入结构时，适当增加海洋科技创新投入比重。有条件的地方政府，可考虑设立"海洋科技创新专项资金"，重点加强对与地方海洋产业发展密切关联的科技创新体系、基础设施配套、重大专项技术或产品攻关与成果转化、海洋环境保护等领域的支持。在增加研发投入总量的同时，要加强投入管理与效益评价，建立完善科技专项经费使用监督机制，对支持自主创新的经费实行事前、事中、事后全过程跟踪管理；完善涉海科技专项经费绩效评价制度，明确政府海洋科技计划及其绩效目标，加强科技专项经费绩效考评体系建设，建立面向结果的追踪问效机制。

### 2. 激励引导海洋企业加大自主创新投入

海洋企业是海洋技术创新的主体，也是高科技成果的承接者、应用者和受益者，在国家和地方政府财政投入的引导下，要不断提高海洋企业技术创新投入的比重，大力塑造海洋技术创新企业投入的主导地位。具体措施包括：充分利用各类科技型中小企业技术创新基金，完善实施办法，对海洋科技型中小企业予以重点支持，鼓励和引导海洋中小企业自主创新；对市级以上涉海新产品，按规定给予财政专项资金扶持；对通过认定的国家级、省级和市级涉海企业技术中心和工程技术研究中心，给予一定的财政专项资金支持；制定更多的针对企业的税收优惠政策，如 R&D 费用扣除、固定资产折旧、投资减免、延期纳税、再投资抵免等多方面政策，鼓励企业不断提高技术含量；严格实施《政府采购法》，完善激励海洋企业自主创新的政府订购制度。

### 3. 拓展海洋科技创新投入的社会化渠道

加强政策性金融对科技自主创新的支持，如对国家重大科技专项、国家重大科技产业化项目的规模化融资和科技成果转化项目、高新技术产业化项目、引进技术消化吸收项目、高新技术产品出口项目等提供贷款。同时，通过政府基金、贴息、担保等方式引导各类商业金融机构支持海洋企业自主创新与高新技术的产业化，特别要改善对海洋中小企业科技创新的金融服务。通过完善信用制度，建立商业银行与科技型海洋中小企业稳定的双方关系，对创新活力强的予以重点支持；积极扶持竞争力强、成长性好、发展潜力大的海洋高科技企业上市融资,加快具备条件的海洋中小型科技企业上市进程;完善政府创业风险投资引导基金,加快推动融资市场建设,逐步建立以民间资本为主体的风险投资机制;大力吸引国际风险投资,鼓励国外投资机构等各类投资主体在东海区建立科技创新风险投资分支机构,参与东海海洋科技创新。

### (三) 东海海洋科技创新社会条件保障

#### 1. 塑造海洋科技创新的社会人文氛围

公众是实施海洋科技创新的重要基础力量。增强海洋科技的创新能力,必须从根本上推动社会公众的观念创新,在更大的范围内形成一种公众意识,使创新成为一种思维方式、一种生活方式、一种文化信仰,贯穿于公众的日常生活,从而形成良好的海洋科技创新社会氛围。一是提高社会公众海洋科技素养和海洋可持续发展意识。社会公众要有可持续发展的意识和科学素养,就要学习和了解基本的科学技术知识,掌握基本的科学方法,树立科学思想,崇尚科学精神,并具有应用科技知识处理实际问题、参与公共事务的能力。因此,要充分发挥政府的引导作用,通过举办讲习班专题讲座、海洋科技成果交流会等形式,并利用电视、报纸、广播,网络等各种新闻媒介,大力开展海洋技术教育、传播和普及活动,多角度、全方位地开展海洋科技宣传,进一步增强民众的海洋科技素养和科技兴海意识,营造尊重知识、鼓励创新的良好社会氛围。二是培育良好的海洋科技创新学术风气。学风是治学素养、态度、行为和风格的集中表现,对于科学家的健康成长和有效创新重要作用。通过制度创新、法律和道德建设,克服浮躁心态,坚决杜绝作假行为,努力营造激励创新、尊重个性、善于协作、鼓励冒尖、宽容失败的科学研究氛围,培养独立思考、理性判断的新时期科学家精神,不断增强创新意识和创新能力,塑造形成良好的科技创新学术氛围。

#### 2. 注重对海洋科技创新中科技因子的社会保护

加强东海海洋科技知识产权保护法律法规建设,改善科技创新投资环境,切实维护海洋科技交易市场秩序。通过知识产权的保障制度,提高东海区海洋科技自主创新能力,提升海洋科技成果转化效率。一是突出政策推动科技创新的有效性。奖励和资助政策不仅考核申请数量,更要与海洋科技创新成果直接挂钩,发挥好政策在促进海洋科技创新方面的引导作用。二是完善海洋高新技术企业认定标准。坚持知识产权要素与涉海企业科技创新和实际产品的内在统一，注重审查涉海企业所拥有的核心自主知识产权与主营业务的关联性、匹配性，真正发挥知识产权工作在推动涉海企业科技创新方面的作用。三是继续改善管理体制机制。改变知识产权管理机构和职能分散的现状，提高知识产权管理的效率和效果，建立知识产权统一执法机制，提高执法水平和执法效率。四是实行严格的海洋科技知识产权保护政策，支持司法机关积极推行海洋科技知识产权侵权惩罚性赔偿，加大知识产权侵权赔偿力度和惩罚力度，打击侵权行为，营造保护创新的示范环境，更好地鼓励科技创新。

# 第十一章　东海海洋经济高质量发展评估

海洋经济的高质量发展是一个复杂的系统性工程,不仅需要优化海洋经济的自然、经济和政策环境,推动海洋产业结构升级和布局优化,同时也要立足科技这一核心推动力,进一步完善海洋科技创新发展规划和政策体系。因此,探究东海海洋经济发展态势、解析海洋经济发展环境、梳理海洋科技创新规划政策等工作的最终目标是探寻促进东海海洋经济高质量发展的科学路径。改革开放以来,东海海洋经济发展迅速,2018 年总产值规模已达到 24 261 亿元,占全国海洋生产总值的 29.1%。[①] 然而,伴随东海海洋经济高速发展的同时,海洋资源衰退、海洋生态环境污染破坏情况日益加剧、区域发展不协调等诸多问题更加凸显。在此背景下,东海海洋经济已经进入高质量转型发展的关键时期。开展海洋经济高质量发展评估对于准确诊断东海海洋经济发展态势、把握高质量转型升级路径至关重要。本章基于前 5 章的研究内容,通过构建东海海洋经济高质量发展的评价指标体系,采用信息熵确定评价指标权重,对东海海洋经济发展质量进行实证评估,分析时序差异及东海沿海的省际差异,并从五大发展理念的视角为东海海洋经济的高质量发展提出针对性的建议。

## 一、东海海洋经济高质量发展评价体系

2017 年 9 月,中央全面深化改革委员会第四次会议通过的《关于推动高质量发展的意见》指出,要协调建立高质量发展的指标体系、政策体系、标准体系、统计体系、绩效评价、政绩考核办法。[②] 高质量发展评价指标体系是推动高质量发展的基础性工作,有助于全面掌握东海海洋高质量发展水平、趋势以及存在的问题,为东海海洋经济主管部门的科学决策提供理论依据,对实现海洋经济健康可持续发展具有重要的现

---

① 国家海洋局:《2018 年中国海洋经济统计公报》,2019 年。
② 尚前名:《锻造高质量发展指挥棒》,《瞭望》,2019 第 2 期。

实意义。开展东海海洋高质量发展评价及路径研究，能够为推动东海海洋产业结构升级转型、打造高质量产业集群提供重要理论支撑。本节在明确海洋经济发展质量内涵的基础上，结合东海海洋经济特征，建立科学、系统的高质量发展评价体系。

### （一）海洋经济发展质量的内涵

经济增长的概念主要包括狭义和广义两种，狭义上的概念是指一个国家（地区）在一定时期的国内生产总值或人均 GDP 较前期的增加，侧重于经济发展速度。广义上的概念除了考虑经济增长速度，涉及的层面更为广泛，具体包括产业结构、科学技术、生活环境等。高质量发展的概念是由习近平总书记提出的，包括"创新、绿色、协调、开放、共享"五大发展理念。高质量发展主要体现在经济发展质量的提高，在经济增长保持稳定速度的基础上，协调经济发展与环境的关系，满足人们对美好生活质量的需求。[①] 高质量发展主要体现在三个方面：首先，保持经济协调增长，经济稳定发展以及产业结构合理，从开放理念出发建立全方面开放的新格局；其次，基于共享理念，全社会成员都能够享受经济发展的成果，同时通过人力资源的积累反哺于社会发展；最后，基于绿色理念，高质量发展要把生态文明建设当作当前的主要任务，实现经济发展与生态环境质量之间的协调，进而提升经济发展质量。

海洋经济的高质量发展指在海洋开发的有关生产过程中和生产成果分配中，能够以满足人们对美好生活需求为基础，着力实现要素投入产出比高、资源配置效率高、科技含量高、区域与产业发展充分、市场供给需求平衡、产品服务质量高的可持续发展新模式。据此，海洋经济高质量发展是注重创新、绿色、协调、开放、共享等多方面的发展模式，是五大发展理念的深度融合，是传统发展方式在新时代新特征背景下的全面升级。高质量发展是化解新时代海洋经济发展和海洋生态环境保护矛盾、建设海洋强国的必然要求。海洋经济的发展涉及海洋资源开发利用、海洋生态环境保护与管控、海洋权益维护、海洋文化建设以及海洋经济发展过程中有关科技创新水平、生产效率等诸多层面的内容。国际海洋经济强国的发展经验表明，海洋科技创新是实现海洋经济高质量发展的主要推动力。

---

① 任保平，李禹墨：《新时代我国高质量发展评判体系的构建及其转型路径》，《陕西师范大学学报》（哲学社会科学版），2018 年第 3 期。

## (二) 海洋经济高质量发展评价指标选择的依据

本节在构建海洋经济发展质量与海洋生态环境综合评价指标时，考虑到海洋经济发展与海洋生态环境系统的复杂性以及子系统内部要素间的相互作用和影响，将海洋经济发展与海洋生态环境看作相互协调的整体。同时为了更好地反映海洋经济发展和海洋环境的相互关系，在评价指标的选取过程中要遵循以下原则。①

### 1. 整体性和一致性

海洋经济发展质量综合评价指标的构建要从整体出发，综合全面考虑系统各要素对整体的影响。海洋经济高质量发展涵盖创新、协调、绿色、开放和共享五个子维度，为了更好地反映海洋经济发展质量状况，需保证指标的选择与相对应的子维度内涵相一致。

### 2. 科学性和客观性

从科学性和客观性的角度出发，以海洋经济社会—海洋自然生态的高质量协调发展为主要目标，综合指标的构建要能客观、准确、真实地反映海洋经济发展和海洋生态环境的现状。在数据的收集和处理过程中，保证数据的真实性和可靠性。

### 3. 数据的可获得性和可操作性

在指标的选取过程中需要考虑到数据可获得性以及可操作性。本书中以东海区的上海、浙江和福建作为研究对象，考虑指标在不同省市不同年份统计过程中的口径一致性问题，确定相关指标统计的侧重点。最后，由于涉及的研究对象涉及三大省市，以及相关指标数据在时间跨度上存在一定的缺失，所以选择各省市共同拥有的指标进行研究。

### 4. 代表性和动态性原则

海洋经济发展过程中涉及的资源环境、科学技术、资金人力等因素是动态发展变化的，因此相关评价指标的选择需有代表性，能充分反映现有的动态变化规律，而且

---

① 高群：《中国沿海11省市海洋经济发展质量综合评价研究》，辽宁师范大学，2016年。

还能够对未来的发展起到导向作用。

### （三）海洋经济高质量发展综合评价指标体系的构建

海洋经济高质量发展是综合性的发展战略，是海洋强国建设目标的实施路径。海洋经济的高质量增长既要考虑海洋科技创新水平和质量的提升、资源配置效率的提升、服务和产品质量的提升，也需考虑海洋生态环境、社会政治等诸多方面的均衡。本项目基于习近平总书记提出的五大发展理念和东海沿海省份的实际情况，充分考虑数据可获取性，构建东海沿海省份经济发展质量的综合评价指标体系。经济发展质量系统评价指标体系主要从创新、协调、绿色、开放以及共享五方面选取。①②

#### 1. 创新指标

创新是推动海洋经济高质量发展的关键，具有高附加值、高效率等特征。创新不足是制约海洋经济高质量发展的主要障碍。全球产业科技革命对中国海洋经济提出了更高的要求，劳动力、原材料、土地等基本要素供给不足引致的价格持续上涨使得传统依托涉海劳动力投入产业的扩张模式难以继续发挥作用，迫切需要科技创新对海洋经济的驱动作用，以提升东海海洋生产和资源利用的效率，提升东海海洋产业的竞争力。为此，本研究从东海海洋科技创新投入、产出以及效率等方面着手，选择东海海洋科研经费的投入强度为主要创新投入指标，选择人均专利占有量和人均发表科技论文数为海洋创新的产出指标以及涉海劳动力投入产出比为创新效率为指标，来把握和判断创新发展成果。③

#### 2. 协调指标

协调发展强调发展的多元性和综合性，海洋经济的协调发展包括海洋产业结构、区域协调发展、城乡协调发展、政治文化等多方面的协调发展。随着经济全球化和区域一体化进程的加快，海洋经济发展格局也在发生转变，产业呈现多元化特征，陆海统筹协同发展的特征也日益凸显。目前，东海沿海省份的海洋产业园区全面开花，极大地带动东海区相关海洋产业的集聚和产业链条的形成，同时依托港口联盟、自贸区、

---

① 周伟：《五大发展理念与中国特色社会主义》，《课程教育研究》，2019年第37期。
② 陈金龙：《五大发展理念的多维审视》，《思想理论教育》，2016年第1期。
③ 方大春、马为彪：《中国省际高质量发展的测度及时空特征》，《区域经济评论》，2019年第2期。

保税区和丝绸之路等诸多优势，东海海洋经济区域协同发展水平得到了进一步的提升。世界海洋经济强国的发展经验表明，只有加强海洋经济与陆域经济的互补性才能够使海洋经济获得充分发展的空间。基于此，选取东海沿海居民人均收入占东海区各省市人均 GOP/沿海省份人均 GOP 为区域协调指标、海洋服务业比重为产业协调指标、通货膨胀率为经济协调指标①、城乡居民收入差距和城镇化率为城乡协调指标②，共同作为衡量东海海洋经济协调发展水平的标准。

### 3. 绿色指标

绿色发展是海洋经济可持续高质量发展的基本特征，阐明了人类社会与自然和谐共存、经济发展与环境生态协调的关系。绿水青山就是金山银山，海洋生态环境与海洋经济的协调发展是社会经济发展的重要趋势。改革开放以来，海洋经济实现了高速发展，但由此也给海洋生态环境带来了极大的破坏，海洋生态灾害损失和环境治理成本极大降低了海洋经济发展的绩效，也对东海沿海人民的生活环境造成了负面影响。面对严峻的海洋生态破坏问题，东海沿海各省纷纷实施"生态海岛"保护修复、"蓝色海湾"综合治理等多种修复工程，海洋生态文明建设倒逼东海海洋经济发展方式的转变，促进东海海洋经济向绿色低碳的方向发展。海洋经济的绿色发展主要体现在节能环保、能源高效利用、加大海洋类型自然保护区覆盖率、降低污染物排放等。据此，本研究选取单位产出废水、二氧化硫、固体氮氧化物以及烟粉尘排放作为环境污染指标，③ 环境治理投资总额占比和海洋类型自然保护区覆盖率为环境治理指标，作为评估东海海洋经济绿色发展水平的依据。

### 4. 开放指标

海洋经济是典型的外向型经济。历经 40 多年的改革开放，中国经济顺应全球经济的发展潮流，开放型特征凸显。海洋经济的高质量发展需要统筹国内外的市场、资源和技术等，进而提高开放的内外联动性。在共建"21 世纪海上丝绸之路"蓝色经济合

---

① 任保平，李禹墨：《新时代我国高质量发展评判体系的构建及其转型路径》，《陕西师范大学学报》（哲学社会科学版），2018 年第 3 期。
② 钞小静，任保平：《中国经济增长质量的时序变化与地区差异分析》，《经济研究》，2011 年第 4 期。
③ 任保平，韩璐，崔浩萌：《进入新常态后中国各省区经济增长质量指数的测度研究》，《统计与信息论坛》，2015 年 8 期。

作平台的同时，东海沿海海洋产业品牌企业"走出去"和国际涉海大企业"引进来"战略不断深化，东海海洋经济国际合作得到进一步加强。东海海洋经济的开放发展注重的是融入全球发展，实现贸易合作、文化交流等多方面的双向开放。基于此，本研究选取外贸依存度作为对外贸易指标，实际利用外商投资额为外商投资指标，来衡量东海海洋经济开放发展水平。①

**5. 共享指标**

东海海洋经济的高质量发展的目的是为社会贡献更大的福利，海洋经济发展成果的共享是社会主义发展的本质要求。现阶段的海洋经济高质量发展注重参与人员共享海洋经济的发展成果。一方面，海洋经济的高质量发展加快了城市化发展步伐，提高居民收入，缩小城乡发展差距。东海沿海地区海洋教育、医疗卫生和社会保障就业支出等公共服务的支出为改善沿海地区经济发展不平衡，满足人民基本的生活诉求做出了贡献。另一方面，海洋经济相关产业例如海洋渔业、滨海旅游业、船舶运输业等涉海产业的发展为沿海地区创造有效的劳动岗位，增加沿海居民的劳动收入。据此，东海海洋经济共享发展水平可以采用海洋专业在校人数比、医疗卫生支出占比、社会保障和就业支出占比②等指标来表示。

综上所述，基于海洋经济高质量发展的内涵和评价指标选择的依据，本项目将高质量发展分为创新、协调、绿色、开放以及共享5个一级指标，13个二级指标，20个三级指标，具体的指标体系见表 11.1。

表 11.1 东海海洋经济发展质量发展指标体系

| 一级指标 | 二级指标 | 三级指标 | 具体指标 | 指标属性 |
| --- | --- | --- | --- | --- |
| 创新<br>（A1） | 创新投入（B1） | 海洋科研经费投入强度（C1） | 海洋科研经费投入/GDP 中 R&D 经费支出 | 正向 |
| | 创新产出（B2） | 人均专利占有量（C2） | 专利授权数/R&D 人员 | 正向 |
| | | 人均发表科技论文数（C3） | 专科技论文数/R&D 人员 | 正向 |
| | 创新效率（B3） | 涉海劳动力投入产出比（C4） | GOP/涉海劳动力人员总数 | 正向 |

---

① 詹新宇，崔培培：《中国省际经济增长质量的测度与评价——基于"五大发展理念"的实证分析》，《财政研究》，2016年第8期。

② 魏婕，任保平：《中国各地区经济增长质量指数的测度及其排序》，《经济学动态》，2012年第4期。

续表

| 一级指标 | 二级指标 | 三级指标 | 具体指标 | 指标属性 |
|---|---|---|---|---|
| 协调 (A2) | 区域协调 (B4) | 沿海居民收入 (C5) | 东海区各省人均 GOP/沿海省份人均 GOP | 正向 |
| | 产业协调 (B5) | 服务业比重 (C6) | 海洋服务业增加值/GOP | 正向 |
| | 经济稳定 (B6) | 通货膨胀率 (C7) | 消费价格指数 | 负向 |
| | 城乡协调 (B7) | 城乡居民收入差距 (C8) | 城镇居民收入/农村居民收入 | 正向 |
| | | 城镇化率 (C9) | 城镇人口/总人口 | 正向 |
| 绿色 (A3) | 环境污染 (B8) | 单位产出废水排放 (C10) | 单位海洋生产总值废水排放量 | 负向 |
| | | 单位产出二氧化硫排放 (C11) | 单位海洋生产总值废弃排放量 | 负向 |
| | | 单位产出固体氮氧化物 (C12) | 单位海洋生产总值氮氧化物排放量 | 负向 |
| | | 单位产出烟粉尘排放 (C13) | 单位海洋生产总值烟粉尘排放量 | 负向 |
| | 环境治理 (B9) | 污染治理水平 (C14) | 环境治理投资总额/GDP | 正向 |
| | | 生态保护水平 (C15) | 海洋类型自然保护区覆盖率 | 正向 |
| 开放 (A4) | 对外贸易 (B10) | 外贸依存度 (C16) | 进出口总额/GDP | 正向 |
| | 外商投资 (B11) | 外资依存度 (C17) | 实际利用外商投资额/GDP | 正向 |
| 共享 (A5) | 公共服务 (B12) | 教育投入水平 (C18) | 海洋专业在校学生数/所有在校学生数 | 正向 |
| | | 医疗卫生投入水平 (C19) | 医疗卫生支出/总人口 | 正向 |
| | | 社会保障投入水平 (C20) | 社会保障和就业支出/总人口 | 正向 |

### (四) 东海海洋经济高质量发展的评价方法与数据来源

#### 1. 评价方法

(1) 确定评价方法

不同的经济质量评价方法对评价结果会产生不同程度的影响。现在较为常用的经济质量评价方法包括模糊综合评价法、相对指数法、层次分析法等。本书中选择熵值法计算指标权重。选择熵值法的主要原因在于，模糊综合评价方法定级的方法较为粗糙，难以进行直观的分级和排序；相对指数法采用的是平均分配的方法，难以突出因素的主次关系，且未考虑到各分级指标之间存在的高度关联性[①]；层次分析法需要大量的指标，而且指标的赋权依靠研究者的主观认识[②]。相较而言，熵值法能够通过实际数据得到指标的最优权重，避免主观赋权造成评价结果缺乏可信度的弊端，能更加深刻地反映指标信息熵的效用价值[③]，客观反映分级指标之间的差异。采用熵值法对指标权重进行计算，首先采用极差法对原始数据进行标准化去量纲；其次，计算指标的熵值，判断指标含有的信息量；然后，确定各个指标的权重，预判指标在评价体系中的作用；最后，计算各个系统的综合发展指数。

（2）评价指标的数据处理过程

第一，数据的标准化处理。鉴于系统相关指标单位的差异，需对原始数据进行标准化处理。数据的标准化处理是将原始数据遵循一定的缩放比例将其放在较小的空间内，通过标准化处理能够消除单位和量纲差异的限制，对不同类型的数据进行归一化处理，将数据指标映射到 [0，1] 中。本项目涉及 5 个年度和 20 个具体指标，以 $i$ 表示年份，$j$ 表示指标，初始矩阵 A 为 $X = \{X_{ij}\}_{a \times b}$，$\{0 \leq i \leq 6\}$，$\{0 \leq j \leq 20\}$，$X_{ij}$ 表示第 $i$ 个年度第 $j$ 项指标的测量值。$X'_{ij}$ 是经标准化处理后得到的矩阵。公式（11.1）适用于正向指标的无量纲化处理，公式（11.2）适用于负向指标的无量纲化处理。

$$X'_{ij} = \frac{X_{ij} - \min(X_{1j}, X_{2j}, \cdots, X_{nj})}{\max(X_{1j}, X_{2j}, \cdots, X_{nj}) - \min(X_{1j}, X_{2j}, \cdots, X_{nj})} \quad (11.1)$$

$$X'_{ij} = \frac{\max(X_{1j}, X_{2j}, \cdots, X_{nj}) - X_{ij}}{\max(X_{1j}, X_{2j}, \cdots, X_{nj}) - \min(X_{1j}, X_{2j}, \cdots, X_{nj})} \quad (11.2)$$

第二，计算指标在不同年份的贡献度。数据经过无量纲化处理后，计算第 $j$ 项指标第 $i$ 年的贡献度，得到无量纲矩阵 B，具体如公式（11.3）[④]。

---

[①] 刘小平：《中国经济增长质量的时序变化与地区差异分析》，《中国管理信息化》，2014 年第 6 期。
[②] 林伟敏：《福州市海洋经济可持续发展评价研究》，《福建农林大学》，2016 年。
[③] 孟德友，沈惊宏，陆玉麒：《中原经济区县域交通优势度与区域经济空间耦合》，《经济地理》，2012 年第 6 期。
[④] 刘俐娜：《海洋经济发展质量评价指标体系构建及实证分析》，《中共青岛市委党校青岛行政学院学报》2019 年第 5 期。

$$P_{ij} = \frac{X'_{ij}}{\sum_{i=1}^{m} X'_{ij}} \tag{11.3}$$

第三，计算指标的熵值是用来反映指标包含的信息量。指标的熵值越大，表明该数据变异程度越大，包含的信息量越大，否则，该指标包含的信息量越小。在数据无量纲化处理的基础上，计算指标 $j$ 的熵值。

$$E_j = -\frac{1}{\ln m} \sum_{i=1}^{m} p_{ij} \ln p_{ij} \tag{11.4}$$

第四，确定指标的权重指标的熵值越大，包含的信息量越大，该指标的权重越大，在经济质量综合评价体系中的重要性越大，反之越小。指标的权重计算如公式（11.5）。

$$w_j = \frac{d_j}{\sum_{i=1}^{a} d_{ij}} \tag{11.5}$$

其中，$d_j = 1 - E_j$。

第五，计算综合指数对每年各个指标无量纲化处理后的数据进行赋值加权，得到每个系统的综合得分，得分越高的年度海洋经济发展质量越好。

$$F_i = \sum_{j=1}^{n} W_j X'_{ij} \tag{11.6}$$

### 2. 数据来源与处理

本书中的研究对象是东海沿海省份，包括上海、浙江和福建。样本区间为2012—2016年[①]；原始数据来源于《中国统计年鉴》《中国科技统计年鉴》《中国城市统计年鉴》《中国农村统计年鉴》《中国城乡建设统计年鉴》《中国环境统计年鉴》《中国海洋统计年鉴》《中国贸易外经统计年鉴》《中国社会统计年鉴》以及东海沿海各省份统计年鉴。

---

① 考虑到原始数据的口径统一性与可得性问题，本书中选取样本区间为2012—2016年的样本数据。

### 3. 指标评价结果

各指标评价结果见表 11.2 所示。

表 11.2　各指标权重的计算结果

| 一级指标 | 权重 | 二级指标 | 权重 | 三级指标 | 权重 |
| --- | --- | --- | --- | --- | --- |
| 创新（A1） | (0.194 1) | 创新投入（B1） | (0.052 1) | 海洋科研经费投入强度（C1） | (0.052 1) |
| | | 创新产出（B2） | (0.072 8) | 人均专利占有量（C2） | (0.045 5) |
| | | | | 人均发表科技论文数（C3） | (0.027 3) |
| | | 创新效率（B3） | (0.069 2) | 涉海劳动力投入产出比（C4） | (0.069 2) |
| 协调（A2） | (0.203 2) | 区域协调（B4） | (0.060 9) | 沿海居民收入（C5） | (0.060 9) |
| | | 产业协调（B5） | (0.042 1) | 服务业比重（C6） | (0.042 1) |
| | | 经济稳定（B6） | (0.013 0) | 通货膨胀率（C7） | (0.013 0) |
| | | 城乡协调（B7） | (0.022 7) | 城乡居民收入差距（C8） | (0.022 7) |
| | | | (0.064 5) | 城镇化率（C9）5 | (0.064 5) |
| 绿色（A3） | (0.332 4) | 环境污染（B8） | (0.083 5) | 单位产出废水排放（C10） | (0.025 9) |
| | | | | 单位产出二氧化硫排放（C11） | (0.020 7) |
| | | | | 单位产出固体氮氧化物排放（C12） | (0.018 1) |
| | | | | 单位产出烟粉尘排放（C13） | (0.018 8) |
| | | 环境治理（B9） | (0.248 9) | 污染治理水平（C14） | (0.041 4) |
| | | | | 生态保护水平（C15） | (0.207 5) |
| 开放（A4） | (0.170 5) | 对外贸易（B10） | (0.061 0) | 外贸依存度（C16） | (0.061 0) |
| | | 外商投资（B11） | (0.109 5) | 外资依存度（C17） | (0.109 5) |
| 共享（A5） | (0.189 7) | 公共服务（B12） | (0.189 7) | 教育投入水平（C18） | (0.071 3) |
| | | | | 医疗卫生投入水平（C19） | (0.039 4) |
| | | | | 社会保障投入水平（C20） | (0.079 0) |

## 二、东海海洋经济高质量发展实证评估

基于前文构建的东海海洋经济发展质量的综合评价指标体系，分别从时序和区域两个维度测算了东海海洋经济的发展质量。

### （一）东海海洋经济高质量发展的时序分析

根据表 11.3 信息熵确权方法计算得到的各指标权重，分别计算出创新、协调、绿色、开放、共享五大系统 2011—2016 年的综合评价指数，具体见表 11.3。

表 11.3  2012—2016 年东海海洋经济综合评价指数

| 年份 | 创新 | 协调 | 绿色 | 开放 | 共享 | 综合得分 |
| --- | --- | --- | --- | --- | --- | --- |
| 2011 | 0.109 7 | 0.223 4 | 0.164 5 | 0.100 6 | 0.138 6 | 0.817 8 |
| 2012 | 0.209 9 | 0.259 2 | 0.201 3 | 0.098 5 | 0.131 1 | 0.9 |
| 2013 | 0.218 9 | 0.268 0 | 0.238 6 | 0.096 7 | 0.152 0 | 0.974 3 |
| 2014 | 0.268 5 | 0.297 6 | 0.241 0 | 0.099 5 | 0.163 2 | 1.069 6 |
| 2015 | 0.272 3 | 0.314 7 | 0.249 1 | 0.093 9 | 0.181 1 | 1.111 1 |
| 2016 | 0.259 8 | 0.336 2 | 0.286 7 | 0.090 8 | 0.245 4 | 1.218 9 |

根据表 11.3 可以看出，东海海洋经济在不同年份的高质量发展呈现明显的时序差异。从综合指数得分来看，东海海洋经济高质量发展水平较高，且一直呈现稳步上升的趋势，其值由 2011 年的 0.817 8 上升至 2016 年的 1.218 9，表明东海海洋经济在保持高速增长的同时，也实现了发展质量的改善。

在评判东海海洋经济高质量发展的五大维度中，其明显呈现出以下特征：①东海海洋经济的创新指数除个别年份稍有下降之外，其余年份均呈现不断上升的趋势，创新指数值由 2011 年的 0.109 7 上升至 2015 年的 0.272 3，在 2016 年出现小幅度下降，跌至 0.259 8，但是也能较为明显地体现东海海洋科技创新能力的提升，同时也充分体现科技创新作为东海海洋经济高质量发展第一动力的位置。②东海海洋经济的协调指数整体上呈现出较强的持续增长势头，其值从 2011 年的 0.223 4 上升至 2016 年的 0.336 2，年平均增长幅度 8.61%。表明陆海统筹、城乡经济协同及产业结构优化对于东海海洋经济高质量发展十分重要。③与协调指数相类似，东海海洋经济绿色指数也出现持续上升的趋势，指数值从 2011 年的 0.164 5 上升至 2016 年的 0.286 7，同比增长 74.3%。凸显了"坚持人与自然和谐共生""绿水青山就是金山银山"的发展理念对东海海洋经济发展的引领性作用。④东海海洋经济的开放指数在大部分年份均稳定在 0.09 左右，最低的为

2016 年的 0.090 8，最高的则为 2011 年的 0.100 6，总体上呈现下降的趋势且波动幅度相对较大，表明东海区对外开放水平相对较低，这可能与国家政策转向内向型扩张有效市场需求有关。⑤与开放指数稍有不同，东海海洋经济发展的共享指数除却个别年份稍有下降外，其余年份则是逐年上升的趋势，开放指数值由 2011 年的 0.138 6 上升至 2016 年 0.245 4，其中 2012 年出现下降，其值为 0.131 1，最高数值是 2016 年的 0.245 4，这表明东海区在发展海洋经济的同时，不断提高当地的共享水平。

**（二）东海海洋经济高质量发展的区域分析**

从东海沿海省份之间的横向比较来看，综合发展质量从前往后的排名依次为上海、浙江和福建，其发展质量综合指数的平均值分别为 3.669 5、1.262 7 和 1.159 2，上海的优势最为明显，与其相比，浙江和福建的海洋经济发展质量有较大的提升空间，见表 11.4。浙江和福建的高质量发展综合指数相差较小，福建 2011—2016 年发展质量综合指数的平均值为 1.159 2，仅低于浙江平均值 0.11 个单位。

表 11.4  2011—2016 年东海沿海各省市海洋经济发展综合评价指数比较

| 省份 | 创新 | 协调 | 绿色 | 开放 | 共享 | 综合得分 |
| --- | --- | --- | --- | --- | --- | --- |
| 上海 | 0.855 0 | 1.071 3 | 0.623 9 | 0.379 2 | 0.740 0 | 3.669 5 |
| 浙江 | 0.387 0 | 0.323 2 | 0.296 2 | 0.132 3 | 0.124 1 | 1.262 7 |
| 福建 | 0.178 0 | 0.304 6 | 0.461 1 | 0.068 3 | 0.147 2 | 1.159 2 |

在判断高质量发展的五个子系统中，在创新发展方面，上海的创新指数远高于浙闽，该地汇集了大批的海洋科技创新企业，同时拥有不少涉海高校、科研院所以及创新平台，海洋科研成果相当显著，科技水平高，资本和劳动要素的利用率高。浙江和福建的创新发展水平较低，其中福建创新发展指数仅为 0.178 0，海洋专业性院校、海洋科研机构与科研人员、海洋高科技企业等均较少。统计数据显示，2016 年福建从事科技活动的人员仅 1 193 人，科研经费收入仅 782 262 万元，创新支持力度严重不足。

协调发展方面，协调发展指数最高的是上海，达到 1.071 3，浙江和福建的协调发展指数较为相近，均处于相较低的水平，可能的原因在于浙江和福建所辖各地市海洋经济发展水平差异大且海陆关联程度与上海相比较低。

绿色发展方面，省际绿色发展指数差异较大，上海的绿色发展指数最高，为 0.623 9，说明上海海洋经济发展对环境破坏相对较少，原因可能在于上海的海洋产业结构以第三产业中的海洋旅游业为主，同时上海现有的海洋产业多以技术密集度高的新兴产业为主，产生的污染相对较少。浙江的绿色发展指数最低，仅为 0.296 2，从绿色发展的各项指标来看，浙江的单位海洋生产总值废水排放量、二氧化硫排放量等逆向指标值处于较差的水平，环境治理投资总额和海洋类型自然保护区覆盖率等正向指标值最小，说明浙江海洋经济活动的资源环境代价较大，高耗能、高污染的项目建设较多，导致部分海域污染较严重。

开放发展方面，上海开放程度居东海沿海省市的首位，开放指数达到 0.397 2，充分体现上海作为改革开放前沿阵地的属性。上海地理位置优越，位于长江的入海口，长三角前沿，腹地广阔，港口优良，铁路交通也是南北的枢纽，交通四通八达，且政策优势明显，是中国首个自由贸易区。福建的开放性指数最低，仅为 0.068 3，各项开放指标均处于落后的水平，发展的空间较大。

共享发展方面，上海的共享发展指数最高，为 0.740 0，远高于浙闽，属于第一梯队，浙江和福建的发展指数在 0.1 左右，属于第四梯队。① 东海沿海省份省际共享指数差别较大，说明东海沿海省市的海洋经济惠民程度在空间上的差异较为明显，具体而言，上海人均收入水平最高，海洋公共服务保障能力强，涉海就业机会多，浙江和福建的海洋教育、福利等发展水平相对较低。

## 三、东海海洋经济高质量发展路径优化

综合上文的测算结果来看，东海海洋经济高质量发展的不足在于开放发展相对滞后，因此，进一步推进东海海洋经济的高质量发展，应在充分发挥创新、协调、绿色和共享发展的同时，不断弥补开放发展过程中出现的"短板"。结合东海海洋经济发展的实践，推进其高质量发展的路径如下。

### （一）创新驱动发展路径优化

第一，要坚持创新驱动发展，实施科技兴海战略，保障海洋科技人才的供给。充

---

① 鲁亚运，原峰，李杏筠：《我国海洋经济高质量发展评价指标体系构建及应用研究——基于五大发展理念的视角》，《企业经济》，2019 年第 12 期。

分利用上海、浙江和福建的海洋科技资源，依托东海沿海省份雄厚的财政实力，加大资金投入促进海洋科技创新和成果转化；依托沪浙闽高等教育资源优势，搭建涉海企业和海洋科研院所实现产学研的合作平台，以校企合作的形式推进海洋科技理论成果实现实体生产。东海沿海涉海企业也要具有强烈的人才意识，建立全新的人才观念、长远的育才观念和长远的育才战略，健全激励机制，形成培养人才、留住人才、吸引人才、用好人才的机制，建立公平的业绩评估体系，培育数量稳定、素质较高的与创新发展和绿色发展相适宜的技术人才和管理人才队伍。

第二，发挥政府、企业以及社会各方力量，加强海洋科研经费的投入。政府对海洋科技研发的投入主要体现在东海沿海各级政府对相关海洋科技投入的政策法规的制定。未来应进一步规范海洋科技创新主体在科研经费方面的投入和使用，同时还可以设置海洋科技创新项目的专项资金，弥补企业进行海洋科技创新的外溢性成本。企业作为海洋科技创新的主体，应该积极响应国家海洋科研创新方面的政策，尤其要执行好国家规定企业应按销售收入的1%提取科研经费的政策，大中型工业企业的科研经费至少要保持在销售收入的2%以上，① 以确保企业自身对海洋科技研发投入的力度。同时，利用好沪浙闽民间相对富裕的区域性优势，适当放宽现有的投融资政策，鼓励民间资本进入海洋科研创新领域，完善投融资体系，建立起多渠道的海洋科技创新投融资体系。

第三，完善知识产权保护和转化制度，支持重点领域的核心技术攻关。海洋科技知识产权的保护主要通过东海沿海各省份相关的知识产权法律法规得以实现。基于完善的知识产权法律规范，使新技术、新知识和新专利的发明者能够得到有效的社会激励，形成正向的社会风气。同时，也可以助推科研院所和涉海企业实现重点海洋科技创新领域的核心技术攻关，最终形成一大批具有自主知识产权、国际竞争力的特色海洋科技创新产品，以及新型的龙头骨干企业和产业聚集区，以创新促进产业链的延伸，提升产品的科技含量。

### （二）统筹协调发展路径优化

第一，坚持陆海统筹，促进东海区海洋经济与陆域经济的一体化发展。要建立完善陆海统筹的空间规划体系，牢固树立大生态、大空间、大保护的理念。着眼于构建山水林田湖草生命共同体，科学划定东海区生态红线，严守生态功能保障基线、环境质

---

① 李子联、王爱民：《江苏高质量发展：测度评价与推进路径》，《江苏社会科学》，2019年第1期。

量安全底线和自然资源利用上线。统筹东海区陆域开发与海域利用，统筹推进海岸带和海岛开发建设，统筹近海与远海开发利用，优化海洋开发和保护格局。明确东海区海洋国土在空间规划体系中的地位，探索规划对象、规划功能和规划用途管制一体化格局，构建陆海统筹的国土空间开发与管制框架体系，建立陆海资源、产业、空间互动协调发展新格局。

第二，以新兴海洋产业为依托，推进海洋相关产业协调发展。推进东海海洋产业的协调发展，新兴海洋产业的培育和壮大是海洋经济高质量发展的关键。新兴海洋产业具有知识技术密集度高、物质资源消耗少、经济社会效益好等特征，其发展既能够通过创造有效的就业需求并缩小居民之间的收入差距，也能够引领海洋产业结构方向的调整，实现低端海洋产业的升级和新旧产业的互相融合，进而优化现有的海洋产业。具体而言，一是可以依托政府财政的资金支持，促进海洋技术创新成果的转化和涉海企业技术的研发；二是依托东海涉海的高等教育资源，实现海洋科技创新的产学研合作；三是依托东海沿海产业园的发展优势，对涉及海洋节能环保、海洋信息技术等诸多产业提供资金扶持和税收优惠。

第三，以增加居民收入为根本，推进城乡需求协调增长，居民增收是拉动居民消费和增加社会可贷资金双向协调发展的根本。在城乡收入差距逐渐扩大的背景下，东海区居民增收的关键是促进沿海渔民收入的增长。因此，应加大东海海洋养殖业、捕捞业等农业生产功能区和现代休闲渔业园区、旅游开发区等项目的投资力度，强化渔民的水产养殖知识教育和现代养殖技能的培训，增加渔民的基本收入；积极推广机械化渔业生产和高产高质的水产养殖，并传授先进的养殖方法鼓励渔民生产实现技术创新，提升渔民的经营性收入；鼓励渔民进行水产品深加工和品牌建设，并给予政策和资金支持，同时加大补贴力度，积极宣传政策性水产养殖业保险，完善生产风险救助机制，提高渔民的转移性收入。

### （三）绿色生态发展路径优化

第一，提高海洋产业的创新能力，力保"源头"绿色。提升涉海企业的自主创新能力能有效降低能源消耗和减少污染物的排放，能够从源头上遏制污染物的排放，推动东海海洋经济高质量发展。涉海企业作为海洋经济高质量发展的主体，应依据企业收入的实际情况，增加研发经费的投入，提升涉海企业的创新能力。同时，涉海企业应该关注全球海洋绿色科技创新的趋势，鼓励吸引跨国资本对海洋绿色科技创新的投资，以促进和提升东海区域涉海企业的绿色技术研发能力和技术进步，进而提高东海涉海企业的绿色生产能力。

第二，加强海洋生态红线管控，力保"过程"绿色。生态红线的主要作用是对高排和高耗生产企业起到约束作用，引导区域绿色发展。东海区应科学划定海洋生态红线和绿色标准，借鉴国际通用的海洋生态警戒线制定契合东海海洋经济发展的绿色标准。在优化海洋生态安全屏障体系和构建海洋生态廊道和海洋生物多样性保护过程中，提升东海海洋生态系统的质量和稳定性。同时，应对涉海企业实行"铁腕"管控，广泛宣传和奖励低碳、低耗生产的示范性企业，严惩违反标准、未守红线的企业。此外，可依托新信息技术和检测系统，加强对海洋生态红线保护区的监控，开展定期的考核，及时把握海洋生态红线的动态变化。

第三，强化海洋生态治理，力保"事后"绿色。对未达到绿色生产标准的地区和企业，要加大海洋生态治理，从而确保"事后"的绿色发展。首先，要构建有效的绿色发展评价系统，严格按照系统的统计口径、数据来源等进行评价，并以此为目标和依据对东海沿海省份的海洋生态建设进行评估，适时将评估结果纳入各省政府领导干部的奖罚任免评估体系中。其次，加大政府财政对海洋生态保护红线区域的转移支付制度，并逐步将范围扩大至红线区域以外符合绿色标准的企业，全方位促进海洋生态环境治理。最后，对高耗能高污染企业设计累进式的治污费非征收制度，加大治污费用的征收力度，强化高耗能高污染企业的退出机制，强化执行力度。

### （四）合作开放发展路径优化

第一，融入"一带一路"建设中，拓展东海海洋经济发展新格局。从城市开放水平来看，上海、浙江和福建的差距明显。为从整体上提升东海海洋经济对外开放水平，应充分发挥自由贸易试验区的政策制度优势，着力打造面向太平洋的对外开放门户。通过积极建设贸易自由港口，深化海洋高技术产业的开放力度，打造高水平、宽领域、深层次的海洋经济开放格局。加快海上丝绸之路建设，与"一带一路"沿线国家和海洋经济强国建立友好关系，广泛开展海洋合作，打造多层次海洋产业链。加强与周边国家的旅游开发合作，推进国际旅游航线开发开放，设立邮轮产业引导资金，优化母港基础设施，发展邮轮旅游产业。

第二，坚持"引进来"与"走出去"相结合，拓展东海海洋经济发展的融资渠道。东海海洋经济的发展离不开多方投资的支持，东海区的经济发展应抓住国家"一带一路"倡议的政策优势，利用自身的比较优势吸引外资入驻东海区的新兴产业，打造一批国际涉海品牌企业与产品，提高开放质量。东海沿海省份政府也应当积极鼓励创新开发涉海金融产品，为涉海企业的发展提供雄厚的本土资金支持，促进内外联合，为涉海企业的发展提供更加多元化的融资渠道。

### （五）互利共享发展路径优化

第一，综合应用激励、引导以及协调型政策扶持涉海产业的发展，创造更多的就业机会。就激励政策而言，使用具有激励性质的金融、财政、税收等政策，激励涉海企业壮大发展规模以及为企业创造良好的外部发展环境，进而对海洋人才产生更大的需求。引导性政策主要包括两个方面：一是通过产业政策对现有的海洋产业结构进行调整，增加海洋服务业在三大海洋产业中的比重；二是通过相关涉海教育培训让东海沿海所有居民不受身份、职业等方面的限制，获得参与涉海教育的机会，真正实现"东海区域一体化"。协调性政策主要是通过破除海洋劳动人才市场的地区性壁垒，协调海洋人才的跨区域流动问题。

第二，促进海洋产业高附加值升级，提高居民收入。就目前东海三大产业的发展现状而言，传统海洋产业的增加值占东海海洋总产值的比重较高，尤其是渔业方面，东海沿海居民的收入也大都来自海水养殖业、捕捞业等传统产业。因此，促进传统渔业优化升级，提升产业的附加值具有重要意义。首先，提高传统海水养殖业的产出效率和产品的附加值，通过政府扶持政策，鼓励引导渔民引进先进的研制技术，加强水产品的品牌建设和宣传，基于品牌效应提高渔民的收入。其次，改造和丰富传统的海洋产业模式，积极发展沿海观光旅游业、休闲渔业等新兴服务产业，依托旅游服务业优化传统的海洋产业结构，缩小居民收入差距。

第三，打造更优质的海洋绿色生态环境，为沿海居民创造更优质的生活环境。沿海居民居住环境的改善既是海洋经济高质量发展正外部性的体现，也是以人为本理念的体现。首先，加强海洋生态环境保护理念的宣传，加强居民的海洋意识教育，树立重视海洋、保护海洋的生态意识，从而促进海洋生态的绿色化和可持续化；其次，构建蓝色生态屏障，保障海洋综合管理持续有效，使得生态环境能够良性循环；最后，创新海洋管理体制机制，建立健全海洋资源环境管理体制机制和海洋资源生态补偿机制，促进海洋生态环境的良性循环，让沿海居民充分享受绿色海洋生态环境的外部性福利。

# 第三部分 东海海洋立法与海洋权益

东海沿岸国家包括中国、日本和韩国，中国在东海区沿岸省市包括上海市、浙江省和福建省。法律是规范海洋活动的主要依据。从国际法律层面来讲，这种法律包括国际公约、区域协定及双边条约；从国内法层面来讲，涉及一国国家层面的法律，也包括地方立法。本部分梳理分析的东海海洋法律、争端及维权限于中、日两国。具体分为5章（第十二章至第十六章）。第十二章梳理了中日共同参加的国际公约、区域条约及两国之间缔结的双边协定；第十三章介绍中国国家层面的海洋立法；第十四章介绍中国东海区上海、浙江和福建的海洋立法；第十五章梳理分析日本的海洋立法；第十六章分析东海海洋争端及中国在东海的维权。

# 第十二章　国际海洋法律

中日作为东海沿岸国，相关活动应受国际海洋法律的约束。与国际法的其他分支一样，海洋法的渊源形式主要为国际条约和国际习惯，随着海洋法的发展进步，国际条约取得了越来越重要的地位。按条约法的基本原则，条约通常只对缔约国有约束力。涉及东海的国际间法律关系，以中国和日本之间为主。所以本章国际海洋法律主要讨论直接和可能涉海的中日共同参加的国际公约、区域条约和中日之间的双边条约。

## 一、中日共同参加的国际公约

### （一）国际涉海基础性公约

毫无疑问，适用于中日间海洋权利义务划分的最主要国际海洋法律是《联合国海洋法公约》。该公约是一部名副其实的国际海洋法典，是当代最重要的海洋基础性条约。《联合国海洋法公约》是第三次联合国海洋法会议的产物，于1982年12月10日通过，1994年11月16日正式生效。至2020年3月10日，该公约的缔约国有168个。我国为1982年12月10日最早一批签署国之一，1996年6月7日批准加入该公约。日本也是《联合国海洋法公约》缔约国之一，1983年2月7日签署，1996年6月20日批准加入。[①]《联合国海洋法公约》从开放签署到正式生效经历了12年，主要因为第11部分关于国际海底区域的规定遭到了美国、英国、德国等发达国家的反对。发展中国家最后做了让步，经过1990年7月至1994年7月在联合国秘书长召集下的磋商，达成《关于执行1982年12月10日〈联合国海洋法公约〉第十一部分的协定》，事实上，对《联合国海洋法公约》第11部分进行了修改。至此，绝大多数发达国家终于签署、批准了公约，使之得以生效。

---

① 《联合国海洋法公约》文本和缔约国情况，可见联合国网站，https://www.un.org/zh/documents/treaty/files/UNCLOS-1982.shtml#17，2020年5月25日访问。美国不是该公约的缔约国。

《联合国海洋法公约》除序言外，正文17部分，320条，另有9个附件，内容涉及海洋法的诸多方面，包括：领海和毗邻区、用于国际航行的海峡、群岛国、专属经济区、大陆架、公海、岛屿制度、闭海或半闭海、内陆国出入海洋的权利和过境自由、国际海底区域、海洋环境的保护与保全、海洋科学研究、海洋技术的发展和转让、争端的解决等。公约继承和发展了传统的国际海洋法律规则，建立或确立了许多全新的海洋法律制度，例如，有关群岛国、专属经济区和国际海底区域制度的规定，极大地影响和改变了相关沿海国与其他国家之间的海洋法律关系，使得适用传统公海自由原则的海洋面积大为缩小。公约明确规定了专属经济区的宽度为，从测算领海宽度的基线量起不应超过200海里（第57条）。在专属经济区内沿海国有：以勘探和开发、养护和管理海床上覆水域和海床及其底土的自然资源（不论为生物或非生物资源）为目的的主权权利，以及关于在该区内从事经济性开发和勘探，如利用海水、海流和风力生产能等其他活动的主权权利；沿海国有对于人工岛屿、设施和结构的建造和使用、海洋科学研究、海洋环境的保护和保全等的管辖权（第56条）。公约还规定，沿海国的大陆架包括其领海以外依其陆地领土的全部自然延伸，扩展到大陆边外缘的海底区域的海床和底土，如果从测算领海宽度的基线量起到大陆边的外缘的距离不到200海里，则扩展到200海里的距离（第77条）。公约的这些规定为中日间海洋权利义务的划分奠定了基础。

鉴于介绍和讨论《联合国海洋法公约》内容的资料汗牛充栋，本书在此不再做更多详细的探讨，但认为有必要提及全国人民代表大会常务委员会于1996年5月15日做出加入公约的批准决定时，发表了四点声明：①按照公约的规定，中国享有200海里专属经济区和大陆架的主权权利和管辖权；②中国将与海岸相向或相邻的国家，通过协商，在国际法基础上，按照公平原则划定各自海洋管辖权界限；③中国重申对1992年2月25日颁布的《中华人民共和国领海及毗连区法》第2条所列各群岛及岛屿的主权；④中国重申，公约有关领海内无害通过的规定，不妨碍沿海国按其法律规章要求外国军舰通过领海必须事先得到该国许可或通知该国的权利。①这四点声明也是我国在东海权益维护上的基本立场和态度，具有十分重要的指导意义。

中日共同参加的国际涉海基础性公约还包括《国际海事组织公约》《国际海事卫星

---

① 该批准决定见全国人大网，http://www.npc.gov.cn/wxzl/gongbao/2000-12/16/content_5003571.htm，2020年5月25日访问。

组织公约》《国际海事卫星组织业务协定》和国际劳工组织主持制定的一些涉海劳工保护公约。

《国际海事组织公约》原称《政府间海事协商组织公约》，1948年3月6日在日内瓦召开的联合国海事会议上通过，1958年3月17日生效。根据该公约，政府间海事协商组织于1959年1月成立，1982年5月更名为国际海事组织（IMO），公约亦改现名。中国和日本均为缔约国之一，我国于1973年3月加入。虽然该公约的主要内容是组织性的，但由于国际海事组织在国际海事管理方面的重要性，且其主持制定了众多后文将讨论的国际海事公约，此处予以提及。

国际海事组织于1976年9月召开会议，通过了《国际海事卫星组织公约》和《国际海事卫星组织业务协定》（均于1979年7月生效）。据此，国际海事卫星组织1979年10月在伦敦成立，后改名为国际移动卫星组织（英文缩写仍为IMSO），公约和协定相应改名。中日均于1979年加入。国际海事卫星组织的主要活动包括，讨论海事卫星通信的要求，制定地面站和船站接入国际海事卫星组织空间段的标准和批准程序，确定空间段方案和卫星轨道，为改进海上通信提供必要的空间段，从而有利于改进海上遇险和人身安全通信、海上公共通信，并提高船舶航行效率以及无线电通信和定位能力。

中日均参加的国际劳工组织主持制定的涉海劳工保护公约，除最重要的《海事劳工公约》外，还包括：《确定准许儿童在海上工作的最低年龄公约》《在海上工作的儿童及未成年人的强制性体格检查公约》《海员协议条款公约》《航运的重大包裹标明重量公约》。《国际海事劳工公约》2006年通过于第94届国际劳工大会，2013年8月20日正式生效。日本于2013年加入。中国于2015年8月批准加入，2016年11月12日该公约对中国生效。此外，中日都加入了公约2014、2016和2018三个修改议定书。公约被称为海员的"权利法案"，目的是为海员争取更好的工作环境。批准公约的各成员国承诺按公约规定的方式全面履行公约的规定，以确保海员体面就业的权利；成员国应为确保有效实施和执行公约之目的而相互合作（第1条）。除序言外，公约包含16个条款，另附有内容详细的规则和守则。条款和规则规定了核心权利和原则以及成员国的基本义务，守则包含规则的实施细节，由A部分（强制性标准）和B部分（非强制性导则）组成。①

有许多国际公约虽然不是专门针对海洋规定的，但是也显然适用于海洋，并且由于其内容的特殊性，相关条款很有可能用以界定中日之间东海问题上的权利义务，在此也有必要予以提及。

例如，《生物多样性公约》是当今国际上最重要的环境资源保护公约之一，由联合国发起缔结，1992年6月在肯尼亚内罗毕由联合国环境规划署发起的政府间谈判委员会通过，随后由签约国在巴西里约热内卢举行的联合国环境与发展大会上签署。公约于1993年12月29日正式生效，目前缔约国已达196个。中国于1992年6月11日签署，1993年1月5日交存批准书，1993年12月29日对中国生效。日本同样于1993年加入该公约。缔约国大会是全球履行该公约的最高决策机构，每两年举行一次，审查公约的实施情况，确定优先事项，落实相关工作计划。公约常设秘书处设在加拿大的蒙特利尔，主要职能是协助各国政府落实公约及其工作方案，组织会议，起草文件，与其他国际组织进行协调及收集和传播信息等。该公约的宗旨是最大限度地保护地球上的多种多样的生物资源，保护濒临灭绝的植物和动物，以造福于当代和子孙后代，具体有三项主要目标：保护生物多样性、可持续利用生物多样性及公正合理分享由利用遗传资源所产生的惠益。《生物多样性公约》涵盖了所有层面的生物多样性，即生态系统、物种和遗传资源；涵盖了与生物多样性及其在发展中的作用有直接或间接关联的所有领域，包括科学、政治和教育、农业、商业和文化等。通过《卡塔赫纳生物安全议定书》（2000年通过，2003年9月生效，中国和日本均已加入，内容主要涉及转基因生物的跨境转移），公约还涵盖了生物技术。《生物多样性公约》除序言外，共有42个条文，并有2个附件。每一缔约国就保护和持久使用方面的一般措施、查明与监测、就地保护、移地保护、生物多样性组成部分的持久使用、公众教育和认识、影响评估和尽量减少不利影响、遗传资源的取得、信息交流、技术和科学合作、生物技术的处理及其惠益的分配等方面做出承诺。除对本国管辖范围内的地区加以保护外，每一缔约国应尽可能并酌情直接与其他缔约国或酌情通过有关国际组织，为保护和持久使用生物多样性在国家管辖范围以外地区并就共同关心的其他事项进行合作（第5

---

① 《海事劳工公约》中译本可见中国人大网，http://www.npc.gov.cn/wxzl/gongbao/2015-11/10/content_1951872.htm，2020年5月25日访问。

条)。①

同样是联合国发起的《禁止为军事或任何其他敌对目的使用改变环境的技术的公约》也会适用于东海。该公约1976年12月通过,1978年10月5日生效,日本和中国分别于1982年和2005年加入。公约各缔约国承诺不为军事或任何其他敌对目的使用具有广泛、持久或严重后果的改变环境的技术作为摧毁、破坏或伤害任何其他缔约国的手段;各缔约国承诺不协助、鼓励或引导任何国家、国家集团或国际组织从事违反前述规定的活动(第1条)。公约除前言外,共10个条文,另有1个附件。②

《和平解决国际争端公约(1907)》是19世纪和20世纪之交海牙国际和平会议的重要成果,是最早总括规定和平解决国际争端方法的一般性条约和国际争端解决领域的重要基础性条约,至今仍有效。中日均为该公约的缔约国,中国于1993年7月15日批准加入,1993年11月22日对中国生效。公约除前言外,有5编97个条文,规定了斡旋和调停、国际调查、国际仲裁等国际争端解决方式,设立了世界上第一个国际常设法院即常设仲裁法院,驻地海牙。公约规定:"为了在各国关系中尽可能防止诉诸武力,各缔约国同意竭尽全力以保证和平解决国际争端。"

(二)保护海洋环境的公约

保护海洋环境、防止海洋污染的公约数量众多,大多为国际海事组织主持制定或由其保管,中国和日本共同加入了其中的一部分,特别是那些影响广泛、参加国家众多的基础性公约,包括1954年《防止海洋石油污染的国际公约》、1969年《国际干预公海油污事故公约》、1969年《国际油污损害民事责任公约》、1972年《防止因倾倒废物及其他物质而引起海洋污染的公约》、1973年《国际防止船舶造成污染公约》和1990年《国际油污防备、反应和合作公约》等。

《防止海洋石油污染的国际公约》(OILPOL 1954,中文简称为《油污公约》),是世界上第一个旨在防止船舶造成海洋污染的国际公约,也是人类保护海洋环境的第一个国际公约,标志着海洋环境国际法律保护的开始,1954年,在英国伦敦召开的防止海洋污染的第一次国际外交会议上通过,1958年7月26日生效,后经1962年和1969

---

① 公约全文,可见联合国网站,https://www.un.org/zh/documents/treaty/files/cbd.shtml,2020年5月25日访问。

② 公约全文,可见联合国网站,https://www.un.org/zh/documents/treaty/files/A-RES-31-72.shtml,2020年5月25日访问。

年两次修正。中国是缔约国之一。日本于 1967 年加入公约。公约原由英国政府保管，后移交给政府间海事协商组织（国际海事组织）。公约由 21 个条款和一个附则组成，规定了 500 总吨以上的船舶排放油类或含油混合物的要求。由于各种原因，该公约虽然意义重大，但作用有限，目前实际上已被《国际防止船舶造成污染公约》所替代。

1967 年 3 月，Torrey Canyon 号邮轮由于船长一时疏忽，在英格兰西南海岸外七石礁海域搁浅，此后船体断裂，船上载运的大约 860 000 桶 $12\times10^4$ t 原油外溢，造成严重的海上油污事故，环境破坏极大，一时舆论汹涌，公众强烈要求各国政府采取法律措施解决和防范类似事件。政府间海事协商组织于 1969 年 11 月 10 日至 29 日在布鲁塞尔召开了国际油污染损害法律会议，通过了两个文件：《国际干预公海油污事故公约》和《国际油污染损害民事责任公约》。

《国际干预公海油污事故公约》（Intervention 1969，中文简称为《干预公约》），1969 年 11 月 29 日签署于布鲁塞尔，1975 年 5 月 6 日生效。中日均为公约缔约国之一，日本于 1971 年 6 月签署，1975 年 5 月对其生效；中国于 1990 年 2 月 3 日加入，1990 年 5 月 24 日对中国生效。公约正文有 17 个条文，并有附则，分调解和仲裁两章，共 19 个条文。公约规定了各缔约国在发生海上事故或与此事故有关的行为之后，如有理由预计到会造成较大有害后果，就可在公海上采取必要的措施，以防止、减轻或消除由于油类对海洋的污染或污染威胁而对其海岸或有关利益产生的严重而紧迫的危险；但对于任何军舰或国家拥有或经营的并在当时仅用来从事政府的非商业性服务的其他船，不得根据本公约采取任何措施（第 1 条）。根据公约采取的措施不影响公海自由原则。在采取措施前，应与受海上事故影响的其他国家，尤其是与船旗国进行协商，也可与没有利害关系的专家们进行协商。所采取的措施如超出公约规定的限度而致使他方遭受损失，应负赔偿责任。如果船方被确定为有责任，应由肇事船承担处理油污所支付的全部费用和油污损害所引起的费用。如果油污事件因自然灾害或不可抗力而造成，船方可免责，清除公海油污的费用由各成员国按比例分摊，这一比例以每次油污事件发生地点与会员国海岸距离及会员国海岸线的长短为计算基础。缔约国之间发生任何争议，又不能协商解决时，可按附则规定，在任何一方的要求下，提请调解或仲裁。此外，1973 年 11 月政府间海事协商组织在伦敦召开的国际防止船舶造成污染会议上，通过了 1969 年干预公约的议定书，即《关于油类以外物质造成污染时在公海进行干涉的议定书》，将沿岸国在公海上采取干预措施的权利扩大到造成非油类物质污染的海损事故。该议定书于 1983 年 3 月 30 日生效。根据国际海事组织网站资料显示，该议定书中国是参加国，日本不是。

《国际油污损害民事责任公约》（CLC 1969），是为解决船舶所有人因海上事故所引起的油污损害责任而制定的公约，1969 年 11 月 29 日签订于布鲁塞尔，1975 年 6 月 19 日生效。1992 年 11 月，国际海事组织在伦敦召开的国际会议上通过了修订该公约的议定书（CLC Protocol 1992），于 1996 年 5 月 30 日生效。公约和议定书加入国家众多。中国于 1980 年 4 月 29 日参加公约，于 1999 年 1 月 5 日交存加入 1992 年议定书的批准书，2000 年 1 月 5 日议定书对中国生效。日本于 l976 年加入公约，1992 年议定书于 1998 年 5 月对其生效。公约共有 21 个条文，主要内容包括：公约仅适用于在缔约国领土和领海发生的污染损害，和为防止或减轻这种损害而采取的预防措施（第 2 条）。船舶所有人应对漏油或排油事件所造成的油污损害负责，同时规定在某些情况下船舶所有人可不承担油污损害责任（第 3 条）。船舶所有人有权将其对油污损害的赔偿责任做出限定；如果溢油事故是由于船舶所有人的实际过失或暗中参与所造成，船舶所有人则无权享受责任限额（第 5 条）。

《设立油污损害赔偿国际基金国际公约》及其 1992 年议定书（Fund 1971，Fund Protocol 1992）。1971 年 12 月 18 日，政府间海事协商组织在布鲁塞尔主持制定了《设立油污损害赔偿国际基金国际公约》（中文简称为《基金公约》），目的在于保证有能力向油污损害受害人提供全部损害赔偿，同时又解除船舶所有人的额外经济负担，为此设立油污损害赔偿基金，建立一套赔偿和补偿制度，作为前述 1969 年责任公约的补充。中国于 1997 年 7 月加入基金公约，2000 年 1 月加入了 1992 年议定书。公约和议定书分别于 1978 年 10 月和 1996 年 5 月对日本生效。《基金公约》共 48 条，设立了第一个国际海洋污染损害赔偿基金，创立了船舶油污损害赔偿的国际制度，提高了污染损害的赔偿限额，对不可抗拒的自然灾害引起的油污损害受害人提供赔偿，并对公约成员国船舶所有人采取减轻油污染措施予以一定的补偿。但公约仅适用于缔约国领土和领海范围内发生的污染事件，而且仅限于船舶引起的油污染事件。

《防止因倾倒废物及其他物质而引起海洋污染的公约》及其 1996 年议定书（London Convention 1972，London Convention Protocol 1996）。公约于 1972 年 12 月 29 日签订于伦敦，1975 年 8 月 30 日生效。日本和中国分别于 1980 年和 1985 年加入。公约宗旨在于防止因在海上倾倒废物造成的污染，适用于除各国内水以外的所有海域，是唯一的关于海洋倾倒问题的全球性条约。公约除前言外，共有 22 个条文，另有 3 个附件。公约规定，各缔约国应个别地或集体地促进对海洋环境污染的一切来源进行有效的控制，并特别保证采取一切切实可行的步骤，防止因倾倒废物及其他物质污染海洋；各缔约国应按照公约条款的规定，依其科学、技术及经济的能力，个别地和集体地采取有效措施，以防止因倾倒而造成的海洋污染，并在这方面协调其政策（第1~2条）。公约将它所管制的"倾倒"界定为"任何从船舶、飞机、平台或其他海上人工构造上有意地在海上倾弃废物及其他物质的行为"和"任何有意地在海上弃置船舶、飞机、平台及其他人工构造物的行为"（第3条）。公约3个附件分别列举了三大类受管制的物质，附件一黑色名单所列举物质的倾倒，公约从根本上加以禁止；附件二灰色名单所列举物质的倾倒，需事先获得特别许可证；附件三所列物质的倾倒，需事先获得一般许可证。

《国际防止船舶造成污染公约》（MARPOL 1973），是为保护海洋环境，由政府间海事协商组织主持制定的有关防止和限制船舶排放油类和其他有害物质污染海洋方面的国际公约。由于该公约对缔约国的要求较高，争议较大。为使各国普遍接受该公约，政府间海事协商组织于1978年召开会议对之进行修订，通过了《1973年国际防止船舶造成污染公约的1978年议定书》，即MAPPOL 73/78。所以公约也称《经1978年议定书修订的1973年国际防止船舶造成污染公约》，于1983年10月2日生效。公约参加国家众多，缔约国海运吨位总量占世界海运吨位总量在98%以上，中国和日本均是该公约及其技术性附件的参加国。《国际防止船舶造成污染公约》是在1954年《防止海洋石油污染的国际公约》基础上进行修订，并全面替代、内容全新的、对防止船舶造成海洋污染具有普遍意义的国际防污染公约。其适用于除军舰及政府公务船舶以外的所有船舶，包括水雾船、气垫船、潜水船、水上船艇和固定式或移动式工作平台，并对一切商业用途船舶规定了严格的技术要求。公约第1条规定了缔约国的一般义务：①各缔约国承担义务实施本公约及对其有约束力的本公约附则的各项规定，以防止由于违反公约排放有害物质或含有这种有害物质的废液而污染海洋环境；②除另有明文规定者外，凡引用本公约即同时引用其议定书及各附则。1973年公约共20条，1978年议定书本身仅9个条文，所列附件和规则条文众多，内容详细，涉及防止油污，控制散装有毒液体物质污染，防止海运包装品、集装箱或可移动罐柜或公路及铁路槽罐车装有害物质污染，防止船舶生活污水污染，防止船舶垃圾污染等方面，其中附件一和附件二为强制性规则，附件三、附件四、附件五为任选性规则。公约对污染物质的排放标准、监控系统、滤清系统及专用压载舱和清洁压载舱等做了详细规定。

《国际油污防备、反应和合作公约》（OPRC 1990），1990年11月30日签订于伦敦，1995年5月13日生效。中国于1998年3月30日加入，1998年6月30日对中国生效。日本于1995年10月27日加入，1996年1月17日对日本生效。是为防备海洋油污事故和在发生海洋油污事故时采取有效应急措施和国际合作而制定的公约。除前言外，公约共有19个条文和1个有关援助费用的偿还的附件。公约主要内容包括：促进各国加强油污防治工作，强调有效防备的重要性，在发生重大油污事故时加强区域性或国际性合作，采取快速有效的行动，减少油污造成的损害；要求所有船舶、港口和近海装置都应具备油污应急计划，并且港口国当局有权对此进行监督检查；规定所有肇事船舶和其他发现油污事故的机构或官员应毫不延迟地向最近的沿岸国报告，各国在接到报告后应采取行动，并进行通报；公约还规定了各缔约国应建立全国性油污防备和响应体系，各国之间可建立双边或多边、地区性或国际性的技术合作。

《有毒有害物质污染事故防备、反应与合作议定书》（OPRC/HNS 2000），2000年3月15日签订于伦敦。中国于2009年11月19日交存批准书，2010年2月19日对中国生效。日本于2007年3月9日交存批准书，2007年6月14日对日本生效。本议定书当事国，系为1990年11月30日在伦敦签订的《国际油污防备、反应和合作公约》的当事国。议定书除前言外，共18个条文，另有一个关于援助费用的偿还的附件。各当事国承诺，依照本议定书及其附件的规定，各自或联合对有害和有毒物质污染事故采取一切适当的防备和反应措施。

《控制船舶有害防污底系统国际公约》（AFS 2001），2001年10月5日签订于伦敦。日本于2003年7月8日交存批准书，2008年9月17日对日本生效。中国于2011年3月7日交存批准书，2011年6月7日对中国生效。防污涂料用于涂覆船舶的底部，以防止诸如藻类和软体动物之类的海洋生物附着在船体上，从而减慢船舶速度并增加燃料消耗，但此种涂料也会带来海洋环境损害问题。公约将"防污系统"定义为"用于船舶以控制或防止有害生物附着的涂层、油漆、表面处理、表面或装置"。1992年里约环境与发展会议制定的"21世纪议程"第17章呼吁各国采取措施，减少防污系统中使用的有机锡化合物造成的污染。国际海事组织于1989年承认有机锡化合物的有害环境影响；于1990年通过一项委员会决议，建议各国政府采取措施，取消在非铝制船体上使用含有TBT的防污涂料；于1999年11月通过一项大会决议，呼吁制定一项在全世界具有法律约束力的文书，以解决船上使用的防污系统的有害影响。本公约即在此背景下制定。公约除前言外，共21个条文，4个附件。根据公约的规定，缔约方必须禁止和/或限制相关船舶上使用有害的防污系统，这些船舶包括：有权悬挂当事国船旗的船舶；无权悬挂当事国船旗，但在该当事国的权力下营运的船舶；进入当事国的港口、船厂或近海装卸站的船舶。

《国际船舶压载水和沉积物控制与管理公约》（BWM 2004），国际海事组织主持制定于 2004 年，2017 年 9 月 8 日生效。2018 年 10 月 22 日，中国驻英国大使馆向国际海事组织递交了中国加入该公约的文书。2019 年 1 月 22 日，该公约正式对中国生效。日本此前已于 2014 年 10 月 10 日交存批准书，2017 年 9 月 8 日对日本生效。公约制定的背景是远洋船舶压载水排放引起的环境污染问题。远洋船舶在航行中普遍使用压载水调整船的吃水和重心平衡，以保证航行安全。在加装压载水时，海水中的水生物和病原体会进入压载舱，航程结束便随压载水被排放到目的地海域，导致异地海洋生物入侵，破坏海域生态，危害渔业资源。船舶压载水携带的有害水生物和病原体转移，被全球环境基金组织列为海洋的四大威胁之一。公约是全球第一部应对船舶压载水携带外来物种入侵的国际公约，包括 22 个条款和一个附则：《控制管理船舶压载水和沉积物以防止、减少和消除有害水生物和病原体转移规则》。公约对船舶压载水的排放和控制提出了具体技术要求，以预防、减少并最终消除压载水排放对海洋环境和公众安全带来的危害。公约规定，船舶须在距离最近陆地 200 海里、水深超过 200 m 的区域将船上的压载水按公约要求的方式进行海水置换。①

### （三）保护海洋资源的公约

这里所说的保护海洋资源的公约，主要指保护海洋渔业资源、管制捕捞的全球性国际条约和其他国际规则，也包括保护渔业外其他海洋资源的全球性国际条约。

《国际管制捕鲸公约》（ICRW，1946）签订于华盛顿。由于鲸资源严重衰退，国际社会于 1946 年 12 月聚会华盛顿，商讨对策，并于 12 月 2 日签署该公约。公约于 1948 年 11 月 10 日生效，并于 1956 年 11 月 19 日修正，修正案于 1959 年 5 月 4 日生效。中国于 1980 年加入该公约。日本曾是该公约的缔约国，但于 2018 年 12 月 26 日宣布退出公约，同时宣布，自退约生效之日即 2019 年 7 月 1 日起，日本将在其领海和专属经济区之内重启商业捕鲸活动。日本此举遭到国际社会普遍反对。虽然日本已退出公约，但由于该公约在鲸资源保护方面的重要性，并由于日本曾经为公约缔约国的事实，这

---

① 以上保护海洋环境的各公约均由国际海事组织主持制定或保管，其条文和各缔约国加入情况均可在国际海事组织网站检索到。

里有必要提及该公约。公约对鲸类的保护做出原则性规定，并设立国际捕鲸委员会（IWC），授权委员会收集有关资料、进行研究调查，并订立保护规则。公约规定委员会应每年开会，通过有关鲸鱼原种的养护和利用的规章，各缔约国应采取执行这些规章的措施，并将任何违反规章规定的情况向委员会报告。

《执行1982年12月10日〈联合国海洋法公约〉有关养护和管理跨界鱼类种群和高度洄游鱼类种群的规定的协定》（UNFSA 1995），中文简称为《联合国鱼类种群协定》或《鱼类种类协定》。根据联合国环境与发展会议的要求和第47届联合国大会决议的具体规定，联合国从1993年4月开始共主持召开了6次正式的会议，最终于1995年8月4日由参加会议的各国代表团一致通过这一协定，并于2001年12月11日生效。日本于1996年11月19日签署，2006年8月7日批准加入该协定。中国于1996年11月6日签署，目前尚未批准加入，并且于签署时做出两点声明，涉及对协定相关条款的理解，其主要内容关乎船旗国授权检查国采取执法行动的权力和检查员的执法权力特别是武力的使用。协定分为13个部分，共50个条文，另有2个附件。其内容包括一般规定，缔约国在养护和管理方面的详尽义务，国际合作机制，船旗国的特别义务，协议的遵守与执法，发展中国家的特殊规定，争端的和平解决，诚意履行，赔偿责任等。两个附件分别名为《收集和共用数据的标准规定》和《在养护和管理跨界鱼类种群和高度洄游鱼类种群方面适用预防性参考点的准则》。根据协定规定，缔约方不得对本协定做出保留或例外，但不排除国家或实体在签署、批准或加入本协定时，做出不论如何措辞或用何种名称的声明或说明，目的在于除其他外使其法律和规章同本规定相协调，但此种声明或说明无意于排除或修改本协定规定适用于该国或实体的法律效力（第42～43条）。协定对国际渔业权利和国际渔业保护安排做了重大调整：协定承认任何有效的国际制度下的养护义务适用于公海上所有的捕鱼船只，不论船旗国是否加入了这些国际条约、公约或地区协定；协定禁止所有不服从管理的国家的捕鱼行为，包括在公海的捕鱼行为；检查国的检查官员被授权对在公海上悬挂其他国家船旗的船舶行使检查权，甚至可以使用武力。这样，协定不仅要求各个国家管理其本国国民，而且赋予每个国家或者区域渔业组织对所有国家的国民均有执行养护措施的权力；协定条款本身不仅适用于缔约国，而且还适用于非缔约国；协定对传统的公海捕鱼自由形成巨大挑战。中国至今还没有正式批准该协定，即因协定对国家管辖权的此种重大影响。

联合国粮食及农业组织（FAO，中文简称为"粮农组织"），作为联合国系统内最早的常设专门机构,是各成员国间讨论粮食和农业问题的国际组织,其管辖权力包括对国际渔业资源的管理。粮农组织制订了一些涉及渔业的守则和计划,虽然不具有国际条约的约束力,或纯粹为指导性、自愿性文件,但中国和日本同作为粮农组织的成员国,均有义务加以遵守或尊重。例如,《负责任渔业行为守则》,为粮农组织于1995年10月通过的渔业管理的国际指导性文件,要求各国从事捕捞、养殖、加工、运销、国际贸易和渔业科学研究等活动,应承担相应的责任。《关于预防、制止和消除非法、不报告和不管制捕捞的国际行动计划》(简称《IUU 捕捞国际行动计划》),2001年6月经粮农组织理事会确认,要求所有国家、区域性和全球性渔业组织采取必要措施防止、阻止和消除"IUU 捕捞"。此外还有《捕捞能力管理国际行动计划》《减少延绳钓渔业中误捕海鸟国际行动计划》和《鲨鱼养护及管理国际行动计划》等。

《关于特别是水禽生境的国际重要湿地公约》(1971年订于拉姆萨尔,中文简称为《湿地公约》或《拉姆萨尔公约》)虽然不是专门有关滨海湿地保护的公约,但鉴于其在湿地保护方面的绝对重要地位,可以作为本小节保护渔业外其他海洋资源的全球性国际条约的例子。为保护全球湿地以及湿地资源,1971年2月2日来自18个国家的代表在伊朗拉姆萨尔共同签署了该公约。公约所保护的湿地,是在生态学、植物学、动物学、湖沼学或水文学方面具有独特的国际意义的湿地。公约的宗旨是"通过地区和国家层面的行动及国际合作,推动所有湿地的保护和合理利用,以此为实现全球可持续发展做出贡献"。据公约官方网站资料显示,公约目前已有171个缔约方。日本与中国分别于1980年和1992年加入。共有2 391块湿地被列入国际重要湿地名录,总面积超过 $2.5×10^8 \text{ hm}^2$。中国已指定国际重要湿地57块,其中近海与海岸湿地有15处,包括上海崇明东滩、福建漳江口红树林等。① 湿地公约是当今最具有影响力的多边环境公约之一。

### (四) 保障海洋安全的公约

这里所说保障海洋安全的公约指出于保护海洋本身安全、海上人命安全、船舶和其他财产安全为目的而缔结的全球性国际条约,包括1949年《改善海上武装部队伤者病者及遇船难者境遇之日内瓦公约》、1971年《禁止在海洋底床及其下层土壤放置核

---

① 以上数据,都可在《拉姆萨尔公约》官方网站上查到,见 https://www.ramsar.org 及相关网页,2020年6月10日访问。

武器及其他大规模毁灭性武器条约》、1972年《国际海上避碰规则公约》、1974年《国际海上人命安全公约》、1979年《国际海上搜寻救助公约》和1988年《制止危及海上航行安全非法行为公约》等，中日都是共同参加国。这些公约，除前两个外，多数也是由国际海事组织主持制定。

《改善海上武装部队伤者病者及遇船难者境遇之日内瓦公约》，即日内瓦第2公约，是国际人道法的基础性条约之一，1949年8月12日订立于日内瓦，1950年10月21日生效。中国于1952年7月13日声明承认，1956年12月28日交存批准书时对公约第10条持有保留，1957年6月28日对中国生效。日本于1953年加入。公约计有条文63条及1个附件。它在适用范围、保护对象、基本原则等方面，与日内瓦第1公约完全相同，只是结合海战的特点，规定了海战中保护伤病员、医疗船、医疗单位及其人员、器材的特殊原则和规则。该公约仅适用于舰上部队，登陆部队仍适用日内瓦第1公约所规定的原则和规则。

《禁止在海洋底床及其下层土壤放置核武器及其他大规模毁灭性武器条约》，联合国大会1971年2月11日通过并开放给各国签署、批准和加入，1972年5月18日生效。日本和中国分别于1971年和1991年批准加入。公约除前言外，共11个条文。根据本公约，各缔约国承诺，不在条约规定的海床区外部界限（自测定领海宽度之基线起算，不得超出12海里）以外的海床洋底及其底土，埋没或安置任何核武器或任何其他类型的大规模毁灭性武器以及专为储存、试验和使用这类武器而设计的建筑物、发射装置或任何其他设备；除沿海国家或海床在其领水下的国家外，前述义务也适用于条约规定的海床区内；各缔约国承诺不协助、鼓励或引导任何国家进行前述活动，也不以任何其他方式参与这类行动（第1~2条）。

《国际船舶载重线公约》（LL 1966），1966年4月签订于政府间海事协商组织在伦敦召开的国际船舶载重线大会，于1968年7月21日生效。中国于1973年10月5日交存批准书，1974年1月5日对中国生效。日本于此前的1968年加入。中日也是该公约1988年议定书的缔约国。《1966年国际船舶载重线公约》是在修改《1930年国际船舶载重线公约》中若干技术条款的基础上制定的，其宗旨在于保障海上人命和财产安全，由正文33个条款和3个附则组成，各缔约国政府承担义务实施本公约中各项规定和各项附则，凡引用本公约时，同时也就是引用各项附则（第1条）。正文规定了国际船舶载重线证书、免除证书的有效期限和签发证书的机关等。附则一为"载重线核定规则"，规定了勘划船舶载重线的技术规则和标准；附则二为"地带、区域和季节期"，规定了各种载重线的适用航区和季节；附则三为"证书"，规定了国际船舶载重线证书和船舶载重线免除证书的格式。

《国际海上避碰规则公约》（COLREG 1972），1972 年 10 月在政府间海事协商组织于伦敦召开的修改国际海上避碰规则会议上通过，1977 年 7 月 15 日生效。日本和中国分别于 1977 年和 1980 年加入。公约本身只有 9 个条文，其第 1 条（一般义务）规定：各缔约方保证实施本公约所附《1972 年国际海上避碰规则》所组成的各项条款及其他附录。《1972 年国际海上避碰规则》是对 1960 年的国际海上避碰规则的修改，后又经多次修订。它是为确保船舶航行安全，预防和减少船舶碰撞，规定在公海和连接于公海的一切通航水域共同遵守的海上交通规则。该规则规定凡船舶及水上飞机在公海及与其相连可以通航海船的水域，除在港口、河流实施地方性的规则外，都应遵守该规则，其主要内容包括：各种船舶及水上飞机在不同情况下应遵守的驾驶、航行规则和分道通航制度，应显示的号灯、号型（各种形状的符号标志），应使用的声响信号，以及遇险信号等规则和制度。

《国际集装箱安全公约》（CSC 1972），1972 年 12 月 1 日于政府间海事协商组织在日内瓦召开的国际集装箱运输会议上通过，自 1977 年 9 月 6 日起生效。中日均为缔约国，日本于 1978 年交存批准书，1979 年对其生效；中国于 1980 年交存批准书，1981 年对中国生效。公约保障集装箱运输的安全，主要内容是统一规定集装箱结构方面的技术要求，以保证集装箱在正常的装卸、堆放和运输过程中的安全。公约适用于国际运输中所使用的各类集装箱，但不包括为空运专门设计的集装箱。公约有两个附件：其一为集装箱试验、检查、批准和维修规则；其二规定了集装箱结构的安全要求和试验程序。根据公约规定的修正程序，1981 年 4 月 2 日通过了一项修正案，对公约的附件作了适当修改和补充，对出厂时未经批准的新集装箱的批准以及现有集装箱的首次检验日期、重新检验日期和新集装箱的首次检验日期都做了规定。修正案于 1981 年 12 月 1 日生效。

《国际海上人命安全公约》（SOLAS 1974），是由国际海事组织主持制定的旨在增进海上人命安全的统一原则和规则，用以替代《1960 年国际海上人命安全公约》，1974 年 11 月 1 日签订于伦敦，1980 年 5 月 25 日生效，后经过多次修正。中日两国均于 1980 年加入该公约（中国于 1975 年 6 月 20 日签署，1980 年 1 月 7 日交存核准书，1980 年 5 月 25 日对中国生效），且均加入了 1978 年和 1988 年的两个议定书（SOLAS Protocol 1978 和 SOLAS Protocol 1988）。自 1912 年"泰坦尼克号"邮轮沉没事故发生之后，国际社会高度重视海上人命安全的保护，并开始相关公约的起草和缔结公约，不断取得新的进展。SOLAS 1974 为确保船舶在海上航行时人命的安全，对有关船舶分舱、稳性、机电设备、防火、探火和灭火，救生设备与装置，无线电报与无线电话，航行安全，谷物装运，危险货物的装运和核能船舶等诸方面做了规定。公约正文有 13 个条文，另有一个附则（共 8 章）和附录。正文条款包括：公约的一般义务，适用范围，法律、规则，不可抗力情况，紧急情况下载运人员，以前的条约和公约，经协议订立的特殊规则，修正，签字、批准、接受、认可和加入，生效，退出，保存和登记，文字。各缔约国政府承担实施本公约及其附则各项规定的义务，附则构成公约的组成部分。各缔约国政府承担义务颁布一切必要的法律、法令、命令和规则并采取一切必要的其他措施，使本公约充分和完全生效，以便从人命安全的角度出发，保证船舶适合其预定的用途。公约适用于经授权悬挂缔约国政府国旗的船舶。

《国际海上搜寻救助公约》（SAR 1979），1979 年 4 月在政府间海事协商组织于汉堡召开的国际海上搜救大会上通过的，旨在促进尽可能有效地合作并为健全搜寻救助机构提供指南。公约自 1985 年 6 月 22 日起生效。中日均于 1985 年加入了该公约。中国加入后按公约要求，成立了中国海上搜救中心，负责全国海上搜救工作的协调和指挥。公约内容涉及建立搜救机构、划定搜救区域、制定搜救行动和通信联络程序、建立船舶报告制度以及加强缔约国之间和海、空搜救部门之间的合作等。公约强调发扬人道主义，规定缔约国在本国的法律、规章制度许可的情况下，应批准其他缔约国的救助单位为了搜寻发生海难的地点和营救遇险人员而立即进入或越过其领海或领土。

《制止危及海上航行安全非法行为公约》（SUA 1988），同样由国际海事组织主持制定，1988 年 3 月在罗马召开的国际会议上通过，自 1992 年 3 月 1 日起生效。中国于 1991 年 8 月 20 日交存批准书，1992 年 3 月 1 日对中国生效。日本于 1998 年加入。中国交存批准书时声明不受该公约第 16 条第 1 款关于将争端交国际法院判决的规定的约束。这是一部旨在制止危及海上航行安全非法行为的国际公约，除前言外共有 21 个条文。公约规定适用的船舶包括任何种类的非永久依附海床的船舶，但军舰、政府拥有经营的船舶除外；公约所指非法行为包括，用武力及武力威胁夺取或控制船舶，对船上人员施加暴力，毁坏船舶，放置能毁坏船舶及海上航行设施的物体，传送虚假情报从而危及航行安全，以及犯有这类罪行未遂而伤害或杀害任何人及唆使、威胁或同谋的行为。为严惩罪犯，公约规定了普遍管辖原则，并采取"不引渡即起诉"的原则。

《制止危及大陆架固定平台安全非法行为议定书》，1988 年签订于罗马，中、日均为参加国。本议定书的参加国都是前述 1988 年《制止危及海上航行安全非法行为公约》的缔约国。本议定书将公约中的相关规定延伸适用于在大陆架固定平台上或针对大陆架固定平台所犯的罪行（第 1 条）。"固定平台"系指用于资源的勘探或开发或用于其他经济目的的永久依附于海床的人工岛屿、设施或结构（第 2 条）。[①]

### （五）其他海洋国际公约

中日共同参加的 1965 年《国际便利海上运输公约》、1969 年《国际船舶吨位丈量公约》和 1978 年《海员培训、发证和值班标准公约》这 3 个涉海公约，虽然不属于前述各主题范围内，但也可能影响中日两国东海事务上的法律关系，在此也一并予以简要介绍。

《国际便利海上运输公约》（FAL 1965），1965 年 4 月签订于政府间海事协商组织在伦敦召开的外交大会上，1967 年 3 月 5 日生效，此后于 1973 年做过修订。中国于 1995 年 1 月 16 日交存批准书，1995 年 3 月 17 日对中国生效。日本于 2005 年加入。该公约宗旨在于尽量简化和减少从事国际航行船舶抵达、停留和离开的手续、文书要求和程序，以便利海上运输。公约本身有 16 个条款，另包含 1 个附则。各缔约国政府根据本公约及其附则的规定，保证采取一切适当措施，以便利和加快国际海上运输，防止对船舶及船上人员和财产造成不必要的延误；各缔约国政府根据本公约的规定，保证在制定和实施便利船舶抵达、逗留和离开措施时进行合作（第 1~2 条）。附则自产生后，经过多次修改。附则分为五节，每一节都有若干"标准"和"推荐做法"。"标准"是各缔约国政府为便利国际海上运输而必须实施的统一措施，"推荐做法"是各缔约国为便利国际海上运输最好能实施的措施；各缔约国应接受"标准"，并使本国的规定与之吻合，对"推荐做法"，各缔约国应尽可能使本国的措施与之一致。

《国际船舶吨位丈量公约》（Tonnage 1969），1969 年 6 月 23 日签订于伦敦，1982 年 7 月 18 日生效。中日均是该公约的原始缔约国，于 1982 年 7 月 18 日对两国生效。船舶吨位在船舶销售、船舶运输、船舶收费、船舶出租、船舶运力统计等方面，都有重要意义，但是船舶吨位如何丈量确定，在国际上一直存在分歧、不统一。公约即是为统一国际航行船舶的吨位丈量，规定了有关测定船舶总吨位和净吨位的规则。公约由 22 个条文和 2 个附则组成。各缔约政府承担义务实施本公约各项规定和它的附则，

---

① 以上由国际海事组织主持制定或保管的条约，其条文和各缔约国加入情况均可在国际海事组织网站检索到。

附则视为本公约的组成部分,凡引用本公约时,同时也就意味着引用其附则(第1条)。

《海员培训、发证和值班标准公约》(STCW 1978),1978年7月签订于伦敦,1984年4月28日起生效。中日都是公约的原始缔约国,公约生效时,对两国生效。公约规定了在海上商船工作海员的培训、签发职务证书和船上值班的国际标准,由17个条文和1个附则组成。公约1991年修正案增加了对全球海上遇险安全系统无线电人员的发证等方面的法定最低要求;1995年修正案强化了港口国监控的作用,增加了预防船员值班事故与使用模拟器培训船员等内容。两个修正案分别于1992年12月1日和2002年2月1日起生效。

## 二、中日共同参加的区域条约

### (一)区域渔业合作和资源保护条约

中国东海属于太平洋的边缘海,是太平洋的组成部分,国际上关于太平洋渔业资源管理与合作的几个条约,可能适用于东海。

《设立亚洲—太平洋渔业委员会的协定》,最初称为《关于设立印度洋—太平洋渔业理事会的协定》,后印度洋—太平洋渔业理事会改名为亚洲—太平洋渔业委员会,协定亦随之改名。1948年由有关国家起草,并于当年11月在联合国粮农组织大会第四届会议上批准通过,从1948年11月9日收到5份接受书之日起开始生效,后经多次修正。日本和中国分别于1952年和1993年加入。协定设立了亚洲—太平洋渔业委员会,授权其管理相关区域的渔业资源和为渔业合作提供便利。

《中西部太平洋高度洄游鱼类种群养护和管理公约》,2000年9月签订于檀香山,2004年6月19日起生效,是根据1982年《联合国海洋法公约》和1995年《联合国鱼类种群协定》(《执行1982年12月10日〈联合国海洋法公约〉有关养护和管理跨界鱼类种群和高度洄游鱼类种群的规定的协定》,UNFSA 1995)有关规定,为确保中西部太平洋高度洄游鱼类(主要是金枪鱼)的长期养护和可持续利用,推动区域沿海国和捕鱼国合作而签订的区域性国际条约。中国和日本均为缔约国。根据公约,成立了中西部太平洋渔业委员会(WCPFC),总部设在密克罗尼西亚联邦,其成员包括中国、澳大利亚、库克群岛、欧盟、斐济、日本、韩国、中国台北、美国、瓦努阿图等26个国家或地区和 7 个海外领地。该委员会管理着世界上最大的金枪鱼渔业，年产量 200 余万吨，产值近 60 亿美元。

《北太平洋公海渔业资源养护和管理公约》，2012 年 2 月 24 日由中国大陆、日本、韩国、俄罗斯、美国和中国台湾地区等缔约方协商制定通过，2015 年 7 月 19 日正式生效。中国于 2013 年 3 月 8 日签署，2014 年 11 月 28 日批准，条约生效时对我国生效。北太平洋公海海域由于其特有的海洋环境和地理条件，形成了丰富的渔业资源，是中国远洋渔业重点开发利用的渔场之一。公约除前言外，共 31 个条文，1 个附件，管理对象为除高度洄游鱼类、溯河和降河产卵物种、沿岸国定居物种以外的其他所有北太平洋公海渔业资源，例如，鱿鱼、秋刀鱼、鲐鱼等。公约设立北太平洋渔业委员会（NPFC），2015 年召开第一次会议，通过《关于秋刀鱼渔业养护和管理措施》，在 2017 年完成北太平洋秋刀鱼资源评估；2018 年通过《北太平洋渔业委员会公海渔船登临检查程序规定》，要求各缔约方采取行政和执法等切实有效的措施，加大对本国渔船监管力度，加强公海作业渔船执法监管，共同维护北太平洋公海渔业生产秩序。为贯彻执行公约规定和相关决议，加强公海渔业监管，有效履行公海渔业执法职责，2019 年 7 月 20 日至 8 月 15 日，中国海警局派出舰艇编队在北太平洋开展公海渔业执法巡航。公约和北太平洋渔业委员会制定的管制措施，涉及渔船注册、数据报告、公海登临检查、船位监测和其他管理措施、秋刀鱼渔业养护和管理等方面的明确要求。

### （二）区域海洋安全保障条约

目前，在东海区可能得以适用的区域海洋安全保障条约，最主要的是《亚洲打击海盗及武装抢劫船只的地区合作协定》。该协定的缔结由日本倡议发起，2004 年 11 月 11 日由东南亚国家联盟（东盟）10 国和中国、日本、韩国、印度、斯里兰卡、孟加拉国等 16 国的代表签订于东京，2006 年 9 月 4 日生效，保存机关为新加坡政府。成员中共有 14 个亚洲国家和 6 个亚洲区域外的国家。中国签署和批准于 2006 年 10 月 27 日，2006 年 11 月 26 日对中国生效，条约适用于香港与澳门。这是第一个旨在打击亚洲地区海盗活动和武装抢劫船只行为的政府间协定。根据这一协定，成员国将在新加坡建立亚洲反海盗及武装抢劫船只区域合作协定组织及其信息共享中心（ReCAAP ISC）。该协定分引言、信息分享中心、通过信息分享中心进行合作、合作、最后条款等 5 部分，共计 22 条。协定强调缔约国根据其各自国内的法律或规章以及现有条件或能力，应竭尽全力执行该条约，包括预防和打击海盗及武装抢劫船舶的行为，明确规定了缔约国必须履行的相关义务和严格的实施程序。协定根据海盗使用的武器种类、如何对待船员（是否被杀、受伤、被绑或者受恐吓等）、海盗人数以及财物受损程度来确定案件的严重性并归类于不同程度的事故级别。协定规定的犯罪的客体是其他船舶或其他船舶上的人员或财产，不包括对自己乘坐的船舶、飞机及其所载人或物所实施的非法的暴力、扣押或掠夺行为，这是由海盗罪的本质决定的，符合国际法的一般原则。协定中关于"武装抢劫船舶"的新条款，意义重大，填补了《联合国海洋法公约》规定的不足。协定建立了一个常设性的地区国际组织，一定程度上改变了过去国际社会缺乏专门打击海盗的国际组织的不足。①

### （三）中日韩三方合作协议

中日韩三方合作协议的形式包括三方合作宣言、联合公报和合作展望等，虽然具有一般性、宽泛性和原则性的特点，并非专门针对海洋合作，但它们一方面构成中日韩海洋合作的基础，因此具有重要性；另一方面往往也包含有海洋合作的内容，因此仍有必要在此加以讨论。

《中日韩推进三方合作联合宣言》，2003年10月7日签署。原中国国务院总理温家宝、日本首相小泉纯一郎、韩国总统卢武铉2003年10月7日在印度尼西亚巴厘岛举行了中日韩领导人会晤，并发表该联合宣言。宣言指出，中日韩推进三方合作已经具备了坚实的基础，确信拓展和深化三方合作不仅有利于进一步推动三国间双边关系的稳定发展，而且有利于实现整个东亚的和平、稳定和繁荣。三国领导人在宣言中同意，在包括环境保护在内的诸多领域加强广泛的、面向未来的合作。三国领导人还特别强调，有必要本着循序渐进、先易后难，不断拓展、日益深化的方式，在贸易与投资以及信息通信产业领域拓展并深化三方合作。

《2020中日韩合作展望》，2010年5月29日通过。2010年5月29日中日韩领导人会议在韩国济州岛举行，原中国国务院总理温家宝、韩国总统李明博、日本首相鸠山由纪夫出席会议。当天下午，中日韩三国领导人通过了《2020中日韩合作展望》，表示将秉承正视历史、面向未来的精神，坚持不懈推动三国关系朝着睦邻互信、全面合作、互惠互利、共同发展方向前进。在这一文件中，三国提出在韩国建立三国合作秘书处；分享相关信息和技术以共同应对自然灾害，减少东北亚灾害风险；三国还将建

---

① 杨翠柏：《〈亚洲打击海盗及武装抢劫船只的地区合作协定〉评价》，《南洋问题研究》，2006年第4期。

立防务对话机制，加强安全对话，提升警务合作。三国承诺提升环保合作水平，将合作加强地区海洋环境保护，努力提升公众减少海洋垃圾的意识，重申落实西北太平洋行动计划框架性防止海洋垃圾的"区域海洋垃圾行动计划"的重要性。

《中日韩合作未来十年展望》，发表于2019年12月24日。当日，中国国务院总理李克强在成都与韩国总统文在寅、日本首相安倍晋三共同出席中日韩领导人会议，就中日韩合作以及地区和国际问题交换看法，达成共同提升三国合作水平、维护持久和平安全、倡导开放共赢合作等共识。《中日韩合作未来十年展望》重申致力于实现2030年可持续发展议程，强调进一步加强经济、社会和环境层面的合作，强调在循环经济、资源效率、农业、渔业和北极等领域开展合作的重要意义；继续支持和鼓励各方共同努力，应对海洋塑料垃圾、空气污染、生物多样性丧失、外来物种入侵和跨境动物疫病等共同挑战。

除了以上中日韩领导人签署的政治性协议外，中日韩三国在环境保护方面持续深化合作，签订有相应的协议。环境合作是中日韩三国合作领域中起步最早，成果最多的领域之一，三国环境合作机制日趋完善，在区域和全球环境治理中的影响力不断提升，近年来尤其在大气污染防治、生物多样性保护等方面开展了大量合作，为改善本国及区域空气质量发挥了积极作用。在海洋环境保护合作方面，也有持续推进。

中日韩环境部长会议开始于1999年，旨在落实三国首脑会议共识，探讨和解决共同面临的区域环境问题，促进本地区可持续发展。会议每年召开一次，在三国轮流举行。会议结束时，往往发表有联合公报、联合声明或行动计划。例如，2010年5月22—23日在日本北海道举行的第12次中日韩环境部长会议审议通过了《中日韩环境部长会议联合声明》《中日韩环境合作联合行动计划》。2018年6月23—24日第20次中日韩环境部长会议在中国苏州举行，在中日双边签署相关环境合作备忘录和中韩双方共同推进环境合作基础上，中日韩签署了《第二十次中日韩环境部长会议联合公报》。2019年11月23—24日，中日韩三国环境部长会议在日本北九州市召开，通过《第二十一次中日韩环境部长会议联合公报》，联合公报选定了气候变化、生物多样性、海洋与水资源管理等8个领域，作为未来5年三国优先处理的事项；联合公报指出海洋塑料垃圾问题特别重要，为防止塑料垃圾排放入海，将推进妥善处理废弃物、削减购物袋等行动。

## 三、中日之间缔结的双边协定

### （一）中日基础性条约和合作协定

中日基础性条约和合作协定，是中日海洋合作的基础，具有原则性和方向性指导作用。

《中华人民共和国政府和日本国政府联合声明》（以下简称《中日联合声明》），1972年9月29日签订于北京，是中日关系正常化的第一个重要基础性条约。两国政府声明：中日两国结束不正常状态，实现邦交正常化；日本政府对过去侵华战争给中国人民造成的重大损害表示深刻反省；承认中华人民共和国是中国的唯一合法政府。中国政府重申台湾是中华人民共和国领土不可分割的一部分；为表示中日两国人民的友好，放弃对日本国的战争赔偿要求。双方都宣布，不在亚洲及太平洋地区谋求霸权，并反对其他国家或集团建立这种霸权。声明签订之日起，中日两国即建立正式外交关系。

《中华人民共和国和日本国和平友好条约》（以下简称《中日友好条约》），1978年8月12日签署于北京，1978年10月23日生效。这是继1972年9月中日联合声明发表、中日两国邦交正常化以来两国关系史上又一新的里程碑。其基本内容是：双方在和平共处五项原则的基础上，发展两国间持久的和平友好关系；在相互关系中，用和平手段解决一切争端，而不诉诸武力和武力威胁；双方将本着睦邻友好的精神，按照平等互利互不干涉内政的原则，为进一步发展两国之间的经济关系和文化关系，促进两国人民的往来而努力。条约的签订，开辟了两国长期友好合作的新时期。

《中日关于建立致力于和平与发展的友好合作伙伴关系的联合宣言》（以下简称《中日联合宣言》），1998年11月26日发表于日本东京。应日本国政府邀请，原中国国家主席江泽民于1998年11月25—30日对日本进行国事访问。这是中国国家主席首次访问日本，具有重要历史意义。双方认为，冷战结束后，世界朝着建立国际新秩序正经历着重大变化。经济进一步全球化，相互依存关系加深。安全对话与合作不断取得进展。和平与发展仍是人类社会面临的首要课题。建立公正与合理的国际政治经济新秩序，谋求21世纪有一个更加巩固的国际和平环境，已成为国际社会的共同愿望。双方确认，和平共处五项原则以及《联合国宪章》的准则是处理国与国之间关系的基本准则。双方重申，维护地区和平、促进地区发展是两国坚定不移的基本方针，双方不在本地区谋求霸权，不行使武力或以武力相威胁，主张以和平手段解决一切纠纷。双方认为，在平等互利的基础上，建立长期稳定的经贸合作关系，进一步拓展在高新科技、信息、环保、农业、基础设施等领域的合作。双方积极评价两国安全对话为增进相互了解发挥的有益作用，一致认为应进一步加强这一对话机制。

《中日关于全面推进战略互惠关系的联合声明》，2008年5月7日发表于东京。应日本国政府邀请，原中国国家主席胡锦涛于2008年5月6—10日对日本进行国事访问，双方发表了联合声明。中日庄严宣布：长期和平友好合作是双方唯一选择。双方决心全面推进战略互惠关系，实现和平共处、世代友好、互利合作、共同发展的崇高目标。作为中日之间的第四个政治文件，2008年联合声明与1972年邦交正常化联合声明、1978年和平友好条约及1998年联合宣言共同构成中日关系的政治基础，是在新的历史条件和国际形势下指导中日关系发展的原则方针。双方确认，两国互为合作伙伴，互不构成威胁。双方坚持通过协商和谈判解决两国间的问题。双方决定在以下五大领域构筑对话与合作框架，开展合作：增进政治互信，促进人文交流增进国民友好感情，加强互利合作，共同致力于亚太地区的发展，共同应对全球性课题。例如加强互利合作：在能源和环境领域开展和加强合作；在贸易、投资、信息通信技术、金融、食品及产品安全、知识产权保护、商务环境、农林水产业、交通运输及旅游、水、医疗等广泛领域开展互利合作，扩大共同利益；共同努力，使东海成为和平、合作、友好之海。

除前述指导中日间关系的四个基本文件外，中日之间在开展政府交流和政府首脑互访时，往往会发表联合新闻公报，其中一般会有专门条款涉及海洋合作。

《中日政府成员会议第一次会议联合新闻公报》，1980年12月5日于北京发表。1980年12月3—5日，中国国务院成员和日本国内阁成员级会议第1次会议在北京召开。双方认为两国间的和平友好关系自1972年邦交正常化以来，通过中日和平友好条约的缔结正在愈益扎实地发展；双方确认，中日两国尽管社会制度不同，但是应该进一步增进交流，不断加深相互理解和相互信赖，发展和加深两国间的持久的、不可动摇的和平友好合作关系。双方对中日间海运关系的扎实发展表示满意，并同意今后继续为促进中日间货运定期航线的开设而努力。

《中日联合新闻公报》，2006年10月8日于北京发表。应原中国国务院总理温家宝邀请，日本首相安倍晋三于2006年10月8—9日对中国进行了正式访问。中日双方一致认为，邦交正常化34年来，中日两国各领域的交流与合作不断拓展和深化，相互依存进一步加深，中日关系成为两国最重要的双边关系之一；推动中日关系健康稳定地持续发展，符合两国基本利益；共同为亚洲以及世界的和平、稳定与发展做出建设性贡献，是新时代赋予两国和两国关系的新的庄严责任。双方确认，为使东海成为和平、合作、友好之海，应坚持对话协商，妥善解决有关分歧；加快东海问题磋商进程，坚持共同开发大方向，探讨双方都能接受的解决办法。双方同意，在政治、经济、安全、社会、文化等领域促进各层次交流与合作，包括通过中日安全对话和防务交流，增进安全领域互信。

《中日联合新闻公报》，2007年4月11日于日本东京发表。应日本国政府邀请，原中国国务院总理温家宝于2007年4月11—13日对日本进行了正式访问。该联合新闻公报涉及双方防务交流的内容包括：中国国防部长应邀访日；双方就尽早实现中国海军军舰访日，其后日本海上自卫队军舰访华达成一致；加强两国防务当局联络机制，防止发生海上不测事态。为妥善处理东海问题，双方达成以下共识：坚持使东海成为和平、合作、友好之海；作为最终划界前的临时性安排，在不损害双方关于海洋法诸问题立场的前提下，根据互惠原则进行共同开发；根据需要举行更高级别的磋商；在双方都能接受的较大海域进行共同开发；加快磋商进程，争取就共同开发具体方案向领导人报告。

《中日两国政府关于加强交流与合作的联合新闻公报》，2008年5月7日发表于东京。原中国国家主席胡锦涛于2008年5月6—10日对日本进行国事访问时，中日双方除发表《中日关于全面推进战略互惠关系的联合声明》外，还发布了联合新闻公报，其中有多个条款涉及中日防务交流，包括海上防务合作：为增进两国防务部门之间的相互信任，日本防卫大臣将访华；双方对中日防务安全磋商表示欢迎，为加深两国防务部门之间的相互理解，将继续举行高级别防务安全磋商；继日本联合参谋长访华后，中国将派高级将领访日；继中国人民解放军海军舰艇访日后，日本海上自卫队舰艇将访华；为防止海上发生不测事态，将举行建立中日防务部门海上联络机制首轮专家组磋商，双方对此表示欢迎，并将继续为早日建立该机制做出努力；双方将就扩大军兵种、防务相关教育机构、研究机构间的交流进行探讨；为加深两国防务部门之间的相互理解和对对方国家的了解，双方同意加强两国青年军官的互访。

### (二) 中日渔业合作协定

在中日两国关系正常化之前，中日之间就通过民间渔业组织即渔业协会签订有相关渔业协定。同时在渔业协会相互合作过程中，留下了众多备忘录、换文、来往信件、会谈公报。其中最重要的是1955年4月15日签署于北京、1955年10月15日生效的《中华人民共和国中国渔业协会和日本国日中渔业协议会关于黄海东海渔业的协定》，是此后中日渔业协定的最初版本。1963年11月，两国渔业协会重新签订了同名协定，从1963年12月24日起生效。1970年12月31日《中国渔业协会和日中渔业协议会关于灯光围网渔轮捕鱼的规定》在北京签署并生效。

两国关系正常化后，中日之间展开了政府间的渔业协定谈判，于1975年8月15日在东京签署了《中华人民共和国和日本国渔业协定》，1975年12月22日生效。此时，《联合国海洋法公约》尚未出台，专属经济区制度还没有在国际上普遍确立起来。双方主要从限制对方渔船到本国近海捕捞的角度考虑，协定的适用水域为双方12海里领海（中方为底拖网禁渔区线）以外，属于按照"公海捕鱼自由"原则签订的渔业协定。

鉴于《联合国海洋法公约》的通过和生效对国际海洋法律制度产生重要影响，包括对渔业资源管理方面的冲击，同时由于20世纪80年代以来中日外海渔业、远洋渔业的不同发展态势，在中日均批准加入公约后，日本政府开始寻求与中国就专属经济区划界和渔业关系调整问题进行谈判。由于双方在划界原则和钓鱼岛主权归属等问题上存在严重对立和分歧，划界谈判工作经过几轮磋商后停顿下来，双方的谈判重点转向渔业问题。

经过近4年的艰苦谈判，1997年11月11日，中国驻日大使徐敦信和日本外相小渊惠三在东京签署了新的《中华人民共和国和日本国渔业协定》，时任中国政府总理和日本国政府首相出席签字仪式。协定于2000年6月1日正式生效。该协定是《联合国海洋法公约》生效以来，中国与周边国家秉承公约精神和基本原则，签署的第一个政府间渔业协定，是中日两国在尚未完成海域划界的大背景下，针对两国渔业问题做出的临时性和过渡性安排。根据协定第14条的规定，协定有效期为5年，缔约任何一方在最初5年期满时或在其后，可提前6个月以书面形式通知缔约另一方，随时终止本协定。中日双方均未实际提出过终止本协定的要求，协定实施始终得到延续。从协定执行总体情况看，在双方的共同努力下，协定水域内的各类涉外渔业事件发生次数逐年降低，作业秩序日趋稳定，两国渔业关系也得到不断巩固和发展。协定的生效实施，对推进两国渔业领域广泛合作发挥了积极作用。从大局和长远考虑，维持现有渔业协定有关规定、共同推进协定的平稳实施，对中日两国均有益。

中日渔业协定本身有14个条款，另有2个附件。根据协定第13条的规定，协定的附件，包括缔约双方政府通过书面协议修改协定的附件，为协定不可分割的组成部分。协定将适用范围内的海域划分为不同的部分，分别适用不同的管理措施。首先是实行专属经济区制度的水域，缔约各方根据互惠原则，按照本协定及本国有关法令，准许缔约另一方的国民及渔船在本国专属经济区从事渔业活动，但本国授权机关有相应管理权，包括发证的权力，根据国际法采取必要措施的权力，缔约另一方国民及渔船的捕捞活动及作业条件，应受双方制定的有关规定及专属经济区所在国家法令的限制，具体入渔船数和渔获配额，通过每年召开的中日渔业联合委员会协商确定。协定所指的实行专属经济区制度的水域，不包括处在协定所规定的中日暂定措施水域、中间水域两侧界限内的水域（第2~6条）。其次是中日暂定措施水域，其范围为北纬27°—30°40′、距两国领海基线52 n mile以外的东海水域，在该水域内，双方只对本国渔船进行管理，不对对方渔船实施管辖；同时为保护该水域海洋生物资源，双方可共同协商采取适当的资源养护管理措施（第7条）。再次是中间水域，其范围为北纬30°40′以北、东经124°45′—127°30′的水域，基本维持现有渔业活动，双方渔船无须领取对方许可证即可作业，但应对本国作业渔船数量加以控制，并交换渔获量资料。缔约双方为实现本协定的目的，设立中日渔业联合委员会，由缔约双方政府各自任命的两名委员组成，完成协定所赋予的职责（第11条）。协定还就确保航行和作业安全、维护海上正常作业秩序并顺利及时处理海上事故、渔民及渔船遭遇海难或其他紧急事态时的救助和保护、渔民及渔船避难、渔业科学研究和海洋生物资源养护合作等问题做了规定（第8~9条）。本协定各项规定不得认为有损缔约双方各自关于海洋法诸问题的立场（第12条）。考虑到钓鱼岛和台湾问题的敏感性，双方在签署协定时，将北纬27°以南的东海海域，排除在了协定相关规定的适用范围之外（第6条第2项）。[①]

### （三）中日其他涉海合作协定

这里所说的中日其他涉海合作协定，按照签订的时间顺序和主题分类，包括海底

---

[①] 以上关于中日渔业协定的介绍，除中日渔业协定条文和附件外，可参见潘澎、程家骅、李彦：《中日渔业协定综述》，《中国渔业经济》，2015年第6期。

电缆和电信合作的协定，海运和海关互助合作的协定，科学技术和环保合作的协定，防务与海上搜救合作的协定。

海底电缆和电信合作的协定，主要指1973年5月4日签署并生效的《中华人民共和国电信总局和日本国邮政省关于建设中国和日本国之间海底电缆的协议》。中华人民共和国成立后，因各种原因，我国还没有一条远距离海底通信电缆，越洋通信只能通过香港连接海外的海底通信电缆实现一部分海外通信业务。协定决定在中日之间，共同建设一条具有足够电路容量的海底电缆，供中日两国间通信使用，同时也积极为对方沟通与其他国家的通信；协定授权上海市电信局和日本国际电报电话公司分别为中日双方的承建单位；海缆建设的费用由两承建单位各负担一半，建成后资产所有权也各占一半，电路的使用由两承建单位根据平等互利的原则具体协商确定。中日间海底电缆的建成，极大地促进了我国的通信事业。

海运和海关互助合作的协定数目较多，包括：

《中华人民共和国和日本国海运协定》，1974年11月13日签署于东京，1975年6月4日生效，共12个条文。协定所说的船舶是指为商业目的从事海上旅客、货物运输的商船（第1条）。缔约任何一方的船舶，可以在缔约双方间，或在缔约另一方和第三国间从事旅客、货物运输（第3条）。缔约任何一方的船舶有权与第三国的船舶在同等条件下，进出缔约另一方所有对外开放的港口；缔约任何一方的船舶及其旅客、货物，另一方的领海航行、进出港口、执行海关措施等方面，享有最惠国待遇（第4条）。协定还就船舶吨位证书、船员身份证件、沿海航行例外、海难救助、海运收入汇兑、促进航运合作、协商程序、协定的生效等做了规定（第5~12条）。

《中国和日本关于互免海运收入税捐的换文》，1975年5月20日签署于北京，由日本国驻中华人民共和国特命全权大使小川平四郎来文，中国财政部副部长王丙乾去文，确认两国政府代表就经营船舶从事国际运输取得的所得或收入互免税捐而达成的谅解。

《中国和日本关于从事两国间海运的企业团体互设代表办事处的换文》，1976年8月25日签署于东京，1976年9月10日生效。就从事两国间海运的企业团体在两国互设代表办事处达成谅解。

《中华人民共和国船舶检验局和日本海事协会关于船舶技术检验合作的协议》，1980年8月22日签署。是中国船舶检验局（总部在北京）和日本海事协会（总部在东京）为加强在船舶的技术检验和入级方面的合作签订的协议，共10条，另有1个附录，具体主题包括：代理检验、规范的应用和文件的认可、法定检验、联合检验、文件、交流情报检验机构表、联系、费率和第三者。

《中华人民共和国政府和日本国政府海关互助与合作协定》，2006年4月2日签署于北京并生效。协定共14个条文，规定中日海关应互相提供可能在对方关境内实施的与违反海关法行为有关的信息，如错误的海关申报、原产地证明、发票以及已知的或可能的错误或伪造的信息；应对方请求，对相关人员、货物和运输工具实施特别监视等，涵盖了中日海关间互相提供执法协查、开展情报交换、技术交流和人员培训等多个方面。

科学技术和环保合作的协定同样数目较多，特别是包括海上环境保护在内的环保合作，是中日双边合作得以成功开展的重要领域和范例：

《中华人民共和国政府和日本国政府科学技术合作协定》，1980年5月28日签署并和生效，共7个条文。两国政府承诺在平等互利原则的基础上，发展和促进两国政府间科学技术领域的合作（第1条）；两国政府或政府机关任何适当部门可制定根据本协定规定的专门合作项目细节和手续的执行协议（第2条）；协定设立了由两国政府代表组成的中日科学技术委员会（第3条）；两国政府应尽可能支持和促进两国各种团体、机构和个人之间的科学技术合作，一方政府应向另一方国家的公民为执行本协定进行工作时，提供必要的方便（第4~5条）。

《中华人民共和国国家海洋局和日本国科学技术厅关于副热带环流合作调查研究实施协议》，1995年3月31日签署于北京并生效。包含14个条文和1个附件。系根据前述中日科技合作协定就"副热带环流合作调查研究项目"达成的协议。

《中华人民共和国政府与日本国政府保护候鸟及其栖息环境的协定》，1981年3月3日签订于北京，同年6月8日起生效。是中国和外国签订的第一个关于保护野生动物的双边条约。由序言、6条正文和附表组成。协定的宗旨是在保护和管理候鸟及其栖息环境方面进行合作。协定对"候鸟"做了定义（第1条）。协定规定：除各自国家法律规定的特殊情况外，禁止猎捕候鸟和拣取其鸟蛋，并由各自国家的法律规定候鸟的猎期（第2条）；两国政府鼓励交换有关研究候鸟的资料、制订共同研究计划，鼓励保护候鸟、特别是有可能灭绝的候鸟（第3条）；两国政府为保护和管理候鸟及其栖息环境，根据各自国家的法律和规章设立保护区，并采取其他适当措施（第4条）；应任何一方政府的要求，两国政府可对本协定的实施进行协商（第5条）。

《中华人民共和国政府和日本国政府环境保护合作协定》，1994年3月20日签署并生效，是中日间环境保护合作的基础性协定，共9个条文。缔约双方在平等互利的基础上保持并促进环境领域的合作（第1条）。协定就合作领域、合作形式、具体项目执行协议、设立中日环境保护联合委员会、促进两国各种团体机构及个人之间的合作等做出规定（第2~6条）。

《中华人民共和国政府和日本国政府面向二十一世纪环境合作联合公报》，1998年11月26日签署于东京并生效，内容涉及中日环境合作示范城市项目构想、环境信息系统建设、中日环境保护联合委员会、中日环境合作综合论坛、东亚地区的酸雨防治、防止全球气候变化等。

《中华人民共和国政府和日本国政府关于进一步加强环境保护合作的联合声明》，2007年4月11日签署于东京并生效，内容涉及饮用水源地保护、循环经济理念、大气污染物排放、气候变化、化学有毒物质和固体废物、民间环保机构、公众环境意识、中日环境保护联合委员会、中日友好环境保护中心等。

《中华人民共和国生态环境部与日本环境省关于合作开展改善大气环境相关研究与示范项目的备忘录》，2018年6月23日签署于中国苏州第20次中日韩环境部长会议上，是最新的中日环保合作协议。

防务与海上搜救合作的协定，这里指分别于2007年8月和2009年3月发表的两个《中日两国防务部门联合新闻公报》和2018年10月签署的《中华人民共和国政府和日本国政府海上搜寻救助合作协定》。

《中日两国防务部门联合新闻公报》，2007年8月30日发表于东京。中日双方承诺进一步发展两国防务部门的关系，加强双方在安全领域的互信，增进彼此了解，推动中日防卫交流朝着多层次、多领域的方向发展，共同致力于促进中日友好，努力构筑基于共同战略利益的互惠关系（战略互惠关系），为维护亚洲及世界的和平、稳定和发展做出建设性的贡献，并达成多项共识，包括：为建立中日防务部门海上联络机制，防止发生海上不测事态，维护东海的和平，双方一致同意，尽早就此进行专家组磋商；逐步探讨在抵御自然灾害等非传统安全领域的交流等。

《中日两国防务部门联合新闻公报》，2009年3月20日发表于北京。双方承诺继续就各自国家的防务政策、对外政策及国际和地区安全形势开展对话，加强沟通和交流，进一步增进相互理解和信任，促进中日友好。双方就今后的主要交流达成多项共识，包括：在中日防务安全磋商的基础上，加强政策部门间的沟通，就国际维和、抵御自然灾害、反海盗等两国间的共同课题交换意见，推动情报信息交换等方面的合作；为尽早建立中日防务部门间海上联络机制，继续举行磋商；在此前实现舰艇首次互访的基础上，继续进行舰艇互访，中国海军舰艇将访日。

中日两国防务部门达成的以上共识，推动了中日"海上紧急联络机制"（后改名为"海空联络机制"）的建设。其过程颇费曲折。2007年联合新闻公报后，双方举行了三轮会谈，并于2012年6月达成若干共识，后因钓鱼岛事件，共识未获落实。2014年9月中日海洋事务高级别磋商期间，双方原则同意重新启动中日防务部门海上联络机制磋商。2015年1月中日防务部门举行海上联络机制有关磋商，进一步达成了多项共识，包括将机制名称更改为"海空联络机制"。2018年5月李克强总理访日期间，"双方还签署了防务部门海空联络机制备忘录，在东海危机管控方面迈出重要一步。"① 2019年11月中国国防部表示，中日防务部门海空联络机制建成一年多来，总体运行良好，为维护东海和平稳定发挥了积极作用；两国防务部门就建立机制直通电话等问题保持着良好沟通，有关工作正在稳步推进。

《中华人民共和国政府和日本国政府海上搜寻救助合作协定》，2018年10月26日，在中国国务院总理李克强和日本首相安倍晋三见证下，中国交通运输部部长李小鹏与日本外务大臣河野太郎共同签署了该协定，2019年2月14日生效。协定致力于在平等互利的基础上促进两国海上搜救领域的合作，对双方主管机关、合作内容与方式、遇险报警、协定与双方加入的其他国际法律文件的关系等内容进行了规定。协定的签署和生效无疑会进一步深化中日双方在海上搜救领域的合作，对提高海上搜救效率，保障海上人命和财产安全，促进区域海上经济发展具有重要意义。本协定也是对中日两国共同参加的《国际海上搜寻救助公约》（SAR 1979）的补充和深化。②

以上所述涉海全球性国际公约、区域性国际条约和中日双边条约，共同构成了适用于中日之间东海事务法律关系的国际法律体系。一般来说，由于内容和主题各有偏重，不同的条约在各自的领域里发挥作用，相互之间互不干涉、各自独立，但从不同的领域共同构成整体的海洋法律体系来说，它们又是相互补充、相互支持的，共同维护着海洋的稳定和各国间的海洋合作。此外，不同层次间的国际条约还可能存在着特殊的相互联系，例如，《联合国鱼类种群协定》和《中西部太平洋高度洄游鱼类种群养

---

① 李克强：《在纪念中日和平友好条约缔结40周年招待会上的演讲》，中华人民共和国中央人民政府网站，http://www.gov.cn/guowuyuan/2018-05/11/content_5290000.htm，2020年5月29日访问。
② 早在2007年4月中韩两国政府签署有《中华人民共和国政府与大韩民国政府海上搜寻救助合作协定》；2008年8月又签订了《中华人民共和国中国海上搜救中心与大韩民国海洋警察厅关于履行〈中华人民共和国政府和大韩民国政府海上搜寻救助合作协定〉的协议》。

护和管理公约》之间，《国际海上搜寻救助公约》和中日双边《海上搜寻救助合作协定》之间，后者是前者的补充和深化。当然，不同条约之间也不能完全排除发生冲突的可能，这时它们之间的相互关系就比较复杂，需要根据条约的性质和具体内容、两国加入条约的时间、对条约提出保留的情况等因素加以综合分析，才能最后确定哪个条约的规定应当得以优先适用。一般来说，作为一部国际海洋法典，《联合国海洋法公约》具有基础性和指导性的地位，起着根本法的作用；而中日两国之间不违背国际法基本原则的特别协议，也当有效并得到优先适用。

# 第十三章 中国海洋立法

中国是陆海兼备的国家,经过多年发展,中国海洋立法已逐渐完善。本章通过梳理中国海洋立法的发展脉络,阐述中国海洋立法的基本框架,进而分析不同类型的海洋法律。

## 一、中国海洋立法的发展脉络

中国最早的海洋立法可以追溯到 1875 年,因日本到朝鲜(当时朝鲜为中国藩属国)沿岸测量,清政府声明沿岸 10 里(约 3 海里)以内是中国的领海。① 1931 年,民国政府颁布《领海范围三海里令》,同时规定"缉私里程为 12 海里",1934 年,民国政府颁布法令,宣布为执行海关法,将管辖范围扩大到沿海 12 海里。1949 年 5 月,国民党政府颁布《海南特区行政长官公署组织条例》,把"海南岛、东沙群岛、西沙群岛、中沙群岛、南沙群岛及其他附属岛屿"划入海南特区,由海南特区行政长官公署负责行政管辖。② 中华人民共和国成立后,中国涉海法律经历了以下阶段。

### (一)开始起步时期(1949—1979 年)

1949 年中华人民共和国成立之后,开始逐渐注意到海洋的重要性。这一时期海洋立法有以下特点:

(1)虽无单行的海洋立法,但其他一些法律中涉及海洋问题。如 1978 年的《中华人民共和国宪法》(以下简称《宪法》)第 11 条规定:"国家保护环境和自然资源,防止污染和其他公害。"相应的,1979 年《中华人民共和国环境保护法(试行)》的一些条款就海洋环境保护和污染防治做了原则性的规定。如该法第 9 条规定:"凡进入

---

① 梁西:《国际法》(修订第二版),武汉大学出版社 2003 年版,第 137 页。
② 段洁龙:《中国国际法实践与案例》,法律出版社 2011 年版,第 71-72 页。

或者经过中国领陆、领水、领空的外国人和外国的航空器、船舶、车辆、物资、生物等，必须遵守本法和其他有关环境保护的条例、规定"。第 11 条规定："保护江、河、湖、海、水库等水域，维持水质良好状态。"第 20 条规定："禁止向一切水域倾倒垃圾、废渣。排放污水必须符合国家规定的标准。"这些规定是《宪法》规定在环境领域的体现。

（2）有一些涉及在内水活动的行政法规和部门规章。如针对外国籍船舶的管理，1964 年国务院颁布了《外国籍非军用船舶通过琼州海峡管理规则》；关于渔业，1955 年国务院颁布了《中华人民共和国国务院关于渤海、黄海及东海机轮拖网渔业禁渔区的命令》；关于打捞沉船，1957 年交通部颁布《中华人民共和国打捞沉船管理办法》；关于海湾，1954 年政务院公布了《中华人民共和国海港管理暂行条例》；关于航道，1956 年交通部颁布《老铁山水道航行规定》；关于引航，1959 年交通部颁布《中华人民共和国交通部关于港口引水工作的规定》，该规定后因 1976 年 11 月 12 日交通部发布的《中华人民共和国交通部海港引航工作规定》而废止；关于海洋污染，1974 年国务院颁布《中华人民共和国防止沿海水域污染暂行规定》，对沿海水域的污染防治做了详细的规定。

（3）注重维护领海权益。在 1949—1979 年这一时期，国际海洋法有所发展。如 1958 年 2—4 月联合国第一次海洋法会议召开，1960 年 3 月至 4 月联合国第二次海洋法会议召开，1973 年联合国第三次海洋法会议开始召开。第一次海洋法会议通过了《领海及毗连区公约》等公约，《领海及毗连区公约》规定了领海主权、领海基线等内容，前两次会议新中国虽未派代表出席，但在 1958 年 9 月 4 日颁布了《中华人民共和国政府关于领海的声明》（以下简称《领海的声明》）。在《领海的声明》中明确了我国的领海主权，指出了中国采用直线基线，领海宽度为 12 海里。事实证明，我国规定的 12 海里的领海宽度也是 1982 年《联合国海洋法公约》所采用的。《领海的声明》是我国在海洋立法领域里程碑式的文件，为维护我国海洋权益提供了法律依据。

### （二）蓬勃发展时期（1979—2009 年）

这一时期，《联合国海洋法公约》于 1982 年通过，中国特色社会主义法律体系基本形成，涉海法律制度蓬勃发展。这一时期不仅有大量涉海法律，也有相关法律的实施细则和配套规定。

1. 涉及海洋国土空间的法律

我国全程参加了联合国第三次海洋法会议，1982 年 12 月 10 日《联合国海洋法公约》通过并开放给各国签字、批准和加入的当天，我国即签署了《联合国海洋法公约》，并于 1996 年批准《联合国海洋法公约》。1992 年我国公布并施行了《中华人民共和国领海及毗连区法》（以下简称《领海及毗连区法》）；1996 年 5 月 15 日，颁布《中华人民共和国政府关于中华人民共和国领海基线的声明》（以下简称《关于领海基线的声明》），宣布我国大陆领海的部分基线和西沙群岛的领海基线，1998 年公布并施行《中华人民共和国专属经济区和大陆架法》（以下简称《专属经济区和大陆架法》）。《领海及毗连区法》《专属经济区和大陆架法》两部法律对维护海洋权益有重要作用，有学者称这两法有代行"海洋基本法"的作用。①

2. 管理海洋区域的法律

为加强国家海域的综合管理，保证海域的合理利用和持续开发，提高海域使用的社会、经济和生态环境的整体效益，1993 年，财政部和原国家海洋局曾联合印发《国家海域适用管理暂行规定》，② 2001 年《中华人民共和国海域使用管理法》（以下简称《海域使用管理法》）通过，并于次年实施。同时，原国家海洋局印发《海域使用测量管理办法》，财政部和原国家海洋局联合印发了《海域使用金减免管理办法》等配套法规。

3. 海洋资源、能源开发活动的法律

海洋渔业是重要的海洋资源，1986 年通过了《中华人民共和国渔业法》（以下简称《渔业法》），次年通过了《中华人民共和国渔业法实施细则》（以下简称《渔业法实施细则》）；③ 对于海洋矿产资源开发，1986 年通过《中华人民共和国矿产资源法》（以下简称《矿产资源法》），④ 1988 年国务院发布《矿产资源勘查区块登记管理办

---

① 贾宇：《改革开放 40 年中国海洋法治的发展》，《边界与海洋研究》，2019 年第 4 期。
② 该规定根据"财政部令第 48 号文件"规定，已被废止。
③ 《渔业法》后又于 2000 年、2004 年、2009 年及 2013 年四次修正。
④ 1996 年和 2009 年《矿产资源法》进行了两次修正。

法》，1998 年国务院发布了《矿产资源开采登记管理办法》《探矿权采矿权转让管理办法》①，1994 年国务院发布了《中华人民共和国矿产资源法实施细则》（以下简称《矿场资源实施细则》），此外，1982 年国务院颁布了《中华人民共和国对外合作开采海洋石油资源条例》（以下简称《对外合作开采海洋石油资源条例》）；② 对于海洋能源开发，2005 年通过了《中华人民共和顾可再生能源法》（以下简称《可再生能源法》）。

#### 4. 海上交通运输活动的法律

海上交通运输涉及诸多范畴，如针对海上安全，1983 年通过并于 1984 年施行了《中华人民共和国海上交通安全法》（以下简称《海上交通安全法》）；③ 为了调整海上运输关系、船舶关系，维护当事人各方的合法权益，促进海上运输和经济贸易的发展，1992 年制定了《中华人民共和国海商法》（以下简称《海商法》），该法于 1993 年施行；而后还于 2014 年制定了涉及航道管理的《中华人民共和国航道法》（以下简称《航道法》）；④ 为了加强港口管理，维护港口的安全与经营秩序，保护当事人的合法权益，促进港口的建设与发展，2003 年通过了《中华人民共和国港口法》（以下简称《港口法》），⑤ 2007 年交通部通过了《中华人民共和国港口设施保安规则》（以下简称《港口设施保安规则》）。⑥

#### 5. 海洋生态环境保护的法律

进入 20 世纪 80 年代，海洋环境保护的问题愈发受到重视。1982 年通过了《中华人民共和国海洋环境保护法》（以下简称《海洋环境保护法》），该法于 1983 年实施。⑦ 为有效实施《海洋环境保护法》，1983 年至 1985 年国务院颁布了《中华人民共和国防止船舶污染海域管理条例》《中华人民共和国海洋石油勘探开发环境保护管理条例》和《中华人民共和国海洋倾废管理条例》；1990 年，原国家海洋局发布了《中华

---

① 这些管理办法于 2014 年进行了修订。
② 该条例先后于 2001 年 9 月 23 日、2011 年 1 月 8 日、2011 年 9 月 30 日、2013 年 7 月 18 日进行了四次修订。
③ 2016 年修改了该法的第 12 条。
④ 该法于 2016 年 7 月 2 日修正。
⑤ 该法于 2015 年 4 月 24 日、2017 年 11 月 4 日及 2018 年 12 月 29 日三次修正。
⑥ 该规则后在 2016 年 9 月 2 日、2019 年 6 月 3 日及 2019 年 11 月 28 日进行过修正。
⑦ 1999 年 12 月 25 日修订，而后在 2013 年、2016 年及 2017 年又进行了三次修正。

人民共和国海洋石油勘探开发环境保护管理条例实施办法》。此外，关于海洋生态保护，中国制定了《中华人民共和国海岛保护法》（以下简称《海岛保护法》），该法于 2009 年通过，2010 年施行；为了加强自然保护区的建设和管理，保护自然环境和自然资源，1994 年国务院发布了《中华人民共和国自然保护区条例》（以下简称《自然保护区条例》）；1988 年通过了《中华人民共和国野生动物保护法》（以下简称《野生动物保护法》）。①

**（三）深入完善阶段（2010 年至今）**

2010 年以来，伴随着国际海洋形势的变化及科技进步的发展，中国在这一阶段除了对之前的一些立法进行修改完善外，还制定了以下相关法律。

### 1. 深海活动的法律

为规范深海海底区域资源勘探、开发活动，推进深海科学技术研究、资源调查，保护海洋环境，促进深海海底区域资源可持续利用，维护人类共同利益，2016 年，中国通过了《中华人民共和国深海海底区域资源勘探开发法》（以下简称《深海法》）。2017 年，为了进一步加强并细化对深海海底区域资源勘探、开发活动的管理，规范深海海底区域资源勘探、开发活动的申请、受理、审查批准和监督管理，促进深海海底区域资源可持续利用，保护海洋环境，原国家海洋局根据《深海法》和《中华人民共和国行政许可法》（以下简称《行政许可法》）印发了《深海海底区域资源勘探开发许可管理办法》（以下简称《深海资源勘探开发管理办法》）。

### 2. 海洋观测预报管理的法律

如为加强海洋观测预报管理，规范海洋观测预报活动，防御和减轻海洋灾害，国务院于 2012 年发布《海洋观测预报管理条例》。

### 3. 相关声明

为了维护国家海洋权益，根据《领海及毗连区法》，2012 年 9 月 10 日，中国政

---

① 该法后于 2004 年 8 月 28 日、2009 年 8 月 27 日、2018 年 10 月 26 日进行了三次修正，于 2016 年 7 月 2 日进行修订。

府发表《中华人民共和国政府关于钓鱼岛及其附属岛屿领海基线的声明》，公布了中国钓鱼岛及其附属岛屿的领海基点基线。中国政府在 2016 年 7 月 12 日发布了《中华人民共和国政府关于在南海的领土主权和海洋权益的声明》，2016 年 7 月 13 日国务院新闻办公室还专门发布了《中国坚持通过谈判解决中国与菲律宾在南海的有关争议》白皮书。

经过多年发展，我国海洋立法基本齐备。现行部门法中，涉海单行法大多是行政法、环境法等公法领域，民商事私法领域除了调整海上运输关系的海商法外，基本没有涉海单行法规或涉海特别规范，即使是海商法，也兼具公法特性。因此，在涉海法律以公法为核心的立法现状下，涉海法律的理论体系框架，应聚焦于政府对海洋空间和海洋事务的规范管理上。公主体对海洋空间的管理从国际法层面看，是将其作为领土的一部分进行的海洋边界管理，对应海洋国土的法律；从国内法层面看是对海洋区域的管理，对应《中华人民共和国海域使用管理法》（以下简称《海域使用管理法》）等法律。海洋事务的管理包括对具体海洋活动的管理和为某种社会公共利益而进行的管理，具体如表 13.1 所示。

表 13.1 我国海洋立法基本框架

| 管辖海洋空间的法律（海洋国土法律） | | 《领海及毗连区法》《专属经济区和大陆架法》及相关权益声明 | |
| --- | --- | --- | --- |
| | 管理海洋区域的法律 | 综合性法律 | 《海域使用管理法》 |
| | | 具体事项的配套法律 | 《海域使用测量管理办法》等 |
| 规范具体海洋活动的法律 | 海洋资源、能源开发活动的法律 | 管理海洋渔业的法律：《渔业法》及配套立法 | |
| | | 管理海洋矿产资源的法律：《矿产资源法》及配套立法、《对外合作开采海洋石油资源条例》 | |
| | | 管理海洋能源开发的法律：《可再生能源法》 | |
| | | 深海资源勘探开发的法律：《深海法》 | |
| | 海上交通运输活动的法律 | 管理海上交通运输业的法律：《海商法》《海上交通安全法》 | |
| | | 航道及港口法律：《航道法》《港口法》 | |
| | 海洋科研活动的法律 | 现行法律不成体系，无海洋科研单独立法 | |
| | 海底文物保护的法律 | 现行法律不成体系，无独立涉海单行法 | |

续表

| 管辖海洋空间的法律（海洋国土法律） | | | 《领海及毗连区法》《专属经济区和大陆架法》及相关权益声明 |
|---|---|---|---|
| 保障海洋公共利益的法律 | 海洋生态环境保护的法律 | 海洋环境保护的法律：《海洋环境保护法》及配套立法 | |
| | | 海岛保护法律：《海岛保护法》 | |
| | | 海洋自然保护区法律：《自然区保护案例》 | |
| | | 海洋生态保护的法律 | 珍贵、濒危的水生野生动物保护的法律：《野生动物保护法》，无单独涉海动物的法律；珍贵、濒危的水生野生动物以外的其他水生野生动物的保护，适用《渔业法》等有关法律的规定 |
| | 海洋能源节约与可持续发展的法律 | 以《中华人民共和国节约能源法》为基础，无独立涉海单行法 | |
| | 海洋安全及防险的法律 | 包括海洋观测、海洋灾害突发事件应急两方面；《海洋观测预报管理条例》《中华人民共和国突发事件应对法》 | |

## 二、管辖海洋国土空间的法律

涉及管辖海洋国土空间的法律主要是《领海及毗连区法》《专属经济区和大陆架法》。如前所述，1958年中国就通过了《领海的声明》。该声明指出了中国领海的宽度、领海及内海的范围、外国船舶和飞机在中国领海及领空的航行及飞越制度。但很长一段时间，我国并没有明确的领海法律制度。直至1992年2月25日，我国才通过了《领海及毗连区法》。该法自通过之日起施行，共17条，确定了我国的领海制度，规定了我国的领海组成，指出领海基线为直线基线以及我国在领海享有的主权，规定了外国商船的无害通过权；规定了我国毗连区的范围，管辖事项；紧追权等。根据《领海及毗连区法》，1996年5月15日，国务院公布了《关于领海基线的声明》，宣布中国大陆领海的部分基线和西沙群岛的领海基线，并指出将再行宣布其余领海基线。

1996年我国批准《联合国海洋法公约》后，于1998年6月26日通过并施行了《专属经济区和大陆架法》。该法共16条，规定了我国专属经济区的范围，以及重叠海域划界之原则；明确了我国在专属经济区和大陆架享有的主权权利，对资源、环境、人工岛屿设施建设、科研等各个方面的管辖权；指出了本法未规定事项依据国际法及其他国内法律、法规确定；提出了本法的规定不影响我国享有的历史性权利。

此外，为了维护我国的海洋空间，2016年7月12日公布的《中华人民共和国政府关于在南海的领土主权和海洋权益的声明》明确向国际社会宣示了我国对南海所享有的领土主权和海洋权益包括：①中国对南海诸岛，包括东沙群岛、西沙群岛、中沙群岛和南沙群岛拥有主权；②中国南海诸岛拥有内水、领海和毗连区；③中国南海诸岛拥有专属经济区和大陆架；④中国在南海拥有历史性权利。该声明同时指出中国愿意根据国际法，通过谈判协商和平解决南海有关争议，尊重和支持各国依据国际法在南海享有的航行和飞越自由。

## 三、管理海洋区域的法律

随着海洋开发领域的日益拓展，海洋空间利用范围不断扩大，特别是受到传统用海观念的影响和只顾眼前、不顾长远的经济利益的驱动，在海域使用中，无度、无序的现象大量发生。为了对海洋资源进行管理，建立海域使用秩序，维护国家权益，解决海域使用中存在的问题，[①] 2001年10月27日《海域使用管理法》通过，并于2002年1月1日起施行。该法中的"海域"是指我国内水、领海的水面、水体、海床和底土。该法是调整我国海域所有权和海域使用与管理关系的单行法，明确了海域属于国家所有，确立了海洋功能区划、海域权属管理、海域有偿使用三项基本制度。如在海洋功能区划制定方面，指出了海洋功能区划编制的原则，包括保障海上交通安全、保障国防安全、保障军事用海需求等；规定海域功能区划实行分级审批；养殖等行业规划涉及海域使用的，应当符合海洋功能区划。在海域权属管理制度方面，规定了海域使用的申请审批及具体使用，指明了不同用海下海域使用权的最高期限；在海域使用金方面，规定了有偿使用海域制度，一些特殊用途的用海有减免。此外，该法还规定了国家建立海域使用统计制度，定期发布海域使用统计资料。

为了有效贯彻落实《海域使用管理法》，推进海域使用管理工作的科学化、规范化和法制化，原国家海洋局于2002年6月28日印发了《海域使用测量管理办法》，该办

---

① 参见法律问答与释义，中国人大网，http：//www.npc.gov.cn/npc/c2183/200309/f47ad638686f41609f6bb5072860550f.shtml，2020年5月13日访问。

法于 2002 年 10 月 1 日起施行，规定了测量资质管理、测量成果管理。同时，为规范海域使用金减免行为，切实保障海域使用权人的合法权益，依据《海域使用管理法》的有关规定，财政部和原国家海洋局还共同发布了《海域使用金减免管理办法》，规定了军事用海等项目依法免缴海域使用金；遭受自然灾害或者意外事故，经核实经济损失达正常收益 60% 以上的养殖用海等项目，依法减免海域使用金。

## 四、规范海洋具体活动的法律

海洋是人类活动的空间，对海洋活动规范的法律是海洋立法的重要组成部分。

### （一）规范海洋资源和能源开发活动的法律

#### 1. 渔业资源的法律

渔业作为重要的海洋资源，对其进行规范的《渔业法》于 1986 年 1 月 20 日通过，自 1986 年 7 月 1 日起施行。后又分别于 2000 年、2004 年、2009 年及 2013 年进行过修正。渔业法是我国渔业资源（包括各类水生动植物资源）开发及养护的单行法律，是渔业资源类的基础性和综合性法律。该法主要包括以下几个方面的内容：

（1）我国渔业制度的基本制度结构。具体内容包括：《渔业法》调整的关系是"从事养殖和捕捞水生动物、水生植物等渔业生产活动"；《渔业法》的适用范围是"中华人民共和国的内水、滩涂、领海、专属经济区以及中华人民共和国管辖的一切其他海域"；渔业生产活动的主管机关为"国务院渔业行政主管部门"（主管全国的渔业工作），"县级以上地方人民政府渔业行政主管部门"（主管本行政区域内的渔业工作）；县级以上人民政府渔业行政主管部门在重要渔业水域、渔港设的"渔政监督管理机构"；各地区渔业活动的管辖范围除有特别规定外，与各地方行政区划基本一致；《渔业法》的效力以属地管辖为原则，效力及于外国人和船舶，并由国家渔政渔港监督管理机构对外行使渔政渔港监督管理权。

（2）养殖业的基本制度。具体包括：第一，养殖许可制度。国家对水域利用进行统一规划，确定可以用于养殖业的水域和滩涂。使用者应当向县级以上地方人民政府渔业行政主管部门提出申请，由本级人民政府核发养殖证，核发养殖证的具体办法由国务院规定；第二，养殖的环境保护要求。水产苗种的进口、出口必须实施检疫，防止病害传入境内和传出境外，具体检疫工作按照有关动植物进出境检疫法律、行政法规的规定执行。引进转基因水产苗种必须进行安全性评价，具体管理工作按照国务院有关规定执行；从事养殖生产应当保护水域生态环境，科学确定养殖密度，合理投饵、施肥、使用药物，不得造成水域的环境污染。

（3）捕捞业的基本制度。包括：第一，限额捕捞制度。国务院渔业行政主管部门负责组织渔业资源的调查和评估，为实行捕捞限额制度提供科学依据。中华人民共和国内水、领海、专属经济区和其他管辖海域的捕捞限额总量由国务院渔业行政主管部门确定，报国务院批准后逐级分解下达；第二，捕捞许可制度。对于涉外的渔区捕捞、公海捕捞和大型海洋捕捞，实行捕捞的行政许可制度，由相关的渔业主管部门按法定条件审批许可，颁发许可证；第三，渔港建设。渔港建设遵循国家统一规划，可以个人或集体投资，由各级人民政府统一监督管理。

（4）渔业资源的养护和可持续发展的制度。包括：第一，渔业资源税费制度。县级以上人民政府渔业行政主管部门应当对其管理的渔业水域统一规划，向受益的单位和个人征收渔业资源增殖保护费，渔业资源增殖保护费的征收办法由国务院渔业行政主管部门会同财政部门制定，报国务院批准后施行；第二，资源保护区制度。国家建立水产种质资源保护区，未经国务院渔业行政主管部门批准，任何单位或者个人不得在水产种质资源保护区内从事捕捞活动；第三，捕捞活动的限制。对捕捞的方法、工具、时间和品种进行限制，具体标准由国务院渔业行政主管部门或者省、自治区、直辖市人民政府渔业行政主管部门规定；第四，渔业资源损害的补救与赔偿制度；第五，渔业生态环境的保护制度。渔业水域生态环境的监督管理和渔业污染事故的调查处理，依照《海洋环境保护法》和《中华人民共和国水污染防治法》的有关规定执行；国家对珍贵、濒危水生野生动物实行重点保护，防止其灭绝。禁止捕杀、伤害国家重点保护的水生野生动物。因科学研究、驯养繁殖、展览或者其他特殊情况，需要捕捞国家重点保护的水生野生动物的，依照《野生动物保护法》的规定执行。

（5）违反渔业活动法律规定的法律责任。这一内容规定在《渔业法》第五章。涉及与行政处罚、民事赔偿和刑事责任的衔接适用，除本法直接规定外，不同的责任依据相关法律法规。

此外，根据渔业法，当时的农牧渔业部制定了《渔业法实施细则》，该法作为《渔业法》的配套规章，是对《渔业法》相关规定的细化和补充，尤为值得一提的是，该细则指出"中华人民共和国管辖的一切其他海域"，是指根据中华人民共和国法律，中华人民共和国缔结、参加的国际条约、协定或者其他有关国际法，而由中华人民共和国管辖的海域。

2. 矿产资源的法律

《矿产资源法》是我国矿产资源开发的综合性单行法规。该法于1986年3月19日通过，于1986年10月1日起施行，后于1996年8月29日及2009年8月27日进行过修正。该法规定了我国矿产资源开发的基本制度，概括来说，包括以下几个方面的内容：

（1）我国矿产资源开发活动的制度框架。包括：第一，该法所调整的关系是"矿产资源的勘查、开发利用和保护工作"，法律效力的空间范围是"中华人民共和国领域及管辖海域"；第二，我国矿产资源开发的基本制度，包括我国矿产资源的权属归国家所有，由国务院行使；矿产资源的勘探开采权采取许可税费制度，一方面实行许可制度，勘查、开采矿产资源，必须依法分别申请、经批准取得探矿权、采矿权，并办理登记；另一方面实行有偿取得制度，需缴纳一定的资源补偿税费，具体步骤和办法由国务院规定；第三，矿产资源开发的主体，可以是国家、集体或者个人，均需依法定程序申请、审批后许可登记。需注意的是，虽然国有矿山企业是开采矿产资源的主体，但国家同样保护部分集体和个人采矿企业的权利；第四，矿产资源开发的活动由国家统一规划，由国务院地质矿产主管部门主管全国矿产资源勘查、开采的监督管理工作，国务院有关主管部门协助国务院地质矿产主管部门进行矿产资源勘查、开采的监督管理工作，各级人民政府地质矿产主管部门主管本行政区域内矿产资源勘查、开采的监督管理工作，各级人民政府有关主管部门协助同级地质矿产主管部门进行矿产资源勘查、开采的监督管理工作。

（2）矿产资源的许可制度。包括：第一，矿产资源勘查登记制度。国家对矿产资源勘查实行统一的区块登记管理制度。矿产资源勘查登记工作，由国务院地质矿产主管部门负责；特定矿种的矿产资源勘查登记工作，可以由国务院授权有关主管部门负责。矿产资源勘查区块登记管理办法由国务院制定，国务院矿产储量审批机构或者省、自治区、直辖市矿产储量审批机构负责审查批准供矿山建设设计使用的勘探报告，作为勘探的依据；勘查过程中须保护并报告有重大科学文化价值的罕见地质现象和文化古迹。第二，矿产资源开采审批许可制度。设立矿产企业必须经过法定机关和程序的审批和批准，开采矿产须依法定条件由国务院地质矿产主管部门审批，并颁发采矿许可证。国家对矿产资源实行有计划的开采,未经批准许可不得私自开采,地方各级人民政府应当采取措施,维护本行政区域内的国有矿山企业和其他矿山企业矿区范围内的正常秩序。

(3)矿产资源的勘查规则和开采规则。矿产资源的勘查规则包括:第一,区域地质调查按照国家统一规划进行,区域地质调查的报告和图件按照国家规定验收,提供有关部门使用;第二,危险性勘查活动必须采用省级以上人民政府有关主管部门规定的普查、勘探方法,并有必要的技术装备和安全措施;第三,勘查资料须按有关规定保护和保存,按国务院标准有偿使用。矿产资源的开采规则主要包括:第一,矿产资源的开采必须统一规划,综合开采。开采矿产资源,必须遵守国家劳动安全卫生规定,具备保障安全生产的必要条件;第二,遵守有关环境保护的法律规定,防止污染环境;给他人生产、生活造成损失的,应当负责赔偿,并采取必要的补救措施。

(4)集体和个人采矿企业的运行制度。包括:第一,国家允许、保护和管理集体和个人采矿企业的开采活动;第二,县级以上人民政府应当指导、帮助集体矿山企业和个体采矿进行技术改造,改善经营管理,加强安全生产。

(5)法律责任。《矿产资源法》并未对相应法律责任直接做出规定,而是与行政处罚法,治安管理法和刑法衔接,将本法所规定的违法行为分别划归到相应的部门法或单行法中,依其法律规定确定法律责任。

此外,依据《矿产资源法》制定的《矿产资源法实施细则》属于《矿产资源法》的配套规章,是对《矿产资源法》相关规定的细化和补充。1988年国务院发布《矿产资源勘查区块登记管理办法》《矿产资源开采登记管理办法》《探矿权采矿权转让管理办法》,2014年这些管理办法进行了修订。

3. 油气资源的法律

我国没有关于油气资源的单独立法,油气资源受《矿产资源法》的规范,但有专门规范对外合作开采石油的法律,主要是指《对外合作开采海洋石油资源条例》。该条例于1982年1月30日由国务院颁布,后于2001年9月23日、2011年1月8日、2011年9月30日、2013年7月18日进行了4次修订。2013年修订后的现行《对外合作开采海洋石油资源条例》共4章27条。具体包括以下内容:

(1)一般的规则

第一,确定我国对海洋石油资源的权利。包括:制定本条例的目的是,在维护国家主权和经济利益的前提下允许外国企业参与合作开采中华人民共和国海洋石油资源；中华人民共和国的内海、领海、大陆架以及其他属于中华人民共和国海洋资源管辖海域的石油资源，都属于中华人民共和国国家所有。在前款海域，为开采石油而设置的建筑物、构筑物、作业船舶，以及相应的陆岸油（气）集输终端和基地，都受中华人民共和国管辖；在本条例范围内，合作开采海洋石油资源的一切活动，都应当遵守中华人民共和国的法律、法令和国家的有关规定；参与实施石油作业的企业和个人，都应当受中国法律的约束，接受中国政府有关主管部门的检查、监督。

第二，保护参加合作开采海洋资源的外国企业的权利。中国政府依法保护参与合作开采海洋石油资源的外国企业的投资、应得利润和其他合法权益，依法保护外国企业的合作开采活动；国家对参加合作开采海洋石油资源的外国企业的投资和收益不实行征收。在特殊情况下，根据社会公共利益的需要，可以对外国企业在合作开采中应得石油的一部分或者全部，依照法律程序实行征收，并给予相应的补偿。

第三，政府主管部门和业务权限。国务院指定的部门依据国家确定的合作海区、面积，决定合作方式，划分合作区块；依据国家规定制订同外国企业合作开采海洋石油资源的规划；制订对外合作开采海洋石油资源的业务政策和审批海上油（气）田的总体开发方案。

第四，业务负责单位及权限。中华人民共和国对外合作开采海洋石油资源的业务，由中国海洋石油总公司全面负责。中国海洋石油总公司是具有法人资格的国家公司，享有在对外合作海区内进行石油勘探、开发、生产和销售的专营权。中国海洋石油总公司根据工作需要，可以设立地区公司、专业公司、驻外代表机构，执行总公司交付的任务。中国海洋石油总公司就对外合作开采石油的海区、面积、区块，通过组织招标，确定合作开采海洋石油资源的外国企业，签订合作开采石油合同或者其他合作合同，并向中华人民共和国商务部报送合同有关情况。

（2）石油合同各方的权利和义务

石油合同中的一方是中国海洋石油总公司，另一方外国合同者是外国企业。

外国合同者的权利包括：第一，回收投资、费用及取得报酬的权利。外国合同者可以按照石油合同规定，从生产的石油中回收其投资和费用，并取得报酬；第二，石油或回收收益汇往国外的权利。外国合同者可以将其应得的石油和购买的石油运往国外，也可以依法将其回收的投资、利润和其他正当收益汇往国外；第三，税收优惠的权利。为执行石油合同所进口的设备和材料，按照国家规定给予减税、免税，或者给予税收方面的其他优惠；第四，录用人员的权利。石油合同可以约定石油作业所需的人员，作业者可以优先录用中国公民。

外国合同者的义务包括：第一，投资勘探、负责勘探作业，承担全部勘探风险，在中国海洋石油总公司按照石油合同规定在条件具备的情况下接替生产作业前，负责开发作业和生产作业的义务；第二，依法纳税的义务；第三，遵守中国法律办理外汇业务的义务。外国合同者开立外汇账户和办理其他外汇事宜，应当遵守《中华人民共和国外汇管理条例》和国家有关外汇管理的其他规定；第四，开发生产作业中报告的义务。外国合同者在执行石油合同从事开发、生产作业过程中，必须及时地、准确地向中国海洋石油总公司报告石油作业情况；完整地、准确地取得各项石油作业的数据、记录、样品、凭证和其他原始资料，并定期向中国海洋石油总公司提交必要的资料和样品以及技术、经济、财会、行政方面的各种报告；第五，设立分支或代表机构的义务。外国合同者为执行石油合同从事开发、生产作业，应当在中华人民共和国境内设立分支机构或者代表机构，并依法履行登记手续。前款机构的住所地应当同中国海洋石油总公司共同商量确定。

中国合同者的权利包括：第一，税收优惠的权利。为执行石油合同所进口的设备和材料，按照国家规定给予减税、免税，或者给予税收方面的其他优惠；第二，录用人员的权利。石油合同可以约定石油作业所需的人员，作业者可以优先录用中国公民。中国合同者的义务是依法纳税的义务。

（3）石油作业

石油作业也遵循的是维护中国主权和经济利益的目的。第一，在制订总体开发方案和实施生产作业方面，作业者必须根据本条例和国家有关开采石油资源的规定，参照国际惯例，制订油（气）田总体开发方案和实施生产作业，以达到尽可能高的石油采收率；第二，在开发、生产使用基地方面，外国合同者为执行石油合同从事开发、生产作业，应当使用中华人民共和国境内现有的基地；如需设立新基地，必须位于中华人民共和国境内。前款新基地的具体地点以及在特殊情况下需要采取的其他措施，都必须经中国海洋石油总公司书面同意；第三，在中方合同者参与合同的总体设计和工程设计方面，中国海洋石油总公司有权派人参加外国作业者为执行石油合同而进行的总体设计和工程设计；第四，在资产所有权方面，外国合同者为执行石油合同，除租用第三方的设备外，按计划和预算所购置和建造的全部资产，当外国合同者的投资按照规定得到补偿后，其所有权属于中国海洋石油总公司，在合同期内，外国合同者仍然可以依据合同的规定使用这些资产;第五,在原始资料所有权方面,为执行石油合同所取得的各项石油作业的数据、记录、样品、凭证和其他原始资料,其所有权属于中国海洋石油总公司。前款数据、记录、样品、凭证和其他原始资料的使用和转让、赠予、交换、出售、公开发表以及运出、传送出中华人民共和国,都必须按照国家有关规定执行;第六,在作业中对环境和安全的保护方面,作业者和承包者在实施石油作业中,应当遵守中华人民共和国有关环境保护和安全方面的法律规定,并参照国际惯例进行作业,保护渔业资源和其他自然资源,防止对大气、海洋、河流、湖泊和陆地等环境的污染和损害;第七,在产出石油登陆方面,石油合同区产出的石油,应当在中华人民共和国登陆,也可以在海上油(气)外输计量点运出。如需在中华人民共和国以外的地点登陆,必须经国务院指定的部门批准。

最后的"附则"规定了争端解决方式、责任的确定,并对本条例的相关术语进行了解释,并规定了条例自公布之日起施行。

4. 海洋能源开发的法律

对于海洋能源开发,2005年通过了《中华人民共和国可再生能源法》。该法于2006年1月1日起施行,2009年进行修正。海洋能属于其中规范的能源之一。本法包括总则、资源调查与发展规划、产业指导与技术支持、推广与应用、价格管理与费用分摊、经济激励与监督措施、法律责任和附则,共8章33条。本法确立了一些重要的法律制度:如可再生能源总量目标制;可再生能源并网发电审批和全额收购制度;可再生能源上网电价与费用分摊制度;财政鼓励措施。[①] 此外,2016年,国家能源局和原国家海洋局印发了《海上风电开发建设管理办法》,对海上风电开发的发展规划、项目标准等问题做出了规定。

5. 深海资源勘探开发的法律

为规范深海海底区域资源勘探、开发活动,推进深海科学技术研究、资源调查,保护海洋环境,促进深海海底区域资源可持续利用,维护人类共同利益,2016年2月26日,《深海法》通过,自2016年5月1日起施行。这里所说的深海海底区域,是指

---

① 王凤春:《加快我国可再生能源发展的法律保障——〈中华人民共和国可再生能源法简介〉》,《节能与环保》,2005年第3期。

中华人民共和国和其他国家管辖范围以外的海床、洋底及其底土。实际就是《联合国海洋法公约》中所说的国际海底区域。《联合国海洋法公约》规定了"区域"及其资源是人类的共同继承财产，任何国家或自然人或法人，不应将"区域"或其资源的任何部分据为己有。资源的勘探和开发是"区域"部分的核心内容。《联合国海洋法公约》规定了"区域"内活动应依第 153 条第 3 款的规定由企业部进行，和由缔约国或国有企业、或在缔约国担保下的具有缔约国国籍或由这类国家或其国民有效控制的自然人或法人、或符合本部分和附件三规定的条件的上述各方的任何组合，与管理局以协作方式进行。作为《联合国海洋法公约》缔约国，我国认真履行《联合国海洋法公约》义务，专门规定了《深海法》。该法是第一部规范公民、法人或其他组织在我国管辖外海域开展资源勘探开发活动的法律，指出中华人民共和国公民、法人或其他组织在向国际海底管理局申请从事深海海底区域资源勘探、开发活动前，应当向国务院海洋主管部门提出申请，并提交相关材料。国务院审核后，获得许可的申请者在与国际海底管理局签订勘探、开发合同成为承包者后，方可从事勘探、开发活动。承包者的权利包括：对勘探、开发合同区域内特定资源享有相应对专属勘探、开发权。涉及的义务包括：①履行勘探、开发合同义务，保障从事勘探、开发作业人员的人身安全、保护海洋环境，对于环境保护，单设第三章进行了规定；②保护作业区域内的文物、铺设物等；③遵守中华人民共和国有关安全生产、劳动保护方面的法律、行政法规。此外，该法还对科学技术研究与资源调查进行了规定。总之，《深海法》所规定的基本原则①与《联合国海洋法公约》第十一部分关于支配"区域"的原则相一致。②

2017 年 4 月 27 日，为了进一步加强并细化对深海海底区域资源勘探、开发活动的管理，规范深海海底区域资源勘探、开发活动的申请、受理、审查批准和监督管理，促进深海海底区域资源可持续利用，保护海洋环境，原国家海洋局根据《深海法》和《行政许可法》印发了《深海资源勘探开发管理办法》。

---

① 《深海海底区域资源勘探开发法》第 3 条：深海海底区域资源勘探、开发活动应当坚持和平利用、合作共享、保护环境、维护人类共同利益的原则。

② 《联合国海洋法公约》第 136 条："区域"及其资源是人类的共同继承财产。第 138 条：各国对于"区域"的一般行为，应按照本部分的规定、《联合国宪章》所载原则，以及其他国际法规则，以利于维持和平与安全，促进国际合作和相互了解。第 140 条："区域"内活动应依本部分的明确规定为全人类的利益而进行。第 141 条："区域"应开放给所有国家，不论是沿海国或内陆国，专为和平目的利用，不加歧视，也不得妨害本部分其他规定。

## （二） 规范海上运输活动的法律

### 1. 海商法

为了调整海上运输关系、船舶关系，维护当事人各方的合法权益，促进海上运输和经济贸易的发展，1992年制定了《海商法》，该法于1993年施行，主要对船舶、船员、海上货物运输合同、海上旅客运输合同、海上拖航合同、船舶碰撞、海难救助、共同海损、海事赔偿责任宪章、海上保险合同、时效、涉外关系的法律运用进行了规定。随着我国国民经济发展水平、经济贸易形态、航运产业结构、国际国内法律环境的变化，现行海商法构建的法律制度体系在很多方面已滞后于发展，不能有效适应航运和贸易发展的需要，亟须进行全面修订。2018年交通运输部组织起草了《中华人民共和国海商法（修订征求意见稿）》。①

### 2. 海上交通安全的法律

《海上交通安全法》于1983年颁布，1984年施行，是规范海上交通安全行为的一部重要法律，是为加强海上交通管理，保障船舶、设施和人命财产的安全，维护国家权益而制定的。

《海上交通安全法》自1984年实施以来，发挥了重要作用，但随着国际航运形势和海上交通安全管理形势的发展变化，特别是相关国际公约的不断修订，《海上交通安全法》的一些内容已不能适应现实需要。比如，管理制度、管理要求、管理范围等都需要修订。2016年11月17日，根据全国人大常委会的决定，《海上交通安全法》第12条进行了修改，从"国际航行船舶进出中华人民共和国港口，必须接受主管机关的检查。本国籍国内航行船舶进出港口，必须办理进出港签证"修改为"国际航行船舶进出中华人民共和国港口，必须接受主管机关的检查。本国籍国内航行船舶进出港口，必须向主管机关报告船舶的航次计划、适航状态、船员配备和载货载客等情况。" 2017年2月14日，国务院法制办发布的《国务院法制办关于〈中华人民共和国海上交通安全法（修订草案征求意见稿）〉公开征求意见的通知》指出，随着海上交通事业的发

---

① 中国港口网："重磅！《海商法》修订稿公开征求意见！" http：//www.chinaports.com/portlspnews/8ec3b9f3-be3e-45f1-ae76-60bc5ac5e21c，2020年4月2日访问。

展,海上交通安全环境发生了很大的变化,需要对现行法进行全面修订。① 并将修订草案征求意见稿全文公布,向社会各界征求意见。《中华人民共和国海上交通安全法(修订草案征求意见稿)》(以下简称《征求意见稿》) 与原法相比,有很大变化,如原法的适用范围是:中华人民共和国沿海水域航行、停泊和作业的一切船舶、设施和人员以及船舶、设施的所有人、经营人。《征求意见稿》规定在中华人民共和国内水、领海、毗连区、专属经济区、大陆架以及中华人民共和国管辖的其他海域内从事航行、停泊和作业,以及其他海上交通安全的相关的活动,应该遵守本法。②

### 3. 关于航道及港口的法律

为了规范利用航道,国务院 1987 年制定施行了《中华人民共和国航道管理条例》,对航道的保护和利用发挥了积极作用,但由于一些规定过于原则、约束力不强,特别是对一些新问题、新情况缺乏规范,已无法适应新形势下航道保护和利用的要求,2014 年 12 月 28 日制定了涉及航道管理的《航道法》,该法于 2016 年又进行了修正。《航道法》主要规定了以下内容:一是规定了航道的含义和范围;二是确立了管理体制,赋予各级航道管理机构执法主体资格;三是明确了政府资金投入义务,规定政府要在财政预算中合理安排航道建设和养护资金;四是规定了航道规划制度,明确航道规划的编制主体和具体要求及与相关规划的关系;五是规范了航道养护义务,强化政府部门的养护保通责任;六是确立了航道保护范围划定制度,明确航道保护范围的划定、公布主体和程序;七是设立了拦河建筑上建设通航建筑物,规定了航道影响评价审核、水位衔接保证等航道保护的核心制度;八是规定了法律责任,对危害、损害、破坏航道的行为设定了较为严格的处罚及强制措施。③

为了加强港口管理,维护港口的安全与经营秩序,保护当事人的合法权益,促进港口的建设与发展,2003 年《港口法》通过,于 2004 年施行。该法于 2015 年 4 月 24 日、2017 年 11 月 4 日及 2018 年 12 月 29 日三次修正。《港口法》共 6 章 62 条,包括"总则""港口规划与建设""港口经营""港口安全与监督管理""法律责任""附则"。对于港口规划与建设,该法规定港口规划包括港口布局规划和港口总体规划,应

---

① 《〈海上交通安全法〉修改列入 2018 年立法计划》,航运界网,http://www.ship.sh/news_detail.php?nid=28748,2018 年 7 月 16 日访问。
② 《中华人民共和国海上交通安全阀(修订草案征求意见稿)》,第 2 条。
③ 魏东:《〈中华人民共和国航道法〉解读》,《中国海事》,2015 年第 2 期。

当根据国民经济和社会发展的要求以及国防建设的需要编制，体现合理利用岸线资源的原则，符合城镇体系规划，并与土地利用总体规划、城市总体规划、江河流域规划、防洪规划、海洋功能区划、水路运输发展规划和其他运输方式发展规划以及法律、行政法规规定的其他有关规划相衔接、协调。编制港口规划应当组织专家论证，并依法进行环境影响评价。港口建设应当符合港口规划，不得违反港口规划建设任何港口设施。对于港口经营，应当向港口行政管理部门书面申请取得港口经营许可，并依法办理工商登记。港口经营人应当优先安排抢险物资、救灾物资和国防建设亟需物资的作业。在港口安全与监督管理方面，该法规定港口经营人必须依照《中华人民共和国安全生产法》等有关法律、法规和国务院交通主管部门有关港口安全作业规则的规定，加强安全生产管理，建立健全安全生产责任制等规章制度，完善安全生产条件，采取保障安全生产的有效措施，确保安全生产。港口经营人应当依法制订本单位的危险货物事故应急预案、重大生产安全事故的旅客紧急疏散和救援预案以及预防自然灾害预案，保障组织实施。

根据《港口法》，2007年，交通部发布了《港口建设管理规定》，对港口建设程序管理、港口建设市场管理等问题进行了规定；2019年，交通运输部颁布了《港口和船舶岸电管理办法》《港口危险货物安全管理规定》；2007年交通部发布了《港口设施保安规则》，该规则后于2016年9月2日、2019年6月3日及2019年11月28日三次修正。

此外，在海上交通运输中还有《中华人民共和国海上交通事故调查处理条例》《中华人民共和国航标条例》《船舶引航管理规定》等行政法规和部门规章。

### （三）规范海洋科研活动和海底文物保护的法律

科研类法律是一个新兴的领域，一方面因涉及社会生活的各个方面，与现有的其他法律领域多有重叠和交叉；另一方面由于没有形成一个独立的法律部门，相关法律规定又散见于各个法律部门中。目前，《中华人民共和国科学技术进步法》《中华人民共和国科技成果转化法》和《中华人民共和国科学技术普及法》是我国科研类的单行法，这三部法律分别以促进科研发展、科技成果转化和科学技术普及为目的，对科学研究、科学普及和科技成果的转化这三个科研活动阶段进行了规制，并对科研主管机构、国家对科研活动的扶持政策、各项科研活动的分类和程序及标准做出了相关规定，同时对科研活动与其他社会活动的关系及相关法律的适用也做了相应的规定。尽管这三个法律都涉及国家从法律上对科研活动的一些政策计划和活动形式的规范，但并没有以"科研活动"这个对象为中心，编织一个从科研的界定、主体的资格、科研的分类和规制，科研活动的程序和技术标准再到相关责任问题的完善的法律体系。正因为如此，科研活动规范远没有成为一个部门法。同时，我国现有的单行法模式下科研法律法规不能很好地满足科研类活动的法律适用需求，需要与其他相关法律法规衔接适用。

我国虽有《中华人民共和国涉外海洋科学研究管理规定》，该规定指出了不同海域科研权利及管辖权在科研国和沿海国间的分配，以及科研许可的流程与期限，涉外海洋科研合作中双方的权利和义务，涉外海洋科研的执法监督的管辖权等，但我国尚无涉海科研专门的单行法。

我国并无单独的保护海底文物的法律，但有《中华人民共和国文物保护法》（以下简称《文物保护法》）。该法共8章80条，第一章总则规定了受保护文物的种类、文物的所有权、文物保护的主管机关和协作单位；第二章规定了不可移动文物的保护规则；第三章规定了考古发掘的程序和基本规章；第四章和第五章分别规定了馆藏文物和民间收藏文物的保护规定；第六章规定了文物进出境管理和对外流通的规则，并具体规定了海关在这类文物保护活动中的职能。第七章规定了文物类违法犯罪行为的法律责任和监督部门以及管辖权，第八章是附则。根据《文物保护法》制定了《中华人民共和国文物保护法实施条例》，该条例共8章64条，与《文物保护法》体例相同，具体规定了政府文物主管部门，公安机关，工商行政管理机关、海关、城乡规划、建设等有关部门在文物保护工作中的职能和执法规范。此外，根据《文物保护法》制定的《中华人民共和国水下文物保护管理条例》共13条，针对水下文物的保护工作，对水下文物的界定、所有权、考古发掘、进出口管理和奖惩措施做出了具体的规定。

## 五、保障海洋公共利益的法律

保障海洋公共利益的法律主要包括以下类型。

### （一）海洋生态环境保护的法律

#### 1. 海洋环境保护的法律

在这一领域，《中华人民共和国环境保护法》是我国环境保护的基本法，在环境法体系中除宪法之外该法具有最高效力。此外，针对海洋环境的保护，我国还有以下专门的法律法规。

（1）《海洋环境保护法》

该法自 1982 年 8 月 23 日通过，自 1983 年 3 月 1 日起施行。而后进行了一次修订，三次修正，目前实施的是 2017 年修正后的法律。该法适用于中华人民共和国内水、领海、毗连区、专属经济区、大陆架以及中华人民共和国管辖的其他海域。国家在重点海洋生态功能区、生态环境敏感区和脆弱区等海域划定生态保护红线，实行严格保护。国家根据海洋功能区划制定全国海洋环境保护规划和重点海域区域性海洋环境保护规划；国家根据海洋环境质量状况和国家经济、技术条件，制定国家海洋环境质量标准。在海洋生态保护方面，国务院和沿海地方各级人民政府应当采取有效措施，保护红树林、珊瑚礁、滨海湿地、海岛、海湾、入海河口、重要渔业水域等具有典型性、代表性的海洋生态系统，珍稀、濒危海洋生物的天然集中分布区，具有重要经济价值的海洋生物生存区域及有重大科学文化价值的海洋自然历史遗迹和自然景观。对具有重要经济、社会价值的已遭到破坏的海洋生态，应当进行整治和恢复。国务院有关部门和沿海省级人民政府应当根据保护海洋生态的需要，选划、建立海洋自然保护区。国家级海洋自然保护区的建立，须经国务院批准；国家建立健全海洋生态保护补偿制度。此外该法还对防治陆源污染物、防治海岸工程建设项目、防治倾倒废弃物、防治船舶及有关作业活动对海洋环境的污染损害做出了规定。

（2）海洋环境管理制度的配套条例

第一，海洋规划制度的相关法规和管理条例。国家海洋部门于 2007 年发布了《海洋功能区划管理规定》，2008 年发布了《海洋功能区划备案管理办法》，2012 年国务院批准了原国家海洋局公布的《全国海洋功能区划（2011—2020）》。

第二，海洋环境影响评价制度的相关条例。海洋规划环境评价的依据是《规划环境影响评价条例》（2009 年 8 月 12 日通过，自 2009 年 10 月 1 日起施行）；海洋建设项目的影响评价依据是《中华人民共和国防治海岸工程建设项目污染损害海洋环境管理条例》（1990 年 8 月 1 日起施行，2007 年 9 月 25 日修订）和《防治海洋工程建设项目污染损害海洋环境管理条例》（2006 年 8 月 30 日通过，自 2006 年 11 月 1 日起施行）。

第三，海洋环境监测制度相关条例。主要是指 1983 年 7 月 21 日的《全国环境监测管理条例》及自 2007 年 9 月 1 日起施行的《环境监测管理办法》。

第四，海洋环境应急制度相关条例。包括《国家突发环境事件应急预案》《突发环境事件信息报告办法》《突发环境事件应急预案管理暂行办法》和《突发环境事件调查处理办法》》。

第五,海洋环境生态保护相关条例。包括1994年9月2日通过,自1994年12月1日起施行的《中华人民共和国自然保护区条例》及1999年12月10日实施的《近岸海域环境功能区管理办法》,该办法于2010年12月22日进行过修订。

第六,海洋环境污染防治相关条例。《中华人民共和国防治海岸工程建设项目污染损害海洋环境管理条例》(自1990年8月1日起施行,2010年12月22日修订)和《防治海洋工程建设项目污染损害海洋环境管理条例》(2006年11月1日起施行,2010年12月22日修订);《防治船舶污染海洋环境管理条例》(2010年3月1日起施行,2014年7月29日、2016年2月26日修订);《近岸海域环境功能区管理办法》(1999年12月10日施行)等。特别需要注意的是,针对海洋石油开发活动的环境保护单行条例,由国务院于1983年12月29日发布并实施的《中华人民共和国海洋石油勘探开发环境保护管理条例》,以及原国家海洋局公布实施的配套办法《中华人民共和国海洋石油勘探开发环境保护管理条例实施办法》(1990年9月20日公布生效,后于2016年1月5日进行过修改)和国家发改委、国家能源局、财政部、国家税务总局、原国家海洋局联合公布的《海上油气生产设施废弃处置管理暂行规定》(2010年6月23日颁布,自颁布之日起生效)等。

(3) 海洋环境执法的配套条例及办法

如《环境监察办法》(2012年7月25日通过,2012年9月1日起施行);《环境保护行政许可听证暂行办法》(2004年6月23日通过,2004年7月1日施行);《环境行政处罚办法》(2010年1月19日修订)等。

### 2. 海洋生态保护的法律

(1) 海岛保护的法律

我国于2009年颁布了《海岛保护法》,该法自2010年3月1日起施行。该法共6章58条。这里所说的海岛采用了《联合国海洋法公约》对岛屿的界定,指"四面环海水并在高潮时高于水面的自然形成的陆地区域,包括有居民和无居民海岛"。该法的原则是国家对海岛实行"科学规划、保护优先、合理开发、永续利用"的原则。

海岛的科学规划原则。制定海岛保护规划应当遵循有利于保护和改善海岛及其周边海域生态系统,促进海岛经济社会可持续发展的原则。除涉及国家秘密的外,海岛保护规划报送审批前，应当征求有关专家和公众的意见，经批准后应当及时向社会公布。全国海岛保护规划应当按照海岛的区位、自然资源、环境等自然属性及保护、利用状况，确定海岛分类保护的原则和可利用的无居民海岛，以及需要重点修复的海岛等。国家建立完善海岛统计调查制度。国务院海洋主管部门会同有关部门拟定海岛综合统计调查计划，依法经批准后组织实施，并发布海岛统计调查公报。

海岛保护优先原则。《海岛保护法》规定了海岛保护的一般规定，如禁止改变自然保护区内海岛的海岸线，禁止采挖、破坏珊瑚和珊瑚礁，禁止砍伐海岛周边海域的红树林。同时还对不同类型岛屿的保护做出了规定，针对有居民海岛生态系统的保护，要求有居民海岛及其周边海域应当划定禁止开发、限制开发区域，并采取措施保护海岛生物栖息地，防止海岛植被退化和生物多样性降低；在有居民海岛进行工程建设，应当坚持先规划后建设、生态保护设施优先建设或者与工程项目同步建设的原则。对无居民海岛，严格限制在无居民海岛采集生物和非生物样本；因教学、科学研究确需采集的，应当报经海岛所在县级以上地方人民政府海洋主管部门批准；从事全国海岛保护规划确定的可利用无居民海岛的开发利用活动，应当遵守可利用无居民海岛保护和利用规划，采取严格的生态保护措施，避免造成海岛及其周边海域生态系统破坏。对于特殊用途的海岛，如对领海基点所在海岛、国防用途海岛、海洋自然保护区内对海岛等具有特殊用途或者特殊保护价值的海岛，实行特别保护。

对海岛的合理开发原则。如有居民海岛的开发、建设应当对海岛土地资源、水资源及能源状况进行调查评估，依法进行环境影响评价。海岛的开发、建设不得超出海岛的环境容量。新建、改建、扩建建设项目，必须符合海岛主要污染物排放、建设用地和用水总量控制指标的要求。严格限制在有居民海岛沙滩建造建筑物或者设施；确需建造的，应当依照有关城乡规划、土地管理、环境保护等法律、法规的规定执行。未经依法批准在有居民海岛沙滩建造的建筑物或者设施，对海岛及其周边海域生态系统造成严重破坏的，应当依法拆除。严格限制在有居民海岛沙滩采挖海砂；确需采挖的，应当依照有关海域使用管理、矿产资源的法律、法规的规定执行。严格限制填海、围海等改变有居民海岛海岸线的行为，严格限制填海连岛工程建设；确需填海、围海改变海岛海岸线，或者填海连岛的，项目申请人应当提交项目论证报告、经批准的环境影响评价报告等申请文件，依照《海域使用管理法》的规定报经批准。经批准在可利用无居民海岛建造建筑物或者设施，应当按照可利用无居民海岛保护和利用规划限制建筑物、设施的建设总量、高度以及与海岸线的距离，使其与周围植被和景观相协调。

对海岛的永续利用原则。为了实现海岛的可持续利用,《海岛保护法》规定国家建立海岛管理信息系统,开展海岛自然资源的调查评估,对海岛的保护与利用等状况实施监视、检测。

(2) 海洋自然保护区的法律

此外,根据《自然保护区条例》,原国家海洋局发布了《海洋自然保护区管理办法》。这里的海洋自然保护区是指以海洋自然环境和资源保护为目的,依法把包括保护对象在内的一定面积的海岸、河口、岛屿、湿地或海域划分出来,进行特殊保护和管理的区域。规定凡具备下列条件之一的,应当建立海洋自然保护区:典型海洋生态系统所在区域;高度丰富的海洋生物多样性区域或珍稀、濒危海洋生物物种集中分布区域;重大科学文化价值的海洋自然遗迹所在区域;具有特殊保护价值的海域、海岸、岛屿、湿地;其他需要加以保护的区域。同时规定了海洋自然保护区的级别,在海洋自然保护区禁止的行为等。

此外,珍贵、濒危的水生野生动物的保护,适用《野生动物保护法》[①];珍贵、濒危的水生野生动物以外的其他水生野生动物的保护,适用《渔业法》等有关法律的规定。

### (二) 海洋能源节约与可持续发展的法律

在这一领域,无独立的涉海单行法,《中华人民共和国节约能源法》对海洋能源节约与可持续发展的法律同样适用。这里的能源是指煤炭、石油、天然气、生物质能和电力、热力以及其他直接或者通过加工、转换而取得有用能的各种资源。

### (三) 海洋安全防险方面的法律

这包括对海洋的观测及海洋灾害突发事件紧急应对两方面。在海洋观测方面,国务院2012年2月15日通过了《海洋观测预报管理条例》,并自2012年6月1日起施行。该条例对海洋观测网的规划、建设与保护、海洋观测与资料的汇交使用、海洋预报等问题进行了规定。此外,还有《海洋观测站点管理办法》《海洋观测资料管理办

---

① 《野生动物保护法》于1988年11月8日通过,后于2004年8月28日、2009年8月27日进行两次修正,2016年7月2日进行了修订,2018年10月26日进行了修改。

法》等部门规章。海洋突发事件应急应对方面,无涉海的单行法,主要适用《中华人民共和国突发事件应对法》。

综观我国海洋立法,至少有以下特点:第一,海洋立法基本齐备,但体系化还可完善。目前缺少海洋领域的龙头法,虽然"海洋基本法"在 2015 年和 2016 年被列入《国务院立法工作安排》,但至今仍未出台,对于海洋科研、海底文物保护的制度规范无涉海单行法。第二,国家有采用发表相关声明的方式来维护相关海域主权和海洋权益的实践。这种情况也多是与特定事件的发生有关,如《中华人民共和国政府关于钓鱼岛及其附属岛屿领海基线的声明》与日本购岛事件相关,《中华人民共和国政府关于在南海的领土主权和海洋权益的声明》与菲律宾单方面提起的南海仲裁案相关。第三,通过立、改、废等方式实现法律的完善。如根据深海开采的需要,制定《深海法》;随着科技、形势等各种变化对立法进行修改和废止,在所涉的涉海法律中,《领海及毗连区法》和《专属经济区法和大陆架法》迄今未修改外,大部分法律都进行过修改,一些规章如《关于港口引水工作的规定》等被废止。第四,注重国际法在国内的适用。很多海洋立法,都是国际公约在国内的体现,如依据《联合国海洋法公约》制定了《领海及毗连区法》《专属经济区和大陆架法》;再如,根据《1974 年国际海上人命安全公约》(SOLAS 公约)、《国际船舶和港口设施保安规则》(ISPS 规则),制定了《港口设施保安规则》。

# 第十四章　东海海洋地方立法

随着海洋开发活动的日趋频繁，沿海地区经济社会的高速发展，海洋环境污染、海上交通事故、海洋资源开发利用无序、近岸海洋环境退化、渔业资源枯竭等一系列涉海问题频现。尽管我国已颁布实施《海洋环境保护法》，但其规定与地方需求、执法实践存在一定的距离，涉海地方立法仍有较大的空间和必要性。地方立法是对国家立法的补充，是国家立法在地方实施层面的具体化。通过东海海洋地方立法情况可以管窥我国地方对涉海问题的制度路径与理念导向。

## 一、东海海洋地方立法概述

本章对国内现行东海区域省市地方立法进行介绍，梳理了东海海洋地方立法共35部。首先从立法的调整范围来看，东海海洋地方立法主要涉及上海市、浙江省、福建省、福州市、宁波市、厦门市与舟山市的地方立法。其次，从立法的效力等级来看，东海海洋地方立法主要包括省级地方性法规和市级地方性法规。最后，从立法的调整对象来看，东海海洋地方立法涵盖海洋环境保护、海洋资源开发利用、海域使用与管理、海上交通管理等。

由于地方立法处于适时的动态变化中，为便于地方立法的统计，报告从司法部下辖的法律法规数据库中检索与东海相关的地方性法规，共检索到35项有效立法。其中，海洋环境保护类13项，海洋资源开发利用与保护类4项，海域管理类5项，海上交通管理类10项，其他类3项，如表14.1和图14.1所示。

表 14.1　东海海洋地方立法汇总

| 行政区划 | 海洋环境保护 | 海洋资源开发利用与保护 | 海域管理 | 海上交通管理 | 其他 |
|---|---|---|---|---|---|
| 上海市 | | 《上海市滩涂管理条例》 | | 《上海市航道条例》 | |
| 浙江省 | 《浙江省海洋环境保护条例》<br>《浙江省南麂列岛国家级海洋自然保护区管理条例》 | 《浙江省渔业管理条例》<br>《浙江省滩涂围垦管理条例》 | 《浙江省海域使用管理条例》<br>《浙江省沿海船舶边防治安管理条例》 | 《浙江省航道管理条例》<br>《浙江省水上交通安全管理条例》<br>《浙江省渔港渔业船舶管理条例》 | 《浙江省海塘建设管理条例》 |
| 宁波市 | 《宁波市象山港海洋环境和渔业资源保护条例》<br>《宁波市韭山列岛海洋生态自然保护区条例》<br>《宁波市无居民海岛管理条例》 | | | | |
| 舟山 | 《舟山市国家级海洋特别保护区管理条例》 | | | | |
| 福建省 | 《福建省海洋环境保护条例》<br>《福建省长乐海蚌资源增殖保护区管理规定》<br>《官井洋大黄鱼繁殖保护区管理规定》<br>《福州市闽江河口湿地自然保护区管理办法》 | 《福建省实施〈中华人民共和国渔业法〉办法》 | 《福建省海域使用管理条例》<br>《福建省沿海边防治安管理条例》 | 《福建省航道条例》<br>《福建省渔港和渔业船舶管理条例》<br>《福建省港口条例》 | 《福建省海岸带保护与利用管理条例》 |

续表

| 行政区划 | 海洋环境保护 | 海洋资源开发利用与保护 | 海域管理 | 海上交通管理 | 其他 |
|---|---|---|---|---|---|
| 福州市 | | | | 《福州市海上交通安全管理条例》 | 《福州市湿地保护管理办法》 |
| 厦门市 | 《厦门市海洋环境保护若干规定》《厦门大屿岛白鹭自然保护区管理办法》《厦门市无居民海岛保护与利用管理办法》 | | 《厦门市海域使用管理规定》 | 《厦门市海上交通安全条例》《厦门经济特区港口管理条例》 | |

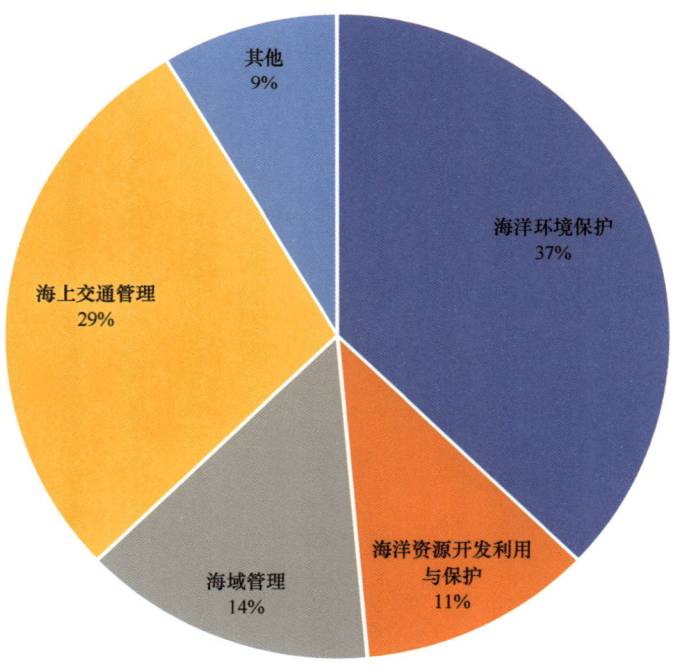

图 14.1 东海海洋地方立法情况

## 二、东海海洋环境保护地方立法情况

东海海洋环境保护地方立法主要包括三个方面的地方立法。一是以保护海洋资源，改善海洋环境，防治污染损害，维护生态平衡，保障人体健康，促进经济和社会的可持续发展为主要目的综合海洋保护立法，包括《福建省海洋环境保护条例》《浙江省海洋环境保护条例》《厦门市海洋环境保护若干规定》《宁波市象山港海洋环境和渔业资源保护条例》；二是以保护特定区域生态环境或物种资源为目的的海洋保护区地方立法，包括《浙江省南麂列岛国家级海洋自然保护区管理条例》《福建省长乐海蚌资源增殖保护区管理规定》《官井洋大黄鱼繁殖保护区管理规定》《宁波市韭山列岛海洋生态自然保护区条例》《舟山市国家级海洋特别保护区管理条例》《福州市闽江河口湿地自然保护区管理办法》《厦门大屿岛白鹭自然保护区管理办法》；三是为加强无居民海岛管理，保护无居民海岛自然资源和生态环境而制定的海岛保护地方立法，包括《宁波市无居民海岛管理条例》《厦门市无居民海岛保护与利用管理办法》，见图14.2。

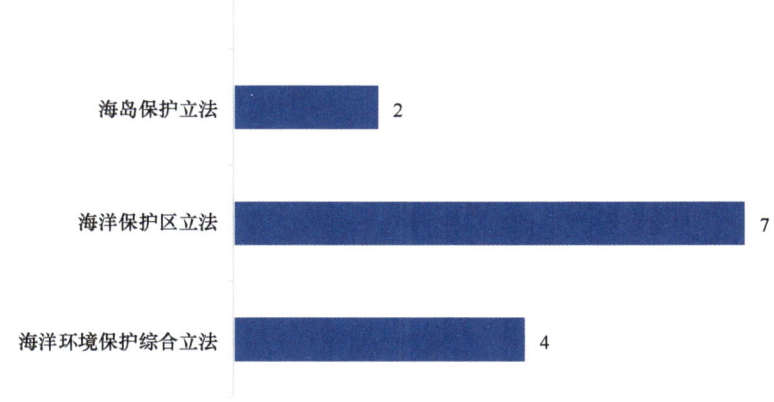

图14.2　东海海洋环境保护地方立法情况

### （一）东海海洋环境保护地方综合立法

东海综合海洋环境保护地方立法包括《福建省海洋环境保护条例》《浙江省海洋环

境保护条例》《厦门市海洋环境保护若干规定》《宁波市象山港海洋环境和渔业资源保护条例》。《浙江省海洋环境保护条例》于 2004 年颁布实施，于 2015 年修正。《福建省海洋环境保护条例》于 2002 年颁布实施，并于 2016 年修正。《厦门市海洋环境保护若干规定》于 2010 年颁布实施，并于 2016 年修正；《宁波市象山港海洋环境和渔业资源保护条例》于 2005 年颁布实施。四部地方海洋环境保护综合立法依据《海洋环境保护法》就海洋环境监督管理体制、海洋生态保护、海洋污染防治、防治工程建设项目的污染损害等方面进行了具体化。

在监督管理体制方面，地方立法规定了省级人民政府与相邻沿海省、直辖市人民政府和国家有关机构的合作；规定了县级以上人民政府各根据情况组织实行海上联合执法；规定了省级环保、海洋部门可根据海洋环境质量状况和经济技术条件，对国家海洋环境质量中未做规定性的项目拟定地方海洋环境质量标准；规定了海洋环境监督管理部门在巡航监视中发现污染事故或者有违反法律行为时，应当予以制止并调查取证，有权采取有效措施，防止污染损害事态的扩大；规定省级海洋行政主管部门应当根据国家海洋环境监测、监视标准和规范，对海洋环境调查、监测、监视和海洋环境综合信息系统实施管理，定期评价海洋环境质量，发布相关的公报和通报，并抄送环境保护行政主管部门；明确要求海洋行政主管部门应当加强赤潮监测、监视、预警、预报和信息管理，沿海市、县人民政府应当适时启动赤潮减灾应急预案；规定海事管理机构应当制订船舶重大海上溢油污染事故应急计划。

在海洋生态保护方面，两部省级立法划定了海洋自然保护区，并对人工鱼礁建设与保护、海洋外来物种管理进行细化。浙江省划定了南麂列岛国家级海洋自然保护区、韭山列岛省级海洋生态自然保护区、舟山五峙山列岛省级鸟类自然保护区、依法批准的海洋自然保护区。福建省划定了长乐海蚌资源增殖保护区、官井洋大黄鱼繁殖保护区、深沪湾海底古森林遗址自然保护区、九龙江口红树林自然保护区、漳江口红树林自然保护区、东山珊瑚自然保护区、厦门珍稀海洋物种自然保护区、漳州滨海火山地质地貌遗址（表 14.2）。地方立法明确规定沿海市、县人民政府应当因地制宜建设海岸防护设施、沿岸防护林、沿海城镇园林和绿地，对海岸侵蚀和海水入侵地区进行综合治理；地方立法规定海洋、渔业行政主管部门应当会同有关部门编制人工鱼礁建设总体规划；规定沿海市、县人民政府应当加强所管辖海域、海岛和海岸带境外引进物种的调查监测，监测结果应当及时相互通报。

表 14.2　地方立法划定的自然保护区

| 省份 | 自然保护区 |
| --- | --- |
| 浙江省 | 南麂列岛国家级海洋自然保护区 |
| | 韭山列岛省级海洋生态自然保护区 |
| | 舟山五峙山列岛省级鸟类自然保护区 |
| | 依法批准的海洋自然保护区 |
| 福建省 | 长乐海蚌资源增殖保护区 |
| | 官井洋大黄鱼繁殖保护区 |
| | 深沪湾海底古森林遗址自然保护区 |
| | 九龙江口红树林自然保护区 |
| | 漳江口红树林自然保护区 |
| | 东山珊瑚自然保护区 |
| | 厦门珍稀海洋物种自然保护区 |
| | 漳州滨海火山地质地貌遗址 |

在海洋污染防治方面，四部地方立法细化了重点海域排污总量控制制度，明确规定省人民政府应当根据本省管辖海域环境容量、海洋功能区划和国家确定的主要污染物排海总量控制指标，制定重点海域污染物排海总量控制指标和主要污染源排放控制计划；规定沿海市、县人民政府应当根据省人民政府确定的重点海域污染物排海总量控制指标和主要污染源排放控制计划，制定所管辖的重点海域污染物排海总量控制实施方案；规定沿海市、县人民政府应当根据经济与社会发展规划、所管辖海域环境容量和重点海域污染物排海总量控制实施方案，规划海岸带产业布局；规定任何单位和个人不得违反规定向海域排放污染物、倾倒废弃物，并负责清除其使用的海域范围内的生活垃圾和固体废弃物；细化了海域排放陆源污染物的单位和个人的申报义务；要求来自有疫情发生的港口的船舶，需要处理垃圾、生活污水、压舱水等污染物的，应当按规定申请有关部门进行卫生处理；规定船舶发生海难事故，造成或者可能造成海洋环境重大污染损害的，由海事管理机构依法采取强制清除、打捞或者拖航等应急处置措施，避免或者减少污染损害；规定严格控制向海域倾倒废弃物，确需倾倒的，应当向国家海洋行政主管部门申领倾废许可证，接受海洋行政主管部门的监督检查。

在防治工程建设项目的污染损害方面，地方立法规定新建、改建、扩建海岸、海洋工程建设项目必须符合海洋功能区划、海洋环境保护规划以及其他环境保护规定；

规定可能对海洋环境造成重大影响的海岸、海洋工程建设项目，建设单位应当在报批建设项目环境影响报告书前，举行论证会、听证会，或者采取其他形式，征求有关单位、专家和公众的意见；对海洋工程建设项目的环境影响评价制度的程序、条件、审批进行具体化；明确规定严格控制在半封闭海湾、入海河口兴建影响潮汐通道、行洪安全以及明显降低水体交换能力和纳潮量的工程建设项目。

此外，《宁波市象山港海洋环境和渔业资源保护条例》除上述内容外，还对渔业资源保护进行了专门性质的规定，属于《海洋环境保护法》与《渔业法》之下的地方综合立法。该法划定了沿象山港县（市）保护区域，对部分区域禁止从事养殖生产和进行捕捞作业；进一步细化了从事捕捞的单位和个人应当遵守最低可捕标准、渔具、网具、捕捞方法和禁渔期。

### （二）东海海洋自然保护区立法

为进一步保护东海海洋自然保护区，浙江省、福建省、宁波市、舟山市、福州市、厦门市等地方人大先后颁布制定了《浙江省南麂列岛国家级海洋自然保护区管理条例》《福建省长乐海蚌资源增殖保护区管理规定》《官井洋大黄鱼繁殖保护区管理规定》《宁波市韭山列岛海洋生态自然保护区条例》《舟山市国家级海洋特别保护区管理条例》《福州市闽江河口湿地自然保护区管理办法》《厦门大屿岛白鹭自然保护区管理办法》等地方自然保护区立法。上述立法主要从保护区监督管理体制、保护区范围与分级保护、资源开发利用等内容进行了具体化，见表14.3。

表14.3 东海海洋自然保护区管理立法汇总

| 省份 | 法规 |
| --- | --- |
| 浙江省 | 《浙江省南麂列岛国家级海洋自然保护区管理条例》（2017）<br>《舟山市国家级海洋特别保护区管理条例》（2016）<br>《宁波市韭山列岛海洋生态自然保护区条例》（2017） |
| 福建省 | 《福建省长乐海蚌资源增殖保护区管理规定》（2014）<br>《官井洋大黄鱼繁殖保护区管理规定》（2011）<br>《福州市闽江河口湿地自然保护区管理办法》（2017）<br>《厦门大屿岛白鹭自然保护区管理办法》（2017） |

在保护区监督管理体制方面，地方立法规定了两种不同的管理体制。部分地方海洋自然保护区立法规定了专门的管理机构，负责保护区的具体管理工作，专门保护区管理机构职责涉及保护自然资源与海洋环境监测、管理制度执行、生态环境宣传教育等。例如，《宁波市韭山列岛海洋生态自然保护区条例》明确规定保护区依法设立专门的管理机构，负责保护区的具体管理工作。《舟山市国家级海洋特别保护区管理条例》规定保护区所在地县（区）人民政府设立的保护区管理机构，具体负责保护区管理工作。部分地方海洋自然保护区则直接由相关行政主管部门负责统一管理。例如，《福建省长乐海蚌资源增殖保护区管理规定》就明确由长乐区人民政府海洋与渔业行政主管部门负责保护区的监督管理工作。《厦门大屿岛白鹭自然保护区管理办法》则规定由市环境保护行政主管部门负责自然保护区的综合管理工作。

在保护区范围与分区管理方面，地方立法会以经度、纬度方式等明确规定自然保护区的范围，并细化对自然保护的分区管理措施。对保护区试行三级分区管理，分为一级保护区、二级保护区、三级保护区或核心区、缓冲区、试验区或重点保护区、恢复区、适度利用区，对不同级别区域规定了相应的禁止和限制措施。

在资源开发利用方面，地方立法细化规定了自然保护区内渔业采捕活动的禁止与限制措施，例如保护区捕捞许可制度、保护区海钓许可制度；进一步规定了保护区内对旅游等开发活动的限制与行政审批程序；细化了对行政主管部门对自然保护区生态恢复、渔业资源恢复、生态修复护等方面的职责。

### （三）东海海岛保护立法

为加强无居民海岛管理，保护无居民海岛自然资源和生态环境，促进无居民海岛的可持续利用，宁波市于2004年制定实施了《宁波市无居民海岛管理条例》，厦门市于2004年制定并于2016年修改了《厦门市无居民海岛保护与利用管理办法》。两部地方立法确定了无居民海岛管理应当遵循统一规划、保护为主、适度利用的原则；明确规定无居民海岛属于国家所有，林地或土地依照法律规定已属于集体所有的除外。此外，对海岛保护的规划、海岛保护开发利用与保护进行了细化。

在海岛保护规划方面，两部地方立法规定地方海洋行政主管部门应当会同其他部门编制无居民海岛功能区划；同时规定海洋行政主管部门应当会同有关部门根据无居民海岛功能区划编制无居民海岛保护与利用规划，其内容应当包括无居民海岛的资源与环境特征、土地利用规划、配套基础设施规划、海岛岸线使用方案、资源与环境保护和整治方案等内容。

在海岛保护开发与利用方面，地方立法规定利用无居民海岛从事旅游、娱乐经营性项目的，市或县（市）、区人民政府应当采取招标、拍卖或挂牌出让方式确认无居民海岛利用人；对利用无居民海岛的单位和个人取得海岛使用权程序、材料、条件、期限进行了细化；规定了海洋行政主管部门应当依据海岛保护与利用规划对遭到破坏的无人海岛进行整治；未经有关行政主管部门依法批准不得在无居民海岛从事采挖砂石、取土、爆破、砍伐林木和垦荒种植、捕鸟、采拾鸟蛋、损毁鸟巢等行为；禁止在无居民海岛从事损坏观测台站、导航设施、界碑、领海基线标志、通信设施、军事设施等行为；规定无居民海岛利用人应当按国家、省有关规定采取措施，保护无居民海岛及其周围海域的生态环境，不得破坏无居民海岛的自然历史遗迹、自然景观或擅自改变无居民海岛地形、岸滩。

## 三、东海海洋资源开发利用地方立法情况

东海海洋资源开发利用地方立法主要包括两大类。一是为实施《渔业法》的地方渔业管理条例与办法，主要涉及《浙江省渔业管理条例》《福建省实施〈中华人民共和国渔业法〉办法》；二是以滩涂管理为主要内容的地方滩涂管理条例，主要涉及《浙江省滩涂围垦管理条例》《福建省浅海滩涂水产增养殖管理条例》《上海市滩涂管理条例》。

### （一）地方渔业管理立法情况

《浙江省渔业管理条例》于 2005 年颁布实施，于 2011 年、2013 年、2014 年进行了 3 次修正；《福建省实施〈中华人民共和国渔业法〉办法》于 1989 年颁布实施，于 1993 年、1997 年、2002 年、2007 年、2012 年、2016 年、2019 年进行了 7 次修正。两部地方渔业管理法从监督管理体制、养殖业、捕捞业、渔业资源保护 4 个方面进行细化。

在监督管理体制方面，两部省级渔业管理条例细化行统一领导、分级管理的监管体制，明确了海域监管机构与内陆水域的监管机构权限；规定县级以上人民政府应当把渔业发展纳入国民经济和社会发展规划，加强水域的统一规划和综合利用，增加资金投入，提高渔业科技水平，保护水域生态环境，加强水产品质量监督管理和渔业资源的增殖保护；乡镇以上各级人民政府应当加强对渔业安全生产工作的领导，依法履

行安全生产监督管理职责;县级以上渔业行政主管部门负责本行政区域渔业管理工作,跨行政区域的,由共同的上级渔业行政主管部门或者其指定的有关渔业行政主管部门负责;县级以上渔业行政主管部门应当在重要渔业水域、渔港设立渔政渔港监督管理机构,行使渔政渔港监督管理职责。

在养殖业方面,地方立法规定县级以上人民政府应当组织发展和改革。渔业、水利、交通等部门根据上一级水域综合利用规划编制本行政区域的水域综合利用规划,水产养殖规划应当根据不同养殖区域的生态环境状况和自然承载能力,确定合理的养殖种类、容量、方式等内容;单位和个人使用全民所有的水域、滩涂从事养殖生产的,应当向县级以上渔业行政主管部门申领养殖证;对全民所有的水域、滩涂的养殖使用许可,应当优先安排主要依靠其毗邻的全民所有的水域、滩涂维持基本生活的、因渔业产业结构调整由捕捞业转产从事养殖业的、因水域综合利用规划调整,需要另行安排养殖水域、滩涂的当地渔业生产者;承包集体所有或者全民所有由集体经济组织使用的水域、滩涂从事养殖生产的,依法签订承包合同后,从事养殖生产,并可以向县级以上渔业行政主管部门申领养殖证;因公共利益需要,征收或者征用集体所有的水域、滩涂的,应当按照国家和省有关征收或者征用集体所有土地的规定办理;从事水产苗种生产的单位和个人应当向县级以上渔业行政主管部门提出申请,经批准后方可生产。

在捕捞业方面,两部地方立法详细规定县级以上人民政府应当根据渔业资源的可捕捞量,合理调节近海捕捞能力,严格控制沿岸渔场和江河湖泊的捕捞强度;根据捕捞量低于渔业资源增长量的原则,实行捕捞限额制度;海洋捕捞渔船实行船网工具指标控制,制造、更新改造、购置、进口捕捞渔船的数量、功率不得超过捕捞船网工具控制指标;从事捕捞作业的单位和个人,应当向县级以上渔业行政主管部门申领捕捞许可证,捕捞许可证不得买卖、租赁或者以其他形式转让,不得涂改、伪造、变造;特定渔区、特定水产品种的专项捕捞许可,可以通过招标、拍卖等公平竞争的方式作出决定;渔业船舶所有者或者经营者对渔业船舶的安全生产负全面责任,负责建立健全安全生产责任制,按照规定配备职务船员和经过专业技术训练的其他船员,保证渔业船舶符合适航要求,全面履行安全生产法律、法规规定的职责;渔业船舶上的作业人员应当遵守有关交通、生产安全作业制度和规程,保障渔业船舶航行、停泊和作业安全;沿海县级以上人民政府应当安排必要资金,建立渔船海上救助专项资金,用于渔业船舶海上救助。

在渔业资源保护方面,地方立法明确规定渔业水域及周边的工程建设项目涉及渔业水域生态环境和水生野生动植物的生存环境的，其环境影响评价文件应当有对渔业资源和水生野生动植物影响评价的内容；有关行政主管部门审批环境影响评价文件和渔业水域周边排污口的设置时，应当书面征求同级渔业行政主管部门的意见；单位、船舶和个人向渔业水域排放污染物的，应当严格执行环境保护法律、法规，保证排放物达到渔业水质保护标准；禁止排放油类、酸液、碱液、剧毒废液和高、中水平放射性废水等国家禁止排放的物质；渔业生产者投喂饲料、饲料添加剂或者因卫生防疫、病害防治向渔业水域投注药物的，应当符合有关技术规范，采取有效防治措施，防止渔业水域环境污染；县级以上渔业行政主管部门应当加强对渔业水域水质状况、水生生物毒性和疫情等渔业环境的监测，按规定公告监测结果；细化了对于鱼、虾、蟹洄游通道或渔业资源有重大影响的建设项目的环境影响评价制度和许可制度。

### （二）地方滩涂管理立法情况

《上海市滩涂管理条例》于1996年颁布实施，并于2010年修正；《浙江省滩涂围垦管理条例》于1996年颁布实施，并于2015年修正。两部地方滩涂管理条例规定从监督管理体制、规划与建设、保护与管理三个方面进行了规定。

在监督管理体制方面，条例规定由水行政主管部门负责滩涂管理与围垦工作；滩涂围垦部门的主要职责是贯彻执行国家和省有关滩涂围垦管理的法律、法规，会同有关部门组织滩涂资源调查评价，编制滩涂围垦规划，监督滩涂围垦建设项目实施，参与滩涂围垦建设工程验收；对滩涂资源实行监督保护，查处违法行为。

在规划与建设方面，条例规定由水行政主管部门会同有关部门编制滩涂管理总体规划，规划应当在调查评价的基础上，根据当地自然、经济、技术等条件，结合国民经济和社会发展的需要编制，应当与海洋功能区划、江河治理规划和土地利用总体规划等规划相协调；通过工程措施进行滩涂围垦建设，依法应当报经县级以上人民政府发展和改革部门批准或者核准的，发展和改革部门在批准或者核准前，应当征求同级滩涂围垦部门的意见；依法属于国家所有的滩涂资源，实行有偿使用。

在保护与管理方面，条例规定应当多渠道筹集滩涂围垦建设资金；围垦区内的土地由投资建设单位按照土地利用总体规划和城乡规划等相关规划进行开发利用；滩涂围垦建设实行谁投资、谁受益的原则，滩涂围垦后用于农业综合开发的，可以享受有关资金补助；明确规定建设单位进行滩涂围垦，不得破坏现有水利排灌设施，不得影响行洪防潮和河道整治或者从事其他危害堤防安全的活动；滩涂围垦建设工程应当达到国家规定的安全标准。

## 四、东海海上交通运输地方立法情况

东海海上交通运输地方立法包括四大类立法：一是以开发利用水运资源，管理航道，保障航道安全畅通的地方航道管理条例，包括《上海市航道条例》《浙江省航道管理条例》《福建省航道条例》；二是以管理渔港、渔业船舶，保障渔港设施、渔业船舶和从业人员人身、财产安全的地方渔港与渔业船舶管理条例，包括《浙江省渔港渔业船舶管理条例》《福建省渔港和渔业船舶管理条例》；三是以加强水上交通安全管理，维护水上交通秩序为目的的海上交通管理立法，包括《浙江省水上交通安全管理条例》《福州市海上交通安全管理条例》《厦门市海上交通安全条例》；四是旨在加强港口管理，保护和合理利用港口资源，维护港口的安全与生产经营秩序为目的的港口管理立法，包括《福建省港口条例》《厦门经济特区港口管理条例》，见图14.3。

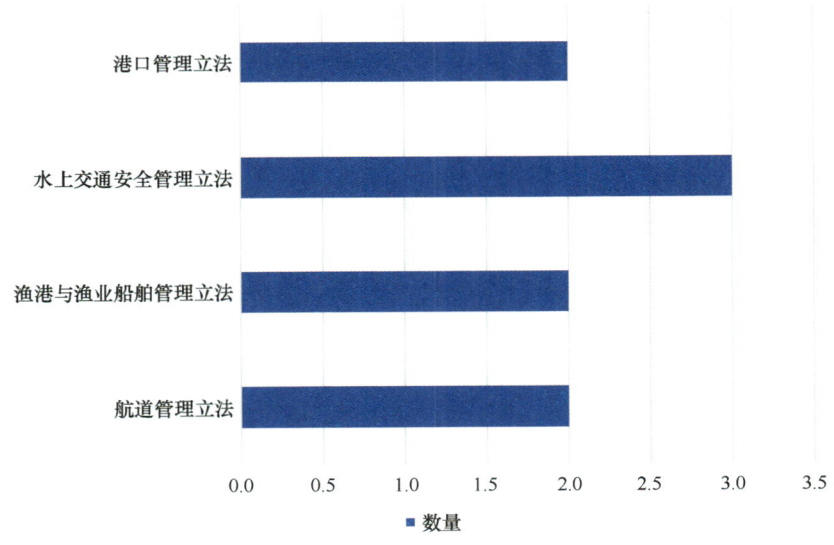

图14.3 东海海上交通运输地方立法情况

### （一）地方航道管理立法情况

《浙江省航道管理条例》于2010年颁布实施，并于2017年修正；《福建省航道管理条例》于 2009 年颁布，并于 2010 年施行；《上海市航道条例》于 2020 年颁布实施。三部地方立法对从航道的规划与建设、航道养护、航道保护与管理三大方面进行了规定。

关于航道的规划与建设，地方立法规定编制航道规划应当依据国民经济和社会发展规划，符合土地利用总体规划、城乡规划，符合流域综合规划或者海洋功能区划，其内容包括规划范围、期限、目标、技术等级、布局原则、总体布局方案、主要建设工程、实施原则和措施等内容；与航道通航条件有关的涉航建筑物应符合航道规划等级的通航标准和技术规范，航道建设应当按照航道规划要求，执行国家规定的基本建设程序，符合通航标准和技术规范；立法对航道建设与养护的资金保障进行了细化。

在航道养护方面，三部立法规定航道主管部门应当定期对航道进行检测，根据航道水深情况、航道变迁、航标移动、航道养护状况，依照职责及时发布航道通告，并报上一级航道主管部门备案；因自然灾害或者突发性事件致使航道通航条件恶化或者航道设施毁坏，航道主管部门应当依照职责及时发布航道通告，并组织疏通、修复；桥梁及其他跨（穿）航道建筑物，其权属单位应当履行管理和维护责任，确保其不影响航道安全畅通；新建、改建的桥梁及其他跨（穿）航道建筑物建成后，应当及时移交给管理维护单位，落实管理和维护责任。

关于航道保护与管理，地方立法对侵占、损害航道的禁止性行为进行了细化；对涉航建设项目的环境影响评价制度进行了具体化；对涉航建设项目的施工、放样、竣工验收以及竣工后措施进行了规定；明确规定了航道监督管理制度，规定航道管理机构执法人员可以在水上检查站、航道、码头、锚地以及施工作业场所，对航道保护以及航道内施工作业等情况实施监督检查。

### （二）地方渔港与渔业船舶管理立法情况

《浙江省渔港渔业船舶管理条例》于 2009 年颁布实施，并于 2014 年修正；《福建省渔港和渔业船舶管理条例》于 2004 年颁布实施，并于 2010 年修正。地方渔港与渔业船舶管理立法主要涉及渔港规划与建设、渔港管理、渔业船舶管理、渔业船舶安全作业与救援四大内容。

在渔港规划与建设方面，地方立法规定省级渔业行政主管部门应会同有关部门编制渔港规划，渔港规划必须符合海洋功能区划、港口规划和土地利用总体规划，渔港规划包括渔港布局规划和渔港总体规划；明确地方人民政府应当渔港建设纳入国民经济与社会发展计划，安排资金，并鼓励国内外经济组织和个人投资渔港建设，保护渔港投资人的权益；明确规定渔港项目建设的行政审批手续与渔港建设的"三同时"制度。

在渔港管理方面，地方立法规定从事渔港经营活动应向渔港所在地县级以上地方人民政府渔业行政主管部门申请经营许可，并对渔港经营许可的范围、程序进行了细化；明确规定渔港经营者的合法权益受法律保护，任何单位和个人不得违法干预渔港经营者的经营自主权，不得向渔港经营者摊派或者违法收取费用；对渔港经营者的安全生产义务、防灾减灾义务、环境保护义务进行了细化；明确规定了船舶进出渔港的签证办理义务、安全检查义务等。

在渔业船舶管理方面，地方立法规定设计、制造、改造渔业船舶的单位应当符合国家规定的条件和国家渔业船舶技术规则；细化了行政主管部门对船舶及船用产品的检验、监督和管理；细化了渔业船舶变更登记和所有权注销登记程序。

在渔业船舶安全作业与救援，地方立法明确规定渔业船舶实行安全生产责任制，船长对渔业船舶的安全生产负直接责任，渔业船舶所有者或者经营者负管理责任；明确规定了职务船员的从业条件以及渔业船舶航行和作业应当具备的条件；明确规定了渔业船舶在航行和作业中的禁止性义务；规定了渔业船舶发生碰撞事故或者产生作业纠纷时与海上遇险时的报告义务、政府救助措施；规定县级以上人民政府应当采取措施，鼓励、引导渔民参加保险或者建立多种形式的非商业性互助保障制度。

### （三）地方水上交通安全管理立法情况

《浙江省水上交通安全管理条例》于 2015 年颁布实施；《福州市海上交通安全管理条例》于 2006 年颁布实施，并于 2010 年修正；《厦门市海上交通安全条例》于 2017 年颁布实施。三部地方立法对船舶、人员设施、航行、停泊、作业、安全保障、危险货物运输、救助打捞、海上休闲交通安全等方面进行了具体规定。

在船舶、设施和人员方面，地方立法明确规定船舶、设施应当具有船舶检验机构核发的有效检验证书，并依法进行登记，并保持持续连续符合规定的技术状态，保证安全航行、停泊和作业；船舶、设施应当按照国家规定的配员要求配备船员和其他从业人员，从业人员，应当取得相应的有效证书；船舶、设施的所有人或者经营人对船舶、设施的交通安全负责，应当建立、健全相应的交通安全管理制度，合理调度船舶或者使用设施，不得指使、强令船员违章操作；禁止无船名船号、无船舶证书、无船籍港的船舶以及国家强制报废的船舶在海上航行、作业。

在航行、停泊、作业方面，地方立法规定了船舶应当在核定的航区内航行，并遵守海事管理机构公布的航行规定；对引航申请、交通管制进行了规定；对船舶航行的规则进行了细化；对船舶的停泊计划、停泊期间值班、停泊期间禁止事项进行了明确规定。

在安全保障方面，立法规定了规划码头、锚地、航线以及建设对通航安全可能产生影响的涉水工程、项目时，应当充分考虑对海上交通安全的影响，并进行安全论证；航道管理机构应当加强航道管理和养护，保持航道及其设施处于良好技术状态，保障航道畅通；新建、改建、扩建的航道、掉头区、港池竣工以及在通航水域进行其他水上水下施应建设安全监督配套设施，做到与主体工程同时设计、同时施工、同时投入使用，作业结束后应当按照有关规定进行竣工验收，不得遗留有碍航行、停泊和作业安全的隐患；市、区人民政府应当健全乡镇船舶安全管理责任体系，协调有关部门共同做好乡镇船舶安全管理工作；对政府、船舶、海上设施的救援应急、防灾减灾责任进行具体化。

在危险货物运输方面，立法明确规定船舶、设施和码头在储存、装卸、运输危险货物时，应当具备安全可靠的设备和条件，遵守关于危险货物管理和运输的规定；船舶载运危险货物进出港口或者在港口过境停留的，其承运人、货物所有人、船舶或者货物代理人应当事先向海事机构申报，由海事机构依法做出决定；船舶应当在港口行政管理部门核定的危险货物码头（泊位）装卸危险货物，港口行政管理部门应当定期向社会公告核定的危险货物码头（泊位），并制定危险货物实务应急预案。

### （四）地方港口管理立法情况

《福建省港口条例》于2007年颁布，并于2008年实施。《厦门经济特区港口管理条例》于2000年颁布实施，并于2010年修正。两部条例主要对区域内从事港口规划、建设、维护、经营、管理及其相关的活动进行调整；鼓励、引导国内外经济组织和个人依法投资建设、经营港口，依法保护投资者的合法权益。地方港口管理立法主要设立港口规划、港口建设、港口经营、港口安全与监督管理四大内容。

在港口规划方面，地方立法明确相关部门根据国民经济和社会发展的要求以及国防建设的需要编制，体现合理利用岸线资源的原则，符合城镇体系规划，并与土地利用总体规划、城市总体规划、江河流域规划、防洪规划、海洋功能区划以及法律法规规定的其他有关规划相衔接、协调，应当征求有关部门和有关军事机关意见，组织专家论证，并依法进行环境影响评价。

在港口建设方面，地方立法明确有关部门遵循国家基本建设程序，符合国家有关标准和技术规范，并依法办理相关审批手续；同时港口行政管理部门应当对所管理的港口的公用航道、防波堤等基础设施进行界定，经本级人民政府确认后向社会公布；海事管理机构依法确定港口锚地并予以公布；涉及环保、防洪防潮、排涝安全、地质灾害防治、口岸查验等事项的港口设施建设项目，工程竣工。同时明确验收时应当有相关部门参加。

在港口经营方面，地方立法鼓励港口经营性业务实行多家经营、公平竞争。明确港口经营人不得实施垄断行为；禁止任何组织和部门实施地方保护和部门保护；同时要求港口行政管理部门实施港口经营许可，应当遵循公开、公正、公平的原则；港口经营人从事经营活动，必须遵守有关法律、法规，遵守有关港口作业规则的规定，依法履行合同约定的义务，为客户提供公平、良好的服务。

在港口安全与监督管理方面，地方立法明确港口经营人应当制定本单位的危险货物事故应急预案、重大生产安全事故的旅客紧急疏散和救援预案以及预防自然灾害预案，建立健全安全生产责任制，实行安全目标管理制度。同时明确港口所在地人民政府应当加强对港口安全管理工作的领导，及时协调、解决港口安全管理工作中存在的重大问题。

## 五、东海海域管理地方立法情况

东海海域管理地方立法主要包括两个方面：一是为规范海域使用管理，维护国家海域所有权和海域使用权合法权益的地方海域使用管理法，包括《浙江省海域使用管理条例》《福建省海域使用管理条例》《厦门市海域使用管理规定》；二是致力于维护沿海边防治安管理秩序，保障公民、法人和其他组织的合法权益的地方沿海边防治安管理立法，包括《浙江省沿海船舶边防治安管理条例》和《福建省沿海边防治安管理条例》。

### （一）地方海域使用管理立法

《浙江省海域使用管理条例》于 2012 年颁布实施；《福建省海域使用管理条例》于

2006 年颁布实施，并于 2012 年和 2016 年修正；《厦门市海域使用管理规定》于 2003 年颁布实施，并于 2018 年修正。三部地方海域使用管理立法从海洋功能区划、海域使用权、海域使用与保护三个方面进行了细化。

在海洋功能区划方面，地方立法规定海洋主管部门应会同有关部门依据全国海洋功能区划编制海洋功能区划，海洋功能区划内容应包括海域功能、渔业养殖海域最低保有面积、生态保护海域最低保有面积和填海、围海规模，划定可围填区、限围填区和禁围填区、具有典型性、代表性的海洋生态系统的保护措施等；对海洋功能区划编制和修改的程序进行了细化；沿海土地利用总体规划、城乡规划、港口规划涉及海域使用的，应当与海洋功能区划相衔接，海洋功能区划已经明确的填海范围，应当纳入土地利用总体规划和城乡规划。

在海域使用权方面，地方立法明确了海域使用权的取得方式、海域使用权的期限、申请程序、出让；具体规定了填海项目的行政审批程序、审批权限；详细规定了海域使用金的的征收、减免的具体标准；对海域使用权登记工作进行了具体化；明确了海域使用权的转让、抵押、出租、继承和登记。

在海域使用和保护方面，地方立法规定用海项目依法需要凭国有土地使用权证书办理建设工程的规划许可、施工许可、房屋产权登记等手续的，海域使用权人可以凭海域使用权证书办理；海域使用权人使用海域时，应当遵守海洋环境保护的有关规定，合理利用海域，从事海水养殖的，应当科学确定养殖密度，合理投饵、施肥，正确使用药物，防止造成海洋环境污染；海域使用权期限届满，海域使用权人需要继续使用海域的，应当在期限届满两个月前向原批准用海的人民政府申请续期；因公共利益或者国家安全的需要，原批准用海的人民政府依法提前收回海域使用权的，应当依法给予海域使用权人相应的补偿；规定了填海土地的国家所有权以及填海土地使用权的取得、转让和期限；规定县级以上海洋主管部门及其所属的海洋监察机构，应当加强对海域使用的指导和监督检查，依法查处违法行为，建立海域使用情况监测、统计制度，对海域使用情况进行监测、统计和分析，定期发布海域使用监测和统计结果。

### （二）地方沿海边防治安管理立法情况

《浙江省沿海船舶边防治安管理条例》于 2012 年发布，并于 2013 年实施；《福建省沿海边防治安管理条例》于 2015 年颁布实施。两部条例主要涉及证件管理、出海人员和船舶管理、服务和监督三个方面的内容。

证件管理方面，地方沿海边防治安管理立法明确出海船舶应当向相关公安边防部门申请办理船舶户籍注册，领取相关证件；从事远洋渔业生产、国际客货运输、国内固定航线客运以及国家规定免予办理的船舶除外；非沿海地区的出海船舶，可以向公安边防部门申领出海船舶户口簿。同时明确出海船舶改造、租赁的，船舶所有人应当在依法办理有关手续后向相关公安边防部门办理出海船舶户口簿信息变更登记；出海船舶转让、报废、灭失的，船舶所有人应当在依法办理有关手续后到相关公安边防部门办理出海船舶户口簿注销手续。两部条例要求年满16周岁未持有中华人民共和国海员证或者船员服务簿的人员出海前，应当向公安边防部门申领出海船民证；客船、渡船上的旅客和出海旅游、休闲的游客，免予办理出海船民证。

出海人员和船舶管理方面，地方沿海边防治安管理立法明确船舶负责人应当加强对船舶上人员的管理，执行安全生产制度，防范安全事故和治安事件的发生，协助配合公安边防部门及有关部门的执法活动；发生海事、渔事等纠纷时，各方当事人应当协商解决，或者及时向有关部门报告，由其依法处理。两部条例对出海人员的禁止行为给予详细规定。地方沿海边防治安管理立法明确海事管理机构、公安边防部门应当建立游艇动态信息共享机制，及时发布与航行安全有关的信息，为游艇出航提供便捷服务；船长应当协助公安边防部门对乘客等出海人员身份信息进行查验。

服务和监督方面，地方沿海边防治安管理立法明确要求公安边防部门应当及时收集、掌握、报送沿海边防治安管理信息，加强动态服务和管理；要求公安边防部门对在本省管辖海域、沿海地区发生的相关治安灾害事故，应当及时采取应急措施和提供帮助；公安边防部门工作人员在进行沿海边防治安检查时，严格依照法律规定的程序执法，自觉接受监督。

## 六、其他与东海密切相关的地方立法

除上述涉及东海海洋环境保护、自然资源开发利用、海上交通运输管理、海域使用管理等方面的立法外，还有一些地方立法无法完全归入上述分类，但其与东海海洋环境保护、自然开发利用等密切相关。主要有三部地方立法。一是《福建省海岸带保护与利用管理条例》，该条例目的在于加强海岸带管理，有效保护海岸带生态环境，合理利用海岸带资源，充分发挥海岸带在经济、社会、文化及生态文明建设中的重要作用；二是《福州市湿地保护管理办法》，其旨在为了加强湿地保护，维护改善湿地生态功能和生物多样性，促进湿地资源可持续利用，推进生态文明建设，其滨海湿地与海洋环境保护密切相关；三是《浙江省海塘建设管理条例》，其是为了加强海塘的建设、维护和管理，防御、减轻风暴潮灾害，保障人民生命财产安全，属于典型的海洋防灾减灾立法。

### （一）《福建省海岸带保护与利用管理条例》

《福建省海岸带保护与利用管理条例》于2018年颁布实施，该条例从海岸带的规划、保护、利用、监管四个方面进行了规定。

在海岸带的规划方面，条例规定应当由海洋与渔业行政主管部门会同有关部门编制海岸带保护与利用规划，海岸带利用与保护规划应当根据生态环境和资源承载力，结合各设区的市实际情况，将海岸带划分为严格保护区域、限制开发区域和优化利用区域，实行分类保护利用；进一步规定海岸带保护与利用规划应当按照海岸带的自然属性，保持湿地、江河入海口、半封闭海湾、沙滩及其他滨海独立生境单元的完整性，并根据经济社会发展的需要，统筹兼顾，合理布局，达到生态效益、经济效益和社会效益的统一；在于其他规划的关系方面，条例规定海岸带保护与利用规划应当符合主体功能区规划、生态保护红线、海洋功能区划、土地利用总体规划，并与城乡规划、环境保护规划、湿地保护规划、沿海防护林规划、港口规划、旅游规划、综合交通规划、矿产资源规划等相互衔接，促进多规合一。

在海岸带的保护方面，条例明确将海岸带范围划分为严格保护区、限制开发区、优化利用区；明确禁止在严格保护区从事与保护无关的建设活动；在限制开发区域的利用应当坚持保护为主，兼顾社会经济建设和军事需要；在优化利用区域，开发利用应当采取有效的保护措施，集约节约利用海岸带资源，保持海岸线的自然形态、长度和邻近海域底质类型的稳定；规定了大陆自然岸线总体保有率管控目标、围海填海生态保护红线管控、围海填海总量控制目标制度；对围海填海的环境影响报告制度进行了细化；规定了政府应当制订海岸带生态修复年度计划，组织对海岸侵蚀、海水入侵、海滩污染等生态严重破坏或者功能退化区域进行综合治理和生态修复，加强沙滩整治修复养护、海岸生态廊道建设及海漂垃圾治理等。

在海岸带利用方面，条例规定地方政府应当按照陆海统筹的原则，主导海岸带土地和海域开发利用，依法有序供应土地和海域资源；有关部门应当优化海岸带范围内的建设项目布局，按照国家和省滨海旅游发展总体格局，发展滨海生态旅游业，建设海洋公园、海洋文化旅游基地和海洋生态文明示范区；海岸工程建设项目实行环境影响评价制度，严格控制建设项目占用海岸线长度；开发利用海岸带资源可能对海岸带生态环境产生影响的项目，应当将海岸带生态修复方案纳入项目环境影响报告书或者海洋环境影响报告书内容，并落实预算，按期完成生态修复工程。

在监督管理方面，地方政府应组织有关部门制订海岸带监督管理年度计划，组织执法联合联动机制；建立统一的海岸带环境及海洋灾害监测监视系统，加强海岸带环境、海水上溯、土壤盐渍化及海洋灾害监测预报；地方海洋与渔业行政主管部门应当依据国家有关标准和规范，定期组织对海岸带范围内的海洋环境、海洋生态进行监测、调查与评价，并按照规定发布相关公报或者专项通报；海洋与渔业行政主管部门应当会同有关部门定期向社会公布主要海水养殖区环境质量状况和主要海滨浴场海水环境质量状况，并会同有关部门定期向社会公布沿海和海湾污染物排放容量。

（二）《福州市湿地保护管理办法》

《福州市湿地保护管理办法》于2016年颁布实施，并于2018年修正。该办法明确将滨海湿地纳入保护范围，并进一步明确由海洋与渔业行政主管部门负责监督管理海洋自然保护区、海洋特别保护区、水生野生动物自然保护区和水产种质资源保护区内的湿地，保护海洋生态环境，维护湿地生物多样性。

在规划方面，办法规定由林业行政主管部门会同有关行政部门根据湿地分布、保护范围、类型、生态功能和水资源、野生生物资源、土地利用状况等实际，编制市湿地保护规划，规划应当明确湿地总体布局、保护目标、保护重点、保障措施和利用方式。

在保护与利用方面，办法对湿地公园实行分区管理，划分为保育区、恢复重建区、宣教展示区、合理利用区和管理服务区等；规定根据湿地保护规划依法划定湿地生态红线，实行差别化管控；在湿地公园的保育区、恢复重建区，禁止一切建设活动；在湿地范围内禁止投放、种植影响湿地生态安全的生物物种等破坏湿地及其生态功能的行为。

在监督管理方面，办法规定林业行政主管部门应当组织、协调有关部门对湿地资源、湿地利用状况进行动态监测，对湿地的生态状况进行调查、监测和评估，及时汇总有关监测数据；水行政主管部门在湿地范围内制定水资源开发、利用规划时，应当核定湿地水体的纳污能力，向同级环境保护行政主管部门提出限制排污总量的意见；

环境保护行政主管部门应当根据污染防治规划，严格控制本行政区域的水污染物排放总量和浓度控制指标，并定期开展湿地水污染调查和评估；不动产登记机构在发放不动产登记权属证书时，对含有湿地的不动产，应当注明湿地类型、面积、四至界址，为湿地保护和管理提供依据。

### （三）《浙江省海塘建设管理条例》

《浙江省海塘建设管理条例》于 1999 年颁布实施，并于 2015 年修正。该条例从规划与建设、保护与管理、保障措施三个方面进行了规定。

在规划与建设方面，条例规定由水行政主管部门负责全省海塘的建设、维护和管理工作，专用海塘由专用单位负责建设、维护和管理工作；海塘建设总体规划，由省水行政主管部门会同有关部门根据防洪御潮的要求组织编制，海塘建设总体规划必须符合防洪规划的要求，并与国土规划、土地利用总体规划等有关规划相协调；海塘建设总体规划应当确定海塘等级、御潮标准、封闭线布置以及排涝涵闸、二线备塘、隔堤、防护林、抢险道路等设施的布局，明确海塘建设用地及规划保留区的范围；海塘按照保护对象的重要程度分为五级，实行分级管理；海塘建设项目必须按照国家和省有关规定实行招标投标和质量监督制度，确保海塘建设质量，禁止无相应资质的单位挂靠有相应资质的单位从事海塘的设计、施工和监理，禁止转包海塘建设项目；海塘建设项目竣工后，按照分级管理权限的规定，由批准立项部门组织验收；验收不合格的，应当采取措施，限期达到设计标准。

在保护与管理方面，条例规定海塘所在地的市、县（市、区）水行政主管部门和乡（镇）人民政府应当按照海塘的受益范围或者重要程度，确定相应的管理机构或者专门人员，负责海塘的日常巡查和维护的具体工作；海塘所在地的市、县（市、区）水行政主管部门应当会同管理部门确定海塘和沿塘涵闸的管理范围和保护范围，树立界碑，并按照海塘闭合区设立里程桩；禁止在海塘塘身垦种作物、存放物料、装卸货物、放牧等，禁止在海塘及涵闸管理范围内进行爆破、打井挖塘等危害海塘安全的活动，禁止在海塘上设立系船缆柱和在海塘管理范围内抛锚泊船、造船和修理船只；任何单位和个人不得擅自破塘开缺或者新建闸门，确需破塘开缺或者新建闸门的，应当按照管理权限报有审批权的水行政主管部门审查同意，并报同级人民政府批准；县级以上人民政府应当根据国家规定的防洪御潮要求和当地海塘的实际情况，制定抢险预案；县级以上水行政主管部门应当定期对海塘安全进行鉴定，每年汛前、汛后和风暴潮以后应当各进行一次检查，发现工程缺陷及时进行修复。

在保障措施方面，条例规定海塘建设资金根据"谁受益、谁负担"的原则，由地方财政和受益者合理负担；条例规定海塘所在地的政府应当采取措施，加大对海塘建设的资金投入，根据实际需要，在财政预算中安排一定比例的资金专项用于海塘建设；因风暴潮等自然灾害超过海塘防御标准，造成海塘损毁的，海塘所在地县级以上政府应当在财政预算中安排资金用于海塘修复；鼓励单位和个人捐资建设海塘；用于海塘建设、维护和管理的资金必须专款专用。

通过本章的梳理可以发现，东海地方立法的修法、立法频次逐渐增加，立法数量呈快速增长之势。地方立法正逐渐从实施型转化为功能填补型或创设型，逐渐强调因地制宜地解决国家法律的地方实施问题。在调整领域上，海洋生态环境保护、自然资源开发、港口管理类是地方立法最为频繁的领域。这与国家涉海立法存在一定差异，表明国家立法与地方立法的关注焦点并不相同。伴随国家海洋强国战略和生态文明建设的深入推进，可以预期，未来东海海洋地方立法仍将快速增长。

# 第十五章　日本海洋立法

日本海洋立法以 2007 年制定并实施的《海洋基本法》为主干，涉及管辖海洋空间的法律、管理海洋区域的法律、规范海洋活动的法律以及保障海上安全的法律四方面。本章将对日本海洋立法进行全面梳理，首先总结日本海洋立法的发展沿革，对不同时期日本海洋立法的特点进行说明。其次，重点对《海洋基本法》进行说明与分析，阐释立法背景和立法目的，对《海洋基本法》颁布后日本实施的三期海洋基本计划进行梳理和解读，明晰《海洋基本法》在日本涉海法律体系中的定位与作用。最后，对上述四方面涉海法律进行梳理和概要。

日本海洋法律体系中除了效力层级较高的《海洋基本法》和其他法律之外，还涉及大量的法律实施细则、政府政令（相当于中国的行政法规）、各政府部门的省令（相当于中国的部门规章）和各地方自治团体（相当于各级地方政府）制定的条例（相当于中国的地方性法规）等。囿于篇幅限制，本章仅对法律进行梳理和总结，不对其他政令、省令和地方自治条例进行说明。

## 一、日本海洋立法的发展沿革

日本是一个四面环海的岛国，海洋战略对于日本的国家安全和经济发展具有极其重要的作用。目前，日本的海洋立法形成了以《海洋基本法》为核心，其他涉海法律制度逐渐完备的框架体系。纵观日本海洋立法的沿革情况，大致可以划分为三个阶段：近代以来至《联合国海洋法公约》批准通过这一阶段为零散立法时期，这一时期的海洋立法主要针对海洋利用的几个主要方面，相关立法并没有形成体系；伴随着《联合国海洋法公约》的生效，日本进入海洋法律的统筹立法时期，这一时期的立法主要围绕着《联合国海洋法公约》的国内化而展开，形成了初具体系的海洋法律制度；自 2007 年《海洋基本法》制定以来，日本海洋立法进入全面完善时期，在《海洋基本法》的统筹下，各项涉海法律日趋完备。

### (一) 零散立法时期

日本早期的海洋立法主要针对沿岸的开发利用和海上航行。早在江户时代末期，有实力的资本家便开始在沿岸地区开展填海造陆活动。这一时期由于相关政令等规范尚不成熟，导致填海造陆的事业无法顺利进行，引发了民间的诸多不满。日本于1921年制定了《公有水面填埋法》（1921年法律第57号），在规范了各项程序、简化了申请手续的基础上，侧重保护水面权利人的利益。第二次世界大战后，伴随经济快速增长以及对港湾周边临海工业带的整备，又制定了诸如《港湾法》《关于重要港湾填埋等顺利融资的港湾整备促进法》等法律，保障了沿岸开发的顺利进行，填海造陆的地域面积也大幅度提升；另一方面，日本制定了一系列有关调整海上运输的法律，如《海上运输法》《内航海运业法》《海难审判法》等，保障了海上贸易的顺利进行。

这一时期的海洋立法表现为，集中建立经济发展所需的各项配套制度，保障涉海经济活动的顺利开展。这一时期的立法并未体现出体系化的安排和制度上的逻辑关联。

### (二) 统筹立法时期

1982年通过并于1994年生效的《联合国海洋法公约》改变了以往海洋法体系分裂、零散的情况，为建立统一、稳定的海洋秩序提供了坚实的基础。为保障《联合国海洋法公约》在日本国内的顺利实施，日本进行了相关国内法律的整备。具体包括：修改《领海法》的一部分，制定《专属经济区及大陆架法》，修改《海上保安厅法》的一部分，制定《关于在专属经济区内行使渔业等相关主权权利的法律》，制定《海洋生物资源保护和管理法》，修改《水产资源保护法》的一部分，修改《防止海洋污染等及海上灾害法》的一部分，修改《有关规制核原料物质、核燃料物质及反应堆的法律》和《有关防止放射性同位素等造成放射线损害的法律》的一部分。其中，修改后的《领海法》成为《领海及毗连区法》，相较修改之前的《领海法》，《领海及毗连区法》导入了直线基线制度，设定了毗连区，但是就特定的海峡维持了3 n mile 的规定，无害通过制度也并未予以国内法化。此外，新制定的《专属经济区及大陆架法》较之前的《渔业水域暂定措施法》而言，也导入了新的专属经济区和大陆架制度。

通过一系列完善国内法的举措，日本初步形成了以《联合国海洋法公约》为基础框架的海洋法律制度。然而，正如部分日本学者指出的，日本就《联合国海洋法公约》的批准只进行了最低程度的法律整备，就实现新的海洋秩序这一目标而言，日本的应对措施过于消极。[①] 在这一背景下，考虑到当时的国际、国内形势，日本于 2007 年 4 月制定了《海洋基本法》。《海洋基本法》颁布实施后，日本海洋立法进入了新的历史时期，各项涉海法律不断完善。

**（三）全面完善时期**

2007 年以后，日本海洋立法进入全面完善的时期。在这一阶段，基于《海洋基本法》制订了三期海洋基本计划并得到较好的执行，涉海前沿法律不断完善，应对海盗、自然灾害、环境污染和海洋开发利用的各项法律得以整备。因为《海洋基本法》的统领作用得到发挥，基于实施各项海洋基本计划中的施政方针所需的配套涉海法律也得到了极大的完善。例如，2007 年与《海洋基本法》同时制定的《海洋构筑物及安全地带设定法》、2008 年《外国船舶领海航行法》、2009 年《关于海盗行为的处罚及对策的法律》以及 2010 年《基于联合国安理会第 1874 决议而实施的我国货物检查等特别措施法》等诸多维护海上安全的法律相继出台。

另一方面，因为基于《海洋基本法》制订的海洋基本计划具有更强的可执行性和灵活性，近十年来涉海领域的政策制定远远超过法律的制定，特别是在海洋安全保障、海洋情况掌握（MDA：Maritime Domain Awareness）、北极政策推进等方面，政策制定和执行的效率优势得到显现。

## 二、海洋基本法

**（一）《海洋基本法》的制定背景**

1. 背景

有关《海洋基本法》的提案最早在 1980 年海洋开发审议会的答辩中出现，之后 2002 年日本财团作为政策建言提出了制定海洋基本法的提议。2005 年末，海洋政策研究财团也提出了同样的建议，制定《海洋基本法》的呼声逐渐高涨。以此为契机，日本国会议员、有识之士、相关政府部门长官召开会议研究有关情况，谋求尽快落实

---

[①] 栗林忠男：《海洋问题への总合的対応》，Ship & Ocean Newsletter No. 4（2000 年 10 月 5 日）第 2 页。

《海洋基本法》的法制化进程。

日本《海洋基本法》为议员立法。① 该法法案于 2007 年 4 月 3 日经众议院决议通过，于 2007 年 4 月 20 日经参议院决议通过，同年 4 月 27 日公布，7 月 20 日起施行。《海洋基本法》的制定背景大致包含如下三方面因素：第一，20 世纪 90 年代与海洋有关的国际局势。这包括《联合国海洋法公约》于 1994 年生效，《联合国海洋法公约》承认沿岸国对广大沿岸海域的资源等的权利等，并且对沿岸国课以保护海洋环境的义务，以及 1992 年召开的里约热内卢地球高峰会议上，通过了海洋综合管理与可持续发展的行动计划；第二，应对邻国在周边海域所采取的积极行动，诸如围绕东海、日本海或冲之鸟礁等领土归属或专属经济区划界可能存在的潜在争端等；第三，日本谋求"海洋立国"的方针政策以及对周边海域进行开发、利用和保护的国内需求。②

有关官方文件显示，《海洋基本法》的制定背景考虑到以下两方面：一是海洋在食物、资源与能源的确保、物资的运输、地球环境的维持等方面的作用不断提升；二是海洋环境污染、水产资源减少、海岸侵蚀加剧、重大海难事故发生、海盗事件频发、影响海洋权益保障事件的发生等各类海洋问题不断显现。③

### 2. 立法目的和基本理念

《海洋基本法》第 1 条规定："占地球大部分面积的海洋是维持人类等生物的生命不可或缺的要素。同时，在四面环海的我国，根据《联合国海洋法公约》及其他国际公约的规定，在为实现海洋可持续开发利用的国际机制中，在日本的国际合作下，谋求和平、积极地开发利用海洋、协调保护海洋环境，对实现新的海洋立国的目标尤为重要。基于此，本法就有关海洋事务确定基本理念，明确国家、地方公共团体、企业及个人的职责，规定有关海洋基本计划的制订事宜，以及其他有关海洋的基本施政措施事宜，同时通过设置综合海洋政策本部，全面而有计划地推进海洋政策的实施，以实现促进我国经济社会健康发展和人民生活稳定提高，为海洋与人类共生做出贡献。"

---

① 日本的立法分为内阁提案的立法和议员提案的立法。由于议员提案立法需要在不同政府部门之间进行大量协调工作，所以难度很大。《海洋基本法》作为议员立法获得通过即为该法的特色之一。Ship & Ocean Newsletter No. 158（2007 年 3 月 5 日）第 3-4 页。

② 寺島紘士：《日本の新たな海洋立国と海洋基本法》，島嶼研究ジャーナル第 3 卷 1 号（2013 年 10 月）第 76 页。

③ "海洋基本法について（概要）- 国土交通省"，http：//www.mlit.go.jp/common/000186225.pdf，2020 年 5 月 5 日访问。

在这一立法目的下,《海洋基本法》构建了涉海事务的全面性规则体系。

《海洋基本法》的基本理念体现在如下6个方面:①海洋开发利用与海洋环境保护的协调(第2条);②确保海洋安全(第3条);③充实有关海洋的科学知识(第4条);④海洋产业的健康全面发展(第5条);⑤海洋的综合管理(第6条);⑥海洋事务的国际合作(第7条)。《海洋基本法》明确规定了上述基本理念,并且将上述理念贯彻到有关基本政策方针的具体条文中,这也具体反映了《海洋基本法》的制定目的。

### 3. 基本法的含义

基本法,是指在国政中占据重要比重的领域中,反映国家层面的制度、政策、对策的基本方针、原则、准则、大纲的法律。[①] 作为基本法,首先是该领域最高的"母法",指导本领域的其他法律和政策方针等。其次,基于基本法的要求,制订"海洋基本计划"就成了国家的义务,即国家应制定从沿岸至专属经济区和大陆架的有关开发、利用、保护等的国家级战略,并就相关战略的落实提供科学研究、技术开发和产业流程等。国家根据基本法,制订基本计划,并联系业界、学界、研究机构等共同充实计划的内容,形成联动机制。另外,有关海洋的事务并不单纯集中于《海洋基本法》中,其他基本法也或多或少涉及有关海洋的施政方针,表15.1简要归纳了其他几部涉及海洋事务的基本法。

**表15.1　日本有关涉海领域的既存基本法概要[②]**

| 名称 | 环境基本法 | 科学技术基本法 | 水产基本法 | 能源政策基本法 |
| --- | --- | --- | --- | --- |
| 制定时间 | 1993年 | 1995年 | 2001年 | 2002年 |
| 立法种类 | 内阁提出法 | 议员立法 | 内阁提出法 | 议员立法 |
| 主管部门 | 环境省 | 文部科学省 | 水产厅 | 资源能源厅 |
| 涉海内容 | 海洋环境 | 海洋前沿科技 | 渔港渔场整备 | 新能源战略 |

---

① "基本法"载于"参議院法制局"議院法制局//www.mlit.go.jp/common/000186225.pdf87-4n023.htm,2020年5月5日访问。

② "《解説》「海洋基本法」について",海洋産業研究会会報：RIOE News and Report,第335号,2007年1月23日。

## (二)《海洋基本法》的框架体系与实现方式

### 1. 法律制度的概要

《海洋基本法》共 4 章 38 条，第一章规定了总则，第二章规定了海洋基本计划，第三章规定了基本对策，第四章规定了综合海洋政策总部。

第一章"总则"部分共 15 条。第 1 条规定了立法目的，第 2 条至第 7 条规定了基本理念。在此基础上，第 8 条规定了国家的责任义务，第 9 条规定了地方公共团体的责任义务，第 10 条规定了海洋产业相关企业的责任义务，第 11 条规定了国民责任义务。其中，国家负责全面且有计划地制定并实施涉海政策，地方公共团体在和国家适当划分职责的基础上，结合本地区自然社会条件制定并实施相关政策，企业和个人则应协助国家和地方公共团体实施涉海政策。上述各利益关联方之间的协调与合作，也通过具体条文的形式明确规定在第 12 条当中。为了实现立法目的、遵守基本理念，《海洋基本法》第 13 条规定，应在国民公休日"海之日"举办相应活动。第 14 条赋予政府采取各项措施的权限，规定政府为实施涉海政策应采取必要的法律、财政及金融等方面的措施。第 15 条对政府课以公开相关资料的义务，规定政府应当制作有关涉海政策的资料并以适当形式随时公开。

第二章"海洋基本计划"虽然只有一条规定，即第 16 条，但是这条规定极为重要，明确规定了政府为全面、有计划地推进涉海政策，应当制订涉海基本计划（以下称"海洋基本计划"）。第 16 条有关海洋基本计划的规定，明确了涉海政策将在《海洋基本法》的统合调整下予以体系化和明确化。海洋基本计划应当规定下列内容：①关于涉海政策的基本方针；②政府就涉海政策应当采取的全面且有计划性的对策；③其他为全面且有计划推进涉海政策所需的事项。第 16 条还规定了为制订并实施海洋基本计划所需的程序、财政预算的保障，并且明确要求海洋基本计划应当综合考虑海洋形势的变化以及涉海政策实施效果的评价，大致每 5 年修订一次，以做出必要的增补及修正。

第三章"基本政策的实施"规定了 12 项具体的涉海政策或方针。具体而言，包括：①推进海洋资源的开发和利用（第 17 条）；②保护海洋环境等（第 18 条）；③推进专属经济区等的开发等（第 19 条）；④确保海上运输（第 20 条）；⑤确保海上安全（第 21 条）；⑥推进海洋调查（第 22 条）；⑦推进海洋科技领域的研究开发等（第 23

条）；⑧振兴海洋产业并提升其国际竞争力（第 24 条）；⑨沿岸地区的综合性管理（第 25 条）；⑩离岛的保护等（第 26 条）；⑪确保国际合作并推进国际互助（第 27 条）；⑫增进国民对海洋的理解（第 28 条）。上述 12 个领域的具体对策打破了政府部门之间独立施政的局面，从综合施政的角度确保了全面且有计划性的涉海政策的有效实施。

第四章"综合海洋政策本部"规定了推进涉海政策的指挥机关。在《海洋基本法》制定之前，由各政府部门相互独立地制定和实施各领域涉海政策。结合上述海洋基本计划和 12 个领域基本对策的规定，第四章则从组织形式的角度确保了综合性海洋政策的制定与实施，内阁整体作为海洋政策的中枢系统将发挥强有力的指导作用。第 29 条规定了总部的设置；第 30 条明确了总部的职责；第 31 条规定了总部的组织；第 32 条至第 34 条规定了总部部长、副部长、部员；第 35 条规定了资料提交和其他协助事宜；第 36 条规定总部事务工作由内阁官方负责；第 37 条规定主要负责人为内阁总理；第 38 条规定本法未尽事宜由政令予以规定。

### 2.《海洋基本法》的实现方式——海洋基本计划的实施

如前所述，《海洋基本法》是有关日本涉海政策的统合性立法，涉海政策主要分为 12 个领域，相关政策是通过制订并实施海洋基本计划来具体实现的。《海洋基本法》于 2007 年 7 月起实施，至 2008 年 3 月，第一期海洋基本计划正式出台。因为准备时间并不充裕，第一期海洋基本计划中的对策多为抽象式的叙述，并没有就对策目标、完成年限、路线图等具体事项进行分解，因而也未能达到《海洋基本法》预期的立法目的。[①]

时隔 5 年，第二期海洋基本计划得到了充分的论证，2013 年 4 月 26 日通过内阁决议决定实施。第一期和第二期海洋基本计划历经 10 年时间，积累了诸多经验，涉海政策的制定更加成熟、实施更加有效。2018 年 5 月 15 日，日本内阁通过了第三期海洋基本计划，对过去 10 年进行总结并对未来 10 年做出远景布局。

---

① 寺島紘士「日本の新たな海洋立国と海洋基本法」島嶼研究ジャーナル第 3 巻 1 号（2013 年 10 月）第 77 頁。

## （三）《海洋基本法》颁布后的效果

### 1. 海洋基本计划的展开

在第一期海洋基本计划的实施期间，日本向大陆架界限委员会提交了延长日本大陆架的申请（2008年11月），制定了《关于海盗行为的处罚及对策的法律》（2009年法律第55号）、《关于为促进专属经济区及大陆架保护和利用的低潮线保护、据点设施整备等的法律》（2010年法律第41号）等涉海法律和法规。此外，还制订了"海洋能源和矿产资源开发计划"（2009年3月），并根据该计划实施了面向海底热液沉积物开发的海底钻探测试（2012年9月）和面向可燃冰商业开发的海洋生产测试（2013年3月），开始运营"海洋信息交换中心"（2010年3月），策划了"我国海洋保护区设定方式"（2011年5月）等，基于第一期海洋基本计划的措施得到了稳步推进。[①]

在第二期海洋基本计划的实施期间，日本对"海洋能源和矿产资源开发计划"进行了修订（2013年12月），并根据该计划进行了面向可燃冰商业开发的海洋生产测试（2017年4—6月），以及面向海底热液沉积物开发的采矿扬矿测试（2017年8—9月），命名边界离岛（2014年8月），无主边境离岛的国有化（在国家财产登记册中登记）（2017年3月），基于《关于有人边境离岛地域之保护及特定有人边境离岛地域之地域社会维系的特别措施法》（2016年法律第33号）而实施有关地域社会维系补助金的发放等（自2017年4月起），通过了"有关整备海洋可再生能源发电装置的海域使用促进法法案"的内阁决议（2018年3月）。综合海洋政策总部还确定了"延长大陆架的未来行动政策"（2014年7月）、"关于海洋管理的离岛保护和管理的基本政策"（2015年6月）、"我国的北极政策"（2015年10月）、"我国海洋状况把握能力的强化方针"（2016年7月）等多项综合性施政方针。[②]

第三期海洋基本计划对过去10年间海洋基本计划的实施情况进行了综合评估并制订了新的基本计划。第三期海洋基本计划指出，在相关政策的实施阶段，为了能够评估政策的执行情况等，综合海洋政策总部设立了专家委员会会议制度，专家委员会将

---

① "海洋基本计划（第3期）"，日本内阁府网站，https：//www8.cao.go.jp/ocean/policies/plan/plan03/pdf/plan03.pdf，2020年5月6日访问。

② "海洋基本计划（第3期）"，日本内阁府网站，https：//www8.cao.go.jp/ocean/policies/plan/plan03/pdf/plan03.pdf，2020年5月6日访问。

定期跟进基本海洋计划中规定的各项措施的实施情况并进行评价，针对不同议题建立专项小组进行深入评估和研究。第三期海洋基本计划进一步评价认为，第二期海洋基本计划的对策基本得到实施，跨部门的综合性政策也在综合海洋政策总部的层面得到有效落实。①

在海洋基本计划的实施过程中，相继制定并实施了一系列重要的方针、政策或决定，具体包括：海洋安全保障领域内的"海上保安体制强化方针""渔业管理总部""港湾事业持续规划制订指南"；海洋产业促进领域内的"支撑明天的日本观光前景""内航未来创造计划""国际集装箱战略港政策推进委员会最终决定""海滨活力再生计划"；维护和保护海洋环境方面的"生物多样性国家战略2012—2020""生物多样性角度审视重要度高的海域""我国海洋保护区设定方式""海洋生物多样性保护战略""珊瑚礁生态系统保护行动计划2016—2020""关于珊瑚礁大规模白化现象的紧急宣言""应对气候变化影响的适应计划""关于海岸保护区域等的海岸保护基本方针和基本计划""濑户内海环境保护基本计划""有明海和八代海等再生的基本方针"等；在强化海洋情况掌控能力方面，出台了"我国海洋情况把握"对策；在离岛保护等以及专属经济区等开发促进方面，有"基于海洋管理的离岛保护和管理方式的基本方针""有关促进专属经济区及大陆架保护和利用而进行低潮线保护并整备据点设施等的基本规划""保护有人边境离岛地域和维系特定有人边境离岛的地域社会的基本方针""大陆架延长的未来行动方针"；在北极政策推进方面，制定了"北极政策"；在培养海洋人才及促进国民理解方面，涉及"日本财团海洋创新联合会"这一组织、"学习指导指南"和"与海之日活动相关内阁总理信函"等。②

### 2. 海洋立法的完善

伴随《海洋基本法》的实施和海洋基本计划的落实，一系列涉海政策相继出台，相关法律法规也随之完善。本部分采用列举的方式，对几方面最新立法和修法情况进行介绍，以阐释《海洋基本法》的实施对涉海法律体系化起到的积极作用。相关法律的具体内容详见下文。

---

① "海洋基本计划（第3期）"，日本内阁府网站，https://www8.cao.go.jp/ocean/policies/plan/plan03/pdf/plan03.pdf，2020年5月6日访问。

② 相关政策参考日本内阁府网站，https://www8.cao.go.jp/ocean/policies/plan/plan03/plan03_link.html，2020年5月6日访问。

针对《海洋基本法》中明确的海洋开发利用、确保海洋安全和海洋综合管理等基本理念，制定并实施了《关于为促进专属经济区及大陆架保护和利用的低潮线保护、据点设施整备等的法律》（2010 年法律第 41 号）、《整备海洋可再生能源发电设备的海域使用促进法》（2018 年法律第 89 号）、《关于海盗行为的处罚及对策的法律》（2009 年法律第 55 号）以及《有人边境离岛法》（2016 年法律第 33 号）。此外，基于实施海洋基本计划之需求，修改《矿业法》的部分内容，对矿产勘探实施许可制。为落实海上风力发电的相关政策计划，修改《港湾法》的部分内容，指定了设置风力发电设备的港湾地点，并延长了港湾区域公募占用计划认定的有效期限。基于退出国际捕鲸条约并重启商业捕鲸事业，修改了《有关实施商业捕鲸等而进行的鲸类科学调查的法律》的部分内容。修改后的法律被命名为《确保鲸类可持续利用的法律》，对捕获量的计算、捕鲸业的支持等做出了明确规定。另外，围绕海洋垃圾问题，还制定了《关于推进保护美丽大自然的海岸上良好景观及环境保护有关的海岸漂浮物等处理的法律》（2009 年法律第 82 号）。围绕海洋保护区的战略，整备了系列法律（修改部分法律），包括《自然公园法》《自然环境保护法》《鸟兽保护法》《种子保存法》《文化财产保护法》《水产资源保护法》和《渔业法》等，构建了海洋保护区战略的法律规范体系。

## 三、管辖海洋空间的法律

（一）关于领海及毗连区的法律

1. 《领海及毗连区法》（1977 年法律第 30 号，经 1996 年第 73 号法案修正）

该法是为配套《联合国海洋法公约》而修改、实施的。该法规定了领海的范围、直线基线制度、在领海内的法律适用、毗连区、在毗连区内的法律适用，此外还规定在宗谷海峡、津轻海峡等特定海域（国际海峡）适用 3 海里的领海制度。根据第 1 条规定，领海范围为自基线向海一侧延伸至 12 海里线的海域。如果 12 海里界线的任何部分超过日本与海岸相向国家的"中间线"，则"中间线"（或日本与外国之间协议代替该中间线的协议线）代替该部分 12 海里线。

## 2. 《外国船舶领海航行法》（2008年法律第64号）

由于《领海及毗连区法》没有规定外国船舶在领海的航行问题，《外国船舶领海航行法》为了确保日本海上安全而对领海等领域内外国船舶的航行方式、航行规制措施等进行规定，以此维持外国船舶在领海的航行秩序并规范外国船舶的可疑行动。该法依照《联合国海洋法公约》规定了外国船舶的无害通过制度，并明确了无害通过的例外情形，如遇到暴风雨、海难或进行海上救助等特殊情况。此外，该法明确规定了外国船舶的通报义务、对外国船舶的登临检查、对外国船舶的警告以及对外国船舶撤离领海的要求。

### （二）关于专属经济区及大陆架的法律

## 1.《专属经济区及大陆架法》（1996年法律第74号）

该法是为配套《联合国海洋法公约》而制定实施的，确立了专属经济区制度和大陆架制度以及在专属经济区和大陆架的法律适用。根据第1条规定，专属经济区范围为自基线起算至200海里线之间（领海除外）的海洋区域及其海床和底土。如果该200海里线的任何部分超过从日本基线起算的日本与海岸相向国家"中间线"，则"中间线"（或日本与外国之间协议代替该中间线的协议线）应取代该部分200海里线。据此设立的专属经济区内，日本按照《联合国海洋法公约》行使公约第五部分规定的沿海国主权权利和其他权利。根据第2条规定，大陆架范围为自基线起算至200海里线之间海洋区域（领海除外）的海床及其底土。如果该200海里线的任何部分超过从日本基线起算的"中间线"，则"中间线"（或日本与外国之间协议代替该中间线的协议线和应由内阁命令规定的连接这些线所划的线）应取代该部分200海里线。据此设立的日本大陆架，日本按照《联合国海洋法公约》行使沿海国对其大陆架的主权权利和其他权利。第3条规定了日本法律和规章的适用范围与对象。日本法律和规章（包括刑罚规定）适用于：①自然资源的勘探和开发、养护和管理，人工岛屿、设施和结构的设立、建造、操作和使用，海洋环境的保护和保全以及在专属经济区内或大陆架上的海洋科学研究；②专属经济区的其他经济勘探和开发活动；③除第①项外，在大陆架上的钻探；④在有关专属经济区或大陆架的海洋区域内对上述①②③项活动的公务执行行为以及妨碍这些执行的行为，包括依据《联合国海洋法公约》第111条从执行上述公务的海域实行紧追的公务执行行为。同时，该法还规定上述人工岛屿、设施和结构应被认为位于日本领土内，应当适用日本法律和规章。有合理必要时，可以通过内阁命令的方式，对调整和协调上述日本法律和规章的适用所必要的事项做出规定。该法第4条还表明，当条约与本法规定的事项不同时，应当适用条约的规定。

2.《关于在专属经济区内行使渔业等相关主权权利的法律》（1996年法律第76号）

该法的立法目的是切实行使《联合国海洋法公约》规定的有关权利以妥善保护和管理海洋生物资源，以有关在专属经济区内行使渔业等主权权利的必要措施为主要内容。该法规定外国人在日本专属经济区内从事渔业、捕捞及探查水产动植物时，应适用该法的规定（第3条）。

该法首先规定了外国人在专属经济区内的领海和毗连区以及农林水产大臣划定的海洋生物资源保护区或渔业调整海域内不得进行渔业活动或捕捞水产动植物的活动（以下简称"渔业等活动"）（第4条），进行探查时须获得批准（第10条）。其次，该法规定了外国人在专属经济区禁止海域之外从事渔业等活动时需取得许可的系列要求，规范了外国人在日本专属经济区内从事渔业等活动的行动准则。最后，该法规定了洄游性海洋资源的特殊保护及管理制度、登临检查制度及相关处罚规定。

3.《关于为促进专属经济区及大陆架保护和利用的低潮线保护、据点设施整备等的法律》（2010年法律第41号）

该法旨在规定为保持专属经济区水域范围而进行必要的低潮线保全，为保护和利用专属经济区而对重要离岛的据点设施进行整备，制订基本计划，规制低潮线保护区域内的海底挖掘等行为，对特定离岛港湾设施建设等其他措施进行具体规定，最终实现更好保护和利用专属经济区，促进社会经济健康发展和国民生活安定繁荣的目标。

该法首先明确规定政府应当制订有关低潮线保全和据点设施整备、利用和保护的基本计划（第3条）；国家依据基本计划采取基本措施以推进计划的执行（第4条）；继而明确了低潮线保护海域内从事挖掘、采砂等活动时须取得国土交通省许可以及关于许可的一系列制度（第5条至第7条）。该法还规定了特定离岛上建设港湾设施的具体制度（第8条至第13条）。最后，规定了相关许可的条件、权限的委任和处罚规定等内容。

## 四、管理海洋区域的法律

### (一) 海岸相关法律

1. 《公有水面填埋法》(1921 年法律第 57 号)

日本在早期海洋立法中就对海岸建设时填埋公有水面的制度进行了规范。该法主要规定了从事公有水面("公有水面"系指供河流、海域、湖泊或其他公共用途且属于国家所有的水面)填埋(包括填海造陆)的主体向地方自治体进行申报许可的系列制度,体现了对公有水面填埋进行一定规制的立法精神。拟进行公有水面填埋的主体必须取得地方政府长官颁发的执照。填埋工程完成后,需经地方政府长官予以竣工认可方取得填埋地的所有权。在国土稀缺、人口密度高的日本,作为相对容易的寻求大面积土地的有效手段,海滨的填埋工程曾被广泛应用。近年来,为了保护所剩无几的自然海岸,填埋工程被逐渐冻结。

2. 《海岸法》(1956 年法律第 101 号)

关于海岸管理的综合性法律是 1956 年起实施的《海岸法》。《海岸法》的立法目的是,防护海啸、高潮、海浪及其他海水或地质变动对海岸造成的损害以及保障海岸环境整备和公共海岸的合理使用,以保护国土。该法规定,主管部门应当制定海岸保护区等有关海岸保护的基本方针,地方政府应根据基本方针制订海岸保护的基本计划、确定海洋保护区域。在此基础上,规定了海岸保护区域的管理制度,包括管理权限、管辖事项、占用海岸保护区域时的许可以及海岸保护区内的行为限制等内容。针对海岸保护区内的设施建设和维护等,规定了具体的操作规程、技术标准、维护修缮措施、损失补偿、监督管理、协同机制等具体事项。此外,该法还详细规定了海岸保护区管理费用的支出和使用等、特殊海岸保护区制度的实施管理、一般公共海岸的管理和费用等方面的具体内容。

3. 《广域临海环境整备中心法》(1981 年法律第 76 号)

为了更好地保护垃圾填埋海域的海洋环境和港湾秩序,日本设立了独立的法人广域临海环境整备中心,并通过制定《广域临海环境整备中心法》,保障在特定海岸区域依法进行合理垃圾填埋处理等行为。该法规定了广域临海环境整备中心的设立事项、管理内容、业务开展、财务和会计事宜、解散和清算程序和监督规则等。该法是保护海岸环境的法律体系中专门涉及垃圾填埋事业的特别法,围绕广域临海环境整备中心业务开展方式进行了具体规范。

4.《大阪湾临海地域开发整备法》(1992年法律第110号)

为了应对大阪湾临海地域的产业结构转变和社会环境变化,日本制定了专门针对大阪湾临海地域开发整备的法律,旨在促进提升大阪湾临海地域的良好居住环境,平衡与东京圈之间的发展差异。该法基于国土保持、濑户内海自然环境保护、尊重地域创意、提升大阪湾临海地域活力、促进大阪湾临海地域交通事业发展和经济文化交流等精神,对地域的划定、基本方针的制定、整备计划的制订、合作事宜、资金保障等进行了具体规定。

### (二) 港湾相关法律

1.《港湾法》(1950年法律第218号)

《港湾法》是为了发展交通、促进国土资源的合理使用与均衡发展、保护环境、规范港湾秩序、开发和保护航路而制定的综合性立法。该法全面规定了涉及港湾管理、保护、运营的具体规则。首先,规定了港务局的设立、业务内容、组织结构、财务方面的事项(第4条至第32条)。其次,规定了作为港湾管理者的地方公共团体的权限、业务和组织(第33条至第36条)。再次,规定了港湾区域和临港地区许可和使用事项(第37条至第41条)。此外,还明确了港湾合作团体的指定以及合作团体的业务开展规则、港湾工程的费用、航路的开发和保护、港湾运营公司的指定与运营等内容。

2.《港湾整备促进法》(1953年法律第170号)

《港湾整备促进法》是为了保障特定港湾设施整备事业所需费用能够得到顺利融资而制定的专门立法。所谓"特定港湾设施整备事业",系指为了促进《港湾法》第2条第2款规定的国际战略港、国际据点港或重要港湾等的整备,而由港湾管理者实施的系列工程,包括吊机设施的建设、改良或修复、水面填埋、堆场建设、拖轮等建造等

（第 2 条）。围绕该事业，《港湾整备促进法》还规定了整备计划的制订和通知、资金筹措等规则。

### 3.《特定港湾设施整备特别措施法》（1959 年法律第 67 号）

《特定港湾设施整备特别措施法》是针对为应对出口贸易增长和工业生产规模扩大而进行的重要港湾设施紧急整备专门立法。该法的条文内容较为简洁，分别规定了港湾管理者的负担份额、特别使用费用、工程承包等方面的规范内容。

此外值得一提的是《港湾运输事业法》（1951 年法律第 61 号）。该法是调整和规范港湾运输业的法律，对港湾运输业的经营内容，如货物装卸、驳船运输、鉴定业务等做出具体规定。

### （三）岛屿相关法律

### 1.《离岛振兴法》（1953 年法律第 72 号）

离岛的振兴是日本海洋战略中的重要一环。日本特别制定《离岛振兴法》，旨在实现保障日本领土、专属经济区等的安全、扩大海洋资源的利用、文化多样性的继承、自然环境的保护、人与自然的和谐相处、食物供给的稳定、国民利益的保护等目标。日本考虑到其四面环海的地理情况、人口长期减少的趋势、人口老龄化加剧、离岛的恶劣自然环境等，以《离岛振兴法》这一专门立法，确保离岛振兴计划的制订、明确国家的责任与义务、促进地方发挥主观能动性、有效落实各项离岛振兴策略。该法明确规定了实施离岛振兴政策地域的划定方式、振兴基本方针、振兴计划、振兴事业的落实、财政举措和资金相关规则以及涉及医疗、保健、交通、就业、居住、灾害预防、税收等社会生活方方面面的具体规则，是一部关于规范离岛社会经济发展和自然环境保护的综合性法律。

此外，作为离岛振兴的重要前提，日本还制定了《离岛航路整备法》（1952 年法律第 226 号）。该法旨在规范有关离岛航路事业的国家特别支持政策，维持和改善离岛航线，保证民生稳定和福利增进。该法具体规定了政府对从事离岛航路事业的企业等给予航路补助金的制度，对围绕航路补助金制度涉及的航行计划、财务账簿提交等事项进行了具体规定。

2.《半岛振兴法》(1985 年法律第 63 号)

与《离岛振兴法》相承接,日本于 1985 年制定了《半岛振兴法》,对振兴半岛发展制定综合性规范。其内容包括半岛振兴计划的制订及内容、国家的施政方针、产业振兴促进计划的认证制度,以及涉及医疗、保健、交通、就业、居住、灾害预防、税收等社会生活方方面面的具体规则。

3.《关于有人边境离岛地域之保护及特定有人边境离岛地域之地域社会维系的特别措施法》(2016 年法律第 33 号)

该法是日本在岛屿方面的最新立法。该法的制定背景是,日本考虑到对领海、专属经济区等进行妥善管理的必要性不断增加,认识到有人边境离岛在保护日本领海和专属经济区方面具有作为活动据点的机能,因此有必要采取相应措施保护有人边境离岛的地域环境,并维系有人边境离岛之地域社会环境。

所谓"有人边境离岛地域",系指从自然和经济社会角度来看可以被认定为一个整体的两个以上离岛所构成的地域中,目前有日本居民居住的离岛所构成的地域。除此之外,拥有领海基线的离岛中目前有日本居民居住的岛屿的地域也属于有人边境离岛地域。"特定有人边境离岛地域",系指有人边境离岛地域中,为整备可持续居住的环境而特别需要维持其地域社会的离岛地域(构成特定有人边境离岛地域的岛屿名称通过附件的形式予以列举)。

该法规定国家有责任和义务制定并实施有人边境离岛地域之保护,以及特定有人边境离岛地域之地域社会维系的相关政策。内阁总理大臣应当制定基本方针,地方政府应当根据基本方针制订相关计划。此外,该法具体规定了关于保护有人边境离岛地域的政策和保护特定有人边境离岛地域的政策,如行政机关的设立、土地收购、外国船舶非法入侵的管理应对、合作机制的建立等。

4.《奄美群岛振兴开发特别措施法》(1954 年法律第 189 号)

针对特定群岛的地域振兴,日本早在 1954 年起便制定了有关振兴开发的特别措施法,《奄美群岛振兴开发特别措施法》即为一例。奄美群岛是指鹿儿岛县奄美市和大岛郡这一区域。该法主要规定这一区域内的岛屿振兴开发制度与措施。首先,明确了奄美群岛振兴开发计划系列方针政策的制定,具体包括基本方针、振兴开发计划和相关措施、补助金事业计划和相关措施、产业振兴促进计划和相关措施、关于振兴开发的特别措施。其次，规定了振兴开发审议会这一组织的议事规则，以及独立行政法人奄美群岛振兴开发基金这一组织的相关规则。

5. 《小笠原诸岛振兴开发特别措施法》（1969 年法律第 79 号）

继《奄美群岛振兴开发特别措施法》之后，日本又制定了《小笠原诸岛振兴开发特别措施法》。该法是基于小笠原诸岛的回归，考虑到小笠原诸岛在保护领海、专属经济区、大陆架方面的特殊地位，为振兴开发小笠原诸岛而制定的特别措施法。该法首先明确了小笠原诸岛振兴开发计划，包括基本方针、振兴开发计划及相关措施、产业振兴促进计划及相关措施、关于振兴开发的特别措施。此外还规定了振兴开发审议会这一组织的议事规则。

6. 《冲绳振兴特别措施法》（2002 年法律第 14 号）

2002 年，日本制定了内容更加综合和全面的《冲绳振兴特别措施法》。该法旨在充分尊重冲绳的自主性，谋求全面综合有计划性的振兴发展，促进冲绳的自立发展，丰富冲绳居民的生活。

该法在明确冲绳振兴计划的基础上，首先规定了产业振兴的特别措施，具体包括：旅游业的振兴、信息通信产业的振兴、尖端产业和产业创新、国际物流据点产业集合计划、经济金融活力特区建设、农林水产业振兴、电力的稳定供给、中小企业振兴和冲绳振兴开发金融公库的特别业务。其次，规定了其他方面的振兴计划和配套措施，涉及多个方面，包括：促进就业、人才培养等；文化振兴；冲绳全面均衡发展；驻军用地的有效妥善使用；冲绳振兴基础整备；冲绳振兴审议会等。

（四）渔场相关法律

1. 《渔港渔场整备法》（1950 年法律第 137 号）

日本早在 1950 年便制定了整备渔港和渔场的《渔港渔场整备法》。该法的立法目的是促进水产业健康发展，保证水产品的稳定供应，推进渔港渔场整备事业的全面有序进行，对渔港的维持管理进行纠正，以促进国民生活安定和国民经济发展。

该法首先规定了渔港的划定。渔港分为四类，不同种类的渔港划定方式不尽相同。

其次，明确了整备渔港渔场的基本方针和长期计划。该法还进一步规定了水产政策审议会这一组织的议事规则，特定渔港渔场的整备事业，特别是详细规定了渔港维持管理的具体规则。

2. 《沿岸渔场整备开发法》（1974 年法律第 49 号）

《沿岸渔场整备开发法》是为了保障沿岸渔场稳定使用而制定的与《渔港渔场整备法》相配套的法律。该法的立法目的是规范沿岸渔场的整备和开发事业，以促进沿岸渔场稳步发展、扩大水产品的供应量。

该法首先规定了沿岸渔场整备开发的基本方针和基本计划。其次，规定了特定水产动物养殖业的特别规则，包括业务实施计划的制订、申请、监管等规则。此外，还规定了渔场使用协定的签订、备案规则及争端解决规则。

## 五、规范海洋活动的法律

### （一）海洋资源开发和利用方面的法律

1. 《渔业法》（1949 年法律第 267 号）

《渔业法》是规定渔业生产的基本法律，旨在通过以渔业者（从事渔业生产者）和渔业从业人员（为渔业者进行水产动植物捕捞或养殖的人员）为主体的渔业调整机构的运用，全面使用水面资源，发展渔业生产力，实现渔业民主化。该法主要规定了渔业权和入渔权。渔业权是指定点渔业权、规划渔业权和共同渔业权（第 6 条）。入渔权是指基于设定行为，就他人的共同渔业权或特定的几类规划渔业权所述渔场内从事全部或部分渔业经营的权利（第 7 条）。该法明确了特许渔业的范围和渔业调整的规则，规定了渔业调整委员会等委员会的组织规范以及内水渔业制度。

与《渔业法》相配套的法律有《渔业灾害补偿法》（1964 年法律第 58 号）、《渔业经营改善及再建整备的特别措施法》（1976 年法律第 43 号）以及《沿岸渔业改善资金赞助法》（1979 年法律第 25 号）等法律。

## 2. 《关于外国人渔业限制的法律》（1967年法律第60号）

为防止外国人在日本港湾等水域进行渔业活动而影响日本正常渔业生产秩序，日本制定了《关于外国人渔业限制的法律》，对外国人使用相关水域从事渔业进行了规定。具体包括对外国人从事渔业等的禁止，外国渔船靠港的许可制度，驱逐命令，对捕获鱼类的转运等的禁止，以及登临检查等行政程序及处罚规定。

2014年，日本在第187届国会上通过了该法的修正案（2014年11月27日号外法律第119号），强化了处罚规定。在违反该法的情况下，将处三年以下有期徒刑或3 000万日元以下罚款（修改之前为三年以下有期徒刑或400万日元以下罚款）。对于《渔业法》规定的逃避登临检查的处罚，由6个月以下有期徒刑或30万日元以下罚款，修改为6个月以下有期徒刑或300万日元以下罚款。

## 3. 《海洋水产资源开发促进法》（1971年法律第60号）

《海洋水产资源开发促进法》旨在对沿岸海域水产动植物的繁殖和养殖进行有计划性的推进，合理开发和利用海洋水产资源，以促进渔业的健康发展和水产品稳定供给。该法规定了合理开发和利用海洋水产资源的基本方针，规范了沿岸海域海洋水产资源的开发等事宜，以及关于海洋水产资源自主管理的协定等。渔业者团体等可以在指定海域，就其海洋水产资源的自主管理缔结资源管理协定。

## 4. 《海洋生物资源保存及管理法》（1996年法律第77号）

《海洋生物资源保存及管理法》与《渔业法》和《水产资源保护法》（1951年法律第313号）相配套，其立法目的是保护和管理日本专属经济区内的海洋生物资源等，规范专属经济区等海洋区域内海洋生物资源的保护和管理。该法一方面规定应当制订保护和管理专属经济区等海洋区域内海洋生物资源的基本计划以及地方政府计划；另一方面明确了特定海洋生物资源的保护和管理规则、捕捞量等的公开发布规则等，此外还规定了政府可以采取的建议、指导或警告以及停止捕捞等具体执法措施。

## 5. 《深海底矿业暂定措施法》（1982年法律第64号）

《深海底矿业暂定措施法》是为了促进深海海底矿产资源合理开发而制定的，规范和调整涉及深海海底矿产资源开发事业的必要暂定措施的法律。该法明确规定，该法任何规则均不构成将深海海底纳入日本主权或管辖权之下，也不得侵害其他国家行使公海自由的利益。该法规定，从事深海海底矿业必须获得国家许可，明确了许可申请手续、共同申请时的规则、申请区域或申请人名义变更的程序、许可标准、许可证的记载内容及交付条件等。该法还规定了损害赔偿机制和其他深海底矿业国的指定等内容。

6.《关于对伴随公海公约实施海底电缆的损坏行为进行处罚的法律》（1968年法律第102号）

该法内容极为简洁，规定对《公海公约》第27条规定的海底电缆、管线、高压电缆等进行破坏并妨碍了电子通信或石油天然气等运输的行为的处罚内容。

7.《有关实施商业捕鲸等而进行的鲸类科学调查的法律》（2017年法律第76号）

该法是一部"独具日本特点"的立法，针对的内容是在国际社会引发极大争议的商业捕鲸行为。其立法目的是，基于鲸类属于重要食物资源，应与其他海洋生物资源一样，基于科学依据进行可持续利用，承袭日本对鲸类的传统饮食文化及其他文化和饮食习惯，并考虑到利用鲸类时涉及多样性保护的重要意义，因此在进行以商业捕鲸等为目的的鲸类科学调查时，有必要制定基本原则，明确国家的责任和义务，制定基本方针和制订科学考察计划，整备实施机制，以促进水产业健康发展和海洋生物资源的可持续利用。

据此，该法规定了鲸类科学调查的基本原则、国家责任和义务、基本方针的制定、鲸类科学调查计划的制订、鲸类科学调查法人的指定、科学调查的实施及其补助政策、对妨碍调查行为进行的应对和采取的措施、围绕调查结果的科学知识的普及等具体规则。该法对以商业捕鲸为目的而进行的科学调查活动进行了全面规范和调整。

8.《整备海洋可再生能源发电设备的海域使用促进法》（2018年法律第89号）

该法是日本新近海洋立法之一，是为长期稳定且高效开展海洋可再生能源发电事业，配合《海洋基本法》制定的有关促进海洋可再生能源发电设备整备的海域使用促进法。该法所称海洋可再生能源是指海域上的风力。占用该法规定的促进区域内的海域等时须经许可。该促进区域的范围为海域上空 315 m 以内、海域水下 100 m 为止的区域。对于促进区域内海域的适用和保护可能产生妨碍的行为是指：挖掘海底或改变底土或海底形状的行为，国土交通大臣对于各个海洋可再生能源发电设备整备促进区域内确定的垃圾投弃行为。

该法规定了使用相关海域用于海洋可再生能源发电设备整备的基本理念，明晰了国家的责任义务和有关地方团体的责任义务。该法规定政府应制定促进相关海域使用的基本方针，划定海洋可再生能源发电设备整备促进海域，公募占用计划的认定以及对相关事业进行监督等内容。

### （二）海上交通运输方面的法律

**1.《海上运输法》（1949 年法律第 187 号）**

《海上运输法》是保障海上运输安全和海上运输使用者利益的法律，旨在促进海上运输业的健康发展，增进公共福祉。该法规定了船舶运输业、船舶租赁业、海运中介业和船舶代理业的行业规范，明确了确保日本船舶和日本船员的基本方针，规定了对准日本籍船舶的认定规则，促进尖端船舶的导入制度，明确从事海上运输业的船舶规格和船级要求等，是日本海运业的基本法律规范。

**2.《内航海运业法》（1952 年法律第 151 号）**

内航海运业法主要针对内航海运的健康发展进行规范。具体规则包括船舶登记和备案制度、运输安全的保障和管理制度、内航海运从业的具体规范等。该法与《海上运输法》《港湾运输事业法》共同构成海运基本法规体系。

**3.《内航海运组合法》（1957 年法律第 162 号）①**

《内航海运组合法》规定，从事内航海运业的主体可为改善其经济地位而结成内航海运组合，以此确保内航海运事业稳定发展。该法规定了内航海运组合的统一规则、事业和调整规程、组成成员、设立和管理、解散和清算相关具体规则，规定了内航海

---

① 日语中的"组合"可译为中文语境下的"合伙"，但是从严格意义上讲二者并不完全相同，在这里使用日语表述"组合"，以避免产生歧义。

运组合联合会的设置规则。

4. 《港则法》（1948 年法律第 174 号）

关于港湾内的船舶交通安全，日本制定了《港则法》。该法规定了进出港口的备案制度、停泊的规则和限制、港湾内的航路和航行方法、危险品处理、灯火的使用等具体的港口航行安全规则。

## 六、保障海上安全和海洋环境的法律

### （一）海上维权方面的法律

1. 《海上保安厅法》（1948 年法律第 28 号）

海上保安厅是隶属于国土交通省管辖的机构，负责保护海上人命及财产安全，预防、检查并规制违法行为。《海上保安厅法》是规定海上保安厅组织形式、管辖事务、职责权限等内容的法律，是赋予海上保安厅维护海上权益这一重要使命的基本法律。

2001 年之前，使用武器给他人造成危害时的违法性阻却事由仅在《警察职务执行法》第 7 条规定的要件下才被许可，影响了海上保安厅对可疑船只事件的有效应对。为此，日本于 2001 年对《海上保安厅法》进行了修改。修改后，该法第 20 条第 2 款明确规定，在某些条件下，当巡逻船等对无视停船命令的船上船员进行射击时，海上保安官射击行为的违法性可以被阻断。

2. 《关于武力攻击局势下外国军用品等海上运输规制的法律》（2004 年法律第 116 号）

该法是在存在武力攻击事态和存亡危机事态时，规制外国军用品海上运输的法律，旨在确保日本的和平与独立以及国民的安全。该法规定了对外国军用品等进行海上运输的规制措施、外国军用品审判所的行动规则、停船检查及返航措施、审判程序、裁决执行、补偿规则等。

3.《关于重大局势变化时实施的船舶检查活动的法律》(2000 年法律第 145 号)

该法规定在出现重大局势变化时或者共同面临国际和平局势时,日本对船舶实施检查的形式、程序及其他必要事项。该法与日本《重大局势安全保障法》(1999 年法律第 60 号)配套,旨在保障日本和国际和平。

4.《基于联合国安理会第 1874 号决议而实施的我国货物检查等特别措施法》(2010 年法律第 43 号)

该法规定在朝鲜民主主义人民共和国进行核试验等发射弹道导弹的背景下,为落实联合国安理会有关禁止向朝鲜民主主义人民共和国出口武器物资等决定,对相关特定货物进行检查而采取的特别措施。该法具体规定了检查程序、要求提交的命令、保管措施、返航命令及相关政府部门的程序性规定。

**(二) 海上交通安全方面的法律**

1.《海上交通安全法》(1972 年法律第 115 号)

《海上交通安全法》是调整船舶交通方法、规定特殊交通规则、防止海上危险的法律规范,旨在确保船舶交通安全。该法规定了海上交通方法和危险预防方法,具体包括:一般航线的航路方法,不同航线的具体航行方法,特殊船舶的特殊交通规则,航线外海域的航行方法,预防危险的交通限制,灯火、船舶安全航行援助措施,以及指定海域的安全措施等。

围绕船舶的海上安全航行,日本还制定了一系列法律,如《水难救护法》(1899 年法律第 95 号)、《船舶安全法》(1933 年法律第 11 号)、《航路标识法》(1949 年法律第 99 号)、《水路业务法》(1950 年法律第 102 号)、《海上碰撞预防法》(1977 年法律第 62 号)和《海难审判法》(1947 年法律第 135 号),这些法律构成了海上交通安全法律体系,保障海上交通安全、顺利地进行。

2.《关于确保国际航行船舶及国家港湾设施安保的法律》(2004 年法律第 31 号)

该法针对国际航行船舶及国际港湾设施的所有人应当采取的安保措施进行了规定。

该法首先规定了国际航行船舶的安保措施,其中既包括对国际航行的日本船舶的措施,也包括对国际航行的外国船舶(第 2 条第 1 款第 2 项规定的进入日本港口的外国船舶)的措施。其次,规定了国际港湾设施的安保措施,其中涉及国际码头设施和国际水域设施两方面的规则。再次,规定了国际航行船舶的进港规则。最后,规定了其他相关程序性规则和补充规则。

根据该法规定,从事国际航行的日本船舶,必须实施安保措施(如船舶进出港口的管理、货物管理、船舶内外监控等)、安装船舶警报通报装置并选任安保管理员、制作保安规程等。保安规程经国家认证后,通过船舶检验,颁发"船舶保安证书"后,方可从事国际航行。此外,国际航行船舶使用的泊位应当采取相关安保措施、设置围挡及照明设备、选任安保管理员、制定保安规程,保安规程须经国家认证。最后,从外国进入日本港口的所有船舶,无论其是否为国际航行船舶,原则上均须在进港的 24 小时之前,向对其希望进入的港口有管辖权的海上保安部门通报其"船舶安保信息"。

3.《关于特定船舶禁止入港的特别措施法》(2004 年法律第 125 号)

该法是基于日本面临的国际形势,为维护其和平与安全而制定的,禁止部分特定船舶进港的法律。该法规定,基于维护和平与安全的必要性,内阁决议可以决定一定期间内禁止特定船舶进入日本港口。围绕这一目的,该法规定了决定程序、公告程序、国会批准程序和禁止措施的具体实施规则。这样,在出现紧急状况时,内阁可以根据该法通过决议颁布禁止相关船舶进入日本港口的决定。

4.《海洋构筑物及安全地带设定法》(2007 年法律第 34 号)

该法是为了确保海洋构筑物等的安全、在相关海洋构筑物周边海域进行航行的船舶的安全,根据《联合国海洋法公约》制定的专门立法。该法规定了安全地带的设定规则、禁止进入安全地带的规则、切实履行国际公约等规定。其主要内容来源于《联合国海洋法公约》关于安全地带的规定,一方面保护日本海上构筑物的安全;另一方面保护海上构筑物周边水域的航行安全。

根据该法,国土交通大臣可以依据《联合国海洋法公约》对海上构筑物设定不超过 500 m 范围的安全地带。国土交通大臣在设定、废止安全地带时,须同外务大臣、农林水产大臣、经济产业大臣、防卫大臣等相关政府部门长进行协商。设定安全地带后，未经国土交通大臣批准，不得进入安全地带（船舶失去航行动力的除外）。违反该法的，将被处以一年以下有期徒刑或 50 万日元以下罚款。最后，该法的实施不得妨碍国家切实履行其缔结的国际条约。

### （三）应对海盗方面的法律

1. 《关于海盗行为的处罚及对策的法律》（2009 年法律第 55 号）

《关于海盗行为的处罚及对策的法律》的立法目的，是为了最大程度抑制公海等海域上的海盗行为，对海盗行为进行处罚。该法首先明确了海盗行为的定义以及与海盗行为相关的罪名，继而规定了海上保安厅对海盗行为的应对措施，明晰了应对海盗时日本自卫队的权限，落实了国家责任和履行国际公约义务的相关规定。

2. 《关于海盗频发海域日本船舶警备的特别措施法》（2013 年法律第 75 号）

该法是《关于海盗行为的处罚及对策的法律》的配套法律，旨在规定在海盗频发海域内，为了确保运输原油等其他国民生活必需品的日本船舶航行安全，对获得国土交通大臣认定的日本船舶，可以实施特定警备的特别措施。该法规定了实施特定警备的方式、特定警备计划的认定、特定警备从业者的确认、特定警备的实施以及其他相关程序性内容。

### （四）应对灾害方面的法律

1. 《关于推进南海地震防灾对策的特别措施法》（2002 年法律第 92 号）

该法是专门针对为应对可能发生的南海直下型地震而采取的防灾对策措施进行规定的特别法。所谓"南海地震"，系指以日本纪伊半岛的纪伊水道至四国地区的南方的海底为震源的大地震的统称。该法明确了南海直下型地震灾害对策推进地区、基本计划的制订、计划的推进措施、对策和计划的例外规定，设置了南海直下型地震灾害对策推进协商会议，明晰了海啸发生时的紧急对策等，对可能产生的灾害的防御措施进行了较为全面的规定。

2. 《有关推进日本海沟、千岛海沟周边海沟型地震的防震对策特别措施法》（2004 年法律第 27 号）

该法是专门针对为应对可能发生的日本海沟、千岛海沟周边海沟型地震而采取的防灾对策措施进行规定的特别法。该法明确了日本海沟、千岛海沟周边海沟型地震灾害对策推进地区，规定了基本计划、推进计划和对策计划的制订，规定了地震观测设施的整备以及相关财政措施等规则。

3. 《关于伴随东日本地震灾害海区渔业调整委员会及农业委员会委员选举的临时特例法律》（2011 年第 44 号法律）

该法是专门针对 2011 年东日本"3·11"大地震后受灾害区渔业调整委员会及农业委员会委员选举的特别法律规定。该法规定了海区渔业调整委员会委员选举的特别规则、农业委员会委员选举的特别规则、选举人名簿特别规则、任期的特别规则等。

### （五）海洋环境保护方面的法律

1. 《防止海洋污染等及海上灾害的法律》（1970 年法律第 136 号）

该法是防止海洋污染和海上灾害的综合性法律规范。该法具体规定了对船舶排放油类、有害液体物质、废弃物、有害压载水的规制以及从海上设施及航空器向海洋中排放油类、有害液体物质以及废弃物等的规制；规范了向海底排放油类、有害液体物质以及废弃物等的规则，明确了船舶排放气体以及船舶和海上设施中燃烧油类、有害液体物质以及废弃物等的具体规则，还规定了废油的处理事业、海洋污染及海上灾害预防措施、海上灾害预防机构的设立，以及外国船舶提供担保时的释放措施等，最终实现防止海洋污染和海上灾害，确保相关国际公约顺利实施，保护海洋环境和人身财产安全的目的。

2. 《船舶油污损害赔偿保障法》（1975 年法律第 95 号）

该法是关于船舶油污损害赔偿的保障法，系属海商法与海洋法交错领域。该法主要依照国际公约，规定了油轮和一般船舶的油污责任及承担形式，明确了有关国际油污基金的相关规则，规定了油污责任限制的相关规则。

3. 《濑户内海环境保全特别措施法》（1973 年法律第 110 号）

该法是专门针对濑户内海海洋环境的特别立法。该法首先明确了保护濑户内海海洋环境相关计划的制订事宜；其次，明确了保护濑户内海海洋环境的特别措施，具体包括：设定特定设施的规制，防止赤潮灾害的发生，保护天然海滨以及促进环保事业发展的措施等；最后，规定了相关行政方面的调查、警告或建议等的程序规则。

4. 《关于推进保护美丽大自然的海岸上良好景观及环境保护有关的海岸漂浮物等处理的法律》（2009 年法律第 82 号）

该法是专门针对处理海洋垃圾的立法，其立法目的是保护海岸良好景观及环境，保护海洋环境，妥善处理海岸漂浮物并控制漂浮物产生。该法的基本理念包括：全面的保护海岸环境，明确责任并推进妥善处理，通过循环经济方式控制海岸漂浮物和塑料垃圾，多元主体责任分摊以及促进国际合作。

在具体内容上，该法首先明确国家应制定相关基本方针，地方政府指定地域推进计划。其次，该法规范了海岸漂浮物的处理，明晰了处理责任归属、外地漂来物的应对、漂浮垃圾和海底垃圾处理的推进等。此外，还明确了控制海岸漂浮物产生的对策、塑料垃圾对策、民间团体等的合作与表彰、环境教育的普及、调查研究、国际合作以及财政措施等。

综上所述，日本海洋法律体系以《海洋基本法》为主干，通过《海洋基本法》和以《海洋基本法》为主导及重要基础的大量法律、法律实施细则、政府政令、政府部门的省令和地方自治团体的条例等，形成其海洋战略的法制保障和机制保障，推动其海洋立国目标的具体实现。

# 第十六章　东海海洋争端与维权

随着1982年《联合国海洋法公约》的生效，中国与东海地区国家在领海主权、专属经济区和大陆架的争议随之凸显。在积极捍卫海洋权益的同时，中国政府始终致力于和平解决与东海地区国家之间的海洋争端。2019年，中国东海形势总体稳定并持续向好发展。中国将进一步扩大和加强与地区国家的多层次、多领域交流、磋商与合作，为东海地区稳定和协同发展做出不懈努力。

## 一、中国海权理论的更新与发展

海洋不仅是国家间的天然屏障，是一种贸易和运输通道，更不可忽略的是其政治战略和经济价值。国家间的利益交叉需要公平的规则体系，这种规则体系不仅是具体的法律规则，更为重要的是，制定法律规则之话语权的掌控，而海权正位于这种全球话语权的中心。较之于陆权和空权，海权具有与生俱来的优势。随着时代发展，现代海权在传统海权基础上实现了内涵上的演进。新的国际海洋法律制度也为国家海权发展带来了新的机遇和挑战。"一带一路"倡议的伟大构想为我国与东海地区国家的经济文化交流构建了桥梁，而"21世纪海上丝绸之路"构想的顺利实现依托海权的维护，现代海权使中国在海上掌握主动权，增强中国在"一带一路"沿线国家的影响力，从而有效化解纠纷矛盾，解决海洋争端，加强国际合作。

### （一）中国海权的发展思路

从海洋国家发展史来看，存在着4种不同的海权发展模式。即英美型世界性海洋霸权大国模式、日俄型挑战世界海权的海洋强国模式、印度型崛起中的新兴海洋大国模式以及东南亚国家的发展中海洋国家模式。这4种海权发展模式，对中国构建海权理论有重要启示。① 中国海权，② 就其"权利"部分而言，包括实现中国"海洋权利"和"海洋权益"两部分。前者包括《联合国海洋法公约》在内的国际海洋法和国际法认可的主权国家享有的各项海洋权利。这部分权利随国际海洋法的变化而缓慢演化，比较确定。后者包括由海洋权利产生的各种经济、政治、文化利益，这部分权益随不同国家在不同时期的经济、政治和文化的变化而变化，属于海权中变化较大的部分。③ 不同的国家依据国际海洋法享受着同种的海洋权利，但据有同一海洋权利的主权国家却由于其经济、政治、文化处于不同的发展阶段而得到的海洋权益却不同。即使排除海洋霸权的因素，一般而言，传统大国和新兴大国所拥有的海洋权益要大于小国和正在衰落国家的海洋权益。在此之外，还有"海洋利益"，它是比海洋权益更广泛的中性概念。它既可能是来自海洋权利的合法的海洋利益，也可能为霸权需要而产生的非法的海洋利益。由于中国海权实现能力尚未"溢出"其主权范围，所以中国的海权与海上霸权无缘，中国的海洋利益，更多地属于有待于争取和实现的合法海洋权益的范畴。

对于海权的含义有着不同的学术理解，伴随时代发展而应有新的认识。从历史经验来看，中国海权战略的探索与实践长期服从和服务于国家战略，其形成和发展历程反映中国改革开放和经济发展形势的客观影响。伴随经济转型的深入，海权探索不断进步。改革开放引起经济转型是中国海权发展的重要动力，在不同时期有不同表现。从改革开放初期到新时期，中国的外向型经济结构和海外生命线从无到有，不断加强，中国海权发展也因此不断得到新的刺激与推动。当中国加入全球化的程度日益深刻，中国的海外利益日益扩展，中国的海权探索也随之不断迈出新的相应的步伐。因此，40年来的海权探索的特点，可以用"实事求是"和"与时俱进"来概括。社会经济转型、对外经贸的发展、海外利益结构的形成、综合国力的增长，都对中国发展海权的需求构成刺激。

中国的海权战略不仅逐渐在国家战略层面形成思想理论，还正在进一步实践发展。在改革开放的新时期，中国面临的不是是否要发展海权，而是要怎样发展和扩大海权的问题，因为"中国海外利益面临国际和地区动荡、恐怖主义、海盗活动等现实威胁，驻外机构、海外企业及人员多次遭到袭击"④。目前中国是联合国安理会常任理事国中

---

① 高兰：《海权发展模式与中国海权理论构建》，《亚太安全与海洋研究》，2019年第5期。
② 本章所涉海权是有管辖权范围的海权，不包括在公海等不属于任何国家管辖范围的海权。
③ 江河：《国际法框架下的现代海权与中国的海洋维权》，《法学评论》，2014年第1期。
④ 国务院新闻办公室：《新时代的中国国防》白皮书（全文），2019年7月。

派出维和人员最多、提供维和经费第二的国家,中国舰艇在索马里周边先后为 6 000 多艘船舶安全护航,其中半数为外国船舶。中国还建立 10 亿美元的中国—联合国和平与发展基金,加入联合国维和待命机制并组建常备成建制维和警队及 8 000 人规模的维和待命部队。① 中国已形成巨大的海外利益和外向型经济结构,形成了不可或缺的海外生命线,具备一定的军事保障手段,拥有海外军事保障基地和逐步推进的海权战略。

中国海权探索的成绩很大,顺应时代潮流,前景良好,但并没有通过殖民贸易和侵略扩张,更没有发动一次对外战争,完全依靠和平合作,依靠战略合作和战略对接,承担国际责任,遵守国际法,没有走西方国家实现海洋崛起的老路。要走出一条中国特色的海权之路,仅仅依靠对外国历史经验的借鉴和自身历史经验的总结是不够的,中国要在建构新型国际关系的道路上走下去。同时,还要在新时期面临和解决发展海权的多方面迫切问题,必须进一步"解放思想",做出战略创新。② 中国在建设海洋强国的过程中,应当在符合国家建设海洋强国的大目标下,结合相关自身需求和外部影响因素,构建中国的海权战略。当下中国的海权战略应当以海洋有效利用和开发为中心,以海上军事力量的建设为基础,实现对海洋多方面的有效管控,并以国家建设"21 世纪海上丝绸之路"为契机参与全球海洋秩序的建设。③ 在构建中国海权战略的过程中,应在尊重现有国际法律秩序的前提下,通过完善国家海洋法律制度实现海洋善治,并发挥其对海权的保障作用。

**(二)"一带一路"倡议下中国海权的新动向**

现代海权更多地受到国际法和平价值和规范化的影响,表现为开放性与非排他性、经济性与合作性、平等性与治理性的融合。④ 陆权与海权思维的本质都是控制与索取,这与"一带一路"的愿景背道而驰。中国要带动建设"一带一路",必须具有与当今时代对应的全球化思维,这个思维不是民族主义的,而是符合各国的利益与价值并为其所接受。"'一带一路'倡议与实践是中国崛起的经济政治效应,它不是中国的地缘

---

① 中国外交部:《共担使命 携手前行》,https://www.fmprc.gov.cn/web/wjdt_674879/zwbd_674895/t1683520.shtml,2020 年 3 月 5 日访问。
② 张晓东:《经济转型中的中国海权探索——以国家战略层面为中心》,《亚太安全与海洋研究》,2020 年第 1 期。
③ 张雅妮:《国际法律新秩序下中国海权战略的选择》,《中国海商法研究》,2019 年第 2 期。
④ 李晓霞:《海权观念的重塑——21 世纪"海上丝绸之路"建设的理念目标》,《理论月刊》,2016 年第 9 期。

政治战略,但有深远的地缘经济和政治影响,是中国崛起的影响,是追求和平、共同发展与共同繁荣的影响。'一带一路'倡议与建设是新时期中国主动融入世界、依托亚洲造福世界的创举,与西方强国独尊、以结盟和控制谋求权势的地缘政治学理论大相径庭,是中国和平发展实践对西方地缘政治理论的超越。'一带一路'倡议与建设的中国逻辑就是建构人类命运共同体。"[1] 因此,以规则的构建为中国特色海权努力的方向,主张互联互通、合作共赢和开放包容,并以科技、经贸、运输、能源等"软实力"领域的合作奠定良好的政治互信。因此,贯彻"21世纪海上丝绸之路"的基本理念结合目前在"软实力"合作已取得的成果,可以进一步深化中国特色海权的合作发展模式。在明确认识周边海域地缘政治状况的前提下,以法律框架构建为主要形式,以和平与发展的理念推动各个领域的平等合作为根本途径,推动中国特色海权的构建。海权发展包括一个经济转型推动的政治与军事变迁过程。[2]

2019年4月23日,在中国人民解放军海军成立70周年海上阅兵纪念活动上,习近平主席首次提出构建"海洋命运共同体"的主张,深刻指出,海洋孕育了生命、联通了世界、促进了发展。我们人类居住的这个蓝色星球,不是被海洋分割成了各个孤岛,而是被海洋连结成了命运共同体,各国人民安危与共。[3] 今后,中国应大力构建"海洋命运共同体",占据海洋安全的道义制高点,以"海洋命运共同体"思想引领国际海洋合作,推进海洋发展,形成良好的海洋合作态势。[4] 海洋命运共同体既有崇高的目标追求,又规划了切实可行的构建路径。第一,合力维护海洋和平安宁。和平安宁的海洋对人类生存、发展和互联互通至关重要,海洋的和平安宁需要世界各国共同维护,唯如此,才能阻止个别海洋国家称霸海洋的阴谋。第二,共同增进海洋福祉。当今绝大多数国际合作都以海洋为纽带和载体,"21世纪海上丝绸之路"倡议旨在凭借海上互联互通与务实合作,推动海洋经济繁荣发展,加强海洋文化交融互鉴。第三,共同保护海洋生态文明。海洋因人类的过度开发和忽视保护而出现严重的生态危机,人类要以可持续发展的高度自觉,为后代子孙留下永续发展的蓝色海洋。第四,以平

---

[1] 黄凤志,魏永艳:《"一带一路"倡议与建设对传统地缘政治学的超越》,《吉林大学社会科学学报》,2019年第2期。
[2] 张晏瑢:《由法律视角论中国海权的发展模式》,《江苏大学学报》(社会科学版),2020年第1期。
[3] 中国共产党新闻网,习近平系列重要讲话数据库,http://cpc.people.com.cn/n1/2019/0423 c164113-31045369.html/,2020年1月5日访问。
[4] 中国共产党新闻网,习近平系列重要讲话数据库,http://cpc.people.com.cn/n1/2019/0423 c164113-31045369.html/,2020年1月5日访问。

等协商态度,妥善解决分歧。海洋因对国家发展的价值提升、历史因素及其引发的民族主义情绪、地区安全机制的缺失或失效导致全球海洋争端时有发生。但海洋争端的解决不能动辄诉诸武力或威胁使用武力,应平等协商,妥善解决,把海洋争端限制在一定的范围内,并出现某种秩序特征,不会影响国家关系的健康发展这个大局。[①] "一带一路"倡议下的海权完全是一种包容发展主义,是以共商共建共享的合作共赢思想为基础,是推动全球海洋全面合作发展的新思路。它与传统的海权理论不同,而是超越了控制思想的全球化发展新思维,"一带一路"倡议下的海权理论构建,不是中国一家独奏,而是全球所有国家的合唱。

## 二、东海海洋权益与地区国家权利空间

东海,总面积约 770 000 km²,由中、日、韩三国陆地领土环绕的一个半封闭的海域,同时也是中、日、韩三国的海洋战略要地,该海域存在着中日双方的钓鱼岛及其附属岛屿领土争端,以及中日东海油气田开发等争议问题。中国依据《联合国海洋法公约》先后颁布了《领海及毗连区法》《专属经济区和大陆架法》,明确了中国的领海、专属经济区和大陆架主张,明确了中国对周边海域的主权、主权权利和管辖权的范围。但是,中国在东海存在岛屿主权争端和海洋权益争端,周边错综复杂的国家地缘政治格局决定了中国面临并不安宁的地缘政治环境。

海洋权益是国家领土向海洋延伸形成的权利。一般地说,海洋权益的内容主要包括:一是海洋政治权益,如海洋主权、海洋管辖权、海洋管制权等,这是海洋政治权益的核心;二是海洋经济权益,主要包括开发领海、专属经济区、大陆架的资源,发展国家的海洋经济产业等;三是海上安全利益,主要是使海洋成为国家安全的国防屏障,通过外交、军事等手段,防止发生海上军事冲突;四是海洋科学利益,主要是使海洋成为科学实验的基地,以获得对海洋自然规律的认识等。此外,还有海洋文化利益,如海上观光旅游、举办跨海域的文化活动等。中国关于东海海洋权益的原则立场和内容主要体现在以下几个方面。

---

① 李国选:《海洋命运共同体对西方海权理论的超越》,《浙江海洋大学学报》(人文科学版),2019年第5期。

### (一) 钓鱼岛及其附属岛屿不可分割的领土主权

钓鱼岛,是中国东海钓鱼岛及其附属岛屿的主岛,是中国自古以来的固有领土。位于北纬 25°44.6′,东经 123°28.4′,钓鱼岛长约 3 641 m,宽约 1 905 m,面积约 3.91 km²,最高海拔约 362 m,地势北部较平坦,东南侧山岩陡峭,东侧岩礁颇似尖塔,中央山脉横贯东西。钓鱼岛及其附属岛屿由钓鱼岛、黄尾屿、赤尾屿、南小岛、北小岛、南屿、北屿和飞屿等岛屿组成,周围海域面积约为 $17.4×10^4$ km²。中国古代先民在经营海洋和从事海上渔业的实践中,最早发现钓鱼岛并予以命名。在中国古代文献中,目前发现最早记载钓鱼岛等地名的史籍,是成书于 1403 年(明永乐元年)的《顺风相送》。明、清两代朝廷先后 24 次派遣使臣前往琉球王国册封,钓鱼岛是册封使前往琉球的途经之地,有关钓鱼岛的记载大量出现在中国使臣撰写的报告中。种种史料清楚地记载着钓鱼岛属于中国,分界线在赤尾屿和久米岛之间的黑水沟(今冲绳海槽)。① 钓鱼岛海域是中国的传统渔场,中国渔民世世代代在该海域从事渔业生产活动。钓鱼岛作为航海标志,在历史上被中国东南沿海民众广泛利用。

2012 年日本政府将钓鱼岛"收归国有",中日两国关系随之跌入谷底。2012 年 9 月,中国国务院新闻办发表了《钓鱼岛是中国的固有领土》白皮书。其中明确指出,在经营海洋和从事海上渔业的实践中,早在 14、15 世纪,中国就发现并命名了钓鱼岛;在明朝初期,为防御东南沿海的倭寇,中国就将钓鱼岛列入防区。1561 年(明嘉靖四十年),明朝驻防东南沿海的最高将领胡宗宪主持、郑若曾编纂的《筹海图编》一书,明确将钓鱼岛等岛屿编入"沿海山沙图",纳入明朝的海防范围内。1605 年(明万历三十三年)徐必达等人绘制的《乾坤一统海防全图》及 1621 年(明天启元年)茅元仪绘制的中国海防图《武备志·海防二·福建沿海山沙图》,也将钓鱼岛等岛屿划入中国海疆之内。清朝不仅沿袭了明朝的做法,继续将钓鱼岛等岛屿列入中国海防范围内,而且明确将其置于台湾地方政府的行政管辖之下。清代《台湾府志》及黄叔璥编写的《台海使槎录》等官方文献详细记载了对钓鱼岛的管辖情况。1871 年(清同治十年)刊印的陈寿祺等编纂的《重纂福建通志》卷八十六将钓鱼岛列入海防冲要,隶属台湾府噶玛兰厅(今台湾省宜兰县)管辖。1872 年,周懋琦编纂的《全台图说》中

---

① 《中国最先发现、命名和利用钓鱼岛》,中国钓鱼岛数字博物馆,http://www.diaoyudao.org.cn/2014-12/11/content_34290280.htm,2019 年 12 月 6 日访问。

也对钓鱼岛进行了描述。①

2014 年，中日就改善就处理和改善中日关系达成四点原则共识：一是双方确认将遵守中日 4 个政治文件的各项原则和精神，继续发展中日战略互惠关系；二是双方本着"正视历史、面向未来"的精神，就克服影响两国关系政治障碍达成一些共识；三是双方认识到围绕钓鱼岛等东海海域近年来出现的紧张局势存在不同主张，同意通过对话磋商防止局势恶化，建立危机管控机制，避免发生不测事态；四是双方同意利用各种多双边渠道逐步重启政治、外交和安全对话，努力构建政治互信。② 中方重申了严正立场，要求日方正视历史、妥善处理钓鱼岛等重大敏感问题，同中方共同努力推动两国关系改善发展。

### （二）东海专属经济区和大陆架油气田开发

东海大陆架是太平洋上油气最丰富的"宝地"之一，东海专属经济区和大陆架油气田资源的争夺也是中日两国矛盾与分歧所在。中日东海油气田资源争夺与东海划界问题密不可分，按照《联合国海洋法公约》的规定，沿岸国可以从海岸基线开始计算，把 200 海里以内的海域作为自己的专属经济区。专属经济区内的所有资源归沿岸国拥有。③ 中日两国之间的东海海域很多海面的宽度不到 400 海里，为此，日本主张以两国海岸基准线的中间线来确定专属经济区的界线，即所谓的"日中中间线"④ 由于日方提出的中间线主张没有依据，中方一直不予承认。根据《联合国海洋法公约》的规定，"沿海国的大陆架包括其领海以外依其陆地领土的全部自然延伸，扩展到大陆边外缘的海底区域的海床和床土，如果从测算领海宽度的基线量起到大陆边缘的距离不到 200 海里，则扩展到 200 海里。"⑤ 这是我国一贯坚持的大陆架自然延伸原则。而东海海底的地形和地貌结构决定了中日之间的专属经济区界线划分应该遵循"大陆架自然延伸"的原则。《中华人民共和国专属经济区和大陆架法》明确规定："中华人民共和国海岸

---

① 《中国对钓鱼岛实行了长期管辖》，中国钓鱼岛数字博物馆，http：//www.diaoyudao.org.cn/2014-12/11/content_34290283.htm，2019 年 12 月 6 日访问。
② 《中日就改善就处理和改善中日关系达成四点原则共识》，人民网，http：//japan.people.com.cn/n/2014/1107/c35469-25993305.html 2020 年 1 月 15 日访问。
③ 张海文主编：《〈联合国海洋法公约〉释义集》，海洋出版社 2006 年版，第 124 页。
④ 《解析：中日东海油气田争端到底在争什么》，环球网，https：//world.huanqiu.com/article/9CaKrnJNN7B，2020 年 1 月 15 日访问。
⑤ 《联合国海洋法公约》，第 76 条。

相邻或者相向国家关于专属经济区和大陆架的主张重叠的,在国际法的基础上按照公平原则以协议划定界限。"①对于日本提出的等距离中间线的划界方法,中国认为这不是划分海洋界限必须采取的办法,如果它能够实现公平合理的划界,可以通过双方协议加以利用,但日本单方面的声明和主张是不符合国际法上公平原则的。为防止中日两国陷入恶性竞争,中国一直致力于在东海争议海域能源开发上与日本"搁置争议,共同开发",但日本坚持其单方面划分的"中间线",不断在所谓"中间线"以东的争议海域进行海底资源调查,对此中国强烈要求日方遵守国际法准则,停止在中日双方争议海域侵害中国主权和权益的行为。②

中国春晓油气田的建设投产是中日东海能源争端升级的导火索。春晓油气田位于我国宁波市东南350 km的东海西湖凹陷地区,由4个油气田组成。2003年8月,中海油、中石化、壳牌公司、优尼科等五家石油企业签署了包括春晓油气田在内的西湖凹陷作业合同,宣布联合开发东海油气资源。对此,日本提出春晓油气田距离中日"中间线"仅5 km,中方大规模的开采会导致吸聚效应,吸走中间线东侧属于日本的石油和天然气,要求中国停止开发。③此后日方多次在东海争议海域进行海底资源调查及探测预备工作,并授予日本帝国石油公司在东海争议海域试开采权,遭到了中方强烈抗议。

为避免两国矛盾升级,从2004年起中日围绕东海油气田开发问题进行了数次磋商,2008年6月18日,中日双方就东海问题达成原则共识,其主要内容是包括,争议区域油气资源双方将在一个协商确定的区块内共同开发;欢迎日本法人按照中国对外合作开采海洋石油资源的有关法律,参加对春晓现有油气田的开发。④ 总的来说,"中日东海原则共识"体现了双方共同致力于东海稳定、谋求合作共赢的精神,符合两国的利益。在双方达成的共识和谅解中,屡次提及共同开发是"在划界前的过渡期间""作为划界前的临时安排""在不损害双方法律立场的情况下"进行。中日两国国在争端解决前做出临时安排,是符合国际法和国际实践的。共同开发就是一种重要的临时安排,它最根本的前提,就是不损害双方的法律立场。这一点也已为国际法的理论和

---

① 《中华人民共和国专属经济区和大陆架法》,第2条。
② 陈德恭:《现代国际海洋法》,海洋出版社2009年版,第187页。
③ 《中日东海油气田之争》,华夏经纬网,http://www.huaxia.com/hxhy/rdjj/xgwz/2011/06/2461006.html,2020年2月17日访问。
④ 《日本人如何看东海争端》,中广网,http://www.cnr.cn/news/t20060518_504209166.html,2020年2月17日访问。

实践所认可。① 2010年发生钓鱼岛撞船事件后,导致双方搁浅了东海共同开发协议的签订。② 2016年,日本执政党自民党再次围绕东海油气田问题大做文章。日本自民党有关东海资源开发的委员会已"基本决定",将要求政府根据海洋法公约向常设仲裁法院提起仲裁程序,以使中国停止在东海进行油气田开发。此次自民党东海资源开发委员会提交的仲裁理由是:在中日2008年就东海油气田开发达成共同开发协议后,中国单方面推进开发,违反了《联合国海洋法公约》第74条规定的为达成协议而努力的义务,因此拟提起仲裁。③ 中国对此回应称:"中方东海油气开发活动均位于毫无争议的中国管辖海域,完全是中方主权权利和管辖权范围内的事情。另重申所谓'日中中间线'只是日本单方面的主张,中方坚决反对,从未承认。"④

### (三) 海洋生态等其他合法权益

时至今日,中国与世界主要海洋大国、周边国家,以及"21世纪海上丝绸之路"参与方打造命运共同体的成效逐步显现,为加快推进海洋强国建设奠定了坚实的物质基础。然而,近几年海盗和武装抢劫、恐怖主义、武器扩散、跨国犯罪等非传统安全因素也日益突出,尤其海平面上升、海洋酸化以及海洋污染等海洋生态问题愈发引人关注。全球性海洋生态问题的出现和凸显,对东海海洋治理提出了新挑战。海洋生态文明是生态文明建设的重要组成部分,持续加强海洋环境污染防治,保护海洋生物多样性,实现海洋资源的有序开发利用是东海地区国家共同的目标。作为海洋大国,中国面临着许多与世界上其他海洋国家相同或相近的问题,这些问题涉域广泛,有经济方面的,也有非经济方面的;有开发问题,也有治理问题;有体制问题,也有路径问题。中国应当与周边国家加强合作,要借助有关战略平台,着眼解决这些问题进行探索试验,以寻找有效方法路径,建立适宜体制机制。通过探索试验,促进海洋经济发展质量提升、海洋生态环境优化,切实维护国家的海洋战略利益和海洋安全;以和平、

---

① 《中国海洋法专家解读中日东海谅解》,人民网,http://world.people.com.cn/GB/7399287.html,2020年2月17日访问。
② 《日本没资格对中国大陆架说三道四》,人民网,http://world.people.com.cn/n/2013/0719/c1002-22252725.html,2020年2月17日访问。
③ 《鼓噪东海仲裁,日本打错算盘》,人民网,http://opinion.people.com.cn/n1/2016/0319/c1003-28210788.html,2020年2月17日访问。
④ 《外交部:"日中中间线"只是日本单方面的主张,中方坚决反对,从未承认》,人民网,http://japan.people.com.cn/n1/2018/1204/c35421-30441131.html,2020年2月17日访问。

发展、合作、共赢方式扎实推进海洋强国建设。①

根据2019年《中国海洋灾害公报》和《中国海平面公报》，与常年相比，东海沿海海平面高88 mm；与2018年相比，各海区沿海海平面均上升，其中东海沿海海平面升幅最大。② 近3年，国家海洋局《中国海洋环境质量公报》和《东海区海洋环境公报》数据显示，海洋倾废、海上油气勘探开发、涉海工程未对东海海洋生态环境及其他海上活动产生明显影响。③ 联合国和世界气象组织发布的《2019年全球气候状况声明》统计数据表明，2019年是有仪器记录以来温度第二高的年份。2010—2019年是有记录以来最热的10年，过去5年也是史上最热的5年。全球性环境与海洋生态危机已迫在眉睫。2017年，中国出台《海岸线保护与利用管理办法》，将自然岸线纳入海洋生态红线管控。中国积极履行大国责任，提前实现了2020年碳排放强度比2005年下降40%~45%的承诺。这些行动和成绩再次说明，应对气候变化和保护海岸线，必须秉持人类命运共同体理念，各个国家相向而行。④ "中国提出共建'21世纪海上丝绸之路'倡议，就是希望促进海上互联互通和各领域务实合作，坚持陆海统筹，加快建设海洋强国，需要推动国际海洋合作，拓展蓝色'朋友圈'，完善全球海洋治理，推动构建海洋命运共同体，推动蓝色经济发展，推动海洋文化交融，共同增进海洋福祉。"⑤

## 三、中国东海维权的形势发展

现代海权竞争的形式是长期的战略相持和战略消耗，大规模战争不再是大国之间权力博弈的主要形式，纵观2019年东海局势总体上是和平的。然而，处于各自国家利益的考量，中日两国在钓鱼岛主权和海洋资源开发等问题上仍存在严重分歧，而美国凭"印太战略"强势介入东海海洋争端，使得东海局势依然动荡，国家间博弈的方式

---

① 《积极推动建立海洋命运共同体》，《人民日报》，2019年12月24日9版。
② 自然资源部：《2019〈中国海洋灾害公报〉和〈中国海平面公报〉解读》，http://www.mnr.gov.cn/dt/hy/202005/t20200506_2511107.html，2020年3月2日访问。
③ 自然资源部东海局：《中国海警局与三部委联合开展"碧海2020"专项执法行动》，2020年4月1日访问。
④ 《携手保护海洋生态》，人民网，http://health.people.com.cn/n1/2020/0417/c14739-31677589.html，2020年2月25日访问。
⑤ 《拓展蓝色"朋友圈"，建设海洋强国》，人民网，http://world.people.com.cn/n1/2020/0121/c1002-31558029.html，2020年3月2日访问。

也变得更复杂。

**（一）和平局面保持但争议仍将长期存在**

2019年，中国周边安全环境总体稳定的局面得以保持，中亚、南亚、东亚等几个方向未发生大的争端和冲突，有些热点明显降温。2019年12月，第八次中日韩领导人会议在中国成都举行，三方联合发表《中日韩合作未来十年展望》，强调共同促进地区发展繁荣与和平稳定。2019年中国全面加强与周边国家的关系，从而促使周边安全环境趋稳向好。

有关中日东海争议问题，中国一直以来都是以积极进取的姿态，加强执法维权力度，反制日本的挑衅行为，推进我国在钓鱼岛主权和东海划界问题上的政策主张早日实现。自2017年起，中日关系逐渐回暖，日本政府对华态度和政策趋于积极。一方面这是日本政府、日本社会上一些有识之士认识到了改善对华关系的重要性，认识到了这种改善是符合本国长远利益的，所以自2017年以来，日本展现出积极改善两国关系的姿态，做出了政策调整；另一方面，在一些敏感领域，中日关系还相对脆弱，仍然存在干扰因素。美国和日本是同盟关系，在今天这种复杂的急剧变化的国际环境之下，美国与中国博弈时，会尽可能多地利用、拉拢盟国，日本政府对此如何回应，也会影响到中日关系。① 与此同时，中日两国的外交、防务合作仍继续或重启。2019年5月10—11日，第十一轮中日海洋事务高级别磋商在日本北海道小樽市举行，中国外交部、中央外办、国防部、自然资源部、生态环境部、交通运输部、农业农村部、国家能源局、自然资源部中国地质调查局、中国海警局等部门及日本外务省、内阁府、文部科学省、水产厅、资源能源厅、海上保安厅、环境省和防卫省分别派员参加。双方举行了磋商机制全体会议和机制下设的政治与法律、海上防务、海上执法与安全、海洋经济四个工作组会议，就东海相关问题交换意见，并探讨了开展海上合作的方式。②

中国是维护东海和平稳定、推动地区国家合作与发展的坚定力量，也是维护《联合国宪章》宗旨和原则、国际关系基本准则和国际法基本原则的坚定力量。中国不希望看到自己的周边地区出现任何动荡。"中国坚定维护领土主权、海洋权益和国家安

---

① 《2019年是中日关系提升的关键之年》，北京周报，http://www.beijingreview.com.cn/shishi/201903/t20190307_800160018.html，2019年12月25日访问。
② 《中日举行第十一轮海洋事务高级别磋商》，新华网，http://www.xinhuanet.com/2019-05/11/c_1124480563.htm，2019年12月10日访问。

全，中方也一直按照国际法和国际惯例维护有关海空域的秩序和航行自由，始终致力于同直接有关的当事国，在尊重历史事实和国际法的基础上，通过双边协商谈判解决涉及东海和南海的有关争议。这是中国和有关国家达成的重要共识，也符合大多数地区国家和人民的利益和期待。但对于少数国家肆意侵犯中国主权和权益、蓄意破坏海上和平稳定的挑衅行动，中方将予以坚决回应。"① 中国拥有 18 000 km 大陆海岸线，是世界上邻国最多、海上安全环境十分复杂的国家之一，维护领土主权、海洋权益和国家统一的任务艰巨繁重。组织东海重要海区和岛礁警戒防卫，掌握周边海上态势，组织海上联合维权执法，妥善处置海空情况，坚决应对海上安全威胁和侵权挑衅行为仍是长期且艰巨的任务。②

### （二）日本对我国东海活动保持高度戒备并持续加强防控

日本于 2018 年 5 月 15 日召开的内阁会议上，通过了 2018—2022 年《海洋基本计划》，确立了今后 5 年的海洋政策方针。与过去两期计划相比，此次日本通过的《海洋基本计划》的内容发生了重大变化，将关注的重点领域从以往的以海洋资源开发及保护等为主的经济发展转向了领海警戒、离岛防卫等等安全保障领域，成为日本在审视周边安全环境的基础上所做的一种安全战略设计。③ 实际上，从制订初衷来看，日本《海洋基本计划》是一份日本政府关于如何管理群岛周围水域的声明，而并非防务和安全文件，但此次却被打上了深深的军事烙印。日本作为孤悬大海之中的海洋国家，其海洋政策的如何推进已经成为其社会发展和对外关系走向的重要风向标。根据《海洋基本计划》的表述，目前日本周边的海洋环境已发生了重大变化，安全形势日益严峻，外国公务船"入侵日本领海"活动不断加剧，外国渔船"违法作业"也时有发生，为应对日本周边海域"可能出现恶化"的安保环境，日本将采取在西南岛屿部署自卫队、强化海上保安厅对钓鱼岛周边所谓"日本领海"警备体系、稳步强化自卫队和海上保

---

① 《外交部：中国坚定维护东海南海和平》，新闻在线，http：//news.cri.cn/gb/42071/2014/06/05/6891s4566276.htm，2020 年 2 月 2 日访问。

② 2019 年《新时代的中国国防》白皮书（全文），新华网，http：//www.xinhuanet.com/politics/2019-07/24/c_1124792450.htm，2020 年 1 月 4 日访问。

③ 《日本海洋政策出现重大变化，从经济开发转向警戒防卫》，人民日报海外网，https：//baijiahao.baidu.com/s?id=1600680846895466301&wfr=spider&for=pc，2020 年 1 月 5 日访问。

安厅的舰船、飞机和雷达等设备等一系列策略方针。① 此外,《海洋基本计划》还提出,为确保海上交通要道的安全,日本也将向有关国家提供装备、技术等支援,并不断推进能远程操作的监视基地的设置和无人机的开发,甚至还将利用日本宇宙航空研究开发机构的先进光学卫星等手段来强化情报收集能力。从一定程度上来说,日本的新《海洋基本计划》已经不再只是简单描述海洋发展的政府文件,而是一种精心设计的政治安全战略,表明了其以价值观外交、经济外交所构建的海洋安全保障形式发生了重大转变,成了一种通过全方位提高军事技术水平,持续加大自卫队作战能力,来夺取周边海域主导权的进攻性谋划。从战略目标来看,日本新海洋政策主要针对的是朝鲜的核导开发以及中国的海洋活动,呈现出很强的针对中国的战略意图。日本新海洋政策虽然未直接出现"中国"的名字,但却明确要求海上保安厅紧急构建钓鱼岛周边的警备体制,不断扩大西南诸岛军力部署,强化海上自卫队及海上保安厅的飞机及舰艇的数量和海巡力度,并将中国在南海等扩大权益的动向考虑在内,这不仅对中国钓鱼岛领土主权及东海、南海的海洋维权构成严重挑战,而且严重破坏了亚太地区的海洋安全环境。②

在海上,出于对风险的共同认知,中、日两国在围绕钓鱼岛问题而展开的博弈中保持了一种"微妙的平衡",双方都在尽可能避免局势失控。2019 年,中国海警和日本海上保安厅的执法船都在钓鱼岛海域执行各自的巡航任务,至今双方都未派遣军事力量进入这一海域,近几年,两国也都无官方和民间人士上岛开展主权宣示活动。然而,中、日两国军事力量在各自防空识别区内针对另一方的管控频率仍然保持在较高水平。日本防空识别区为北、中、西、西南四个区。其中北区主要为北纬 39°以北即北海道和本州部分地区,中区为北纬 34°以北的本州大部、四国部分地区和首都东京地区,西区主要包括本州西部、四国大部和九州全部,西南区则包括了冲绳地区、日本西南岛屿及东海地区。日本防空识别区是一个巨大的五边形,最南部与中国台湾地区的防空识别区呈重叠状态,西北部更是过分到距离俄罗斯海岸不足 50 km,其最西部距

---

① 《日本海洋政策出现重大变化,从经济开发转向警戒防卫》,人民日报海外网,https://baijiahao.baidu.com/s?id=1600680846895466301&wfr=spider&for=pc,2020 年 1 月 5 日访问
② 《日本海洋政策出现重大变化,从经济开发转向警戒防卫》,人民日报海外网,https://baijiahao.baidu.com/s?id=1600680846895466301&wfr=spider&for=pc,2020 年 1 月 5 日访问

离中国大陆东海海岸线仅 130 km。[①]

值得注意的是,日本在钓鱼岛问题上正在潜移默化的、实质性加强对中国的反制,不断提高拒阻能力。在实际行动上日本大幅度提升海上执法力量的预算经费,主要用于购买新型喷气式飞机和巡逻船,海上保安厅将原本设在宫古岛的海上保安署升级为海上保安部,人数及装备规模均相应扩大。2018 年,日本陆上自卫队在宫古岛驻屯地举行仪式,正式宣布成立导弹部队。宫古岛地处琉球群岛西南部,西距台湾岛仅 380 km 左右。2019 年 3 月,日本开始在该岛部署自卫队。目前,驻扎在该岛整编完毕的部队约 700 人,装备 03 式中距地对空导弹和 12 式地对舰导弹。[②] 除强化各岛屿部署外,日本还有一系列军事动作:包括扩充两栖作战部队,采购"鱼鹰"运输机、新建登陆舰等装备,增加部署于冲绳的战斗机、预警机数量,新建专用于东海巡逻的军舰等。此外,海上保安厅陆续完成所谓"钓鱼岛领海警备专属体制""24 小时监视体制",警察厅建立可搭乘直升机赴离岛执行任务的警察队伍。配合上述部署,日本还将在未来 10 年间反复举行有针对性的军事演习和跨部门演习。[③]

### (三)美国"印太战略"介入东海争端

2007 年 8 月,日本首次提出"自由开放的印度太平洋战略"。2012 年日本提出重启新一轮的"印太战略"。2016 年 8 月在肯尼亚召开的东京非洲发展国际会议(TICAD)上,日本继续宣扬"印太战略",提出"国际社会稳定和繁荣的关键是两洋协同带来的活力,包括飞速增长的亚洲和充满潜力的非洲,两个自由开放的海洋——太平洋和印度洋。日本将两个大陆和两个海洋看作一个一体化地区,在此开辟日本外交活动的新平台。"[④] 2015 年 3 月,美国颁布了新版《前沿、接触、准备:21 世纪海上力量合作战略》,指出"美国的经济和安全都与印度洋和太平洋上的巨大贸易有着千丝万缕的联系。这一地区海域广阔,因为其所蕴含的经济重要性、安全利益和地理位置重要性,决定了需要增加美国在该地区的海军力量,以便保护美国的利益,并保持美国

---

[①] 《日本防空识别区逼近中国》,参考消息网,http://mil.cankaoxiaoxi.com/2013/1125/307134.shtml,2020 年 1 月 26 日访问。

[②] 《日强化西南方向军力欲何为》,人民网,http://military.people.com.cn/n1/2020/0415/c1011-31674405.htm,2020 年 2 月 5 日访问。

[③] 《日强化西南方向军力欲何为》,人民网,http://military.people.com.cn/n1/2020/0415/c1011-31674405.htm,2020 年 2 月 5 日访问。

[④] 杨俊东:《日本印太战略:构建、核心与延伸》,《东北亚学刊》,2018 年 4 月。

对于该地区稳定的永久性承诺。"2017年11月，美国提出了新版本的"印度洋—太平洋战略"，随后重启了美国、日本、澳大利亚和印度之间的四方安全对话。2018年12月，美国《2018年亚洲再保证倡议法案》（ARIA）生效，旨在"为美国在印度太平洋地区制定长期的战略愿景和全方位、多领域和原则性的其他政策"。半年后，五角大楼发布了第一份"印太战略"报告：《印太战略报告：准备工作、伙伴关系和促进地区网络化》。美国大肆推行"印太战略"意图对中国的经济利益、军事利益和战略利益、特别是对"一带一路"倡议产生不利影响。

美国"印太战略"意图在东海局势管控、海洋权益方面对中国构成威胁。自2012年以来，美国一直深度卷入中国东海领土争端和海洋管辖权争端之中，同时迅速加强了美国在东海地区的军事部署。2019年，美国在东海地区的军事布局和军事投入明显加强。2019年6月19日，美国国防部发布了《2019年度国防预算案》，其中对"印太战略"有了系统性的描述，制定了一套针对中国的"整体战略"，包括支持美国与日本、澳大利亚和印度开展联合军事演习，加强安全合作，以对抗中国在亚洲、东南亚和其他地区日益增长的影响力。[①] 在美国的"印太战略"框架内，美国将会进一步加强其在东海地区的兵力部署，对中国进行抵近侦察和情报收集。与此同时，美国还将会与日本合作，在东海地区建立起一个反华阵营。[②] 从中国的角度来看，美国"印太战略"的真正意图是要建立一个反对中国的排他性区域集团。这一战略的实施至少将在三个方面给中国带来挑战：战略纵深、区域经济合作和区域重大利益保护。

在日本看来，"自由和开放的印太战略"侧重于亚洲和非洲两个大洲以及太平洋和印度洋两个大洋的结合，日本要促进前述整个地区的稳定和繁荣。日本是石油净进口国，因而需要确保印度洋和西太平洋海域海上航道的安全和安稳，这是日本的首要任务。航行自由是"自由和开放的印太战略"的基本支柱。"自由"意味着，其能源供应和能源贸易不受海上威胁；"开放"意味着，其出入两个大洋及其上覆空域的能力不受任何大国的限制；"开放"还意味着各国之间的贸易互惠、投资开放、协议透明、互联互通增强，从而加强本地区间的联系。这些都是本地区可持续增长的必要条件。日本认为，中国对于东海中的几乎所有岛屿都提出了主权声明。如果中国尊重航行自由，如果中国停止挑衅活动，盟国军队也将会不再开展针对中国的防务活动。如果中国继

---

① 《遏制中国的"印太战略"是如何稳步推进的》，新华网，http：//www.xinhuanet.com/mil/2018-08/09/c_129929588.htm，2020年2月25日访问。
② 吴士存：《中国如何破解美国的"印太战略"》，《中国评论》，2019年第12期。

续进行其目前所为的海上攻击性活动,盟国军队可能会在不久的将来采取新的对华遏制政策。这就有可能在东海地区产生小规模海上冲突。不过,日本认为,中国应当成为一个具有包容性的伙伴国,但为此目的,中国应当遵守国际准则和规则。[1] 日本对中国崛起的焦虑更长久。前些年,伴随着中日东海争端的升温,日本先后提出了"建设自由开放的印太地区"和"自由开放的印太战略",呼吁建立美、日、印、澳四国机制,建立以中国为假想敌、以日本为海洋秩序维护者的四国军政联盟,以制衡中国军事实力在印太地区的扩展。[2] 在安全方面,这是日本印太战略中的核心领域,着力甚巨。日本担心中国崛起过程中带来的"威胁",认同"亚太再平衡不足以平衡中国,需要扩展为印太再平衡"的观念。因此,日本从 2007 年提出"印度洋—太平洋战略",至 2012 年号召太平洋到印度洋地区拥有"相同价值观"的国家进行合作,再到 2019 年积极响应美国"印太战略",由此可见日本比澳大利亚和印度更加重视"印太战略"对中国的影响。日本对构建美、日、印、澳"四国同盟"的热情超过了其他三个国家。

## 四、东海争端的解决

当前中国周边安全形势总体和平稳定。中国始终着眼构建周边国家命运共同体,一贯奉行"与邻为善、以邻为伴"的周边外交方针,全面发展与周边各国的友好合作关系,致力于通过和平方式解决领土主权和海洋权益争端,同时坚定不移地捍卫国家主权、安全和海洋权益。

### (一) 海洋争端解决机制

海洋争端解决机制是《联合国海洋法公约》的重要内容,是当代解决国际海洋争端的主要途径之一。《联合国海洋法公约》中涉及争端解决的条款约占其全部条款的 1/4,在整部文本中占有重要地位。"强制性"是《联合国海洋法公约》海洋争端解决机制的重要特征之一。其中,第十五部分第一节规定了启动强制程序的前置性条件,即在强制程序之外赋予了争端各国自行选择争端解决方法的权利,只有当争端各方不能就其争端解决达成协议,或是不能用既已选择的方法解决争端时,争端的强制程序

---

[1] 吴士存:《中国如何破解美国的"印太战略"》,《中国评论》,2019 年第 12 期。
[2] 《"印太"战略的应对之道》,南风窗,https://m.nfcmag.com/article/8793.html,2020 年 1 月 25 日访问。

才能被启动;① 此外,确立了"导致有拘束力裁判的程序"优先于强制程序的地位,只有争端各方间没有通过一般性、区域性或双边协定或以其他方式协议规定,需将"有关本公约的解释或适用的争端"提交给导致有拘束力裁判的程序时,强制程序才能够适用②;并且,还附加了"交换意见的义务",在强制程序启动之前,争端各国应已就争端解决交换了意见。③ 同时,《联合国海洋法公约》第十五部分第二节对提交裁判的诉求的性质进行了限制:首先,被提交的诉求应当可以被定义为"争端";其次,该项"争端"在内容上必须有关《联合国海洋法公约》的解释与适用。④

但是,并不是所有的争端一旦产生就必须付诸这种强制程序,这种程序的适用还要符合一定条件。按照一般国际争端的解决方法,《联合国海洋法公约》提出了任择性决定的程序与有拘束力裁判的强制程序。文本第十五部分第三节规定了强制程序启动的限制和任择性例外:即当争端属于某些有关专属经济区内和大陆架上的海洋科学研究争端,或某些有关经济区内渔业的争端时,其被自动排除在《公约》导致有拘束力裁判的强制程序之外;⑤ 并且,《联合国海洋法公约》缔约国可以选择通过发布书面声明的方式排除某些争端的强制管辖,包括:海洋划界和历史性所有权争端、军事活动和执法活动争端以及正由联合国安理会执行其职务的争端。⑥

尽管《联合国海洋法公约》存在一定的局限性,但是自其生效以来,为各国开发、利用、管理海洋以及海洋争端的解决确立了基本的法律制度,为实现解决海洋争端并确保争端真正能够在当事方之间进行平息,维护海洋新秩序提供了有效途径。

### (二) 中国解决海洋争端的基本原则与立场

当前,中国海洋维权依然面临着艰巨的挑战,对此需保持清醒的认识,未雨绸缪,做好应对各种挑战的准备。一方面,应区分不同国家、不同类型的海洋争端,选择合适的政策与方法,避免中国在海洋争端解决中处于被动地位;另一方面,要充分利用国际法在解决海洋争端中的作用,避免国际法无用论和唯国际法两个极端。在领土主

---

① 《联合国海洋法公约》,第281条。
② 《联合国海洋法公约》,第282条。
③ 《联合国海洋法公约》,第283条。
④ 《联合国海洋法公约》,第286条。
⑤ 《联合国海洋法公约》,第297条。
⑥ 《联合国海洋法公约》,第298条。

权争端中,国际法依然是各国进行利益博弈的工具,中国应充分加以利用,坚决反对有关国家滥用、曲解国际法损害我国的主权和权益,同时,也要高度重视协商谈判在争端解决中的作用,以和平合作的方式化解纠纷矛盾,达到中国与其他国家互惠互利,合作共赢。

### 1. 在国际法的基础上,通过谈判磋商解决争议

中国是现行国际秩序的建设者和参与者,也是国际法治的坚定捍卫者,一直以实际行动遵守共识、践行承诺。谈判协商是解决领土和海洋权益争议的根本之道,也是国际通行的做法。中国政府提出:"中国全面参与联合国框架内海洋治理机制和相关规则制定与实施,落实海洋可持续发展目标""实现海洋资源有序开发利用"。[①] 一方面,我国海洋维权的性质在总体上不是对抗性的,而是为了实现海洋资源有序开发利用,这也包括合理分配;另一方面,我国海上维权斗争不仅要维护区域和平,还需要全面参与联合国框架内海洋治理机制和相关规则的制定与实施。[②] 中国是世界上海陆邻国最多的国家,没有任何国家在领土和海洋划界问题上取得了像中国这样的成就。中华人民共和国自成立以来,已与14个陆地邻国中的12个通过平等、友好谈判划定了陆地边界。中国有信心、有耐心、有意志与海洋邻国继续通过谈判协商解决海洋划界问题。[③]

### 2. 根据《联合国海洋法公约》第298条,不接受强制争端解决程序

《联合国海洋法公约》第298条规定,"任何争端如果必然涉及同时审议与大陆或岛屿陆地领土的主权或其他权利的任何尚未解决的争端"等,则不应提交"导致有拘束力裁判的强制程序"。2006年8月25日,中国根据《联合国海洋法公约》第298条的规定向联合国秘书长提交声明,称"关于《联合国海洋法公约》第298条第1款(a)、(b)、(c)项所述的任何争端,中华人民共和国政府不接受《联合国海洋法公约》第十五部分第二节规定的任何程序",明确将涉及海洋划界、历史性海湾或所有权、军事和执法活动,以及联合国安全理事会执行《联合国宪章》所赋予的职务等争

---

① 《习主席海洋命运共同体理念引共鸣》,新华网,http://www.xinhuanet.com//world/2019-06/08/c_1210153933.htm,2019年12月15日访问。
② 王磊等:《海洋维权的博弈问题》,《中国工程科学》,2019年第6期。
③ 《谈判协商是解决争议唯一出路》,人民网,http://opinion.people.com.cn/n1/2016/0610/c1003-28423941.html,2019年12与19日访问。

端排除在《联合国海洋法公约》强制争端解决程序之外。① 这是中国政府的一贯原则和立场。中国依据《联合国海洋法公约》有关规定做出排除性声明,将涉及海域划界等事项的争端排除适用仲裁等强制争端解决程序,完全符合《联合国海洋法公约》的规定,是行使其赋予的权利,符合国际法。中国的排除性声明,对于《联合国海洋法公约》其他缔约国和国际社会来说,是具有法律效力的。有关国家和国际机构应该尊重和遵守中国的排除性声明。

3. 倡导"搁置争议、共同开发",开展海上务实合作

在"一带一路"倡议下,中国致力于争取长期的和平国际环境特别是良好的周边环境。为此,对于中国同邻国在海洋事务方面存在的争议问题,中国政府着眼于和平与发展的大局,主张"通过友好协商解决,一时解决不了的,可以搁置争议,加强合作,共同开发"②。中国将以海洋为载体和纽带,在技术、信息、文化等领域开展日益紧密的合作,中国提出共建"21世纪海上丝绸之路"倡议,就是希望促进海上互联互通和各领域务实合作,推动蓝色经济发展,推动海洋文化交融,共同增进海洋福祉。③国家间要有事多商量、有事好商量,不能动辄就诉诸武力或以武力相威胁。各国应坚持平等协商,完善危机沟通机制,加强区域安全合作,推动涉海分歧妥善解决。④ 海洋争端虽然一直存在,但并没有阻断中国同有关争议国发展友好合作关系的进程,这是因为中国把发展友好合作关系置于更重要的位置,不愿意让海洋争端成为阻力。

(三) 中国解决东海争端的相关实践

中国始终坚持和平解决与他国在领土主权和海洋权益方面的争端,地区安全应由本地区所有国家共同维护,而不是由一国主导。中国要与地区国家共同将东海建设为和平之海、发展之海、友好之海。坚持国家主权,是中国和平解决海洋争端的底线。

---

① 中国外交部:https://www.fmprc.gov.cn/web/ziliao_674904/tytj_674911/tyfg_674913/t270754.shtml,2019年12月16日访问。
② 《中方称将继续推进海上务实合作》,中国新闻网,https://baijiahao.baidu.com/s?id=1610314180391750632&wfr=spider&for=pc,2019年12月19日访问。
③ 《加强海上对话交流,深化海军务实合作》,参考网,http://www.fx361.com/page/2019/0523/5141346.shtml,2019年12月19日访问。
④ 《加强海上对话交流,深化海军务实合作》,参考网,http://www.fx361.com/page/2019/0523/5141346.shtml,2019年12月19日访问。

安全与发展并重,以共同发展化解海洋争端,"主权在我、搁置争议、共同开发"的政策主张,在新时代仍为中国所坚持。

### 1. 开启民间对话共谋发展

2019年11月8—9日,由南京大学中国南海研究协同创新中心和日本笹川和平财团日中友好基金共同举办的新一轮"中日东海海上安全对话"在南京举行。① 双方就"自由开放的印太倡议""海洋命运共同体"建设和"国际海峡"等议题进行了深入对话与研讨,力图进一步澄清事实、加深相互认识与理解、消除误解与弥合分歧。一方面双方就中美关系变化对中日关系的影响和日本的政策选择等方面的问题进行了坦诚的沟通与交流;另一方面,双方就本阶段多轮对话已经取得的诸多成果的呈现形式、下阶段对话的时间和议题安排以及未来项目发展的想法等交换了意见并达成了基本共识。中日双方对本轮对话所取得的成果均表示了高度的肯定,并一致认为该机制依靠中日双方的共同努力已逐渐发展成熟,期待该合作项目未来能继续为促进中日两国相互理解做出更多的贡献。

### 2. 中日海空联络机制生效

在第十一轮中日海洋事务高级别磋商中,中日双方共同认为,防务部门海空联络机制自2018年6月正式启用以来,得到有效运用。2018年5月,中国国务院总理李克强抵达东京,出席第七次中日韩领导人会议并对日本进行正式访问。作为此次中日高层会面的重要成果之一,两国防务部门签署了海空联络机制备忘录,确定于该年6月8日启用该机制。根据之前两国官方多次公开声明,双方设立"海空联络机制"的目的,就是共同管控海上危机,使东海成为和平、友好、合作之海。② 实际上,这是自2014年以来中日为努力改善两国关系的低迷状态而做出的努力,2014年5月9日中日两国防务部门之间签署的"海空联络机制谅解备忘录"以及与其创设有关内容的研究。正如中日两国政府首脑于2018年11月30日在出席阿根廷布宜诺斯艾利斯G20峰会见面

---

① 中国南海研究协同创新中心主办2019年中日东海海上安全对话,https://nanhai.nju.edu.cn/bb/34/c5327a441140/page.htm,2020年1月25日访问。

② 《华春莹:"中日海空联络机制"有利于防止误解误判》,环球网,https://baijiahao.baidu.com/s?id=1620901817554774 7777&wfr=spider&for=pc,2020年2月25日访问。

时所确认的那样:"没有东海的安定,就没有中日关系真正的改善和发展"。① 2018 年中日两国关系回到正常轨道以来,鉴于国际国内情势应发展中日关系的共识,以及从构筑契合新时代要求的中日关系的提出到稳固两国面向未来中日关系确立之间的过渡时期。而这种"过渡期间"及其时间长短特别考验两国对重大敏感问题包括东海问题的管控和处理,并严重影响两国构筑建设性的安全关系和契合新时代要求的两国关系的使命和目标。因此,中国国家主席习近平于 2019 年 6 月 27 日在大阪 G20 峰会会见日本首相安倍晋三时,双方达成了积极推动构建建设性安全关系,以逐步确立稳固的战略互惠互信的共识。②

3. 东亚海洋合作新态势

2019 年东亚海洋合作平台青岛论坛在青岛开幕。论坛上,中国现代国际关系研究院发布了《东亚海洋合作报告(2019)》。报告称,2019 年海上合作不仅构成稳定东亚地区战略走势的"压舱石",而且承载着"海洋命运共同体"始于东亚的壮阔愿景。中国以"海洋命运共同体"打开合作新愿景,日本利用 G20 大阪峰会推出"蓝色海洋愿景",韩国设定"2018 海洋经济再腾飞元年"和"2022 世界第五海洋强国"目标,海洋合作的政策基础不断强化。③ 在稳步推进域内海洋治理的同时,东亚国家在全球层面上的合作引人瞩目。2019 年中日韩作为非北极国家的主要代表,推动筹备并成功建立北极公海渔业管理组织。供给创新形成合作新引擎。绿色港口、智慧港口引领基础设施合作方兴未艾,东亚海上风电市场迎来爆发期,潮汐能、温差能构成海洋科学共同研究的新热门。可以预见,东亚国家对加强海洋合作的共识与期待更加强烈,目标与筹划深入对接,投入与保障也加快跟进,地区海洋合作享有巨大的空间和机遇。东海地区合作网络将以"海上丝绸之路"为辐辏,汇聚开放、绿色、廉洁的新阶段动能;海上功能合作与产能合作齐头并进,务实合作由低敏感领域向较敏感领域迈进;区域、次区域以及地方海洋经济多层次合作体系更趋充实;东亚国家间共建蓝色伙伴关系的

---

① 《G20 布宜诺斯艾利斯峰会三大看点》,新华网,http://www.xinhuanet.com/world/2018-11/26/c_1123767036.htm,2020 年 3 月 2 日访问。
② 《元首外交密集展开,习近平向世界传递出哪些信息?》,大众网,https://www.dzwww.com/2019/G20/rdxw/201906/t20190629_18886049.htm,2020 年 3 月 2 日访问。
③ 《海上合作承载"海洋命运共同体"》,中国新闻网,http://www.chinanews.com/gn/2019/09-05/8948428.shtml,2020 年 3 月 2 日访问。

条件进一步成熟。①

总之,中国关于钓鱼岛及其附属岛屿的领土主权以及中国所管辖专属经济区和大陆架的海洋权益的主张是建立在充分的历史和法律依据上的,符合包括《联合国海洋法公约》在内的一般国际法。中国东海所涉及的领土主权和海洋权益的争议问题,中国一贯主张与直接当事国通过谈判协商解决,并不遗余力地倡导各国搁置争议、共同开发,这既是有充分的法律依据的,也是中国与周边国家处理相关争端的经验总结。2019 年,在中国与东海地区国家的共同努力下,海洋争端得到有效管控,海上形势总体保持和平局面并向好发展,双边或地区性的磋商与谈判、交流与合作不断取得新成果。中国与东海地区国家完全有意愿、有能力处理好相关争议问题,做到互利互惠,合作共赢。中国将继续采取有效的政策措施,有效应对来自各方面的挑战,推动东海地区合作深入开展,为贯彻"一带一路"倡议和打造海洋命运共同体发挥积极作用。

---

① 《海上合作承载"海洋命运共同体"》,中国新闻网,http://www.chinanews.com/gn/2019/09-05/8948428.shtml,2020 年 3 月 2 日访问。

# 附录　2019年东海大事记

本附录所列东海大事记，系根据政府部门公告、官方发布信息、各大新闻媒体报道、各涉海机构和媒体消息等综合整理而成，没有一一注明出处，力图包含在编者看来有一定影响的和东海有关的一切人类活动和自然现象，涉及东海海洋权属和海洋安全维护、海洋环境保护、海洋资源开发、海上航行、海岛和滨海地区开发与管理、跨海桥梁等工程建设、海上灾害和事故及救助、海上犯罪防范和打击、政府涉海活动和规划、涉海科研和学术活动、民间涉海文化体育活动等各方面，目的在于尽可能全方位地展示人类涉东海活动的面貌，以便在东海的保护和利用方面，更好地看清事实，发现问题，把握方向。大事记按时间顺序排列。

## 1月1日

《中国海洋报》评选推出2018年中国海洋十大新闻，其中包括2018年1月6日发生在长江口以东约160海里处的"桑吉"轮撞船沉没事故；2018年3—6月，习近平主席发表"海洋是高质量发展战略要地"等重要讲话；2018年7月国务院发布《关于加强滨海湿地保护严格管控围填海的通知》；2018年11月国家发改委、自然资源部联合印发《关于建设海洋经济发展示范区的通知》。这些事件对东海区域的发展有重要的意义和影响。

## 1月2日

宁波舟山港主通道的节点性工程鱼山大桥全线完工。宁波舟山港主通道项目是浙江省交通产业发展的支撑项目之一，主要涉及3座大桥，预计2021年全线贯通，届时将成为世界上最长的连岛高速公路和规模最大的跨海桥梁群。鱼山大桥的多项工程设计和施工工艺刷新世界纪录。

三门湾大桥进入扫尾工作，跨海大桥将展雄姿，三门湾大桥及接线工程起自象山戴港，接象山港大桥及接线工程，通过蛇蟠岛跨越三门湾，止于三门县六敖，连接在建的台州湾大桥及接线工程。

凌晨4时30分许，一艘装载着白糖的帕劳籍货轮"LONDON"，在浙江台州玉环以东90海里的东海海面发生事故沉没，15名船员落水。共有20多艘渔船参与现场搜寻。台州市海上搜救中心接报后积极履行责任区国际搜救义务，组织力量全力搜寻。

外交部发言人在例行记者会上表示，中国"向阳红1号"科考船依法在冲绳岛附近海域开展海洋科考活动，符合《联合国海洋法公约》有关规定，且根据公约，冲之鸟礁根本不具备作为岛的基本条件，日方擅自将其称作岛，并单方面主张所谓的专属经济区和大陆架，这点中方从未予以承认。

### 1月4日

凌晨，中国香港籍杂货船"银安"与福建晋江籍渔船"闽晋渔05568"在福建平潭海域发生碰撞事故，造成"闽晋渔05568"船沉没，船上14名船员落水，其中8名船员失踪。后在事发海域附近陆续寻获3具遗体，但有待进一步确认是否为此次事故中失踪的船员。

### 1月5日

中国海警2305舰艇编队进入钓鱼岛领海内巡航，拉开了中国海警2019年在钓鱼岛领海内巡航的序幕。自2018年7月1日起，中国海警隶属和组织发生重大变化。根据《全国人民代表大会常务委员会关于中国海警局行使海上维权执法职权的决定》，海警队伍整体划归中国人民武装警察部队领导指挥，调整组建中国人民武装警察部队海警总队，称中国海警局，统一履行海上维权执法职责。新组建的武警海警总队设北海、东海、南海三大海区指挥部，为副军级单位。

### 1月6日

自然资源部第一海洋研究所科研人员利用自主研制的6 000 m级压载贯入式海底沉积物声学原位测量系统（BISAMS）在西太平洋水深超过5 000 m的海底成功获得沉积物声学特性原位测量数据。这是我国在深水海底声学特性原位测量技术研究方面取得的再次突破，相关技术与设备将在海底环境监测、海底资源调查和海洋权益保护等领域发挥重要的作用。

## 1月7日

温州核算海洋生态GDP，摸清海域生态资本家底。自然资源部第一海洋研究所完成"温州市海洋生态资本价值评估"，并通过项目验收。

浙江嘉兴打造高效通道，促进海河联运上新台阶。装载着223个煤炭"散改集"集装箱的"合德京唐/1901S号轮"经过嘉兴乍浦港中转，以海河联运方式发往诸暨港，最终供给浙江物产环能浦江热电有限公司。

## 1月8日

上午8时45分，厦门海事局联合漳州、泉州海事局以及东海救助局启动"2019年福建海区（南片区）冬季海空联合巡航救助活动"，保障海上交通安全。

20时39分，日本九州岛海域发生6.5级地震，震源深度为10 km。自然资源部海啸预警中心根据地震参数判断，此次地震可能会在震源周围引发局地海啸，但不会给我国沿岸造成灾害性影响。

## 1月13日

福建省十三届人大二次会议、省政协十二届二次会议召开。其《政府工作报告》中指出，2018年以来，福建省突出创新和开放发展，海洋生产总值增长10%，与"海上丝绸之路"沿线国家和地区贸易额增长11%以上；提出，2019年实施丝路海运、丝路飞翔等七大标志性工程，支持平潭开放开发，加快六大湾区建设，建设福州、厦门国家海洋经济发展示范区。

## 1月15日

浙江省人民政府公布《浙江省贯彻落实国家海洋督察反馈意见整改方案》。方案提出，将全面落实围填海严管严控政策，严格落实海洋生态环境保护职责，严格海洋执法监管，并确定具体目标、措施、整改实施期限。此前2018年12月20日自然资源部、发展改革委制定《关于贯彻落实〈国务院关于加强滨海湿地保护严格管控围填海的通知〉的实施意见》（自然资规〔2018〕5号），要求落实国务院通知（国发〔2018〕24号），对加强滨海湿地保护和严管严控围填海提出了明确要求。

继2017年成为全球首个"10亿吨"大港后，宁波舟山港再传捷报，2018年全年

货物吞吐量再超 $10×10^8$ t，全球港口货物吞吐量排名实现"十连冠"。

### 1 月 18 日

《上海市贯彻落实国家海洋督察反馈意见整改方案》向社会公布。《整改方案》表示，要坚持生态优先，加强海洋生态文明建设；坚持陆海统筹，持续加强陆源入海污染控制；规范海域管理，实施最严格的围填海管控制度；完善长效管理机制，严厉查处违法行为。

2019 年世界湿地日中国主场宣传活动在海南海口五源河国家湿地公园举行（2019年世界湿地日为 2 月 2 日），活动首次发布了《中国国际重要湿地生态状况白皮书》，显示我国重要国际湿地中，近海与海岸湿地总体状况良好，但也面临各种威胁。56 处国际重要湿地中，近海与海岸湿地有 15 处，包括上海崇明东滩、福建漳江口红树林等。

### 1 月 23 日

福建省海洋与渔业工作会议发布消息，2018 年福建省海洋生产总值预计达 10 095 亿元，首次突破万亿元大关，居全国各省（市、自治区）第三位，同比增长 10%。渔业经济总产值预计近 3 000 亿元，比增 7%。水产品出口额首次突破 60 亿美元，连续 6 年居全国第一。

### 1 月 24 日

《福建省贯彻落实国家海洋督察反馈意见整改方案》发布。

日本政府和第一核电站经营人东京电力不顾污水净化不够充分的批评，正在讨论向大海排放污水的方案，预计将引发国际性争议。

### 1 月 26 日

中国外交部发言人在例行记者会上曾表示，钓鱼岛及其附属岛屿自古以来就是中国固有领土，中国对钓鱼岛的主权拥有充分的历史和法理依据。日方所作所为丝毫改变不了钓鱼岛属于中国的客观事实，中方维护钓鱼岛领土主权的决心坚定不移。

**1月27日**

上海市第十五届人民代表大会第二次会议开幕，其《政府工作报告》对2019年各项工作提出了新目标，代表委员就涉海领域相关问题提出了意见和建议，如发展海洋装备产业、涉海工程技术，建设国家级的海洋研究中心。实现海洋强国梦，上海在其中应发挥更大的作用。

**1月28日**

浙江省规范无居民海岛开发利用审批管理。浙江省自然资源厅发布的《关于加强无居民海岛开发利用申请审批管理工作的通知》正式实施，原《浙江省无居民海岛使用审批管理暂行办法》（浙海渔发〔2013〕20号）同时废止。

**1月29日**

上海市水务局、上海市海洋局印发《上海市水务海洋违法行为举报奖励办法》，该办法自2019年3月1日起实施，有效期5年。任何公民、法人和其他组织举报本市行政区域内违法用海等8种水务海洋违法行为，举报人能够提供明确证据，经查证属实的，上海水务海洋部门将视情况奖励举报人。

福州市渔业捕捞许可管理出新规，2019年起海洋与渔业部门实施新的《渔业捕捞许可管理规定》，本着"依法规范、简政放权、强化监管"的原则，将渔船分类分级分区管控的新规定和"放管服"改革的新要求制度化，强化渔船管理，便利渔民群众。

**1月31日**

全国迎来首个寒潮蓝色预警，海上风高浪急，装载4 100 t玉米的散货船"鑫华盛"在航行至江苏大丰以东约95海里处船舶着火，火势无法控制。东海救助局立即启动应急预案，先后派遣两架专业救助直升机"B-7356""B-7327"和大马力救助船"东海救101"轮赶往现场救援。成功救助失火船11名遇险船员。

**2月9日**

受寒潮天气影响，猪年春节假期尾声雨雪不断，海上更是在冷空气和雨雪的双重影响下，风大浪高。上午，失火渔船"闽福鼎渔06999"轮在浙江温州外海遇险，东海救助局海上专业救助力量化险为夷，成功将 11 名遇险渔民全部救回。

### 2 月 19 日

小洋山全域一体化开发迈出重要一步。浙江海港集团和上海港务集团在上海签署了小洋山综合开发合作协议。这是浙江省接轨上海的重大标志性项目，也是浙沪两地全面落实长三角一体化发展国家战略的创新务实之举。

### 2 月 25 日

浙江省 122 个入海排污口已全部安装了在线监测设备，并实现联网。有了在线监测这双"慧眼"，哪个入海口出现超标排放，都能一目了然。海洋污染的根源在陆地，海洋污染物总量的 80% 来自陆源污染。而管住入海排污口，是管住海洋污染的关键所在。

### 2 月 26 日

浙江省人民政府印发《浙江省贯彻落实国家海洋督察围填海专项督察意见整改方案》（浙政函〔2019〕23 号），明确浙江省将全面落实围填海严管严控政策，除国家重大战略项目外，全面停止新增围填海项目审批，加强滨海湿地保护，包括禁止在重点海湾、海洋自然保护区、水生生物自然保护区等地区填海，严格限制在生态脆弱敏感区、自净能力差的海域实施围填海等。

### 2 月 27 日

浙江省舟山现代海洋产业创新服务综合体运营管理中心启动运营，该市产业创新服务综合体建设由此进入实体化、规范化运行的新阶段。舟山现代海洋产业创新服务综合体聚焦海洋生物和海洋电子信息，是一个以公共科技服务平台为基础，坚持政府引导，企业为主体，专业机构参与，集聚各类创新资源的创新服务平台，已经过一年多试运行。

### 2 月 28 日

中国国防部新闻发言人在例行记者会上表示，中日双方一致同意加快建立海空联络机制直通电话进程，充分发挥机制作用，促进两国防务关系向前发展。中日两国关系呈现积极发展势头。在此背景下，2月19日至21日，两国防务部门在日本东京举行海空联络机制直通电话专家组磋商。磋商为消除误解误判、保持东海和平稳定发挥了重要作用。

### 3月6日

下午，因船东拖欠工资等相关劳务报酬，巴拿马籍"GLORY SEA"邮轮上的58名船员向上海海事法院申请扣押船舶。上海海事法院于立案当天完成制作扣船法律文书等准备工作，并积极联系上海海事局、上海边防检查队等保全协作单位办理相关手续。3月7日上午，执行干警赶往崇明建设镇附近海域锚地成功扣押船舶。这是上海海事法院首次扣押外籍邮轮。

### 3月8日

日本防相岩屋毅在记者会上宣布，将派出一艘海上自卫队护卫舰参加2019年4月在中国举行的国际观舰式，这是时隔7年半后，日本海上自卫队舰艇再访中国。

### 3月12日

凌晨1时许，浙岱渔"02611"船在返航时被大轮碰撞，造成渔船沉没、船上14人落水。截至上午8时已有2人救起，但仍有12人失联。

### 3月18日

多部门启动为期一个月的打击长江口水域非法捕捞联合执法行动，旨在保护长江水生生物资源，打击长江口水域非法捕捞长江刀鱼、凤尾鱼等行为。本次联合执法行动由农业农村部长江办牵头协调，上海市农业农村委员会具体组织实施，中国海监江苏省总队、浙江省海洋与渔业执法总队以及公安、海事等驻沪单位共同参与实施。

### 3月19日

两架中国运-9反潜巡逻机在浙江以东的东海中部海域上空执行任务，后沿原路向西北方向返航。

### 3月20日

中国KQ-200高新6反潜巡逻机在东海飞行，第一次出现在日本军方飞机的拍摄范围之中。

福建海事局联合海洋与渔业、公安等部门出动各类执法船艇17艘，飞机2架，在福建沿海开展"海安会战—02"行动，查处涉海运输内河船、非法采运砂船，严厉打击福建海区非法盗采砂行为，正在福建海区巡航的上海、广东海事局两艘大型海巡艇也参与了行动。

### 3月21日

凌晨，宁波象山水域两船发生碰撞事故，东海救助局专业救助船舶"东海救117"轮成功救起3名遇险落水人员。

上午，随着"成功号"盾构机完全拆解吊出接收井，国内首条开工建设的海底盾构地铁隧道——厦门地铁2号线穿海隧道完成主体工程，顺利铺轨。

### 3月22日

针对日方称发现中国船只在所谓中日"中间线"附近海域开采油气并已向中国政府提出抗议，外交部发言人回应称，中国在东海的油田开发、油气活动均位于毫无争议中国管辖的海域，完全是中方主权权利和管辖范围内的事情；所谓"中间线"只是日本单方面的主张，中方坚决反对，从来也没有承认过。

下午，厦门市海洋发展局举行揭牌仪式。根据《厦门市市级机构改革实施方案》，在市海洋与渔业局有关统筹海洋经济发展和渔业管理相关职责的基础上，组建市海洋发展局，加快构建厦门市海洋综合管理体系，全力推进厦门海洋事业发展。

### 3月24日

福建省检察机关探索海岸线生态检察协作机制，不断强化海洋环境保护工作，依法严惩海洋环境领域犯罪，统筹推进海洋环境公益保护。在协同有关部门开展打击非法采捕交易红珊瑚、盗采海砂等专项整治行动的同时，结合司法办案，督促行政机关清退不符合规划的禁养区海域，清理非法设置的长袖定置网。

中国海事仲裁委员会（浙江）自贸试验区仲裁中心正式启用，开启了舟山海事、海商争议解决的新篇章，此举有利于加快推动浙江自贸试验区和舟山江海联运服务中心投资贸易法制化、国际化、便利化的营商环境建设。

### 3月25日

我国首座跨海高速铁路（福厦高铁）桥水下桩基基础施工即将结束，进而开始转入水上施工阶段。福厦高铁2017年动工新建，设计时速350 km。

### 3月28日

《浙江省人民政府关于建立舟山市东部省级海洋特别保护区的批复》公开发布，同意建立舟山市东部省级海洋特别保护区（以下简称"保护区"）。保护区总面积168 932 $hm^2$。

### 3月29日

《江苏省海洋经济促进条例》（简称《条例》）经江苏省十三届人大常委会第八次会议审议通过，将于6月1日起正式施行。《条例》是全国首部促进海洋经济发展的地方性法规，属于创制性立法，既为促进江苏海洋经济高质量发展提供有力的法治保障，也将为沿海省份相关立法提供有益借鉴。

### 4月1日

根据《中华人民共和国渔业法》和《浙江省渔业管理条例》，北纬27°—31°沿岸和近海，4月1日12时至9月16日12时禁止以抱卵梭子蟹或幼梭子蟹为主要捕捞对象的作业渔船生产。从4月1日起一直持续至9月16日的休渔期开始。东海海域逐步进入禁渔、休渔期。

上午，在长江口绿华山南锚地水域一艘装载舱盖板的货船"盛泰"轮厨房失火，火势无法控制，船上共17名船员随船遇险，东海救助局派出专业救助船"东海救118"轮迅速驰援，成功救下15名遇险船员。

### 4月2日

国家海洋局海底科学重点实验室和中国科学院油气资源研究重点实验室共同承办的第一届"亚洲大陆边缘地球动力学过程"青年科学论坛在杭州举办。该论坛由地球物理学会海洋地球物理委员会主办。论坛以亚洲—非洲大陆边缘海地质及演化、海洋地球物理探测装备与技术、海洋综合地球物理研究等为主题，鼓励青年学者积极投身于海洋地球科学研究。

**4月12日**

福建省发展和改革委员会、福建省交通运输厅等10部门联合印发《关于促进邮轮经济发展的实施方案》（闽发改交通〔2019〕266号），加大力度推进福建省邮轮经济发展。

**4月16日**

东海带鱼国家级水产种质资源保护区禁渔期从即日开始。结合浙江实际，就带鱼、大黄鱼、小黄鱼、银鲳、鮸鱼、三疣梭子蟹6种海洋渔业资源重点保护品种，实施最小可捕过渡性规格制度。

**4月19日**

浙江省"一打三整治"暨渔业安全生产工作现场会在台州温岭举行。"一打三整治"是指依法打击涉渔"三无"船舶（用于渔业生产经营活动，无船名号、无船籍港、无船舶证书的船舶）和违反伏休规定等违法生产经营行为，全面开展渔船"船证不符"（船舶实际主尺度、主机功率等与相应证书记载内容不一致）整治、禁用渔具整治和污染海洋环境行为整治。

**4月20日**

在海关总署和中国海警局的统一指挥下，案值约12.7亿元的成品油走私案告破。宁波海关联合浙江海警局以及地方公安部门，在浙江、江苏、广东等地开展打击，抓获犯罪嫌疑人43名，现场查获成品油近$3\times10^4$ t，查扣外籍走私船1艘、4艘中途转运油船，1个油库和油罐16个，涉案约$17\times10^4$ t成品油。

**4月24日**

6时，一渔船在福州闽江口17号浮附近海域触礁搁浅，船体倾斜随时有倾覆危险，船上14名船员遇险，请求紧急救助。东海救助局立即派遣福州救助基地"华英393"

艇前往救助。10时15分，该渔船成功脱险。

浙江省自然资源厅、浙江省发展和改革委员会印发《浙江省加强滨海湿地保护严格管控围填海实施方案》，加快处理围填海历史遗留问题，严管严控新增围填海，严守海洋生态红线。

### 4月25日

对于外国军舰穿越台湾海峡的行为，中国外交部发言人外交部例行记者会上表示，中国对外国舰船正常过航台湾海峡，不持疑议，同时，有关的行动需要符合国际法，需要遵守中国法律的规定。

### 4月28日

东海海法研究院（大连海事大学海法研究院宁波分院）正式成立。该研究院由宁波海事法院和大连海事大学合作共建，双方共同签署了合作共建框架协议。

福建省发展和改革委员会、福建省海洋与渔业局印发《2019年福建海洋强省重大项目建设实施方案》，贯彻落实省委、省政府《关于进一步加快建设海洋强省的意见》（闽委发〔2018〕17号）。

### 4月30日

中国海警局东海分局根据中国海警局统一部署，在上海复兴岛渔政码头启动"中国海警2019年海洋伏季休渔执法行动"，多艘海警执法舰艇鸣笛启航前往预定海域执法。

### 5月1日

东海休渔、禁渔期全面启动，除钓具外的各类海洋捕捞作业都被禁止，具体时间为5月1日12时至9月16日12时。其中，北纬28°30′—30°30′、东经125°以西到机动渔船底拖网禁渔区线以东海域，至6月30日12时禁止拖网渔船及其他以捕捞产卵带鱼为主的作业渔船进入该保护区生产；单船桁杆拖网、笼壶类、刺网类、围网类及船敷箕状敷网的休渔时间到8月1日12时；单锚张纲张网（帆式张网）之外的农业农村部规定的海洋捕捞过渡渔具中其他张网作业休渔时间到8月16日12时。

**5月6日**

上午12时，伴随着中国渔政33128船鸣笛启航，浙江省舟山市岱山县2019年渔业资源增殖放流正式拉开帷幕。今年增殖放流计划投放大黄鱼、黄姑鱼、黄鳍鲷、黑鲷、半滑舌鳎、日本对虾、三疣梭子蟹苗种等共计6 666万尾。本次投放鱼种为黄鳍鲷苗种，所有海上增殖放流工作将在7月初前全部完成。

**5月10日**

浙江省自然资源厅发布《2018年浙江省海洋灾害公报》，显示2018年浙江省各类海洋灾害共造成直接经济损失5.89亿元，低于近10年（2008—2018年）平均状况。浙江是海洋灾害较为严重的省份之一。5月12日是我国第11个防灾减灾日。此前4月28日自然资源部海洋预警监测司发布了《2018年中国海洋灾害公报》。

上海海事法院发布船舶碰撞案件审判白皮书，总结归纳涉案船舶碰撞事故的特点、主要原因和法律问题，并对航行安全提出了司法建议。

10—11日，中日两国政府在日本北海道小樽市举行相关部门人员共商海洋问题的第11轮中日海洋事务高级别磋商。中日外交、防务、海上执法和海洋管理等部门的人员参加磋商。中日双方举行了磋商机制全体会议和机制下设的政治与法律、海上防务、海上执法与安全、海洋经济四个工作组会议，就东海相关问题交换意见，并探讨了开展海上合作的方式，达成多项共识。

**5月12日**

海洋生态环境持续改善，浙江海域又见海豚群。在嵊泗六井潭景区附近，一群海豚迎风逐浪，场面相当壮观，有几只"小可爱"还不时跳出海面，展露曼妙身姿。目睹海豚群游的景区工作人员说，海豚在六井潭附近海域现身已不是第一次了，但十几只海豚一起光顾还是头一次碰到。

**5月16日**

第四届全国海洋技术学术会议在浙江舟山开幕。600余名从事海洋技术及其装备研发应用的专家学者齐聚一堂，交流学术研究成果和技术应用心得，探讨海洋技术与装备发展研究趋势。

18 时 58 分，随着一孔重 900 t、长 32 m 的预应力混凝土箱梁精准落在中铁上海工程局承建的福厦高铁泉州境内陈芹大桥 12 号和 13 号桥墩上，我国首条跨海高铁——福厦高铁正式进入线上架梁施工阶段。

### 5 月 19 日

我国海洋生态修复领域成果《蓝色海湾指数评估技术指南》（以下简称《指南》）在京通过专家评审。《指南》由浙江省温州市洞头区海洋与渔业发展研究中心（洞头区海洋生态与藻类研究院）牵头组织，联合自然资源部海岛研究中心、上海东海海洋工程勘测设计研究院等单位共同编制。作为试点，温州洞头先期实施了海湾修复和综合环境治理。

### 5 月 22 日

在"国际生物多样性日""世界海龟日"来临之际，为充分发挥司法审判、法律监督职能作用，宁波海事法院联合舟山市检察院于下午共同举办"守护海洋"公益诉讼新闻发布会，介绍了如何发挥公益诉讼制度在海洋环境保护中的积极作用。宁波海事法院是全国首家管辖海事刑事案件的试点法院，正在大力推进海事刑事、民事、行政审判"三审合一"诉讼制度改革。

### 5 月 23 日

日本石垣市议员仲间均以"钓鱼岛守护会"的名义，乘协会所有的"高州丸"前往钓鱼岛附近海域"捕鱼"。中国 4 艘海警船对"高州丸"和日本海保船进行了持续 1 个小时追击。

两艘美国海军军舰通过台湾海峡。此前美舰已有多次类似活动。针对美舰穿越台海举动，中国外交部发言人表示，台湾问题是中美关系中最重要最敏感的问题，我们敦促美方恪守一个中国原则和中美三个联合公报规定，慎重妥善处理涉台问题，以免对中美关系和台海和平稳定造成消极影响。

### 5 月 27 日

浙江省政府在杭州召开围填海历史遗留问题处置工作推进会，旨在促进全省海洋资源严格保护、有效修复和集约利用。会议通报了全省围填海管控情况，总结了前期主要工作，分析了当前围填海历史遗留问题处置面临的新情况、新问题。

福建省罗源湾、黄岐半岛、平潭苏澳、湄洲岛、惠安大港湾等部分海域出现赤潮，福建省海洋渔业系统紧急部署应对，防灾减灾、技术推广、应急指挥、渔业监测等相关部门，积极投入赤潮灾害应急处置工作。

**5 月 28 日**

上午，杭州湾跨海铁路大桥 1 号孔（靠嘉兴港区）顺利完成设备平台安装、定位，开始钻孔作业。这意味着，这条未来世界最长的跨海高铁海上勘察工作全面启动。

台州大麦屿港对台海上直航客运突破 20 万人次，大麦屿港对台直航这一"海上金桥"，将继续发挥促进两岸合作交流的积极作用。

福州市人民政府召开新闻发布会通报了消息，6 月 1 日起，航经福州闽江口水域的船舶将实施定线制和报告制，实现南下北上分道通航，形成一条更安全、快速的"海上高速路"。

**5 月 29 日**

5 月 29 日—6 月 1 日，"中国海监 203"船执行台湾海峡海洋环境调查航次。该航次由中国科学院水生生物研究所组织实施，科考队由中国、马来西亚、保加利亚、意大利和斯洛文尼亚等国的科研人员共同组成。调查范围涉及闽江口、厦门湾等海域。

**5 月 30 日**

"2019 海峡（福州）渔业周·中国（福州）国际渔业博览会"在福州海峡国际会展中心开幕。本届展会共吸引 34 个国家和地区的近 400 家企业前来参展，展会期间预计有 1.3 万名境内外专业观众前来采购洽谈。

**5 月 31 日**

浙江省十三届人大常委会第十二次会议在杭州举行第三次全体会议。会议审议通过了省政府关于海洋环境保护"一法一条例"（《海洋环境保护法》《浙江省海洋环境保护条例》）贯彻实施情况的报告和省人大常委会执法检查组关于海洋环境保护"一法一条例"执法检查的报告。

**6月1日**

《江苏省海洋经济促进条例》（简称《条例》）正式施行。这是全国首部促进海洋经济发展的地方性法规。《条例》共7章52条，以空间布局与产业发展为重点，以加强生态保护、构建服务支持体系、强化安全生产等为保障，对促进海洋经济高质量发展做出了较为全面的规范，并设定了一些创新性规定。

申能股份有限公司在中国证券报发布《关于东海平湖油气田获油气发现的公告》，称公司控股的上海石油天然气有限公司在东海平湖油气田团结亭构造团三断块已实施的PH12井钻探获油气发现，PH12井的成功钻探提升了东海平湖油气田稳产增量的水平。

**6月3日**

中国海警1307、2303、2307、2501等4艘舰艇，在钓鱼岛西南33 km处航行。这是中国海警船连续第53天在钓鱼岛毗连区巡航，创造了自留有记录的2012年9月以来，史上最长连续巡航该海域天数纪录。

**6月4日**

17时46分，据中国地震台网中心网站消息，台湾台东县海域发生5.8级地震，震中位于北纬22.82°、东经121.75°，震源深度9.0 km；据台湾气象部门消息，发生里氏5.6级地震，地震深度13.9 km，震中位于台东县政府东偏北46.6 km台湾东南部海域。

**6月8日**

上海临港海洋节开幕，上海市浦东新区、南通市、舟山市、宁波市海洋主管部门就共建海洋园区（基地）签订《长三角区域海洋经济协同创新发展联盟》协议。

**6月9日**

据日本共同社报道，日本横滨海上保安部下午以涉嫌在日本专属经济区内无视停船命令逃跑、违反《渔业主权法》（逃避登船检查）为由，当场逮捕了1名男性中国渔船船长（40岁）。横滨海保称，渔船上共有7名中国人。

**6 月 11 日**

福建省科学技术厅公示了 30 个新认定的省重点实验室,其中 7 个涉海实验室,涵盖海洋生态、海洋经济、海洋碳汇、海洋材料等领域。依托自然资源部第三海洋研究所开展的福建省海洋生态保护与修复重点实验室同批获准建设。

**6 月 12 日**

福建省人民检察院发布消息,泉州市泉港区人民检察院日前经审查决定,依法对泉港碳九泄漏事故 8 名相关责任人员向泉州市泉港区人民法院提起公诉。2018 年 11 月 4 日凌晨,福建东港石油化工实业有限公司执行碳九装船的船舶"天桐 1"号与码头连接软管处发生泄漏,事故系主要企业生产管理责任不落实引发。

**6 月 13 日**

15 时 30 分,随着最后一泵混凝土的注入,福厦高铁湄洲湾跨海大桥首孔移动模架现浇梁顺利浇筑完成,标志着国内首孔 40 m 大跨度移动模架现浇梁施工取得关键性突破。

**6 月 17 日**

加拿大海军护卫舰"里贾纳"号和补给船"阿斯泰里克斯"号自南向北进入台湾海峡航行,并于 18 日离开台湾海峡进入东海。这是继 5 月 23 日两艘美国军舰之后,再次有外国军舰穿越台湾海峡。中国海警船进行了跟随,军方派多架"苏-30"战斗机抵近侦察。这是中国战机与加拿大皇家海军军舰的首次近距离接触。

**6 月 18 日**

第十七届中国·海峡创新项目成果交易会在福州开幕,福建省海洋与渔业局在现场举办"2019 福建海洋与渔业重大对接项目签约仪式"。多个海洋与渔业重大项目签约。

"东海银鲳人工养殖技术推介会"在象山黄避岙乡举行,吸引了山东、宁波、温州、台州等地的数十位渔业养殖企业、水产技术推广站代表人前来对接交流。经过 19 年的技术攻坚,被称作"世界上最难养的鱼"——东海银鲳鱼,在宁波向规模化人工养殖迈出了新步伐。

**6月19日**

随着一声汽笛长鸣，满载着集装箱货物的厦门港务控股集团多式联运港站首趟班列从海沧海润码头缓缓驶出。此趟班列，主要承接的是"海上丝路"航线进口货物。这标志着厦门港务控股集团多式联运港站正式启用，也标志着"一带一路"国际综合物流服务品牌"丝路海运"又一新节点起航。

**6月22日**

"浙江海洋预报网"正式上线运行。该平台是权威发布浙江省海洋灾害预警信息的专业化服务平台，为防灾减灾提供支撑，可提供浙江管辖海域和百个海岛的3~5天海洋预报，预报范围包括全省管辖的260 000 km² 海域，并覆盖浙江渔船生产作业的十三大渔场共452个渔区。

**6月26日**

"国际禁毒日"，福建海警禁毒宣传小分队深入沿海港岙口、码头等地，通过张贴海报、发放宣传单、现场答疑解惑等方式，帮助辖区群众进一步了解毒品危害，增强防毒、拒毒意识。2018年以来，福建海警禁毒工作捷报频传，成功侦破一批重特大走私毒品案，缴获各类毒品达3.36 t。

**6月27日**

农业农村部办公厅公布修订后的《国家级海洋牧场示范区建设规划（2017—2025年）》，东海区国家级海洋牧场示范区浙江省规划建设位置包括普陀东部海域、台州椒江大陈海域、温岭积络三牛海域、温州洞头等海域等；福建省规划建设位置包括宁德霞浦海域、莆田秀屿海域、漳州东山诏安湾等海域。

农业农村部正式发函，同意选址连江县建设福州（连江）国家远洋渔业基地。这是农业农村部批准设立的第三个国家级远洋渔业基地。

**6月28日**

我国最大的两艘海洋渔业综合科学调查船"蓝海101""蓝海201"在沪东中华造

船（集团）有限公司正式交付使用，服务海洋渔业资源调查。该两艘船舶是农业农村部迄今投资最多、吨位最大、设施最先进的海洋渔业综合科学调查船。至此我国三大海区均有了1 000吨级以上专业的海洋渔业调查船。

### 7月1日

18时40分许，一艘满载黄沙的货轮在东海舟山黄龙岛附近海域触礁沉没，所幸4名船员已先一步被海上搜救志愿者"海港30轮"的船员救起，没有人员伤亡。

### 7月2日

自然资源部东海局正式挂牌。此前，自然资源部北海局、南海局分别于6月5日、6月27日挂牌。按照5月10日印发的自然资源部关于三局的编制规定，东海局驻地上海，所辖区域包括江苏、上海、浙江、福建4个省（市）沿海毗邻的我国管辖海域。

上午，东山海洋福建省野外科学观测研究站揭牌仪式暨台湾海峡陆海交互生态系统长期野外观测体系合作研讨会，在厦门大学东山太古海洋观测与实验站成功举办。

### 7月4日

空载货船"荣海79"轮在福建南日岛北面水域触礁搁浅，船上共13名船员弃船登筏逃生，东海救助局指派遇险位置附近水域待命的大马力救助船"东海救111"轮和专业救助直升机"B-7328"前往现场救援。

### 7月5日

上午7时，由东方海外运营的集装箱船"FILIAT"号首次挂靠温州港状元岙港区泊位，装载温州制造货物。这是东方海外中国-越南（KTX7）快速航线服务网首次延伸至温州港，也是温州港开通的第二条近洋直航国际航线，预计每个月可带来集装箱吞吐量约1 000 TEU。

### 7月9日

浙江省人民政府批复《浙江宁波海洋经济发展示范区建设总体方案》《浙江温州海洋经济发展示范区建设总体方案》，原则同意两市所报方案。2018年11月，国家发改委、自然资源部联合下发《关于建设海洋经济发展示范区的通知》，包括宁波和温州在内的全国 14 个城市获批建设国家海洋经济发展示范区。

### 7 月 12 日

刚开通不久的中国海警 95110 海上报警服务系统运行良好。上海海警局通过崇明海警部门 95110 转警，及时查扣 2 艘走私煤炭货轮，抓获犯罪嫌疑人 11 人，查获煤炭 25 000 余吨。

由宁波市政府支持，东海航运保险股份有限公司等单位共同成立的宁波通海航运金融研究院在宁波揭牌。宁波通海航运金融研究院将依托宁波现有航运保险资源和科研力量，引进国内外港航、金融、保险、法律等领域知名专家和学者，聚焦国内外航运金融发展的重要命题，进行有针对性的基础研究和实证研究。

### 7 月 13 日

8 时 57 分在东海海域（北纬 29.15°，东经 128.26°）发生 6.0 级地震，震源深度 230 km。震中距浙江舟山市 593 km，距上海市 693 km。

### 7 月 15 日

福厦客专泉州湾跨海大桥主墩的首节塔柱完成浇筑，屹立于海面上的两个塔肢，标志着大桥正式进入塔柱施工阶段。

### 7 月 17 日

上午，随着最后一个合拢段混凝土的成功浇筑，福平铁路平潭海峡公铁两用大桥平潭段实现全部贯通，我国首座公铁两用跨海大桥关键点实现合龙。

### 7 月 18 日

今年第 5 号台风"丹娜丝"逼近，受台风外围环流影响，福建沿海、钓鱼岛海域、闽东渔场、闽中渔场、闽南渔场以及台湾浅滩渔场等当天起风力逐渐增强，各大渔场和钓鱼岛海域的海上作业渔船全部就近到港避风。由于台湾海峡掀狂风巨浪，福建海峡高速客滚航运有限公司通报部分航班停航。

受"丹娜丝"影响，矿砂货船"长鑫 228"轮在厦门镇海角附近水域货舱进水，船舶右倾。东海救助局调派厦门水域待命的大马力专业救助船"东海救 115"轮前往现场救援，并指令东海第二救助飞行队救助直升机做好增援。成功将6名遇险船员全部救下。

### 7月19日

受台风"丹娜丝"影响，晚间东海海域风浪大作，马绍尔群岛籍集装箱船"BAR DU"轮在长江口以东约25海里处因机械故障失去动力抛锚，船上共有20名外籍船员随船遇险。东海救助局迅速按照防抗"丹娜丝"应急预案和工作部署，组织实施救援工作，调派专业救助船"东海救101"轮前往现场开展救援。

### 7月20日

凌晨2时30分，世界上最大的集装箱船"地中海古尔松"首次靠泊上海洋山深水港。该轮7月4日下水，投入亚欧航线，轮长399.9 m，宽61.5 m，最大载重224 986.4 t，最大载箱量23 756 TEU，在洋山港装卸2 000多TEU。

### 7月23日

商务部发布了第三批自由贸易试验区制度创新"最佳实践案例"31个，浙江自贸区"海上枫桥"海上综合治理与服务创新试点、海洋综合行政执法体制改革试点入选。

### 7月28日

浙江海事局发布"浙航警0623"航行警告，称2019年7月28日18时至2019年8月1日18时，在（1）30°03′00″N、123°14′00″E；（2）30°03′00″N、124°44′00″E；（3）28°53′00″N、124°44′00″E；（4）28°53′00″N、123°14′00″E。四点连线水域范围内进行军事活动，禁止驶入。

### 7月29日

29—30日，自然资源部东海局在上海组织召开"2019年度东海区海洋督察动员部署会"，并就有关围填海管控方针政策、督察工作程序和方式方法，以及东海区4个省（市）海洋督察事项等内容开展了专题培训和研讨交流。督察组将进驻江苏、浙江、福建、上海。

**7月30日**

上海免除滞港费,清退无主"洋垃圾"。短短两个月,上海市外高桥港区清退了224箱超期滞港无主"洋垃圾",总重达4 902 t。其中滞港5年以上的占比超过60%,甚至有"更久远"的集装箱,赖在港口不走长达18年。

福建省海洋与渔业局、福建省发展和改革委员会日前联合印发《关于加强渔港建设管理工作的通知》,旨在进一步健全项目推进机制,优化审批程序,加快推进全省渔港建设。

**7月31日**

自然资源部东海局在上海召开东海区海岸线修测工作研讨会,东海区海岸线修测工作正式启动。此次东海区海岸线修测旨在全面查清2008年以来东海区海岸线的主要变化,准确掌握海岸线的位置、长度、类型及开发现状等基本情况。修测工作将于2019年年底完成。

上海市政府办公厅印发《上海市加强滨海湿地保护严格管控围填海实施方案》强调,除国家重大战略项目外,全面停止新增围填海项目审批,坚决杜绝新增违法围填海,严格落实生态保护红线制度,禁止损害生态功能的开发建设活动占用自然岸线。

厦门海事法院举行新闻通气会,对外发布中英文版2018年审判工作白皮书。此次发布的白皮书包括2018年审判工作情况通报,以及9起年度海事审判的典型案例。

**8月6日**

国务院发布《关于同意设立中国(上海)自由贸易试验区临港新片区的批复》(国函〔2019〕68号),同意设立中国(上海)自由贸易试验区临港新片区。上海自贸试验区临港新片区正式起航。

**8月8日**

5时28分,台湾宜兰县海域(北纬24.52°,东经121.96°)发生6.4级地震,震源深度30 km。地震造成台湾全岛震感强烈,福建沿海地区有明显震感,浙江杭州市滨江区高层有震感。

国家海洋预报台将今年第9号超强台风"利奇马"海浪预警级别升级为红色,并发布风暴潮蓝色警报。"利奇马"于 8 月 7 日晚加强为超强台风，随后继续向西北方向移动。9 日进入我国东海海域，10 日登陆浙江省，最大风力达 18 级，成为今年"风王"。

晚间，受"利奇马"影响，满载 10 000 多吨钢材的货船"远海 9"轮主机故障、舵叶丢失，在长江口水域被拖过程中因严重偏荡导致失控，船上 15 名船员随船遇险，东海救助局调派在长江口水域待命的"东海救 101"轮前往救援。至 9 日晚，完成救援行动，15 名遇险船员全部获救。

### 8 月 9 日

受"利奇马"影响，塞拉利昂籍货船"ELENA"轮在舟山岱山海域抛锚时发生搁浅，船上 6 名船员遇险，东海救助局迅即派正在舟山海域值守的"东海救 112"轮前往救助，船员获救。

### 8 月 10 日

1 时 45 分前后，今年第 9 号台风"利奇马"（超强台风级）的中心在浙江省温岭市沿海登陆，登陆时中心附近最大风力 16 级。

新加坡籍空载油轮"PEARL MAYA"轮从葫芦岛驶往舟山途中，在长江口以东约 120 海里处遭遇超强台风，主机故障、失控漂航，15 名外籍船员随船遇险。东海救助局派遣"东海救 117"轮前往现场，并指令东海第一救助飞行队救助直升机增援。至 8 月 12 日上午，遇险船舶和船员安全获救。

### 8 月 11 日

中国渔业协会 11 日在福建省宁德市授予该市"中国大黄鱼之都"称号。这是 2018 年宁德市蕉城区继续被中国渔业协会授予"中国大黄鱼之乡"称号之后，宁德市获得的又一个"金字招牌"。

### 8 月 12 日

浙江省人民政府办公厅印发《关于进一步推进中国（浙江）自由贸易试验区改革创新的若干意见》，提出自贸试验区投资便利化与贸易自由化、打造自贸试验区联动创新区等措施。

## 8月14日

满载54 000 t镍矿的巴拿马籍货船"TAI HUNTER"（台勇）号，在福建定海湾东北约25海里处触礁导致船舱进水、船体倾斜，船上21名船员（其中中国籍17名、缅甸籍4名）随船遇险，东海救助局成功救助21名遇险船员。

根据东海海区2019年第三季度沿海跨辖区巡航实施方案安排，负责福建辖区的"海巡01"艇抵达莆田沿海水域；为了配合做好此次跨辖区巡航执法工作，莆田海事局调派"海巡0808"等多艘执法船艇参与此次联合执法。

## 8月15日

《宁波市推进甬舟一体化发展行动方案》出台。方案提出，到2025年甬舟一体化发展取得实质性进展。宁波、舟山两地交通部门表示，今后将积极以宁波舟山港一体化发展为契机，继续加快航道锚地等基础设施的一体化建设，推进港航高质量发展共同体。

下午5点，随着最后一块钢板焊接完成，福厦高铁泉州湾跨海大桥主栈桥与沿海大通道处支栈桥完成连接，海上栈桥全部贯通。泉州湾跨海大桥全长20.287 km，本次全面贯通的栈桥长达9.4 km，起于台商投资区，止于石狮市蚶江镇。

## 8月17日

福州海关缉私局联合中国海警东海分局、福建省打私办在闽浙海域开展打击成品油走私专项查缉行动，抓获犯罪嫌疑人80余名，查获涉案船舶7艘，查扣涉嫌走私成品油1 000余吨、油款现金近2 000万元，一举打掉6个在福建中部海域的海上走私成品油团伙。本次专项查缉行动是海警队伍转隶后，海关与海警首次联合进行的跨区域、大规模陆海联动查缉行动。

## 8月21日

自然资源部第一海洋研究所组织实施的"2019年度中国近海综合开放航次——夏季航次"圆满收官。本航次围绕南黄海、长江口海域资源与环境主要科学问题，聚焦黄海冷水团、长江口低/缺氧区两个典型生态区，开展了水文、化学、生物、底（地）质过程等多学科交叉的综合调查与研究。

### 8月23日

浙江舟山联合动能新能源开发有限公司和国网岱山县供电公司签订购售电合同，进行已并网发电量的首次结算。这标志着LHD海洋潮流能发电项目——世界首座海洋潮流能发电站正式投入运营，率先实现我国海洋清洁能源开发重大突破。

### 8月27日

浙江海事局发布航行警告：浙航警0780东海，2019年8月27日8时至2019年8月29日18时，在（1）29°46′00″N、122°48′00″E；（2）29°46′00″N、123°51′00″E；（3）29°06′00″N、123°51′00″E；（4）29°06′00″N、122°48′00″E。四点连线水域范围内进行实际使用武器训练，禁止驶入。

### 8月28日

浙江省第三届海洋运动会开幕式在台州市椒江区体育馆举行。部分项目此前已开赛，比赛时间将横跨3个月，于10月下旬闭幕，项目主要设置海岛、海滩（海涂）、海上三大块，共23个大项86个小项，分椒江区（大陈岛）、临海市（桃渚镇）和温岭市（石塘镇）等5个赛区举行。

28—30日，由文化和旅游部、浙江省人民政府主办的"2019国际海岛旅游大会"在浙江舟山举行，旨在促进海洋海岛旅游开发全产业链的交流与贸易。大会举办文旅投融资闭门会、"一带一路，海上文旅融合"主论坛、国际海岛文旅产业对接、国际海岛旅游博览会等主题活动。

### 8月29日

自然资源部东海局在沪对东海区第一次全国海洋经济调查工作组织自验收。经过听取汇报、审阅报告、质询研讨，专家组一致认为，东海区首次海洋经济调查组织得力、质量达标、成果完整，同意通过自验收。

浙江省海洋科学院领导小组第一次会议在杭州召开，首任院长受聘。浙江省海洋科学院由浙江省人民政府和自然资源部共建，旨在开展海洋科学研究和技术开发，支撑海洋综合管理，推进海洋科技成果产业化，促进海洋经济发展。

浙江省发改委会在"2019国际海岛旅游大会"上发布《浙江省海岛大花园建设规

划》(以下简称《规划》)。《规划》提出"生态护岛""旅游兴岛""绿色用岛""设施联岛"和"创新活岛"等五大任务,将建设十大标志性工程,包括培育建设嵊泗、岱山、普陀山、大陈、洞头、南麂等十大海岛公园。

**8月31日**

浙江省自然资源厅组织的浙江省历史围填海生态评估报告和生态修复方案评审已全部完成。浙江省自然资源厅将全省600余个历史围填海区块划出近60个评估单元,进行了水文动力环境、地形地貌与冲淤环境、海洋生物生态等方面的生态环境影响评估,分类提出了拆除、岸线修复、滨海湿地修复、海洋生物资源恢复等对应的方案和措施。

**9月6日**

福建海警局通过95110群众举报电话,快速出警抓获盗采海砂船2艘,抓获涉案人员5名。实践证明,全国海警各级95110报警服务台开通4个多月以来,在打击海上违法犯罪、维护海上治安、服务群众等方面发挥了重要作用,有效维护了祖国海域安全稳定,保护了人民群众生命财产安全,受到社会各界一致好评。

**9月7日**

上午9时10分左右,舟山海警在舟山海域查获一艘船名为"GOOD LUCK"的塞拉利昂籍集装箱运输船,船上装载的40个冷冻集装箱无具体来源、货物种类、货品重量等证明,且无任何有效关运手续。现场查获涉嫌走私冻品集装箱40个,重量达1 100余吨,刑拘12人。

**9月10日**

由宁波市海洋预报台承建的"宁波舟山港潮汐潮流精细化预报平台"项目通过验收。该平台开发建设了定点潮汐预报、定点潮流预报、流场数值预报、乘潮水深预报、在线海流观测5个海洋预报模块。通过平台,用户可查询宁波舟山港区域数十个潮汐预报站点和潮流预报站点的预报数据。

### 9 月 16 日

东海 2019 年休渔、禁渔期结束，第 22 届中国（宁波象山）开渔节在象山县石浦渔港举行。同时第十五届中国海洋论坛在象山开幕，论坛由中国太平洋学会、宁波市政府主办，象山县政府承办，以"创新海洋蓝色经济绿色发展模式推进海洋经济高质量发展"为主题。

### 9 月 20 日

受今年第 17 号台风"塔巴"影响，东海海域船舶接连遭遇险情。东海救助局在前两日成功救助 21 名遇险人员后，又在舟山海域成功救助触礁搁浅集装箱船上 10 名遇险船员。

### 9 月 21 日

蒙古籍集装箱船"WANWAH"轮在小板门西北约 2 海里处船舶触礁后倾斜达 30°，船上 7 名中国籍船员，8 名缅甸籍船员随船遇险，东海救助局调派"东海救 102""东海救 117"轮成功实施救援。

东海救助局接舟山海上搜救中心信息，在衢山岛北约 0.6 海里处，一艘名为"汉升方舟"的集装箱船受台风影响走锚触礁搁浅，10 名中国籍船员随船遇险，东海救助局立即调派"东海救 131"轮火速前往救援，将 10 名遇险船员安全救下。

### 9 月 25 日

全球首艘以液化天然气为动力的 23 000 TEU 的超大型集装箱船"达飞雅克萨德"号在上海下水。此前中国船舶工业集团有限公司与法国达飞海运集团签署了 9 艘世界载箱量最大、最先进、最绿色环保的大型集装箱船建造合同。这些新建船舶将于 2020 年加入达飞集团船队，并被投入亚欧航线的运营。

### 9 月 29 日

中央党史和文献研究院编写了《中华人民共和国大事记（1949 年 10 月—2019 年 9 月）》，海洋网从中整理了涉海大事件，其中包括很多涉东海的事件，例如，1955 年 1—2 月浙江沿海全部岛屿获得解放，2012 年 3—9 月中国先后公布钓鱼岛及其附属岛屿标准名称、领海基线，2013年11月23日中国政府宣布划设东海防空识别区等。

## 10月6日

浙江海警在海上巡逻执勤时，现场查扣涉嫌非法采砂船1艘，无合法来源手续海砂7万余吨。而后，又连续查获两起涉嫌非法采砂案件，查扣涉嫌非法采砂船2艘，无合法来源手续海砂2.7万余吨。

## 10月11日

福建泉州市泉港区人民法院对泉港碳九泄漏瞒报事故一案进行一审公开宣判，涉事企业8人被判处4年6个月至1年6个月不等的有期徒刑，并禁止涉事企业法人、副总经理一定期限内从事与安全生产相关的职业。

## 10月13日

台湾海峡通道暨金门通桥专题研讨会在福州召开，与会两岸专家学者围绕台海通道工程建设模式和经济效益以及福州至马祖、厦门至金门的通桥方案等议题展开交流研讨，分享研究成果。

## 10月17日

下午一艘名为"永泰达72"的货轮在上海金山航道附近沉没，东海救助局派遣"东海救131"轮火速前往现场成功救起6名遇险船员。

## 10月22日

主题为"海洋资源管理与生态保护：新职责、新使命"的2019年度东海自然资源管理与生态保护学术交流会在上海召开。会议旨在进一步增进东海区各业务单位之间的技术交流与合作。其间，举办了海洋观测与预警、海洋测绘与信息服务、海洋生态灾害预警监测评估与生态修复4个主题分会。

## 10月23日

中日韩民间渔业协议会在日本函馆召开，中、日、韩三国渔业协会会长或水产会会长分别率中、日、韩代表团参会。与会三方就维护海上安全作业秩序、养护海洋渔业资源、促进民间渔业合作等议题进行了磋商。2020年三国会将在中国敦煌召开。

东海第二救助飞行队派遣东二飞救助直升机B-7328，在福建厦门岛东侧180 km海域，将渔船"闽狮渔07217"上一名昏迷渔民，成功救助至厦门市区医院。

### 10月24日

自然资源部东海局在浙江嘉善组织召开2019年东海区海洋经济工作交流会。此次会议旨在探讨市级海洋生产总值核算技术、交流海洋经济运行监测与评估工作、促进东海区海洋经济高质量发展。

上海海事法院召开新闻发布会，通报了服务保障长江三角洲区域一体化发展海事审判情况，发布首份保障长三角一体化发展海事审判白皮书，对该院2017—2018年审理的涉长三角区域的海事海商纠纷做了专项总结和分析。

### 10月25日

交通运输部海事局发布《2020全球船用燃油限硫令实施方案》，要求自2020年1月1日起，国际航行船舶进入中国管辖水域应当使用硫含量0.5%以下的燃油；自2020年3月1日起，国际航行船舶进入中国管辖水域，不得装载硫含量0.5%以上的自用燃油，除非采取相应替代措施。

### 10月26日

第十五届"北京—东京论坛"举行五个分论坛的讨论交流。其中，在以"中日在构建东北亚安全与和平秩序中的责任"为主题的安全分论坛中，于去年6月正式启动运行的中日海空联络机制是两国专家学者探讨的重点之一。

浙江海警在舟山附近海域巡逻执勤时成功登船控制嫌疑船舶，查获无合法手续成品油240余吨。2019年下半年起，浙江海警连续查获6起海上违法案件，查扣涉案船舶6艘，查获无合格来源手续海砂9.7万余吨、涉案成品油600余吨，案值1 200余万元。

上午在福建莆田南日岛附近海域，一艘渔船因船体破损进水发生侧翻，福建海警接到报警电话后紧急出动，成功帮助11名船员脱险。

**10 月 28 日**

自然资源部第二海洋研究所卫星海洋环境动力学国家重点实验室与日本鹿儿岛大学合作,通过近 9 年的船载声学多普勒流速剖面仪测流数据,得到了吐噶喇海峡黑潮的时空分布特征。吐噶喇海峡位于日本九州南部,因黑潮携带高盐暖水穿越此处,流出东海汇入北太平洋而备受海洋学者关注。

上海海事局在上海国客中心码头对涉海运输内河船违法使用的套牌 AIS(船舶自动识别)设备进行集中销毁。今年以来海事部门内河船涉海运输整治专项行动查处收缴的 115 台 AIS 设备被碾压报废。专项行动加大了对内河船涉海运输行为的震慑作用。

28—31 日,第三届海洋公益论坛在海南省三亚市举行,其间中科院地理资源所与北京市企业家环保基金会联合发布《中国沿海湿地保护绿皮书(2019)》,包含中国沿海湿地保护进展和最值得关注的十块滨海湿地等内容。"最值得关注的十块滨海湿地"包括温州湾湿地、福建晋江围头湾湿地和福建泉州湾湿地等。

**10 月 29 日**

福建海警局查获一起涉嫌非法向海洋倾倒废弃物案,现场依法查扣涉案船舶 1 艘,抓获违法嫌疑人 2 名。此案是该局查获的首起海洋非法倾废案,执法人员对正在漳州招银港 8 号泊位疏浚作业的"三航泥驳 1003"船登临检查。经调查,自今年 10 月以来,该船累计向海洋倾倒废弃物约 $1.3 \times 10^4$ $m^3$。

**10 月 30 日**

"2019 年度自然资源部第一海洋研究所中国近海综合开放航次——秋季航次"在国家深海基地鳌山码头顺利启航。本航次聚焦南黄海和长江口及其邻近海域,开展水文、化学、生物、底/地质等多学科综合调查与研究。航次计划用时 20 天。

**11 月 1 日**

1—7 日,2019 厦门国际海洋周举行,主题为"发展蓝色伙伴关系构建海洋命运共同体"。海洋周由国际海洋论坛及平行国际海洋会议、海洋产业招商推介及海洋展会、海洋文化嘉年华三大板块组成。来自"一带一路"沿线近 40 个国家和地区的 500 名代表参会,外宾超 300 人。

### 11月4日

长三角海事一体化融合发展领导小组在上海召开会议，谋划推进长三角海事一体化融合发展工作。此次会议是海事全力服务长三角一体化发展国家战略部署，助推交通强国和海洋强国建设的重要举措。

### 11月8日

8—9日，2019东黄海研究智库联盟年会暨"海洋命运共同体与生态文明建设"国际学术会议在浙江宁波举行。来自中、日、韩三国的50多位专家学者就蓝色经济发展与区域合作、滨海湾区治理与区域合作、海岸带治理经验与模式等话题进行研讨交流，为东黄海地区发展合作建言献策。

### 11月10日

浙江省已完成领海基线内全部海域水下地形、滩涂和海岛礁地形测绘，并建立了海洋地理信息数据库。自2016年开始，浙江对海洋重点区域开展水下地形变化监测。浙江省海洋测绘成果已在全省海洋功能区划、滩涂资源监测、海洋防灾减灾、海岸线调查与监测等方面得到应用。

上午，一艘载有6人的渔船在湄洲湾海域触礁遇险，莆田海警局紧急救助，船上船员全部获救。

10—12日，福建海警在漳州、厦门、莆田、泉州、宁德、福州附近海域连续查获7起非法盗采海砂案，现场抓获嫌疑船舶12艘，依法查扣涉嫌盗采海砂约$7.5 \times 10^4$ t。

### 11月12日

凌晨，受北方强冷空气影响，一艘装载$4.1 \times 10^4$ t钢材的克罗地亚籍货船"SPLIT"轮在长江口2号锚地水域发生主机故障后抛锚，船上17名外籍船员身处险境，请求救援。东海救助局指派"东海救118"轮成功救起遇险货轮和17名外籍船员。

浙江省海洋监测预报中心在杭州组织召开浙江省"海洋灾害应急防御三年行动"成果审查会，审查各地防灾减灾项目成果，针对各技术单位提出的问题商定解决方案，部署下阶段工作。宁波中心站2019年防灾减灾项目成果通过此次审查。

**11月13日**

13—14日，受北方强冷空气影响，中国东海海域风高浪急，接连多艘船舶遇险，交通运输部东海救助局快速出动，成功救助13名遇险船员，包括在上海长江口北槽航道牛皮礁附近水域遇险的"浙普渔78538"渔船的3名船员，在东海福建海域西犬岛西侧遇险的货船"金悦99"轮的4名船员，在闽江口七星礁东南约2海里处遇险的"喧腾禹文"货轮的8名船员。

**11月17日**

23时，受今年下半年首次寒潮影响，一艘名为"勇博88"轮的货船在浙江舟山岛西北约1海里处搁浅，船舶机舱进水随时有沉没风险，船上2名船员遇险，东海救助局"东海救131"轮快速前往事发水域前往救援。至18日完成救援任务。

**11月18日**

自然资源部东海局与东海区沿海各省（市）及计划单列市自然资源（海洋）主管部门达成共识，建立东海区海洋经济数据反馈机制，旨在推进东海区海洋经济基础数据共享，研究分析区域海洋产业发展情况。

**11月22日**

美空军第69远征轰炸机中队出动1架B-52H战略轰炸机从关岛安德森空军基地起飞，穿越宫古海峡进入我东部海域巡逻。据悉，这架B52H轰炸机机翼下挂满了巡航导弹，进入我东部海域进行实弹巡逻。

浙江省自然资源厅公开征求意见，拟修订《浙江省海域使用金征收管理办法》和《浙江省无居民海岛使用金征收管理办法》。

**11月23日**

23—24日，中日韩三国环境部长会议在日本北九州市召开，通过了《第二十一次中日韩环境部长会议联合公报》。联合公报选定气候变化、生物多样性、海洋与水资源管理等8个领域，作为未来5年三国优先处理的事项；指出海洋塑料垃圾问题特别重要，三国将合作采取措施予以解决。

**11月28日**

国防部举行例行记者会表示，中日防务部门海空联络机制建成一年多来，总体运行良好，为维护东海和平稳定发挥了积极作用。两国防务部门就建立机制直通电话等问题保持着良好沟通，有关工作正在稳步推进。中方愿与日方一道，积极落实两国领导人共识，不断完善海空联络机制建设。

上海市人民政府发布消息，经上海市政府研究，决定成立上海市推进上海国际航运中心建设领导小组，上海市市长应勇任组长。领导小组下设办公室，设在上海市交通委。2019年以来，上海从多方面全力推动航运中心建设。

**12月1日**

中共中央、国务院印发了《长江三角洲区域一体化发展规划纲要》，并发出通知，要求各地区各部门结合实际认真贯彻落实。纲要指出，到2025年，基础设施互联互通基本实现，轨道上的长三角基本建成，省际公路通达能力进一步提升，世界级机场群体系基本形成，港口群联动协作成效显著。

**12月3日**

我国首艘大型浮标作业船"向阳红22"号在上海正式入列自然资源部东海局。这是我国目前唯一可起吊10 m大型海洋监测浮标的工作船，也是世界上起吊浮标能力最强的工作船之一。

3—5日，APEC海洋垃圾与微塑料研讨会暨海洋资源可持续利用研讨会在福建厦门召开。本次研讨会由APEC海洋可持续发展中心、自然资源部第三海洋研究所主办。来自中国、智利、泰国、秘鲁、菲律宾、俄罗斯、越南等11个APEC经济体代表共120余人参会。

**12月5日**

在厦门东南方向120 km附近海域，"闽狮渔07705"船被风浪袭击导致船只翻扣，船上17人遇险。东海救助局调派"东海救113"轮、东海第二救助飞行队救助直升机开展搜救。遇险人员17人中10人被直升机救起，3人被附近船只救起，4人失踪。

## 12月6日

由中国海洋学会、国家海洋信息产业发展联盟、自然资源部国家海洋信息中心和舟山市人民政府共同主办的"2019智慧海洋高端论坛"在舟山举行。来自自然资源部有关直属单位、沿海地方政府、科研院所、高校和企业的400余位代表参加论坛。

国家海洋环境预报中心在江苏省苏州市组织召开了2019年汛期海洋预警报工作交流会，旨在落实自然资源部关于做好海洋预警报主体业务工作的要求，总结了今年汛期海洋灾害应对的成功经验，研讨新形势下如何提高预报警报的服务质量，为做好明年防汛工作奠定基础。

## 12月10日

福建省海洋生态保护与修复重点实验室在厦门正式揭牌。实验室学术委员会第一次会议同时召开。

## 12月11日

《浙江省海洋观测站点和资料管理办法》（以下简称《办法》）施行，有效期5年。《办法》对浙江省地方海洋观测站点的设立、变更等做了细化说明和详细规定，对海洋观测资料提出加大共享力度的要求。

## 12月13日

凌晨，龙港市海域发生惊险一幕，一渔船遭受不明大船碰撞后进水，船上5名渔民被困。危难时刻，接警的龙港市东海民防救援中心第一时间抵达事发海域，在夜黑风大中成功救出5名遇险渔民。

## 12月15日

浙江省海洋监测预报中心承担的浙江省海洋减灾能力综合评估项目通过专家验收。项目成果将为推动全国海洋减灾能力综合评估提供应用示范和借鉴。

## 12月16日

宁波市海洋灾害一级隐患区整治工作顺利完成，有效提高了隐患区的海洋灾害防御能力，为地方政府做好灾害防治提供了支撑。根据浙江省海洋灾害应急防御三年行动方案的要求，宁波市自然资源和规划局在 2019 年组织开展了海洋灾害一级隐患区整治工作，原有的七个一级隐患区，经复核，四个不再认定为隐患区，三个分别认定为二、三级隐患区。

### 12 月 18 日

由中交路桥建设有限公司承建的沪舟甬跨海通道舟岱跨海大桥控制性工程主通航孔桥主塔封顶。舟岱跨海大桥是连接舟山本岛至岱山岛的跨海桥梁，是长三角一体化重要交通设施沪舟甬跨海通道的关键组成部分。舟岱跨海大桥主塔顺利封顶，为后续钢箱梁大悬臂施工安全度过台风期提供了时间保障，预计明年年底实现全线贯通。

### 12 月 24 日

国务院总理李克强在成都与韩国总统文在寅、日本首相安倍晋三共同出席第八次中日韩领导人会议，就中日韩合作以及地区和国际问题交换看法，并发表了《中日韩合作未来十年展望》，达成共同提升三国合作水平、维护持久和平安全、倡导开放共赢合作等共识。

### 12 月 30 日

中国海警 2301 舰艇编队巡航我钓鱼岛领海，上午 11 时左右开始，4 艘中国海警船相继驶入钓鱼岛领海，航行约一个半小时后驶出领海，进入外侧的毗连区。中国官方船只 2008 年 12 月 8 日首次进入钓鱼岛领海，2012 年 9 月日方宣布将钓鱼岛"国有化"后，中国对钓鱼岛的巡航逐渐常态化。今年以来，中国海警在每一个月份都实施了钓鱼岛领海及附近海域巡航活动，此前见于公开报道的中国海警船只日包括 1 月 5 日、1 月 12 日、1 月 18 日、2 月 11 日、2 月 20 日、2 月 26 日、3 月 2 日、3 月 19 日、3 月 30 日、4 月 5 日、4 月 8 日、4 月 17 日、5 月 9 日、5 月 20 日、5 月 30 日、6 月 3 日、6 月 10 日、6 月 17 日、7 月 10 日、7 月 15 日、7 月 27 日、8 月 6 日、8 月 16 日、8 月 21 日、10 月 7 日、10 月 16 日、11 月 8 日、12 月 11 日等。

# 参考文献

**中文著作类**

1. 陈德恭:《现代国际海洋法》,北京:海洋出版社,2009年。
2. 段洁龙:《中国国际法实践与案例》,北京:法律出版社,2011年。
3. 段绍伯:《上海自然环境》,上海:上海科学技术文献出版社,1989年。
4. 福建省海岸带和海涂资源综合调查领导小组办公室:《福建省海岸带和海涂资源综合调查报告》,北京:海洋出版社,1990年。
5. 金翔龙:《东海海洋地质》,北京:海洋出版社,1992年。
6. 梁西:《国际法》,武汉:武汉大学出版社,1993年。
7. 鹿世瑾:《福建气候》,北京:气象出版社,1999年。
8. 钱塘江志编纂委员会:《钱塘江志》,北京:方志出版社,1998年。
9. 沈新国:《上海市地质环境图集》,北京:地质出版社,2002年。
10. 孙飞翔,等:《潜力浙江——山海经济发展新论》,杭州:浙江大学出版社,2007年。
11. 吴耀建:《福建省海洋资源与环境基本现状》,北京:海洋出版社,2012年。
12. 肖笃宁:《景观生态学:理论方法和应用》,北京:中国林业出版社,1991年。
13. 徐韧:《上海海洋环境资源基本现状》,北京:科学出版社,2013年。
14. 杨文达,等:《东海地质与矿物》,北京:海洋出版社,2010年。
15. 于福江,等:《中国近海海洋——海洋灾害》,北京:海洋出版社,2016年。
16. 袁古洁:《国际海洋划界的理论与实践》,北京:法律出版社,2001年。
17. 张海生:《中国风暴潮灾害史料集》,北京:海洋出版社,2015年。
18. 张海生:《浙江省海洋环境资源基本现状》,北京:海洋出版社,2013年。
19. 张海文:《〈联合国海洋法公约〉释义集》,北京:海洋出版社,2006年。
20. 赵冬至:《中国典型海域赤潮发生规律》,北京:海洋出版社,2010年。
21. 赵济,陈传康:《中国地理》,北京:高等教育出版社,1999年。
22. 浙江省海岸带和海涂资源综合调查领导小组办公室:《浙江省海岸带和海涂资源综合调查报告》,北京:海洋出版社,1988年。
23. 浙江省海岛资源综合调查领导小组、《浙江海岛资源综合调查与研究》编委会:《浙江海岛资源综合调查与研究》,杭州:浙江科学技术出版社,1995年。

24. 中国水利学会:《中国围海工程》,中国水利水电出版社,2000年。

**中文论文类**

1. 敖玉兰:《我国沿海地区经济发展的新方向——蓝色经济发展模式》,《理论探讨》,2015年第1期。
2. 钞小静,任保平:《中国经济增长质量的时序变化与地区差异分析》,《经济研究》,2011年第4期。
3. 陈红霞,赵振宇:《浙江省海洋科技创新能力提升对策研究》,《科技管理研究》,2014年第15期。
4. 陈建文,等:《中国海域油气资源潜力分析与黄东海海域油气资源调查进展》,《海洋地质与第四纪地质》,2019年第6期。
5. 陈金龙:《五大发展理念的多维审视》,《思想理论教育》,2016年第1期。
6. 陈新玺,等:《上海市无居民海岛普查方法与资源分析》,《测绘与空间地理信息》2014年第2期。
7. 崔曦文,朱坚真:《海洋经济高质量发展影响因素测度与实证研究——基于主成分分析的实证》,《广东经济》,2020年第8期。
8. 狄乾斌,等:《高质量发展目标下海洋经济复合系统协调发展研究——以辽宁省为例》,《海洋开发与管理》,2020年第7期。
9. 狄乾斌,等:《高质量增长背景下海洋经济发展的时空协调模式研究——基于环渤海地区地级市的实证》,《地理科学》,2019年第10期。
10. 丁黎黎:《海洋经济高质量发展的内涵与评判体系研究》,《中国海洋大学学报》(社会科学版),2020年第3期。
11. 董小君,石涛:《驱动经济高质量发展的科技创新要素及时空差异——2009—2017年省级面板数据的空间计量分析》,《科技进步与对策》,2020年第4期。
12. 杜军,等:《基于VAR模型的海洋科技创新与海洋经济增长的互动关系研究》,《生态经济》,2019年第9期。
13. 范学忠,等:《海岸带综合管理及其研究进展》,《生态学报》,2010年第10期。
14. 方大春,马为彪:《中国省际高质量发展的测度及时空特征》,《区域经济评论》,2019年第2期。
15. 方宏达,等:《中国近岸海域海水水质及海水淡化利用的研究进展》,《工业水处理》,2015年第4期。
16. 房辉,等:《我国区域海洋科技创新与海洋经济发展协调度研究》,《海洋经济》,2019年第3期。
17. 冯佰香,等:《30年来象山港海岸带土地开发利用强度时空变化研究》,《海洋通报》,2017年第3期。
18. 冯友建,杨蕴真:《浙江省海洋产业结构合理化评价研究》,《海洋开发与管理》,2017年第7期。
19. 高兰:《海泉发展模式与中国海权理论构建》,《亚太安全与海洋研究》,2019年第5期。
20. 高玲,王朋才:《新旧动能转换视角下苏北海洋经济高质量发展路径研究》,《科技经济导刊》,2020年第3期。
21. 高义,等:《基于分形的中国大陆海岸线尺度效应研究》,《地理学报》,2011年第3期。

22. 高宇,等:《滨海河口湿地生态系统对全球气候变化的影响》,《环境与可持续发展》,2016年第4期。
23. 高宇,等:《长江口滨海湿地的的保护利用与发展》,《科学》,2015年第4期。
24. 高志强,等:《基于遥感的近30a中国海岸线和围填海面积变化及成因分析》,《农业工程学报》,2014年第12期。
25. 郭皓,等:《近20a我国近海赤潮特点与发生规律》,《海洋科学进展》,2015年第4期。
26. 韩磊,等:《舟山群岛新区休闲渔业发展现状及对策研究》,《农村经济与科技》,2018年第5期。
27. 韩增林,等:《"海洋经济高质量发展"笔谈》,《中国海洋大学学报》(社会科学版),2019年第5期。
28. 韩增林,等:《基于能值分析的中国海洋生态经济可持续发展评价》,《生态学报》,2017年第8期。
29. 郝昕:《新常态下蓝色经济创新驱动发展研究》,《财经问题研究》,2016年第2期。
30. 胡以怀,袁春旺:《海上航线风能资源的调查与分析》,《中国航海》,2018年第2期。
31. 黄凤志,魏永艳:《"一带一路"倡议与建设对传统地缘政治学的超越》,《吉林大学社会科学学报》,2019年第2期。
32. 黄磊,郭占荣:《中国沿海地区海水入侵机理及防治措施研究》,《中国地质灾害与防治学报》,2008年第2期。
33. 黄日鹏,等:《东南沿海景观格局及其生态风险演化研究——以宁波北仑区为例》,《浙江大学学报》(理学版),2017年第6期。
34. 黄新华,马万里:《引领经济高质量发展的供给侧结构性改革:目标,领域与路径》,《亚太经济》,2019年第4期。
35. 侯伟芬,王家宏:《浙江沿海海雾发生规律和成因浅析》,《东海海洋》,2004年第2期。
36. 季子修,等:《海平面上升对长江三角洲和苏北滨海平原海岸侵蚀的可能影响》,《地理学报》,1993年第6期。
37. 贾立斌,等:《基于Mann-Kendall的中国近岸海域海洋生态环境承载力评价与预警》,《生态经济》,2019年第2期。
38. 贾宇:《改革开放40年中国海洋法治的发展》,《边界与海洋研究》,2019年第4期。
39. 姜波,等:《渤海、黄海、东海波浪能资源评估》,《太阳能学报》,2017年第6期。
40. 姜亮:《东海陆架盆地油气资源勘探现状及含油气远景》,《中国海上油气地质》,2003年第1期。
41. 江河:《国际法框架下的现代海权与中国的海洋维权》,《法学评论》,2014年第1期。
42. 蒋日进,等:《浙江中南部近岸海域游泳动物功能群特征与多样性》,《生物多样性》,2019年第12期。
43. 纠手才,张效莉:《东海经济区海洋产业集聚与区域经济增长关系研究》,《海洋经济》,2016年第3期。
44. 李大光:《当今东海海域安全形势基本态势》,《中国经贸导刊》,2018年第19期。

45. 李大海,等:《以海洋新旧动能转换推动海洋经济高质量发展研究——以山东省青岛市为例》,《海洋经济》,2018年第3期。

46. 李彩霞,笪红波:《海洋科技中小企业技术创新研究及策略——以上海市为例》,《海洋开发与管理》,2018年第5期。

47. 李国选:《海洋命运共同体对西方海权理论的超越》,《浙江海洋大学学报》(人文科学版),2019年第5期。

48. 李晓霞:《海权观念的重塑——21世纪"海上丝绸之路"建设的理念目标》,《理论月刊》,2016年第9期。

49. 李秀辉,张紫涵:《新中国成立70年海洋金融政策的回顾与展望》,《浙江海洋大学学报》(人文科学版),2020年第1期。

50. 李从先,等:《全新世长江三角洲地区砂体的特征和分布》,《海洋学报》(中文版),1979年第2期。

51. 李加林,等:《中国东海区大陆岸线变迁及其开发利用强度分析》,《自然资源学报》,2019年第9期。

52. 李加林,等:《中国东海区大陆海岸线数据集(1990-2015)》,《全球变化数据学报》(中英文),2019年第3期。

53. 李加林,等:《浙江省海岸带景观生态风险格局演变研究》,《水土保持学报》,2016年第1期。

54. 李加林,王丽佳:《围填海影响下东海区主要海湾形态时空演变》,《地理学报》,2019年第4期。

55. 李玺瑶,等:《东亚大汇聚与中—新生代地球表层系统演变》,《海洋地质与第四纪地质》,2017年第4期。

56. 李晓航,等:《干旱区流域湿地景观格局研究进展及发展趋势综述》,《安徽农业科学》,2014年第20期。

57. 李子联,王爱民:《江苏高质量发展:测度评价与推进路径》,《江苏社会科学》,2019年第1期。

58. 林春明,等:《杭州湾沿岸平原晚第四纪沉积特征和沉积过程》,《地质学报》,1999年第2期。

59. 林春明,等:《杭州湾地区晚第四纪下切河谷充填物沉积相与浅层生物气勘探》,《古地理学报》,2005年第1期。

60. 林吓宁:《福建省三沙湾白马港海域叶绿素a与初级生产力的调查》,《科技资讯》,2014年第16期。

61. 刘波,等:《江苏省海洋经济高质量发展水平评价》,《经济地理》,2020年第8期。

62. 刘波,朱广东:《以绿色理念引领海洋经济高质量发展》,《群众》,2018年第11期。

63. 刘桂林,等:《长三角地区土地利用时空变化对生态系统服务价值的影响》,《生态学报》,2014年第12期。

64. 刘洪昌,刘洪:《创新双螺旋视角下战略性海洋新兴产业培育模式与发展路径研究——以江苏省为例》,《科技管理研究》,2018年第11期。

65. 刘堃,刘容子:《欧盟"蓝色经济"创新计划及对我国的启示》,《海洋开发与管理》,2015年第1期。

66. 刘俐娜:《海洋经济发展质量评价指标体系构建及实证分析》,《中共青岛市委党校青岛行政学院学报》,2019年第5期。
67. 刘名远,卓子凯:《福建省海洋战略性新兴产业发展路径研究》,《发展研究》,2018年第11期。
68. 刘小平:《中国经济增长质量的时序变化与地区差异分析》,《中国管理信息化》,2014年第6期。
69. 刘孝贤,赵青:《基于分形的中国沿海省区海岸线复杂程度分析》,《中国图像图形学报》,2004年第10期。
70. 刘永超,等:《象山港流域景观生态风险格局分析》,《海洋通报》,2016年第1期。
71. 鲁邦克,等:《中国经济高质量发展水平的测度与时空差异分析》,《统计与决策》,2019年第21期。
72. 鲁亚运,等:《我国海洋经济高质量发展评价指标体系构建及应用研究——基于五大发展理念的视角》,《企业经济》,2019年第12期。
73. 洛昊,等:《中国近海赤潮基本特征与减灾对策》,《海洋通报》,2013年第5期。
74. 罗时龙,等:《海岸侵蚀及其管理研究的若干进展》,《地球科学进展》,2013年第11期。
75. 马彩华,等:《中国沿海地区海洋区域增长极选择研究》,《海洋开发与管理》,2020年第3期。
76. 马建华,等:《中国大陆海岸线随机前分形分维及其长度不确定性探讨》,《地理研究》,2015年第2期。
77. 马茹:《十九大以来经济高质量发展评价研究:进展与反思》,《重庆理工大学学报》(社会科学),2020年第10期。
78. 马志荣:《我国实施海洋科技创新战略面临的机遇、问题与对策》,《科技管理研究》,2008年第6期。
79. 毛菁旭,等:《东海海岸带生态安全评价及景观优化研究》,《海洋通报》,2019年第1期。
80. 苗德霞,等:《基于生态文明建设的江苏海洋经济高质量发展研究》,《海洋经济》,2020年第2期。
81. 孟德友,等:《中原经济区县域交通优势度与区域经济空间耦合》,《经济地理》,2012年第6期。
82. 牛作民:《长江口—东海陆架海洋沉积作用过程的几点认识》,《海洋地质研究》,1982年第2期。
83. 潘澎,等:《中日渔业协定综述》,《中国渔业经济》,2015年第6期。
84. 亓文婧,郑玉刚:《海洋科技协同创新与成果转化》,《科学管理研究》,2019年第1期。
85. 钱春海:《模仿创新——西部企业创新战略选择》,《软科学》,2004年第1期。
86. 秦琳贵,沈体雁:《科技创新促进中国海洋经济高质量发展了吗——基于科技创新对海洋经济绿色全要素生产率影响的实证检验》,《科技进步与对策》,2020年第9期。
87. 曲亚囡,刘一祎:《东北亚共同体视阈下辽宁海洋经济高质量发展的法治化路径研究》,《海洋开发与管理》,2020年第3期。
88. 任保平,李禹墨:《新时代我国高质量发展评判体系的构建及其转型路径》,《陕西师范大学学报:哲学社会科学版》,2018年第3期。
89. 任保平,等:《进入新常态后中国各省区经济增长质量指数的测度研究》,《统计与信息论坛》,2015

年第 8 期。

90. 任晓燕,杨水利:《技术创新,产业结构升级与经济高质量发展——基于独立效应和协同效应的测度分析》,《华东经济管理》,2020 年第 11 期。

91. 尚前名:《锻造高质量发展指挥棒》,《瞭望》,2019 年第 2 期。

92. 沈伟腾,等:《贯彻新发展理念推进海洋经济高质量发展——2018 年中国海洋经济论坛综述》,《中国渔业经济》,2018 年第 6 期。

93. 盛朝迅:《"十三五"时期我国海洋产业转型升级的战略取向》,《经济纵横》,2015 年第 12 期。

94. 石先武,等:《风暴潮灾害风险评估研究综述》,《地球科学进展》,2013 年第 8 期。

95. 宋金明,等:《70 年来中国化学海洋学研究的主要进展》,《海洋学报》,2019 年第 10 期。

96. 苏奥,等:《东海盆地西湖凹陷油气成因及成熟度判别》,《石油勘探与开发》,2013 年第 5 期。

97. 苏纪兰,蒋铁民:《浙江"海洋经济大省"发展战略的探讨》,《中国软科学》,1999 年第 2 期。

98. 孙佳,等:《东海沿岸台风及风暴潮灾害特征及成因》,《河海大学学报》(自然科学版),2013 年第 5 期。

99. 孙静,等:《中国海洋旅游基地适宜性综合评价研究》,《资源科学》,2016 年第 12 期。

100. 唐正康:《我国海洋产业发展的融资问题研究》,《海洋经济》,2011 年第 8 期。

101. 陶爱峰,等:《中国灾害性海浪研究进展》,《科技导报》,2018 年第 14 期。

102. 田鹏,等:《东海区大陆海岸带景观格局变化及生态风险评价》,《海洋通报》,2018 年第 6 期。

103. 万勇,等:《基于 ERA-Interim 高分辨率数据的中国东海南海波浪能评估》,《太阳能学报》,2015 年第 5 期。

104. 万媛媛,等:《生态文明建设和经济高质量发展的区域协调评价》,《统计与决策》,2020 年第 22 期。

105. 王斌斌,李滨勇:《我国海洋经济发展的绩效测度研究》,《财经问题研究》,2013 年第 11 期。

106. 王陈陈,杨卫:《东部海洋经济圈的海洋科技发展水平和海洋经济》,《海洋开发与管理》,2019 年第 4 期。

107. 王成金,等:《离岸枢纽港口的发展模式与机理——以洋山深水港为例》,《经济地理》,2016 年第 6 期。

108. 王凤春:《加快我国可再生能源发展的法律保障——〈中华人民共和国可再生能源法简介〉》,《节能与环保》,2005 年第 3 期。

109. 王洪翠,等:《P-S-R 指标体系模型在武夷山风景区生态安全评价中的应用》,《安全与环境学报》,2006 年第 3 期。

110. 王家宏,等:《服务江海联运的舟山航道优化布置》,《水运管理》,2016 年第 6 期。

111. 王菊英,等:《黄海和东海海域沉积物的环境质量评价》,《海洋环境科学》,2003 年第 4 期。

112. 王磊,等:《海洋维权的博弈问题》,《中国工程科学》,2019 年第 6 期。

113. 王曼玥:《新媒体运营下舟山嵊泗东海渔村旅游营销策略》,《农村经济与科技》,2019年第5期。

114. 王晓娟:《福建近岸海域夏季浮游动物的数量与分布》,《海峡科学》,2013年第6期。

115. 王银银,翟仁祥:《海洋产业结构调整、空间溢出与沿海经济增长——基于中国沿海省域空间面板数据的分析》,《南通大学学报》(社会科学版),2020年第1期。

116. 王育宝,等:《经济高质量发展与生态环境保护协调耦合研究新进展》,《北京工业大学学报》(社会科学版),2019年第5期。

117. 王志博:《中国区域经济实现高质量发展的思路和政策——基于高质量发展的评价指标体系构建与分析》,《全国流通经济》,2019年第6期。

118. 吴梵,等:《海洋科技创新对海洋经济增长的效率测度》,《统计与决策》,2019年第23期。

119. 吴芳芳,张效莉:《上海市海水淡化产业发展路径及政策研究》,《海洋经济》,2013年第3期。

120. 吴绍芬:《尚勇谈科技自主创新的三含义》,《中国高等教育》,2005年8月。

121. 吴士存:《中国如何破解美国的"印太战略"》,《中国评论》,2019年第12期。

122. 吴自银,等:《中更新世以来长江口至冲绳海槽高分辨率地震地层学研究》,《海洋地质与第四纪地质》,2002年第2期。

123. 魏东:《〈中华人民共和国航道法〉解读》,《中国海事》,2015年第2期。

124. 魏婕,任保平:《中国各地区经济增长质量指数的测度及其排序》,《经济学动态》,2012年第4期。

125. 魏梦雅,张效莉:《基于三次产业分类的东海经济区海洋产业结构分析》,《海洋经济》,2016年第2期。

126. 夏登武:《区域海洋科技协同创新机制研究——以浙江省为例》,《宁波大学学报》(人文科学版),2015年第6期。

127. 夏东兴,等:《中国海岸侵蚀述要》,《地理学报》,1993年第5期。

128. 夏飞,等:《向海经济发展动力机制及其完善路径》,《中国软科学》,2019年第11期。

129. 向晓梅,张超:《粤港澳大湾区海洋经济高质量协同发展路径研究》,《亚太经济》,2020年第2期。

130. 谢慧明,马捷:《海洋强省建设的浙江实践与经验》,《治理研究》,2019年第3期。

131. 徐丛春,胡洁:《"十三五"时期海洋经济发展情况、问题与建议》,《海洋经济》,2020年第5期。

132. 徐进:《国家三大海洋经济示范区海洋科技创新能力比较研究》,《科技进步与对策》,2012年第16期。

133. 谢宏英,等:《赤潮灾害的研究进展》,《海洋环境科学》,2019年第3期。

134. 徐海龙,等:《基于时间序列的海洋赤潮灾害特征分析》,《海洋通报》,2014年第4期。

135. 许世远,等:《上海市地貌类型与地貌区分》,《华东师范大学学报》(自然科学版),1986年第4期。

136. 肖建红,等:《群岛旅游地海洋旅游资源非使用价值支付意愿偏好研究——以山东庙岛群岛、浙江舟山群岛和海南三亚及其岛屿为例》,《中国人口·资源与环境》,2019年第8期。

137. 杨长清,等:《东海陆架盆地南部中生代构造演化与原型盆地性质》,《海洋地质与第四纪地质》,2012年第3期。

138. 杨翠柏:《〈亚洲打击海盗及武装抢劫船只的地区合作协定〉评价》,《南洋问题研究》,2006年第4期。

139. 杨俊东:《日本印太战略:构建、核心与延伸》,《东北亚学刊》,2018年第4期。

140. 杨世伦,李明:《长江入海泥沙的变化趋势与上海滩涂资源的可持续利用》,《海洋学研究》,2009年第2期。

141. 杨永芳,王秦:《我国生态环境保护与区域经济高质量发展协调性评价》,《工业技术经济》,2020年第11期。

142. 于德海,等:《海岸带侵蚀灾害研究进展及思考》,《工程地质学报》,2010年第6期。

143. 于衍桂,马毅:《环胶州湾海岸带典型土地利用/覆盖类型SPOT-5影像解译标志》,《海岸工程》,2011年第4期。

144. 翟仁祥:《中国沿海地区海洋经济发展驱动效应测度分析》,《中国科技论坛》,2018年第9期。

145. 詹新宇,崔培培:《中国省际经济增长质量的测度与评价——基于"五大发展理念"的实证分析》,《财政研究》,2016年第8期。

146. 张蒙蒙,等:《以专利授权量为指标的海洋环境监测机构创新能力发展状况研究》,《海洋开发与管理》,2016年第11期。

147. 张建培,等:《东海陆架盆地类型及其形成的动力学环境》,《地质学报》,2014年第11期。

148. 张苏平,鲍献文:《近十年来中国海雾研究进展》,《中国海洋大学学报》(自然科学版),2008年第3期。

149. 张涛:《高质量发展的理论阐释及测度方法研究》,《数量经济技术经济研究》,2020年第5期。

150. 张晓东:《经济转型中的中国海权探索——以国家战略层面为中心》,《亚太安全与海洋研究》,2020年第1期。

151. 张雅妮:《国际法律新秩序下中国海权战略的选择》,《中国海商法研究》,2019年第2期。

152. 张晏瑲:《由法律视角论中国海权的发展模式》,《江苏大学学报》(社会科学版),2020年第1期。

153. 赵晖,等:《天津海洋经济高质量发展内涵与指标体系研究》,《中国国土资源经济》,2020年第6期。

154. 郑崇伟,等:《中国海风能密度预报》,《广东海洋大学学报》,2014年第1期。

155. 郑世忠,勾维民:《辽宁海洋经济发展的资金投入问题研究》,《海洋经济》,2014年第6期。

156. 仲雯雯,等:《中国战略性海洋新兴产业的发展对策探讨》,《中国人口·资源与环境》,2011年第9期。

157. 周伟:《五大发展理念与中国特色社会主义》,《课程教育研究》,2019年第37期。

158. 朱晓华,潘亚娟:《GIS 支持的海岸类型分型判定研究》,《海洋通报》,2002 年第 2 期。
159. 庄大方,刘纪远:《中国土地利用程度的区域分异模型研究》,《自然资源学报》,1997 年第 2 期。

## 公报类

1. 福建省水利厅:《福建水资源公报》(2004—2018)。
2. 国家海洋局:《中国海洋灾害公报》(1989—2018)。
3. 上海市气象局:《上海气候公报》(1995—2004)。
4. 生态环境部:《中国海洋生态环境公报》(2014—2017)。
5. 浙江省生态环境厅:《浙江省海洋环境公报》(2008—2017)。
6. 浙江省水利厅:《浙江省水资源公报》(2018)。

## 中文报纸类

1. 刘赐贵:《建设中国特色海洋强国》,《光明日报》,2012 年 11 月 26 日第 13 版。
2. 沈佳强:《海洋经济示范区的浙江样本》,《浙江日报》,2017 年 5 月 24 日第 5 版。

## 外文文献类

1. Turner et al.*Landscape Ecology in Theory and Practice*:*Pattern and Process*,Springer,2001.
2. Bonar P A J et al., *Social and ecological impacts of marine energy development*, Renewable and Sustainable Energy Reviews ,vol.47(2015).
3. Cao,Y.,Ning,L.,*Evaluation of environmental carrying capacity of marine resources based on entropy weight TOPSIS model*:*taking Zhanjiang as an example*,Marine Science Bulletin,vol.38(2019).
4. Costanza R.,*The ecological*,*economic*,*and social importance of the oceans*,Ecological Economics,vol.31(1999).
5. Chen,J.D.et al.,*Analyzing the decoupling relationship between marine economic growth and marine pollution in China*,Ocean Engineering,vol.137(2017).
6. Emily Stebbings,et al.,*The marine economy of the United Kingdom*,Marine Policy,vol.116(2020).
7. Engebrestson D C et al.,*Relative motions between oceanic plates of the Pacific Basin*,Journal of Geophysical Research,vol.89(1984).
8. Fu,B.J.,Lu,Y.H.,*The progress and perspectives of landscape ecology in China*,Progress in Physical Geography,vol.30(2006).
9. Gou,L.et al.,*Empirical study about the carrying capacity evaluation of marine resources and environment based on the entropy-weight TOPSIS model*,Marine Environmental Science,vol.37(2018).

10. Halpern B S et al. , *A global map of human impact on marine ecosystems* , Science, vol.319(2008).

11. Han, Z.et al. , *Progress and prospect on the research of marine industry in China* , Economic Geography, vol.36(2016).

12. Hoagland P, Jin D. , *Accounting for marine economic activities in large marine ecosystems* , Ocean and Coastal Management, vol.51(2008).

13. Ian P R et al. , *Global Changes in Marine Systems*: *A Social-Ecological Approach* , Progress in Oceanography, vol.9(2010).

14. Jiang, L. , *Study on the evaluation of comprehensive development strength of regional marine economy in China* , Feature, vol.350(2018).

15. Johannes R E. , *Government-supported, village-based management of marine resources in Vanuatu* , Ocean and Coastal Management, vol.40(1998).

16. Karyn Morrissey, Cathal O'Donoghue. , *The Irish marine economy and regional development* , Marine Policy, vol. 36(2012).

17. Kim S J et al. , *Direct seawater desalination by ion concentration polarization*. Nature nanotechnology, vol.5(2010).

18. Li, Z.X, Li, X.H. , *Formation of the 1300-km-wide intracontinental orogen and postorogenic magmatic province in Mesozoic South China*: *A flat-slab subduction model*. Geology, vol.35(2007).

19. Lu, Y.Q , *Spatial Coupling between Transportation Superiority and Economy in Central Plain Economic Zone* , Economic Geography, vol.6(2012).

20. Ma, R.et al. , *Progress on the research of maritime industry structure and layout in China* , Geographical Research, vol.32(2013).

21. Martinez M L et al. , *The coasts of our world*: *Ecological, economic and social importance* , Ecological Economics, vol.63(2007).

22. Pioch, S.et al. , *Ecological design of marine construction for socio-economic benefits*: *ecosystem integration of a pipeline in coral reef area* , Procedia Environmental Sciences, vol.9(2011).

23. Qi, J. , *Fiscal Expenditure Incentives, Spatial Correlation and Quality of Economic Growth*: *Evidence form A Chinese Province* , International Journal of Business and Management, vol.11(2016).

24. Ren, B. , *Theoretical interpretation and practical orientation of China's economy from high speed growth to high quality development* , Academic Monthly, vol.50(2018).

25. Roche R C et al. , *Research priorities for assessing potential impacts of emerging marine renewable energy technologies*: *insights from developments in Wales (UK)* , Renewable Energy, vol.99(2016).

26. Tan, K.G.et al. , *An urban composite development index based on China's five development concepts* , Competi-

tiveness Review, vol. 30(2020).

27. Tsilimigkas G, Rempis N., *Marine uses, synergies and conflicts: evidence from Crete Island, Greece*, Journal of coastal conservation, vol.22(2018).

28. Wang, Z.et al., *The relationship between marine resources development and marine economic growth in China*, Economic Geography, vol.37(2017).

29. Xia, D.et al., *Analysis of the development of China's marine renewable energy industry*, Marine Technology Society Journal, vol.48(2014).

30. Zhao, A.et al., *Understanding high-quality development of marine economy in China: a literature review*, Marine Economics and Management, vol.2(2019).

31. Zhu, X.N.et al., *Coupling coordinated development of population, marine economy, and environment system: a case in Hainan Province, China*, Journal of Coastal Research, vol.98(2019).

32. "《解説》「海洋基本法」について",海洋産業研究会会報:RIOE News and Report,第335号,2007年1月23日。

33. 栗林忠男「海洋問題への総合的対応」Ship & Ocean Newsletter No.4(2000年10月)。

34. 寺島紘士「日本の新たな海洋立国と海洋基本法」島嶼研究ジャーナル第3巻1号(2013年10月)。